3ds Max
動畫設計快速入門
2020

推薦序 Foreword

在教學過程中，要教完全沒概念或是不同領域，想製作動畫為夢想的學生，從完全不會到能夠順利完成作品是很不容易的。由於動畫要結合的元素太多，這不是硬背製作流程就可以，而是要讓學生理解如何結合各種動畫元素。這方面邱老師非常善於規劃學習曲線與教學大綱，從什麼工具開始學習能夠循序漸進，不會覺得太困難有障礙，因此我一直都非常推薦邱老師的書中的教學風格。

現在資訊取得非常容易，網路或 YouTube 任意就能找到一堆動畫教學，但是能否有系統的學習卻又是一回事。此外，與動畫相關的軟體非常多，其中又以 3ds Max 軟體最容易入門，雖然是英文版，但介面清晰有條理，不會一看到介面就退卻，且 3ds Max 的適用領域廣泛，包括人物、遊戲、室內、建築、產品…動畫都適用，在 Autodesk 的官網也能輕易取得試用版來練習，很適合作為想要製作動畫旅程的起點。

不管是已經買了此書的讀者，亦或是正在書局看著介紹的您，趕快動手安裝 3ds Max 做出您自己的動畫吧！或許途中會遇到些許挫折，但會遇到挫折後再解決，表示做這件事肯定有所收穫。自己完成一個小動畫，相信會非常有成就感，也替追求斜槓人生的您，增加另一個專業技能。

國立嘉義大學理工學院院長
資訊工程系教授

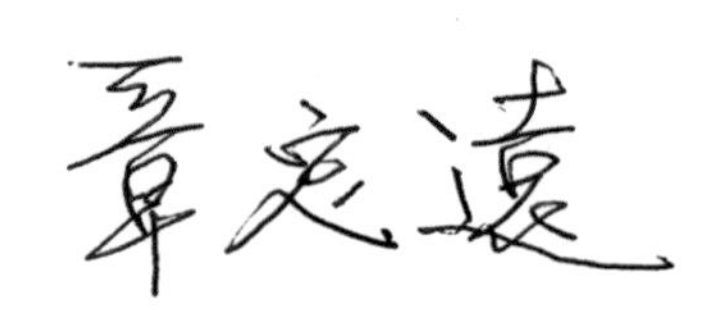

序 Preface

從前，要表達設計意象或產品的點子時，從在紙上作畫、進而在電腦上繪製 3D 模型。可是到現在的市場需求，已經演化到連動畫也要準備好，許多看圖片無法解釋的畫面，可以透過動畫來呈現。不管您想做日常動畫、人物動畫、遊戲動畫，都能夠使用書中的工具來完成。比較難以製作的人物動畫部分也提供 Mixamo 網站快速生成的方式增加效率。本書適合想學習如何做動畫的初學者，帶您從完全不會的新手，慢慢突破障礙，升級為可以自由創作中小型動畫的中階設計者。

本書的使用方式如下：

CHAPTER 1～3 基礎工具	務必熟練這些工具，才能知道不同工具帶來的效果。
CHAPTER 4～7 進階工具	包括如何繪製貼圖、碰撞與路徑動畫，可以獨立學習。
CHAPTER 8～12、14 完整範例	完整的從製作角色到輸出動畫。 （CHAPTER 14 收錄於光碟）
CHAPTER 13 粒子動畫	大量且重複性的物件動畫可快速生成。
APPENDIX A Unfold3D 快速拆 UV	如何使用 Unfold3D 小程式，可以將模型展開為 2D 方便繪製貼圖，也是可以獨立學習的章節。（收錄於光碟）

感謝支持並購買本書的讀者，歡迎看完本書來信提供意見，我們作者團隊會持續努力，期望能讓讀者的學習之路持續暢通，能朝向自己的想製作的動畫目標與領域邁進。

eelshop@yahoo.com.tw

目錄 Contents

01 3ds Max 介面及動作操作

02 角色動畫建模指令運用（Poly）

03 動畫場景建模設計

04 基本動畫 UV 貼圖工具介紹

05 遊戲動力學 - 碰撞動畫（MassFx）

06 廣告級頭髮模擬展示（Hair and Fur）

07 運動路徑動畫 - 雲霄飛車

08 精緻遊戲動畫角色建模

09 角色模型 3D 彩繪

10 動畫 Material ID 表情材質

11 角色骨架綁定

A Unfold3D 快速拆 UV 收錄於光碟

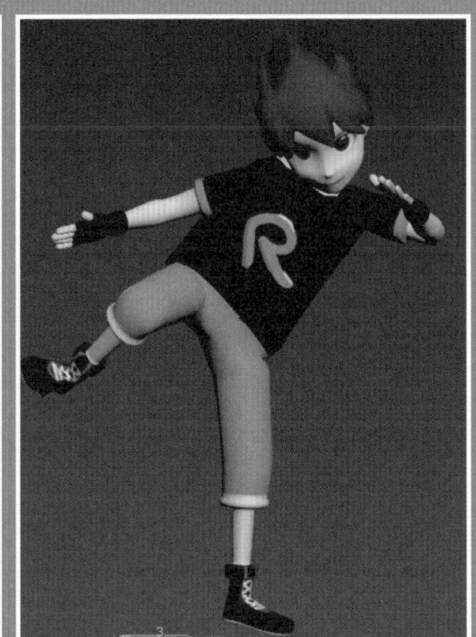

CHAPTER 01

3ds Max 介面及動作操作

1-1 介面介紹

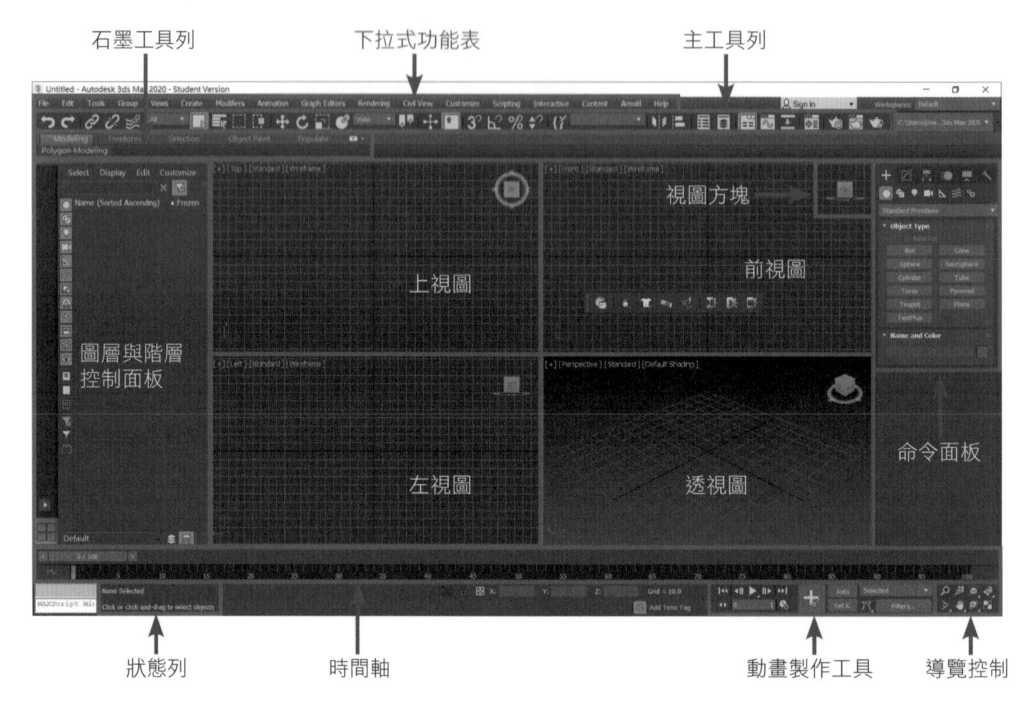

- 下拉式功能表：3ds Max 所有的指令可在這邊找到。
- 主工具列：主工具列有移動 (快捷鍵 W)、旋轉 (快捷鍵 E)、比例 (快捷鍵 R)、彩現等許多常用的指令。
- 石墨工具列：多邊形建模專用。
- 視圖方塊 (View Cube)：方塊為表示目前視角的方向，左上方的小房子為預設定位，當畫面 移動至不知名方向時，可點擊小房子回到預設的視圖。
- 圖層與階層控制面板：可對各圖層進行管理編輯等。
- 命令面板：此處有 Max 最重要的六大面板，分別為 Create（創建）、Modify（修改）、Hierarchy（階層）、Motion（動作）、Display（顯示）、Utilities（公用程式）面板。
- 時間軸：製作動畫展示時使用。
- 狀態列：說明目前的動作。
- 動畫製作工具：此處有 Auto（自動記錄模式）、播放、暫停…等製作動畫的功能。
- 導覽控制：這裡有切換視窗按鈕、3D 環轉按鈕、平移按鈕、縮放按鈕…等。

命令面板

最常使用的面板為【Create（創建）】與【Modify（修改）】面板，以下針對這兩個面板來介紹。

01 Create（創建）：此面板包含建立 3D、2D、攝影機、燈光等物件的指令，面板底下分為七個類型：

- Geometry（幾何物件）：用來建立 3D 物件。

- Shapes（形狀）：用來繪製 2D 物件。

- Light（燈光）：建立燈光，來營造場景中的明暗氣氛。

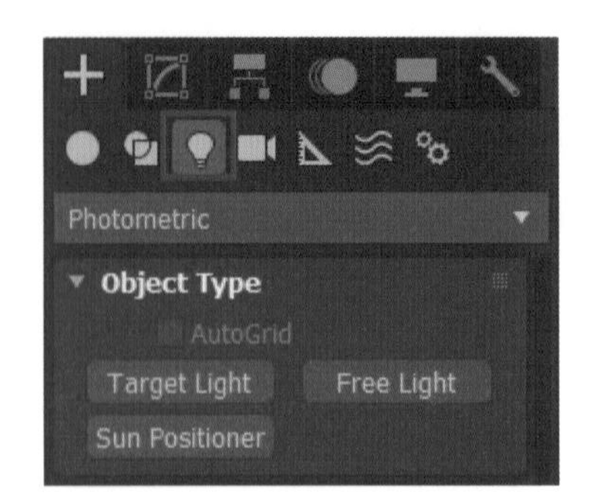

- Cameras（攝影機）：建立攝影機來取得場景中所需的視角。

- Helpers（輔助工具）：提供虛擬物件、尺寸 度量…等工具。

- Space Warps（空間扭曲）：通常運用在分子系統。

- Systems（系統）：提供骨骼動畫工具與日 光照明系統。

02 Modify（修改）：利用【Create（創建）】面板建立物件後，可到【Modify（修改）】面板來修改物件的特性及參數。也可利用【Modifier List（修改器清單）】，將模型加入修改器做彎曲、平滑化 ... 等變化。

1-2 快捷鍵介紹

滑鼠基本操作

名稱	快捷鍵	功能
平移	滑鼠中鍵	按住滑鼠中鍵移動，可以平移畫面
縮放	滑鼠滾輪	向前滾動可放大畫面，向後滾動可縮小畫面
3D 環轉	Alt + 滑鼠中鍵	按住 Alt + 滑鼠中鍵，移動滑鼠可做 3D 旋轉
選取 / 定位	滑鼠左鍵	選取物件 / 定位要繪製的位置
四向功能表 / 結束	滑鼠右鍵	開啟四向功能表 / 結束指令

正式操作

01 點擊【Create（創建面板）】→【Geometry（幾何物件）】→【Standard Primitives（標準物件）】→【Teapot（茶壺）】。

02 在畫面中拖曳滑鼠左鍵，建立數個不同大小的茶壺，按下滑鼠右鍵結束指令。

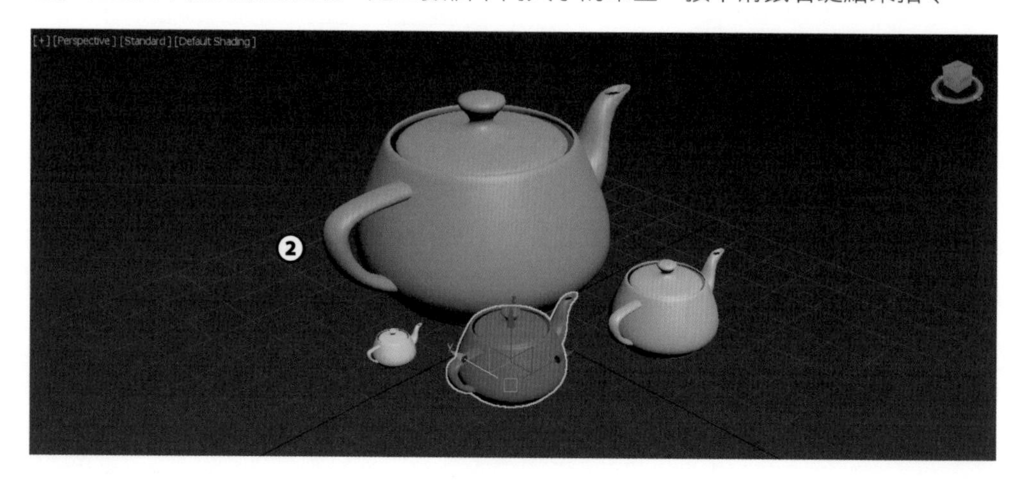

03 滑鼠滾輪向後滾動可將畫面縮小。

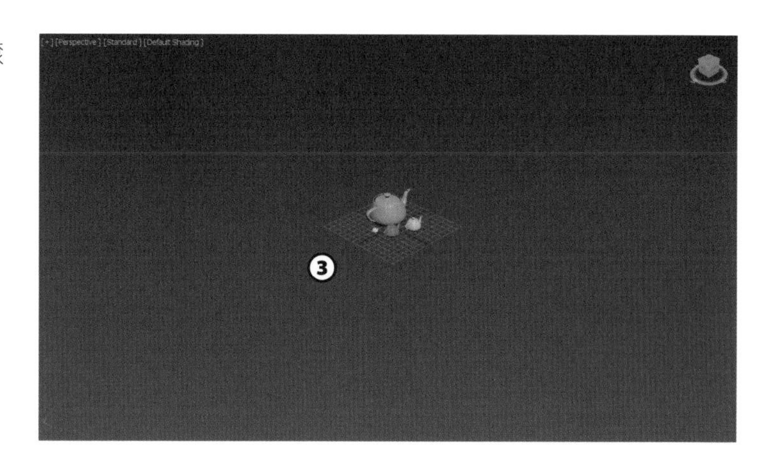

04 滑鼠滾輪向前滾動可將畫面放大。

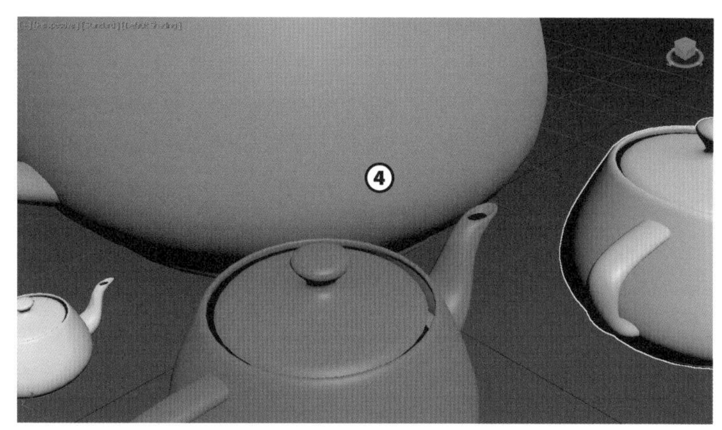

05 按住 Alt + 滑鼠中鍵，此時移動滑鼠可以做 3D 的視角環轉。

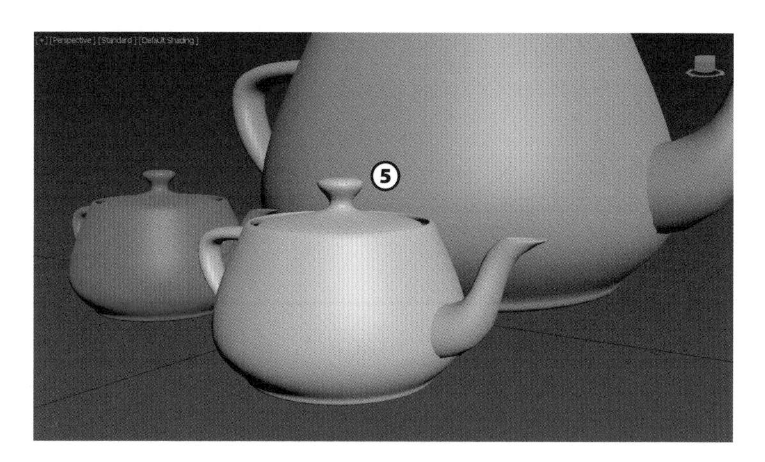

小秘訣

若沒有選取物件，則以視圖中心為環轉中心。

06 滑鼠移至畫面右上角，點擊視圖方塊的小房子，就可以將畫面轉回至預設等角視圖。

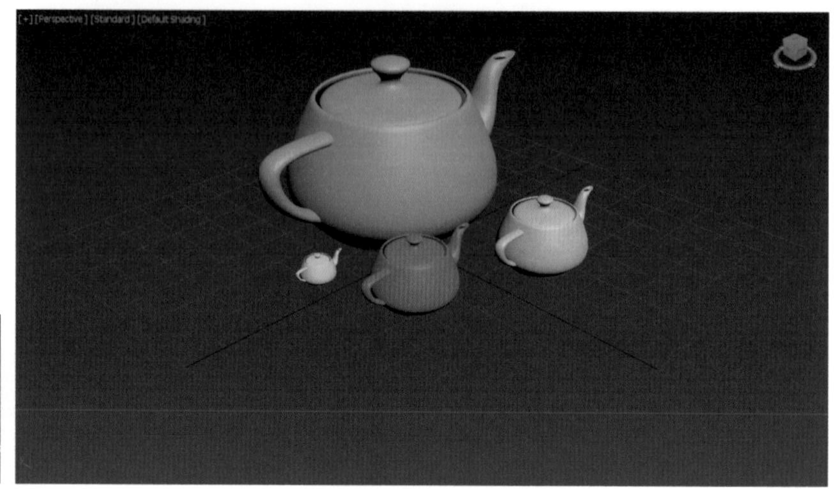

視圖切換

名稱	快捷鍵	功能
視窗互換	Alt+W	可切換成一個或四個視窗
上視圖	T	切換至上視圖（Top）
前視圖	F	切換至前視圖（Front）
左視圖	L	切換至左視圖（Left）
底視圖	B	切換至底視圖（Bottom）
透視圖	P	切換至透視圖（Perspective）
攝影機視圖	C	切換至攝影機視角（Camera）
建立攝影機	Ctrl+C	以目前視角建立攝影機。

小秘訣

1. 若點擊快捷鍵後並無任何反應，請檢查輸入法是否在英數輸入法中。
2. 利用 C 鍵切換至攝影機視角後，必須按下 P 鍵，切換至透視圖，才能離開攝影機並隨意環轉視角。

01 利用建立好的茶壺物件來操作。

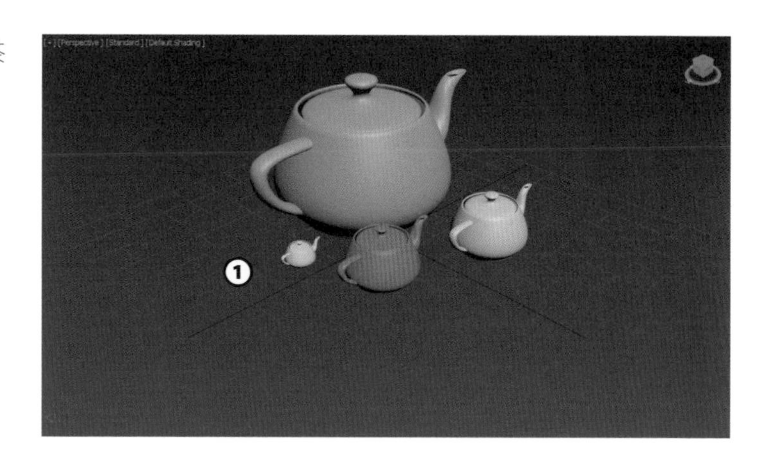

02 按下 Alt + W 鍵，可由單一視圖切換為四個視圖；再按一次 Alt + W 鍵，可切回單一視圖。

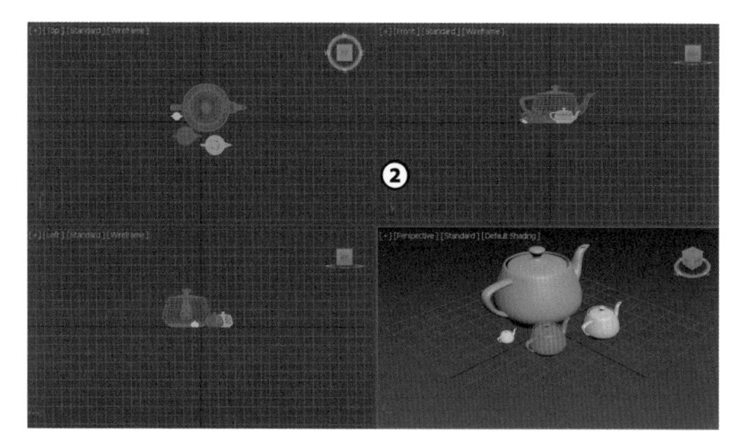

03 按下 T 鍵可切換至上視圖來檢視物件，此時可看到茶壺的蓋子。

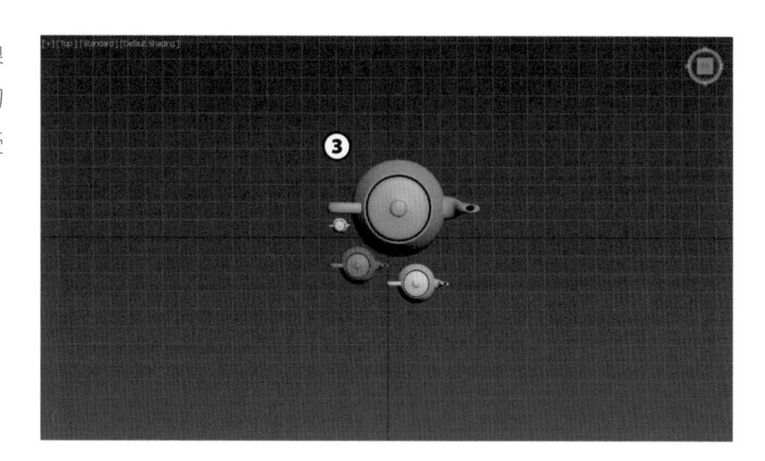

04 按下 F 鍵可切換至前視圖來檢視物件，此時可看到茶壺的側面。

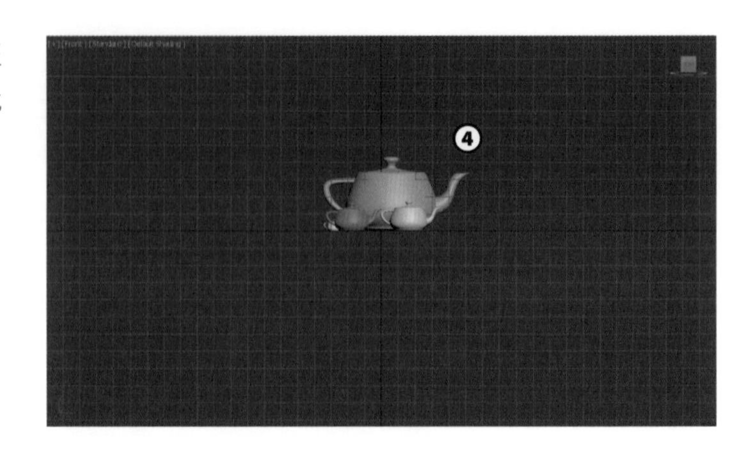

05 按下 L 鍵可切換至左視圖來檢視物件，此時可看到茶壺的把手。

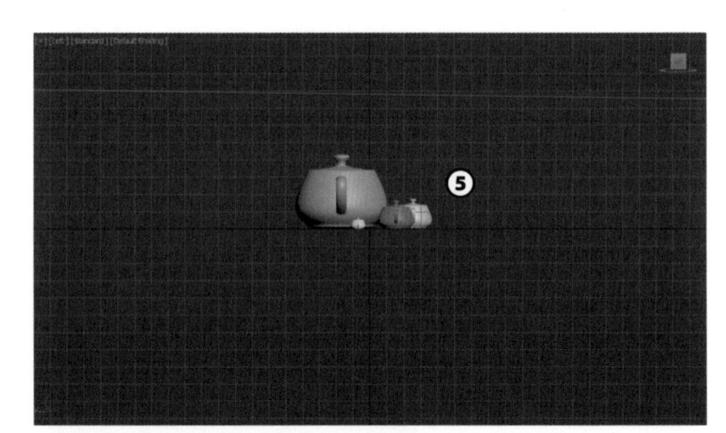

06 按下 B 鍵可切換至底視圖來檢視物件，此時可看到茶壺的底部。

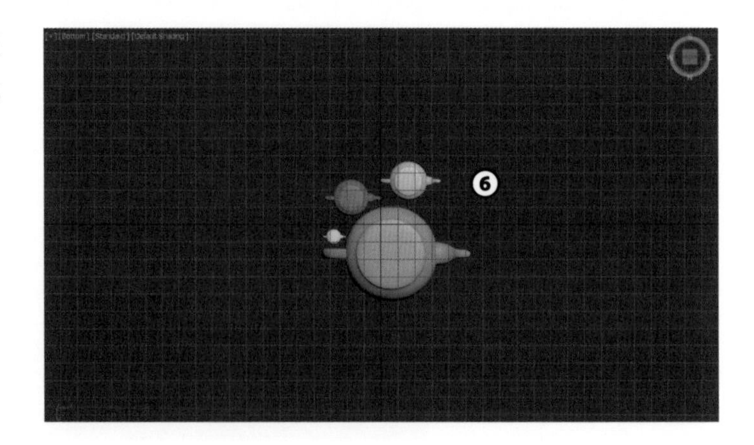

07 按下 P 鍵可切換至透視圖來檢視物件，此時可看到茶壺的遠近的效果。

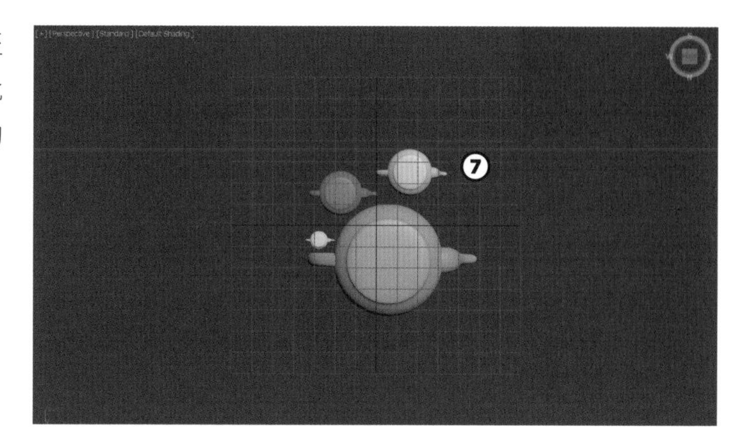

08 按下 C 鍵可切換至攝影機視角，若場景中沒有攝影機，則出現下列對話框。

線框快捷鍵

名稱	快捷鍵	功能
著色 / 線框	F3	切換著色模式與線框模式
線框顯示 / 隱藏	F4	在著色模式時，顯示或隱藏線框

正式操作

01 按下 F3 可切換成線框模式。

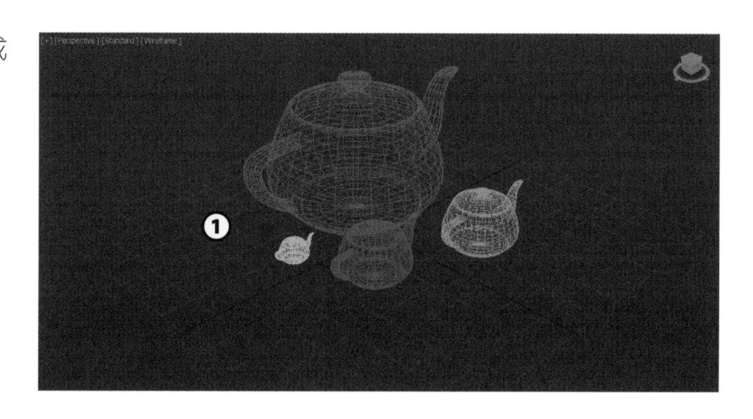

02 再次按下 F3 則切換回著色模式。

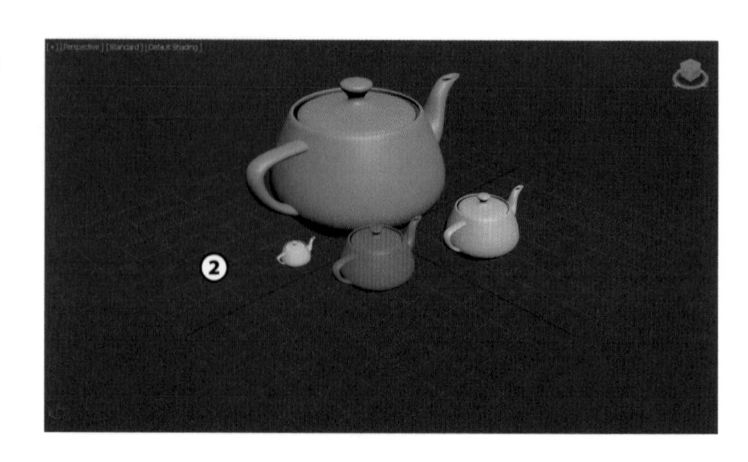

03 在著色模式下，按下 F4 可開啟或關閉模型表面的線框。

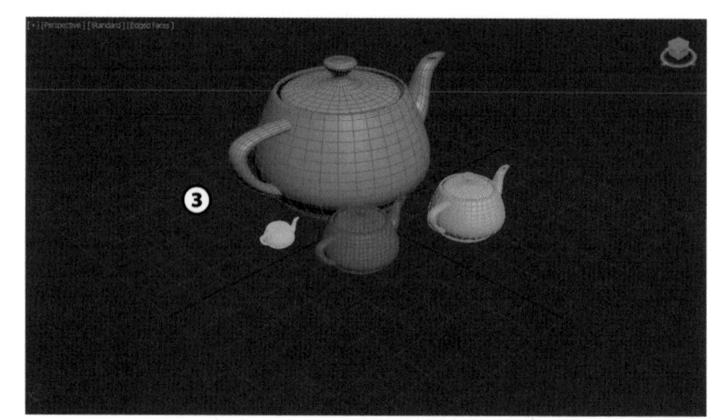

常用快捷鍵

名稱	快捷鍵	功能
物件移動	W	移動選取的物件
物件旋轉	E	旋轉選取的物件
物件比例	R	改變選取的物件的比例，放大或縮小物件
查詢	X	輸入指令名稱來查詢指令
鎖定物件	空白鍵	鎖定選取的物件
線格	G	開啟或關閉線格
加選	Ctrl	可同時選取多個物件或點、線、面
退選	Alt	可退掉選取的物件或點、線、面

正式操作

01 左鍵選取欲移動的物件，並按下 W 或點選工具列的 移動按鈕。

02 將滑鼠移動到方向軸上，當座標軸變成黃色，按住滑鼠左鍵拖曳即可往該軸方向移動，如右圖，目前為 Y 軸變成黃色，則移動時物件只能往左或往右移動。

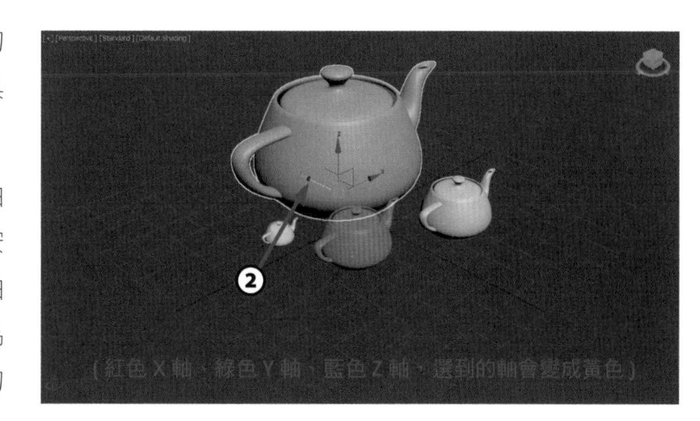
2
（紅色 X 軸、綠色 Y 軸、藍色 Z 軸，選到的軸會變成黃色）

小秘訣

若拖曳兩軸之間的轉角面，則可在此平面上移動。如下圖所示，由左至右，分別為：在 XZ 平面移動、在 YZ 平面移動、在 XY 平面移動。

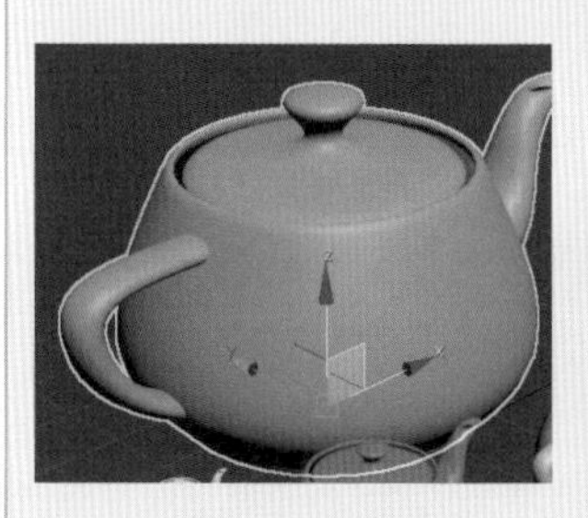

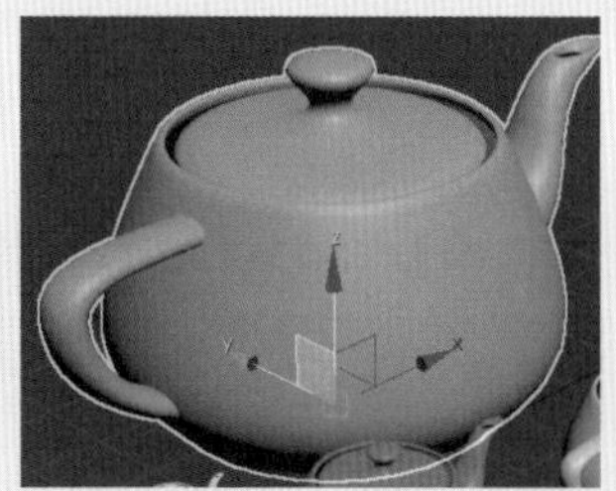

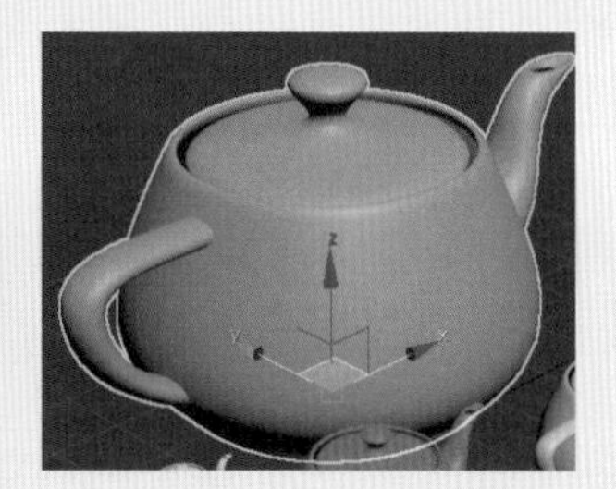

03 選取欲旋轉的物件，並按下 E 或點選【 】旋轉按鈕。

04 將滑鼠移動到方向軸上，當座標軸變成黃色，按住滑鼠左鍵拖曳即可向該軸方向旋轉，如右圖，目前為 X 軸向變成黃色，則移動滑鼠時物件將繞著 X 軸旋轉。

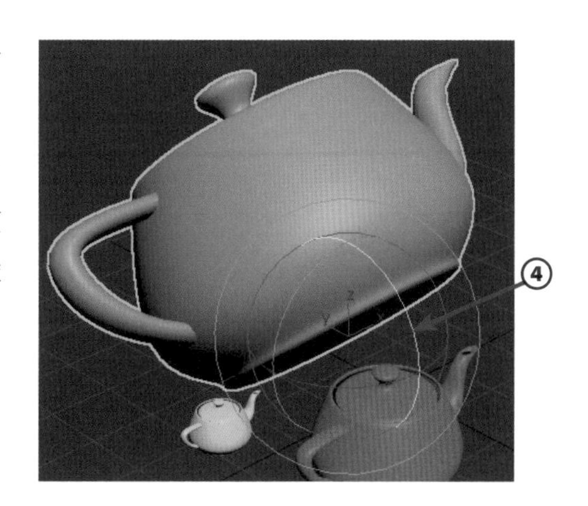
4

05 選取欲縮放的物件，並按下 R 或點選【 】比例按鈕。

06 將滑鼠移動到方向軸上，當座標軸變成黃色，按住滑鼠左鍵拖曳即可向該軸 方向縮小或放大，如右圖，目前為 X 軸向變成黃色，則移動滑鼠時物件將往 X 軸方向縮放。

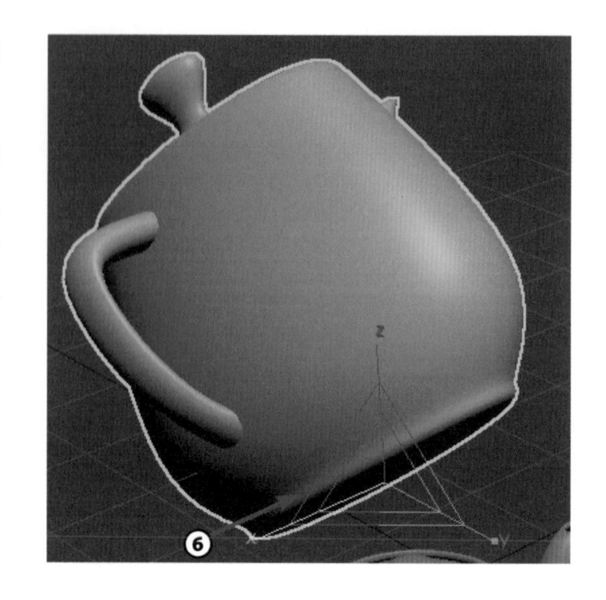

07 將滑鼠移動到 XYZ 三軸構成的三角平面上，會發現中間三角型為黃色，可將物件以等比例來放大或縮小。

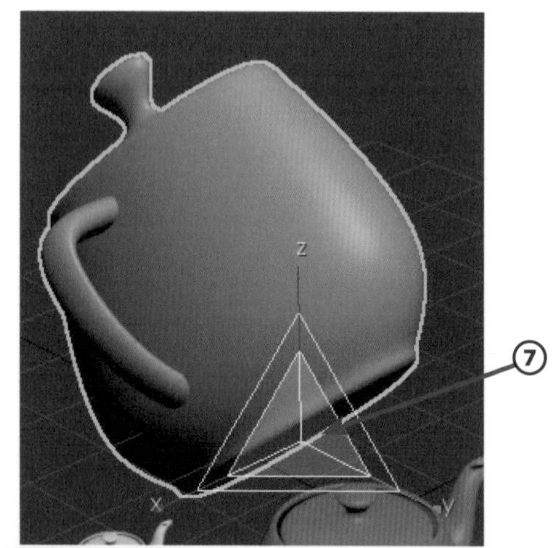

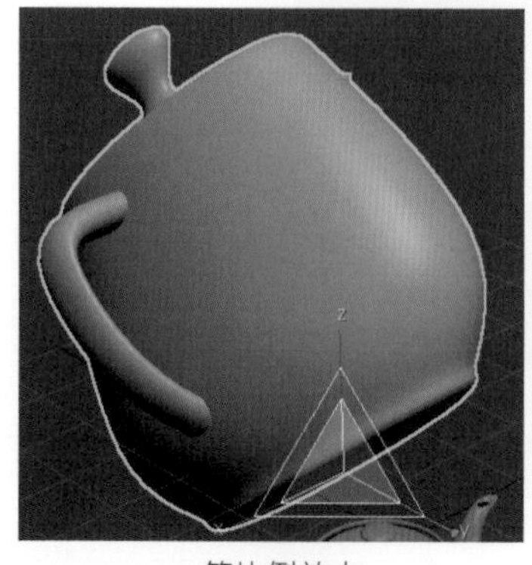

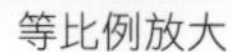
等比例放大

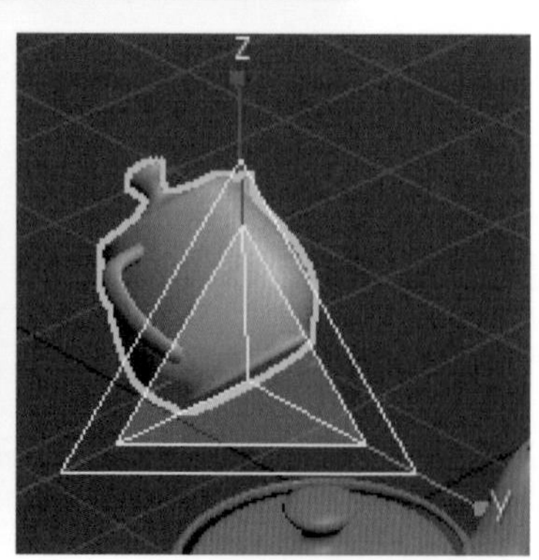

等比例縮小

08 按下 X 鍵會出現一個視窗，可輸入指令名稱來搜尋指令。

輸入「box」可以找到方塊指令。

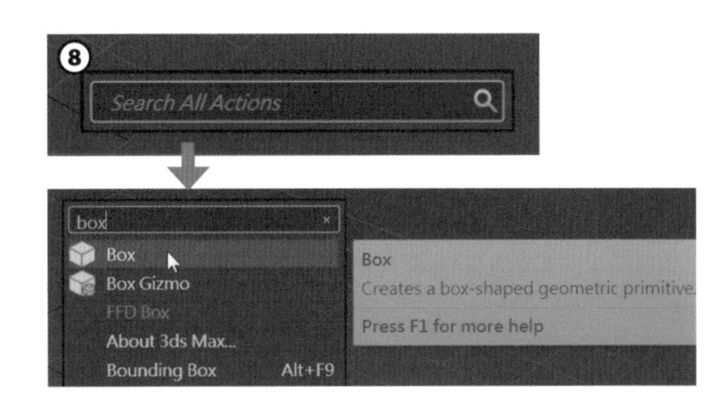

09 選取物件後，按下「空白鍵」可將物件鎖定，如此其它物件將不會被選取，再次按下空白鍵後可解除鎖定。

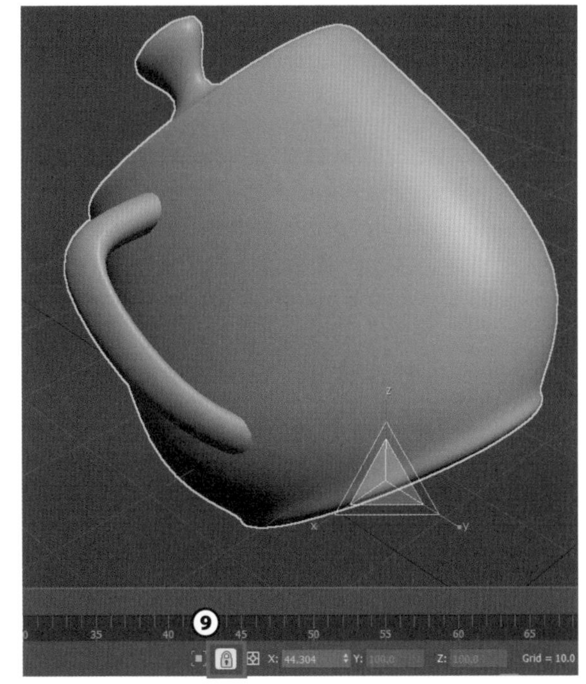

10 任意繪製幾個球體或方塊。

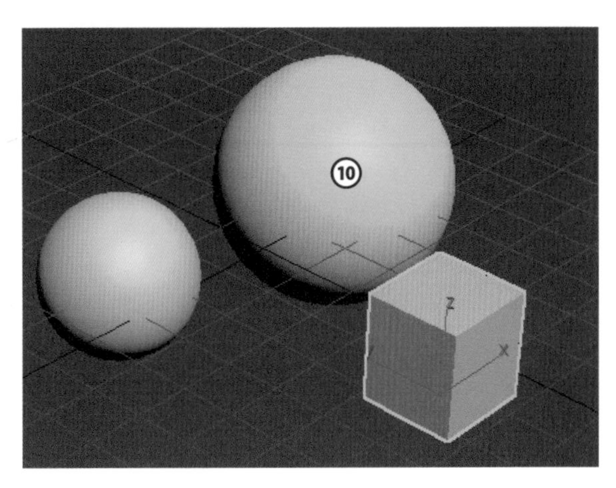

11 按下 G 鍵可以關掉格線。再按一次 G 鍵可將格線打開。

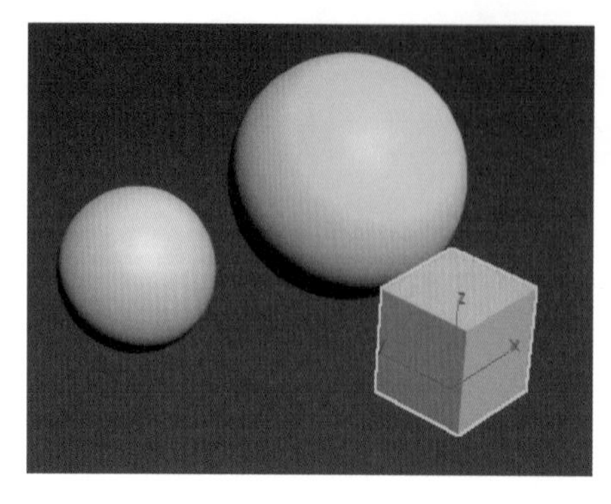

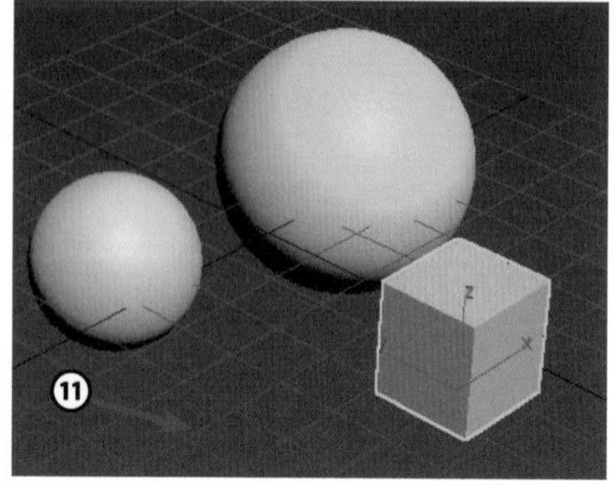

12 按住 Ctrl 鍵可任意選取多個物件。按住 Alt 鍵點擊被選取的物件可以取消選取。

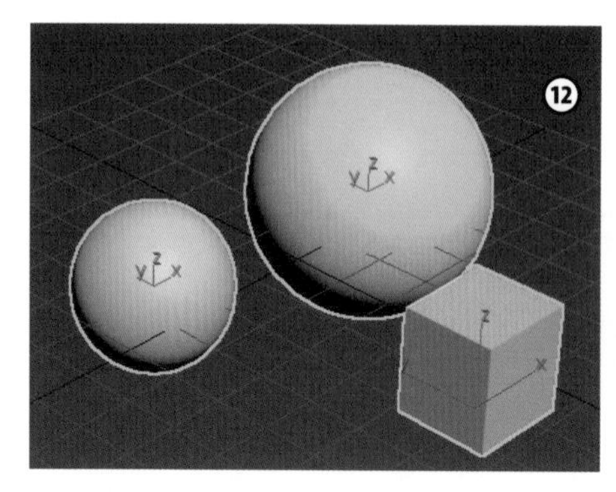

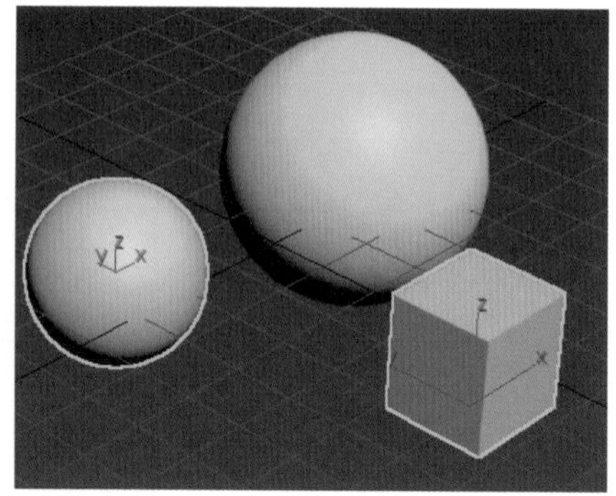

複製快捷鍵

名稱	快捷鍵	功能
複製	Shift 鍵	按住 Shift 鍵配合移動、旋轉或放大縮小選取的物件，可複製出多個物件。

01 選取茶壺，按下 W 鍵（移動），按住 Shift 鍵，向右移動，可以複製茶壺。

02 放開滑鼠後則會跳出【Clone Options(複製選項)】視窗，有 Copy、Instance、Reference 三種模式可以選擇。在【Number of Copies】欄位輸入數字，可改變複製的數量。

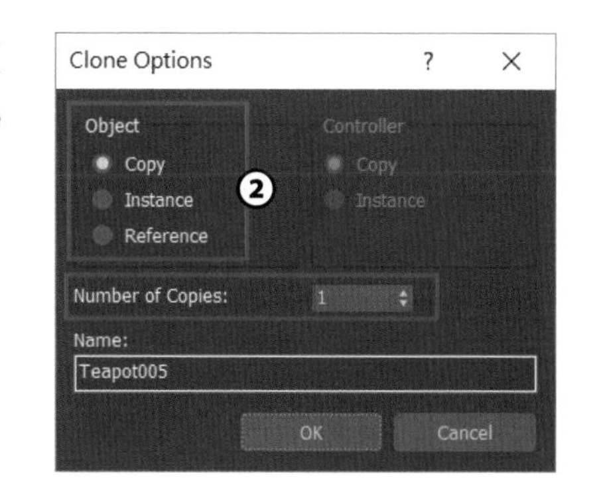

選項	中文解釋	說明	在修改面板的變化
Copy	複製	複製出的物件與原本的物件毫無關聯，為獨立物件。	細體
Instance	分身	複製出的物件與原本的物件之間為雙向連結，修改其中一個物件其它物件將一起被修改。	粗體
Reference	參考	複製出的物件為單向連結，若修改原本物件，複製出的物件會跟著修改；但修改複製出的物件，原本物件並不會被修改。	多一槓

其他快捷鍵

名稱	快捷鍵	功能
放大座標軸	+	將座標軸放大，鍵盤上方的＋號才有效。
縮小座標軸	-	將座標軸縮小，鍵盤上方的－號才有效。
專家模式	Ctrl＋X	隱藏工具列、命令面板、狀態列等面板，使畫面簡潔易於檢視作品。

01 按下鍵盤上方的【+】號，可以放大座標軸。

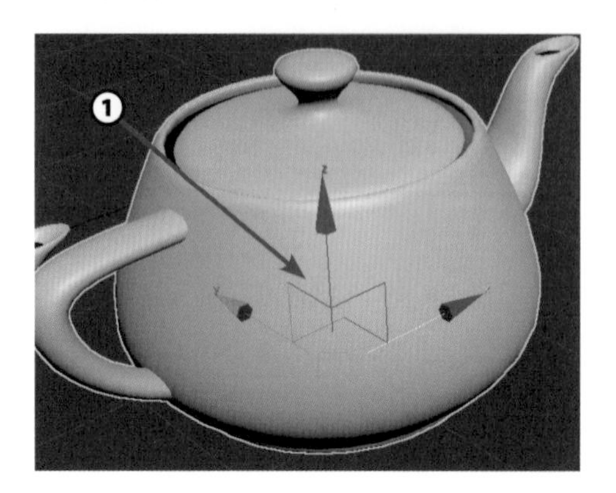

02 按下鍵盤上方的【-】號，可以縮小座標軸。

03 若座標軸消失，在功能表【views】→勾選【Show Transform Gizmo】可以顯示座標軸。

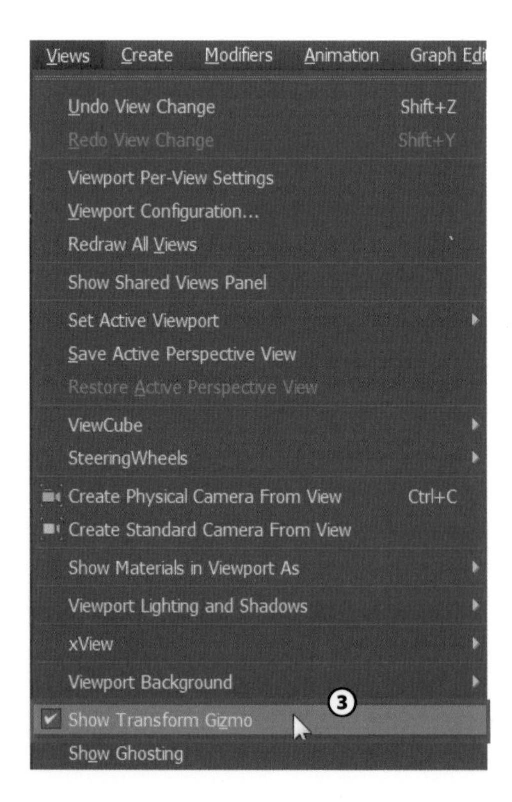

彩現常用快捷鍵

名稱	快捷鍵	功能
彩現	F9	彩現目前的視圖。
彩現設定	F10	彩現的渲染參數設定。
環境設定	8	環境貼圖效果的設定。
材質編輯器	M	新建與編輯材質。
安全框	Shift+F	展示彩現的範圍框

01 按下 Shift + F 鍵，出現彩現安全框，可知道彩現時的邊緣範圍。

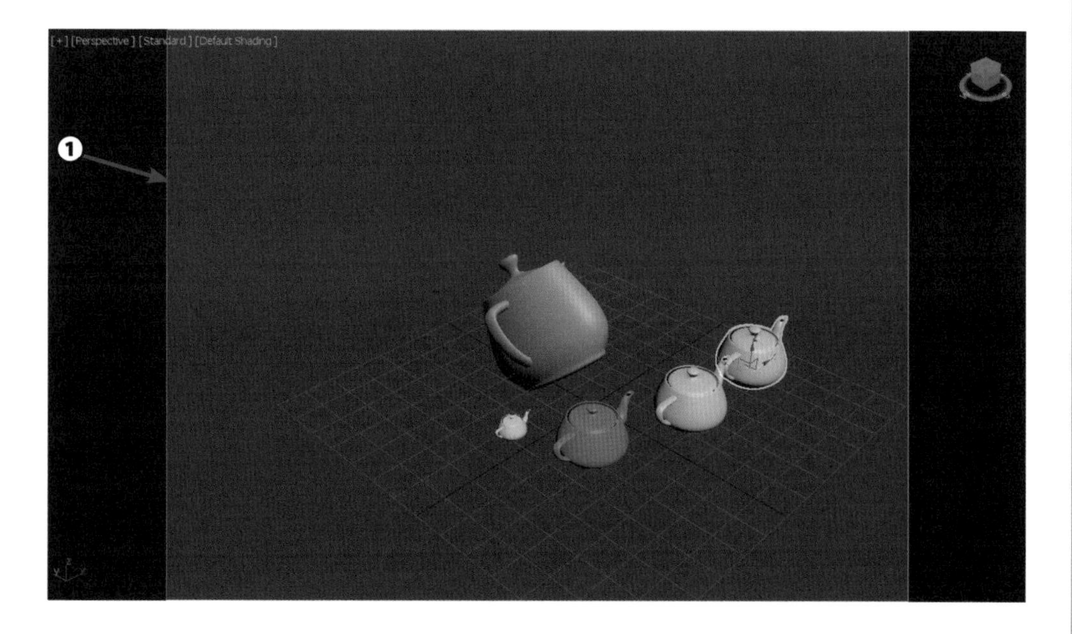

02 按下 F9 鍵，彩現目前的視圖。

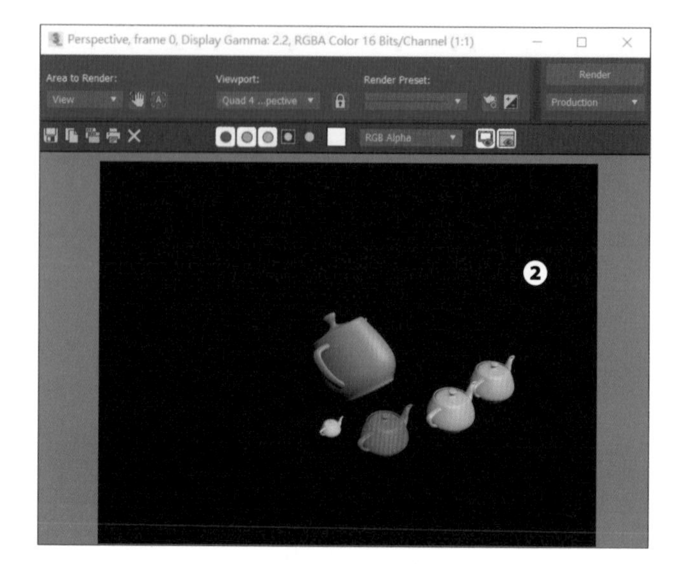

小秘訣

再次按下 Shift + F 鍵，可以關閉彩現安全框。

03 按下 F10 鍵，開啟彩現設定視窗。

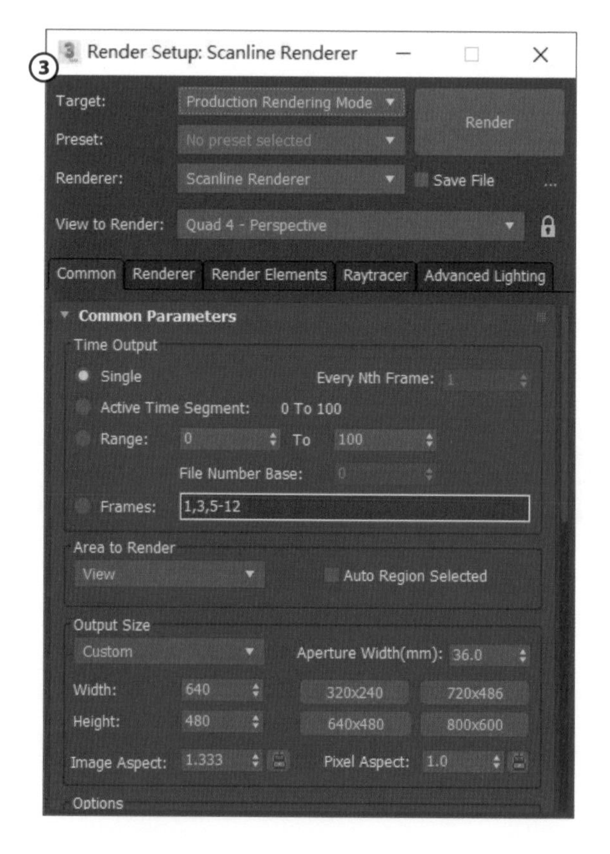

04 按下數字鍵 8，開啟環境設定視窗。

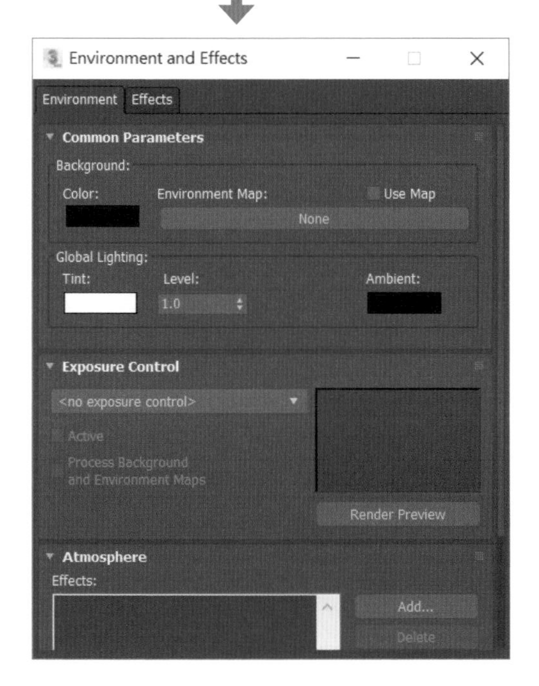

05 按下 M 鍵，開啟材質編輯器。

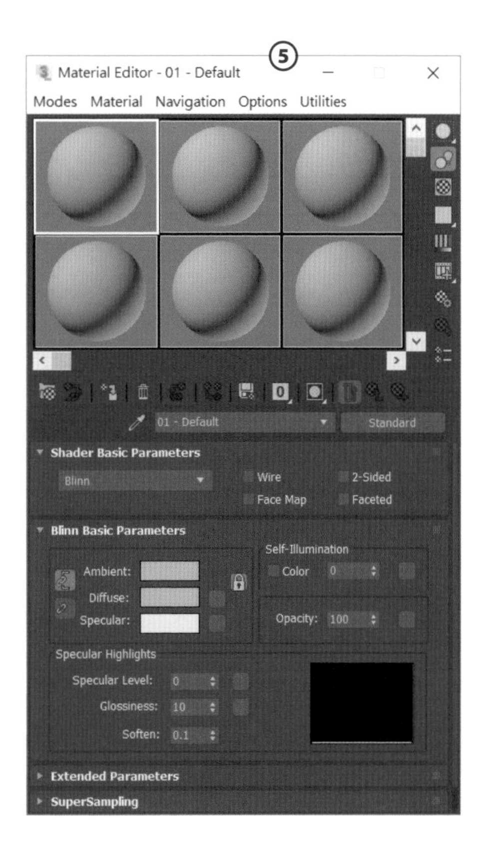

06 點擊【Modes（模式）】→【Slate Material Editor（板岩材質編輯器）】。

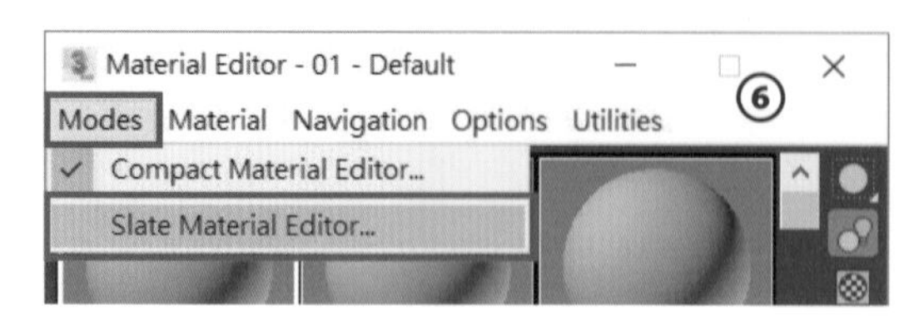

07 可開啟新版的板岩材質編輯器。

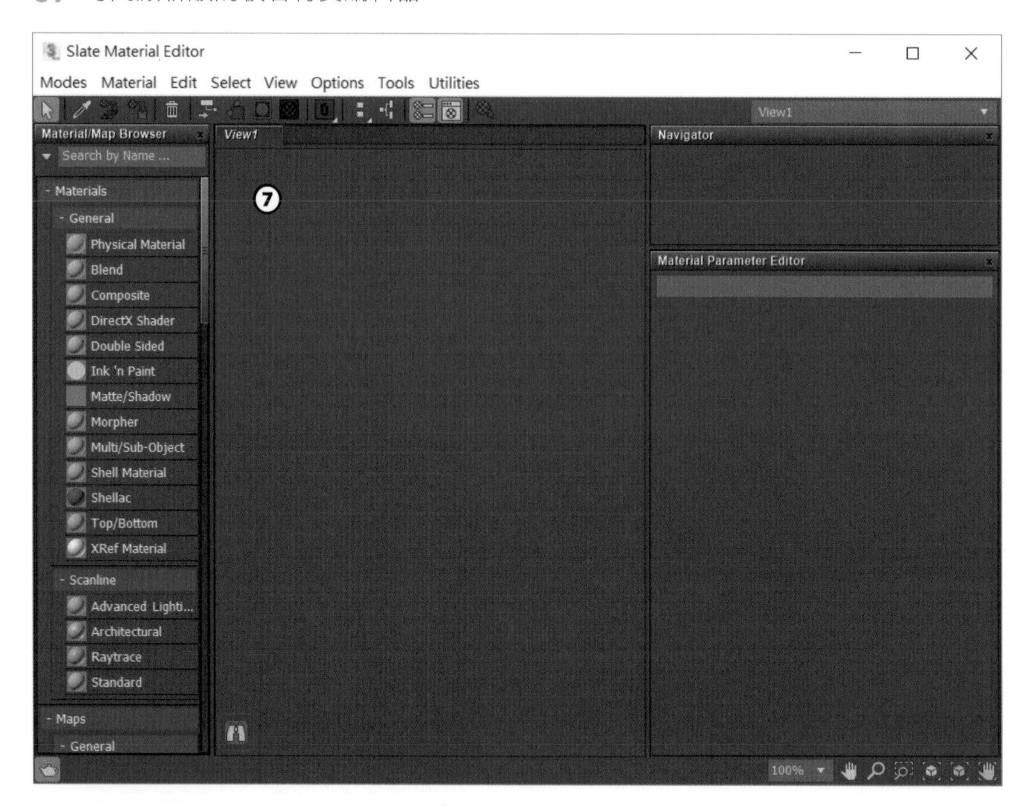

08 點擊【Modes（模式）】→【Compact Material Editor（材質編輯器）】，可切換回舊版材質 編輯器。

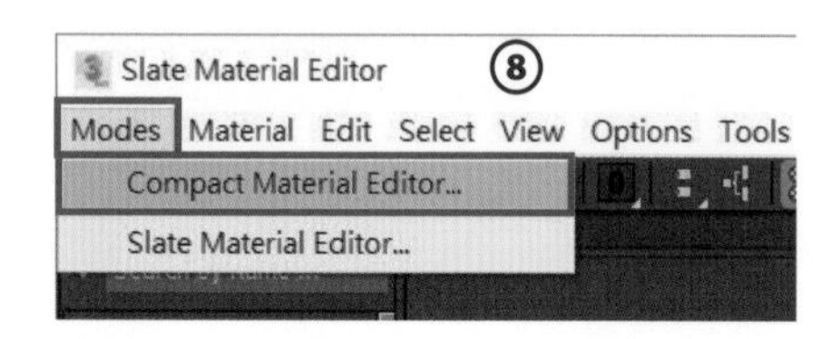

1-3 建立基本物件

01 點擊【Create（創建面板）】→【Geometry（幾何物件）】→【Standard Primitives（標準基本物件）】→【Box（方塊）】。

02 在任意位置按住滑鼠左鍵，做為起始點。

03 拖曳滑鼠拉出矩形後，放開滑鼠左鍵。

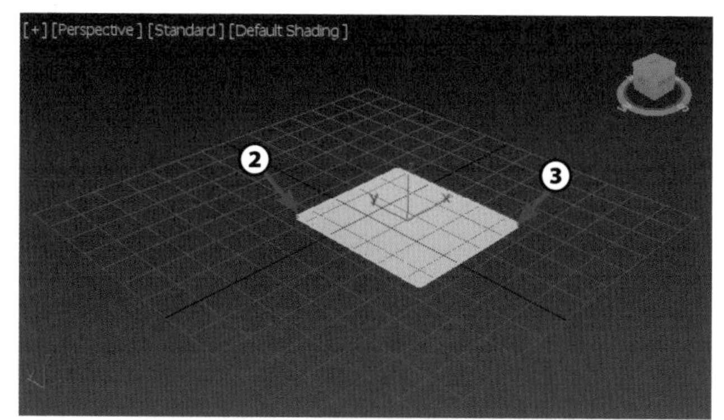

04 將滑鼠向上移動到適當的高度後點擊滑鼠左鍵，完成方塊繪製，按滑鼠右鍵結束指令。

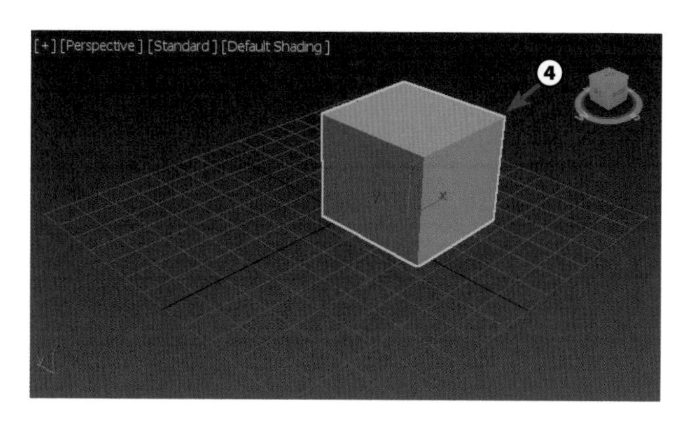

小秘訣

繪製完後，可利用快捷鍵 W、E、R，來旋轉或調整位置、大小。

05 在【Modify（修改面板）】下的【Parameters（參數）】，可以修改長、寬、高的數值與分割段數。

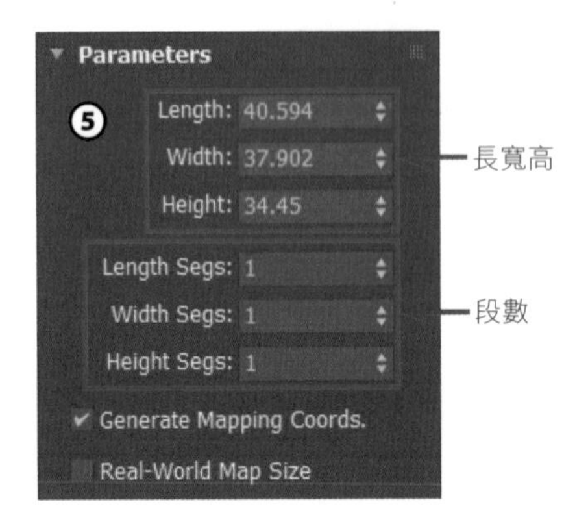

06 在【Create（創建面板）】中，點擊【Sphere（球體）】按鈕，按住滑鼠左鍵向右拖曳出球體，放開左鍵決定球體大小，完成。

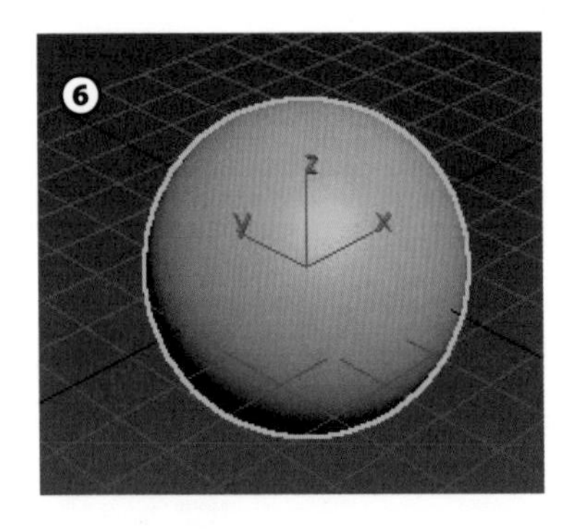

07 點擊【Cylinder（圓柱）】，按住滑鼠 左鍵向右拖曳出圓形底面。

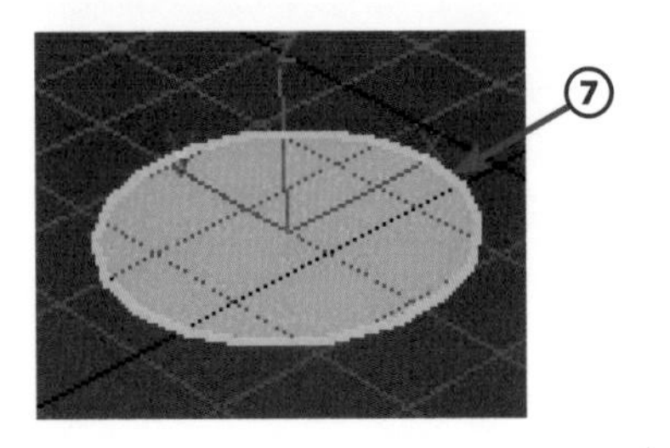

08 放開滑鼠左鍵，向上移動，點擊滑鼠左鍵來決定高度，完成。

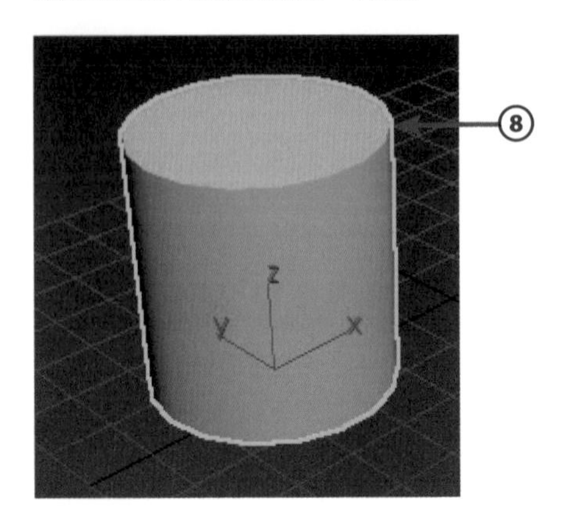

09 點擊【Cone（圓錐）】，按住滑鼠左鍵向右拖曳出圓形底面。

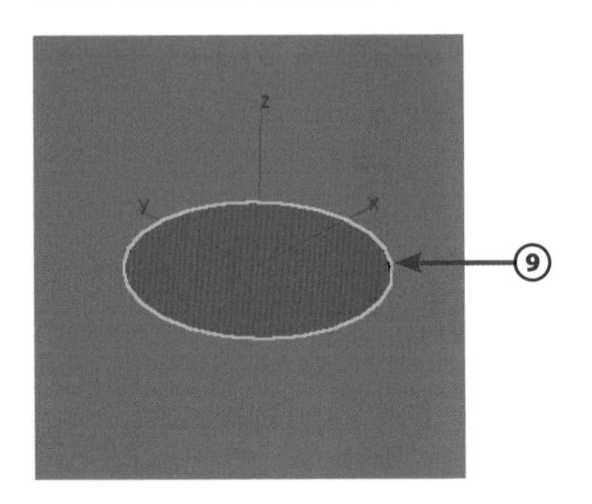

10 放開滑鼠左鍵，向上移動，點擊滑鼠左鍵來決定高度。

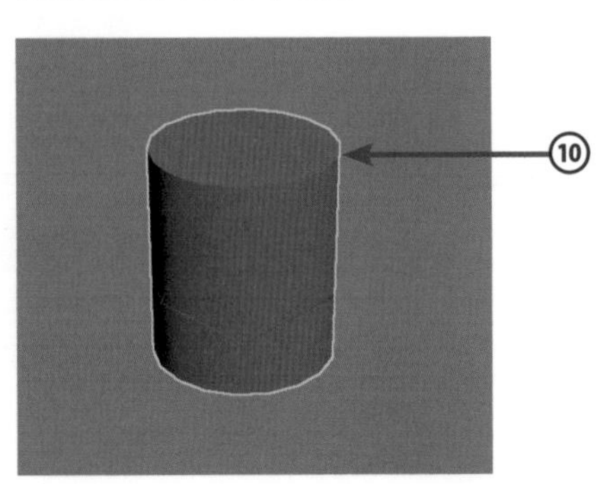

11 上下滑動滑鼠，來決定錐形面的大小，點擊滑鼠左鍵，完成。

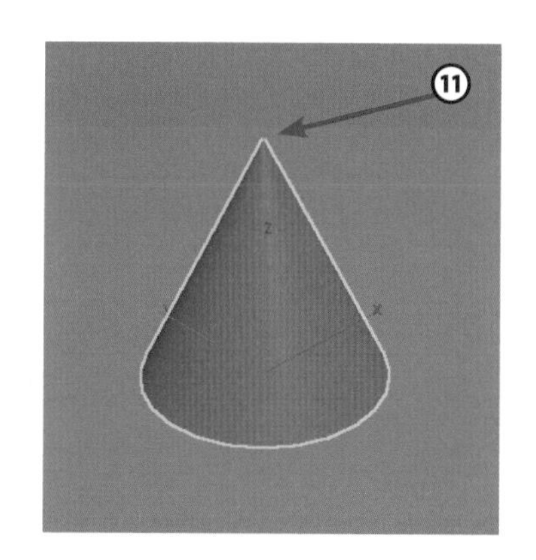

12 選取圓柱，按下 F4 開啟線框，點擊【Modify（修改面板）】，可以修改圓柱的半徑、高度、邊數等等。

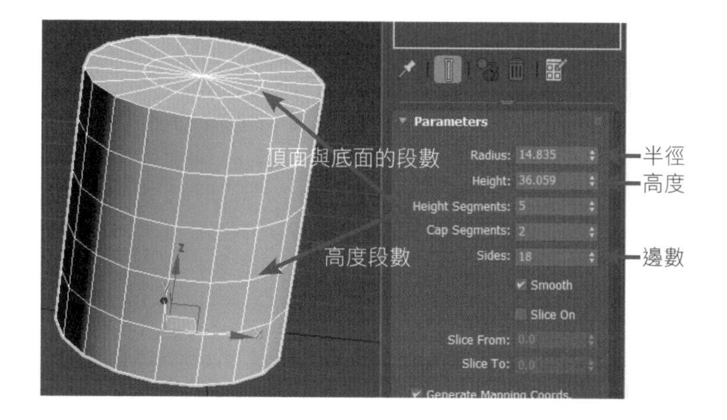

13 選取球體，可以修改半徑、段數。

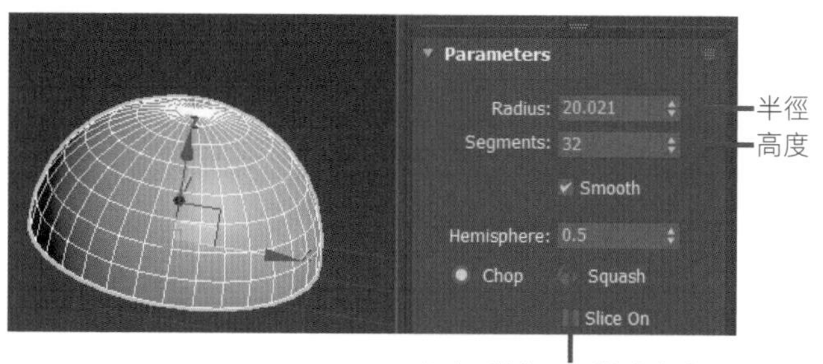

半球（數值 0.5 變成半球）

14 選取圓錐，與圓柱參數的差別就是有兩個半徑可以調整。

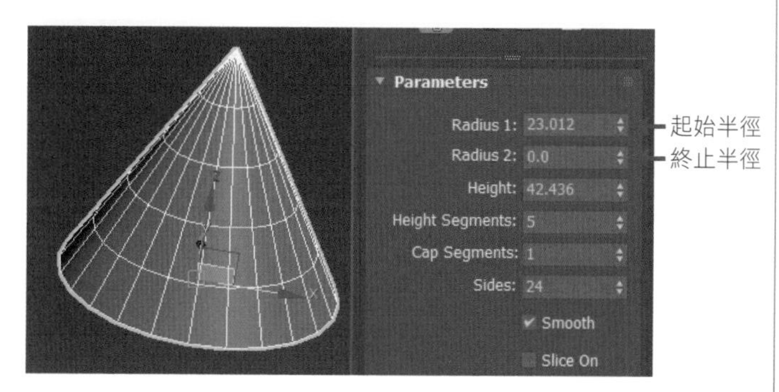

Shapes（形狀）

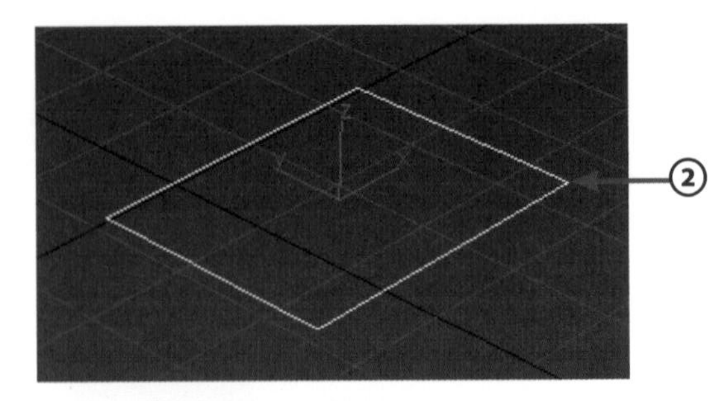

01 點擊【Create（創建面板）】→【Shapes（形狀）】→【Splines】的面板。可以建立線、圓、弧、矩形、文字…等 2D 形狀。

02 點擊【Rectangle（矩形）】按鈕，按住滑鼠左鍵向右下拖曳出矩形，完成。

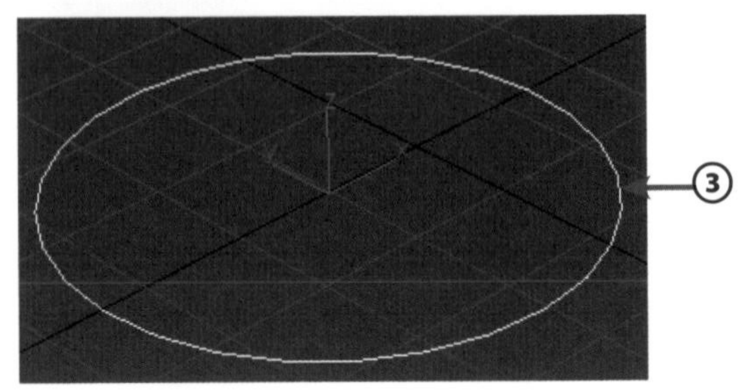

03 點擊【Circle（圓形）】按鈕，按住 滑鼠左鍵向右拖曳出圓，完成。

04 按下 T 鍵，切換至上視圖。點擊【Arc（弧）】按鈕，按住滑鼠左鍵向右拖曳出直線（如左下圖），放開滑鼠左鍵，再移動滑鼠游標來決定弧度後，點擊滑鼠左鍵決定弧的弧度（如右下圖），完成。

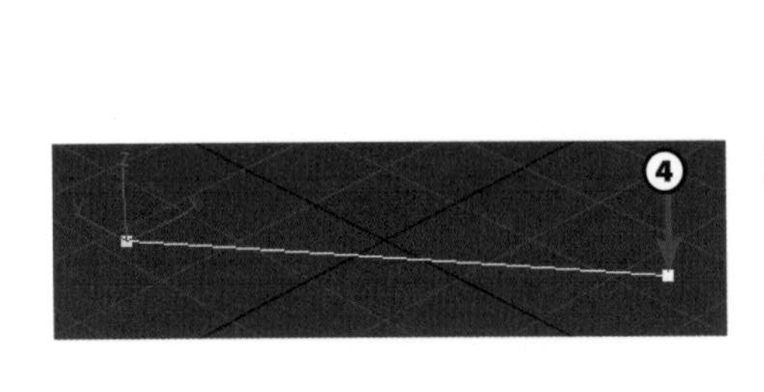

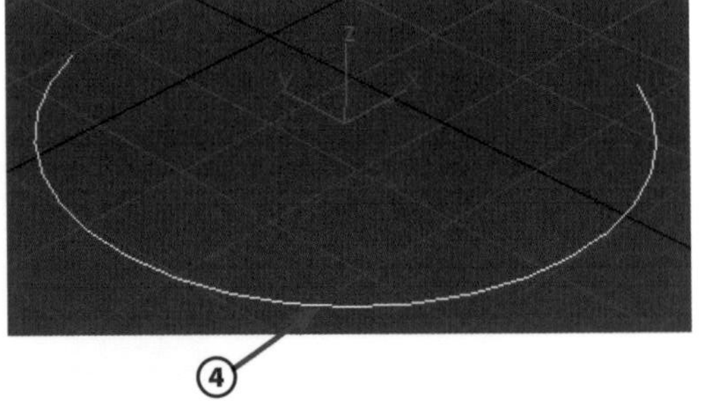

05 點擊【NGon（多邊形）】按鈕，按住滑鼠左鍵向右拖曳出多邊形，預設為六邊形。

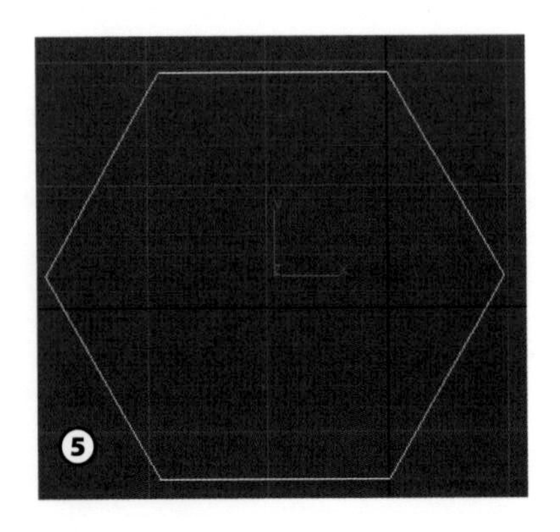

06 在【Modify(修改面板)】下的【Parameters】可以更改【Sides(邊數)】，輸入「4」，可以變成如圖所示的矩形。

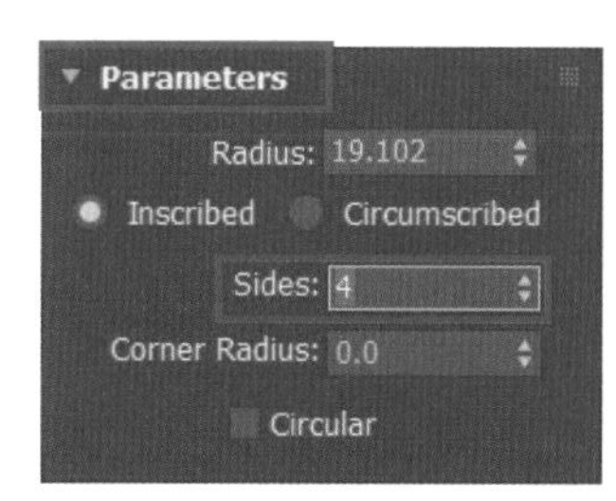

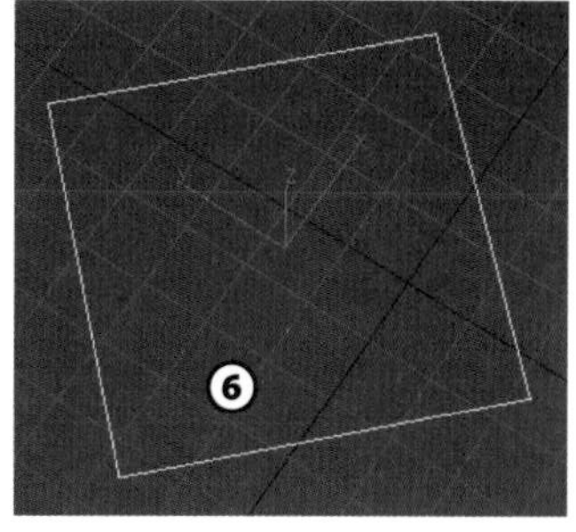

07 在【Create(創建面板)】中，點擊【Helix(螺旋線)】按鈕，按住滑鼠左鍵向右拖曳出圓，放開左鍵決定底部半徑。

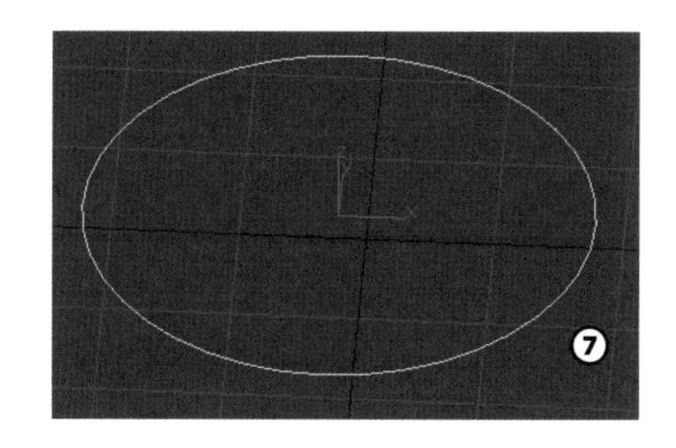

08 將滑鼠向上移動，點擊滑鼠左鍵決定螺旋線高度。

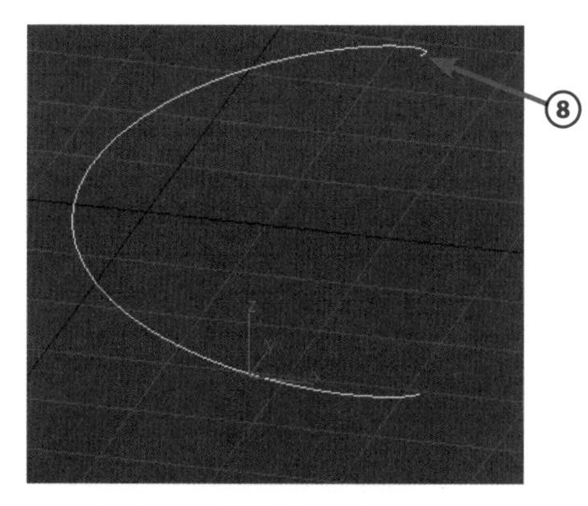

09 將滑鼠向上或向下移動，點擊滑鼠左鍵決定螺旋線頂部半徑。

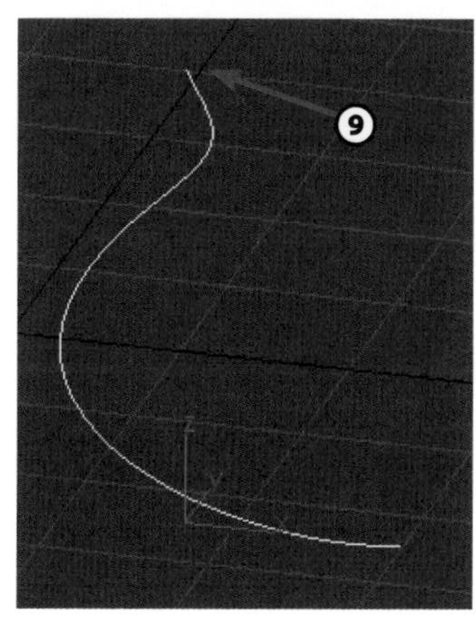

10 圖形差異不大是因為預設圈數太少，到【Modify（修改面板）】下的【Parameters】，修改【Turns（圈數）】，完成螺旋線繪製。【CW】為順時針，【CCW】為逆時針。

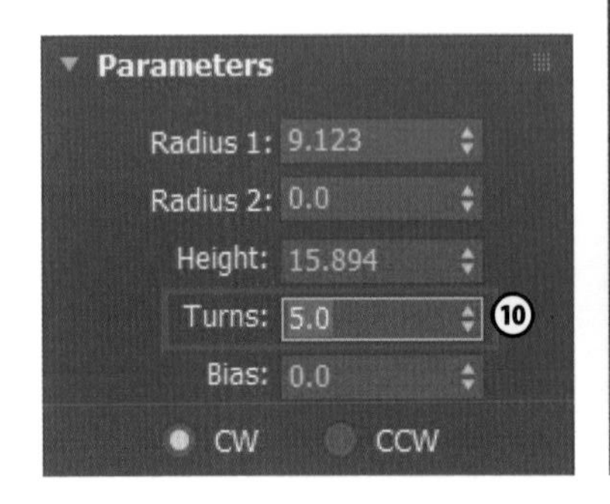

1-4 常用修改器

Extrude（擠出）

01 按下 T 鍵，切換到上視圖。點擊【Create（創建面板）】→【Shapes（2D 面板）】，按下【Line】，開始繪製草圖。

02 點擊滑鼠左鍵繪製一個攝影機的形狀。繪製完形狀，最後點擊起點來將線段封閉。

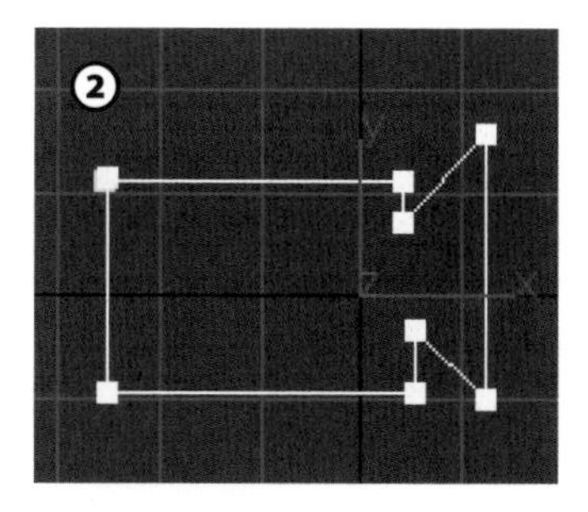

小秘訣

繪製時按住 Shift 可繪製出垂直線或水平線。

03 此時會出現一個視窗，詢問是否要將線段封閉，選擇「是」。

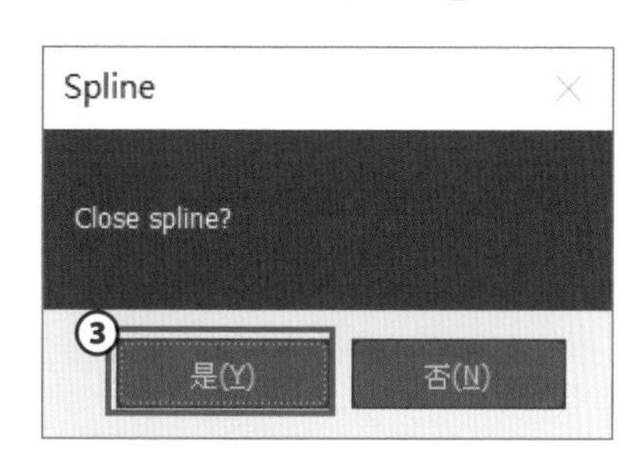

04 如果不是理想中的外型，可以利用修改面板來做修改。點擊【Modify（修改面板）】→【Vertex（點）】層級，選取全部的點。

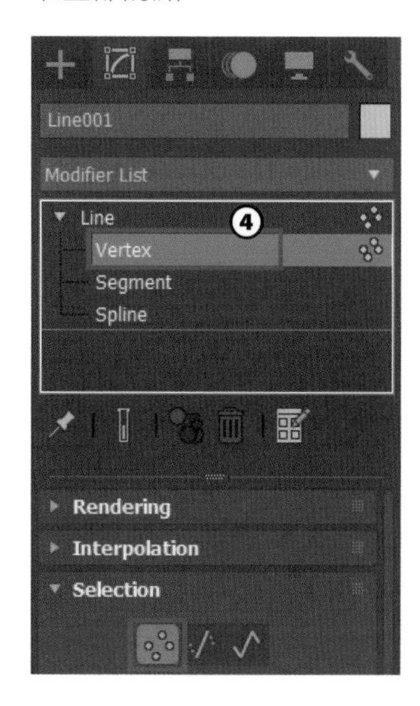

05 按下滑鼠右鍵將點的類型轉換為【Smooth】，再切換為【Bezier】，並拖曳綠色把手來調整草圖曲線。

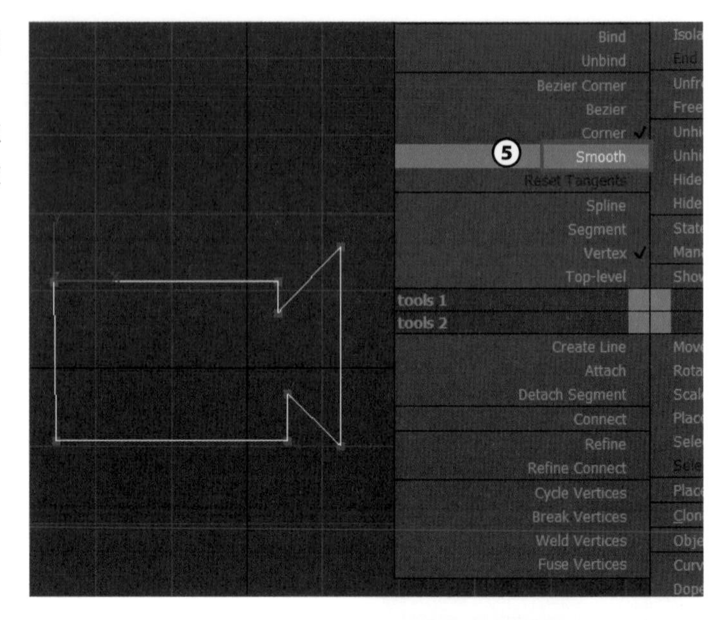

06 完成草圖繪製後，點擊【Modify（修改面板）】，再點擊【Modifier List】下拉式選單→加入【Extrude（擠出）】修改器。

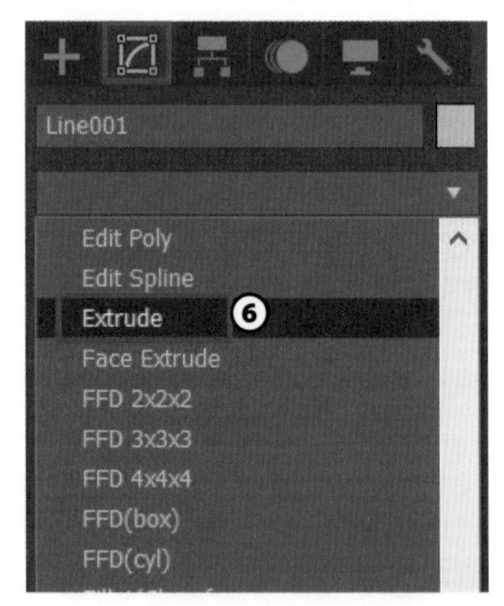

07 在【Amount（高度）】輸入「10」設定擠出厚度，【Segments】可以調整擠出的段數，按下 F4 鍵，顯示線框，可以看見分割段數，完成。

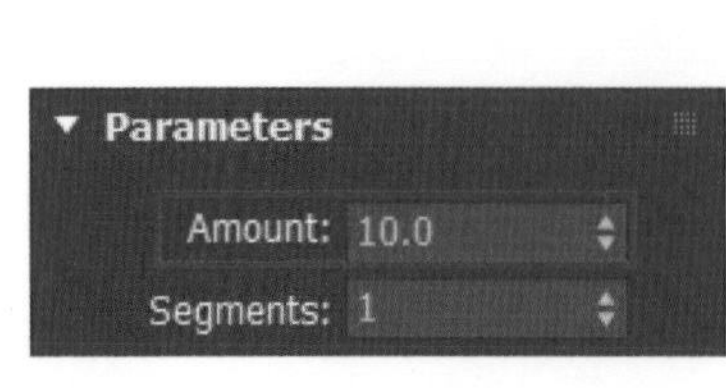

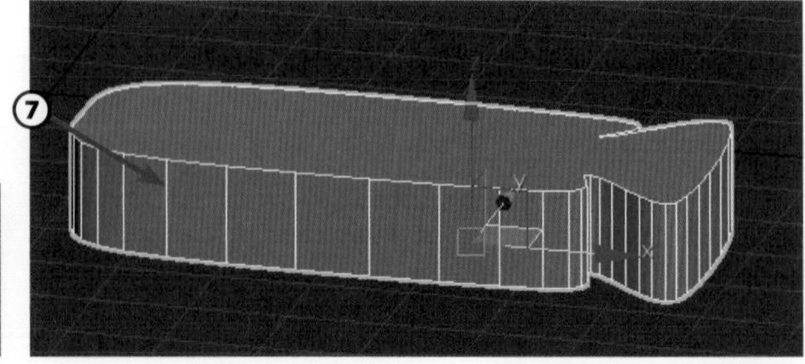

08 將【Cap Start】與【Cap End】選項打勾取消，可將開始面與結束面取消封閉。

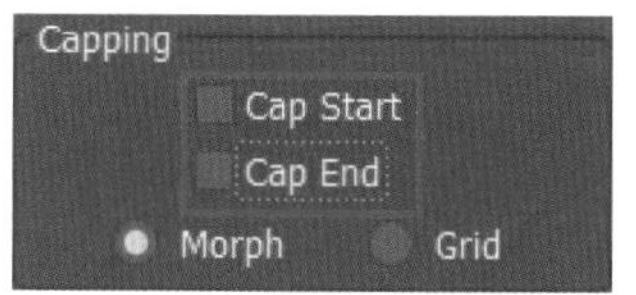

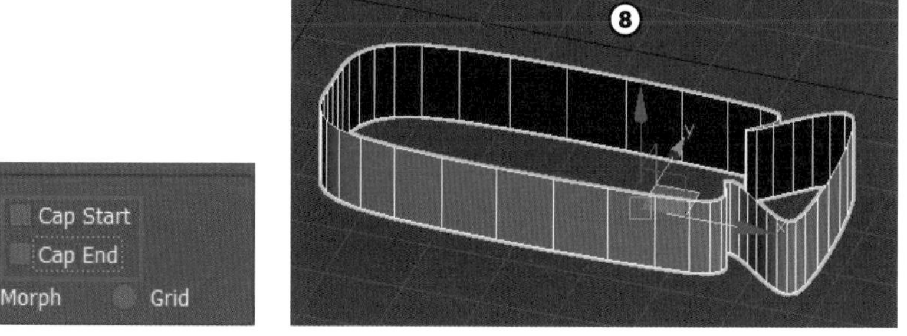

Shell（殼）

01 按下 T 鍵，切換至上視圖，點擊【Star（星形）】，繪製星形形狀，在【Modify（修改面板 】下方欄位中調整【Points】數值，可以決定角點數量。

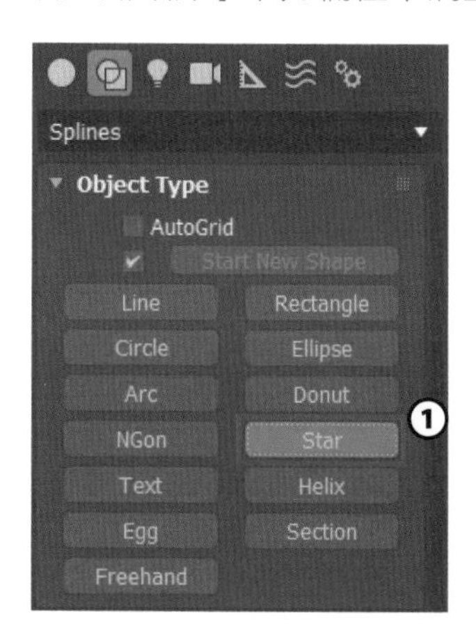

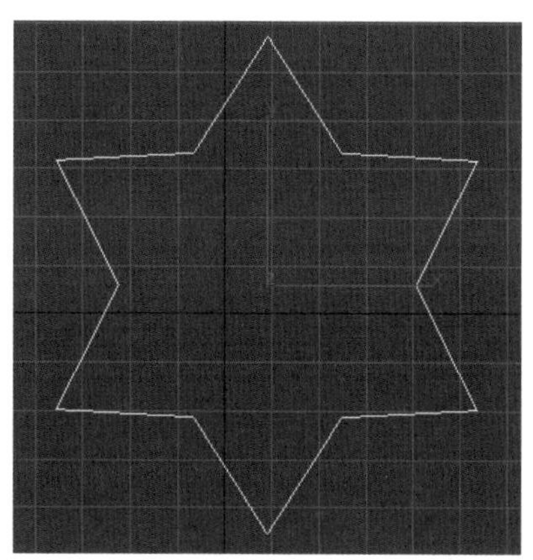

02 在【Modify（修改面板）】中，點擊【Modifier List】下拉式選單→加入【Extrude（擠出）】修改器，擠出參數沿用上次設定。

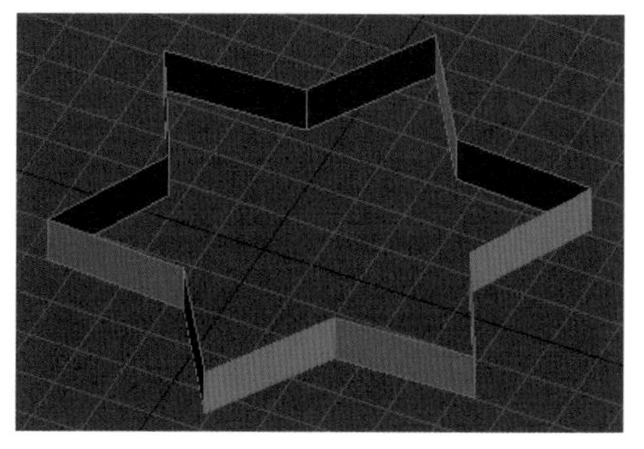

03 點擊【Modifier List】下拉式選單→加入【Shell（殼）】修改器。

04 在【Modify（修改面板）】下方欄位中，修改【Outer Amount】的數值可以向外側增厚；【Inner Amount】則為向內側增厚。

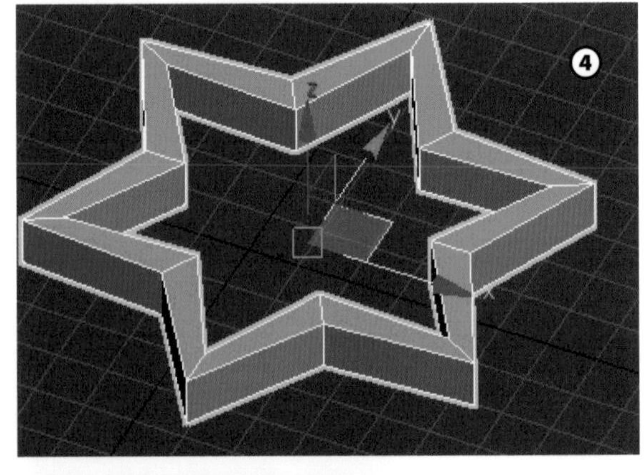

> **小秘訣**
> 向內增厚容易產生模型交錯的情況，須注意。

05 在【Modify（修改面板）】下方欄位中，修改【Outer Amount】的數值可以向外側增厚；【Inner Amount】則為向內側增厚。

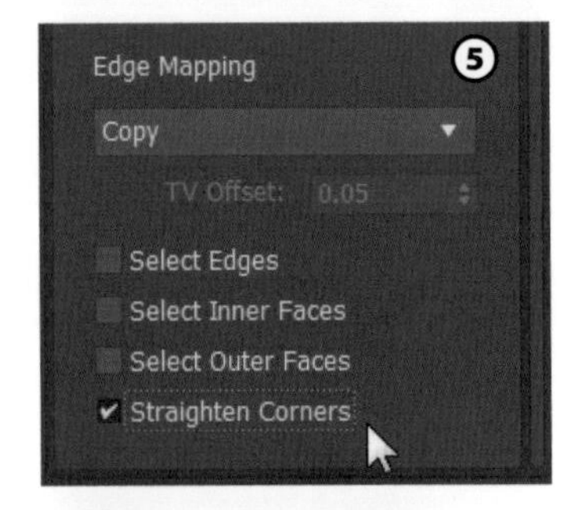

Bend（彎曲）

01 任意繪製一個分割段數為「1x1x1」的【Box（方塊）】。

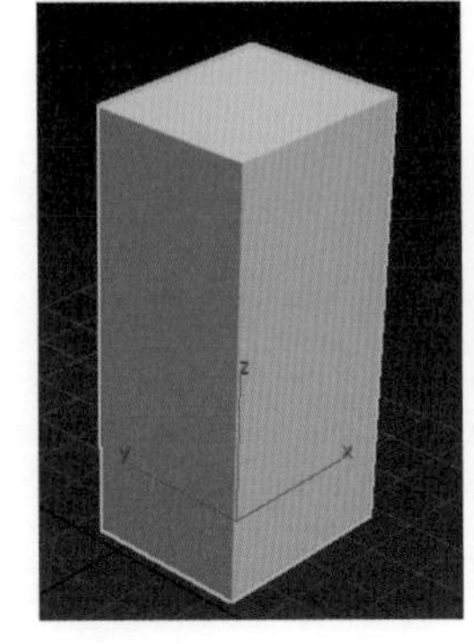

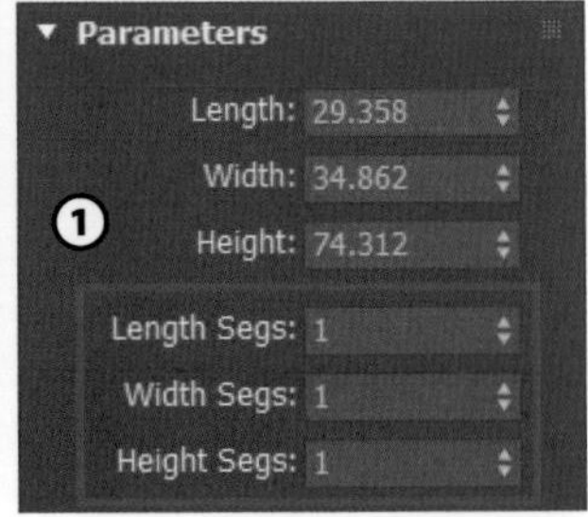

02 在【Modify（修改面板）】中，點擊【Modifier List】下拉式選單→加入【Bend（彎曲）】修改器。

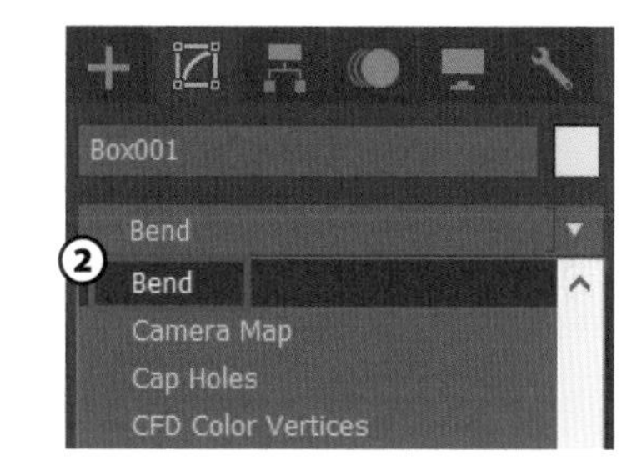

03 在【Modify（修改面板）】→【Parameters（參數）】→【Bend（彎曲）】→【Angle（角度）】輸入「60」度，可以將方塊彎曲一個角度，並將【Bend Axis（彎曲軸）】設定為 Z 軸。

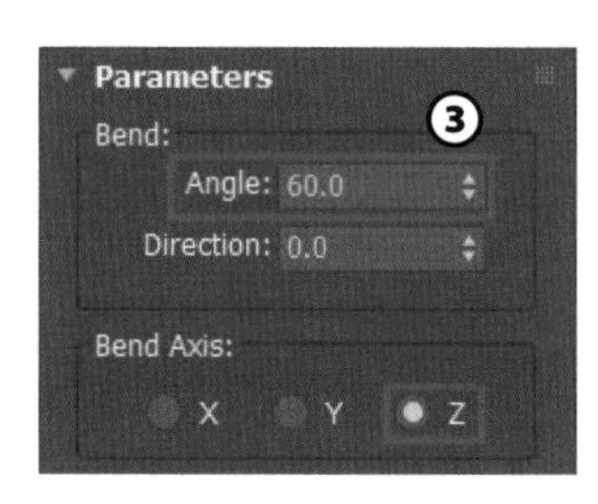

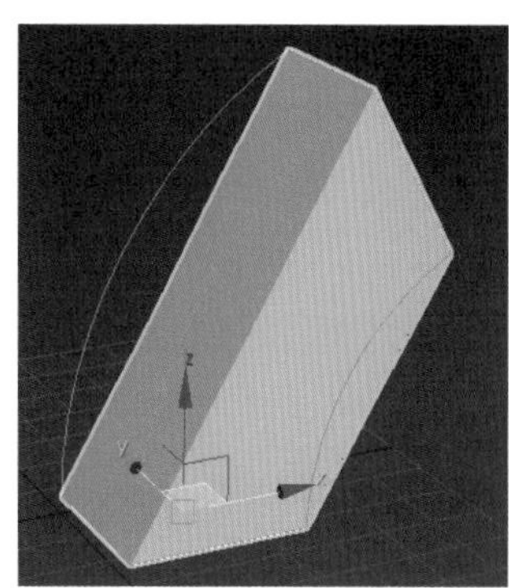

小秘訣

此處之所以沒有彎曲是因為方塊的分割段數不夠。

04 將【Parameters（參數）】→【Bend（彎曲）】內【Direction（方向）】修改為「-90」度，可以改變彎曲的方向。

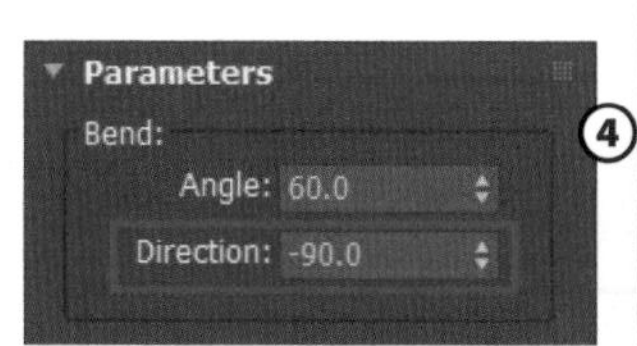

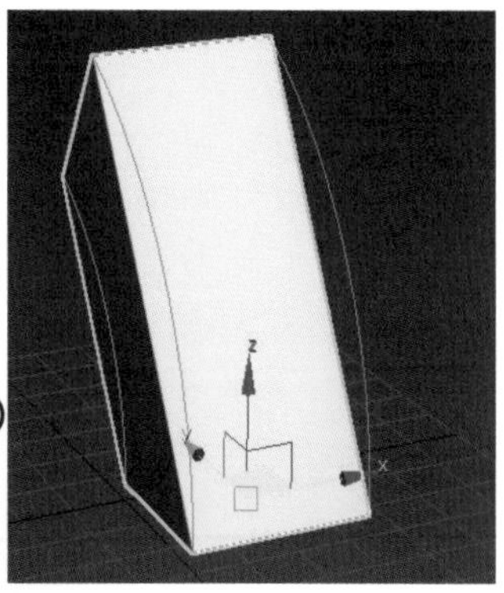

05 點擊【Modify（修改面板）】中的 Box，回到 Box 圖層。

06 在【Modify（修改面板）】下方欄位中的【Height Segs】欄位內輸入「8」，增加分割段數，就可以成功將方塊彎曲。若是其他軸向的彎曲，就增加其他方向的分割段數。

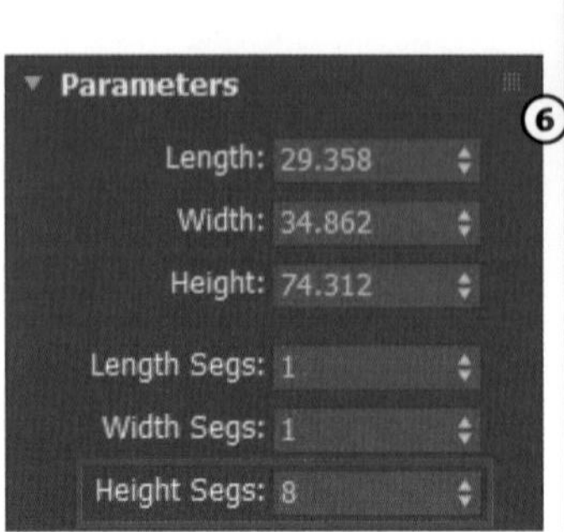

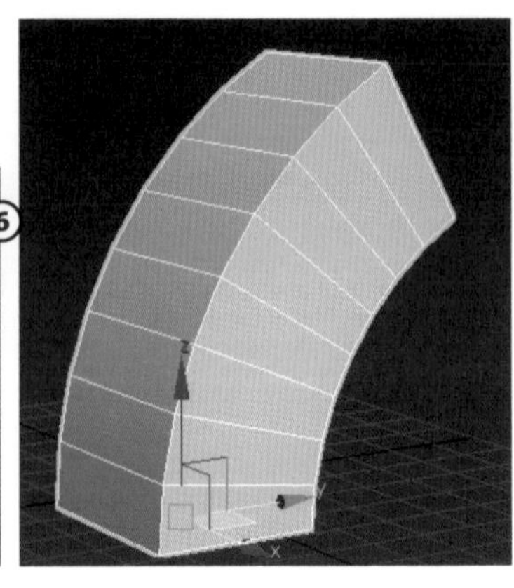

小秘訣

加入【Bend（彎曲）】修改器並設定【Angle（角度）】後，若物件沒有彎曲，請檢查物件本身是否有分割段數，可按 F4 開啟網格來檢查。

小秘訣

點擊修改器的欄位可以隨時切換。在新增的 Bend 修改器欄位，點擊滑鼠右鍵→【Cut】，可以刪除修改器。或是選擇新增的 Bend 修改器，點擊【🗑】按鈕也可以刪除。

FFD（變形）

01 繪製一個分割段數為「5x5x1」的【Box（方塊）】，作為枕頭的雛型。

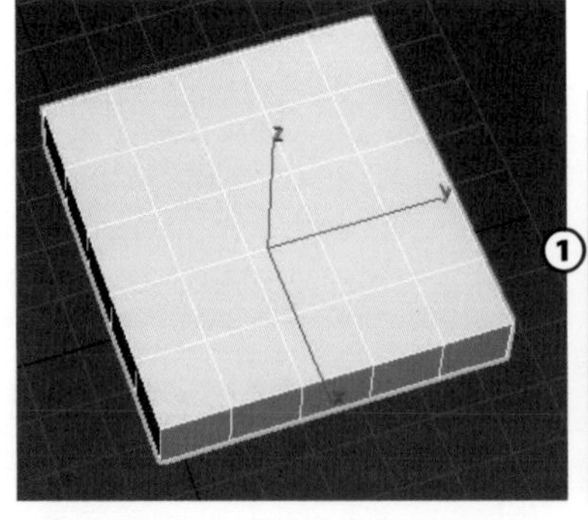

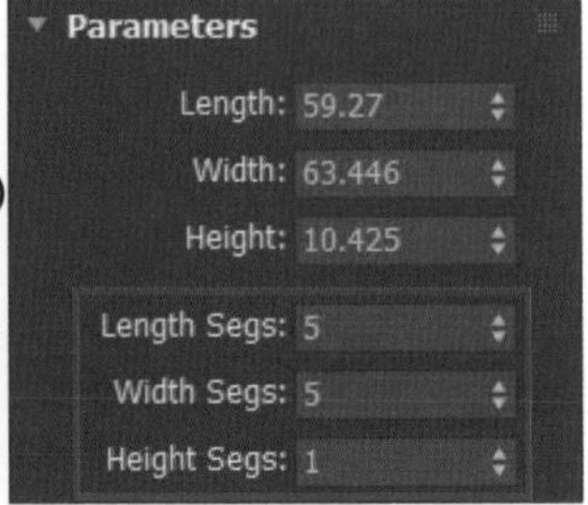

小秘訣

【Box（方塊）】的分割段數越多，枕頭弧度越平滑，但面數也越多。

02 在【Modify（修改面板）】中，點擊【Modifier List】下拉式選單→加入【FFD（box）】修改器。

小秘訣

【FFD】修改器有分 2x2x2、3x3x3、4x4x4、box 四種分割，只有【FFD（box)】修改器可以更改 FFD 的分割數。

03 點擊【Modify（修改面板）】下方欄位中點擊【Set Number of Points】按鈕，可以設定 FFD 的分割數。

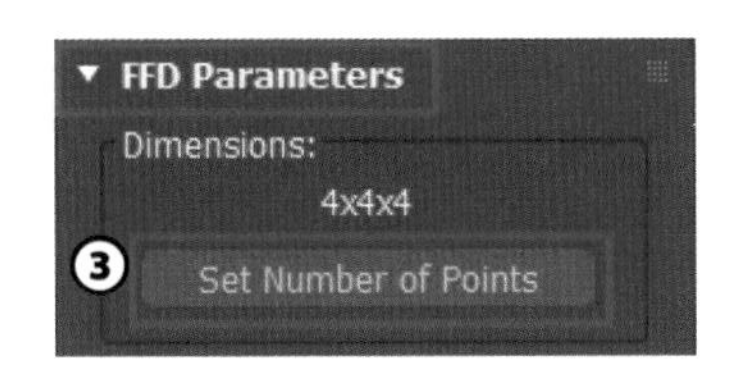

04 此時會出現一個視窗，將點數設定為「6x6x2」分割後，按下【OK】鍵。

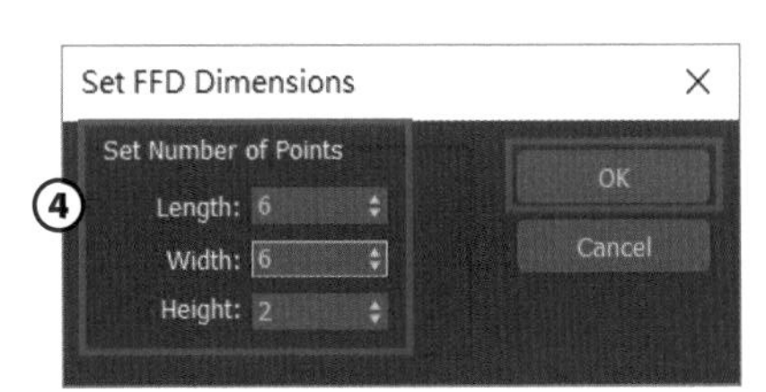

05 按下 T 鍵，切換至上視圖，將修改面板內【FFD（box）6x6x2】左邊的箭頭點開，進入【Control Points（控制點模式）】層級，框選左右兩側的點。

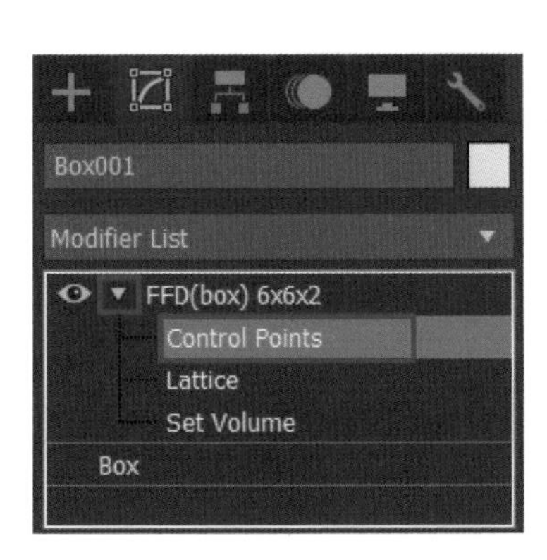

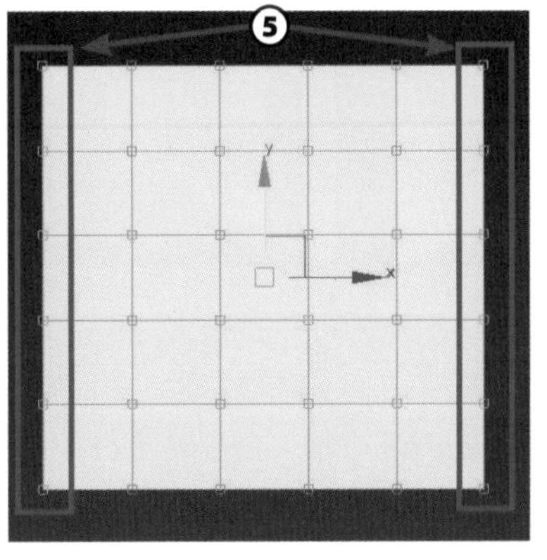

06 按下 P 鍵，切換至透視 圖，按下 R 鍵（比例），往 Z 軸方向壓扁兩側。

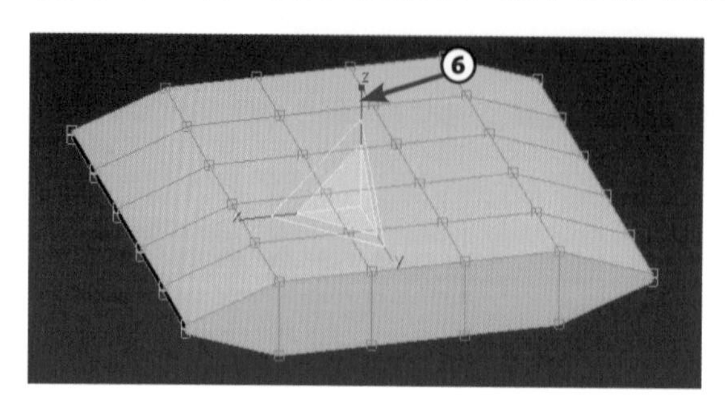

07 按 T 鍵切換至上視圖，框選中間的點，利用比例往 Y 軸方向縮小。

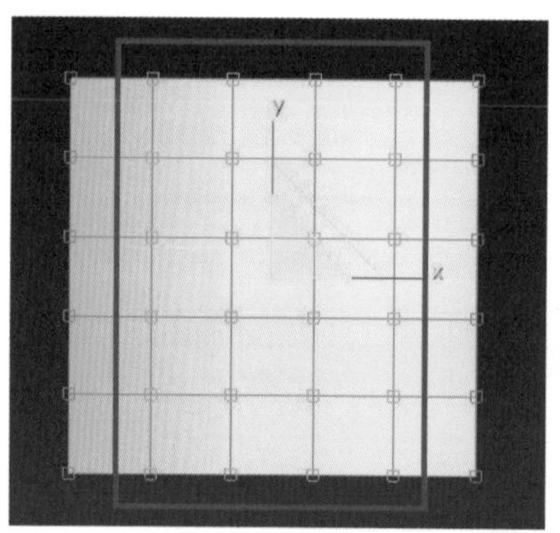
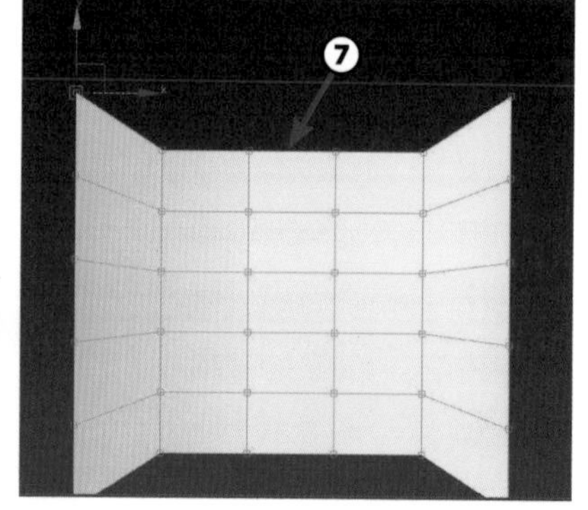

08 按下 W 鍵（移動），框選如圖所示的點，將點向右移動。

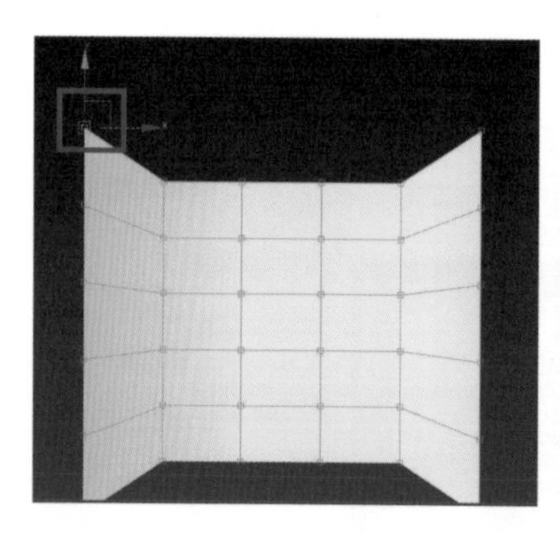
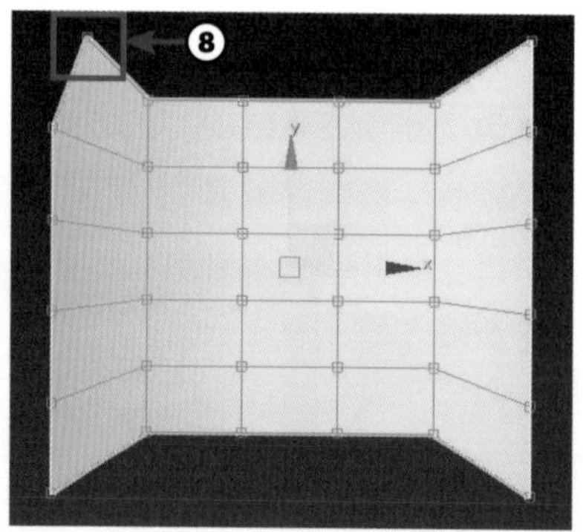

小秘訣

這裡務必要用框選點的方式來選取，框選點是為了連背後的點都選取到，若點擊滑鼠左鍵選取點，只會選取到一個點。

09 依序框選點並調點成枕頭的形狀。

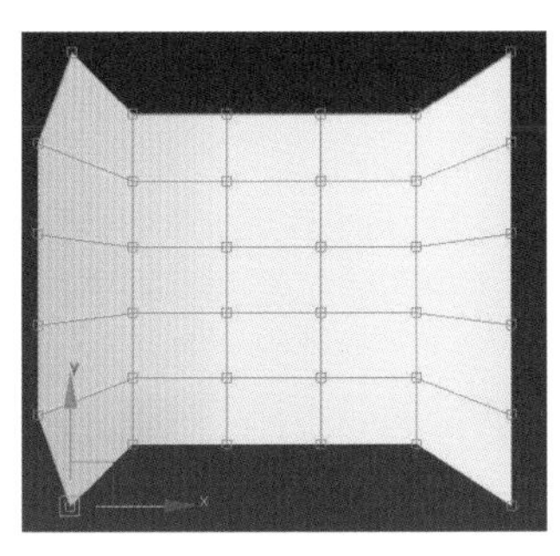

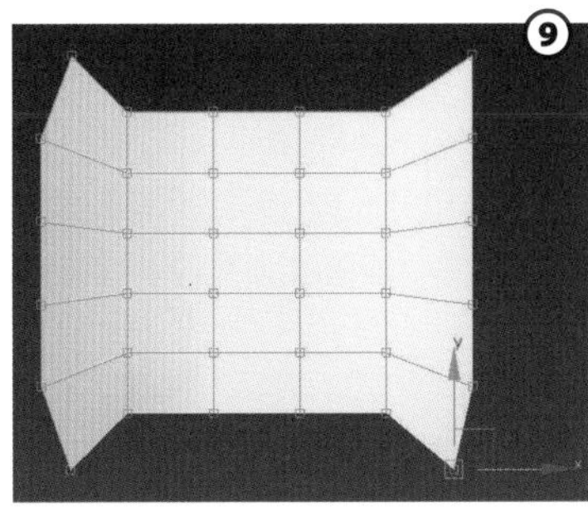

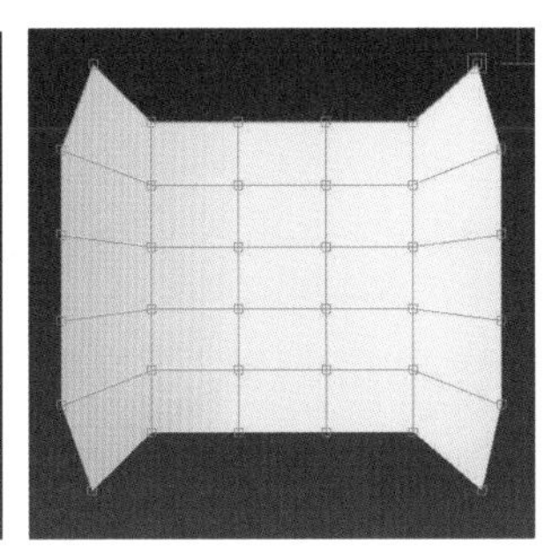

10 點擊【FFD（Box）6x6x2】離開子層級。即可完成枕頭。

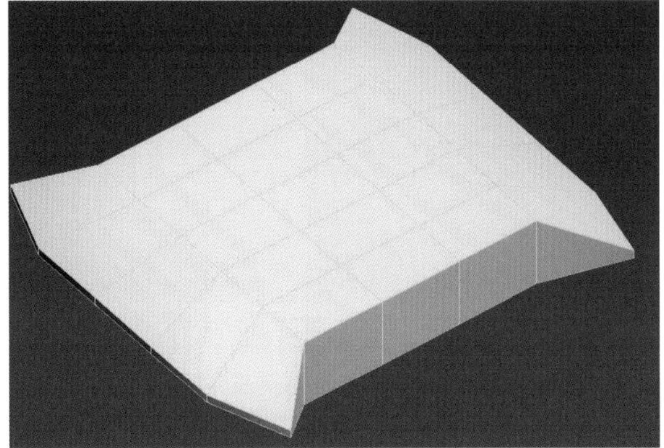

小秘訣

若不使用子層級，必須先離開子層級，再做其他的指令，否則後續容易產生其他錯誤。FFD（Box）6x6x2 底色顯示藍色表示已經離開子層級。

1-5 Line（線）的應用

Line 的三大子層級

Line（線）有【Vertex（點）】、【 Segment（線）】、【 Spline（全線）】三種子層級；可藉由以上三種方式編輯線段。

01 在【Create（創建面板）】中→點擊【Shapes（形狀）】→下拉選單選擇【Splines】→【Line（線）】。

02 在【Create（創建面板）】下方欄位中，將【Creation Method（建立方法）】→【Initial Type（初始類型）】設定為【Corner（角點）】，可繪製出稜角的線。

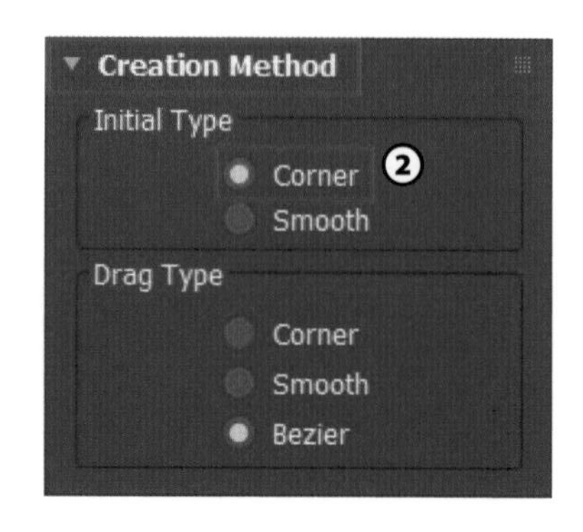

小秘訣

將【Creation Method】→【Initial Type】設定為【Smooth（平滑）】，可繪製出平滑曲線。

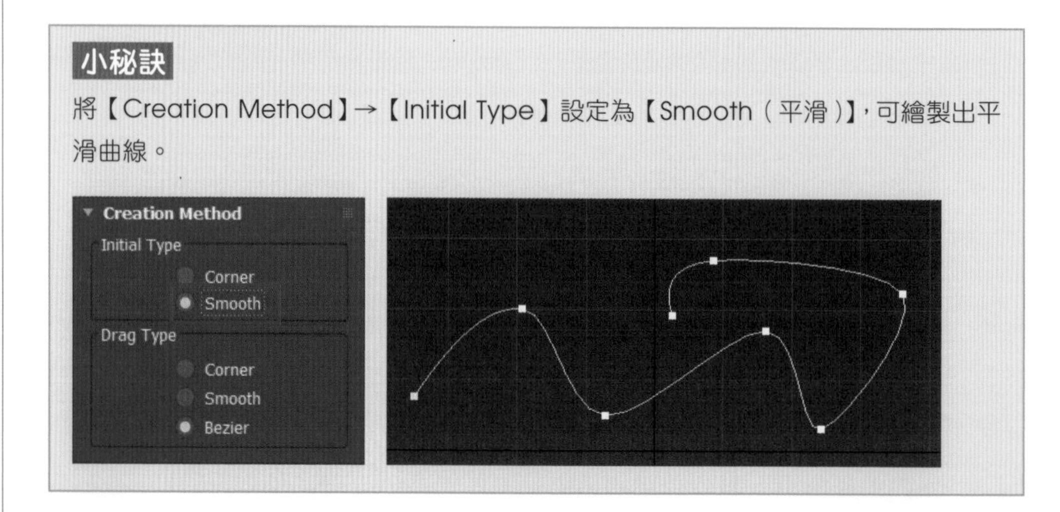

03 按下 T 鍵，切換至上視圖，點擊滑鼠左鍵決定起始點。

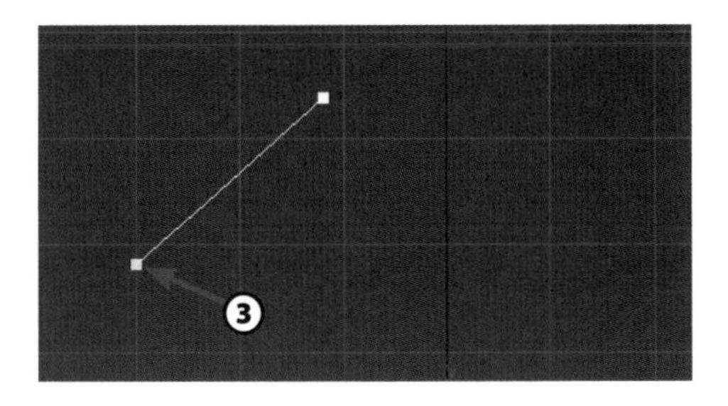

04 繼續點擊第二、三、四、五點。

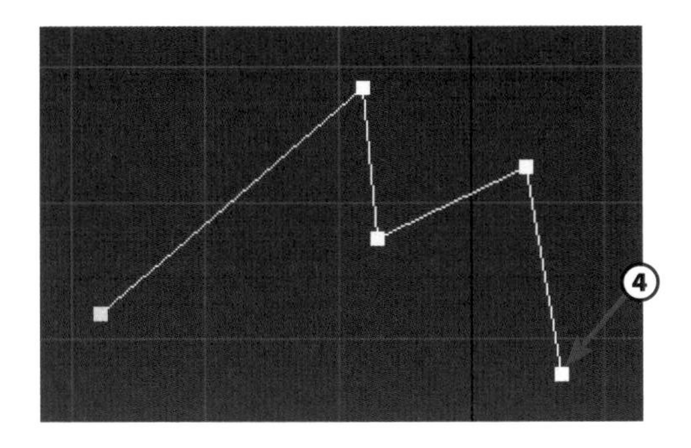

05 按住 Shift 鍵，可強制繪製出水平或垂直線，點擊左鍵決定長度後，再點擊起始點來封閉線段。

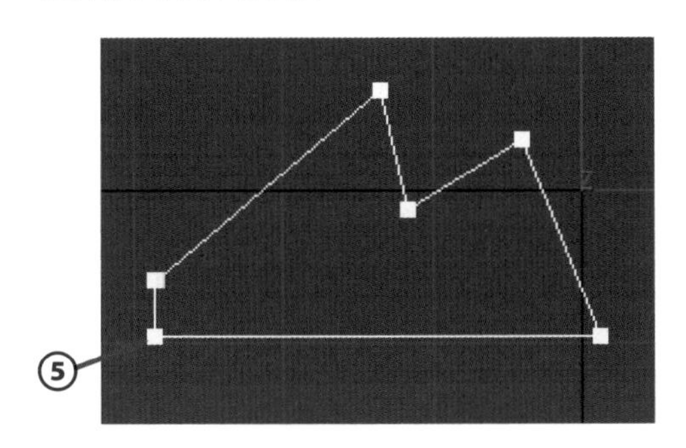

06 此時會跳出一個視窗，詢問是否將線段封閉，點擊【是】，完成封閉圖形，點擊滑鼠右鍵結束 Line 指令。

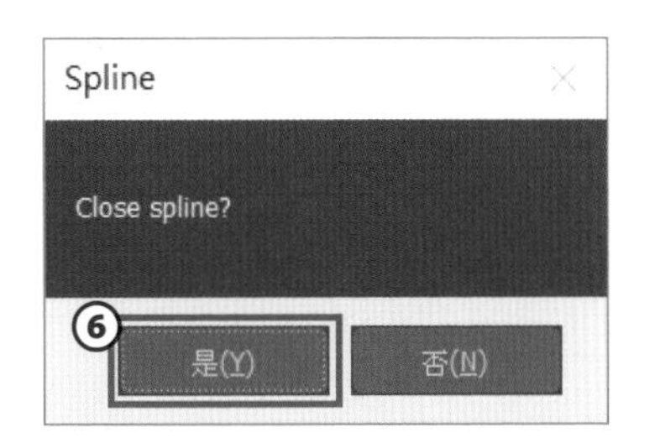

小秘訣

繪製出線段後，若沒有封閉線段，點擊滑鼠右鍵一次，可結束繪製目前線段，再點擊右鍵一次可結束【Line（線）】指令。

07 在【Modify（修改面板）】的 Line 左邊箭頭點開，可選擇各個子層級。或點選【Modify（修改面板）】→ Selection】的下排圖示也可作切換。

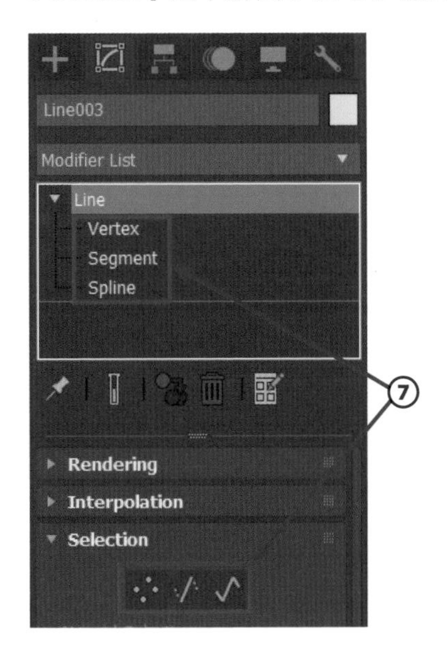

08 在【Modify（修改面板）】中→點擊【 】按鈕進入 Vertex（點）層級（快捷鍵：鍵盤上方的數字鍵 1），可框選到所有的點。

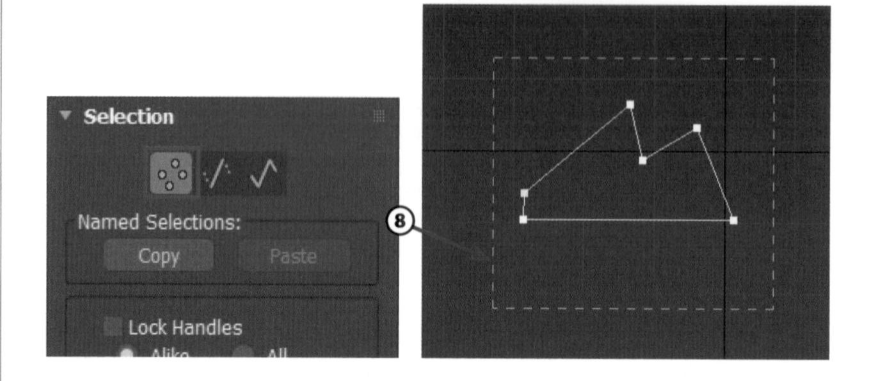

09 在【Modify（修改面板）】中→點擊【 】按鈕進入 Segment（線）層級（快捷鍵：鍵盤上方的數字鍵 2），可框選任意的線。

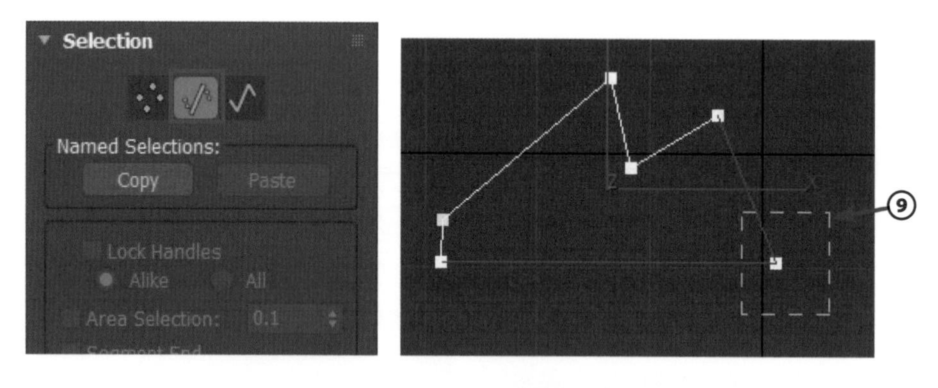

10 在【Modify（修改面板）】中→點擊【 】按鈕進入 Spline（全線）層級（快捷鍵：鍵盤上方的數字鍵 3），並按下滑鼠左鍵選取任一條線，即可選到全部的線。

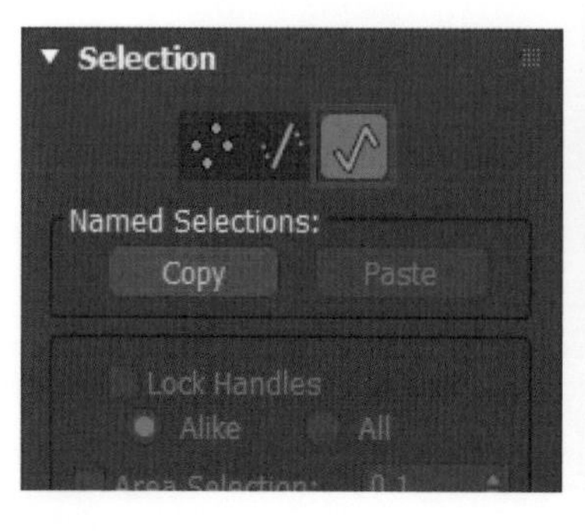

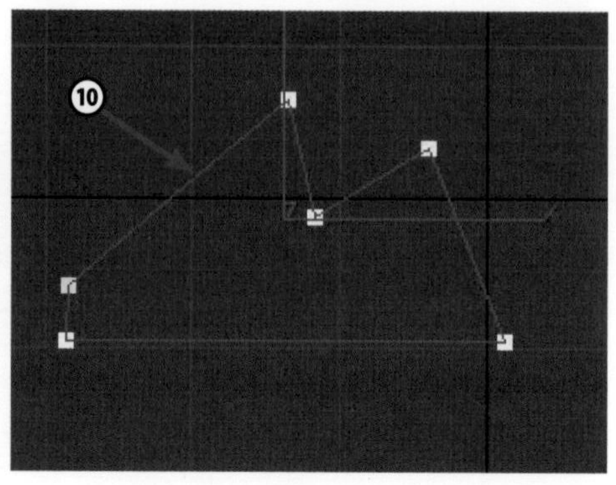

小秘訣

進入子層級後，就無法編輯整 個模型物件或其他物件，記得要點擊 Line 回到父層級。

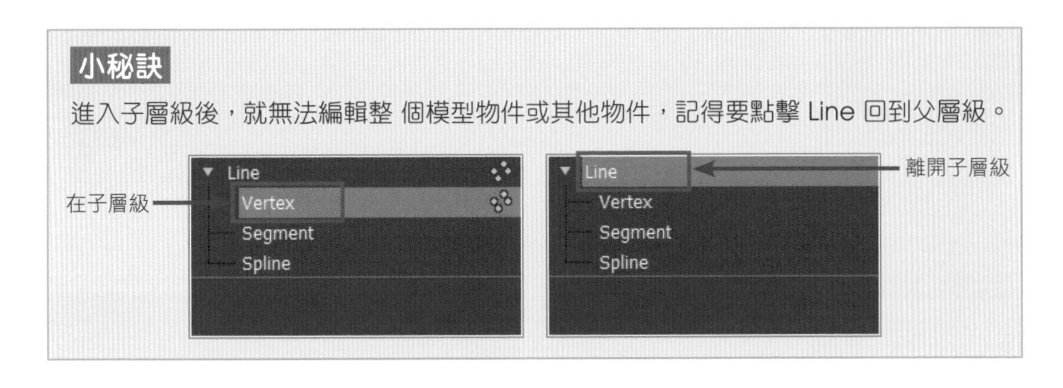

四大點型式

【Line（線）】的點類型有四種，分別是，有 Bezier Corner（貝茲角點）、Bezier（貝茲）、Corner（角點）、Smooth（平滑）四種點型式，最初預設值皆為 Corner（角點），有需要時可切換至其他點型式調整線段的弧度。

01 按下 T 鍵，切換至上視圖，在【Create（創建面板）】→【Shapes（形狀）】→點擊【Line（線）】，任意繪製一段鋸齒線。

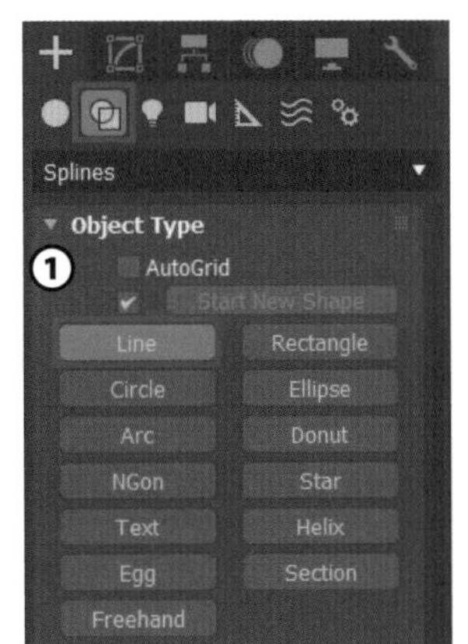

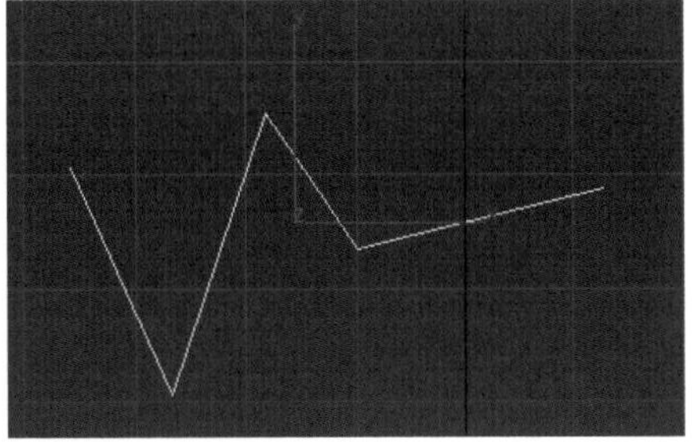

02 在【Modify（修改面板】中→點擊【 】按鈕進入 Vertex（點）層級，並框選任一點。

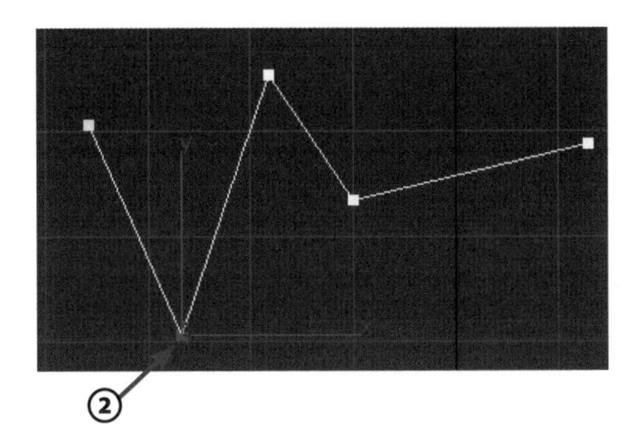

03 按下滑鼠右鍵→點擊 Bezier Corner（貝茲角點），會出現一個控制把手，此把手為不對稱的，可分別作調整；按下 W 鍵（移動），拖曳此把手的綠色控制點即可調整線段的弧度。

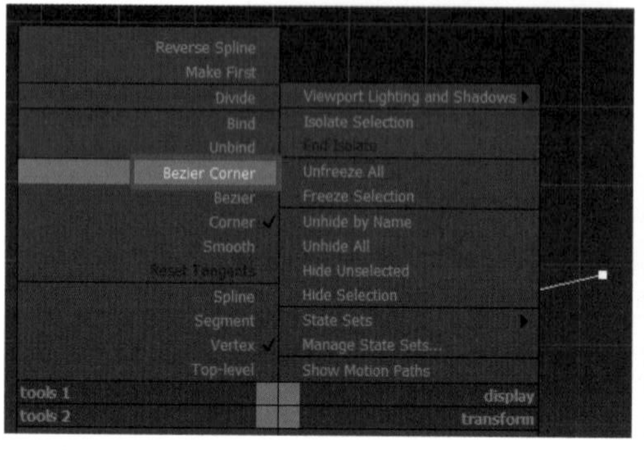

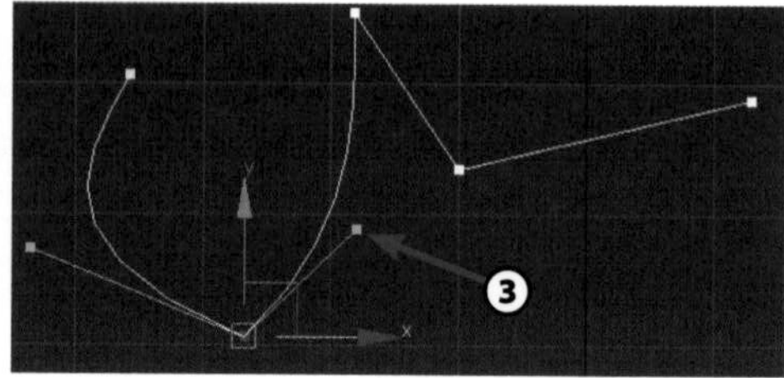

小秘訣

拖曳貝茲的綠色把手移動方向時，被限制在左右或上下，可以點一下座標中間的小矩形，可以解除限制。

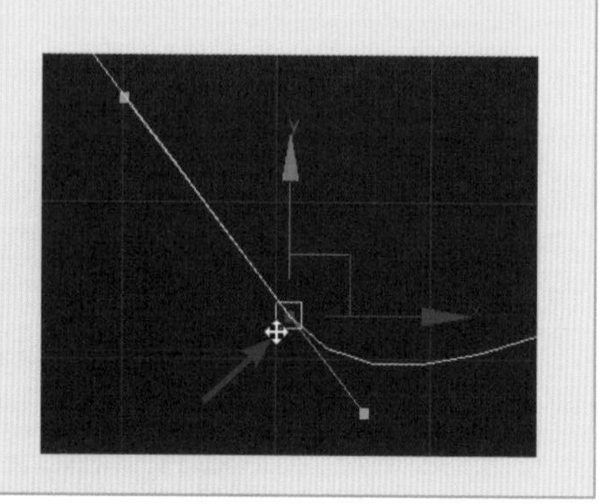

04 框選其他點。

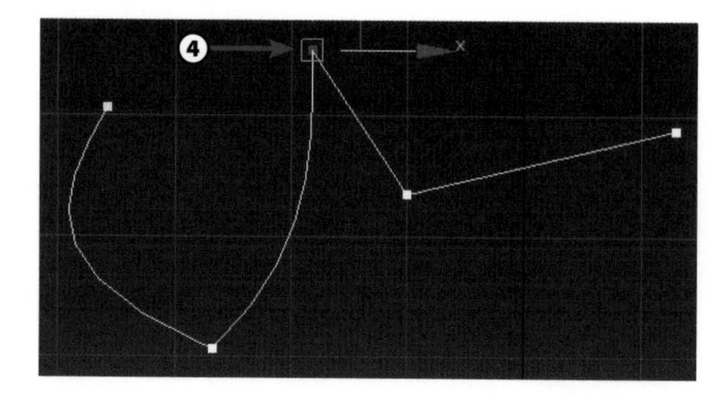

05 按下滑鼠右鍵→點擊 Bezier（貝茲），會出現一個控制把手，此把手為對稱 180 度，兩邊不能分別調整；按下 W 鍵（移動），拖曳此把手的綠色控制點即可調整線段的弧度。

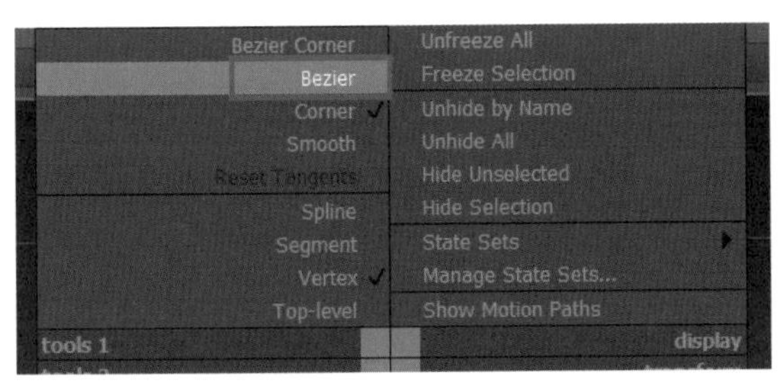

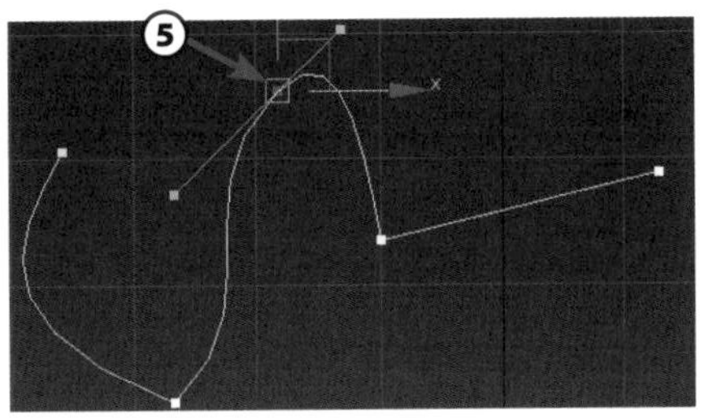

06 框選其他點。

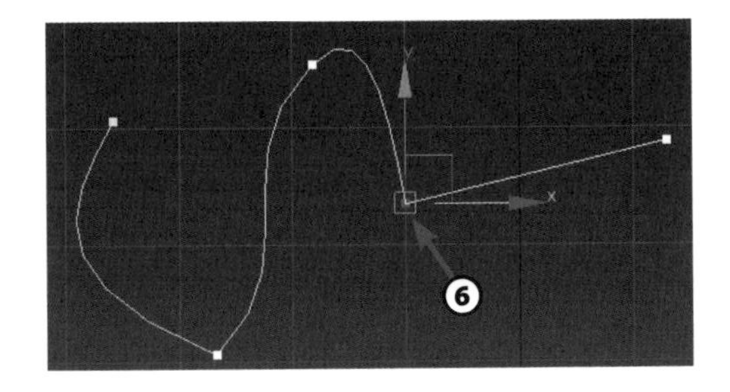

07 按下滑鼠右鍵→點擊 Smooth（平滑）時，不會出現控制把手，只是單純的將線段變得平滑，會自動調整線段弧度。

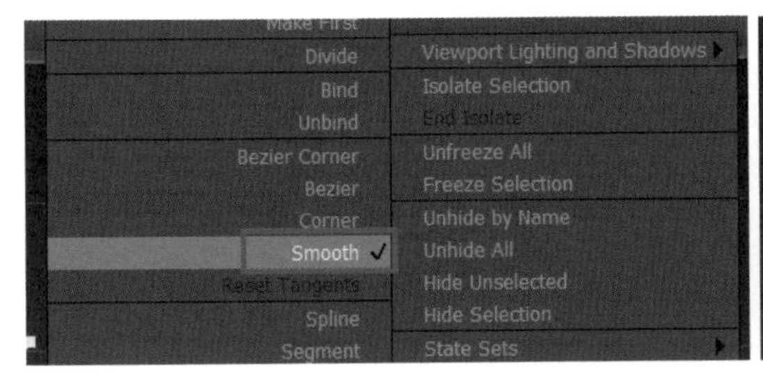

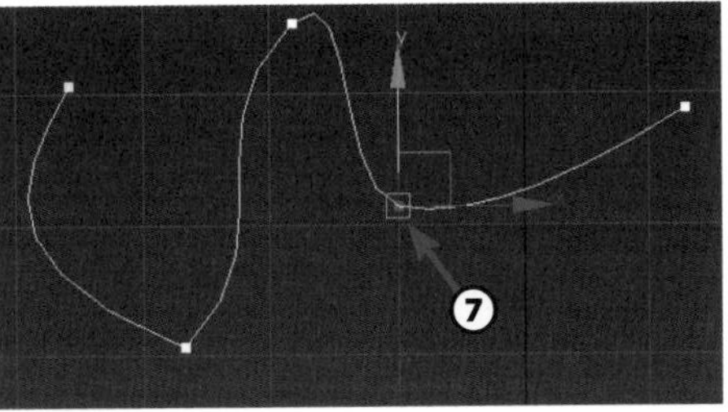

繪製碗

01 按下 F 鍵，切換至前視圖，點擊【Line】按鈕，繪製碗的左半邊形狀。

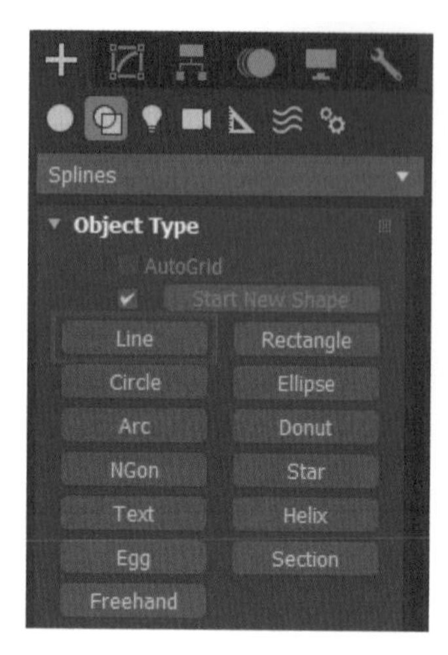

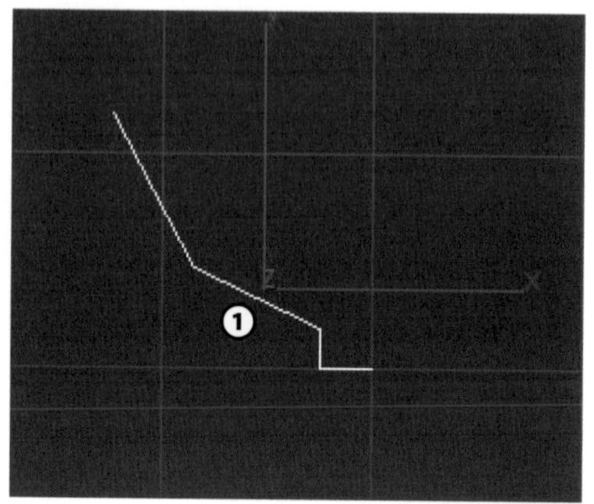

02 在【Modify（修改面板）】中 → 點擊【 】按鈕進入 Vertex（點）層級，選取如圖所示的點。

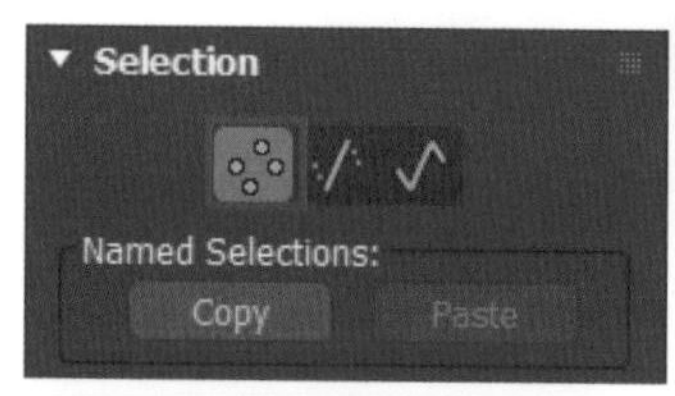

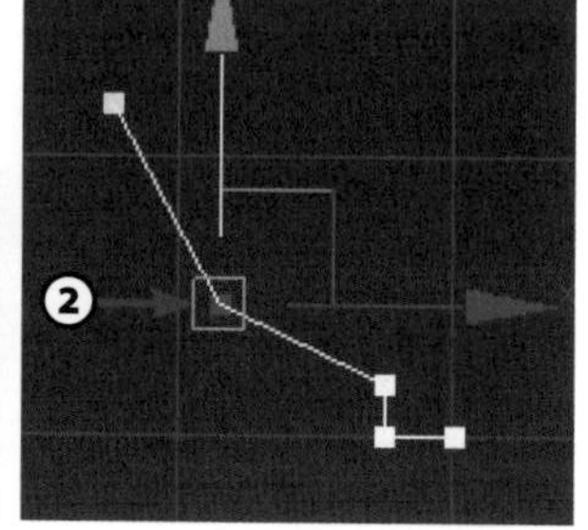

03 在【Modify（修改面板）】下方的欄位中，找到【Fillet（圓角）】右方【 】圖示，按住滑鼠左鍵拖曳至適當大小後，放開滑鼠左鍵，即可繪製出圓角，不用填入數字。

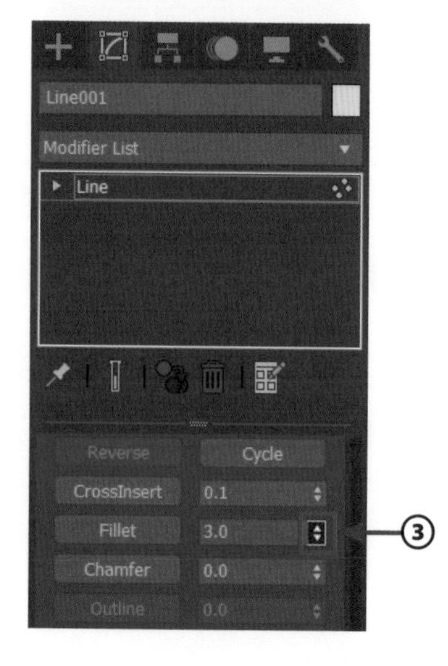

小秘訣

在設定 Fillet（圓角）的數值時，一定要用拖曳的，不可以用點擊的，因為點擊一下圓角就成形了，無法再更動，必須復原上步驟重新拖曳圓角。

04 按下滑鼠右鍵 →【Refine（加點）】。在線段上點擊滑鼠左鍵，增加點後，再點擊滑鼠右鍵結束 Refine 指令。

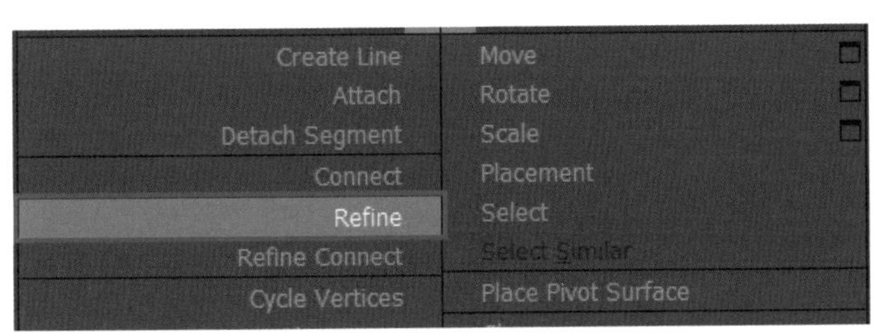

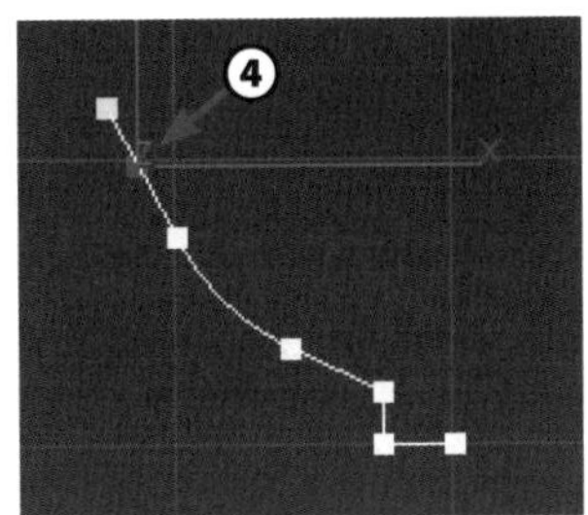

05 按下 W 鍵（移動），將點移動至適當位置，做出碗形狀。

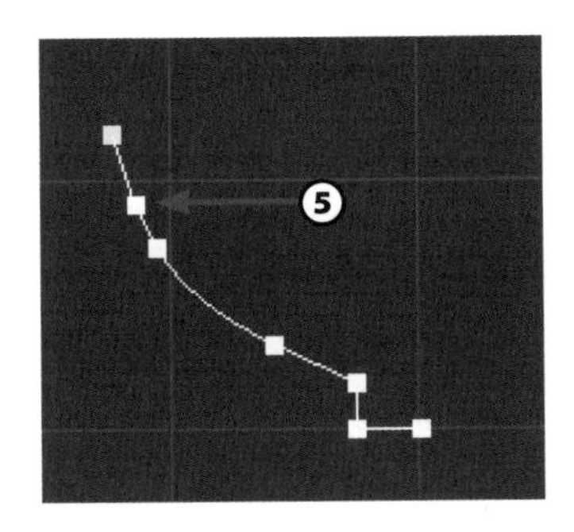

06 選取如圖所示的點，按下滑鼠右鍵 → 點擊 Bezier 點，並調整形狀，讓連接處有些微圓角的感覺，離開子層級。

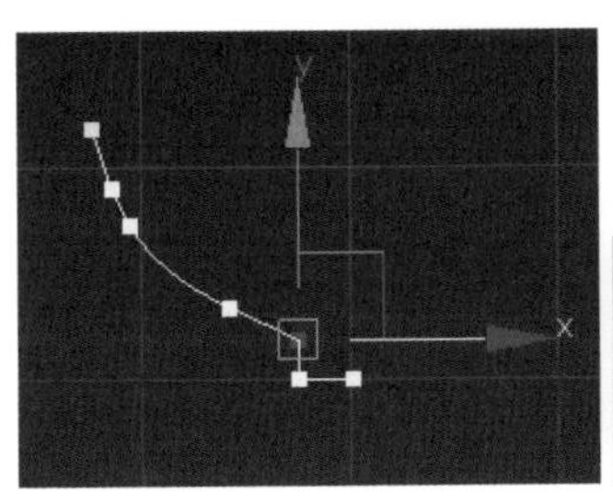

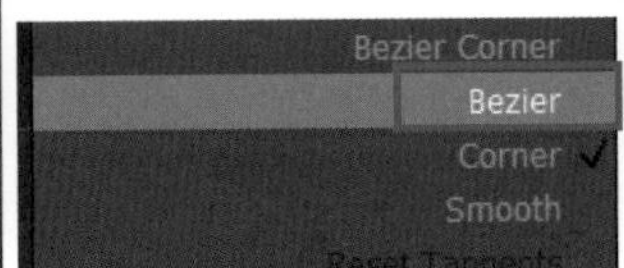

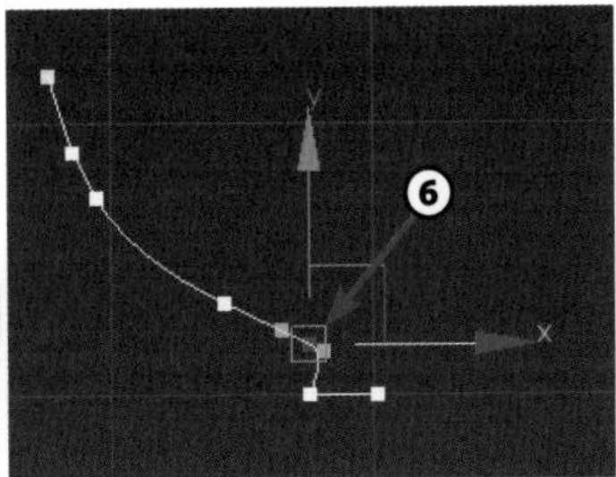

07 在【Modify（修改面板）】→點擊【Modifier List】下拉式選單→加入【Lathe（車削）】修改器。

小秘訣

必須先離開物件的子層級，才能加入修改器，否則之後容易出現問題。

08 在【Modify（修改面板）】下方欄位中，【Parameters】→【Align】→點擊【Max】按鈕，根據方向的不同有時可點擊【Min】按鈕。

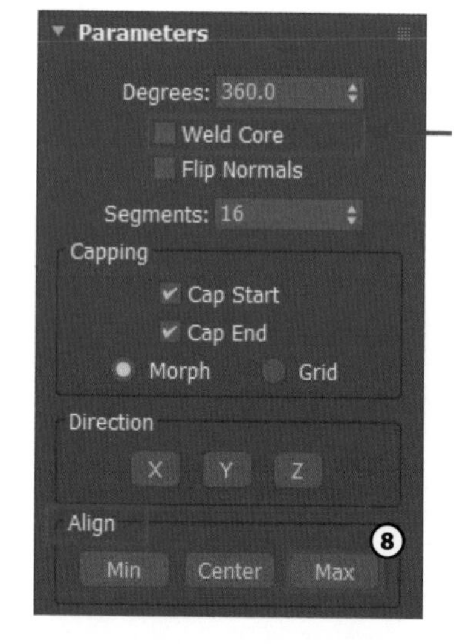

封閉核心，可以封閉碗底的中心

09 完成碗的繪製。

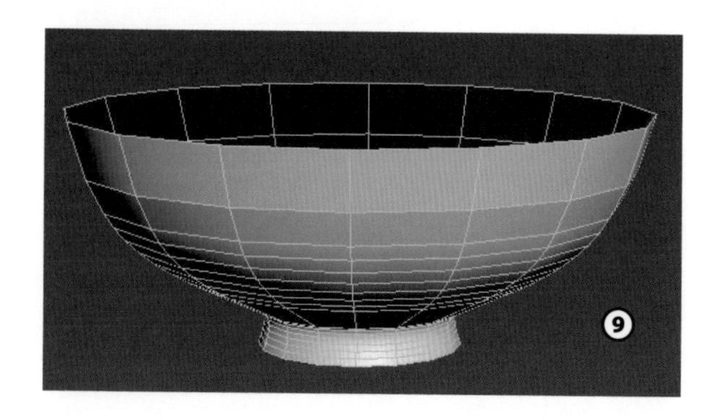

CHAPTER 02

角色動畫建模指令運用（Poly）

2-1 如何建立多邊形模型

Editable Poly 是一種多邊形體的建模模式，有 Vertex（點）、Edge（邊）、Border（開口邊）、Polygon（面）、Element（元素）五種子層級，進入子層級就可以選取到構成物件的點、邊、面，進而做編輯的動作，對於製作角色模型非常地有效率。

Poly 的五種子層級

準備工作

- 任意繪製一個 Tours（圓環）並選取，點擊滑鼠右鍵 →【Convert To】→【Convert to Editable Poly】，轉換為多邊形模型。

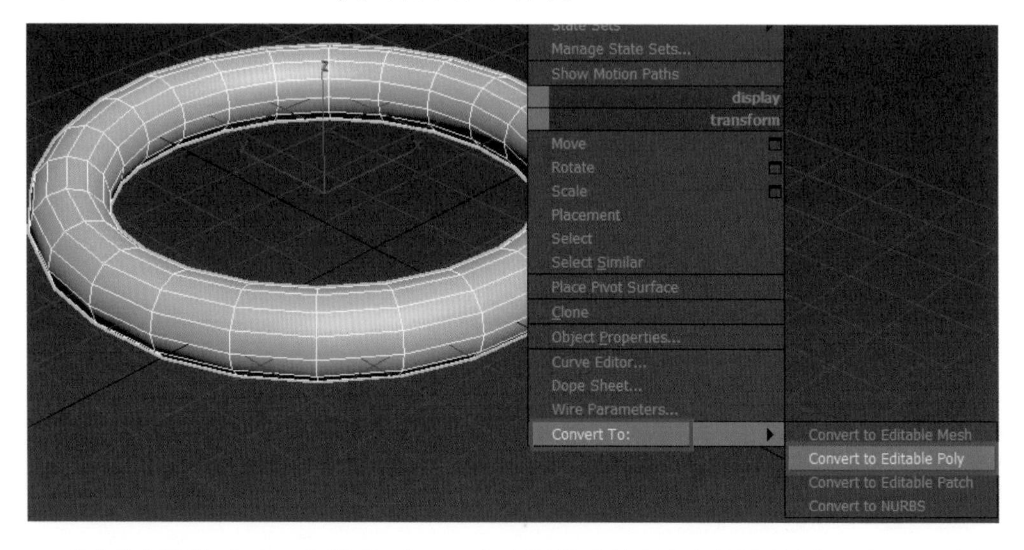

- 確定座標系為【View】模式。【View】座標模式就是在各視圖均以 XY 面呈現在視圖中的座標模式。
- 確定比例是【Select and Uniform Scale】模式。

正式操作

Vertex（點）（快捷鍵：數字 1）

01 在【Modify（修改面板）】→在【Selection】內點擊【Vertex（點）】按鈕，進入點層級。

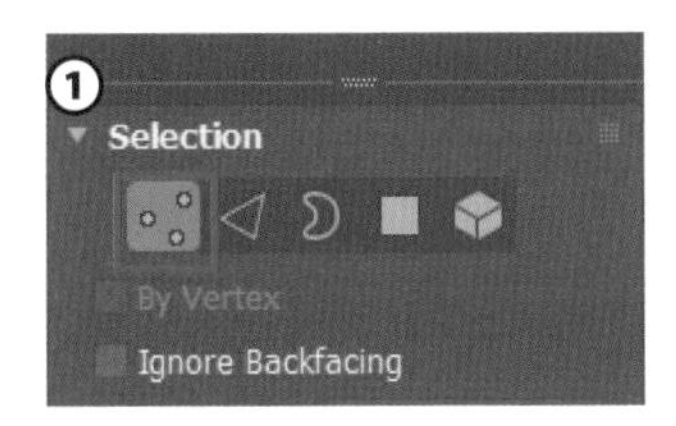

02 框選圓環左邊。

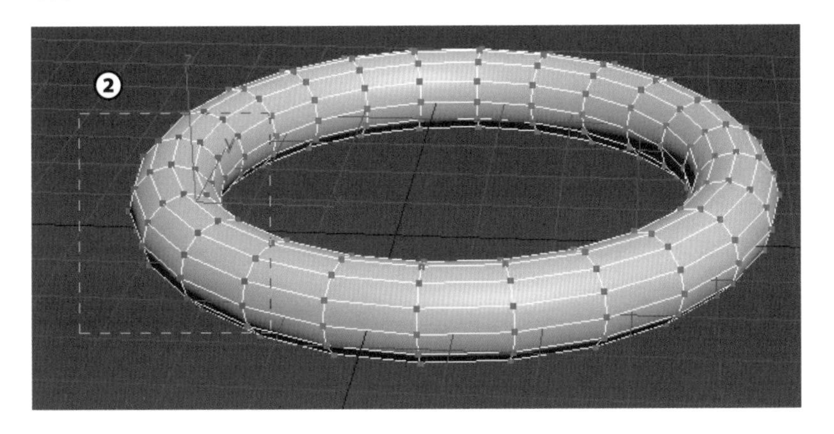

03 按下 R 鍵（比例），可以控制點將圓環放大。

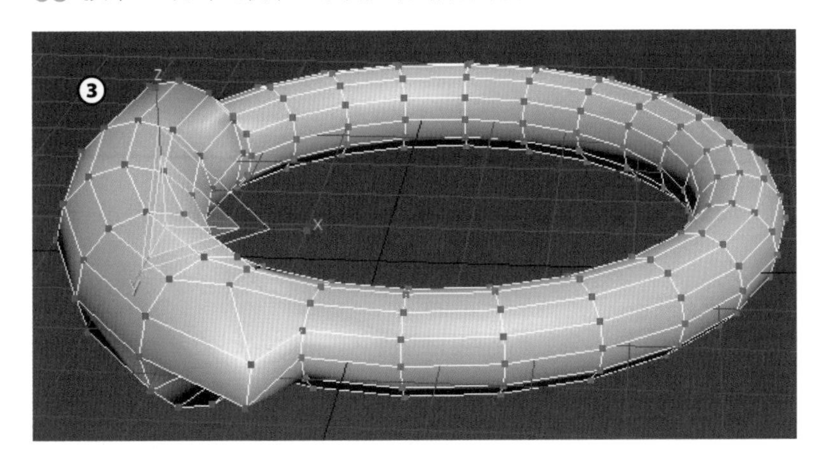

小秘訣

Editable Poly 五種子層級的快捷鍵依序為數字鍵 1~5，按下數字鍵 6 可離開子層級。快捷鍵只有在鍵盤上方的數字鍵才有效，如圖所示。

Edge（邊）（快捷鍵：數字 2）

01 點擊【Edge（邊）】按鈕，進入邊層級。

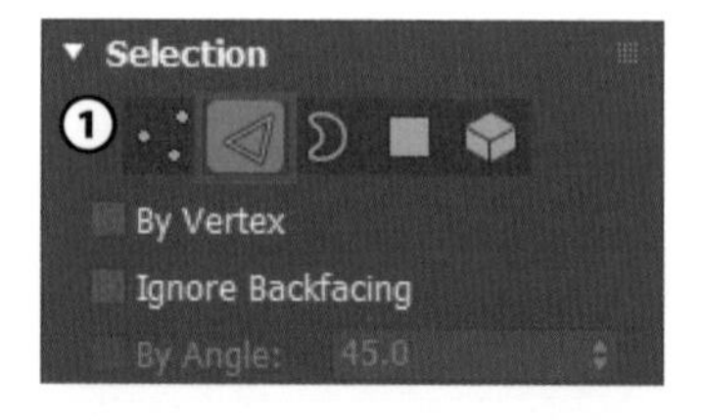

02 框選圓環右側的邊。

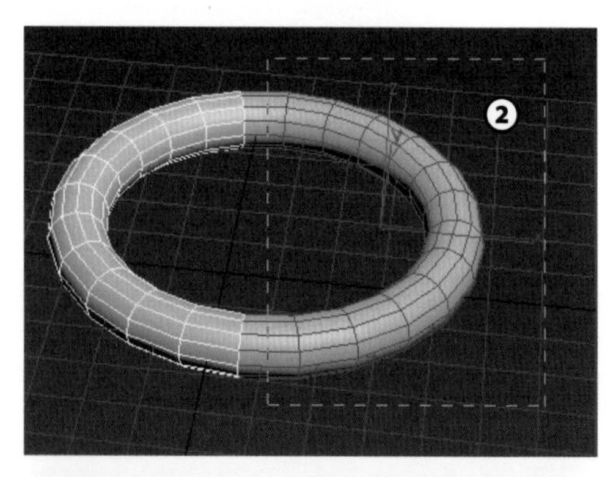

03 按下 W 鍵（移動），將選取的邊向右移動可伸長。

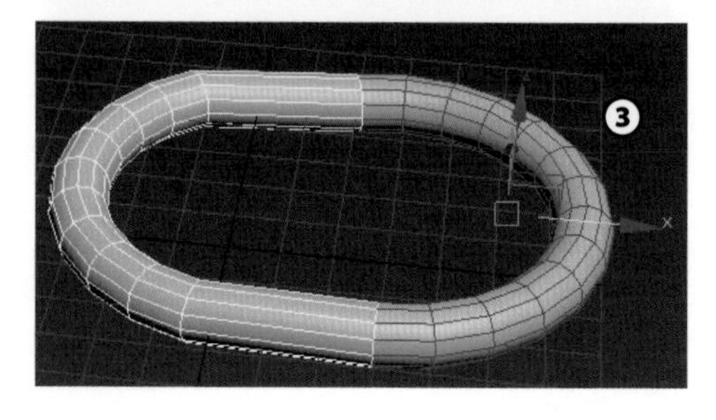

Polygon（面）（快捷鍵：數字 4）

01 點擊【Polygon（面）】按鈕，進入面層級。

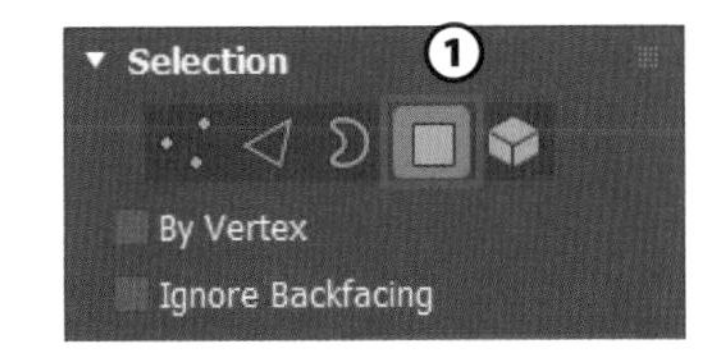

02 先選取一個面，按住 Ctrl 鍵，再選取多個面。

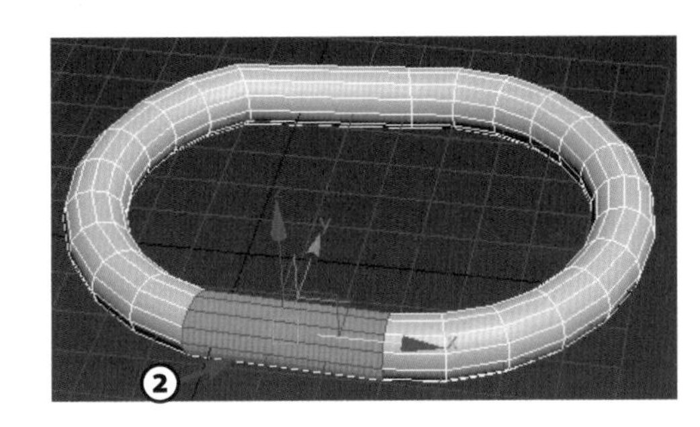

03 按下 Delete 鍵，可將面刪除。

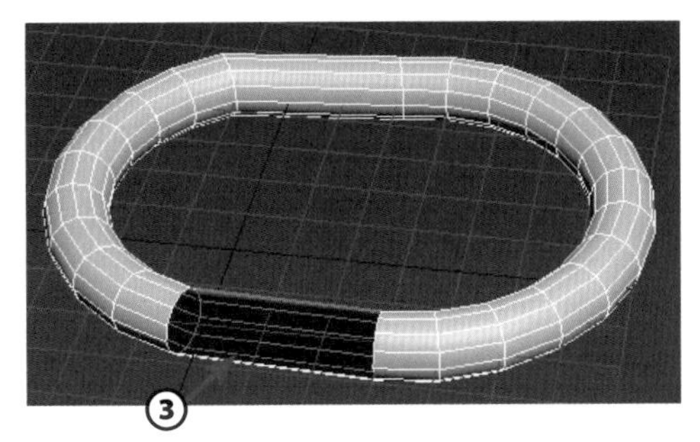

> **小秘訣**
> 在選取時，按住 Ctrl 鍵可加選物件，按住 Alt 鍵可退選物件。

Border（開口邊）（快捷鍵：數字 3）

01 點擊【Border（開口邊）】按鈕，進入開口邊層級。

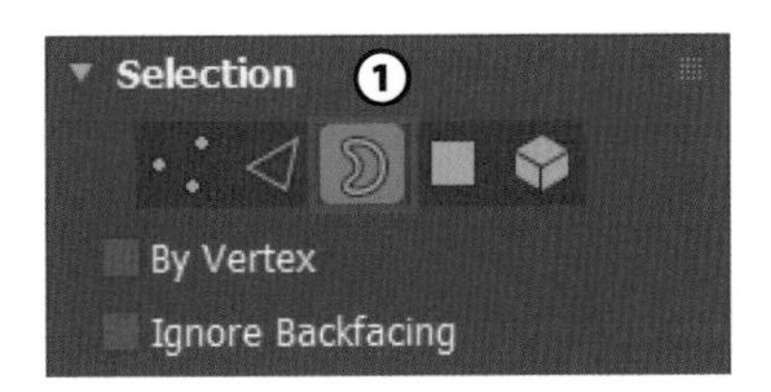

02 點選圓環的開口的邊。

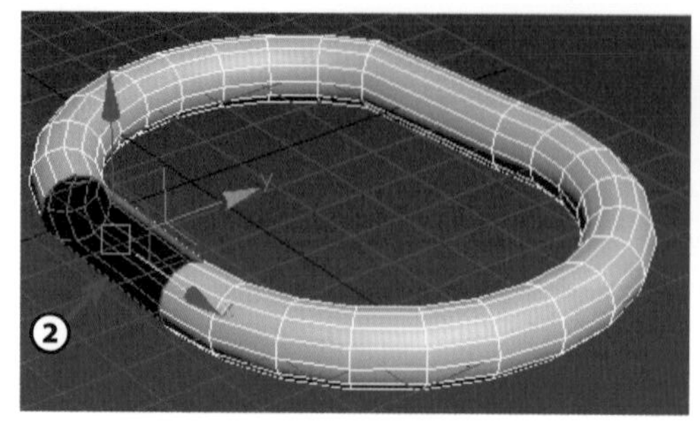
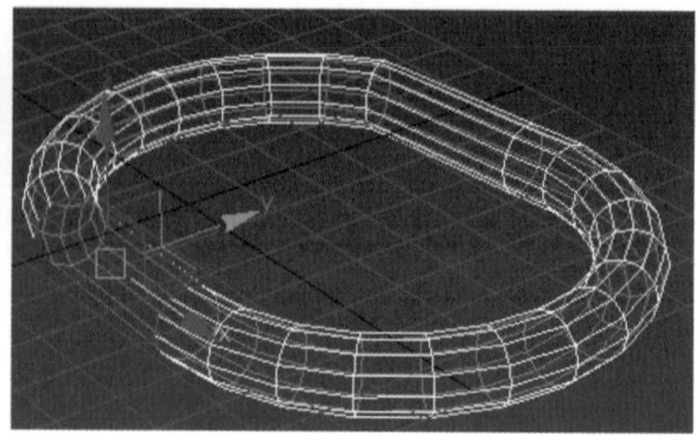

03 按下 W 鍵（移動），將開口向外移動。

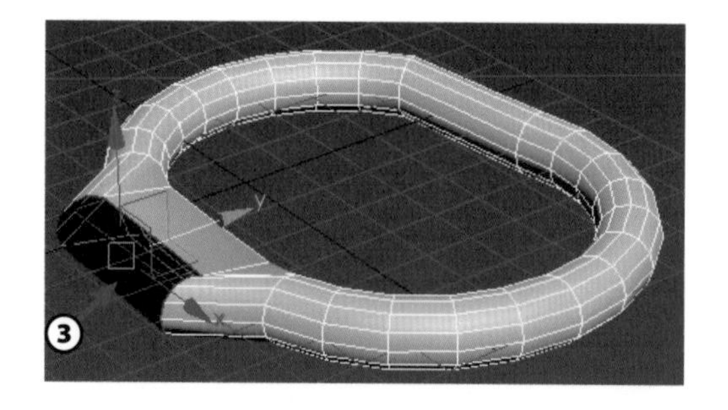

Element（元素）（快捷鍵：數字 5）

01 點擊【Element（元素）】按鈕，進入元素層級。

02 可單獨選擇單一元素。

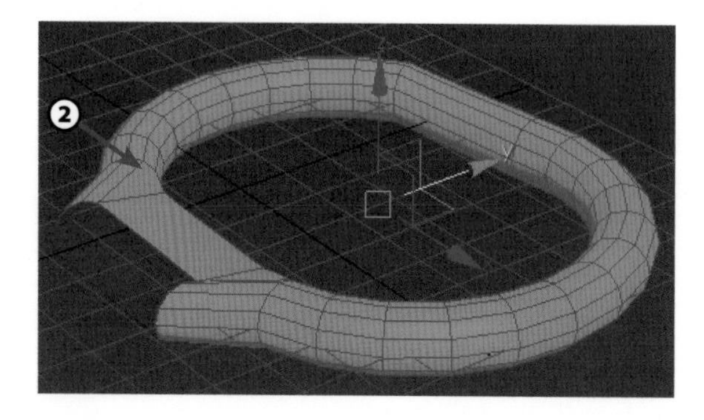

小秘訣

Poly 常見問題：

1. 若發現座標軸方位不對，請將座標系模式由【Local】變更為【View】。
2. 若看不見座標軸，按下 Ctrl+Shift+X 可以切換可見開關。
3. 選取一個物件後，按下鍵盤【空白鍵】，物件會被鎖定，無法再選其他物件。
4. 若右側面板不見了，按下 Ctrl+X，可以切換專家 / 一般模式。

常用 Poly 指令

Extrude（擠出）

01 自行建立一個 5*1*7 分割的【Cylinder（圓柱）】，點擊滑鼠右鍵 →【Convert To】→【Convert to Editable Poly】，轉換為可編輯多邊形模型。

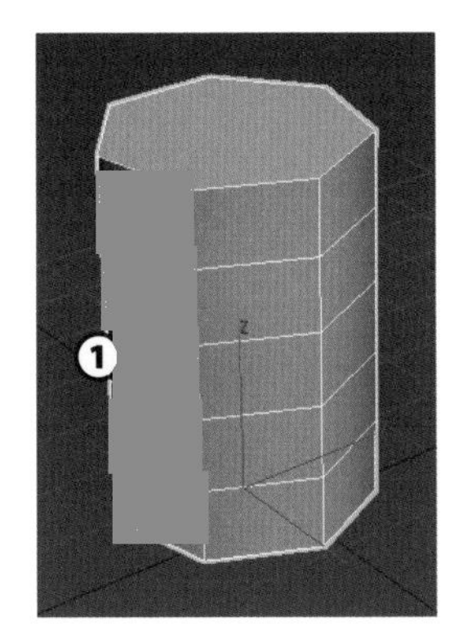

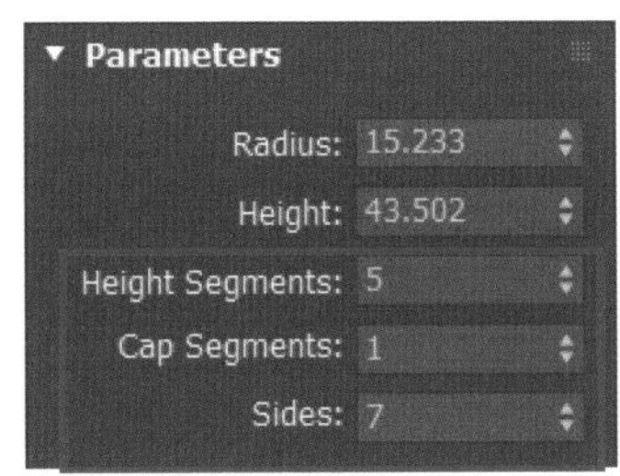

02 按下 W 鍵（移動），按住 Shift 鍵往右移動複製圓柱，在放開滑鼠左鍵，【Number of Copies(複製數量)】輸入「2」，即可往旁邊複製 2 個圓柱，模式為【Copy】。

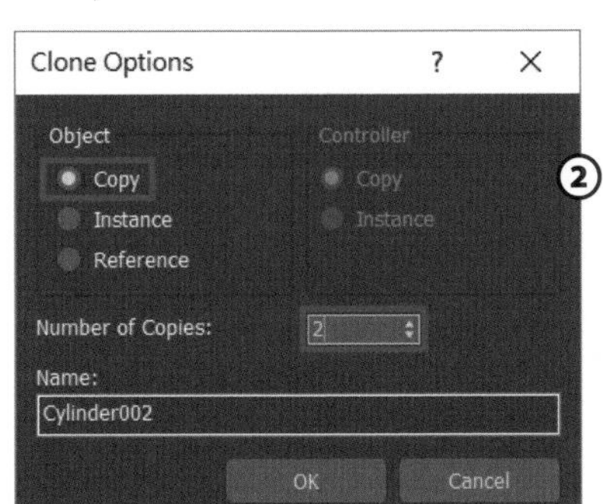

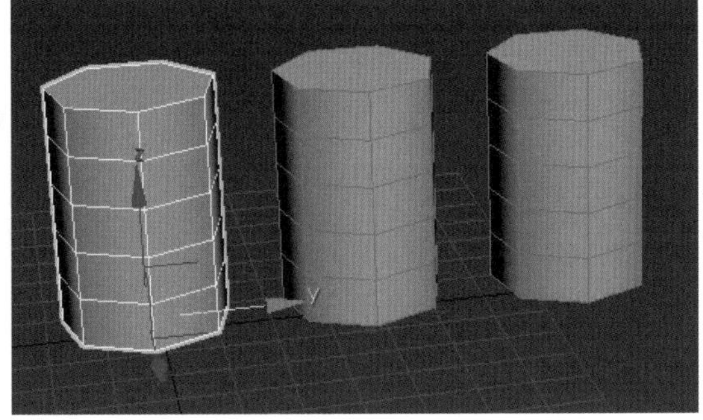

03 選取第一個圓柱，點擊【 Polygon（面）】按鈕，進入面層級。選取三個面。

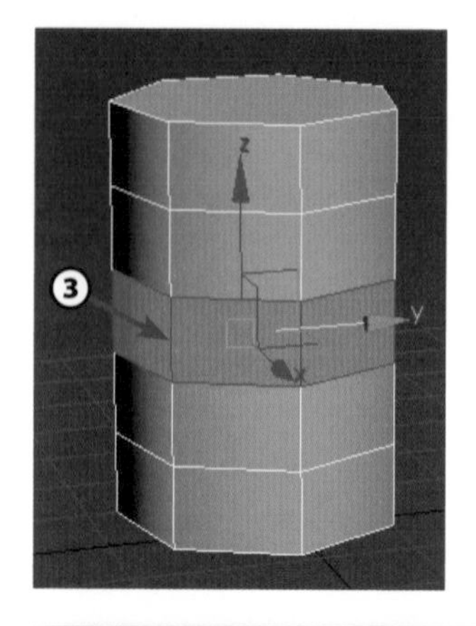

04 點擊滑鼠右鍵→點擊【Extrude（擠出）】旁的小按鈕，擠出選取的面。

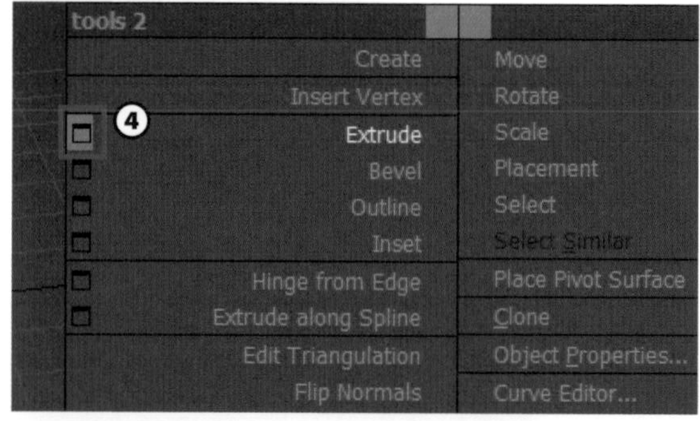

05 選擇【Group（群組）】模式，擠出值輸入「20」，發現所有選取的面會往同一方向擠出，點擊打勾按鈕，沒打勾指令就不算數。

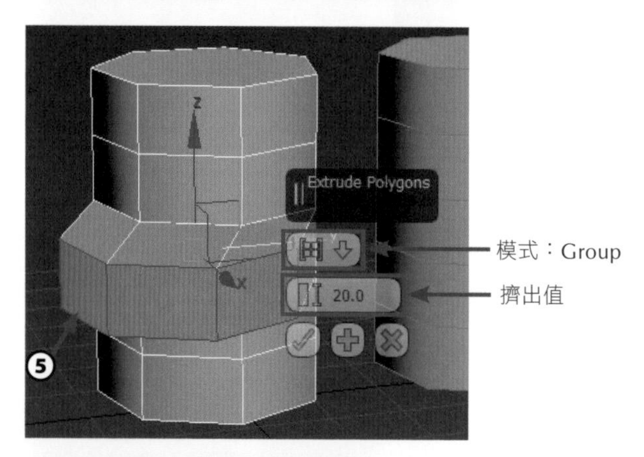

06 點擊 Editable Poly 層離開子層級。

07 選取第二個圓柱，進入【Polygon（面）】層級，確認在【Crossing】選取模式下，按下 F 鍵（切換至前視圖），框選面。

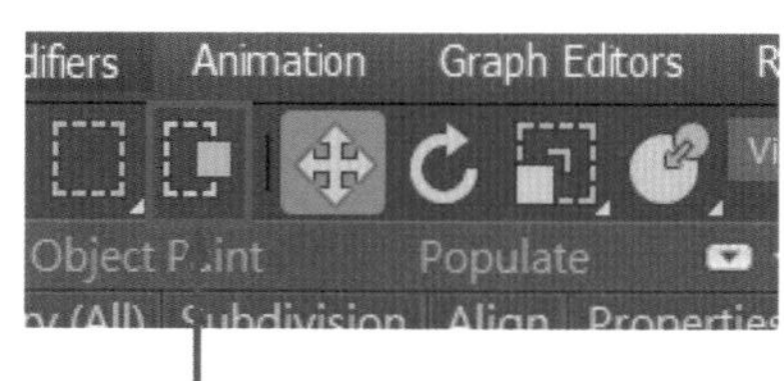

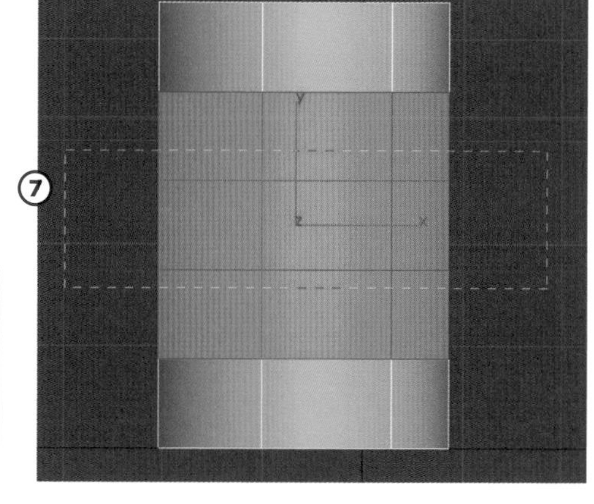

08 點擊滑鼠右鍵→點擊【Extrude】旁的小按鈕。模式選擇【Local Normal（法向）】模式，所選取的面，會往垂直方向擠出。

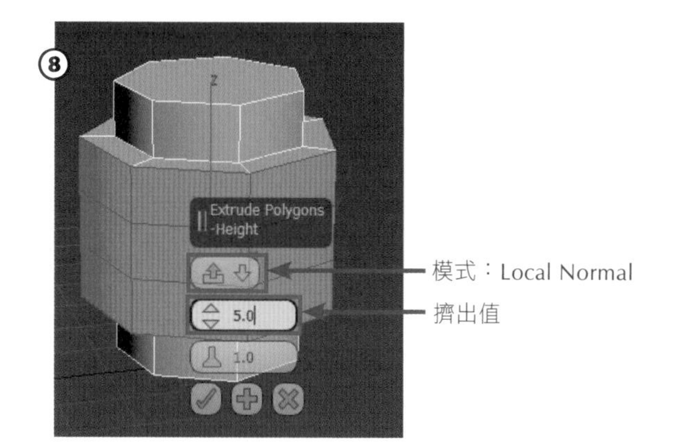

09 同理，離開子層級後，選第三個圓柱，框選面並點擊【Extrude】旁的小按鈕。模式選擇【By Polygon（個別面 ）】模式，選取的面，各自往垂直方向擠出。

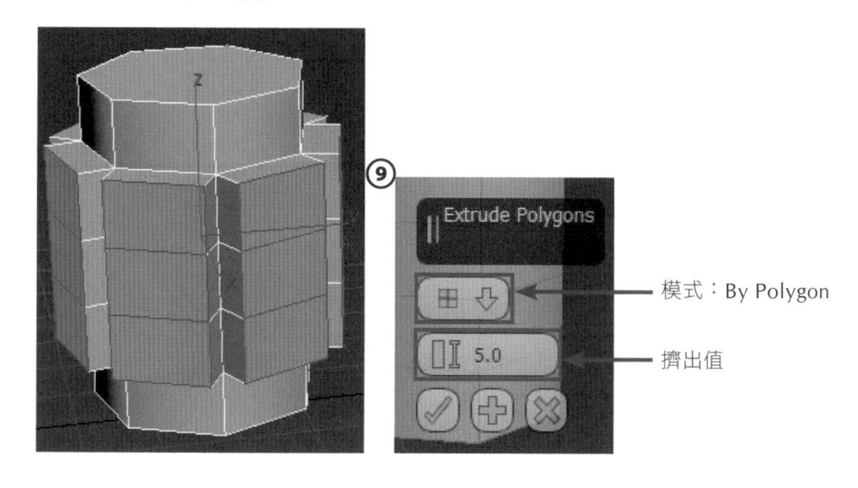

10 完成三種模式的擠出。

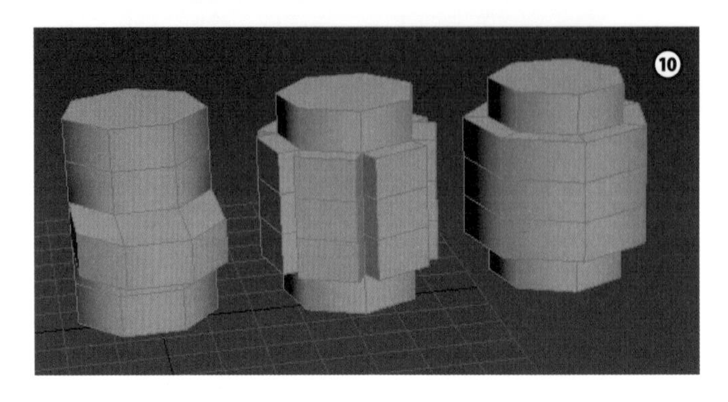

Inset（插入面）

01 自行建立一個 1*4*4 分割的【Box（方塊）】，並轉為 Editable Poly。

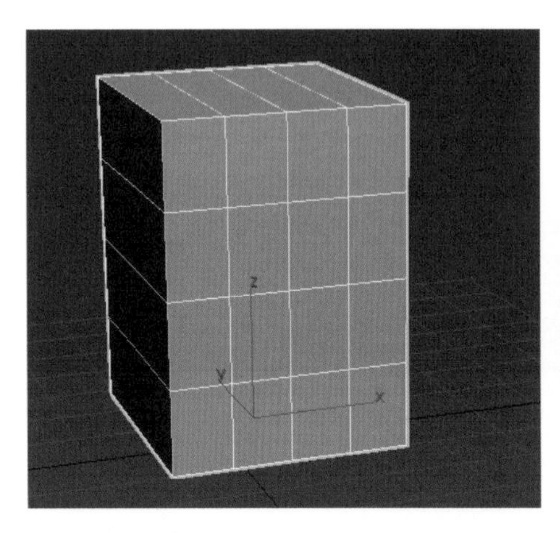

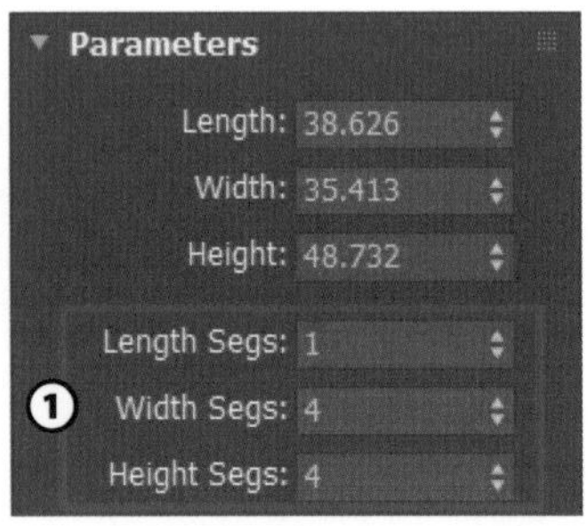

02 按下 W 鍵（移動），向右複製一個 Box，複製模式為【Copy】。

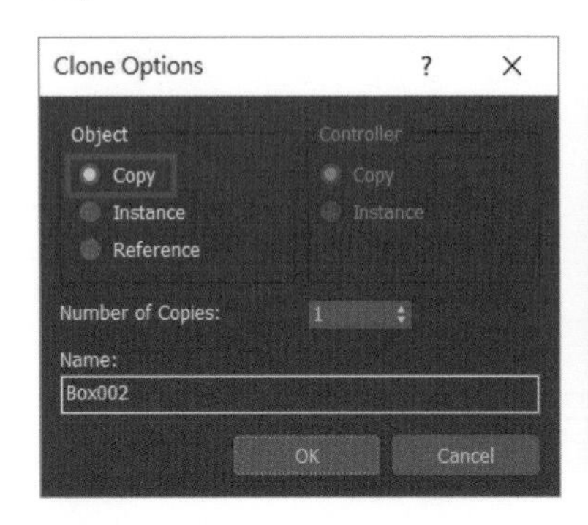

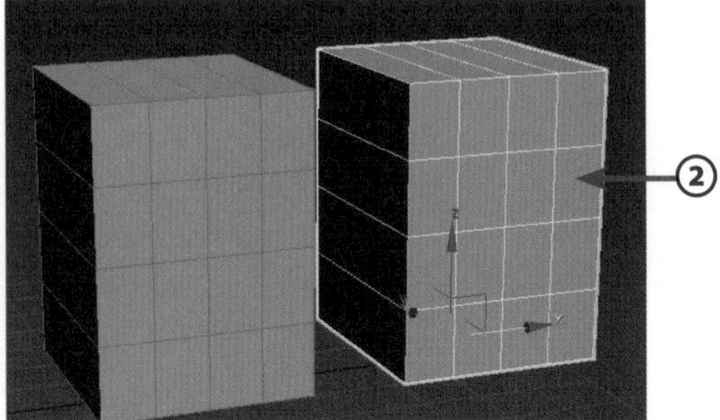

03 選取第一個 Box，進入【Ploygon（面 】層級，選取中間的面。

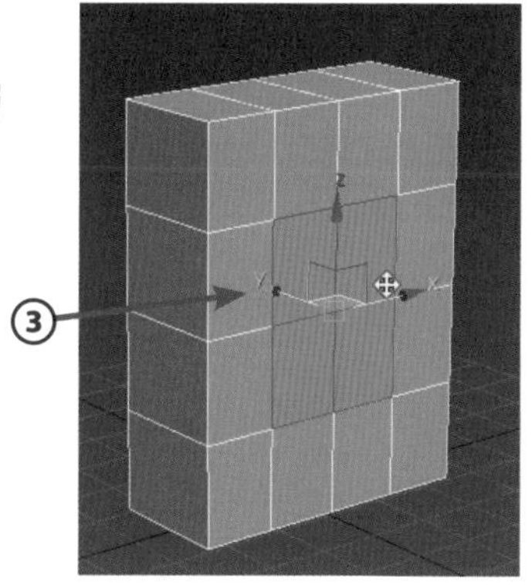

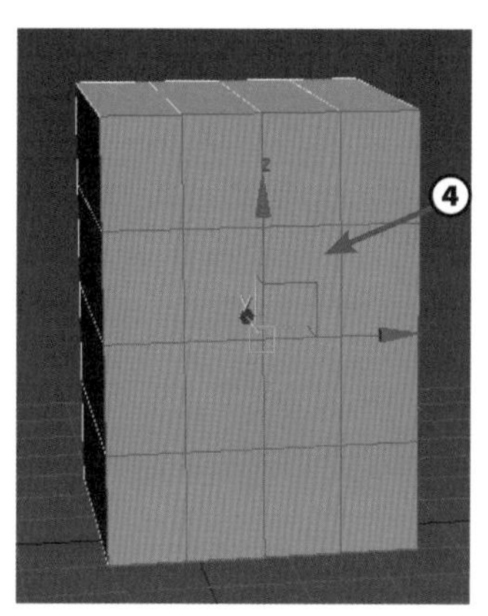

04 至【Modify（修改面板）】→點擊【Grow】指令，可擴張選取範圍。

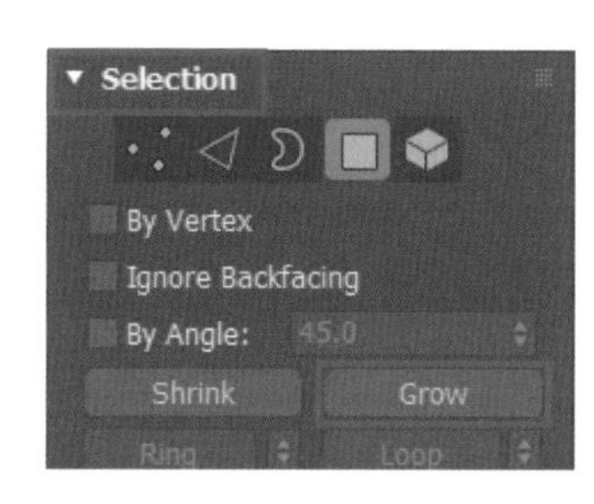

小秘訣

點擊【Grow】指令，可擴張選取範圍，【Shrink】指令則是收縮選取範圍。

05 點擊滑鼠右鍵→點擊【Inset（插入面）】旁的小按鈕。

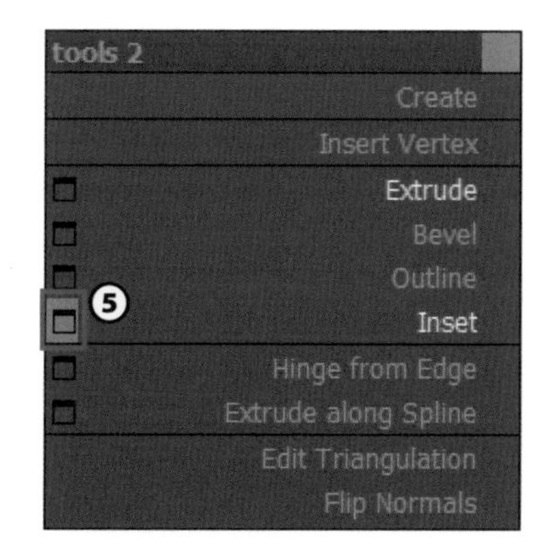

06 模式為【Group（群組）】，偏移量輸入「4」，打勾。

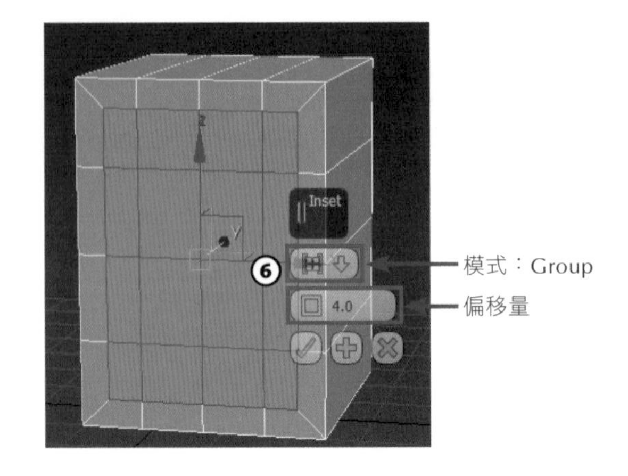

07 按下滑鼠右鍵→點擊【Extrude（擠出）】旁的小按鈕，擠出值輸入「-15」即可向內擠出，打勾。

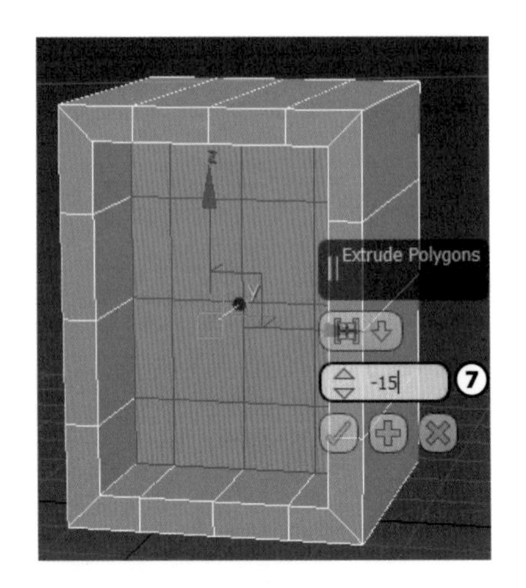

08 離開第一個 Box 的子層級，選取第二個 Box，進入【Ploygon（面）】層級，選取前面所有的面。

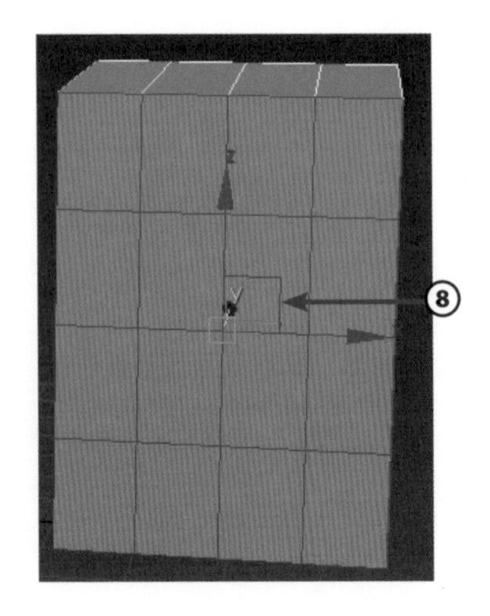

09 點擊滑鼠右鍵→點擊【Inset（插入面）】旁的小按鈕，模式為【By Polygon（個別面）】，偏移量輸入「1」，打勾。

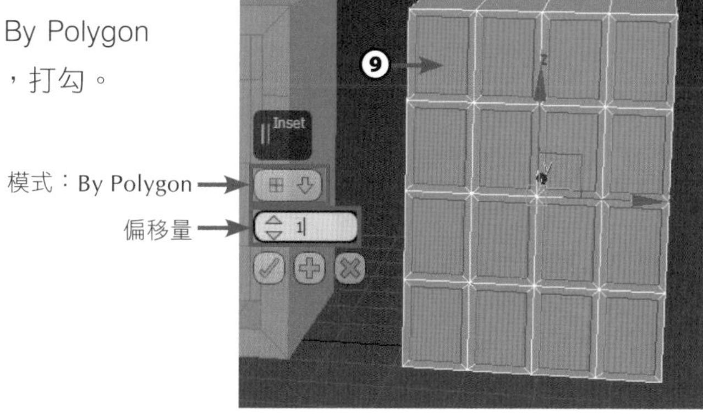

10 按下滑鼠右鍵→點擊【Extrude（擠出）】旁的小按鈕，擠出值輸入「-15」，向內擠出，打勾

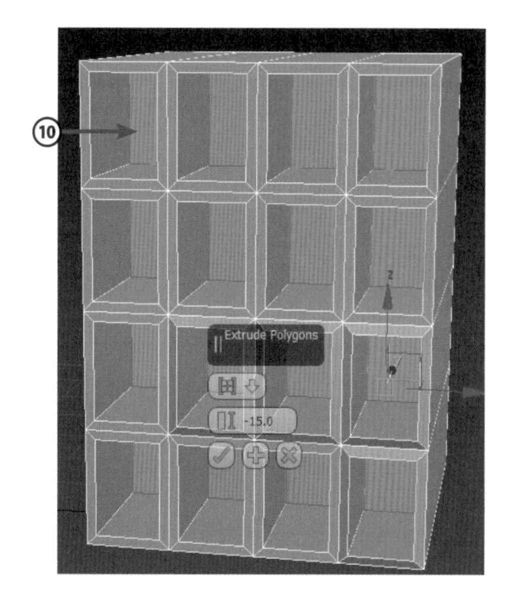

11 完成圖。

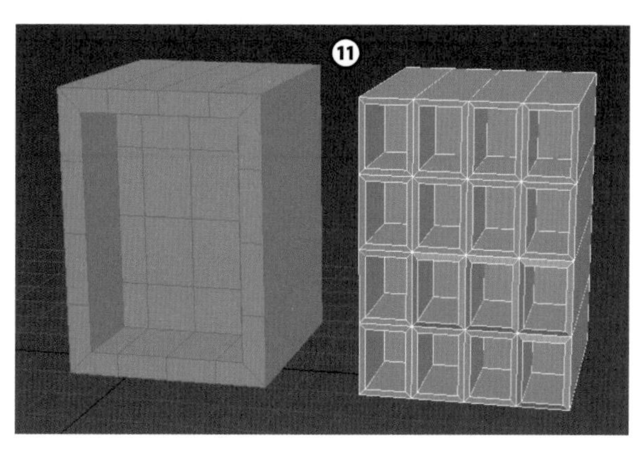

Cap（加蓋）

01 按下 F 鍵（切換至前視圖），自行建立一 1*1 的【Plane（平面）】，並轉為 Editable Poly。

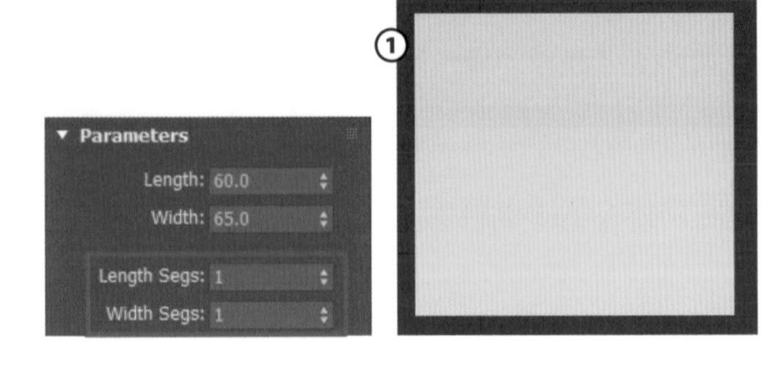

02 進入【Edge（邊）】層級，框選左右兩邊。

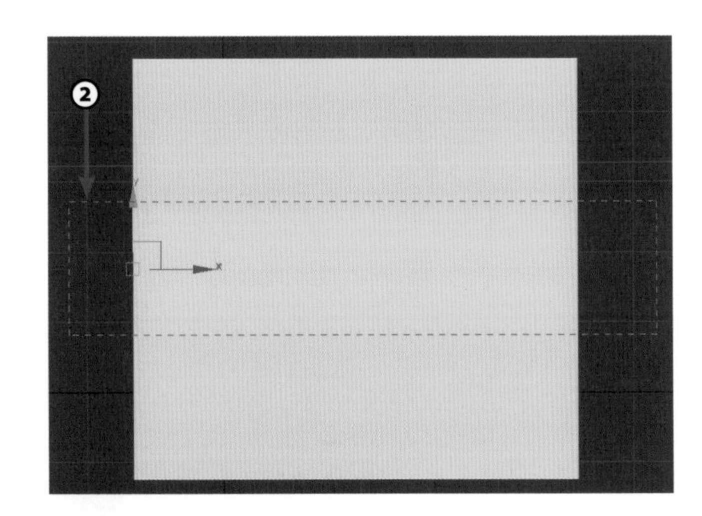

03 點擊滑鼠右鍵→點擊【Connect（連接）】旁的小按鈕。

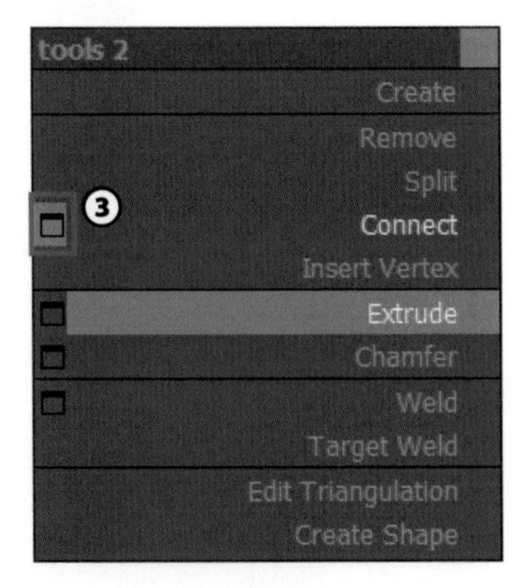

04 分割數為「2」,【Pinch】調整間距,【Slide】調整偏移位置可調整窗口高度,打勾。

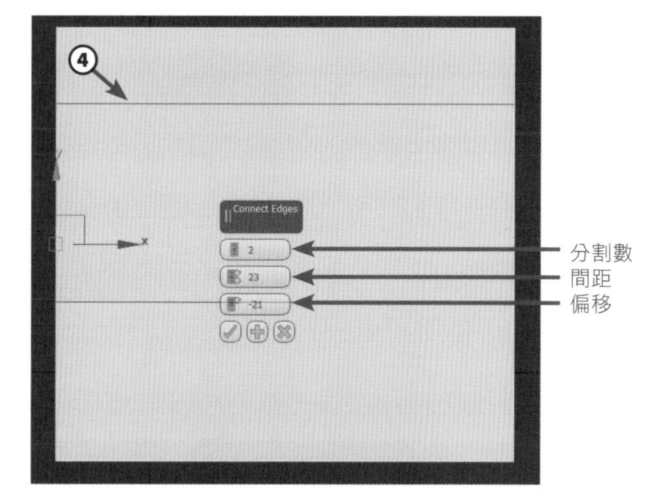

05 框選邊。

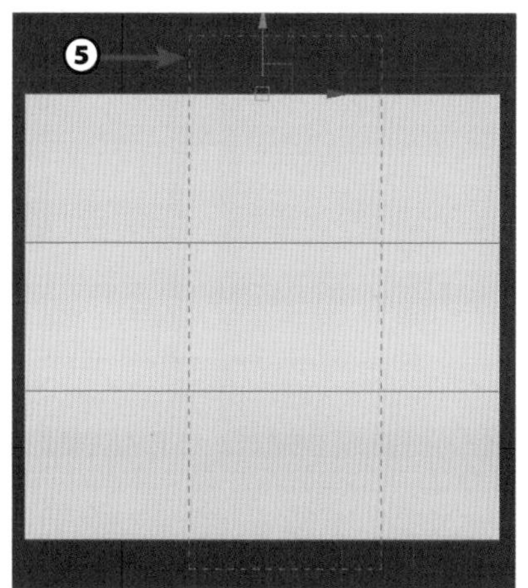

06 點擊滑鼠右鍵→點擊【Connect(連接)】旁的小按鈕。數量為「2」,調整窗口間距,打勾。

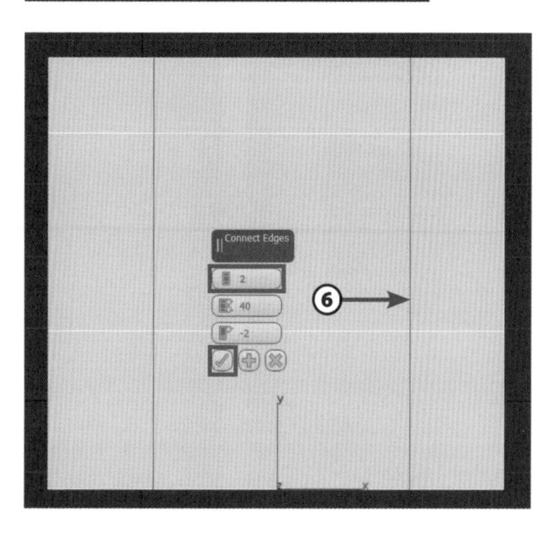

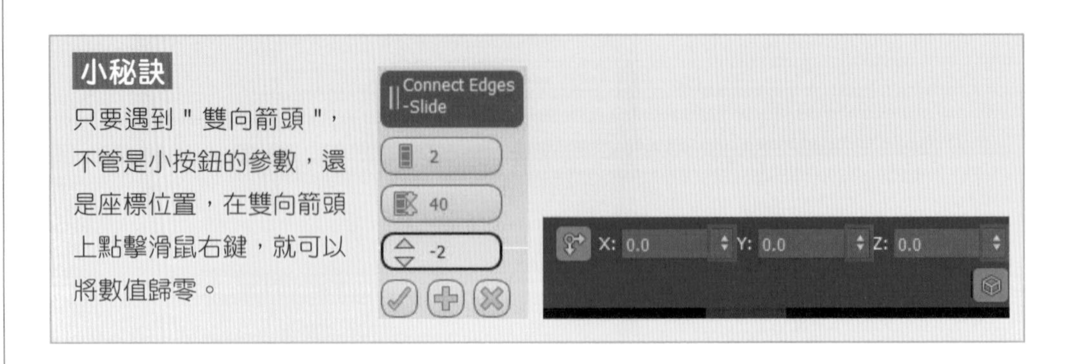

小秘訣

只要遇到 " 雙向箭頭 "，不管是小按鈕的參數，還是座標位置，在雙向箭頭上點擊滑鼠右鍵，就可以將數值歸零。

07 進入【Polygon（面）】層級，選取面，按下 Delete 鍵，將面刪除。

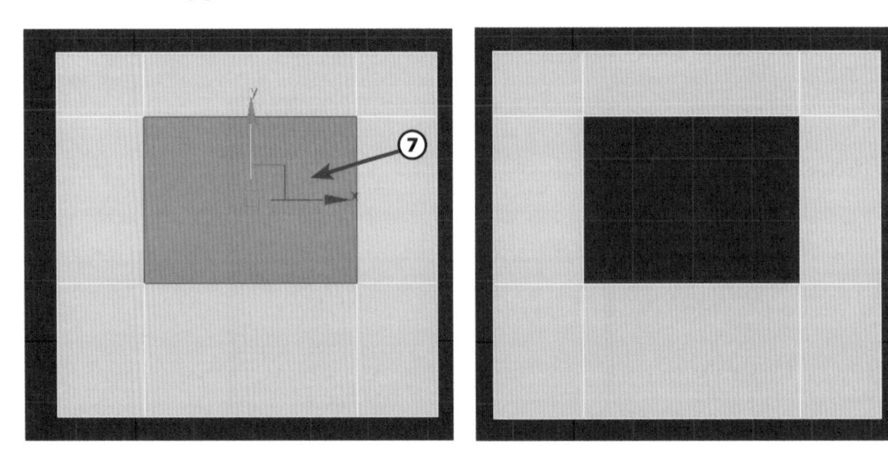

08 進入【Border（開口邊）】層級，選取開口的邊，按下 W 鍵（移動），按住 Shift 鍵向 Y 軸方向移動，可複製出一個平台。

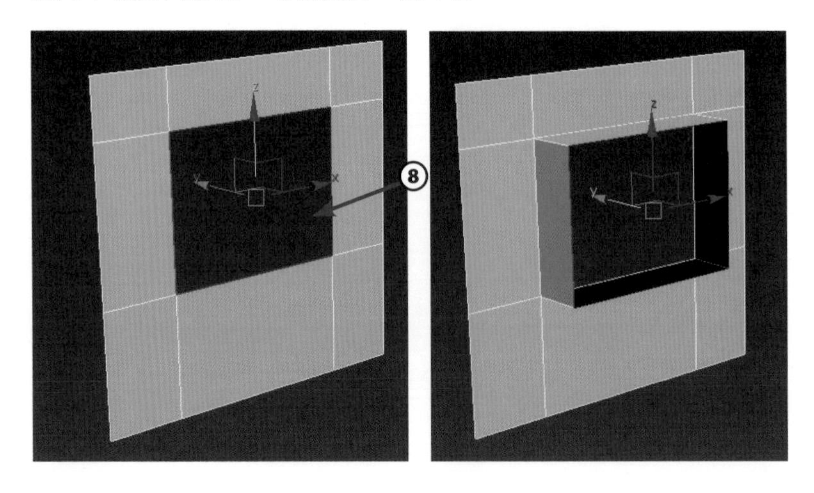

09 點擊滑鼠右鍵→【Cap（加蓋）】，可將開口用平面補上作為窗片，且屬於同一物件。

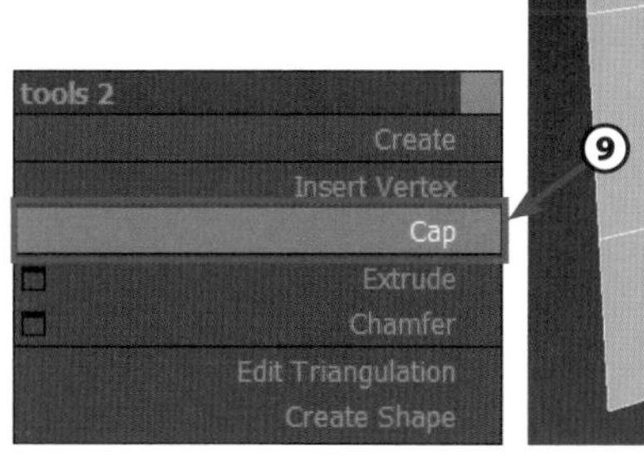

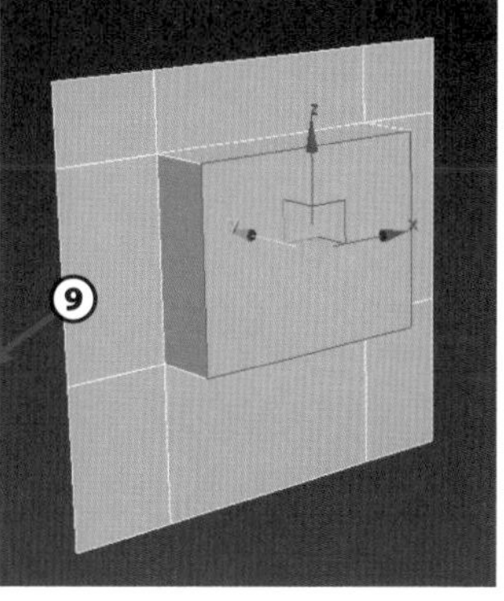

10 進入【Polygon（面）】層級，選取窗片的面。

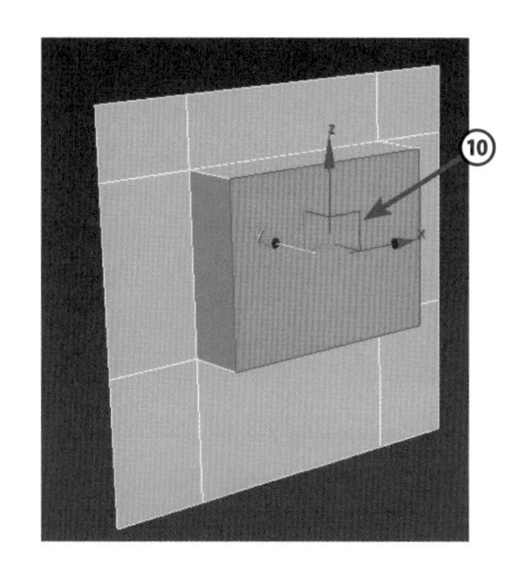

11 至【Modify（修改面板）】→【Edit Geometry（編輯幾何）】→【Detach（分離）】，點擊【OK】。

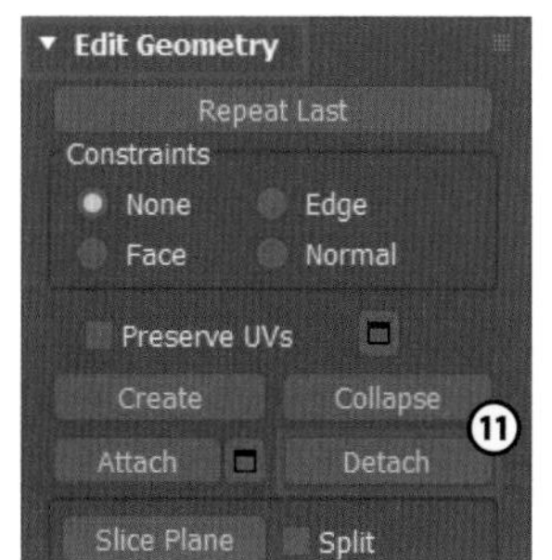

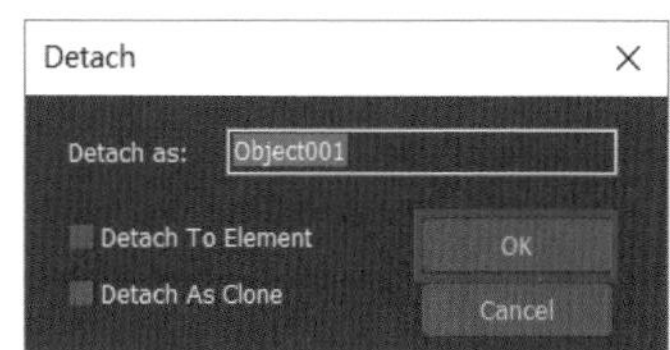

小秘訣

【Detach（分離）】功能是將面或物件等，從物件中分離。【Attach（附加）】則是將某物件歸於所選物件，兩物件會合為一物件。

12 離開子層級後才能選到窗片，因為兩個已經是不同物件。將窗片變換顏色，若變換成功，表示窗片與窗戶已經是不同物件。

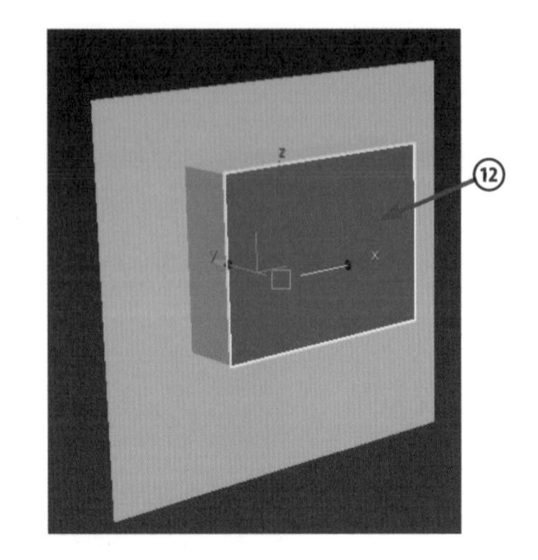

Bridge（橋接）

01 自行建立一【Cylinder（圓柱）】，並轉為 Editable Poly。

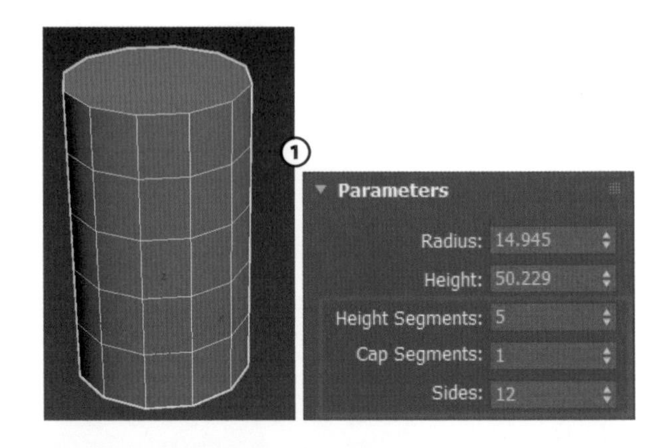

02 按下 W 鍵（移動），按住 Shift 鍵，向右複製一個圓柱，模式為【Copy】，點擊【OK】。

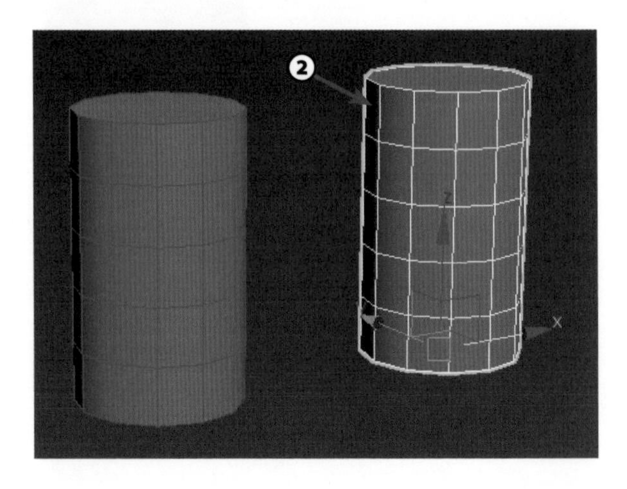

03 選取右邊圓柱，點擊滑鼠右鍵→【Attach（附加）】，點擊左邊圓柱，將兩圓柱合為同一物件，按滑鼠右鍵結束指令。

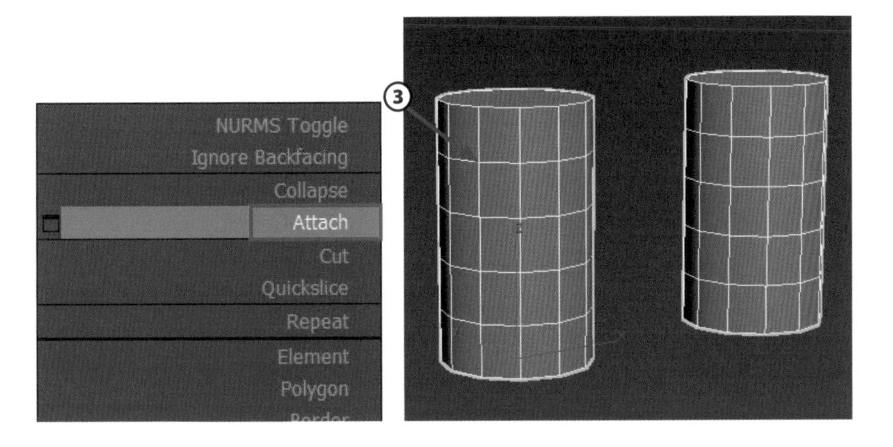

04 進入【Polygon（面）】層級，選取如圖所示的 8 個面。

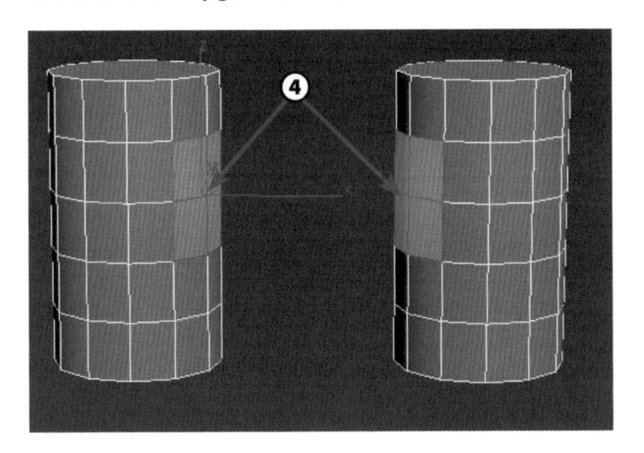

小秘訣

若無法同時選取到左右圓柱的面，請確認有沒有將兩圓柱利用【Attach】結合在一起。

05 至【Modify（修改面板）】→【Edit Polygons】→點擊【Bridge（橋接）】旁的小按鈕。

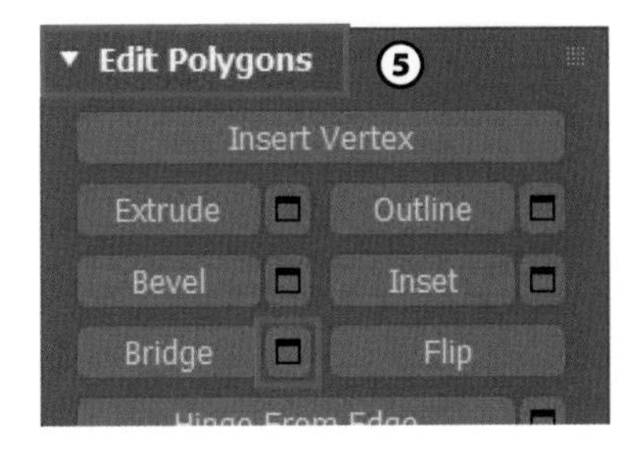

06 設定【Segments（分割）】為「6」，先有分割，再設定錐度、偏心、扭轉等【Bridge（橋接）】的功能才能看出效果。

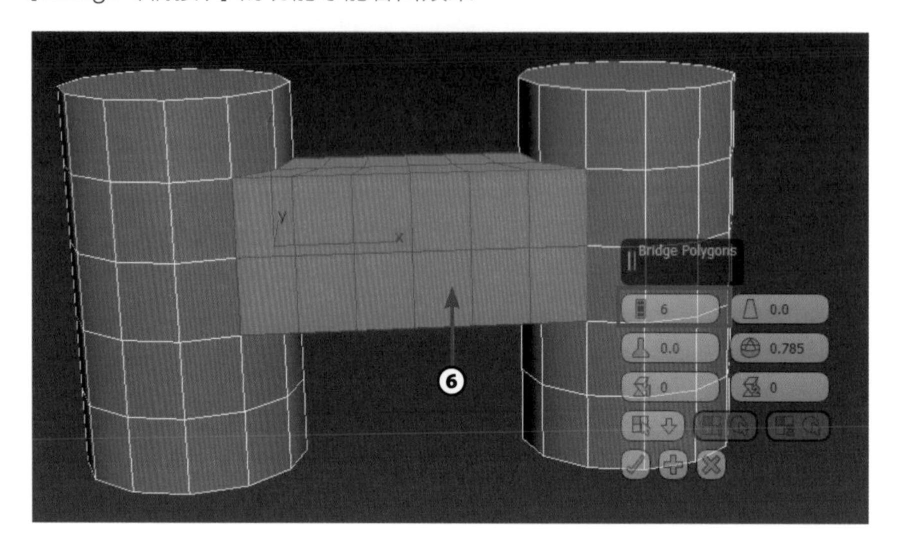

07 設定【Taper（錐度）】為「-2」，數值為負值會收縮，正值會膨脹。

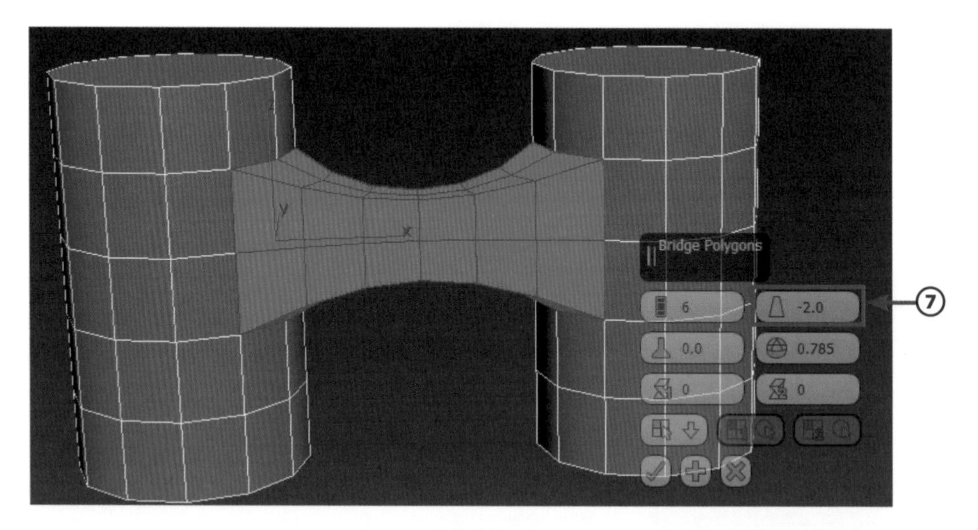

> **小秘訣**
>
> 若看不出來膨脹或收縮，可能是分割數太少。

08 設定【Bias（偏心）】為「-99」，錐度會傾向某一側，數值為「99」，則會傾向另外一側。

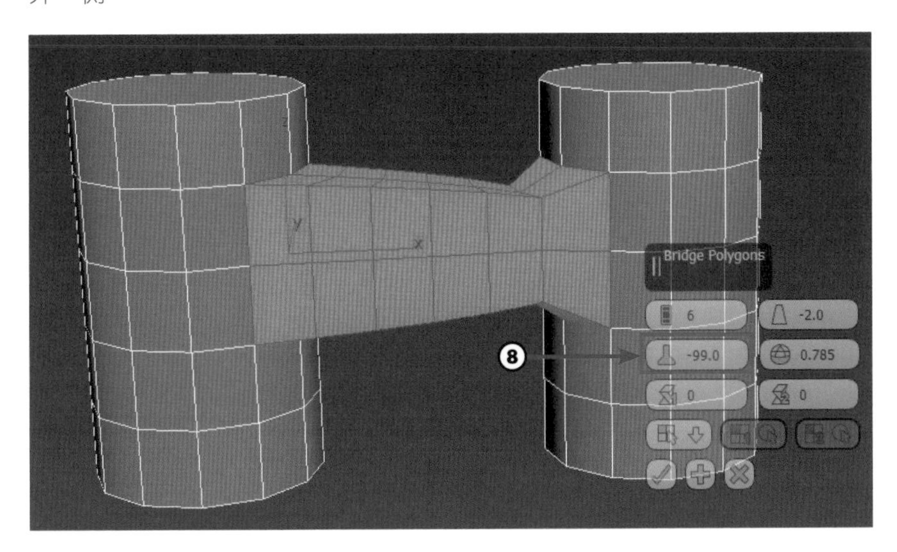

09 設定【Twist（扭轉）】為「3」，會有扭轉現象，數值為正或負，表示往逆時針或順時針扭轉。

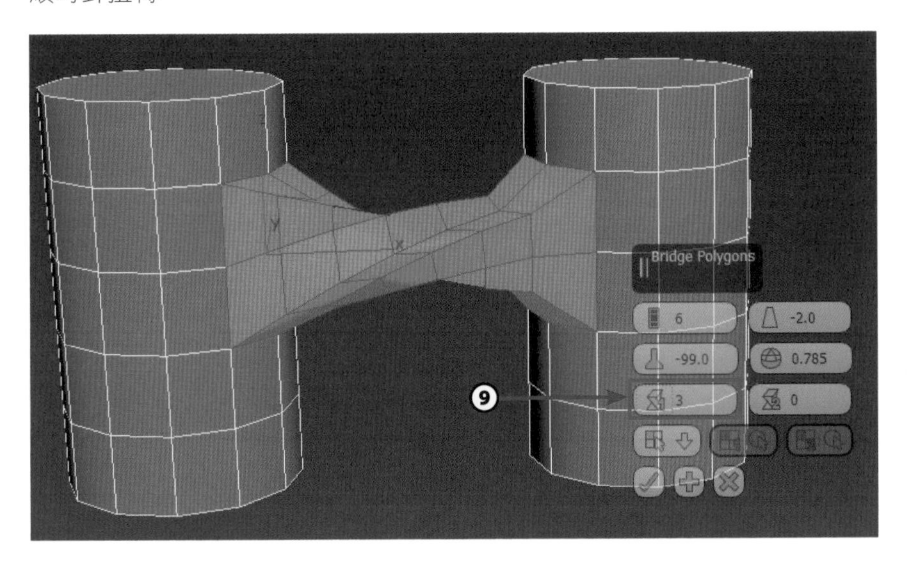

10 將【Segments（分割）】設為「6」，【Taper（錐度）】設為「-2」。

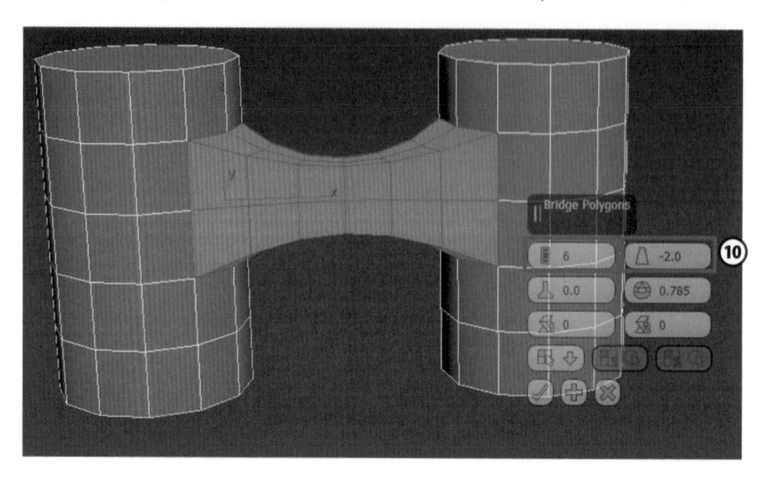

11 進入【Vertex（點）】層級，按下 F 鍵（切換至前視圖），框選最上面兩排的點。

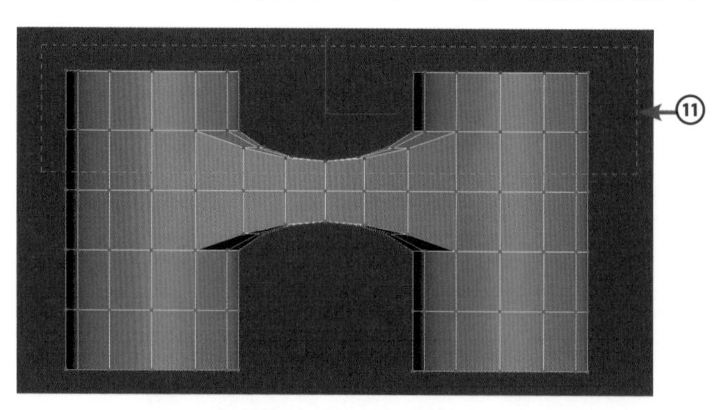

12 至【Modify（修改面板）】→【Edit Geometry（編輯幾何）】→【Make Planer（使平面化）】，將所選的點變為同一平面上，做出如拱門的形狀。

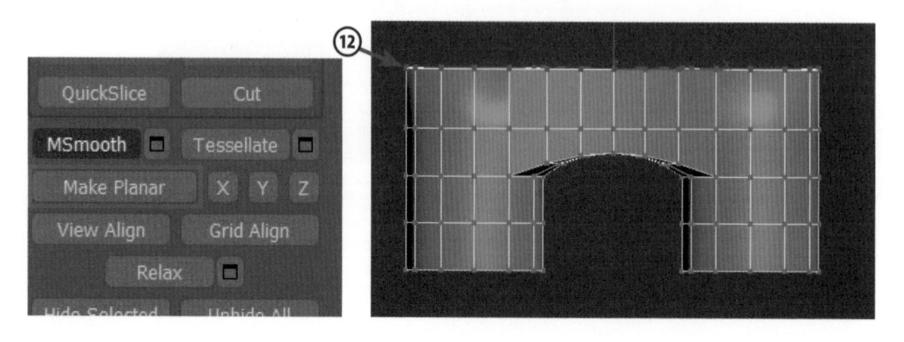

13 進入【Polygon（面）】層級，選取如圖所示的 4 個面。

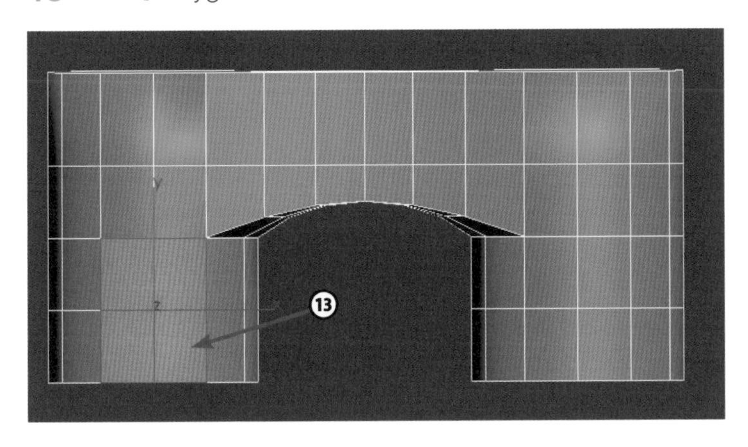

14 環轉至背面，選取背面的 4 個面。

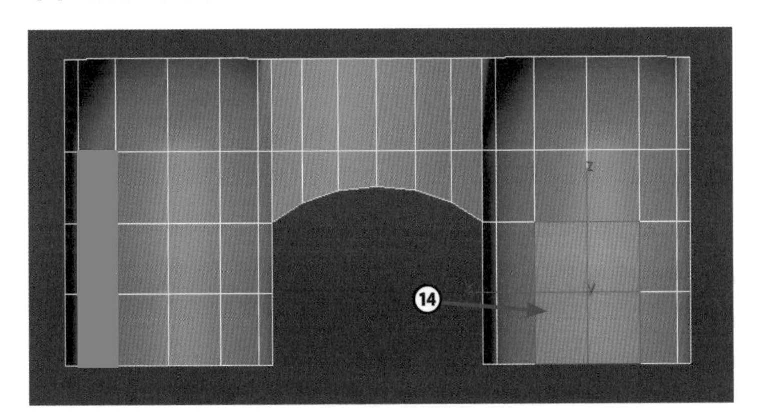

15 點擊【Bridge（橋接）】旁的小按鈕，可做出一個走道，打勾完成。

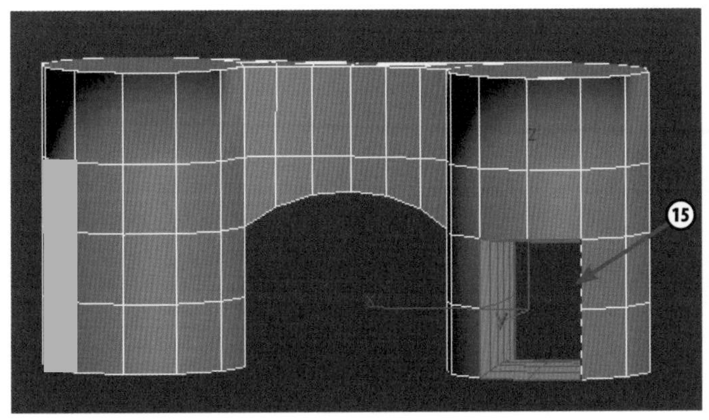

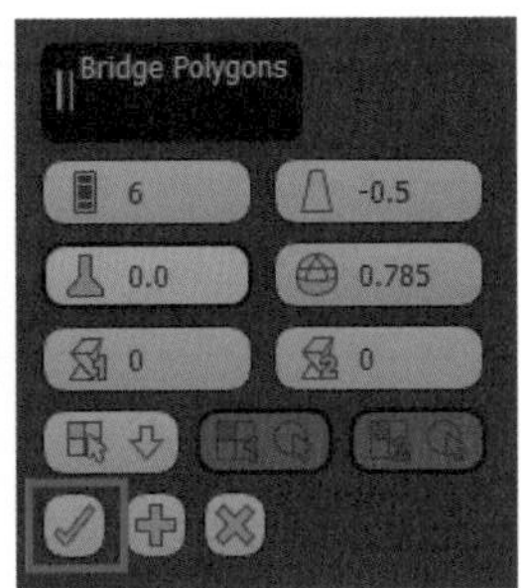

Chamfer（倒角）

01 自行建立一個 3*3*3 的【box（方塊）】，並轉為 Editable Poly。

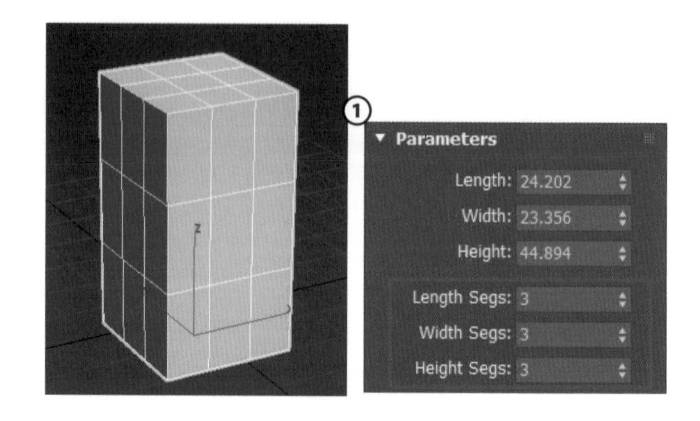

02 按下 F 鍵（切換至前視圖），進入【Vertex（點）】層級，點選兩個點。

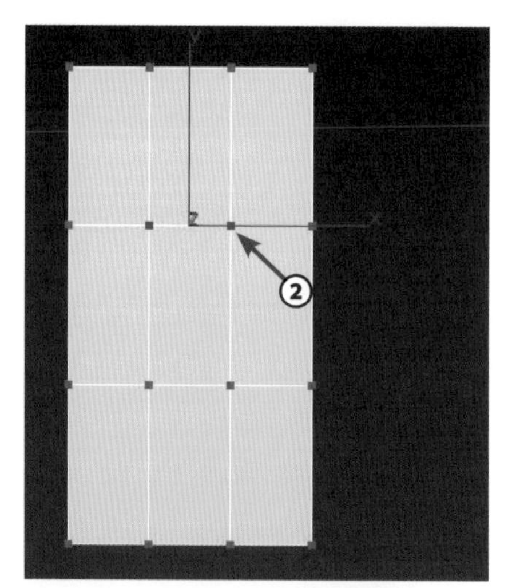

03 按下 R 鍵（比例），往 X 軸方向拖曳，將兩個點間距拉大，當作眼睛。

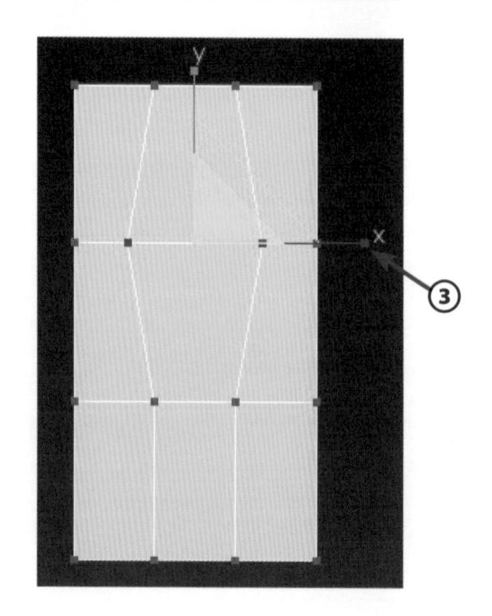

04 點擊滑鼠右鍵→點擊【Chamfer（倒角）】旁的小按鈕，對點做倒角。

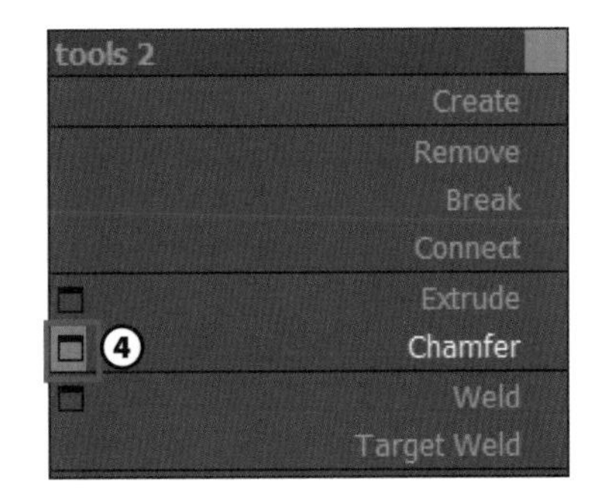

05 設定倒角值為「4」，打勾。可做出簡易版眼睛。

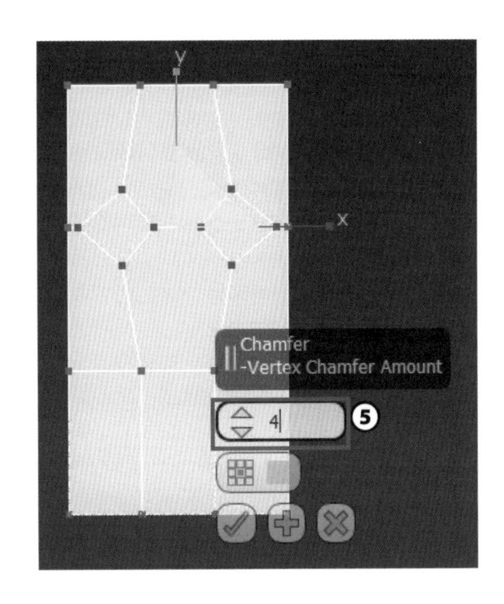

06 進入【Polygon（面）】層級，選取眼睛的兩個面。

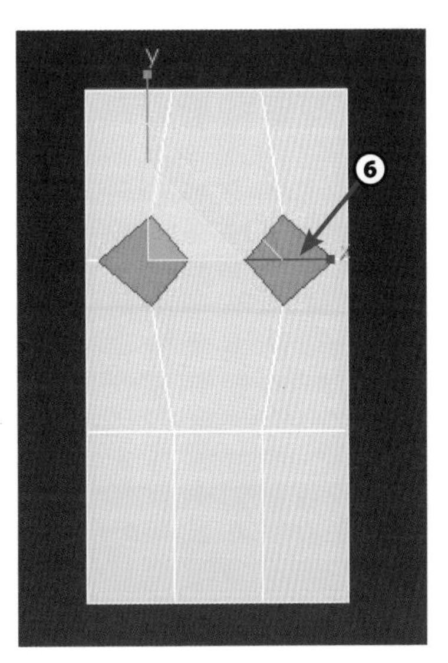

07 點擊滑鼠右鍵→點擊【Inset（插入面）】旁的小按鈕，設定偏移值為「1」，打勾。

08 按下 W 鍵（移動），向內移動，做出眼睛的深度。

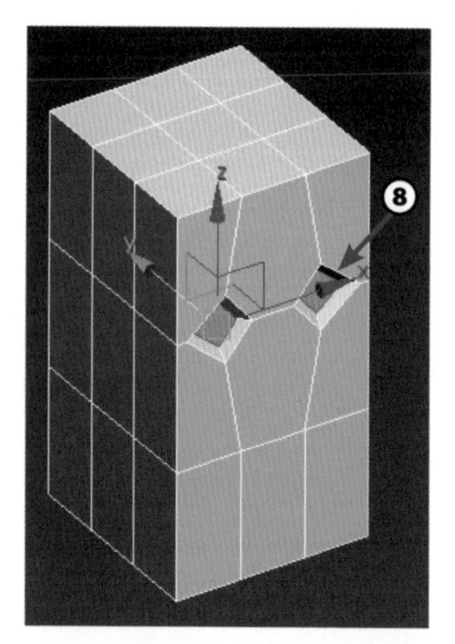

09 進入【Edge（邊）】層級，按下 F 鍵（切換至前視圖），選取模式切換為【Window】，窗選最上排的邊。

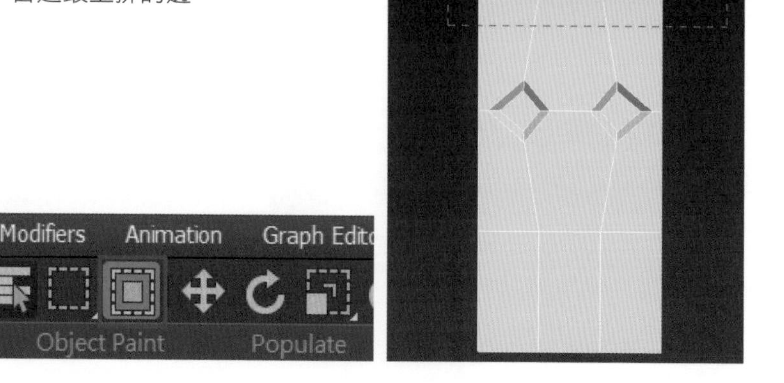

10 點擊滑鼠右鍵→點擊【Chamfer（倒角）】旁的小按鈕，對邊做倒角。設定倒角值為「3」，分隔為「1」，製作倒角。

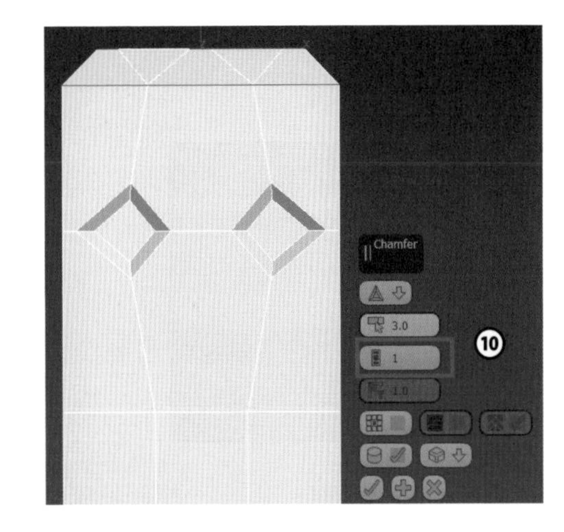

11 若將分割設為「3」，則像圓角，分隔越多，圓角越平滑，但分割太多容易當機。

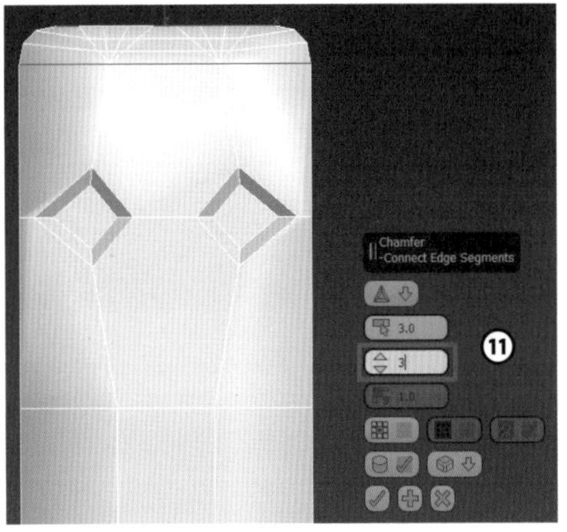

> **小秘訣**
> 對點做倒角，1 個點會分為 4 個點。
> 對邊做倒角，是 1 條邊變 2 條邊。

Cut（切割）（快捷鍵：Alt + C）

01 自行建立一個 3*3*3 的【box（方塊）】，並轉為 Editable Poly。

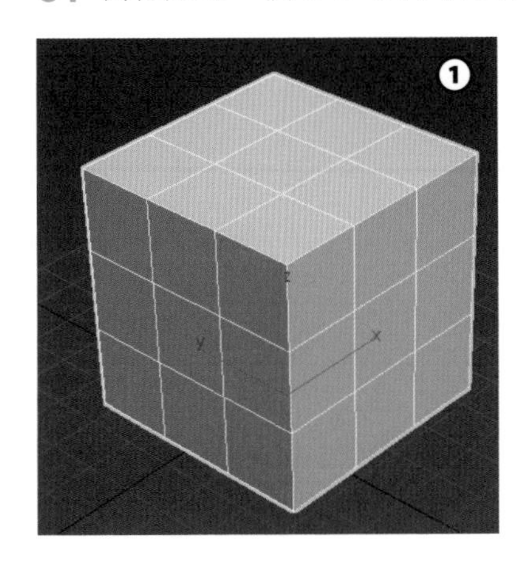

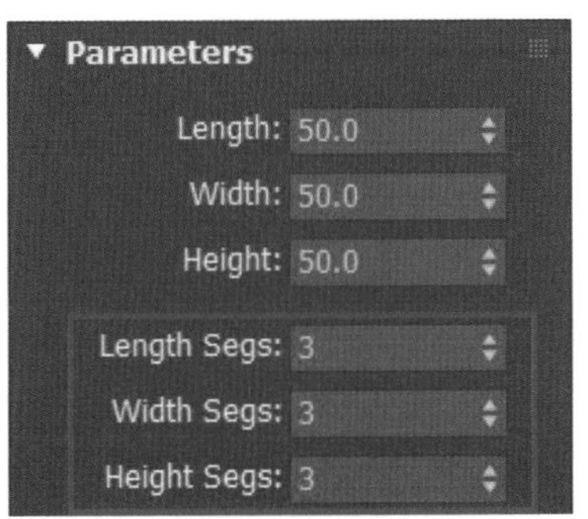

02 按下 F 鍵（切換至前視圖），點擊滑鼠右鍵→點擊【Cut（切割）】或是按住 Alt + C，會進入切割模式。

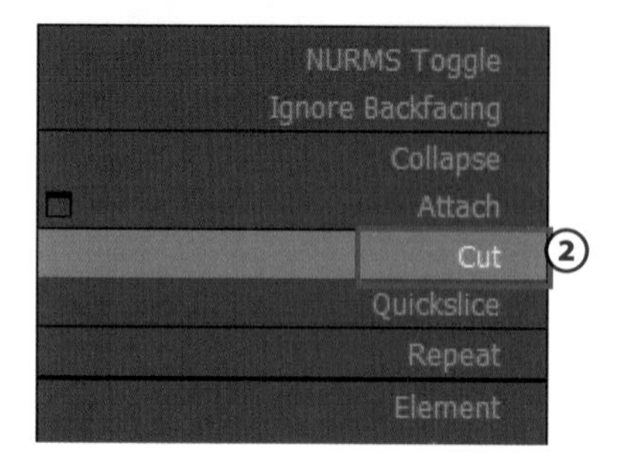

03 將滑鼠移至線上並點擊滑鼠左鍵開始切割。切割出眼睛的形狀，最後點擊滑鼠右鍵結束。

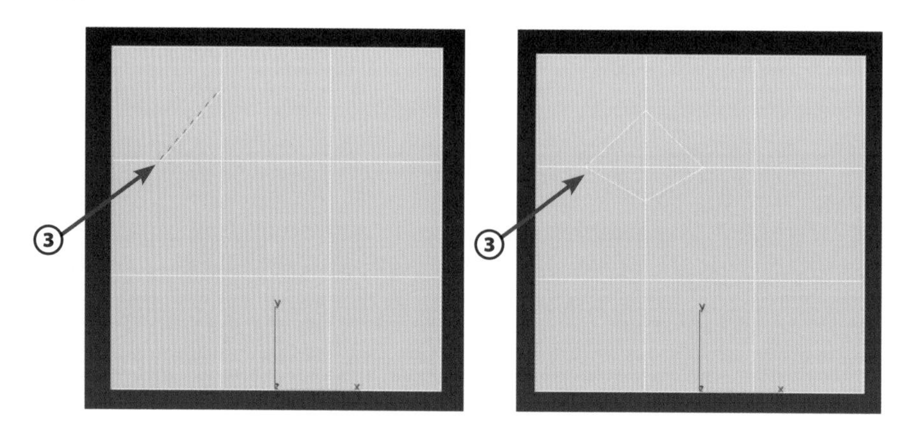

04 同步驟 3 的切割方式，製作右邊眼睛。

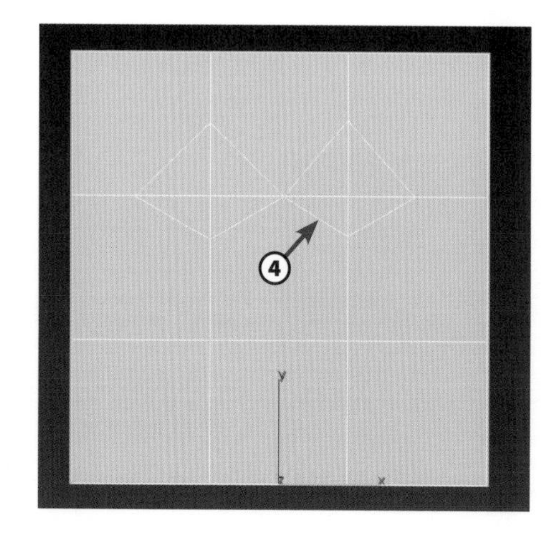

05 切割嘴巴。點擊右鍵結束切割。

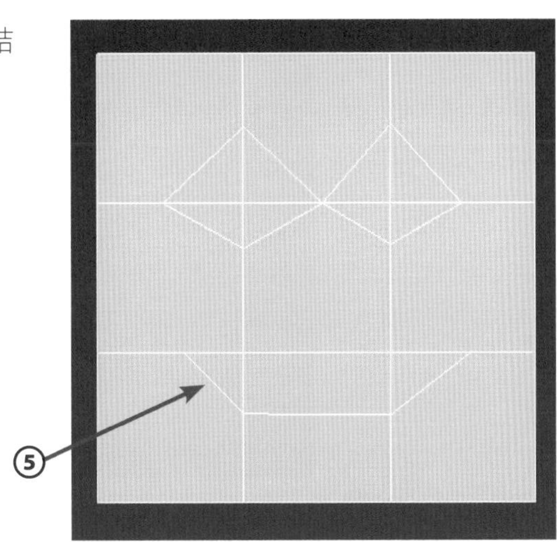

06 進入【Polygon（面）】層級，選取眼睛和嘴巴的面。

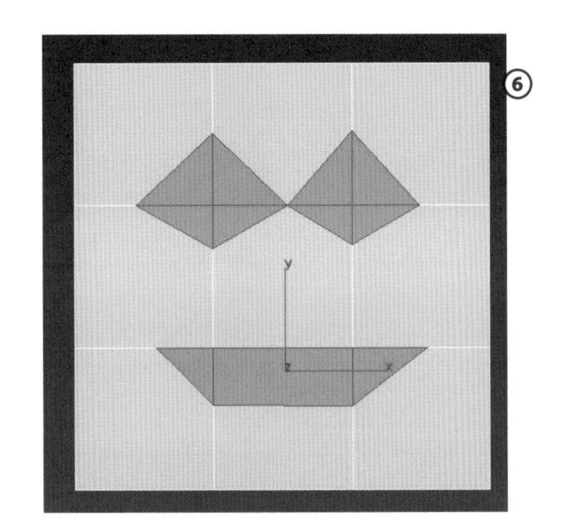

07 點擊滑鼠右鍵→點擊【Extrude（擠出）】旁的小按鈕，模式為【Group（群組）】，擠出值為「-6」，打勾完成。

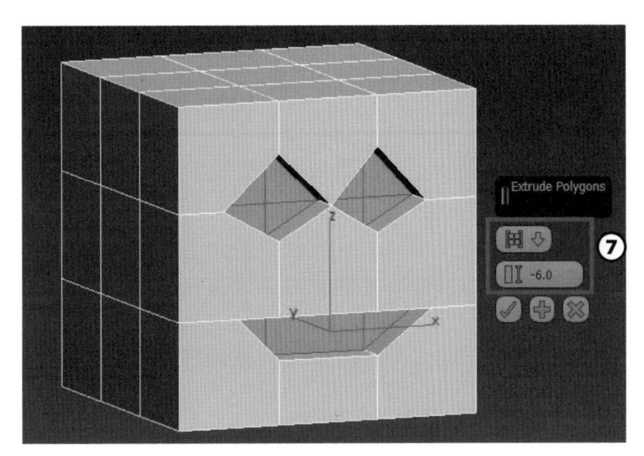

沿路徑擠出

01 自行建立一個【Cylinder（圓柱）】當作樹幹，並轉為 Editable Poly。

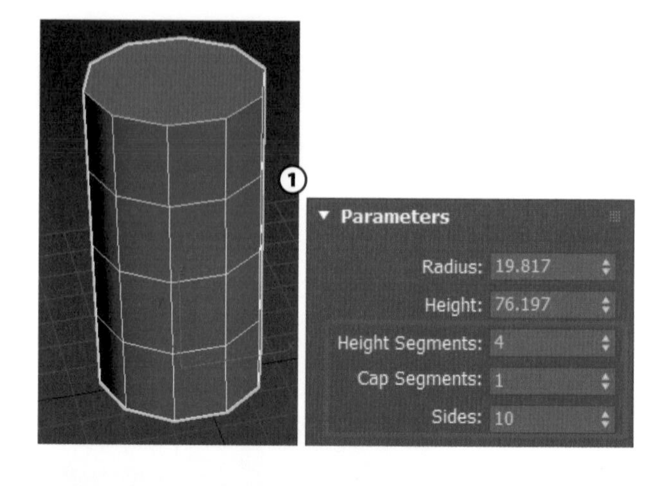

02 按下 T 鍵（切換至上視圖），點擊 滑鼠右鍵→點擊【Cut（切割）】或是按住 Alt + C，進入切割模式。切割分成三塊作為樹枝的起始面。

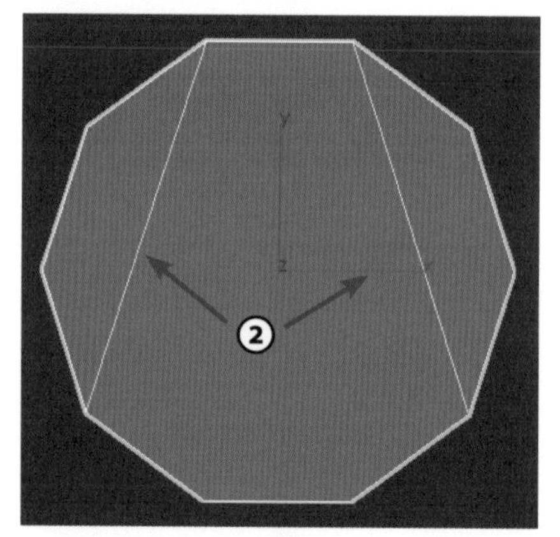

03 按下 F 鍵（切換至前視圖），進入【Vertex（點）】層級，框選點。

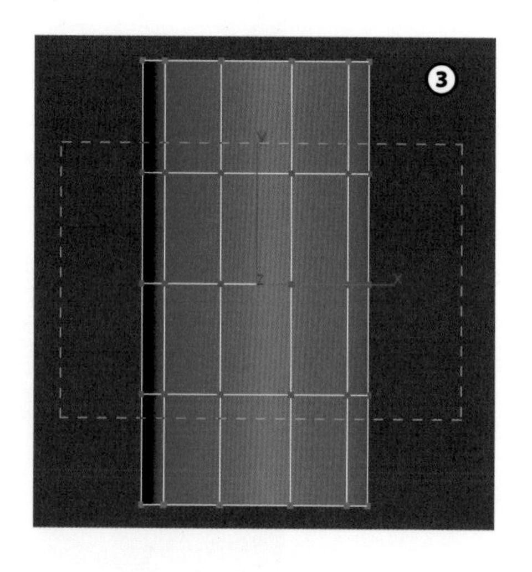

04 按下 R 鍵（比例），等比例縮小做出樹幹的弧度。

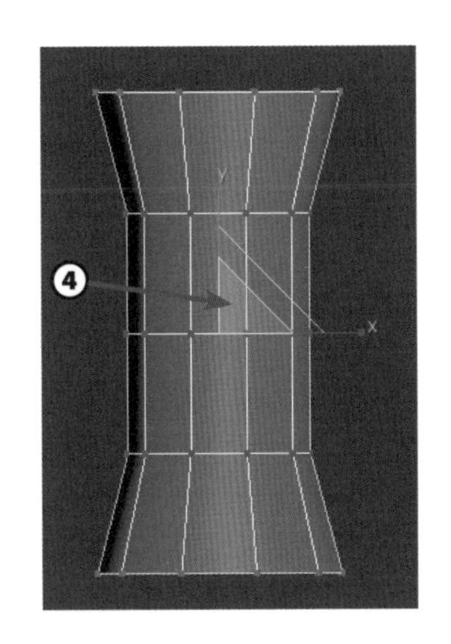

05 離開樹幹的子層級。點擊【Line（線）】，繪製樹枝生長路線，如圖左。繪製三條線，如圖右。

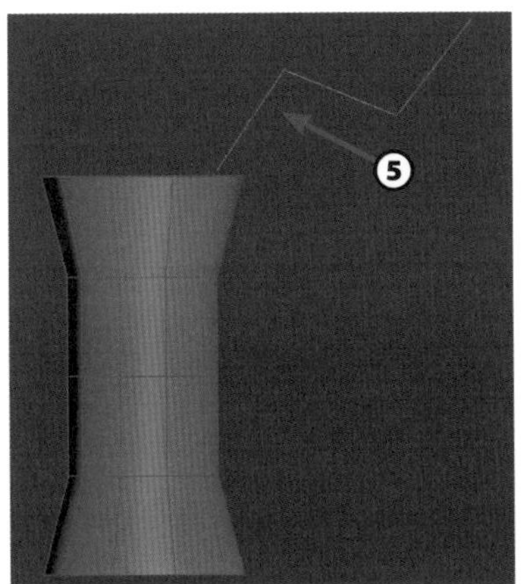

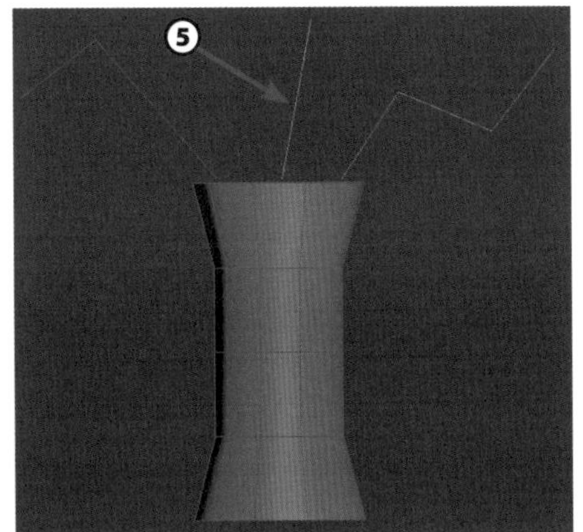

06 按下 T 鍵（切換至 上視圖），選取線，利用旋轉與移動，旋轉製造樹枝的不規則的生長方向，並移動到適當位置。

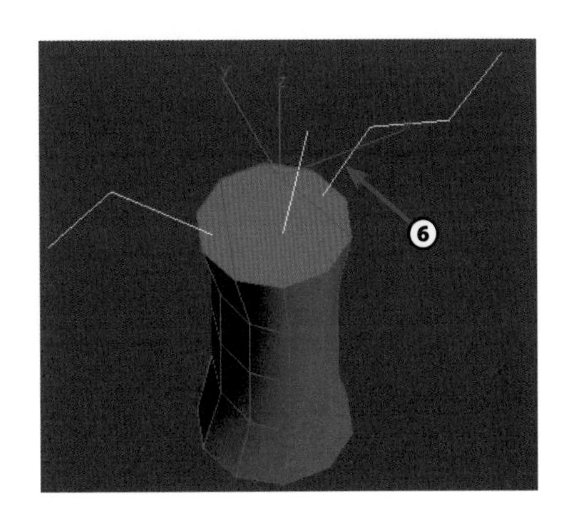

07 選取樹幹，進入【Polygon（面）】層級，選取右邊的面。

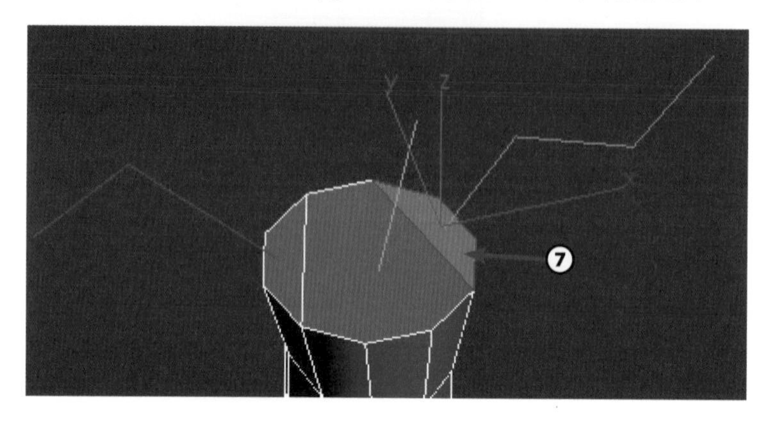

08 點擊滑鼠右鍵→點擊【Extrude along Spline（沿線段擠出）】旁的小按鈕。

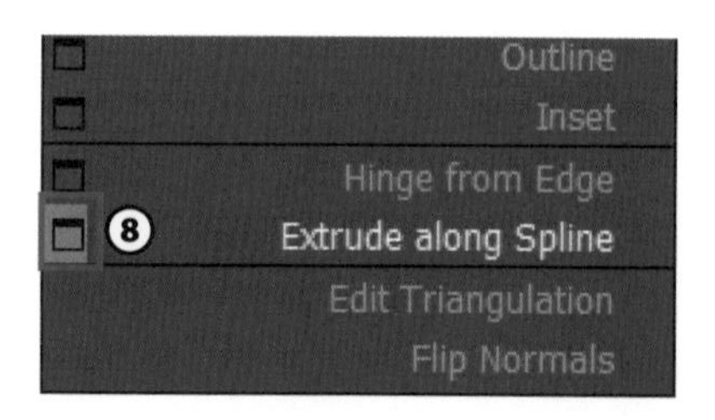

09 點擊【Picking Spline（挑選線）】按鈕，點選右邊線段，樹枝就會長出來。並設定【Segments（分段數）】為「6」。

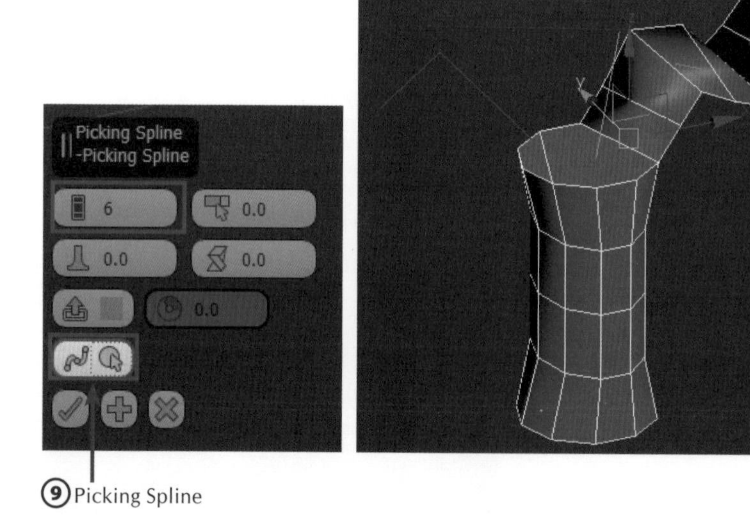

10 設　定【Taper Amount（錐度值）】為「-0.8」，數值為負值可使樹枝尾端變小，正值可變大。

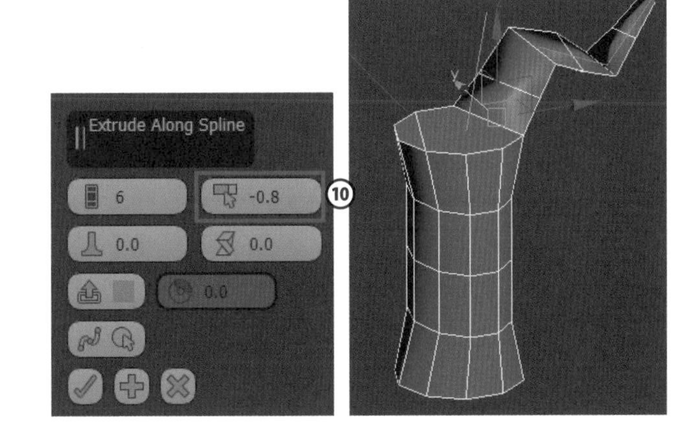

11 設定【Taper Curve（錐形曲線）】為「1」，數值為正數可使樹枝的曲線膨脹，負值則會收縮，打勾完成第一根樹枝。

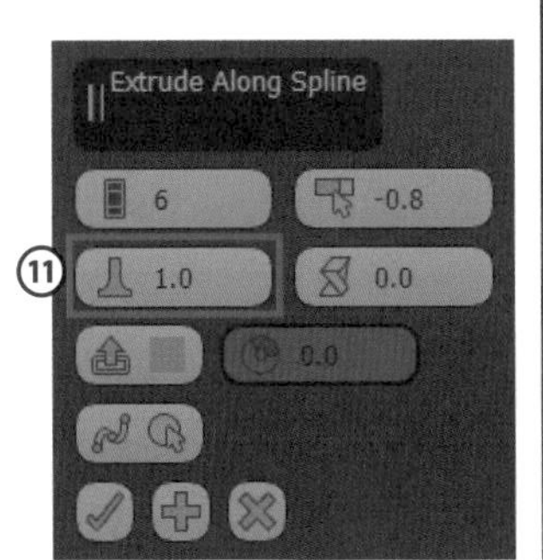

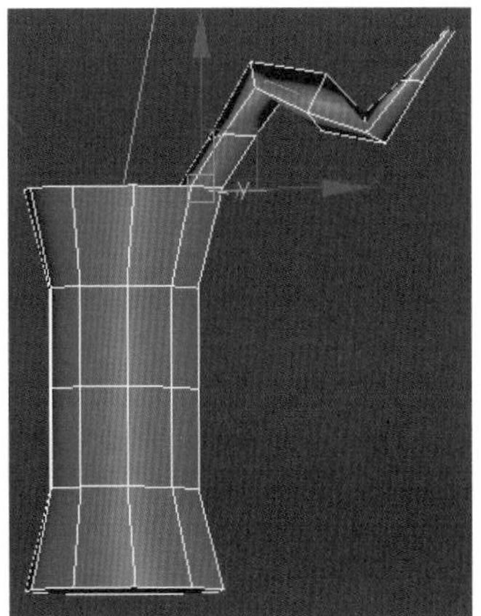

12 選取樹幹中間的面。

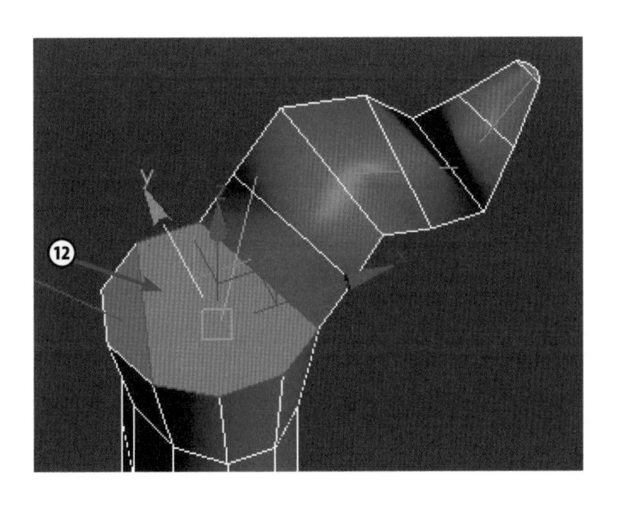

13 點擊滑鼠右鍵→點擊【Extrude along Spline（沿線段擠出）】旁的小按鈕。點擊【Picking Spline（挑選線）】按鈕，點選中間的線段線。因為之前有設定過數值，所以數值會沿用，打勾。

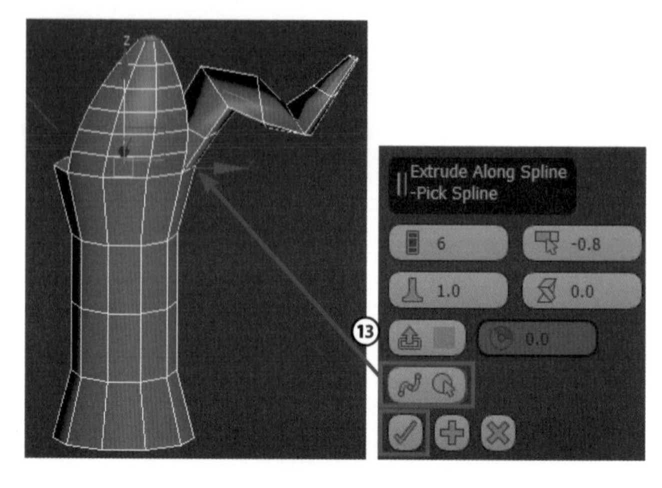

14 選取樹幹左邊的面。

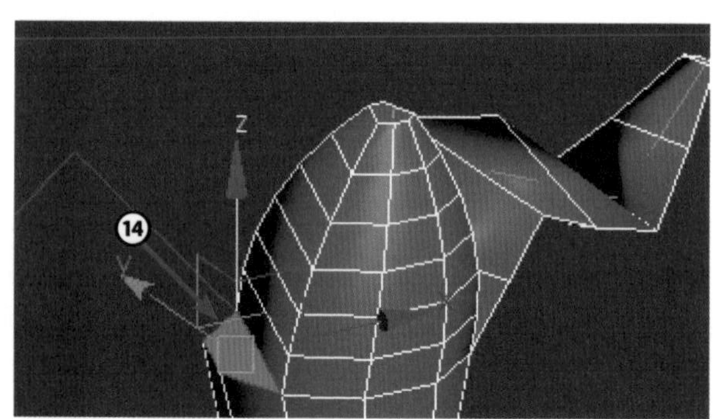

15 點擊【Extrude along Spline（沿線段擠出）】旁的小按鈕。點擊【Picking Spline（挑選線）】按鈕，點選線段，打勾。

16 完成圖。

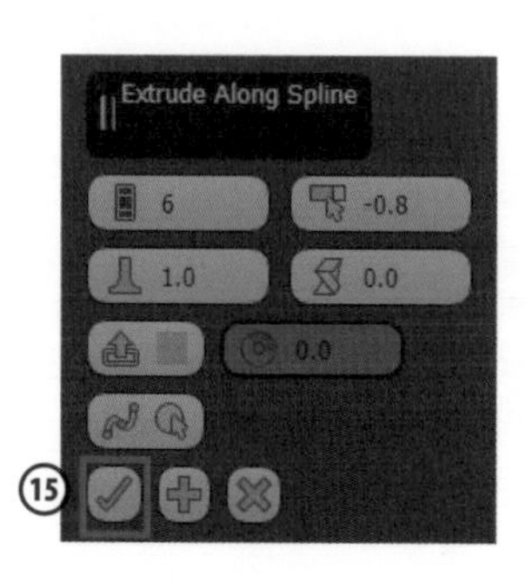

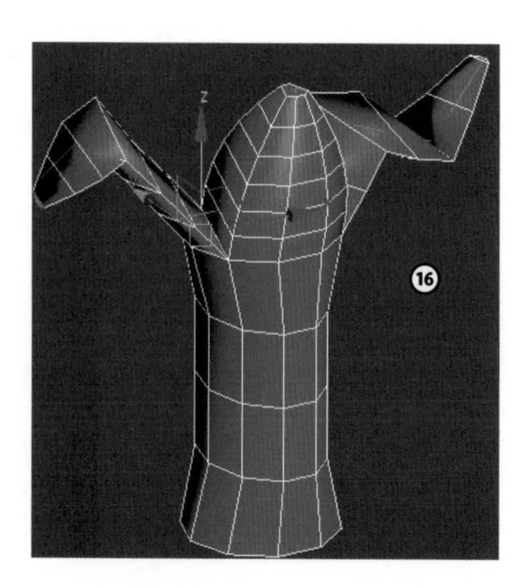

Slice（切割）

01 自行建立一個 1*1 的【Box（方塊）】，並轉為 Editable Poly。

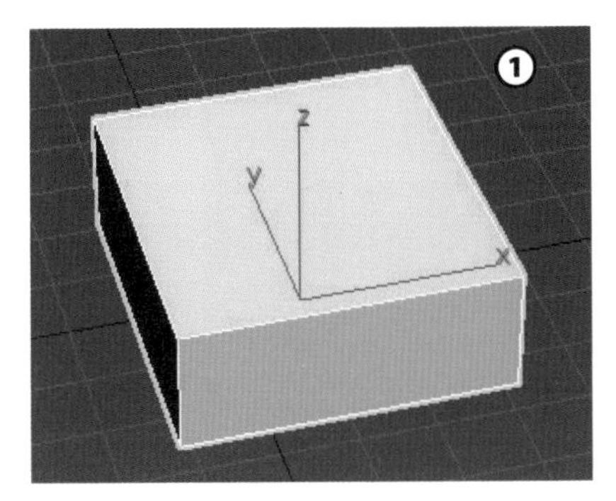

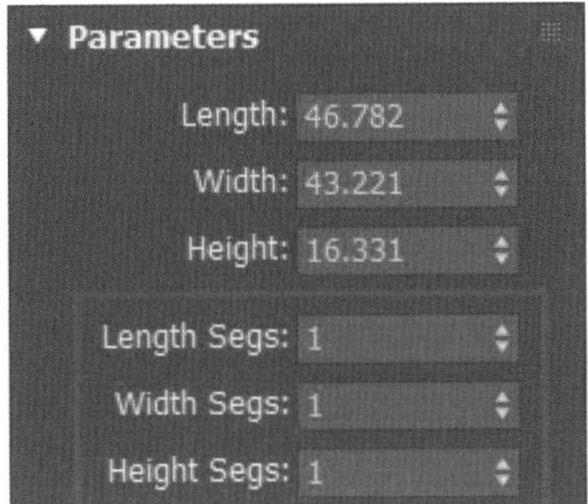

02 進入【Polygon（面）】層級，選取上面的面。

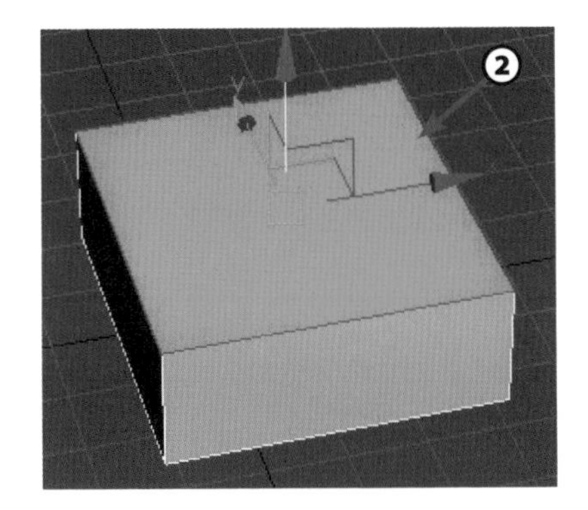

> **小秘訣**
> 先選取面，再執行【Slice Plane（切割平面）】，只有被選取的面會被切割。若沒有選取任何面，就執行【Slice Plane（切割平面）】，會無法切割。

03 至【Modify（修改面板）】→【Edit Geometry】→點擊【Slice Plane（切割平面）】按鈕，開啟切割平面，切割平面為黃色線。

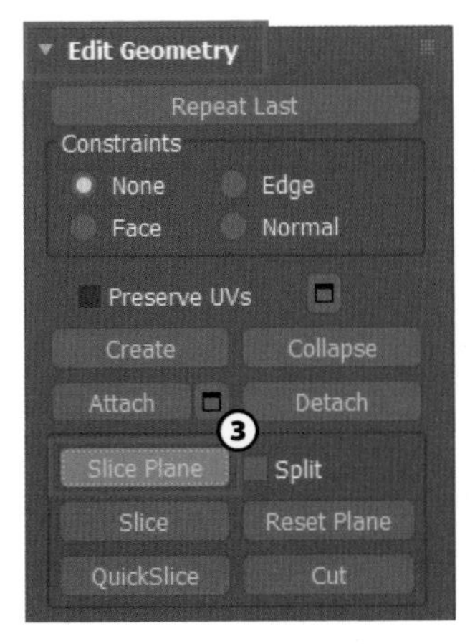

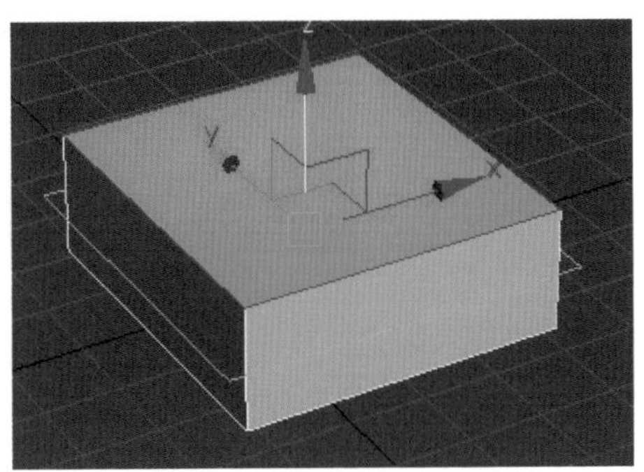

04 點擊【 】按鈕，開啟 角度鎖點開關。並在【 】按鈕上點擊滑鼠右鍵，開啟角度鎖點設定視窗，將【Angle（角度）】設為 90 度。

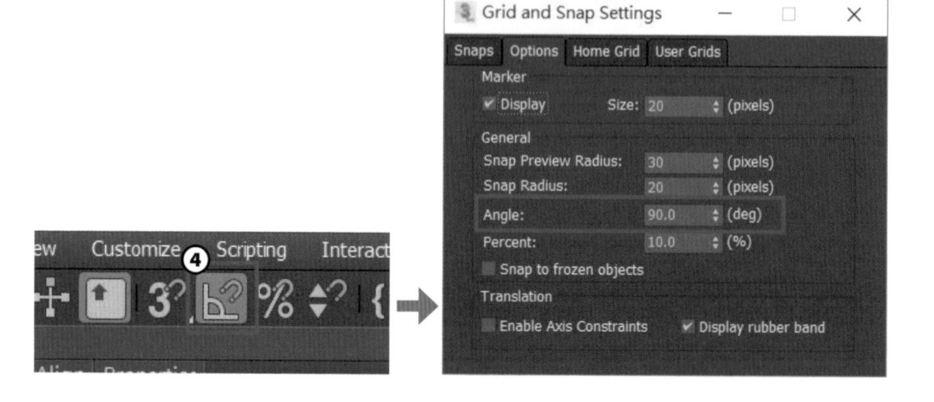

05 按下 E 鍵（旋轉），將切割平面旋轉 90 度，如圖所示。旋轉完成就將【 】角度鎖點關閉。

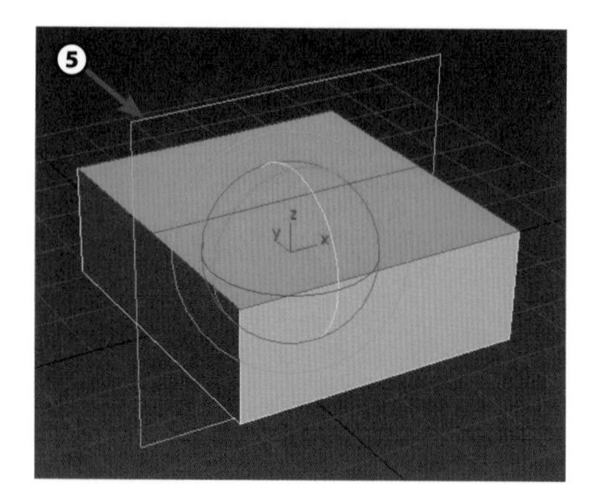

06 點擊【Slice（切割）】按鈕，所選取的面會被切割平面給切割。按下 W 鍵（移動），將切割平面向右移動，可發現已經切割了。

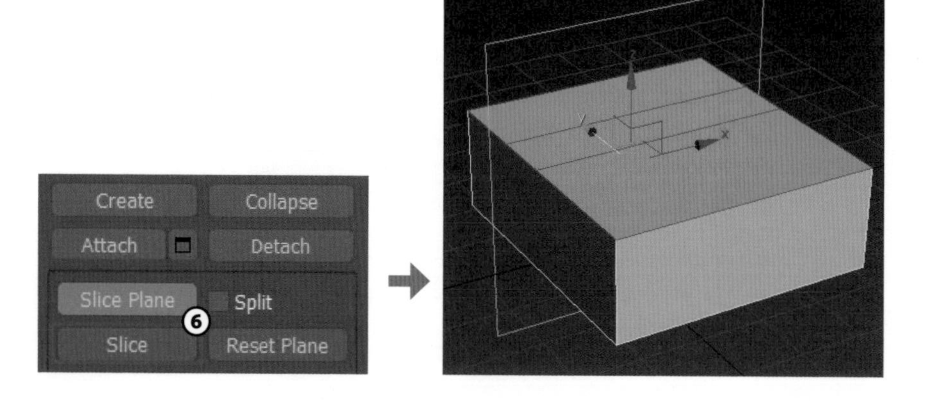

小秘訣

移動完【Slice Plane（切割平面）】只是平面，不算是切割，要再點擊【Slice（切割）】按鈕，才算已經切割。

07 再次點擊【Slice Plane（切割平面）】按鈕，可結束指令。

08 選取全部的面，點擊【Slice Plane（切割平面）】按鈕。

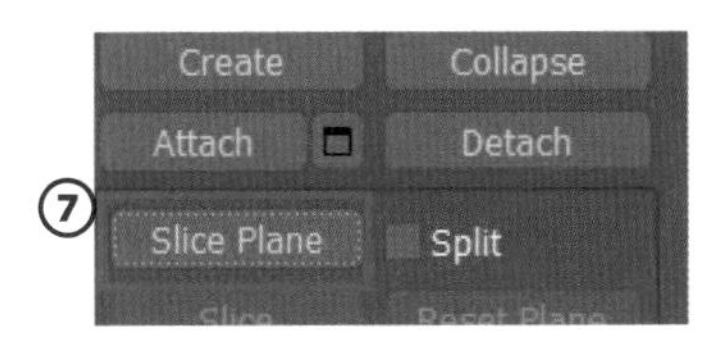

09 按下 T 鍵（切換至上視圖），按下 F3 鍵切換為線框模式，方便檢視切割的 位置。按下 E 鍵（旋轉），可旋轉切割平面。

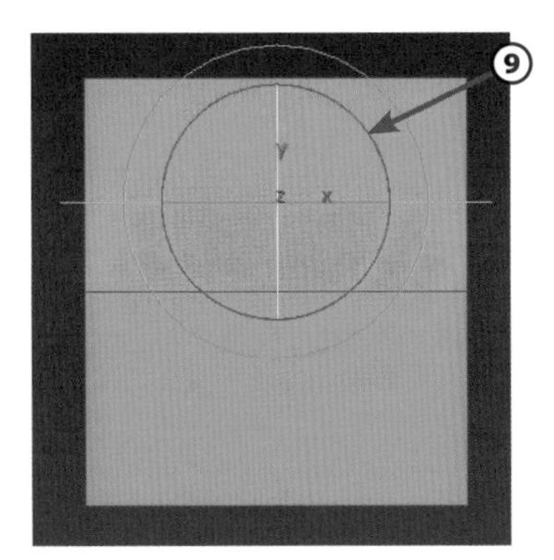

10 利用旋轉與移動切割平面，切割多條不規則線。切割完畢點擊【Slice Plane（切割平面）】按鈕關閉切割平面。轉至立體視角，可看見所有的面都有被切割，完成。

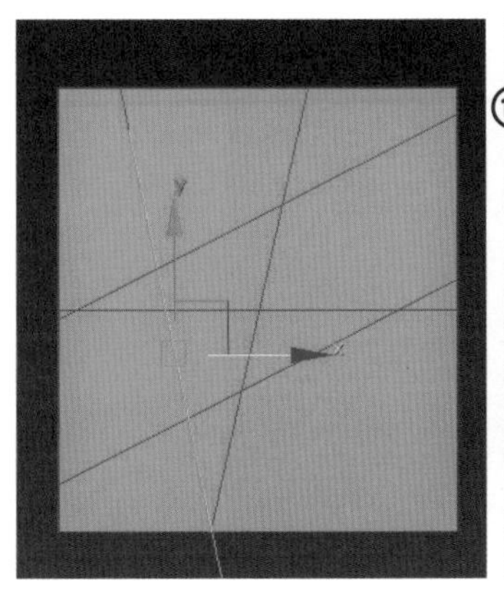

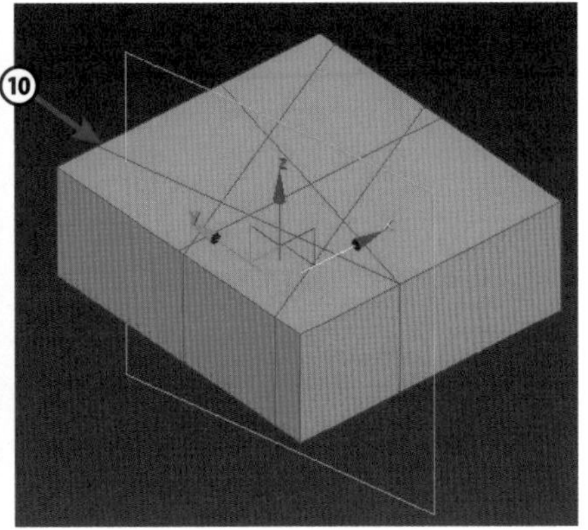

2-2 小道具 - 劍

01 建立一個長寬高為 20*20*40 且 1*1*2 的【Box（方塊）】，並轉為 Editable Poly。

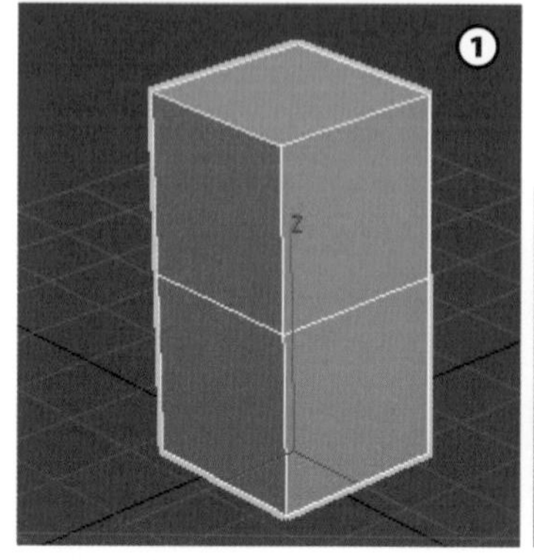

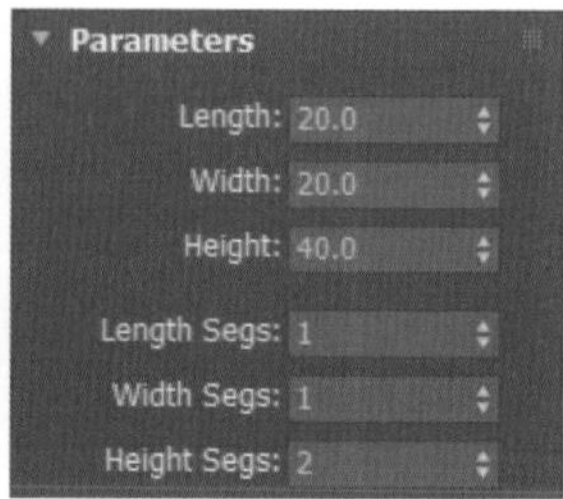

02 進入【Polygon（面）】層級，選取底部的面。

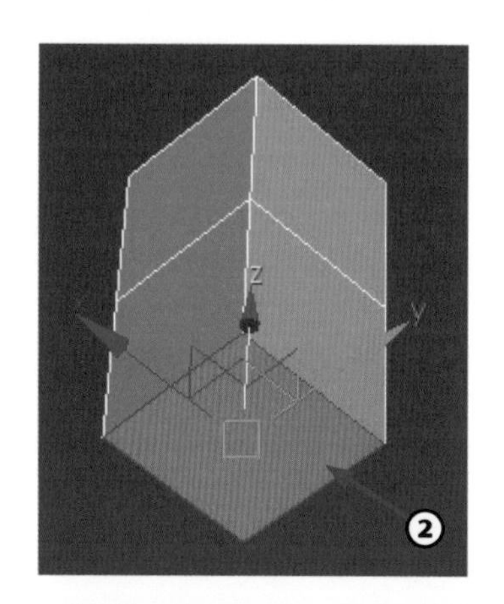

03 點擊滑鼠右鍵→【Extrude（擠出）】旁的小按鈕。選擇【Group（群組）】模式，擠出值輸入「10」。

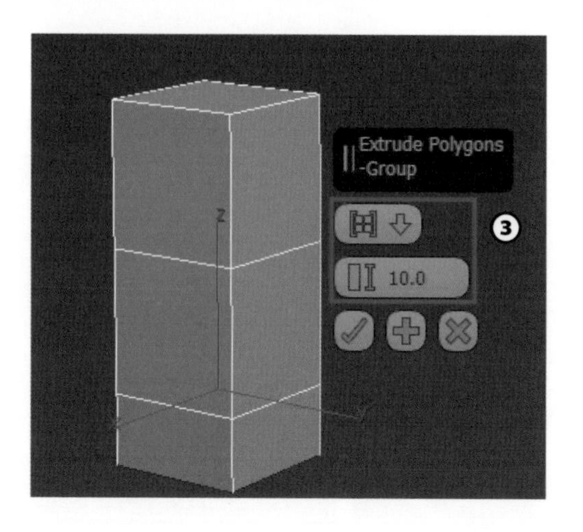

04 選取最下段方塊四邊的面。

05 點擊滑鼠右鍵→【Extrude】旁的小按鈕。模式選擇【Local Normal（法向）】模式，擠出值輸入「7」。

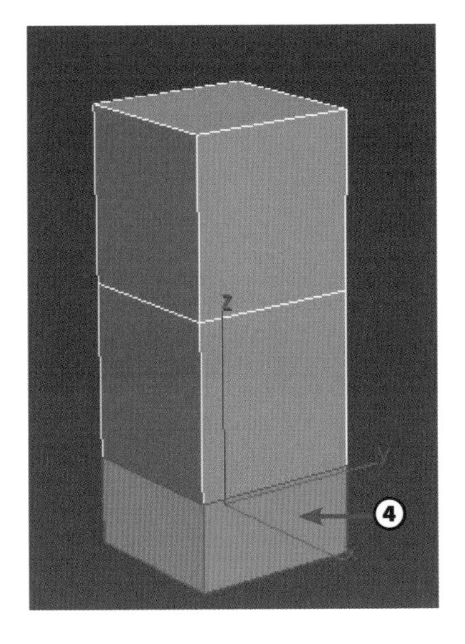

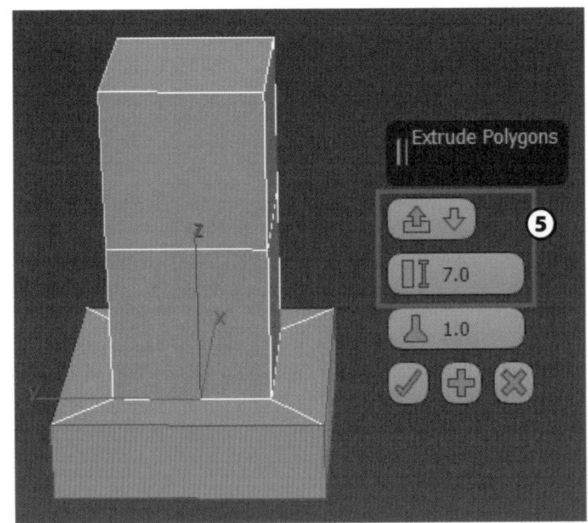

06 選取底部的面。

07 按下 W 鍵（移動）將選取的面往下移動製作出劍柄的造型，如下圖。

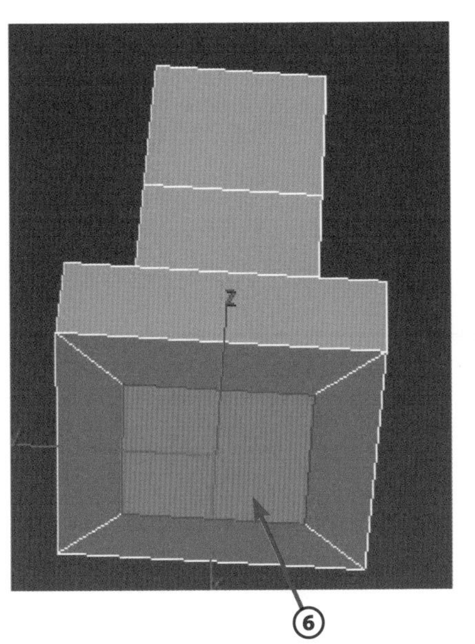

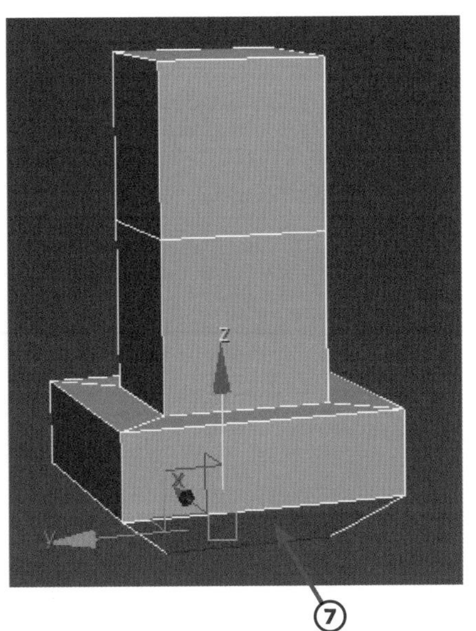

08 選取頂端的面。

09 點擊滑鼠右鍵→【Extrude】旁的小按鈕。擠出值輸入「0」。使其增加一面但沒有厚度。

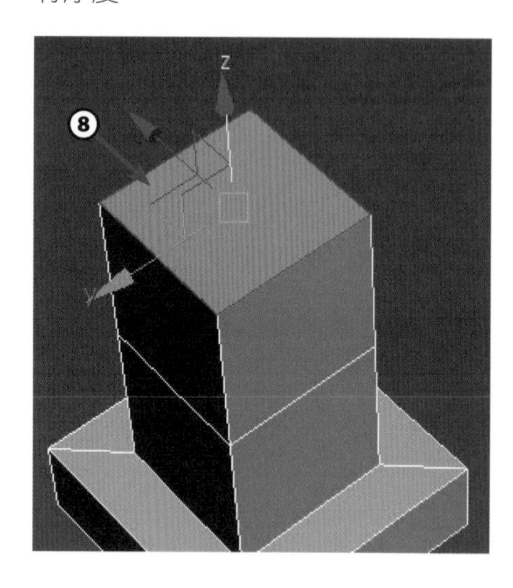

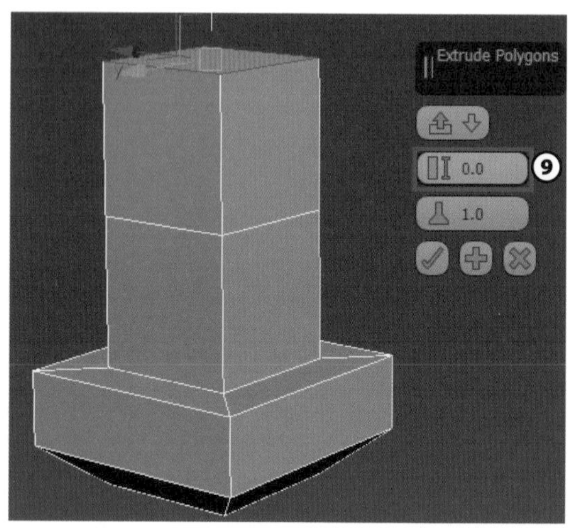

10 按下 R 鍵（比例）並拖曳 XY 軸使面往 XY 軸放大。

11 點擊滑鼠右鍵→【Extrude】旁的小按鈕。擠出值輸入「13」。

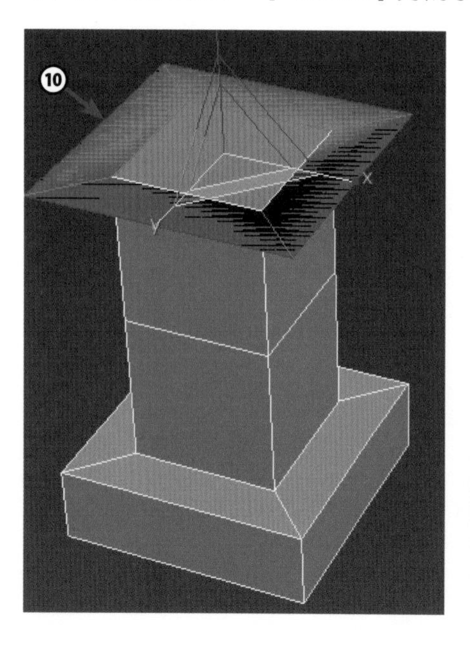

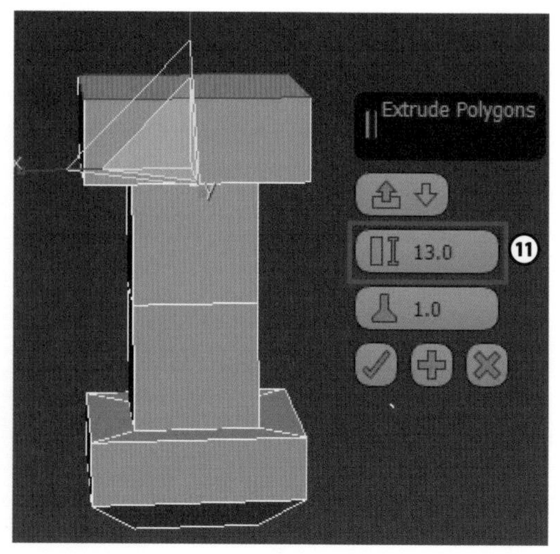

12 選擇新擠出的方塊的兩個面。

13 點擊滑鼠右鍵→【Extrude】旁的小按鈕。模式選擇【Group(群組)】模式，擠出值輸入「27」。

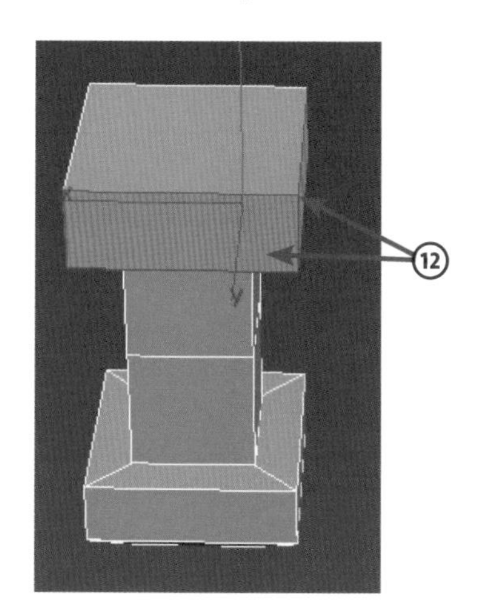

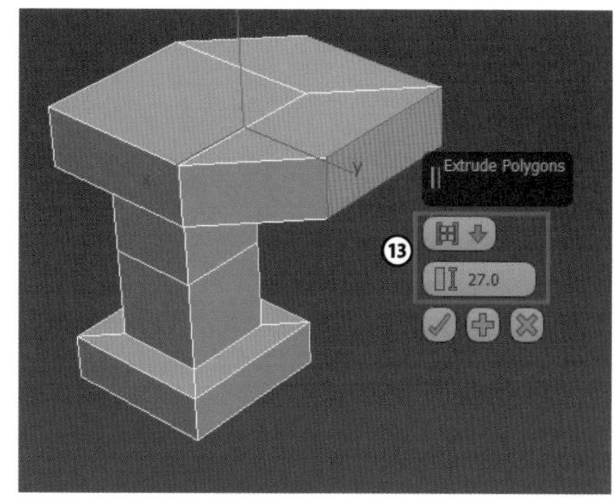

14 選擇另外兩邊的面，點擊滑鼠右鍵→【Extrude】旁的小按鈕。模式選擇【Group(群組)】模式，擠出值輸入「27」。

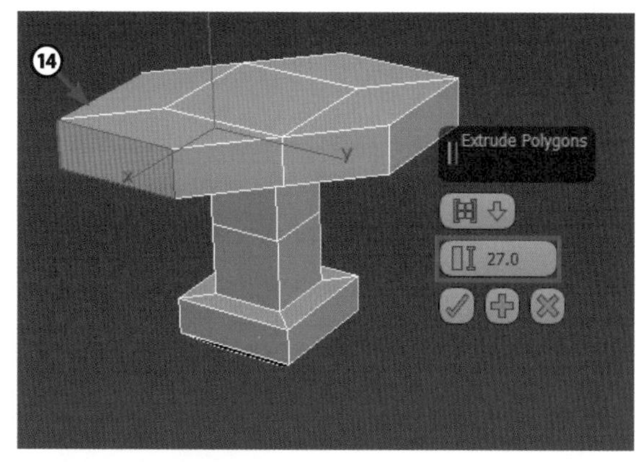

15 選取上面全部的面。

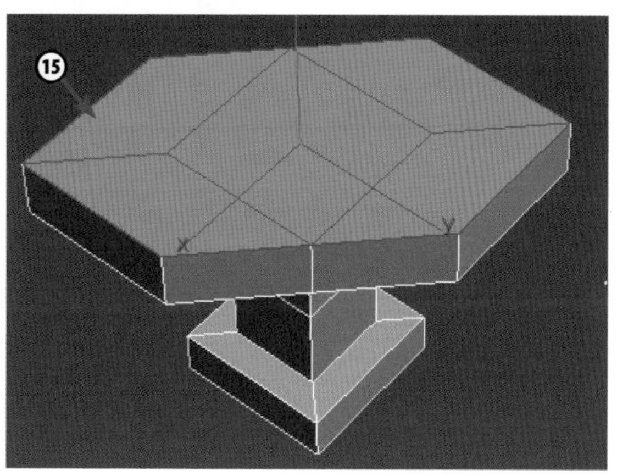

16 點擊滑鼠右鍵→【Inset（插入面）】旁的小按鈕。模式為【Group（群組）】，偏移量輸入「6」。

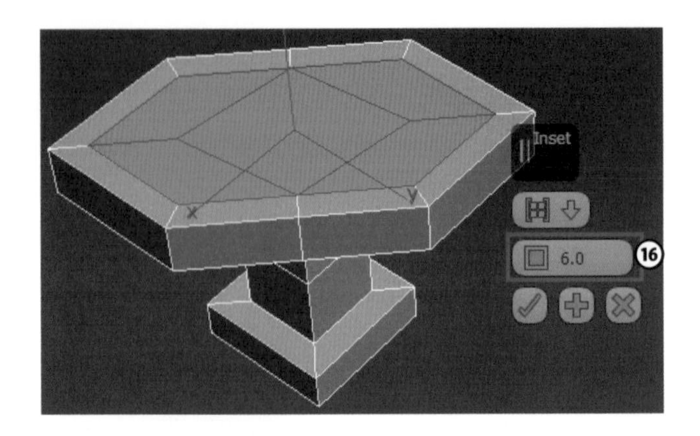

17 選擇頂端的面，點擊滑鼠右鍵→【Extrude】旁的小按鈕。模式選擇【Group（群組）】模式，擠出值輸入「10」。

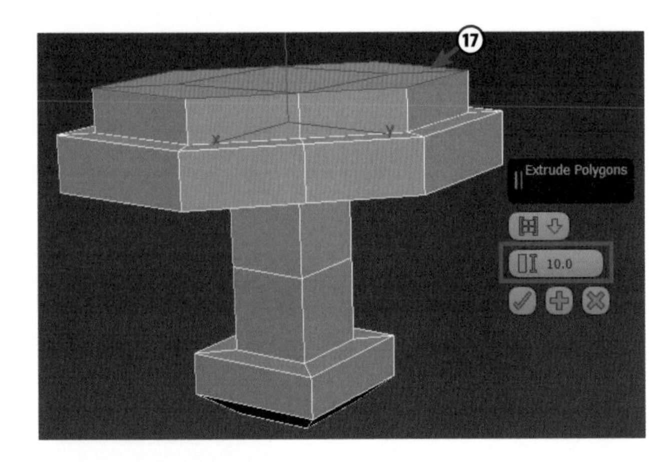

18 選擇頂端中間的面。

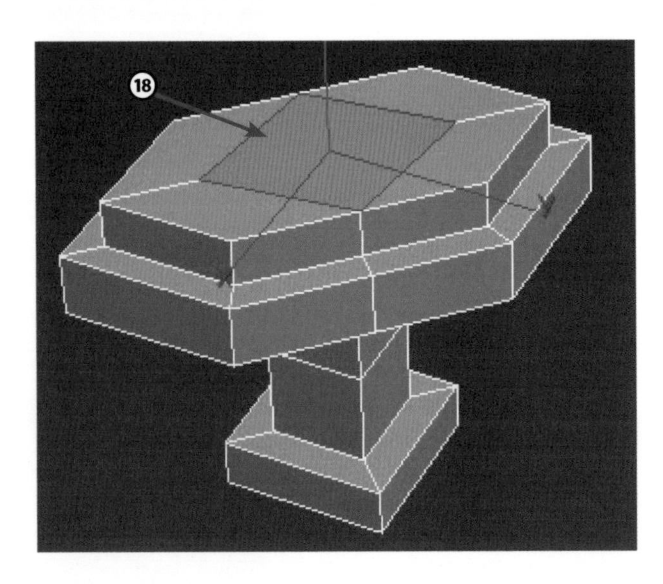

19 點擊滑鼠右鍵→【Extrude】旁的小按鈕。模式選擇【Group（群組）】模式，擠出值輸入「50」。

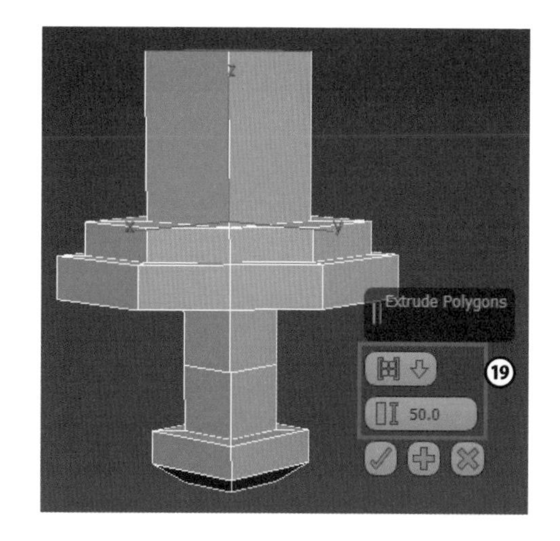

20 點擊滑鼠右鍵→【Extrude】旁的小按鈕。模式選擇【Group（群組）】模式，擠出值輸入「30」。

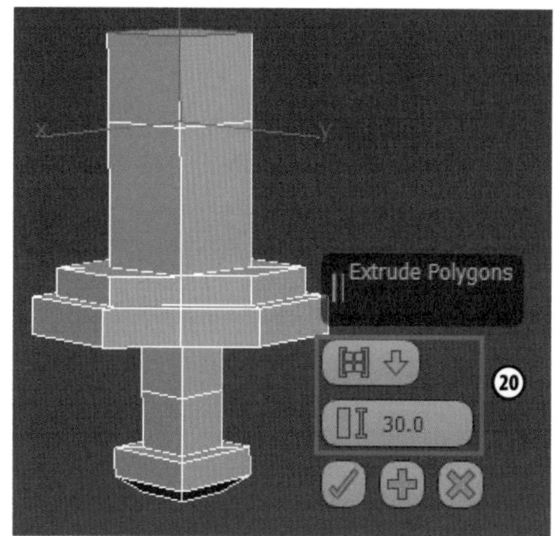

21 選取頂端的面後，點擊【Modify（修改面板）】→【Edit Geometry(編輯幾何)】面板下的【Collapse（塌陷）】，使劍的頂端越來越尖。

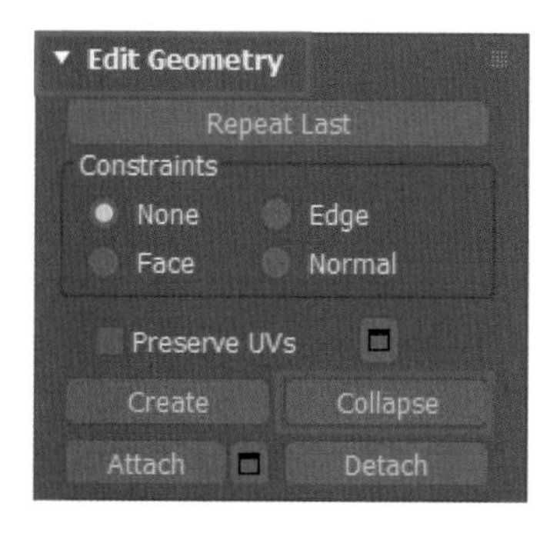

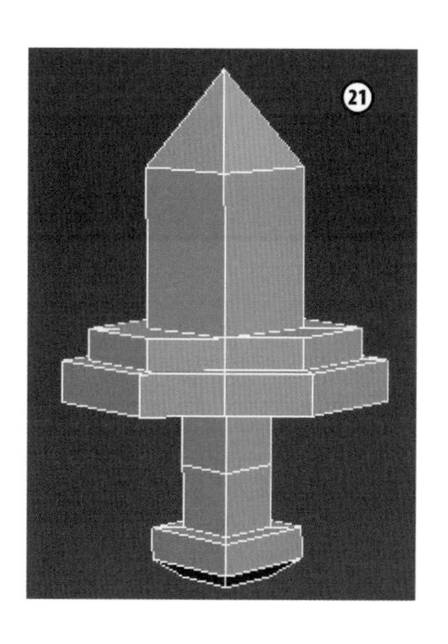

22 進入點【Vertex（點）】後，選取最上面兩排的點。

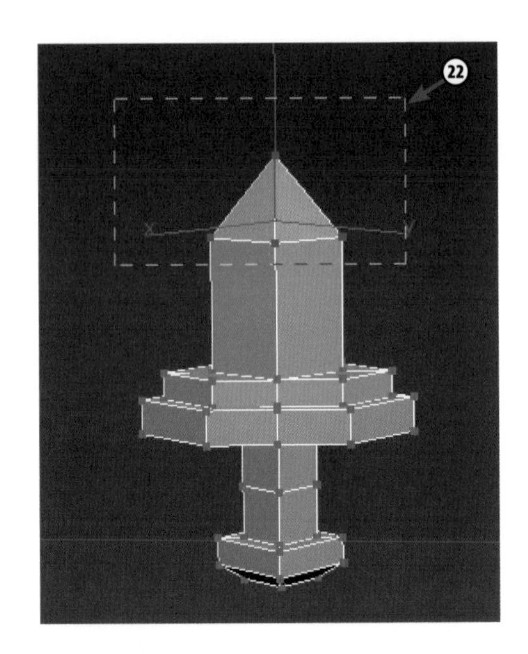

23 按下 W 鍵（移動）將選取的點往上移動使劍變長。完成如右圖。

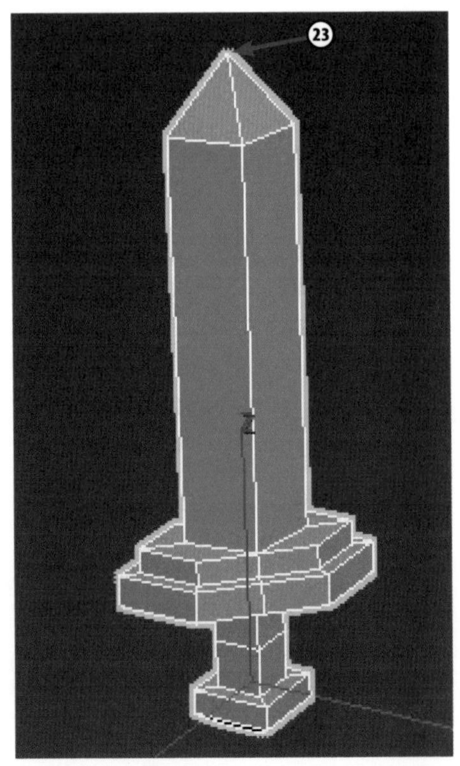

2-3 鞋子

01 建立一個長寬高約 30*27*12，且 1*1*1 分割的 Box，作為鞋底。並轉為 Editable Poly。

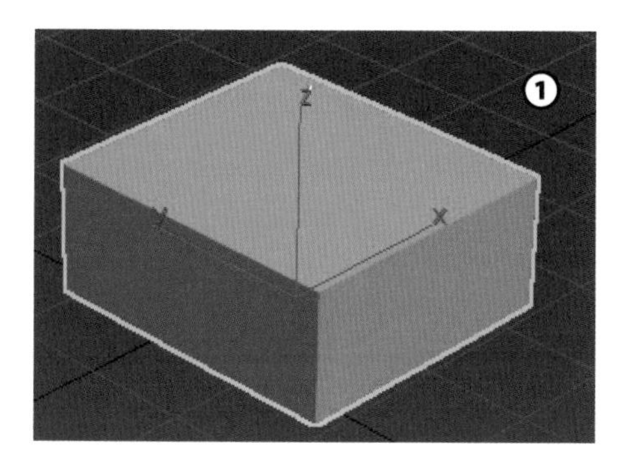

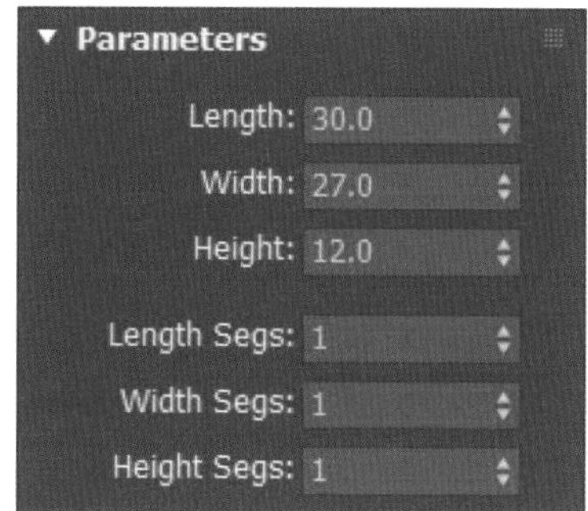

02 進入 Polygon（面）層級，選取上面的面。

03 點擊滑鼠右鍵→【Extrude（擠出）】旁的小按鈕。模式選擇【Group】，擠出值輸入「23」。然後點擊【➕】加號按鈕。

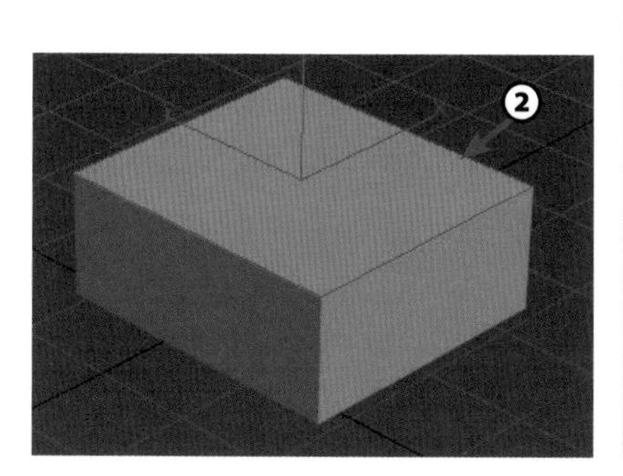

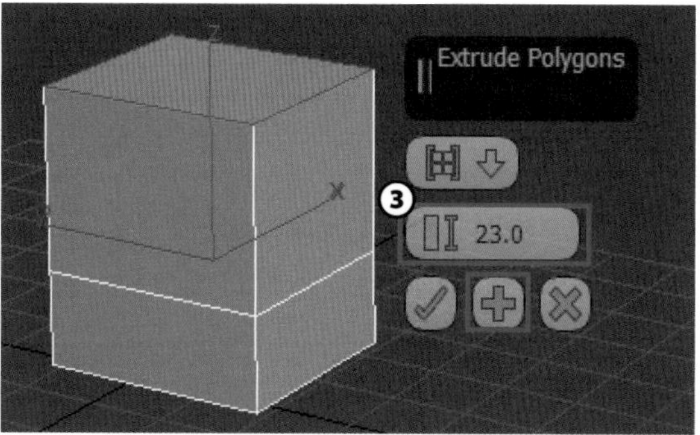

小秘訣

在點擊 Extrude（擠出）、Inset（插入面）... 等指令的小按鈕後，會出現有打勾、加號、打叉的符號。打勾【✔】是確定並結束指令，加號【➕】是確定並再執行一次指令，打叉【✖】是取消並結束指令。

04 擠出第二段，調整至適當長度，打勾。

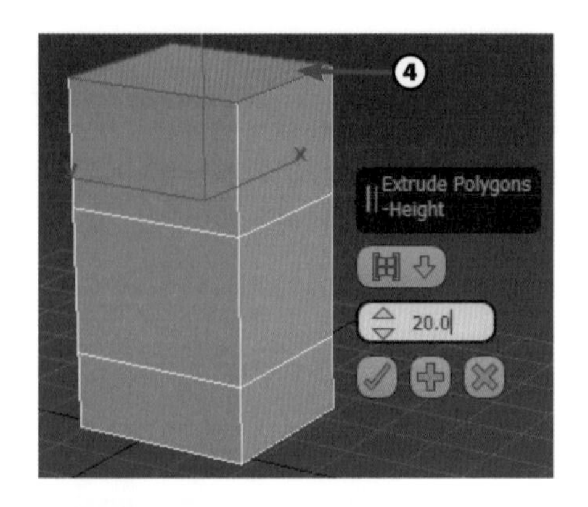

05 選擇前面的面。

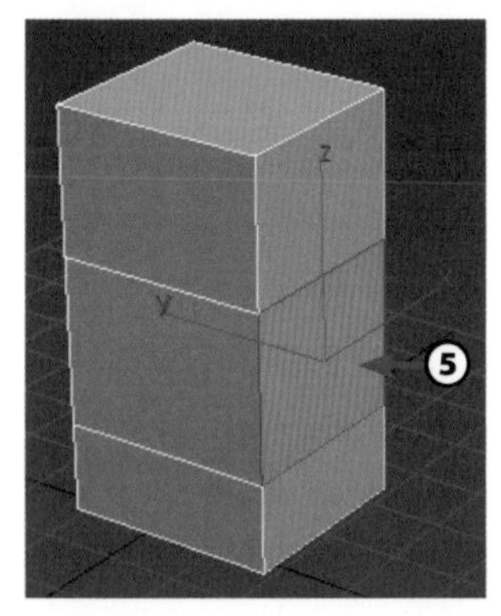

06 點擊滑鼠右鍵→【Extrude（擠出）】旁的小按鈕。模式選擇【Group】，擠出值輸入「65」。然後點擊【⊕】加號按鈕。

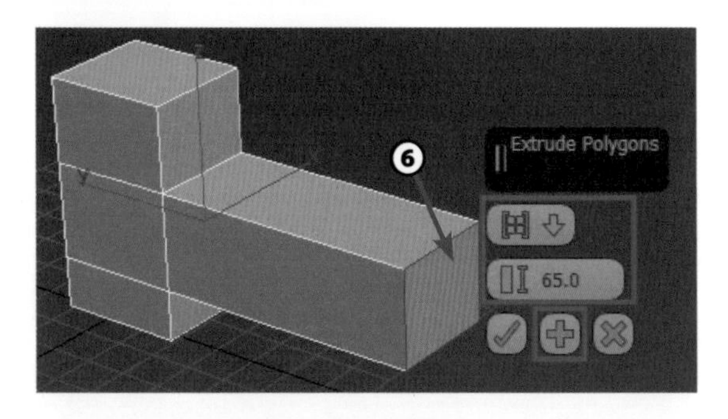

07 擠出第二段，調整至適當長度，打勾。此時已完成鞋子的基礎形狀。

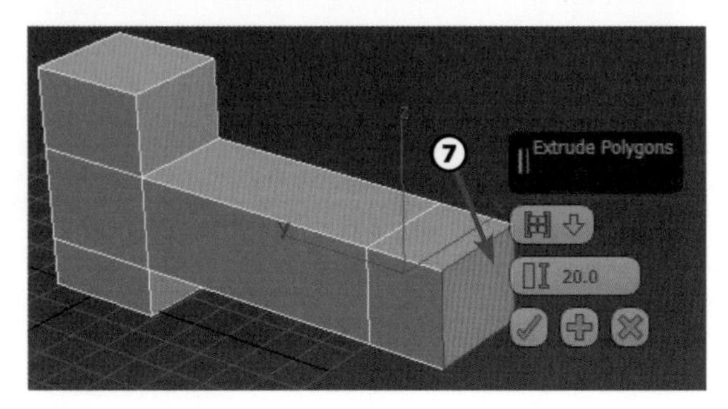

08 按下 T 鍵（切換至上視圖），進入 Vertex（點）層級，框選中間的點。

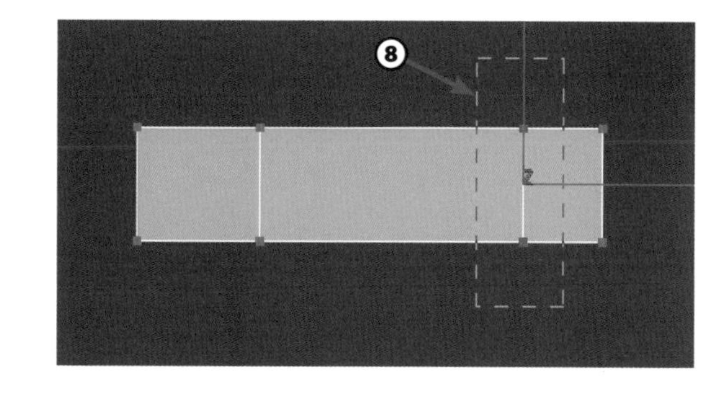

09 按下 R 鍵（比例），向上拉動，將模型向兩側放大。

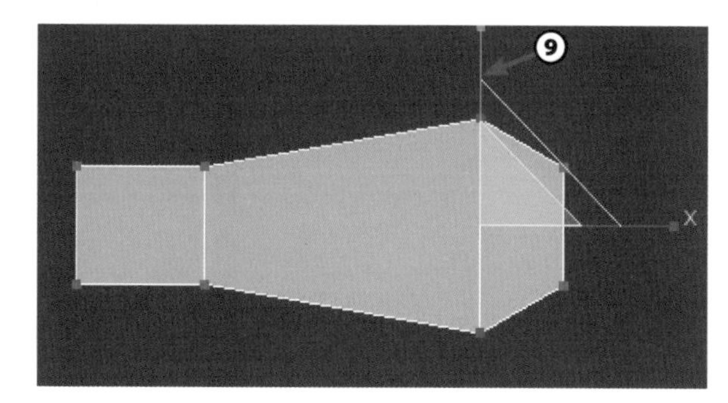

10 框選右邊的點，使用比例縮小一些。

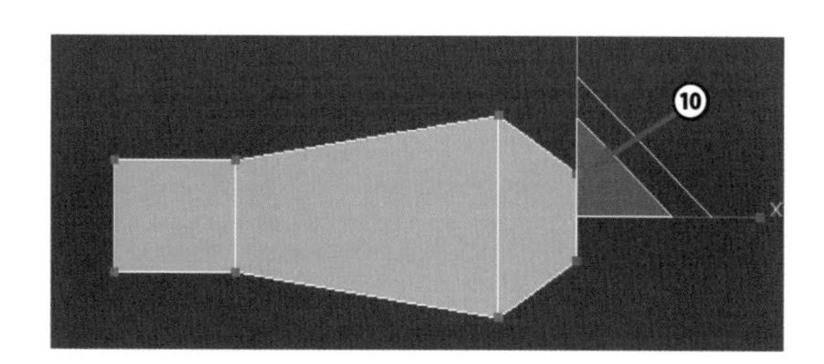

11 按下 F 鍵（切換至前視圖），框選點。

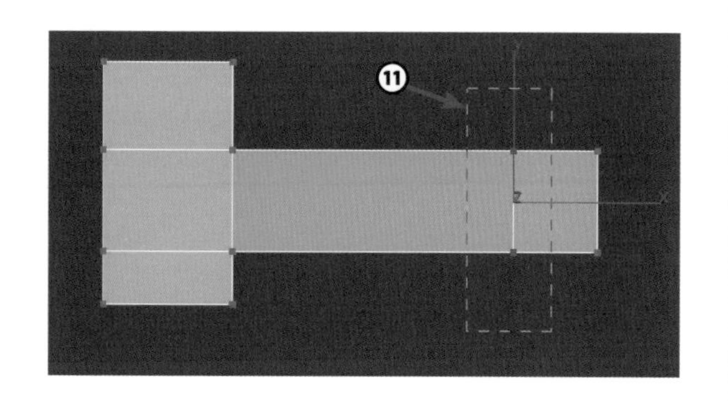

12 按下 W 鍵（移動），向下移動。

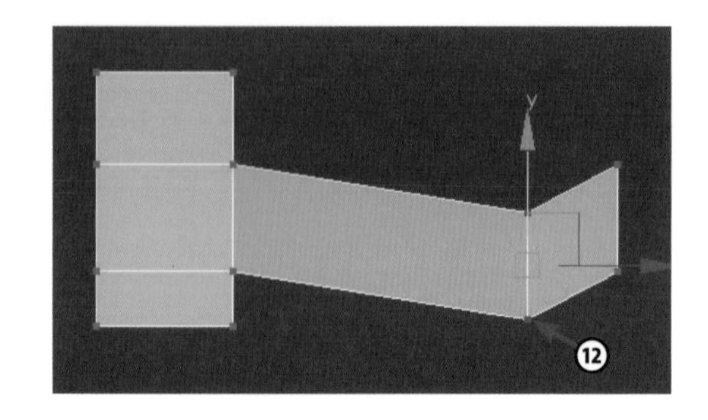

13 接著框選右上角的點，移動至如圖所示。目前已完成鞋子的側面形狀。

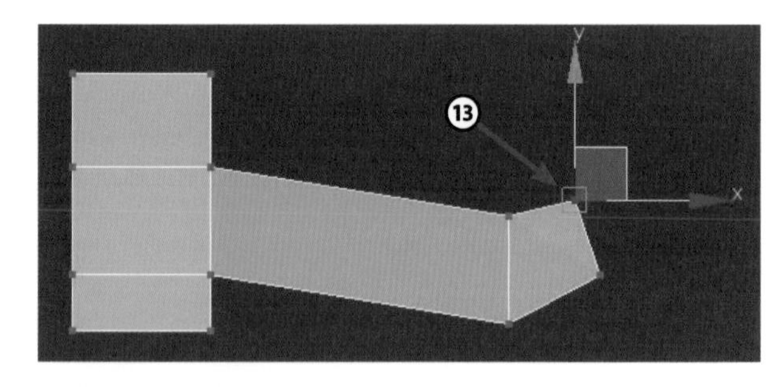

14 進入 Polygon（面）層級，選取上面的面。

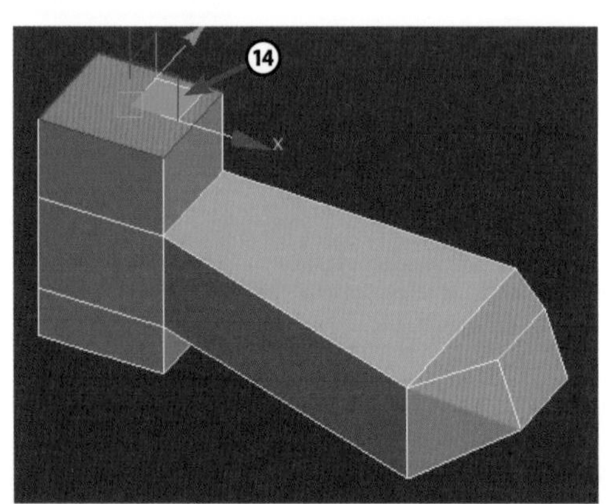

15 點擊滑鼠右鍵→【Inset（插入面）】旁的小按鈕。偏移值輸入「3」。

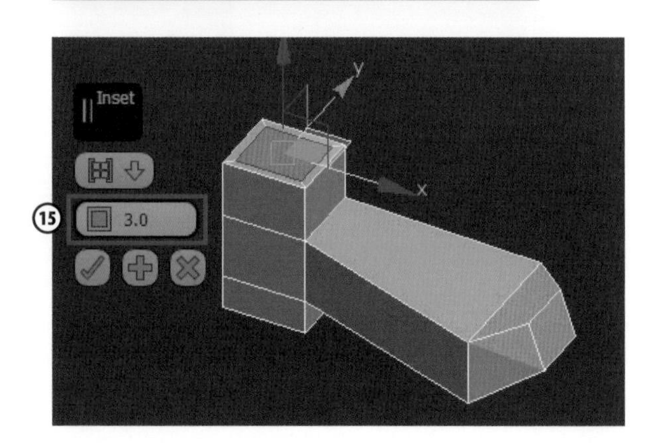

16 點擊滑鼠右鍵→【Extrude（擠出）】旁的小按鈕，按下 F3 開啟線框模式，向下擠出適當長度。

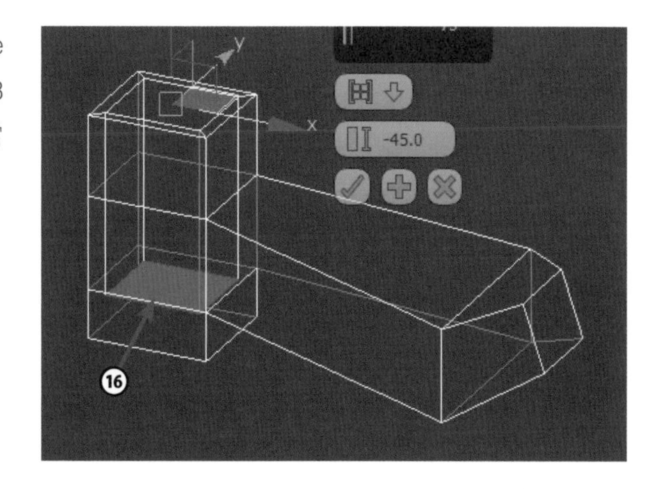

17 進入 Edge（邊）層級，選取一條邊。

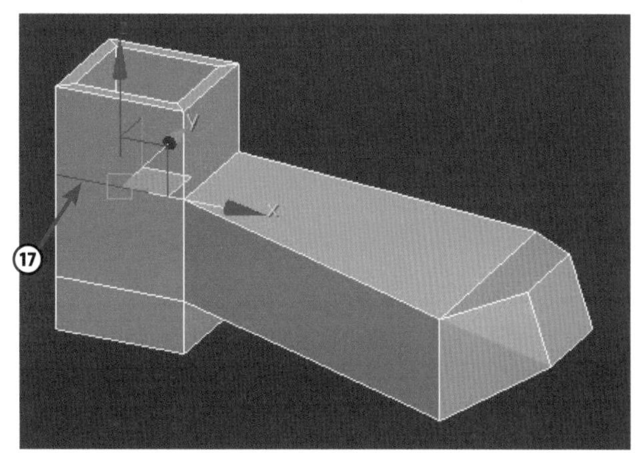

18 按下 Alt ＋ R，選取整排邊。或是選一邊後，或是點擊【Modify（修改面板）】→【Selection】面板下的【Ring】按鈕選取全部的平行邊。

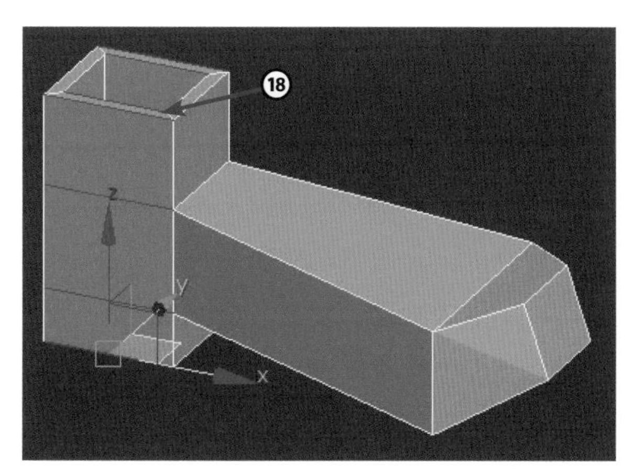

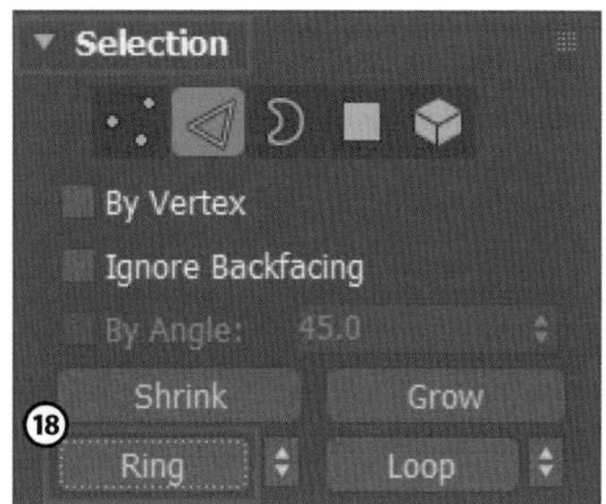

19 點擊滑鼠右鍵→【Connect（連接）】旁的小按鈕。增加一條邊，打勾。

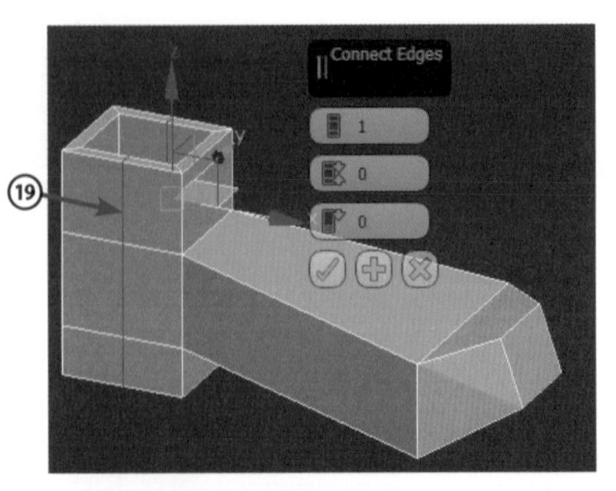

20 進入 Edge（邊）層級，選取一條邊。

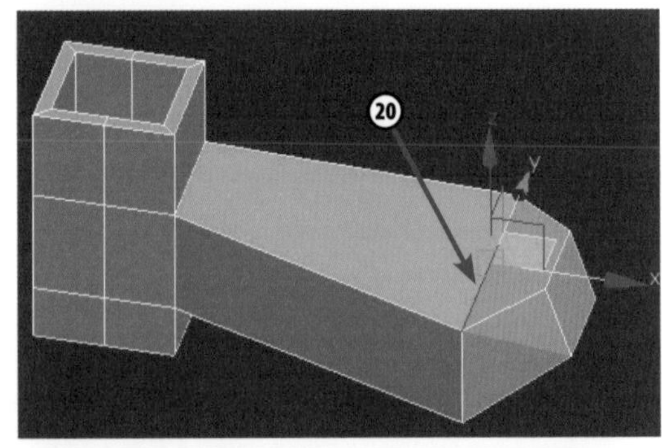

21 按下 Alt + R ，選取整排邊。

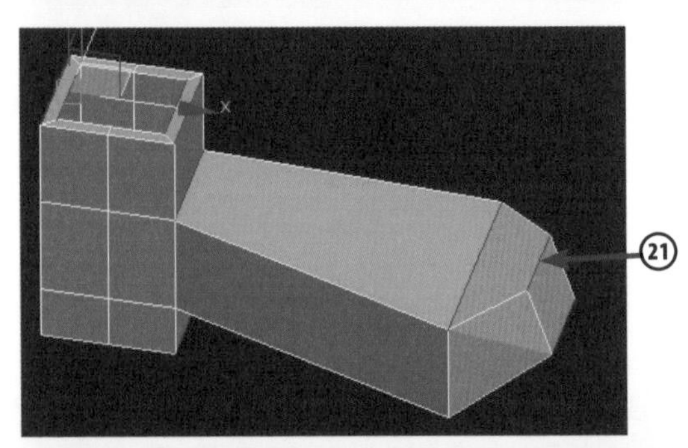

22 點擊滑鼠右鍵→【Connect（連接）】旁的小按鈕。增加一條邊，打勾。

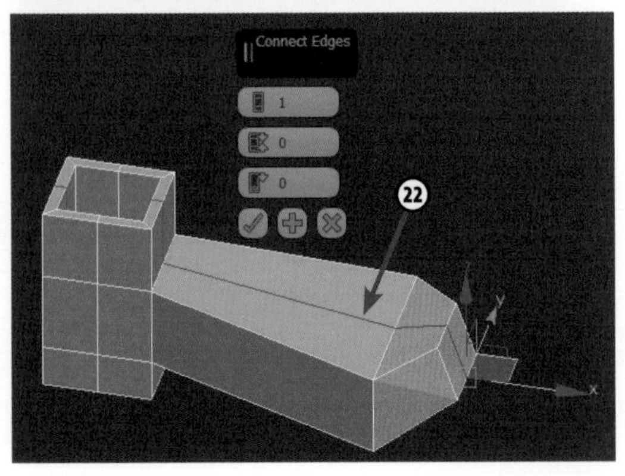

23 按下 T 鍵（切換至上視圖），進入 Vertex（點）層級，框選如圖所示的紅色的點。按下 R 鍵（比例），向 Y 軸拉動。

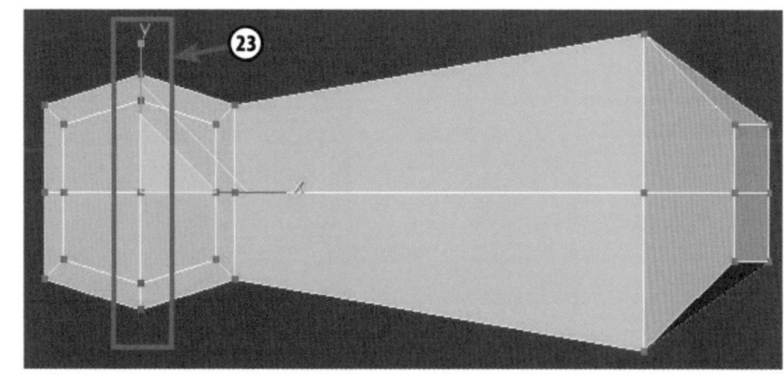

24 框選如圖所示的紅色的點。按下 R 鍵（比例），向右拉動。

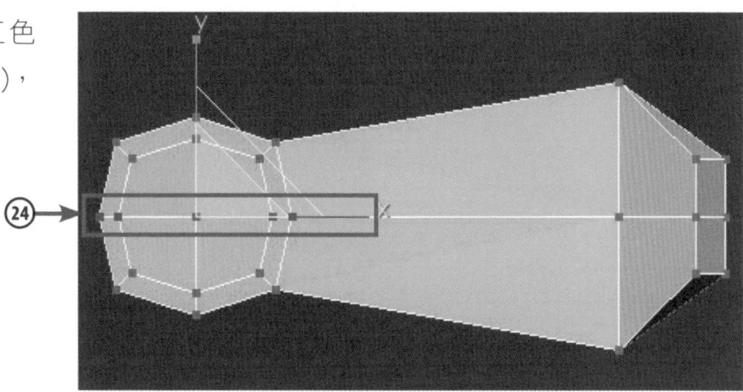

25 進入 Edge（邊）層級，選取一條邊。

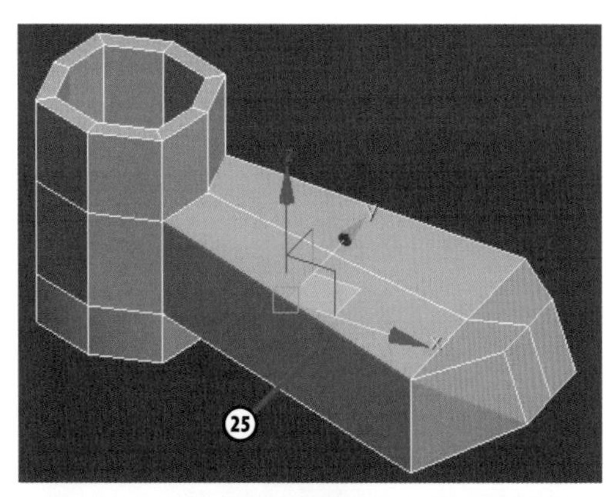

26 按下 Alt + R，選取整排邊後。

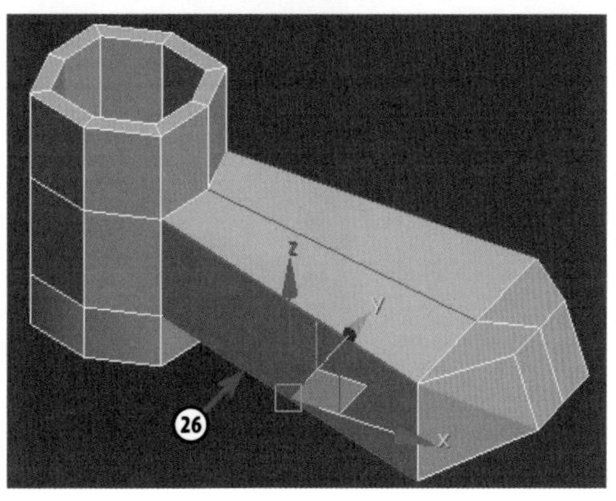

27 點擊滑鼠右鍵 →【Connect（連接）】旁的小按鈕。增加一條邊，滑動調整適當位置，打勾。

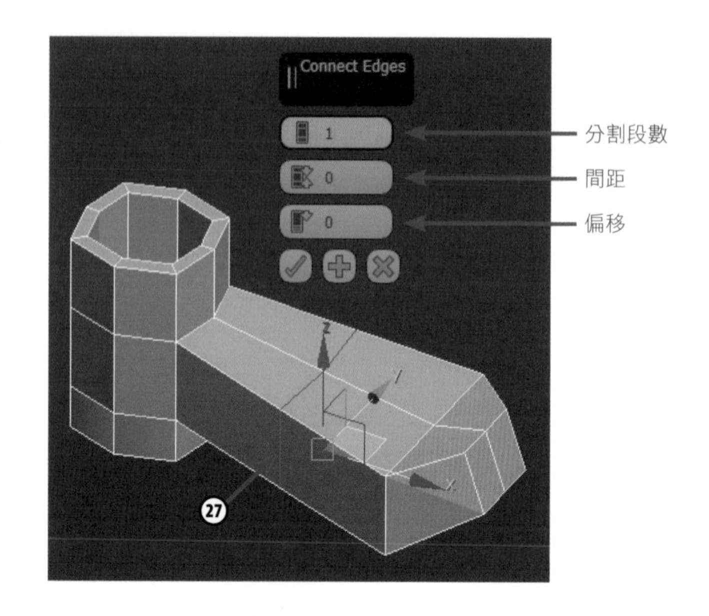

28 進入 Vertex（點）層級，將如圖所示的兩個紅色點分別向上移動，使鞋子前端隆起。

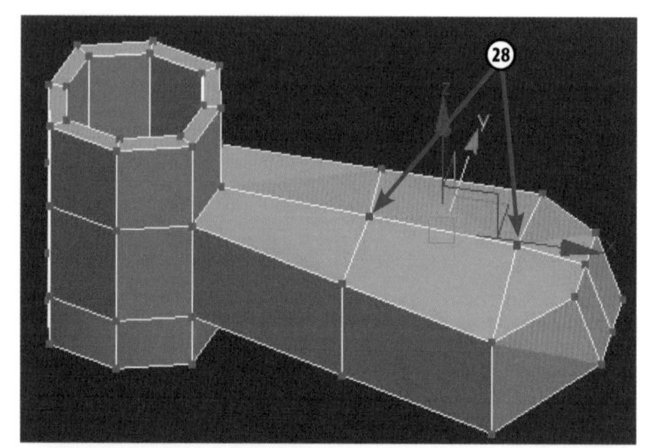

29 按下 F 鍵（切換至前視圖），調整成如圖所示。

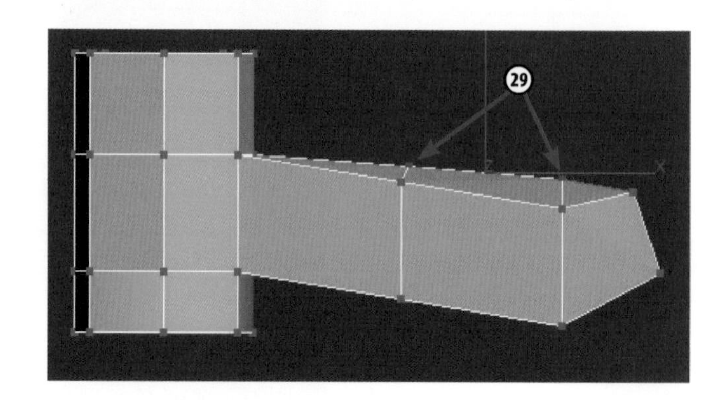

30 進入 Edge（邊）層級，選取一條邊。

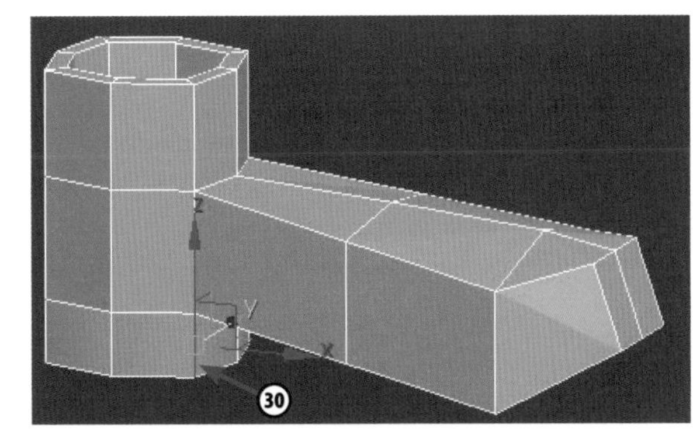

31 按下 Alt ＋ R，選取整排邊後。

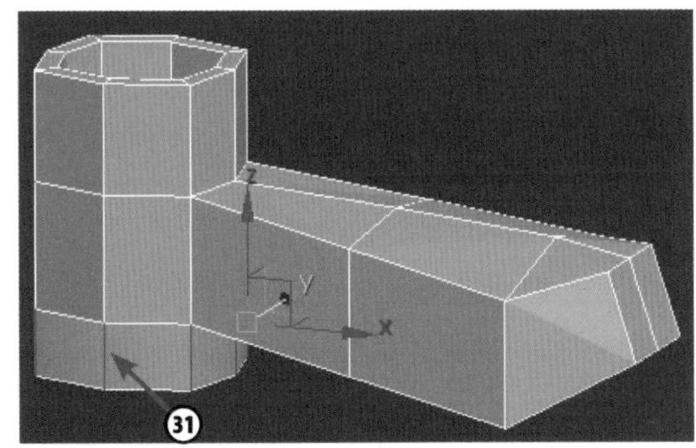

32 點擊滑鼠右鍵→【Connect（連接）】旁的小按鈕增加一條邊，滑動值輸入「-70」，想要鞋底在視覺上硬一點，就移動整圈邊線至離底部近一點，打勾。

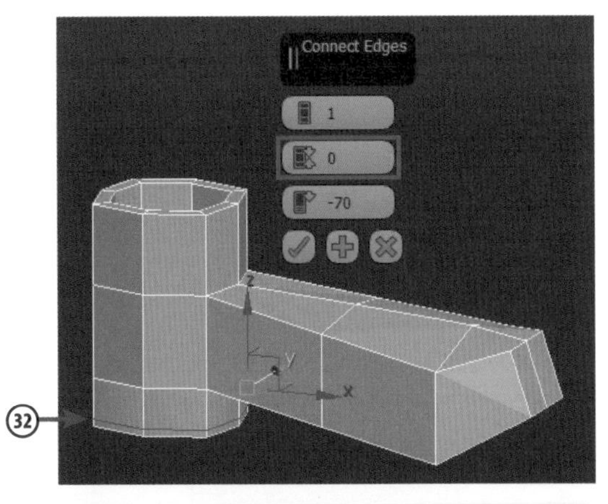

33 進入 Polygon（面）層級，選取鞋底的 6 個面。

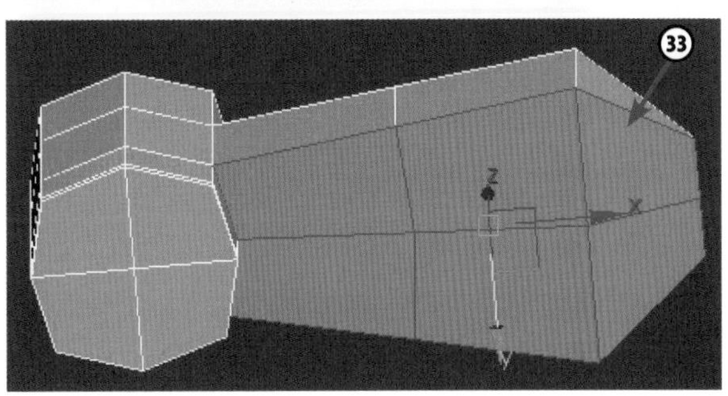

34 點擊滑鼠右鍵→【Extrude（擠出）】旁的小按鈕，向下擠出一段作為鞋底，打勾。

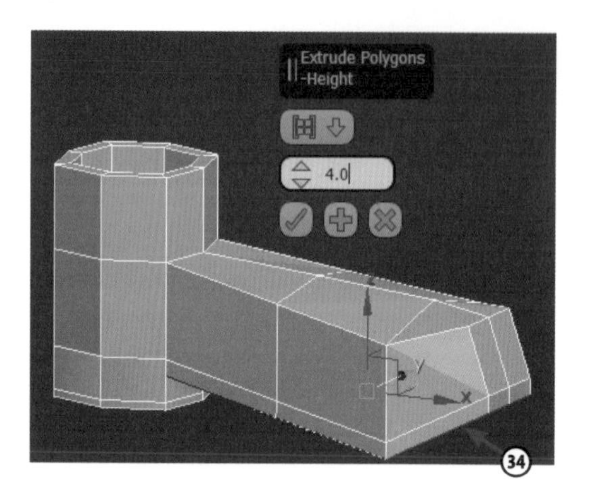

35 選取如圖所示的 8 個面，下圖為實體模式與線框模式（按下 F3 切換）。

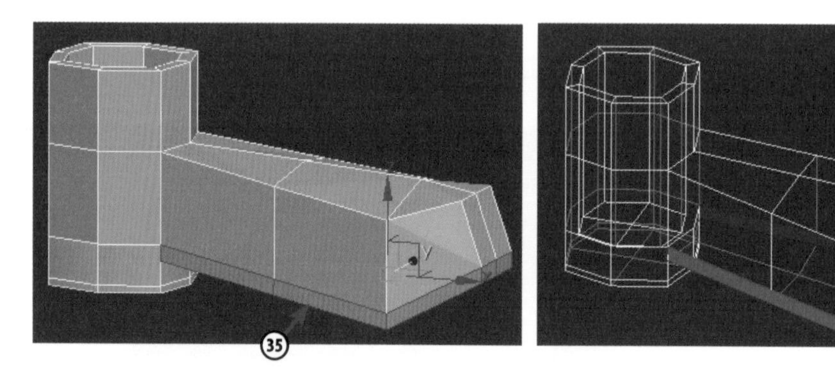

36 點擊滑鼠右鍵→【Extrude（擠出）】旁的小按鈕，模式為【Local Normal】，向外擠出一小段，打勾。

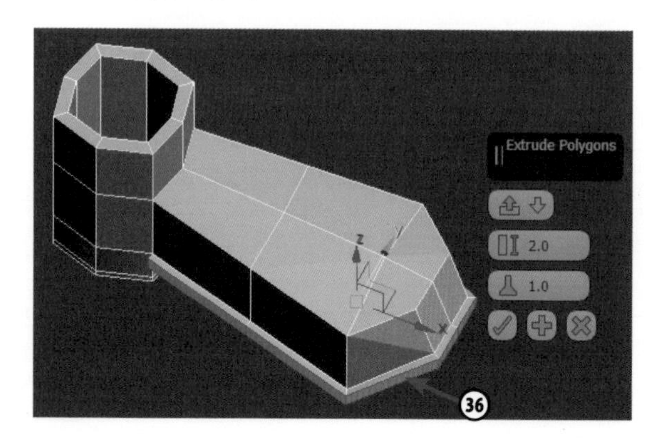

37 加入【MeshSmooth（平滑化）】修改器。可使模型平滑。

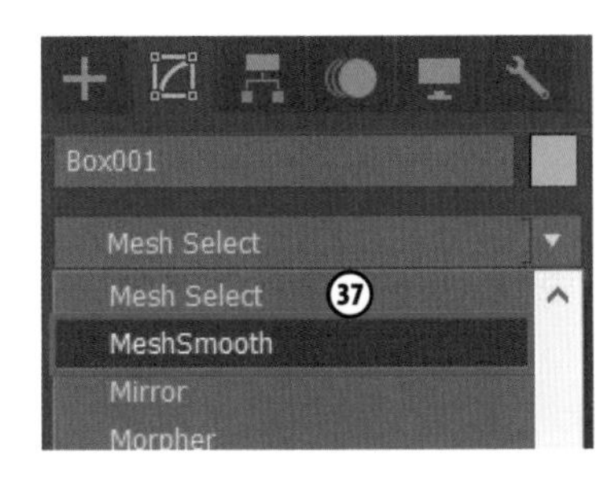

38 並將【Subdivision Amount】下的【Iterations（細分值）】設為「2」。

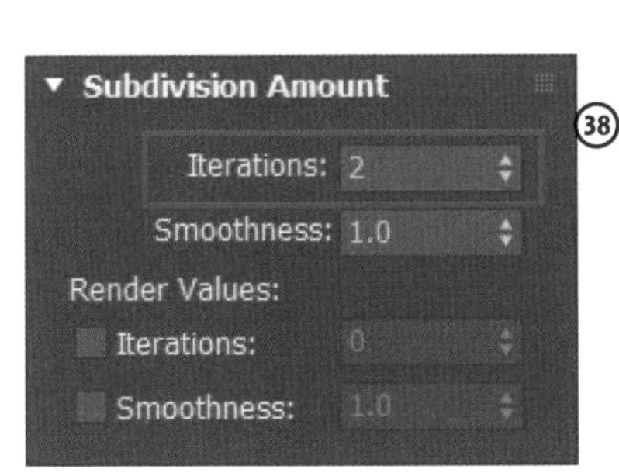

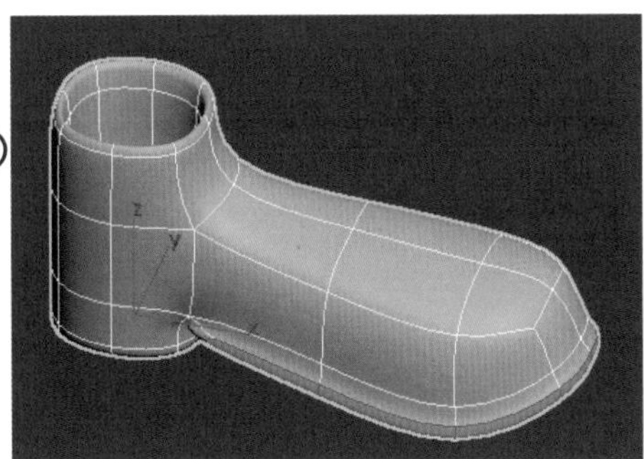

> **小秘訣**
>
> 【Iterations（細分值）】數值越大模型也越平滑，電腦也越容易當機。一般建議數值不要超過「2」。

39 加入【Bend（彎曲）】修改器。

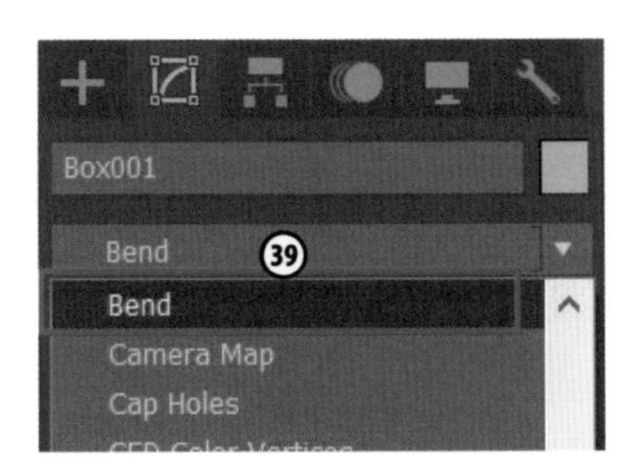

40 至修改面板下方【Parameters】→【Bend】→【Angle】輸入「10.5」,【Direction】輸入「90」。Direction（方向）與 Angle（角度）只是建議，可視所需狀況調整。

41【Parameters】→【Bend Axis】彎曲軸方向點擊 X 軸。

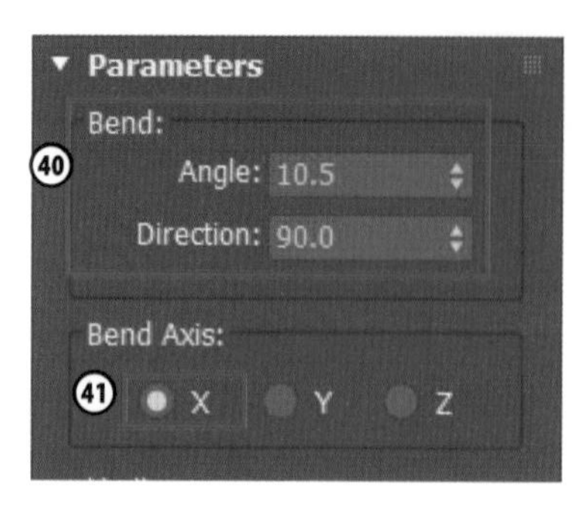

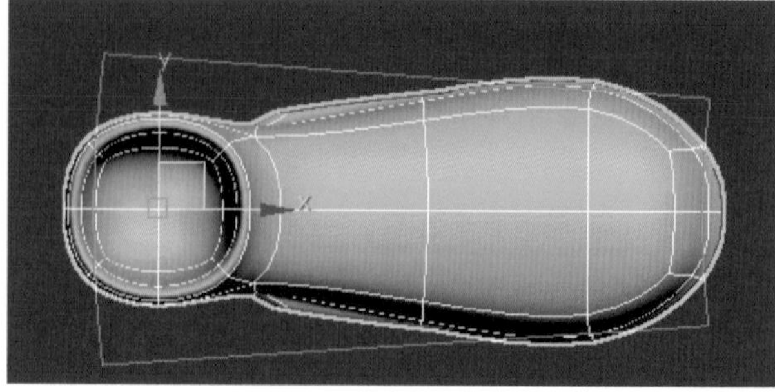

42 點擊上方工具列的【Mirror（鏡射）】按鈕。

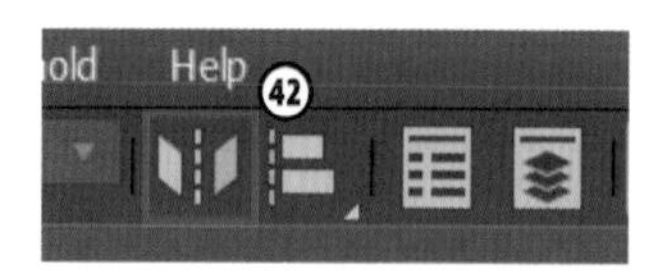

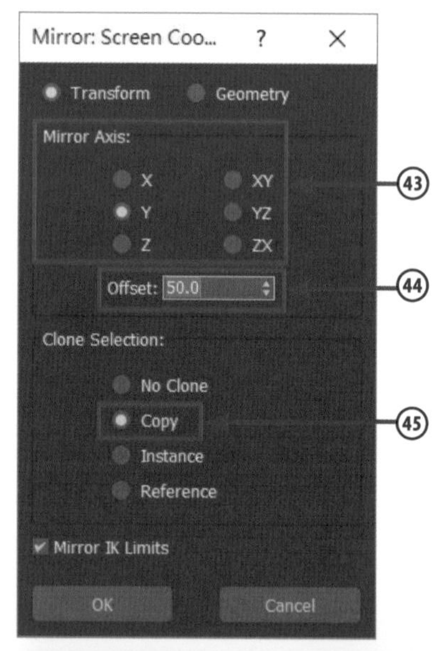

43【Mirror Axis】選取 Y 軸。

44 選取【Copy（複製）】選項。

45 調整適當偏移值，點擊【OK】。

46 即可完成鞋子。

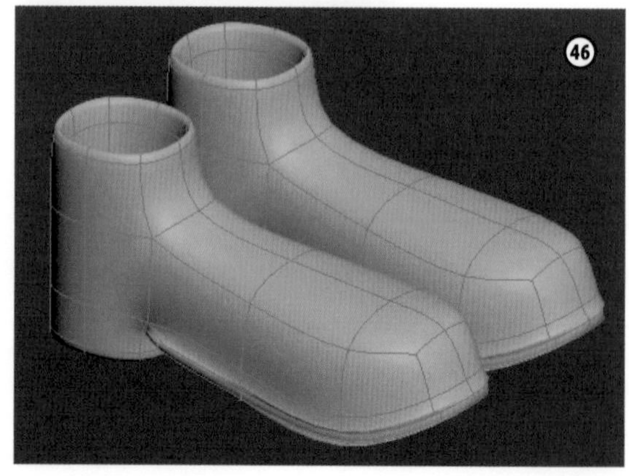

2-4 背心

01 建立一個 2*1*3 分割的 Box，轉為 Editable Poly，作為背心的身體部位。圖中的長寬高僅供參考，讀者可自行設計。

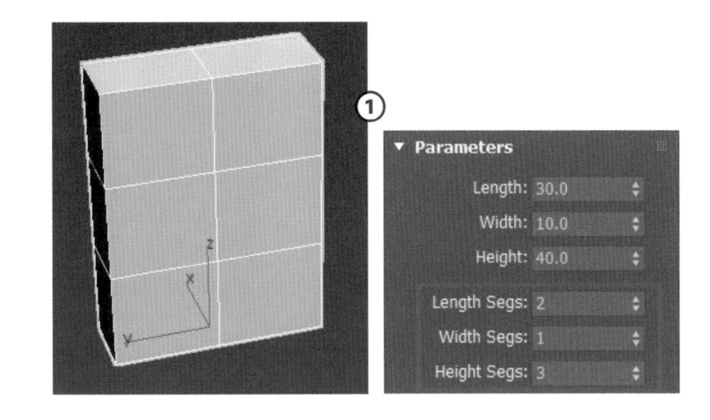

02 進入 Polygon（面）層級，選取左右的兩個面，準備長出袖子。

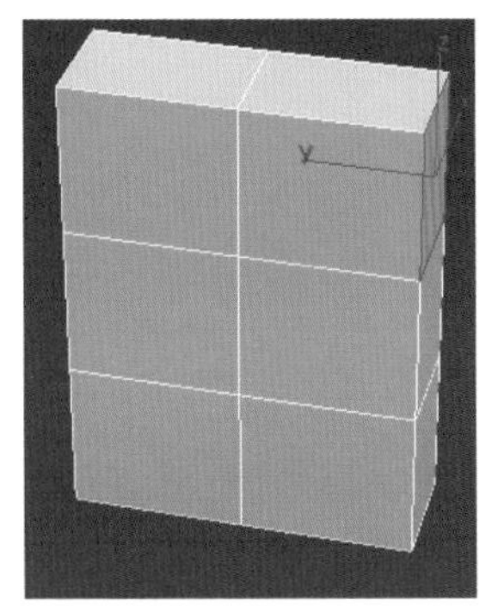

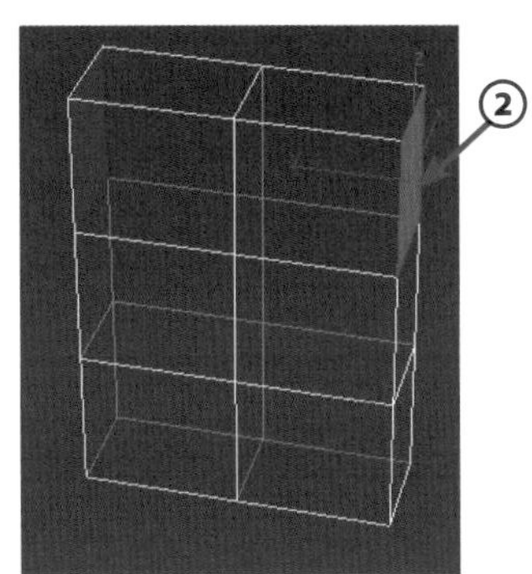

03 點擊滑鼠右鍵→【Extrude（擠出）】旁的小按鈕，擠出左右兩邊的袖子，調整適當的長度，打勾。

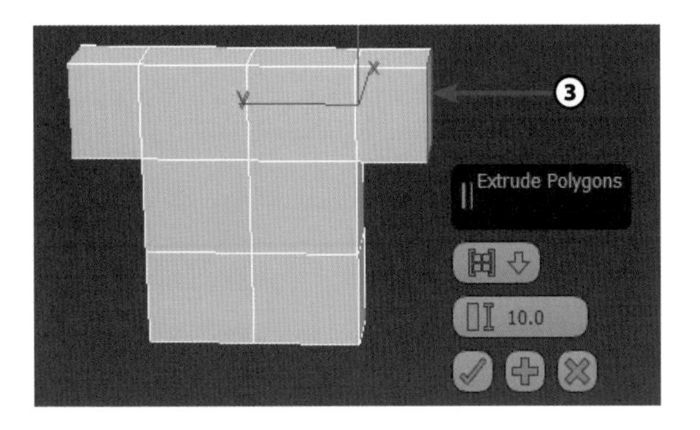

04 按下 W 鍵（移動），將袖子向下移動。

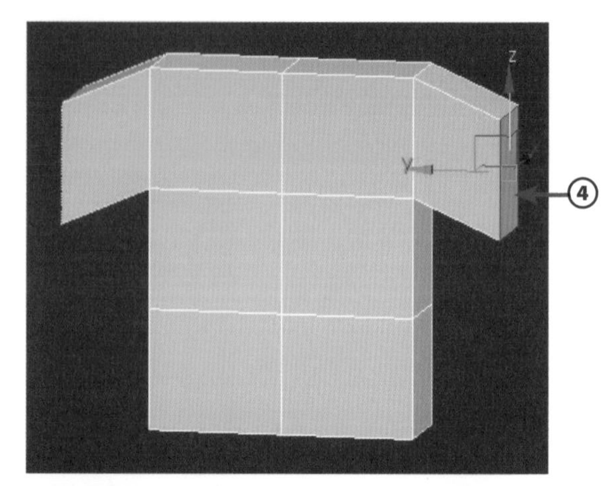

05 按下 Delete 鍵，將兩個面刪除，做出袖口。

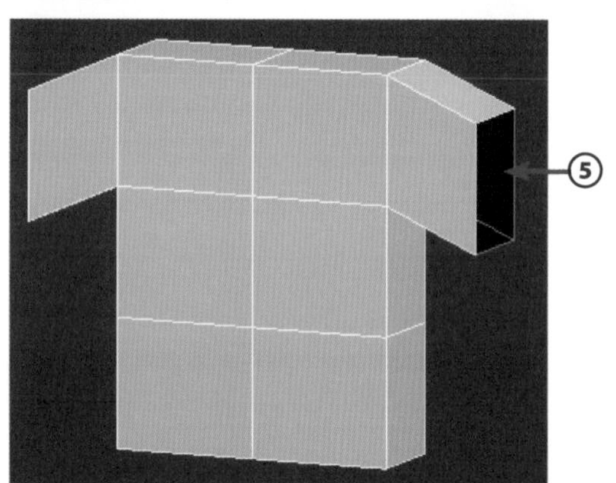

06 選取下方的兩個面。

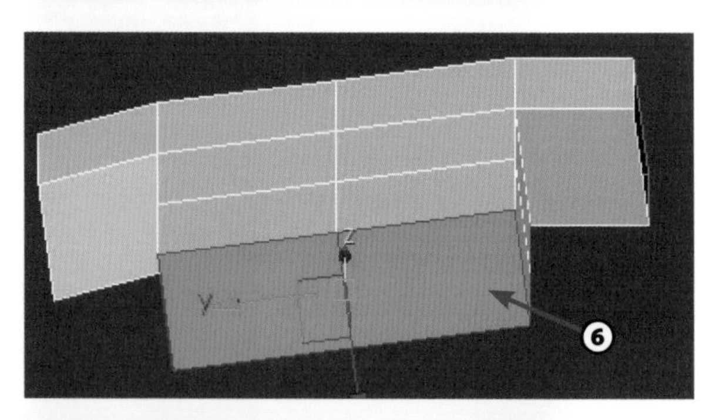

07 按下 Delete 鍵刪除，才能穿背心。

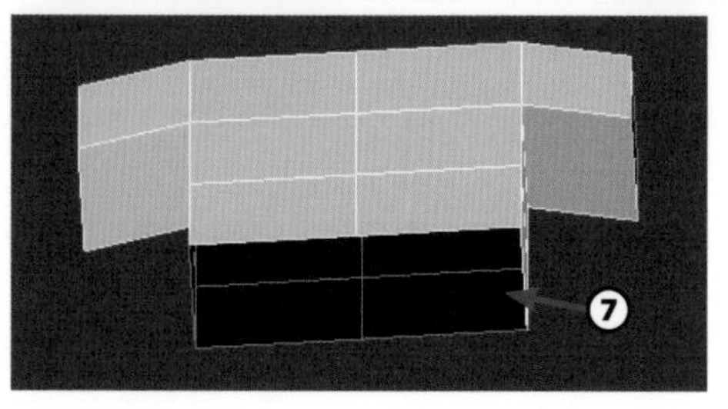

08 點擊滑鼠右鍵 → 點擊【Cut（切割）】，在如右圖所示的地方割出一條線。

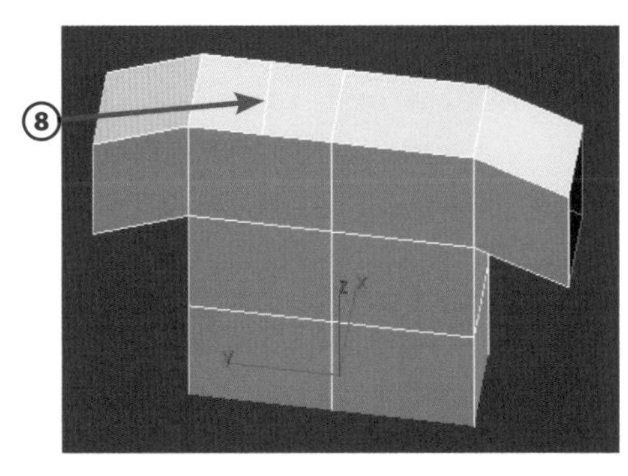

小秘訣

任何時候，只要選取要切割的物件，點擊滑鼠右鍵→點擊【Cut（切割）】就可以啟動指令，快捷鍵是按住 Alt + C 。

09 依序切割出領口的形狀，前面領口較深。

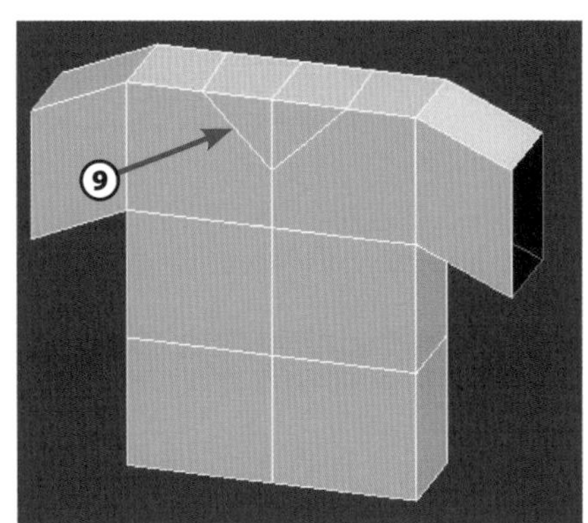

10 環轉到背心背面，切割出背面的領口，背面領口較淺。

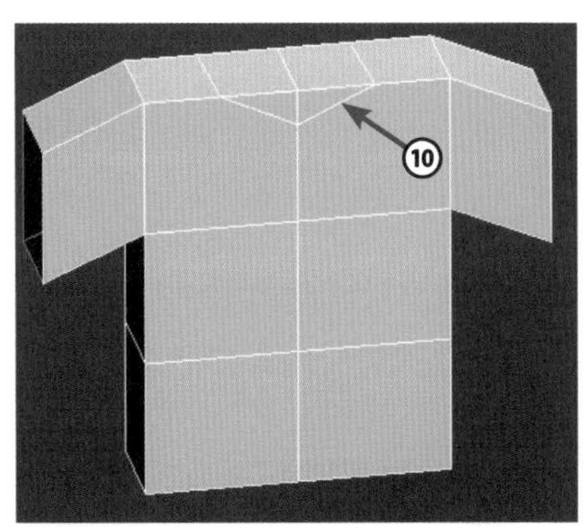

11 環轉到背心正面，將多餘的面刪除，領口完成。

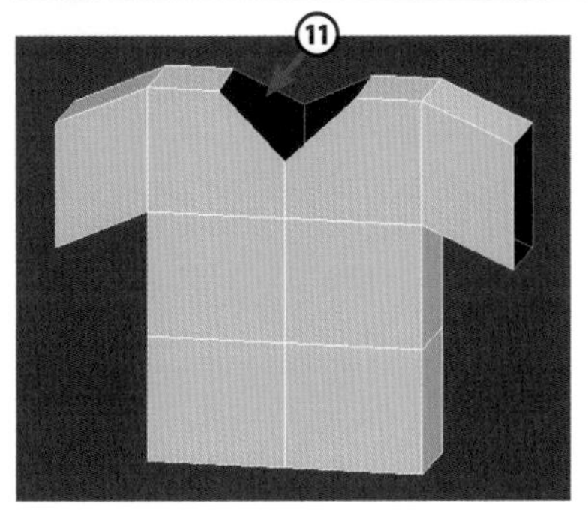

12 點擊滑鼠右鍵 → 點擊【Cut（切割）】，切割成如圖的樣子。

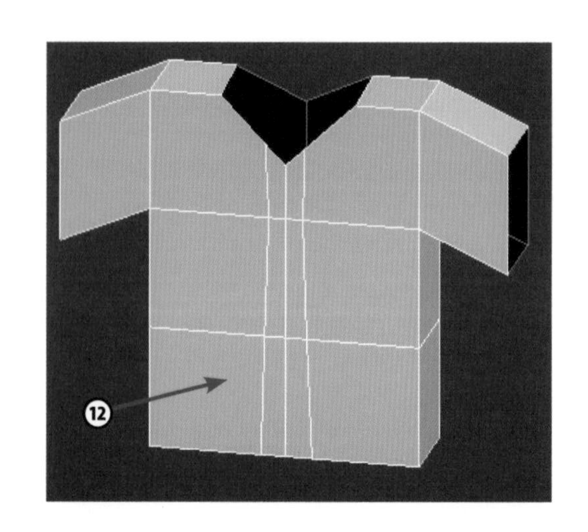

13 將背心正面的六個面刪除，做出背心沒扣鈕扣的樣子。

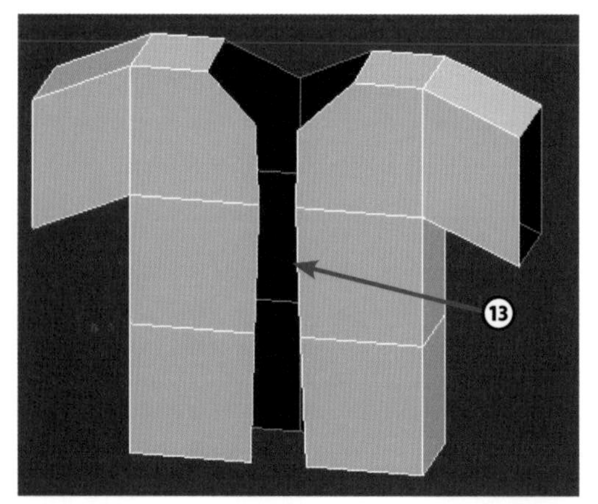

14 按下 L 鍵（切換至左視圖 ），進入 Vertex（點）層級，框選點，將袖子下擺移動調整至較合理的位子。

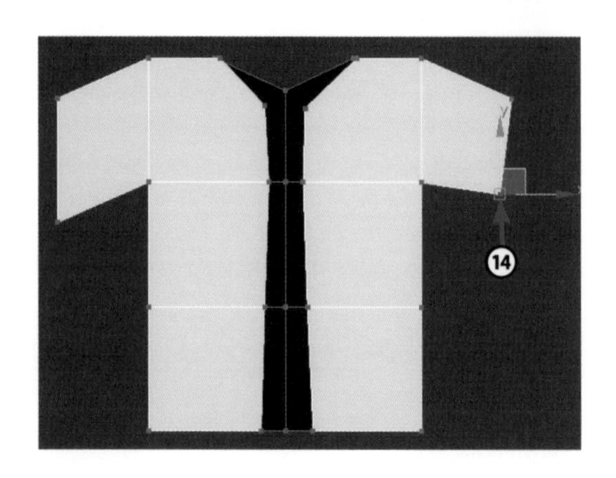

15 另一邊的袖子也是。框選點並移動調整至合適的位子。

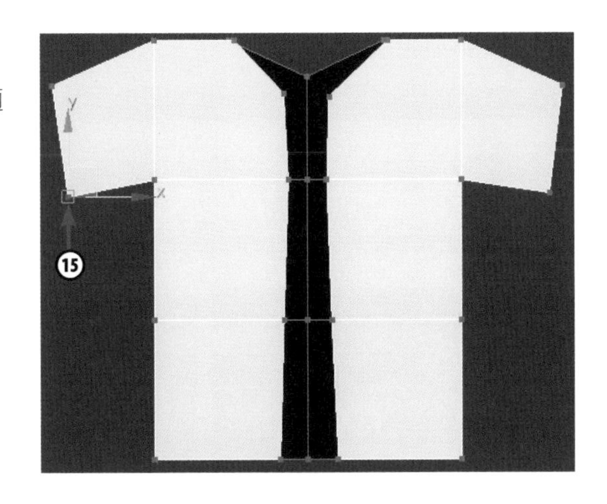

16 加入【MeshSmooth（平滑化）】修改器，【Iterations（細分值）】設為「2」。

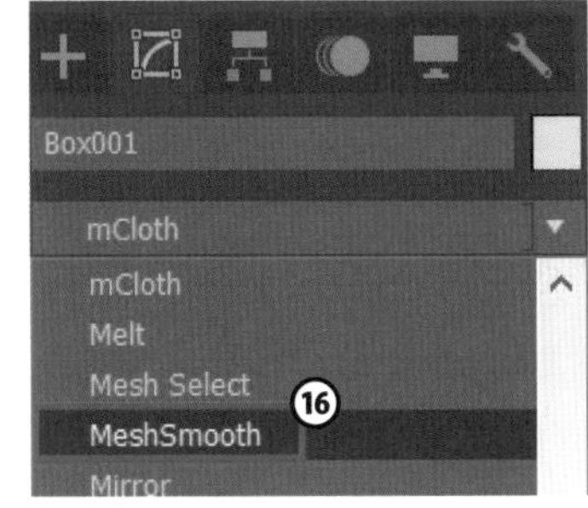

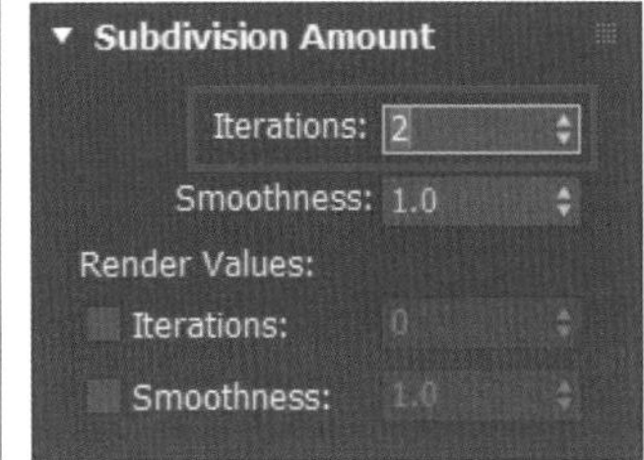

17 背心完成。

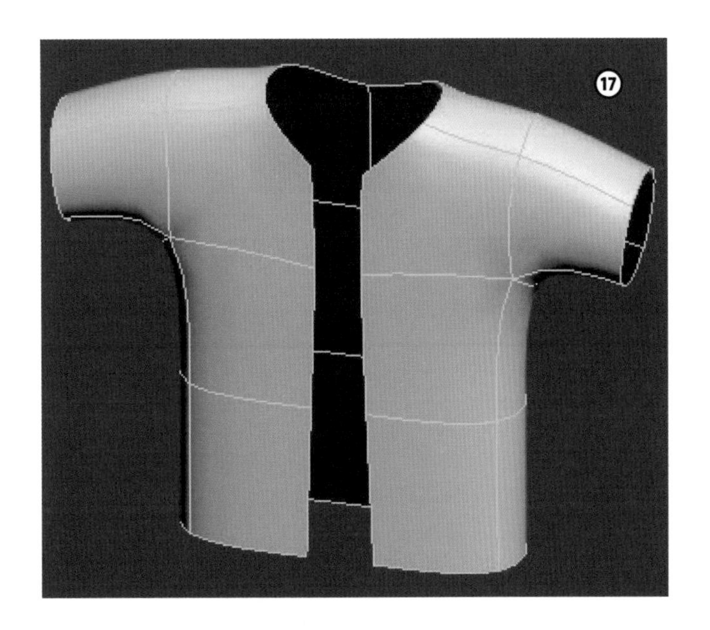

2-5 褲子

01 建立一個 2*1*1 分割的 Box，轉為 Editable Poly，作為褲子的臀部部位。圖中的長寬高僅供參考，讀者可自行設計。

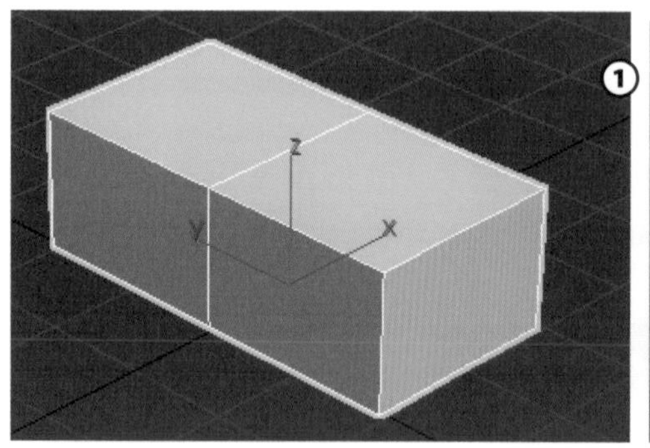

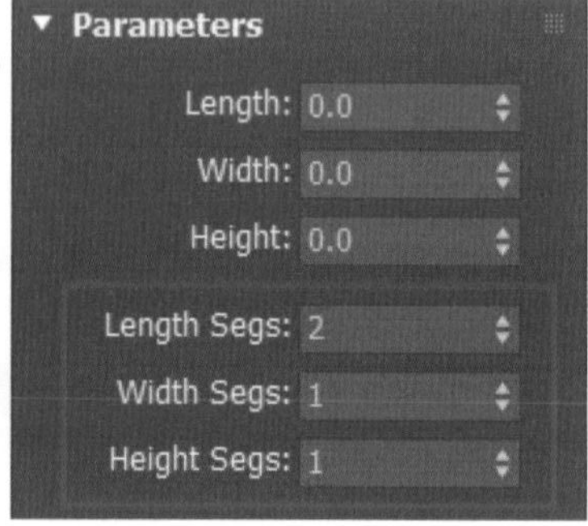

02 進入 Polygon（面）層級，選取底部的兩個面，點擊滑鼠右鍵→【Extrude（擠出）】旁的小按鈕。

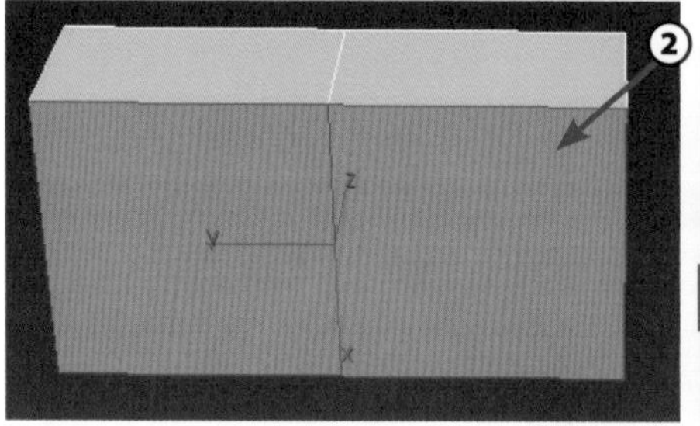

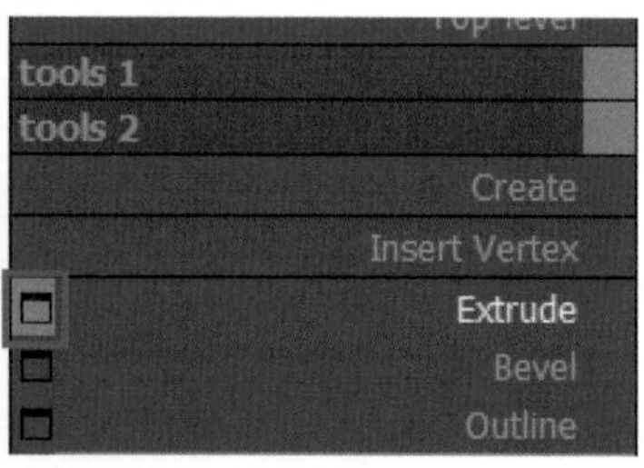

03 模式為 By Polygon，擠出適當的長度，打勾。此段為褲子的臀部至膝蓋這一段。

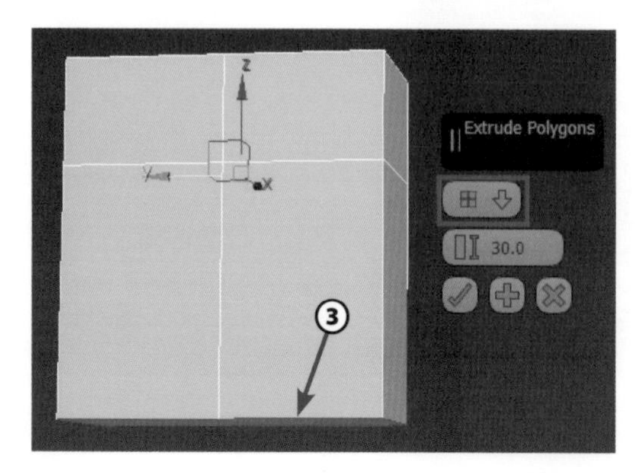

04 選取左邊褲口，按下 W 鍵（移動），向左移動，分開兩邊褲管。

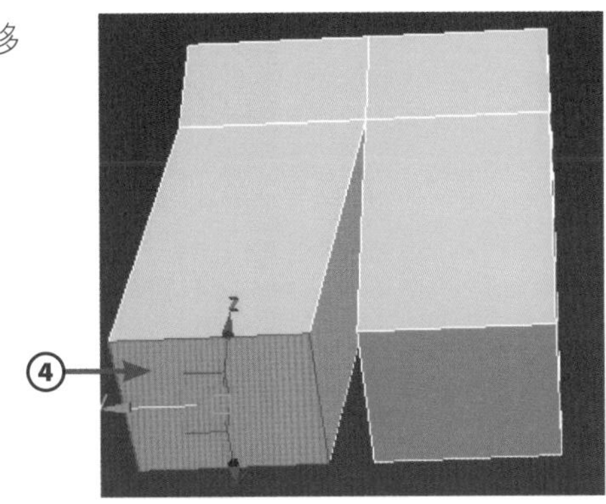

05 選取右邊褲口，向右移動，分開兩邊褲管。

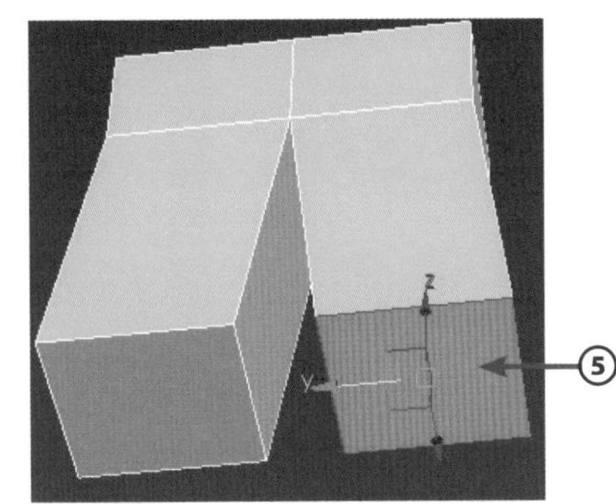

06 選取兩邊褲口的面，點擊滑鼠右鍵→點擊【Extrude（擠出）】旁的小按鈕。擠出褲子的第二段，打勾。此段為膝蓋至腳踝的這一段。

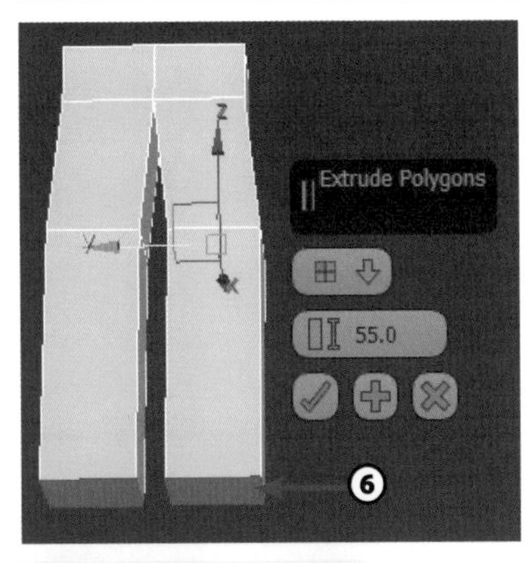

07 按下 Delete 鍵，刪除這兩個面，製作褲腳開口。

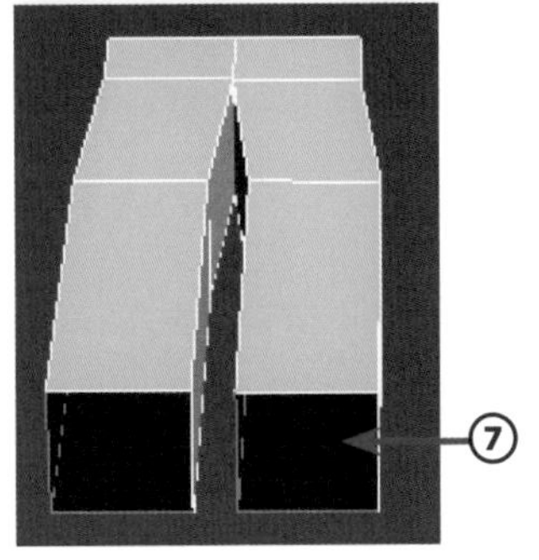

08 選取褲子上方的兩個面。

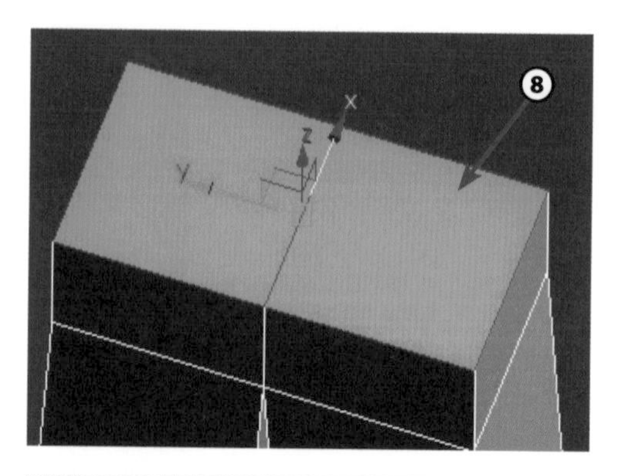

09 點擊滑鼠右鍵→【Extrude（擠出）】旁的小按鈕，模式為【Group】，擠出適當的數值，打勾，此段要做褲子繫腰帶的位置。

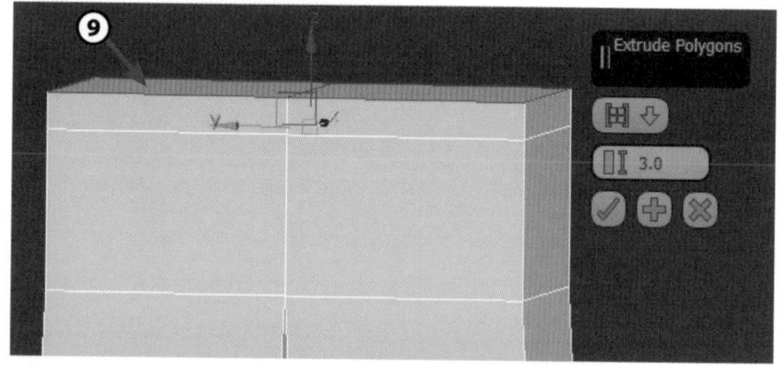

10 按下 R 鍵（比例），等比例縮小。

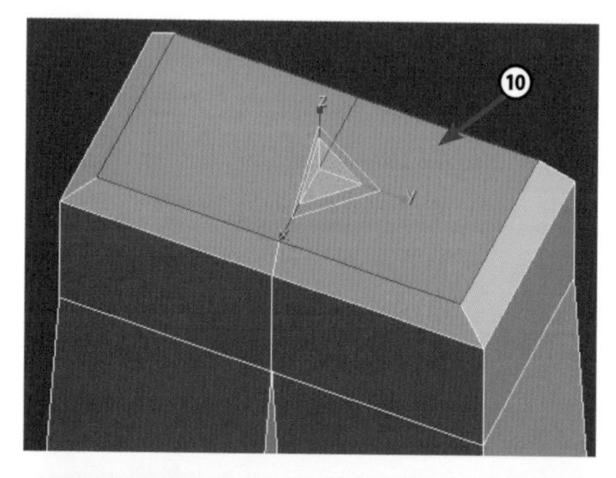

11 點擊滑鼠右鍵→點擊【Extrude（擠出）】旁的小按鈕。模式為【Group】，擠出適當的數值，打勾。

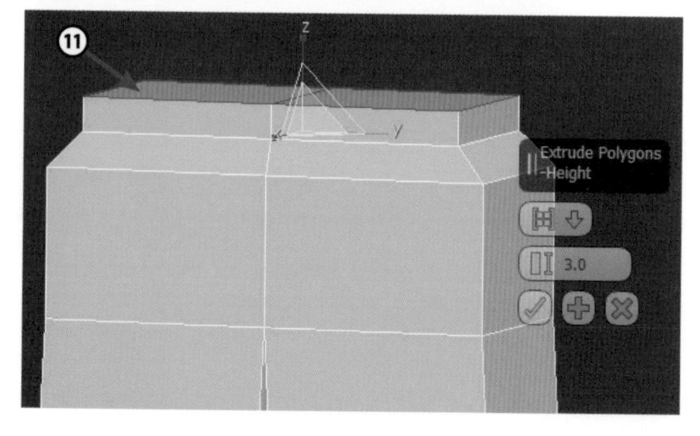

12 按下 R 鍵（比例），等比例放大。完成繫腰帶的地方。

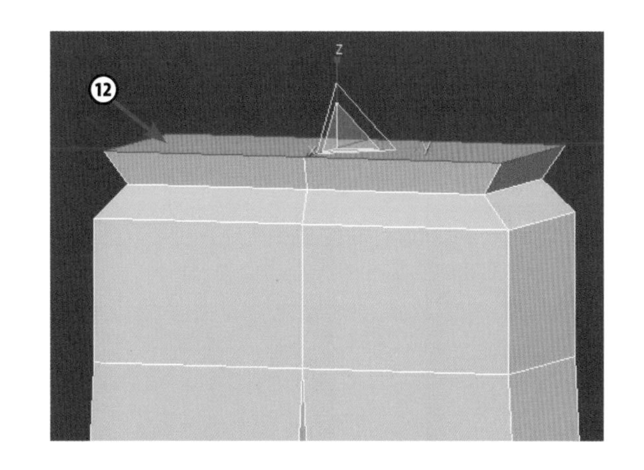

13 按下 Delete 鍵，刪除這兩個面，做出穿褲子的腰部開口。

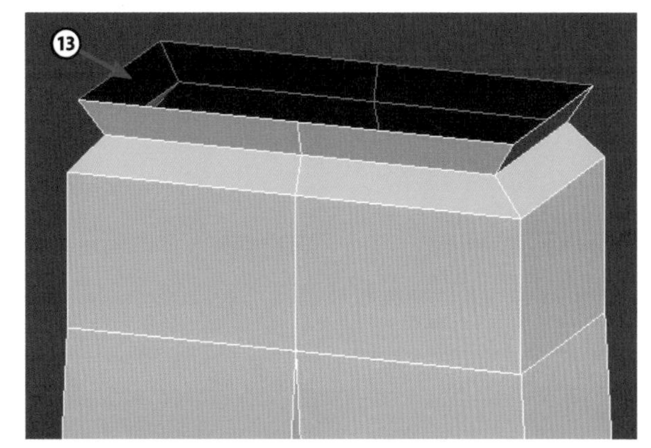

14 按下 L 鍵（切換至左視圖），進入 Vertex（點）層級，框選點。

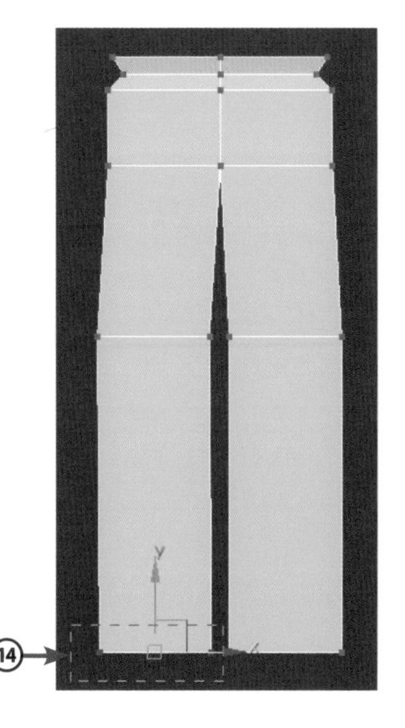

15 按下 W 鍵（移動），調整至合理的位置。

16 另一邊褲管也是，調整至合理的位置。

17 選取整建褲子後按下 Ctrl + M 兩次，將褲子細分化兩次。

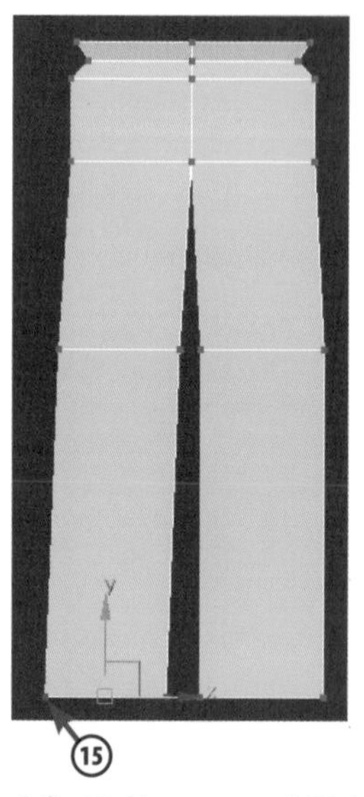

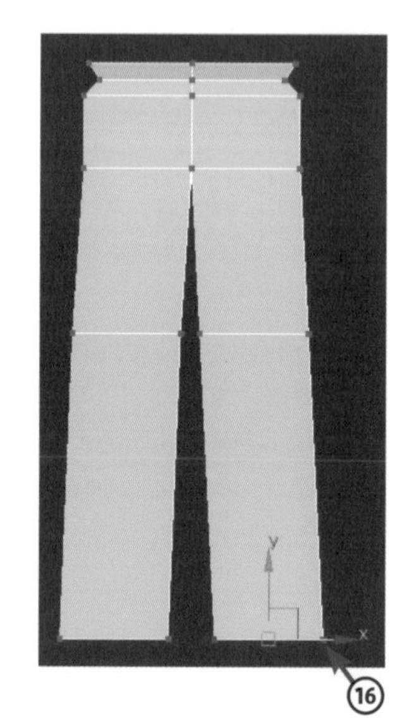

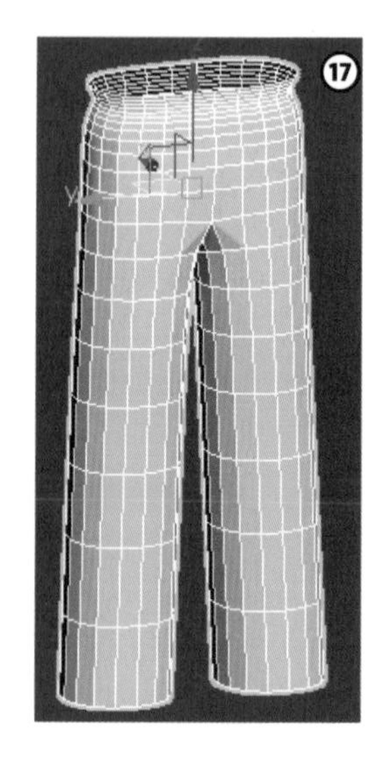

18 進入 Vertex（點）層級，點擊【Modify（修改面板）】→【Soft Selection（軟選取）】→將【Use Soft Selection】選項打勾，啟用軟選取。

19 調整數值，【Falloff】調整軟選取範圍，【Pinch】調整軟選取的力道，【Bubble】調整對範圍外的影響程度。

20 環轉至褲子背面，選取作為臀部最凸出的兩個點。如下同框選的兩個點。

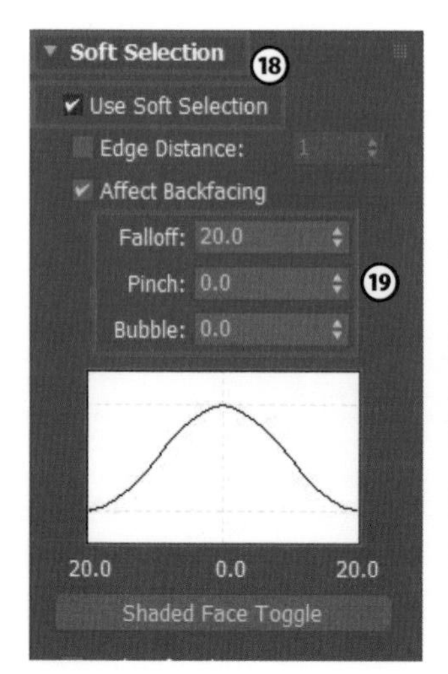

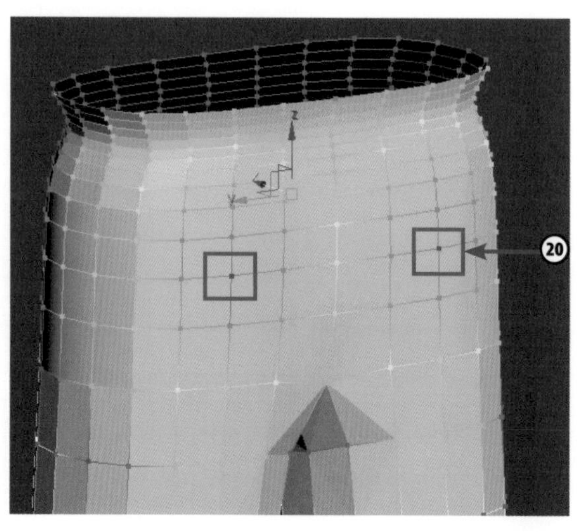

21 向後移動，做出臀部的形狀。

22 點擊【Modify（修改）面板】→【Soft Selection（軟選取）】→【將 Use Soft Selection】選項取消打勾，不使用的話要取消啟用軟選取。

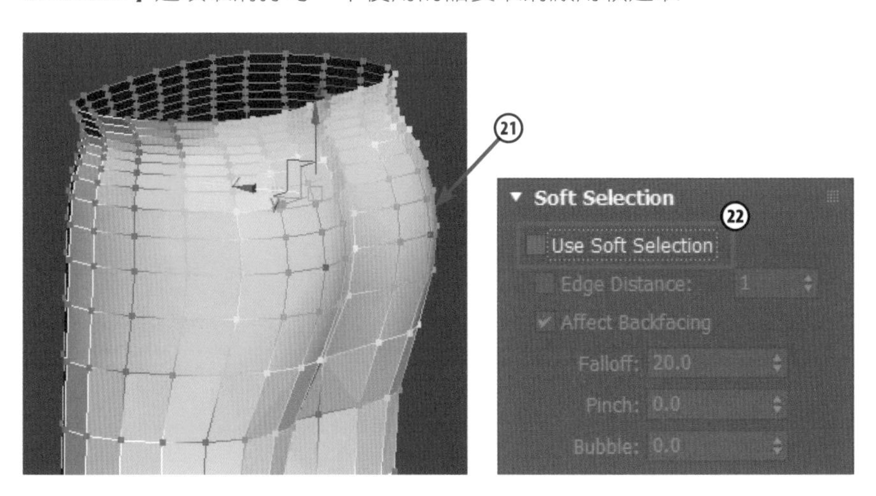

23 進入 Edge（線）層級，選取臀部中央三條線，按下 W 鍵（移動），往後移 動。會顯得比較自然些。

24 加入【MeshSmooth（平滑化）】修改器，【Iterations（細分值）】設為「1」，完成褲子的製作。讀者也可利用所學的各種 Poly 指令來繼續設計，將長褲 的細節繪製的更加詳細、更加符合人體曲線。

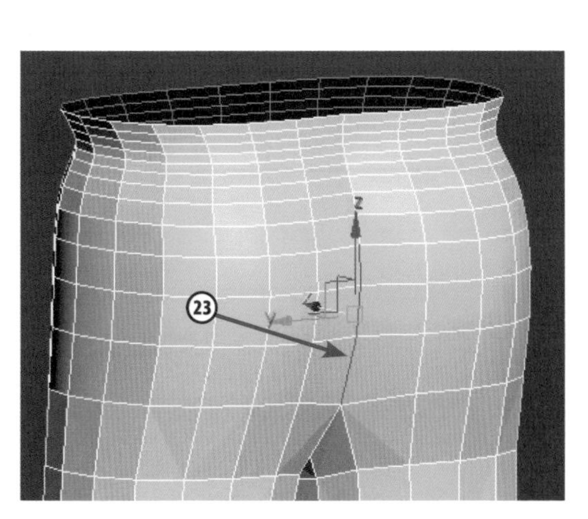

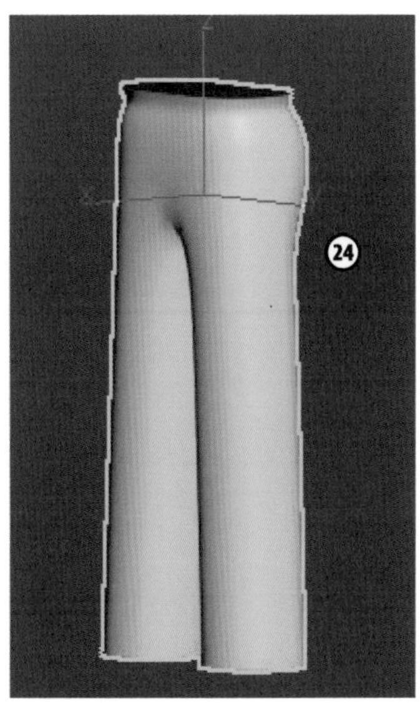

2-6 手

01 建立一個 3*4*1 分割的 Box，轉為 Editable Poly，作為手的手背部位。圖中的長寬高僅供參考，讀者可自行設計。

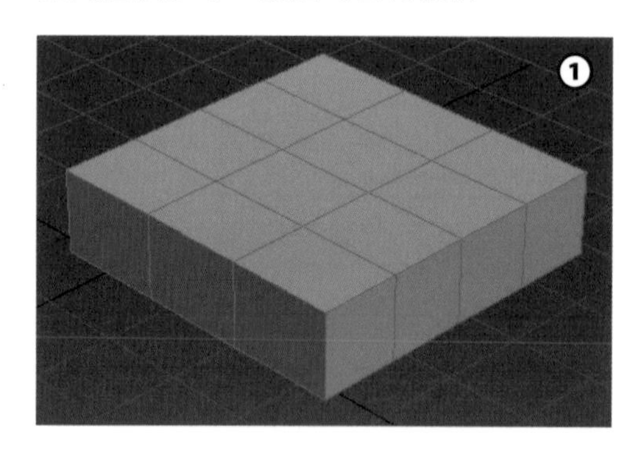

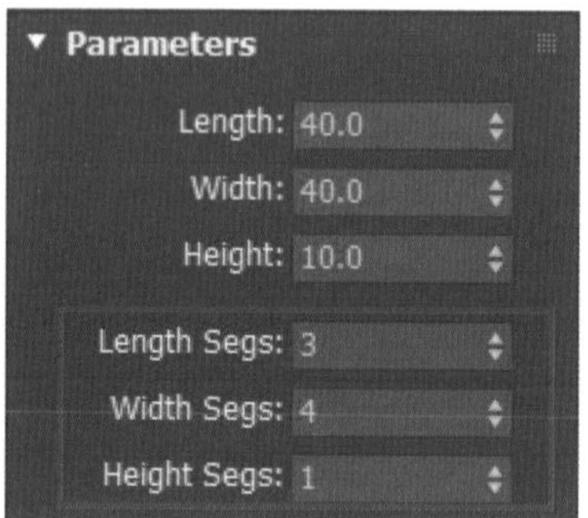

02 加入【FFD 4*4*4】修改器，進入【Control Points】子層級。

03 按下 T 鍵（切換至上視圖），框選最上排四個點，按下 R 鍵（比例），往中央縮小，因為手靠近手臂的手腕比較小。

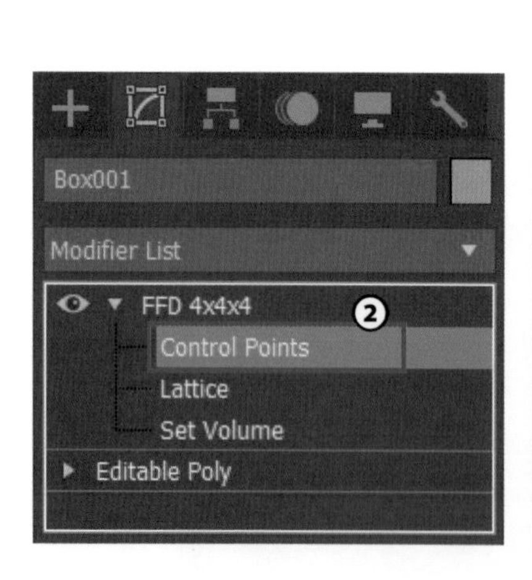

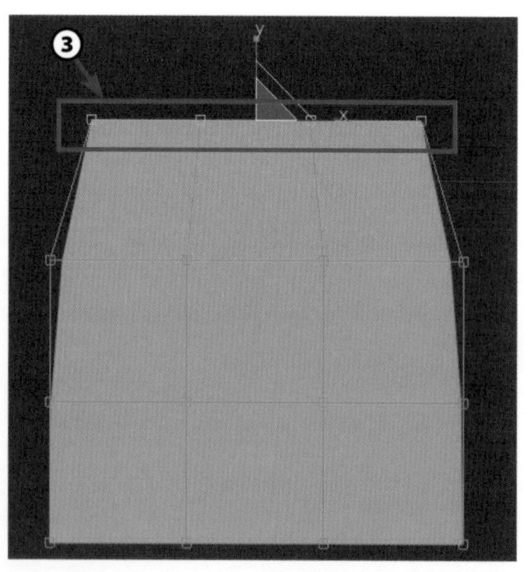

04 框選中央四個點。

05 按下 W 鍵（移動），向上移動，做出手背的隆起，同時掌心會凹陷。按下 F 鍵（切換至前視圖），檢視隆起的程度。

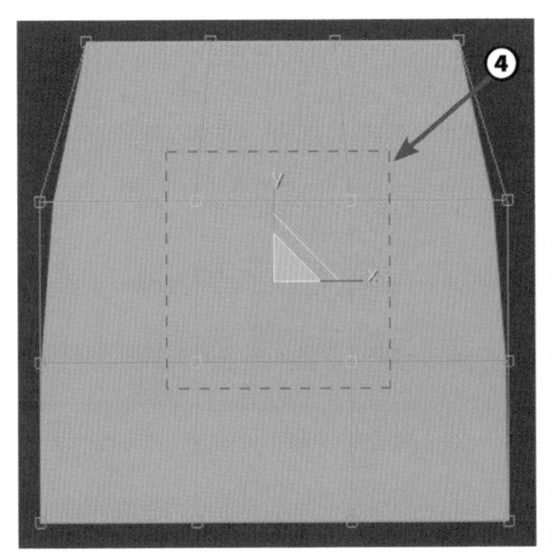

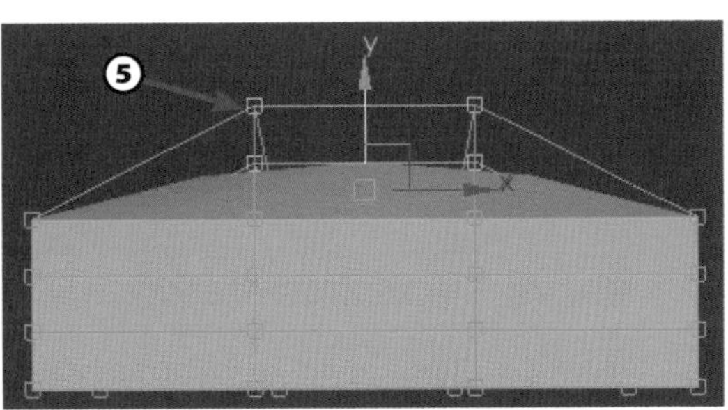

06 點擊【FFD 4*4*4】離開子層級模式。

07 建立一個 3*1*1 分割的 Box，轉為 Editable Poly。作為食指的雛形。

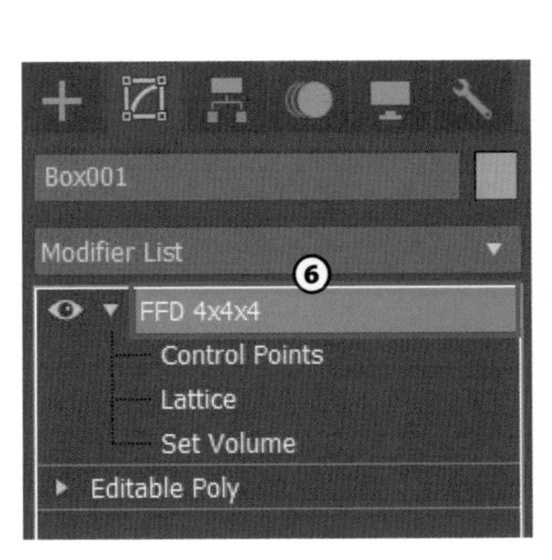

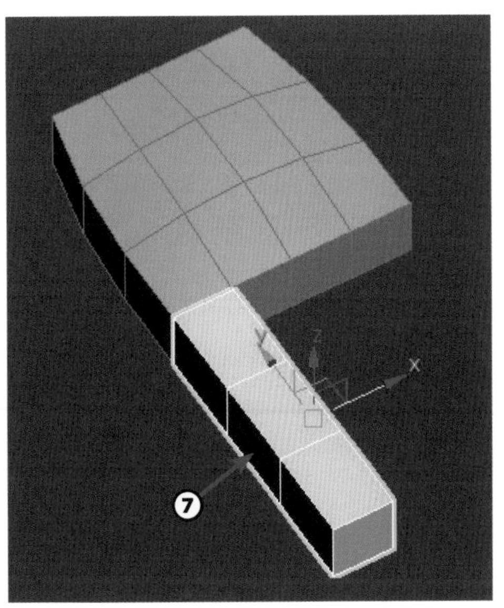

08 按下 L 鍵（切換至左視圖），進入 Vertex（點）層級，框選兩個點。

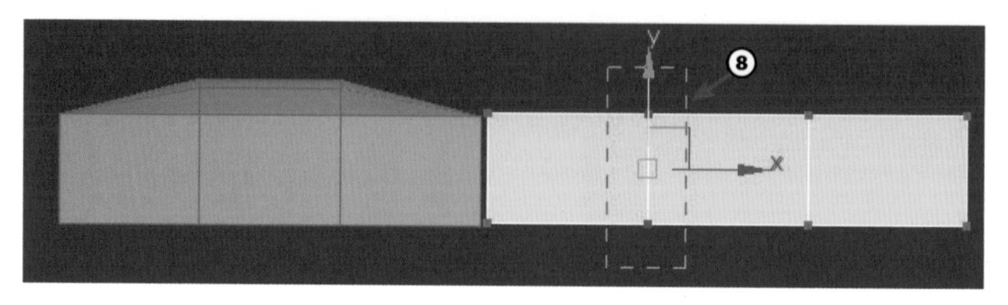

09 按下 W 鍵（移動），往下移動。

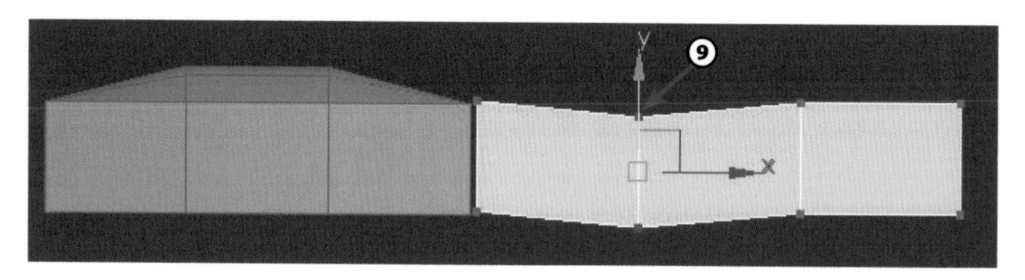

10 接著兩個點一組，往下移動，完成如圖所示的形狀。

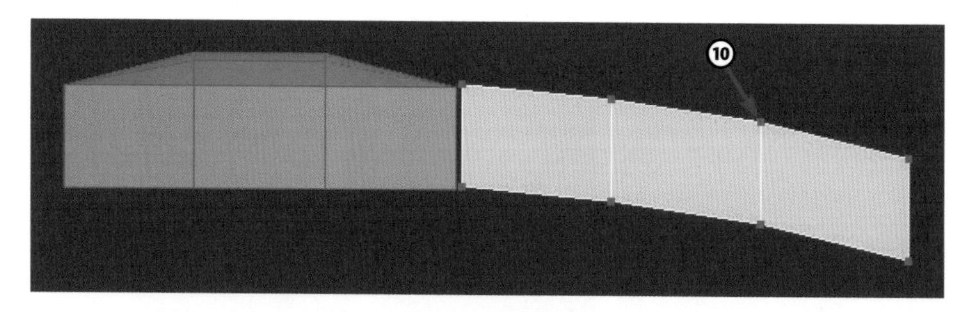

11 框選兩個點，按下 E 鍵（旋轉），向右旋轉。

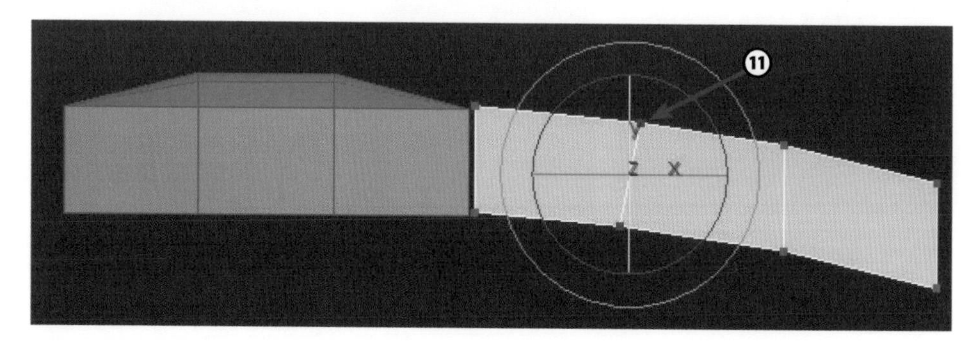

12 接著兩個點一組，向右旋轉，使點都呈現傾斜，狀態完成如下圖形狀。

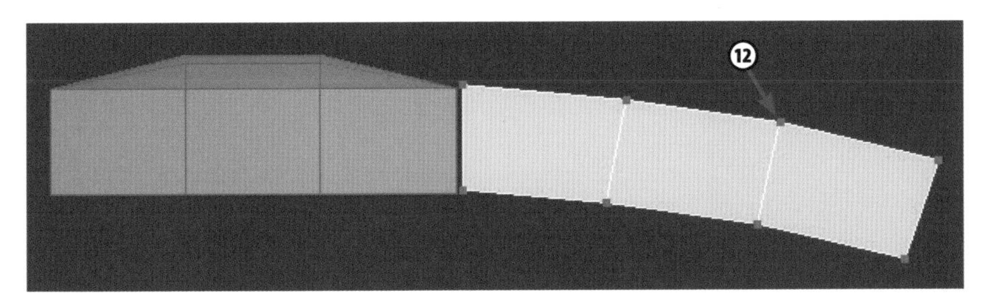

13 單獨調整點的位置，讓食指由根部到指甲位置是由粗變細的。

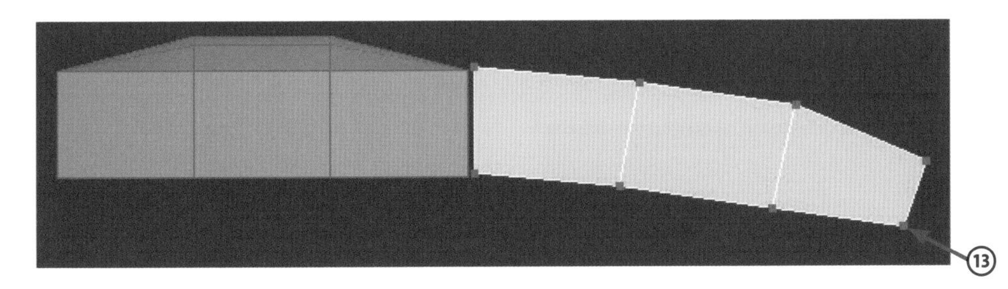

14 加入【FFD 2*2*2】修改器，進入【Control Points】子層級。

15 按下 T 鍵（切換至上視圖），框選手指前端的點，按下 R 鍵（比例）縮小，因為手指前端較細。

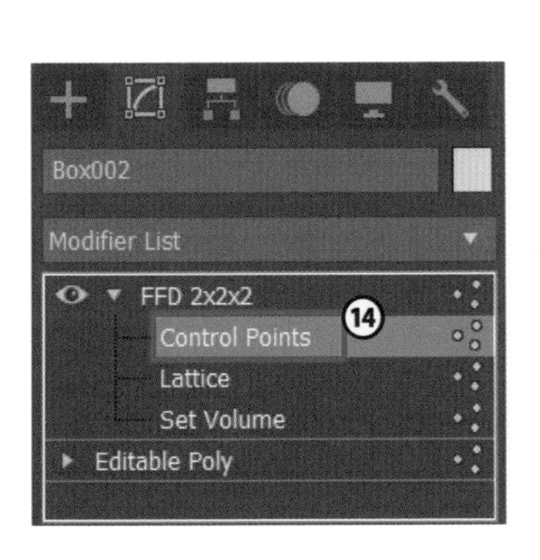

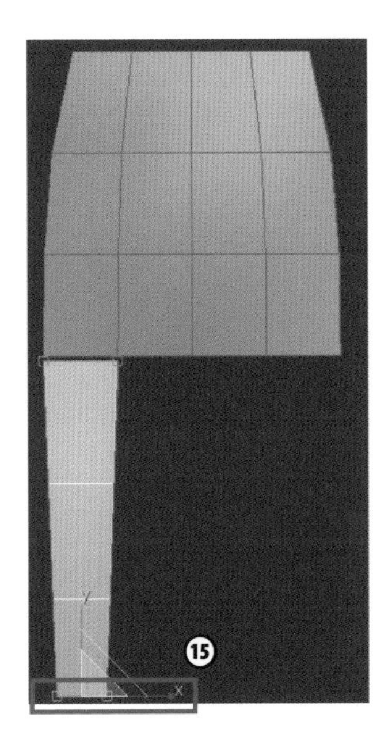

16 點擊【FFD 2*2*2】離開子層級模式。

17 選取手背，點擊右鍵→【Convert To】→【Convert To Editable Poly】，將手背轉為 Editable Poly，固定住加入 FFD 修改器後的形狀。

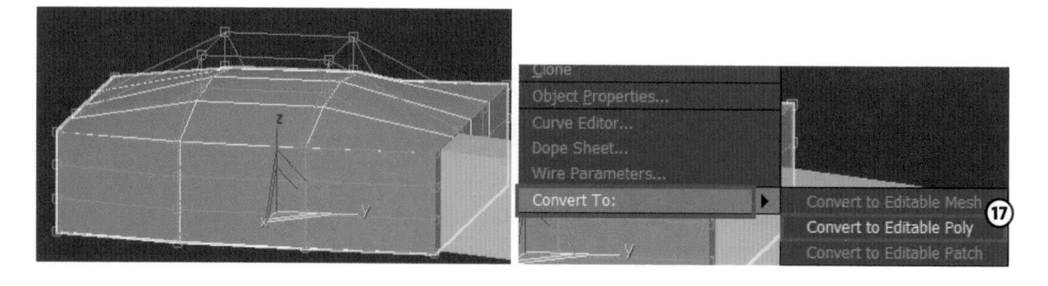

18 點擊滑鼠右鍵→【Attach】。並點擊食指，將手背與食指結合為同一個物件。同一物件顏色會相同。

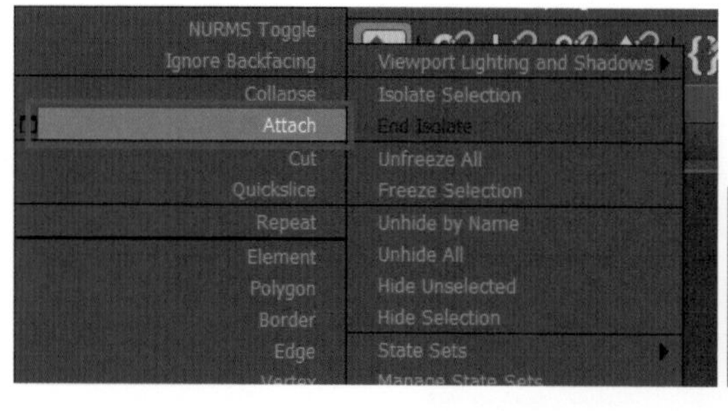

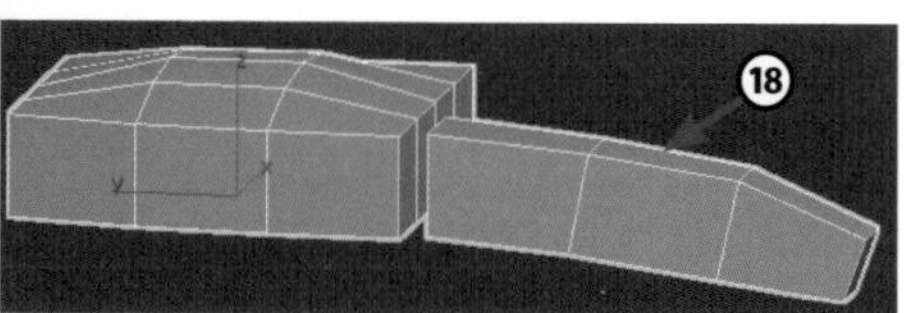

19 進入 Polygon（面）層級，選取手背與食指連接的兩個面。

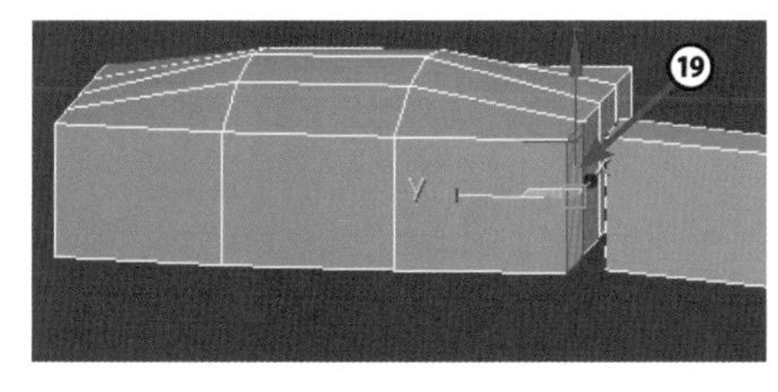

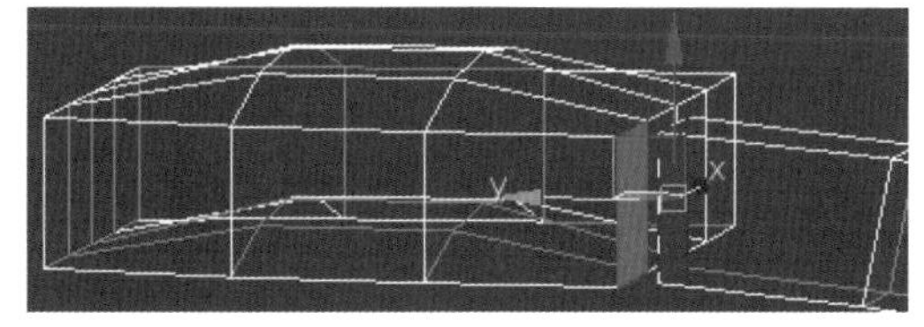

20 按下 Delete 鍵刪除面，因為必須要是開口才能焊接。

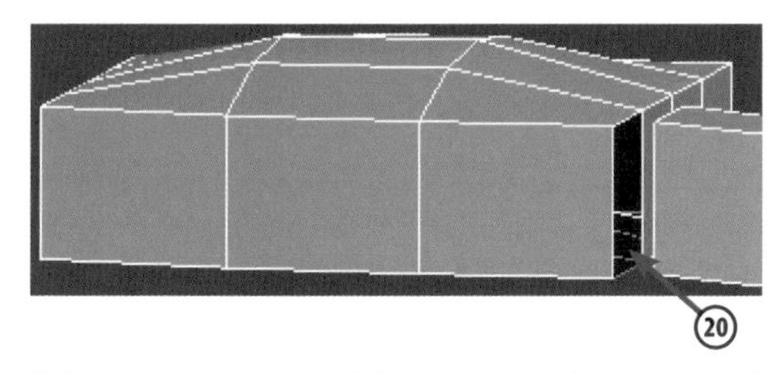

21 進入 Vertex（點）層級，點擊滑鼠 右鍵→點擊【Target Weld（目標點焊接）】。

22 點擊要焊接的第一點。

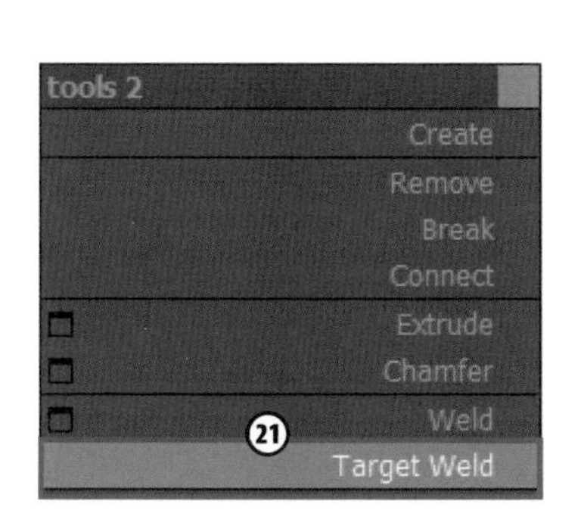

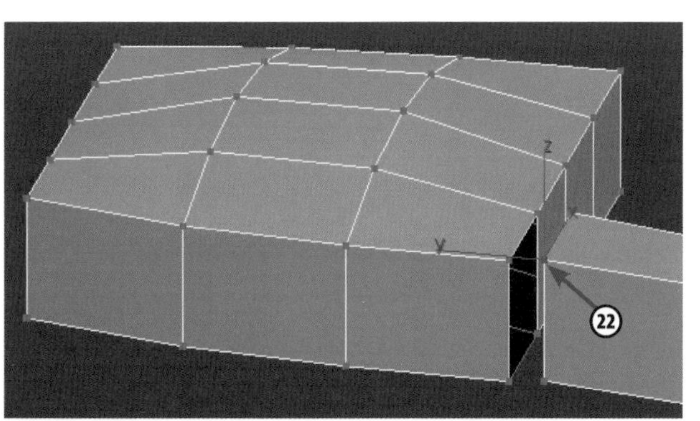

23 點擊第二點。

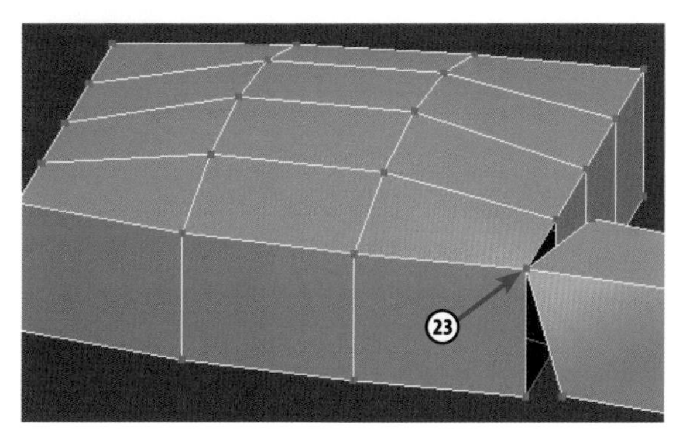

24 依序將其他點焊接。

25 進入 Polygon（面）層級，選取右側的一個面，點擊滑鼠右鍵→點擊【Extrude（擠出）】旁的小按鈕。

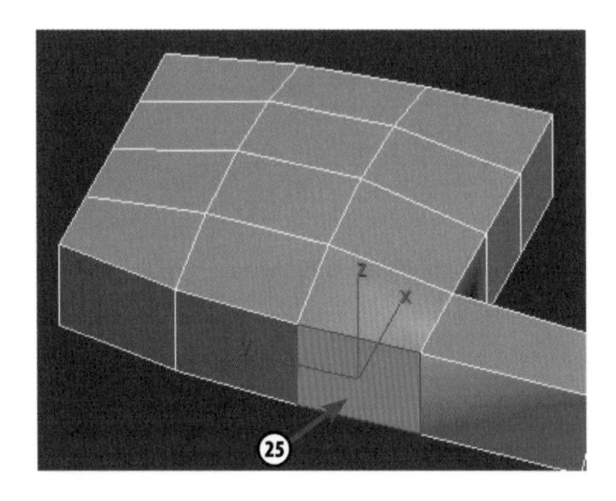

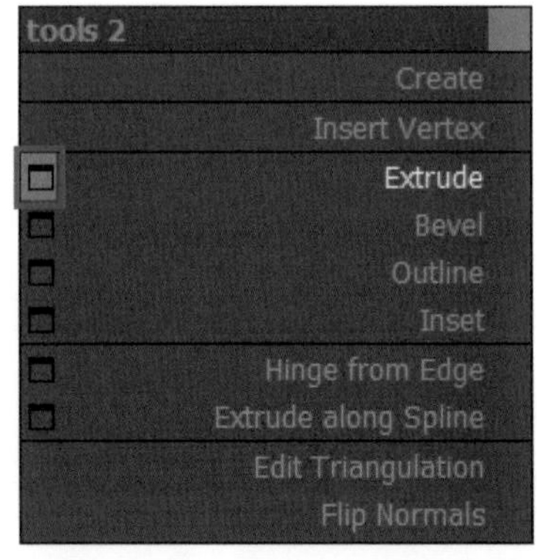

26 擠出至適當數值，打勾。做出大拇指的第一節。

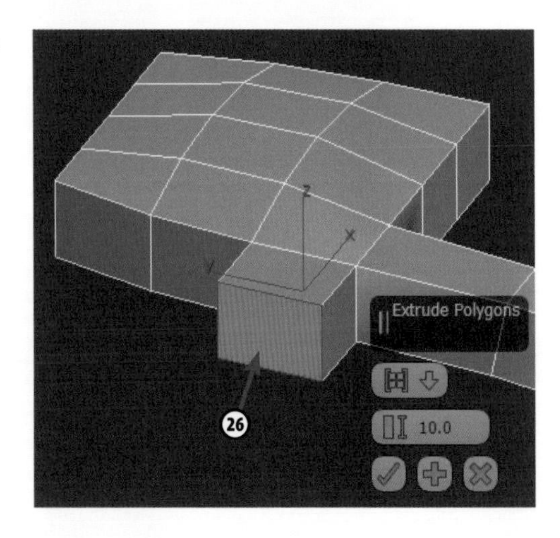

27 按下 W 鍵（移動），向右移動。

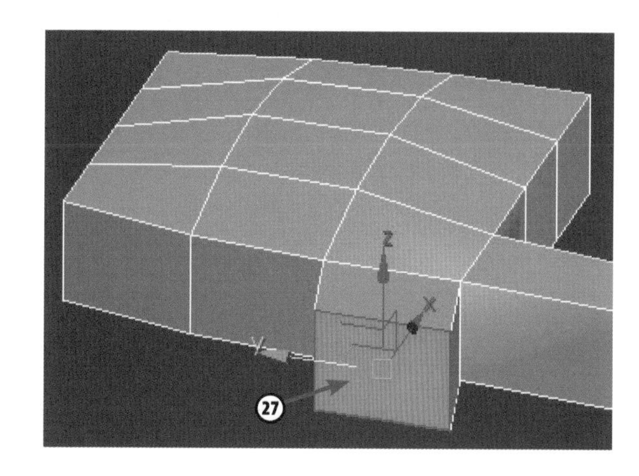

28 按下 E 鍵（旋轉），旋轉面至如圖所示方向。

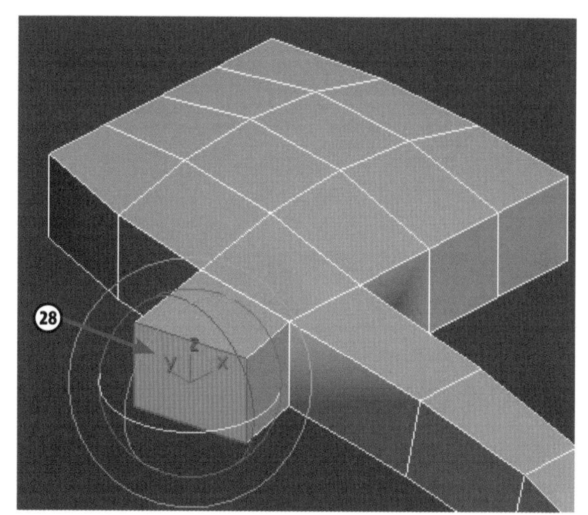

29 按下 R 鍵（比例），將面縮小，因為越接近指尖的地方越細。

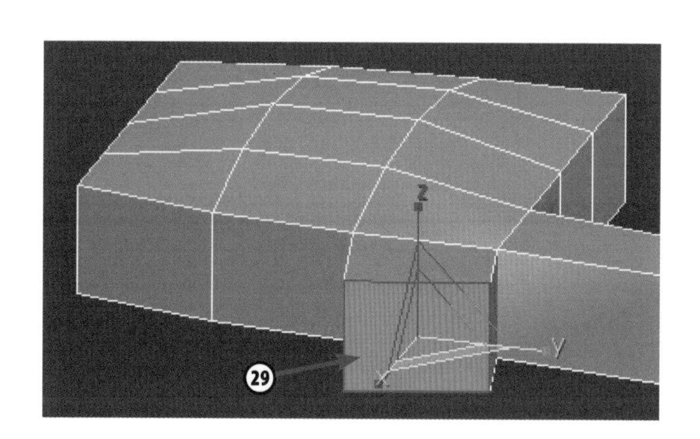

30 點擊滑鼠右鍵→【Extrude（擠出）】旁的小按鈕。擠出適當數值，打勾，做出第二節拇指。

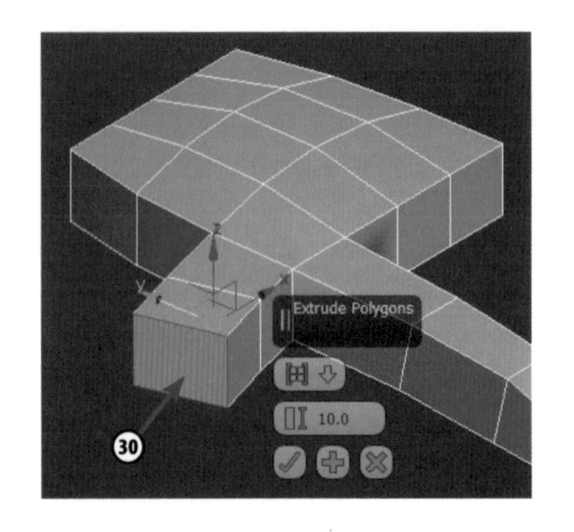

31 利用步驟 28 至 30 的方式，將第二節拇指移動、旋轉、縮小比例，調整好。

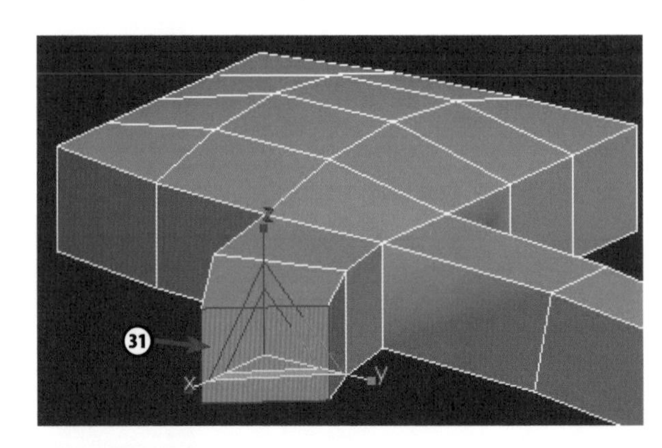

32 點擊滑鼠右鍵→【Extrude（擠出）】旁的小按鈕。擠出適當數值，打勾，做出第三節拇指。

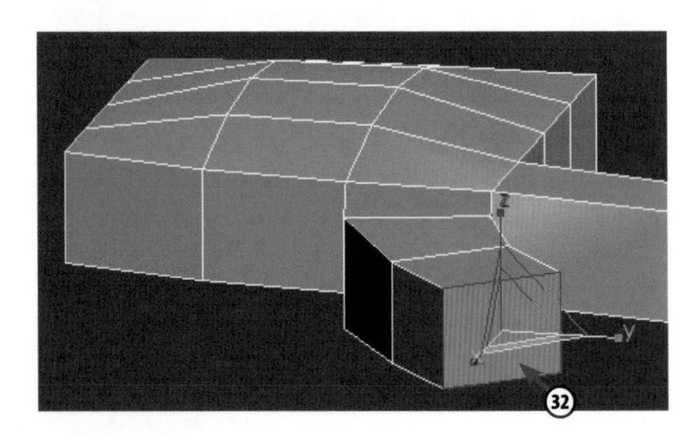

33 利用步驟 28 至 30 的方式，將第三節拇指移動、旋轉、縮小比例，調整好。做好大拇指。

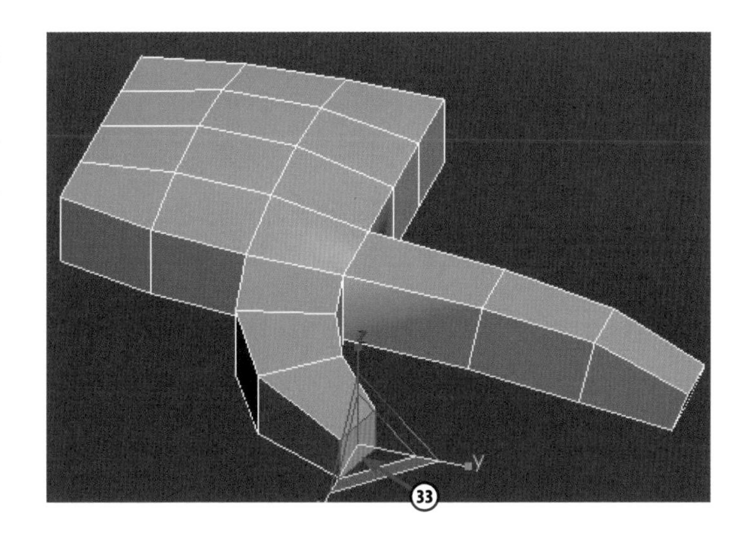

34 點擊滑鼠右鍵 → 點擊【Cut（切割）】指令，切割出指頭與指頭間的指縫，共三條線。

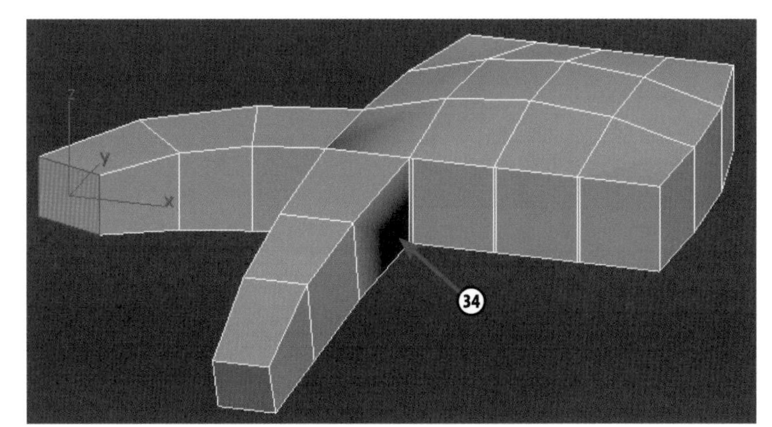

35 按下 T 鍵（切換至上視圖），進入 Polygon（面）層級，框選食指的面。

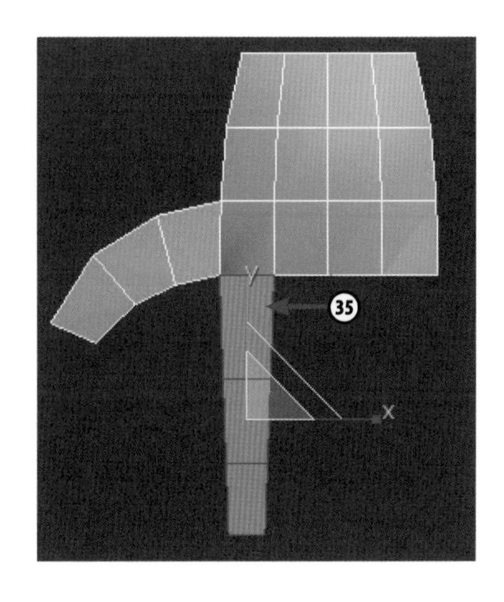

36 按住 Shift 鍵，向右複製，選取【Clone To Element（複製為元素）】，做出中指。

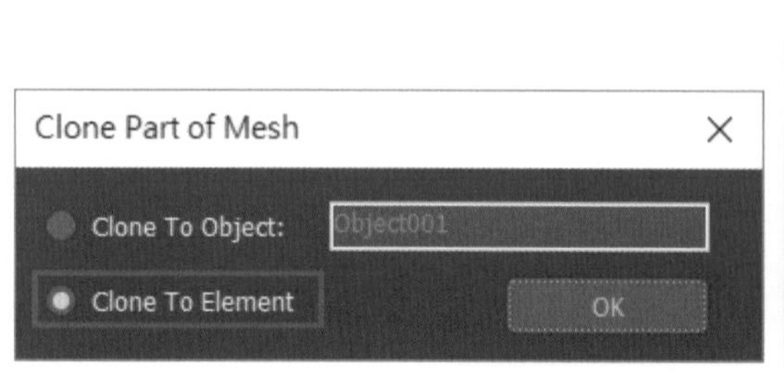

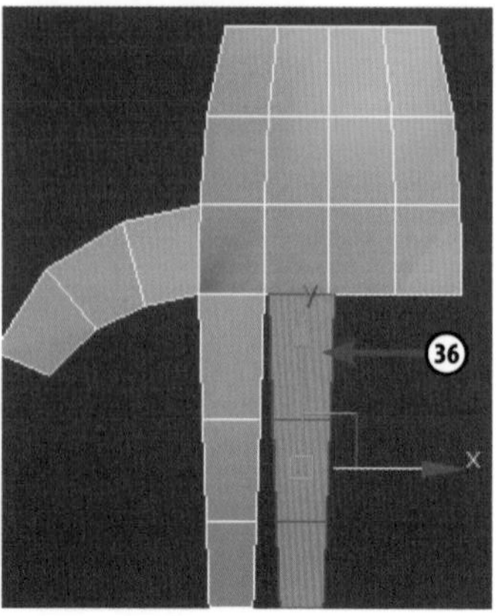

37 進入 Vertex（點）層級，調整中指長度與粗細等形狀。

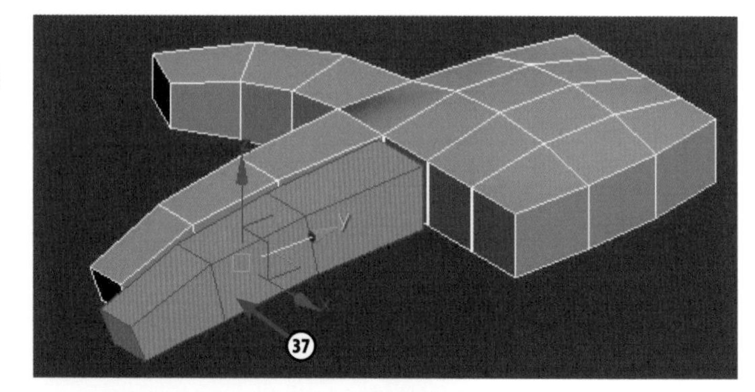

38 按下 T 鍵（切換至上視圖），進入 Polygon（面）層級，框選中指的面。

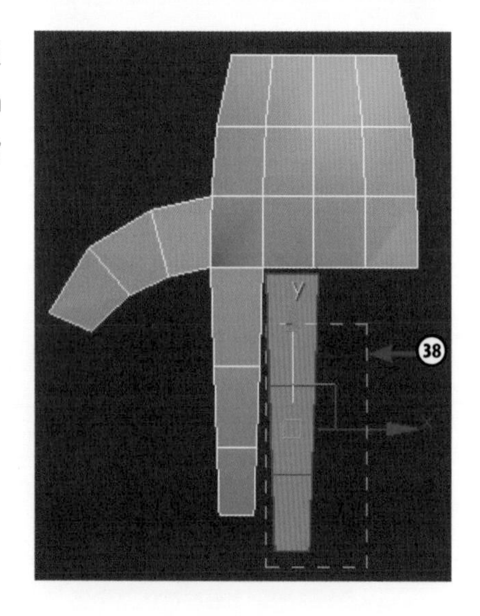

39 按住 Shift 鍵，向右複製，選取【Clone To Element（複製為元素）】，做出無名指並調整長度與粗細等形狀。

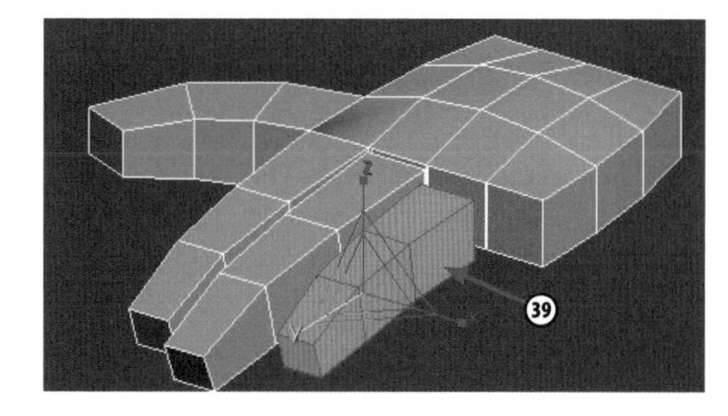

40 再將無名指的面向右複製，做出小指，並調整長度與粗細等形狀。

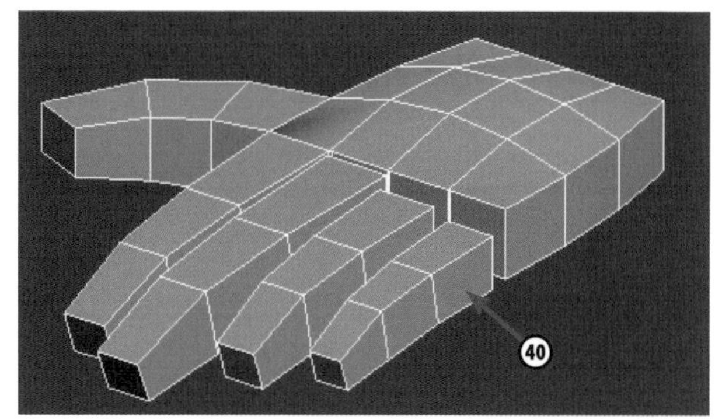

41 進入 Polygon（面）層級，將連接手背與手指的面刪除。

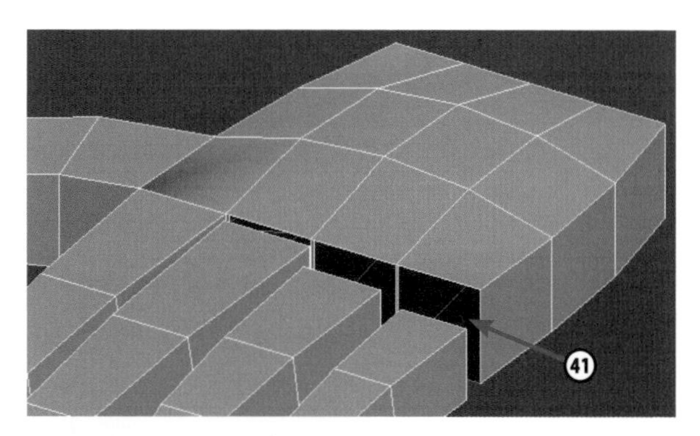

42 按下 T 鍵（切換至上視圖），框選無名指與小指。

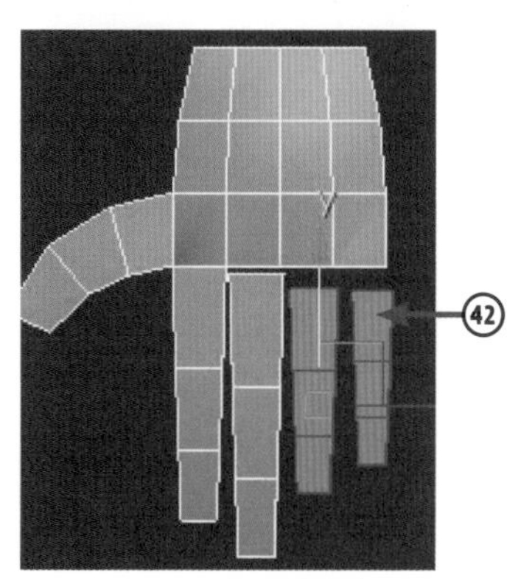

43 點擊【Modify（修改面板）】→【Edit Geometry】→點擊【Hide Selected（隱藏所選取）】。

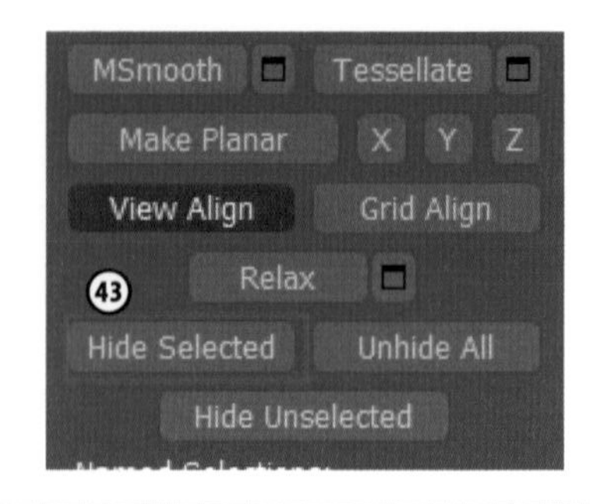

小秘訣

進入 Polygon（面）子層級後，至【Modify（修改面板 】→【Edit Geometry】→點擊【Hide Selected（隱藏所選取）】，可以隱藏物件中的面、元素…等。這裡的隱藏與一般的物件隱藏不同，是 Poly 中子層級的隱藏，且只能從同是 Polygon（面）子層級的【Modify（修改面板）】點擊【Unhide All】來取消隱藏。

44 進入 Vertex（點）層級，點擊滑鼠右鍵→點擊【Target Weld（目標點焊接）】，將中指與手背焊接。

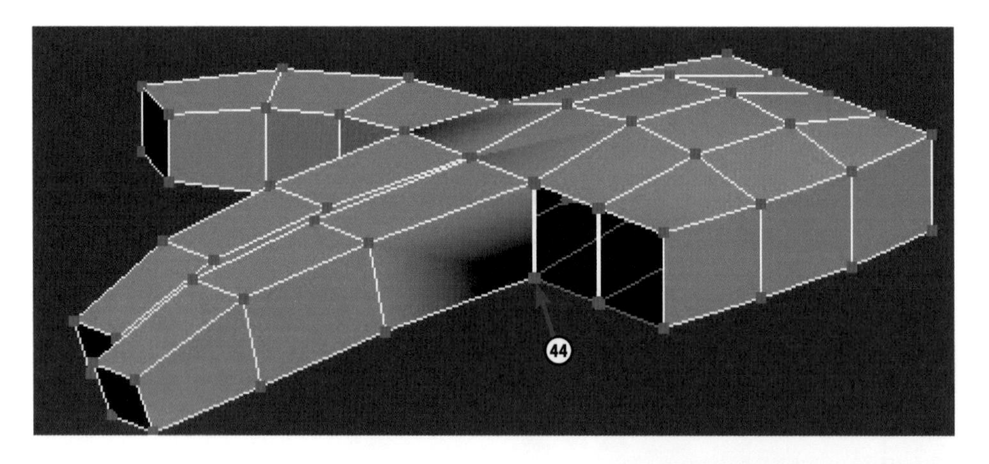

45 進入 Polygon（面）子層級，至【Modify（修改面板）】→【Edit Geometry】→點擊【Unhide All（取消隱藏全部）】。

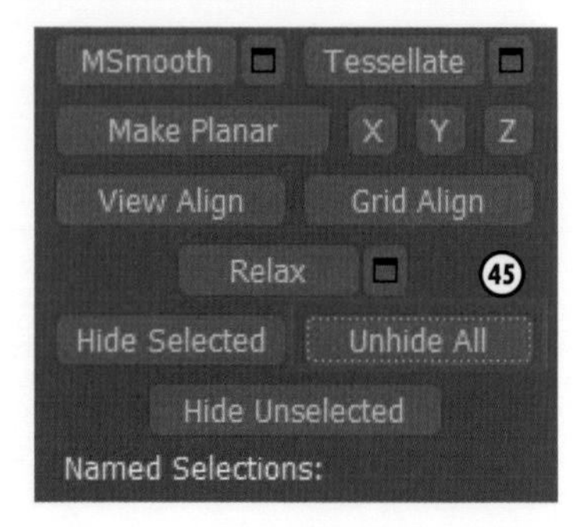

46 進入 Vertex（點）層級，點擊滑鼠右鍵→點擊【Target Weld（目標點焊接）】，將無名指與小指都與手背焊接好。

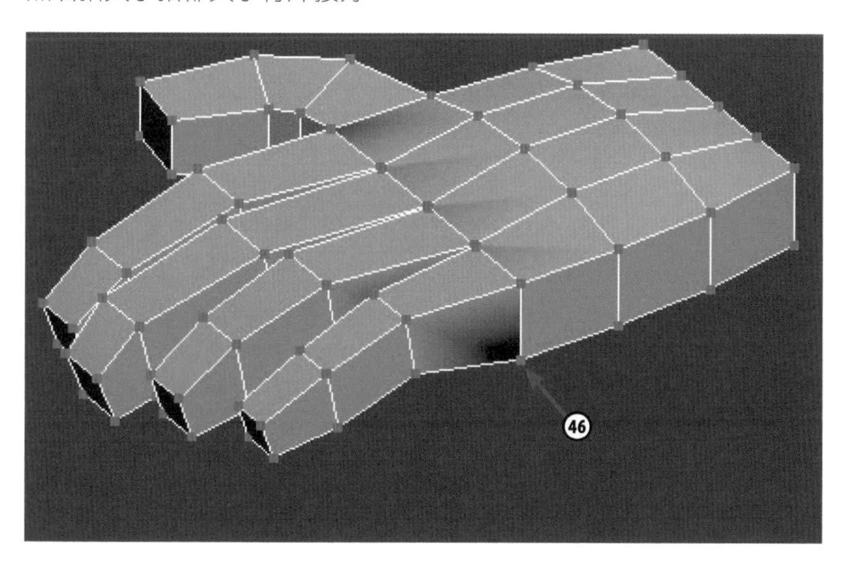

47 離開子層級模式，加入【MeshSmooth（平滑化）】修改器，完成，左邊要連接手臂的面也可以刪除。如果要建立更細緻的手模型，請參考後面章節的 Poly 佈線技巧。

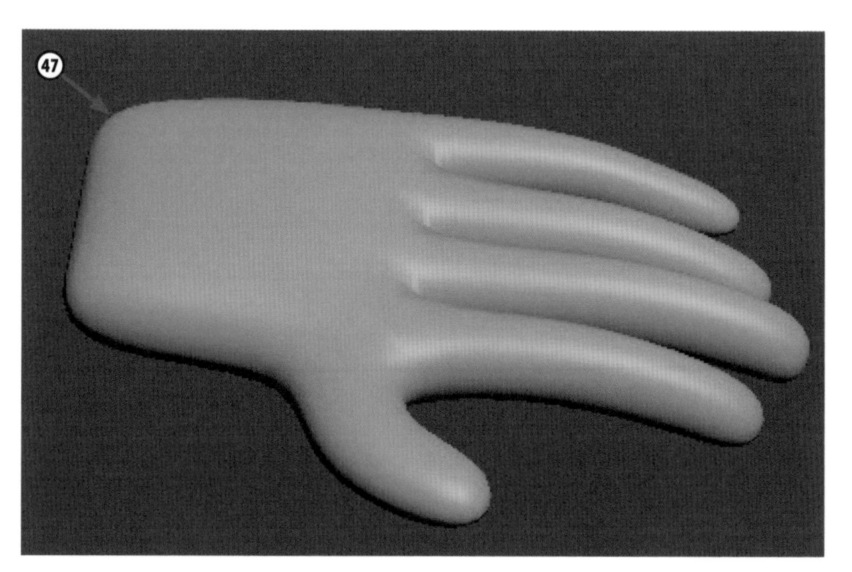

2-7 車子

01 建立一個 1*1*1 分割的 Box，轉為 Editable Poly，作為車體。圖中的長寬高僅供參考，讀者可自行設計。

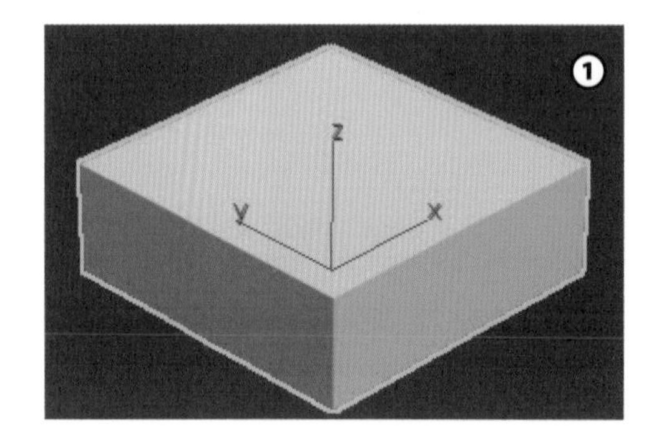

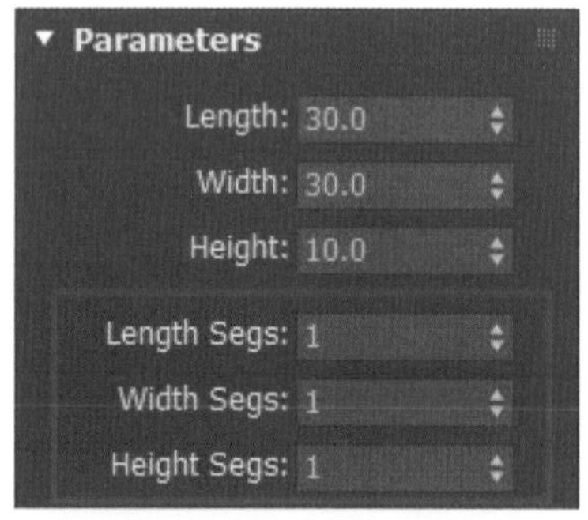

02 選取旁邊的面點擊滑鼠右鍵→【Extrude（擠出）】旁的小按鈕。擠出適當數值，打勾。

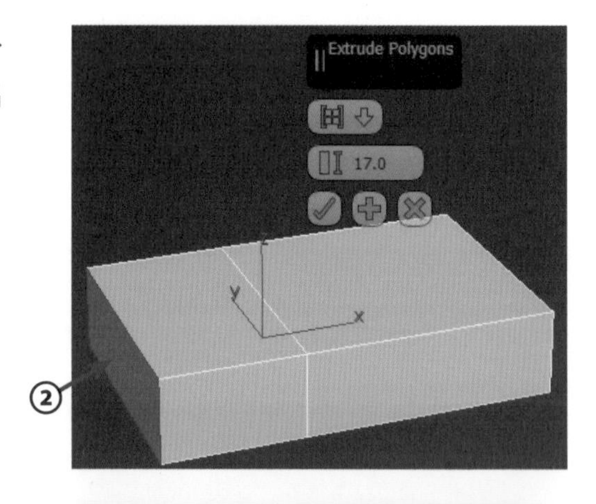

03 在選取另一邊的面點擊滑鼠右鍵→【Extrude（擠出）】旁的小按鈕。擠出適當數值(擠出數值需比上一步驟擠出的面小一點)。

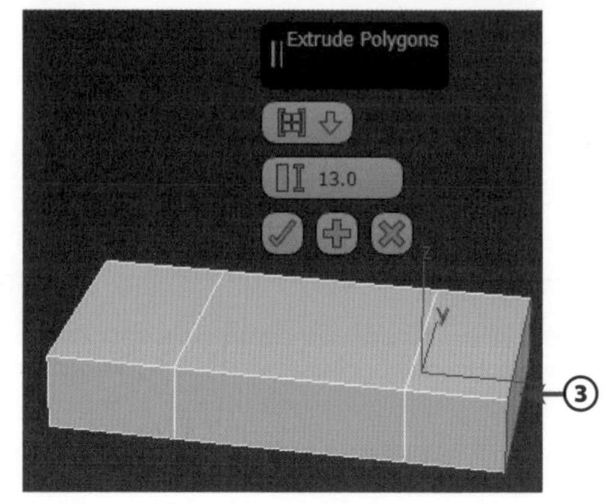

04 選取上面的面點擊滑鼠右鍵→【Extrude（擠出）】旁的小按鈕。擠出適當數值。

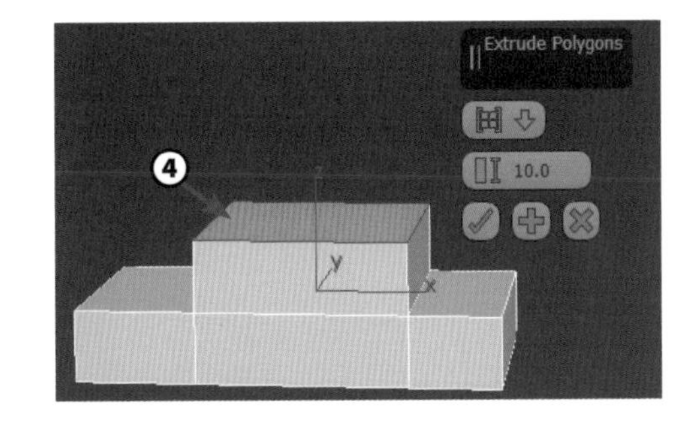

05 按下 R 鍵（比例），將面往 XY 軸向縮小，做出車頂形狀。

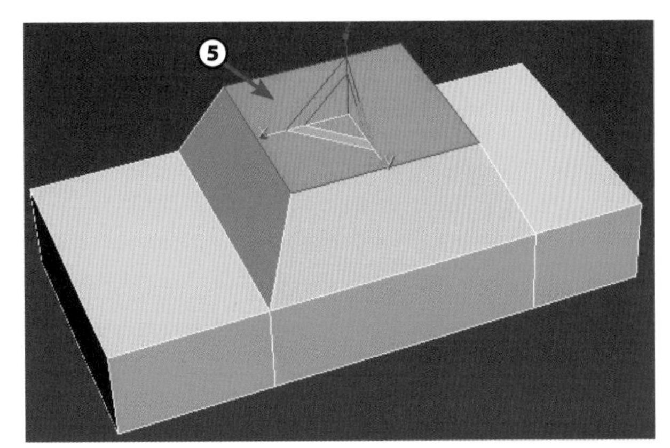

06 進入 Edge（邊）層級，選取車頂前端的線按下 W 鍵（移動），將線往後移。

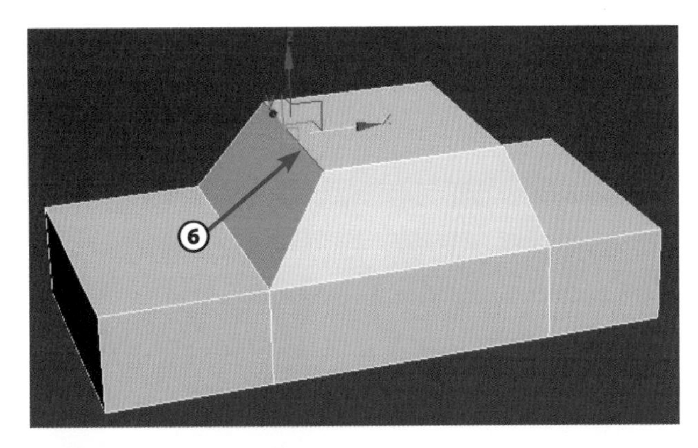

07 按下 F 鍵（切換至前視圖），框選如右圖所選的線。

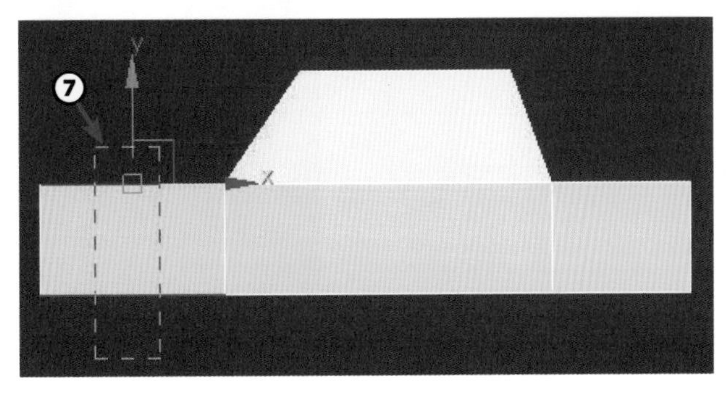

08 點擊滑鼠右鍵→【Connect（連接）】旁的小按鈕。分割數為「3」。

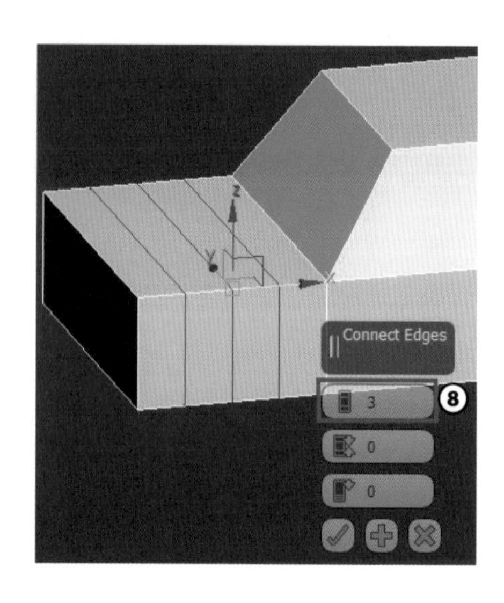

09 按下 F 鍵（切換至前視圖），框選如下圖所選的線。

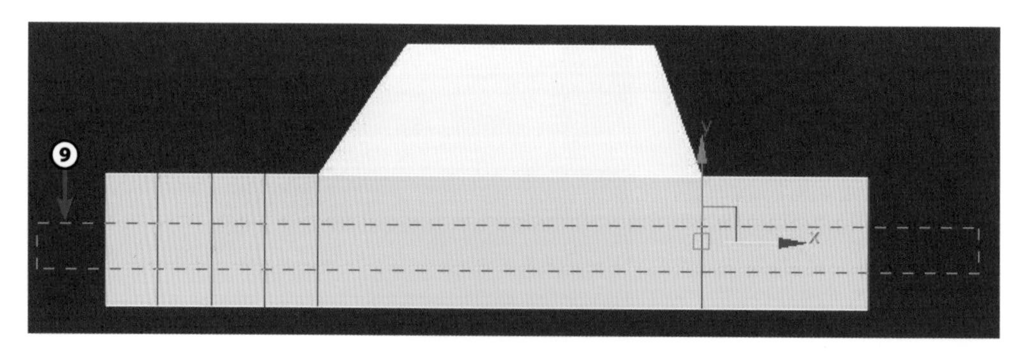

10 點擊滑鼠右鍵→【Connect（連接）】旁的小按鈕。分割數為「2」。

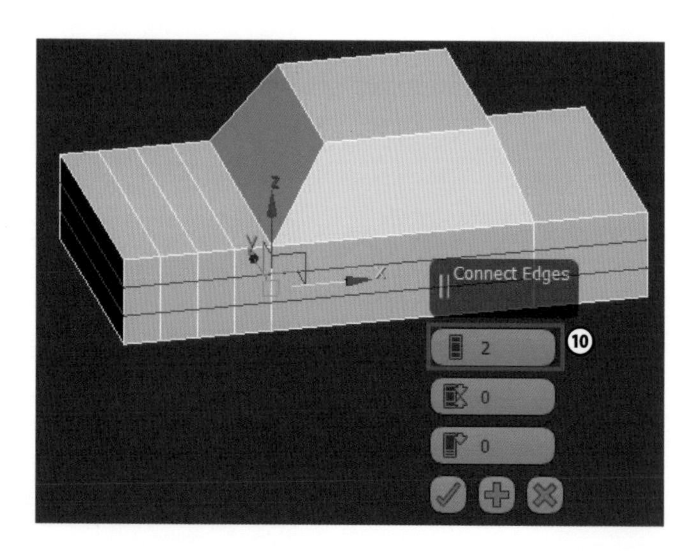

11 按下 F 鍵（切換至前視圖），進入 Polygon（面）層級，框選如下圖所選的面。

12 刪除所選的面。

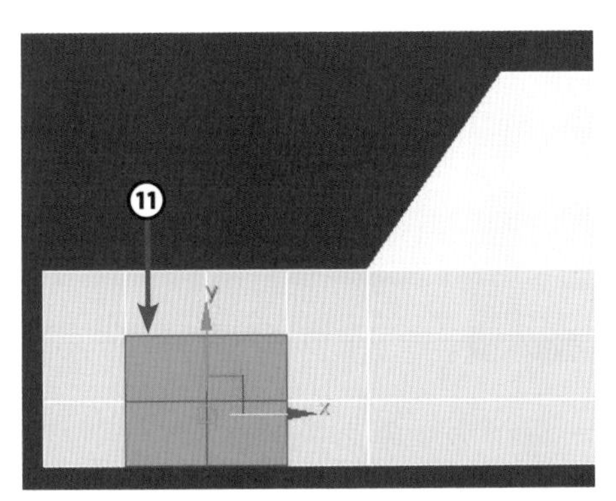

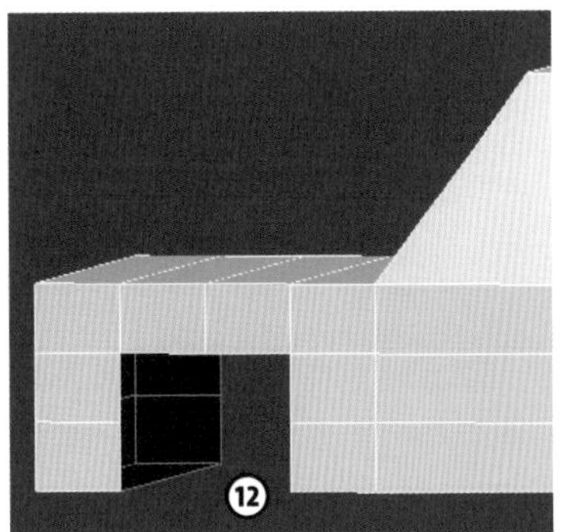

13 進入 Edge（邊）層級，選取如下圖所示的ㄇ字型邊，車子另一側的ㄇ字型邊也選取。

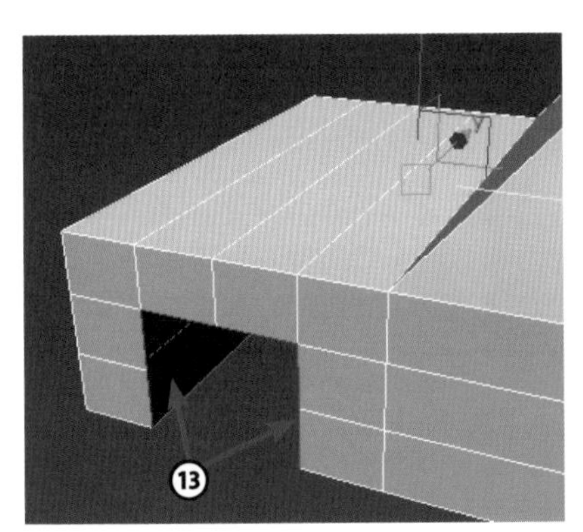

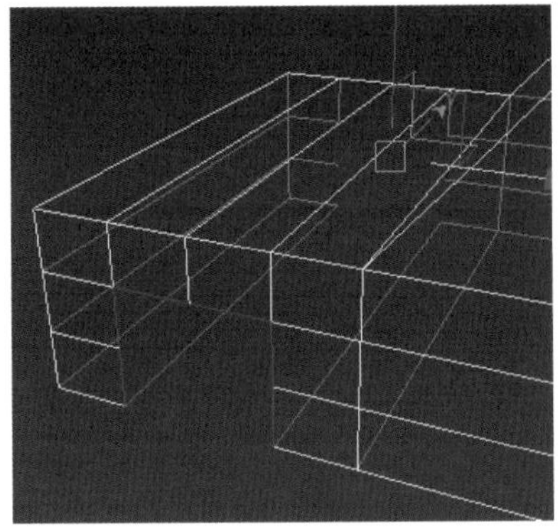

14 至【Modify（修改面板）】→【Edit Edge】→點擊【Bridge】指令，可填補兩個ㄇ字型邊之間的面。

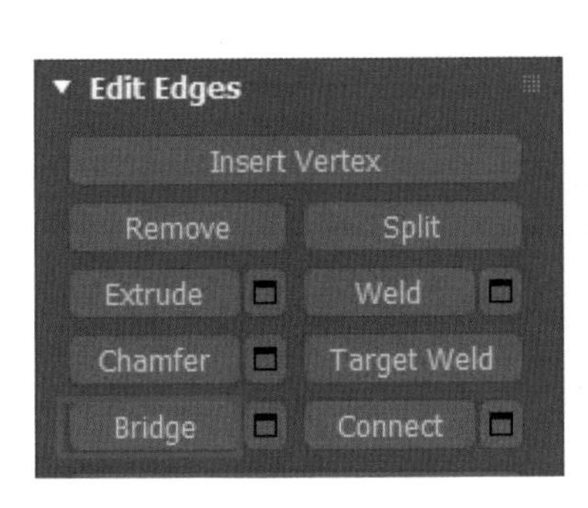

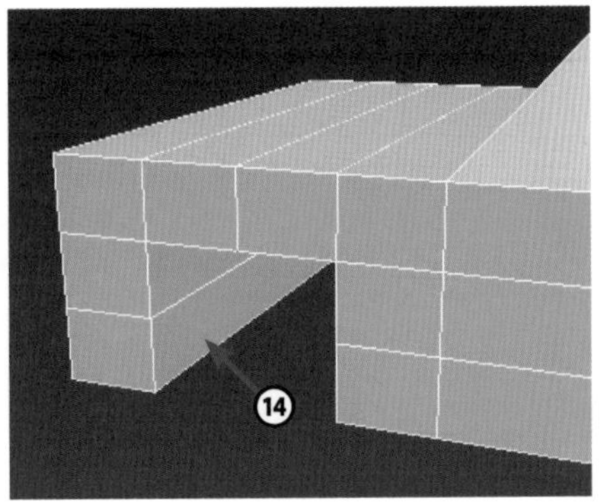

15 完成圖。

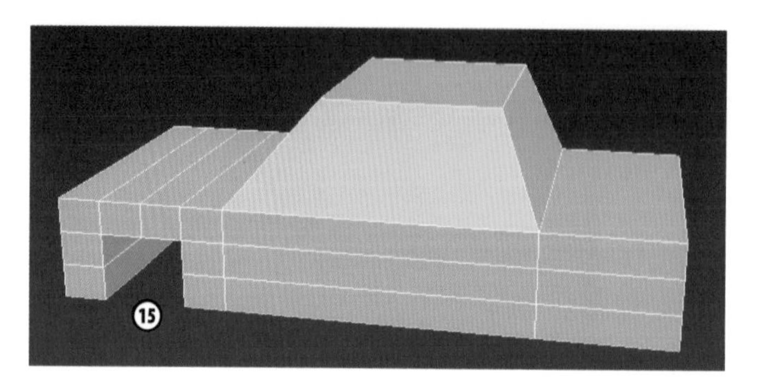

16 按下 F 鍵（切換至前視圖），進入 Edge（邊）層級，框選如下圖所選的線。

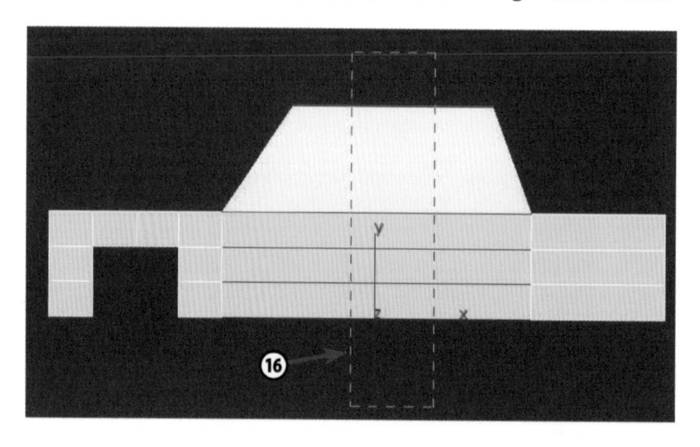

17 點擊滑鼠右鍵→【Connect（連接）】旁的小按鈕。分割數為「2」。並使兩條線有適當的間距，並將兩條線移至接近末端，點擊打勾按鈕。

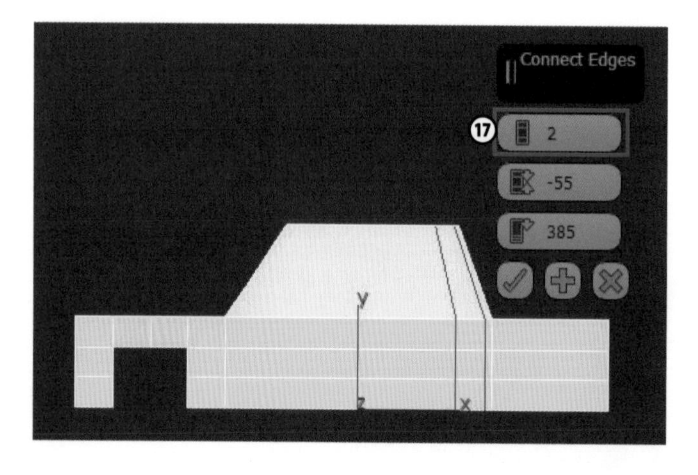

18 選取如下圖所示的五條線，左右各兩條底下一條。

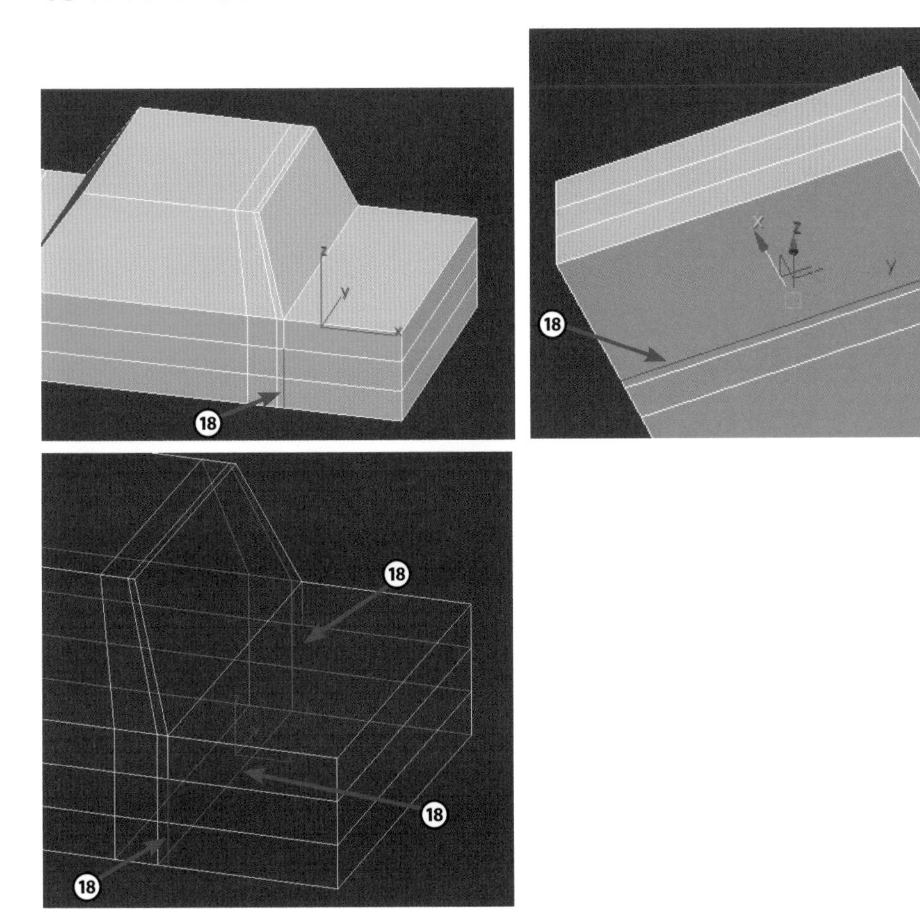

19 按下 W 鍵（移動），將線往右移至如下圖的位置。

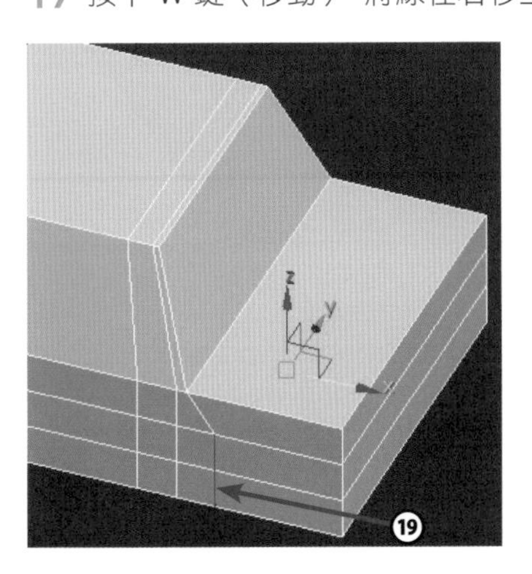

20 按下 F 鍵（切換至前視圖），進入 Polygon（面）層級，框選如下圖所選的面。並刪除。

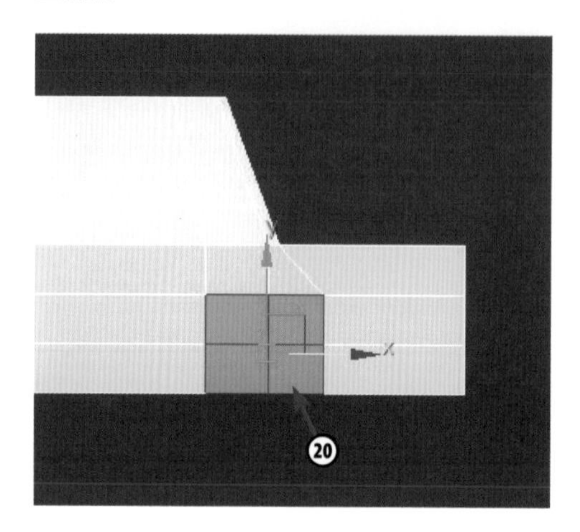

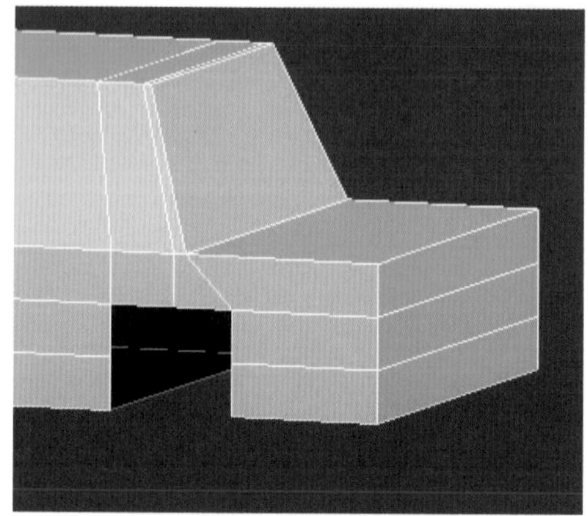

21 同步驟 13 的方法，利用【Bridge】按鈕修補破面。

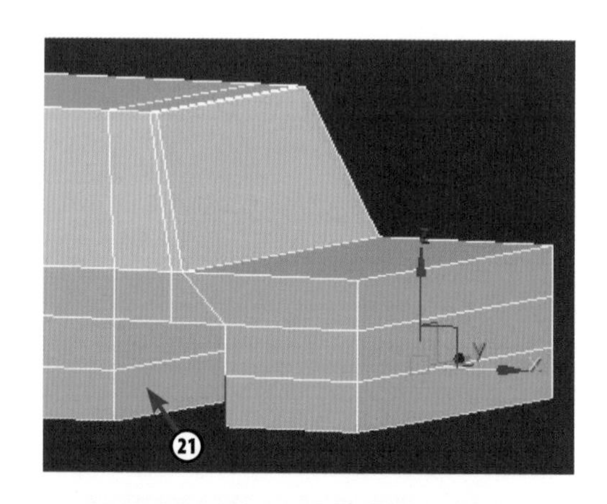

22 按下 F 鍵（切換至前視圖），進入 Vertex（點）層級，框選如右圖所選的點。並按下 W 鍵（移動），將點往左移動製作出車輪圓弧感。

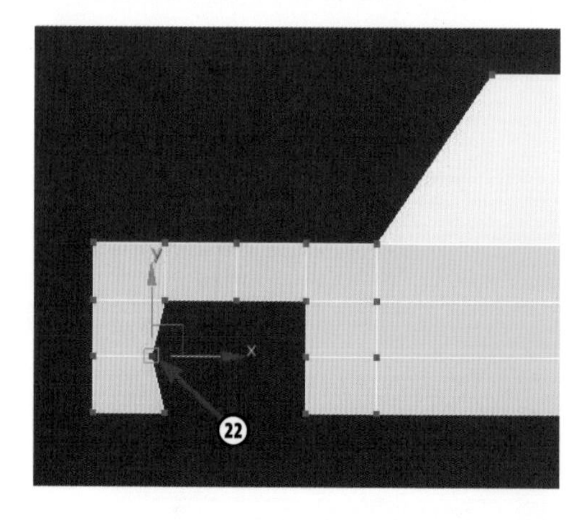

23 輪胎其他點也是依上述方法調整，調整完如下圖。

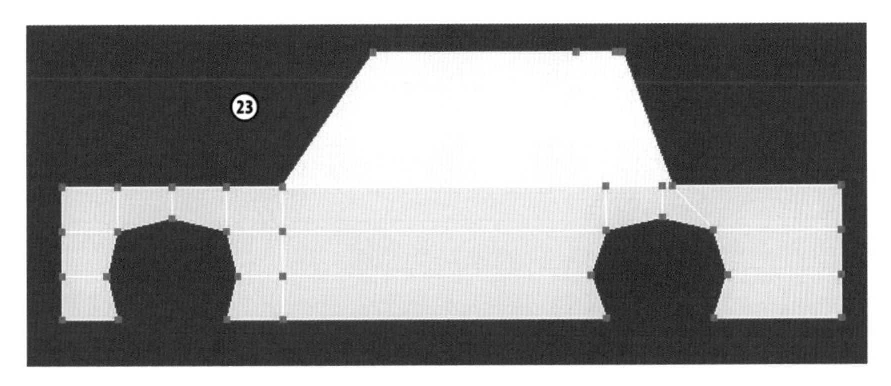

24 按下 T 鍵（切換至上視圖），進入 Edge（邊）層級，框選如下圖所選的邊。

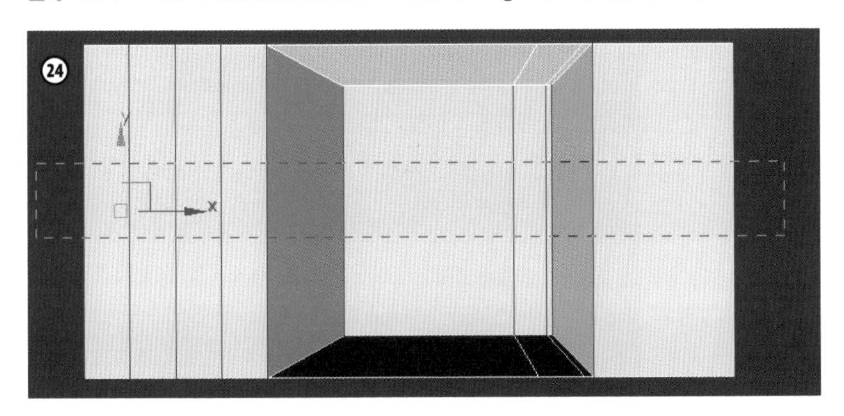

25 點擊滑鼠右鍵→【Connect（連接）】旁的小按鈕。分割數為「1」。

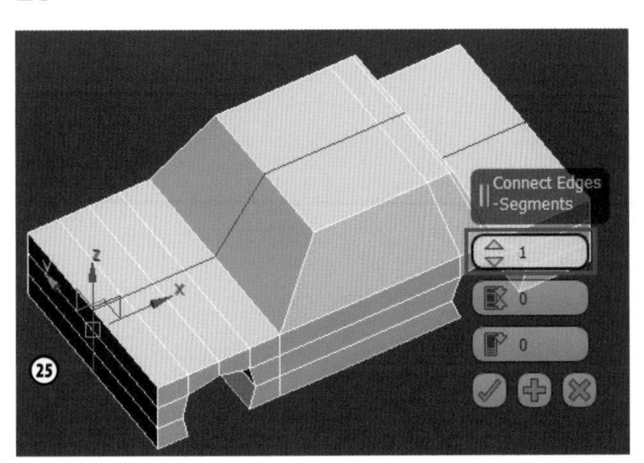

26 選取如右圖所示的線，按下 W 鍵（移動），將線往左移製作出車窗。

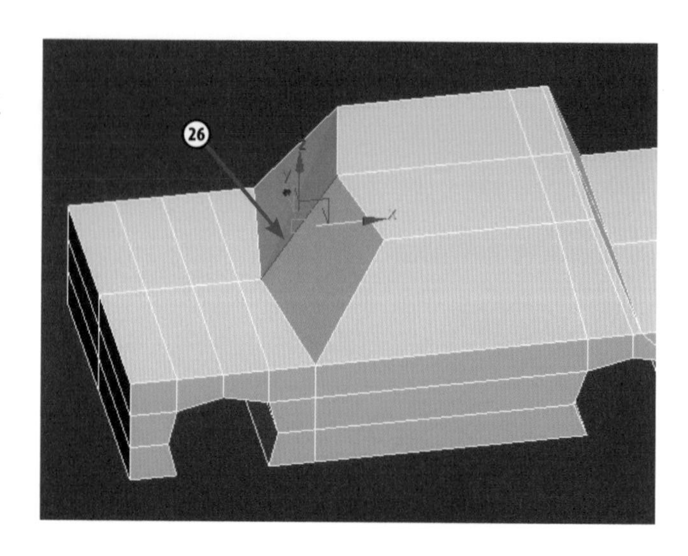

27 選取如右圖所示的線，按下 W 鍵（移動），將線往上移使車體有立體感。

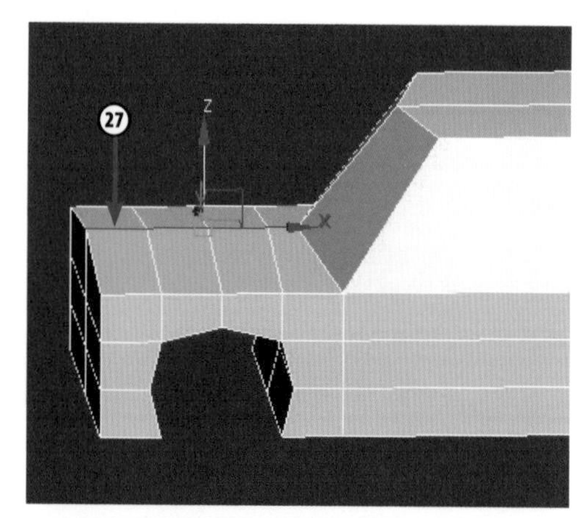

28 選取如右圖所示的線，按下 W 鍵（移動），將線往左移製作出車頭。

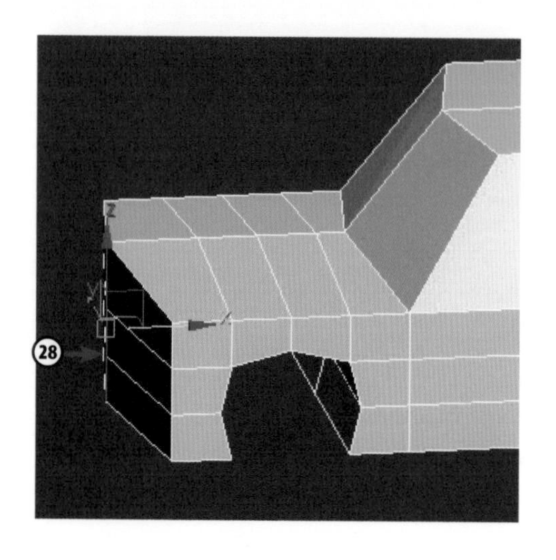

29 按下 F 鍵（切換至前視圖），在輪胎的位置新增一個【Cylinder(圓柱)】作為輪胎。

30 切換至上視圖並點擊 F3（線框模式），決定【Cylinder(圓柱)】高度。

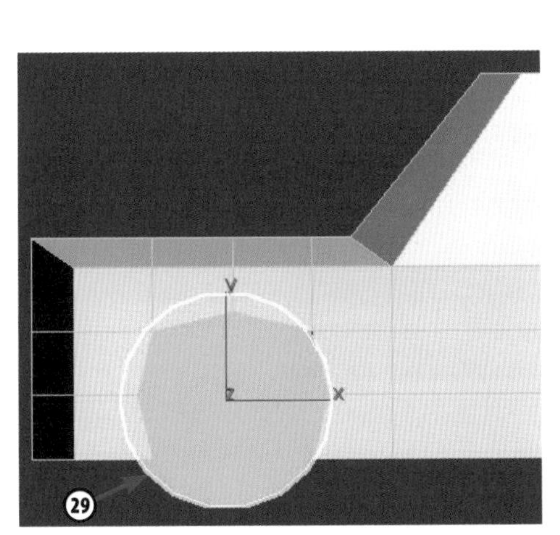

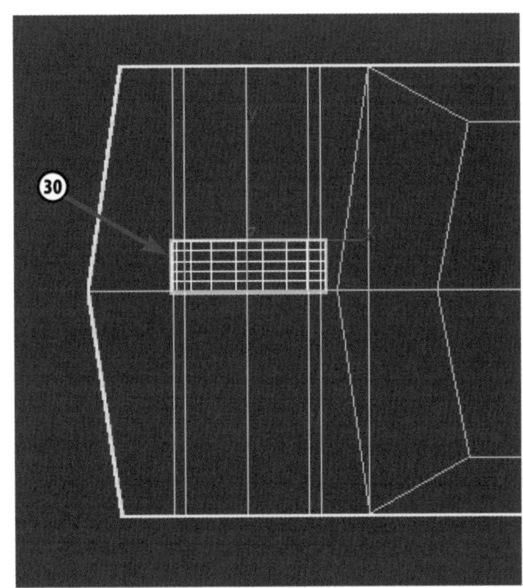

31 將輪胎移至外圍並複製出三個做為其他輪胎，即可完成車子。

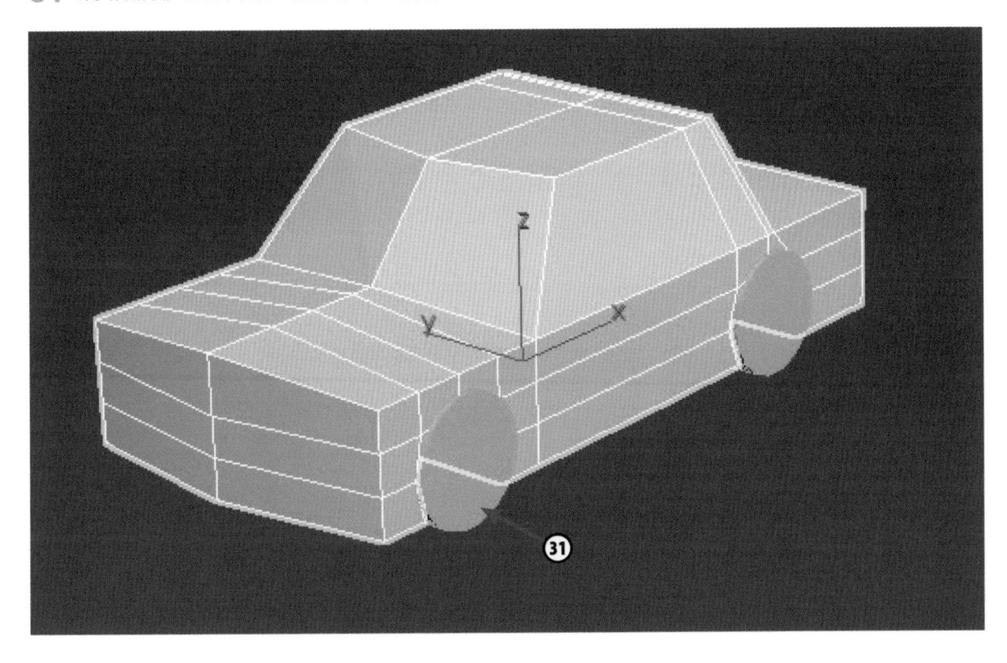

2-8 Q 版小生物

01 建立一個【Segments（段數）】為 16 的 Sphere 作為章魚身體。

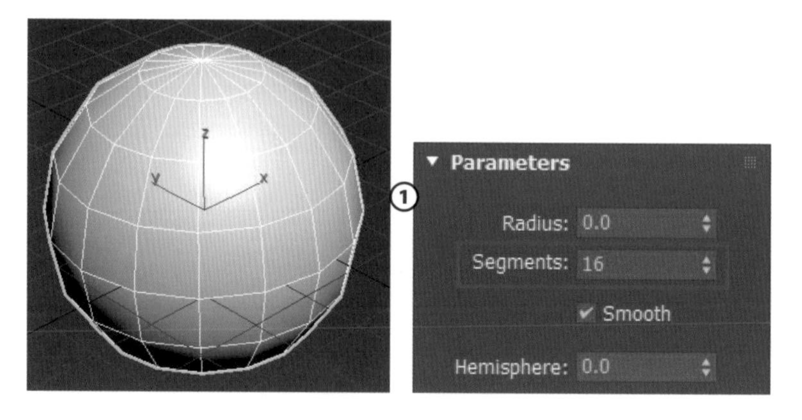

02 加入 FFD(box) 修改器。

03 按下 F 鍵（切換至前視圖），進入【Control Points（控制點模式）】層級，框選上面兩排點。

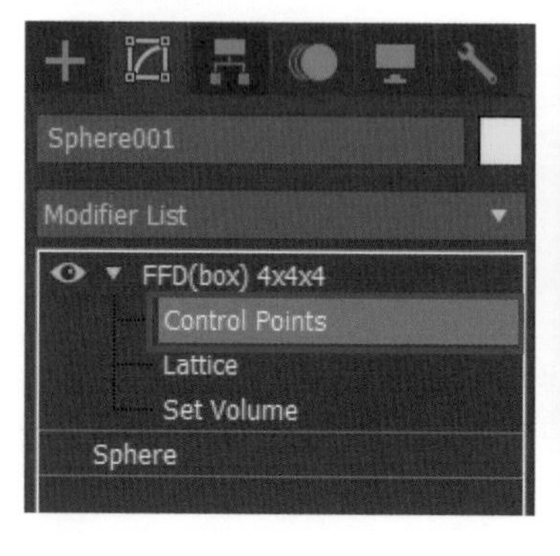

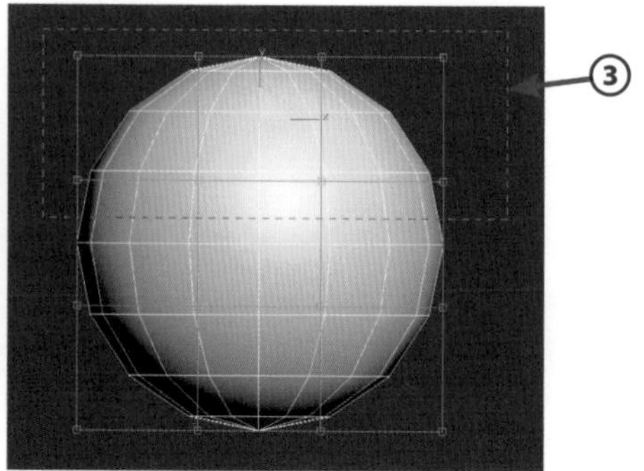

04 按下 R 鍵（比例），等比例將點往外放大。

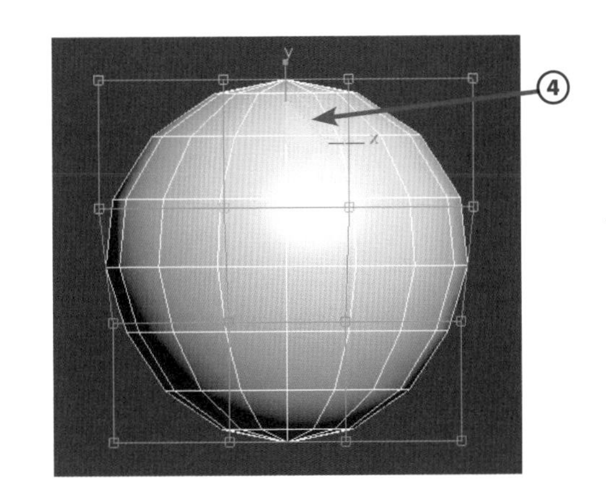

05 框選最上面那排的點，按下 R 鍵（比例），等比例將點往外放大。

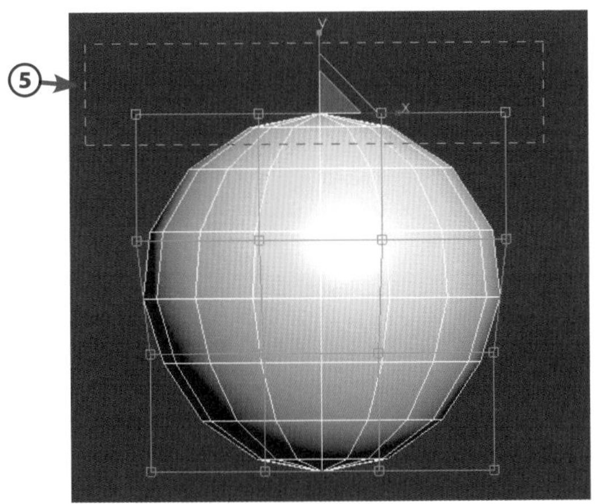

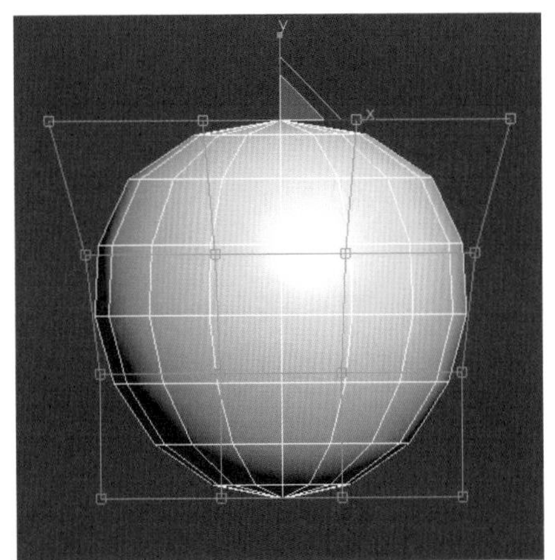

06 將加了 FFD(box) 修改器的球轉為 Editable Poly 作為章魚的頭。

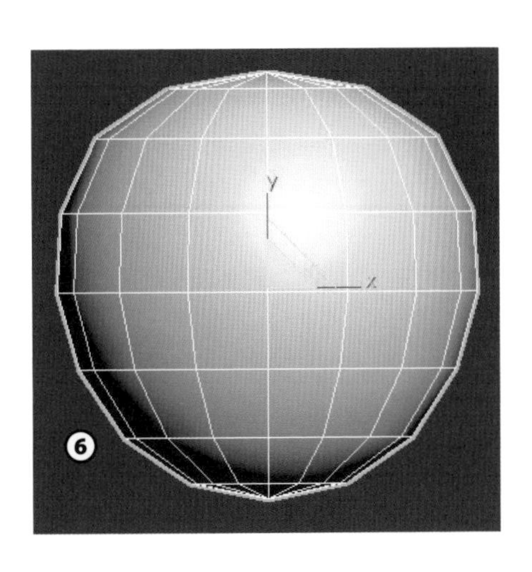

07 按下 F 鍵（切換至前視圖），進入 Vertex（點）層級，點選如右圖所選的點。

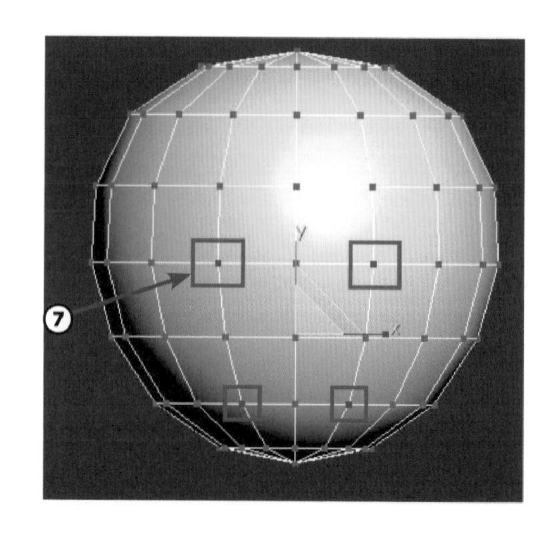

08 按下 R 鍵（比例），等比例將點往內縮，始點呈現圓弧形作為章魚的嘴巴，如右圖。

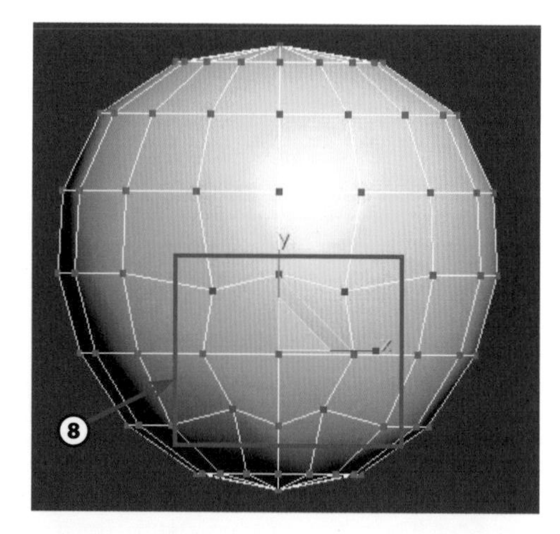

09 進入 Polygon（面）層級，點選如右圖所示的面。

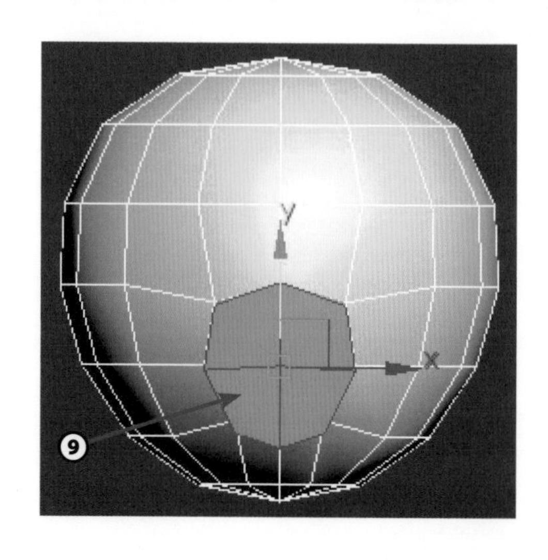

10 點擊滑鼠右鍵→【Extrude（擠出）】旁的小按鈕，擠出適當的長度作為章魚的嘴巴。

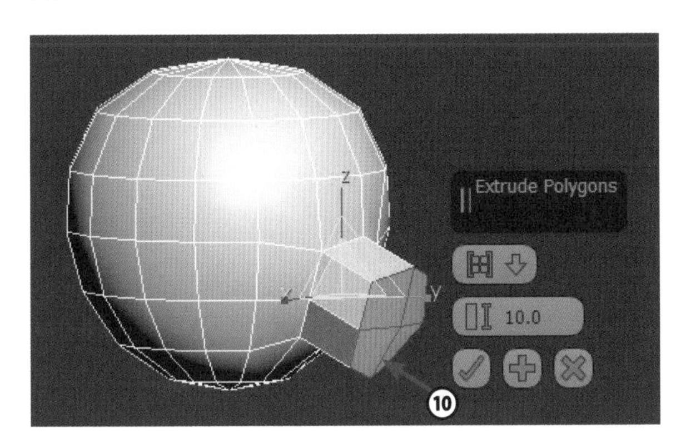

11 按下 F 鍵（切換至前視圖），如左下圖。按下 E 鍵（旋轉），將所選取的面往上轉正，如右下圖。

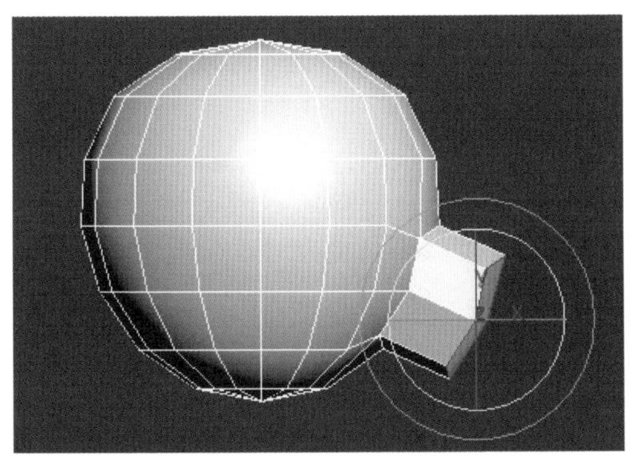

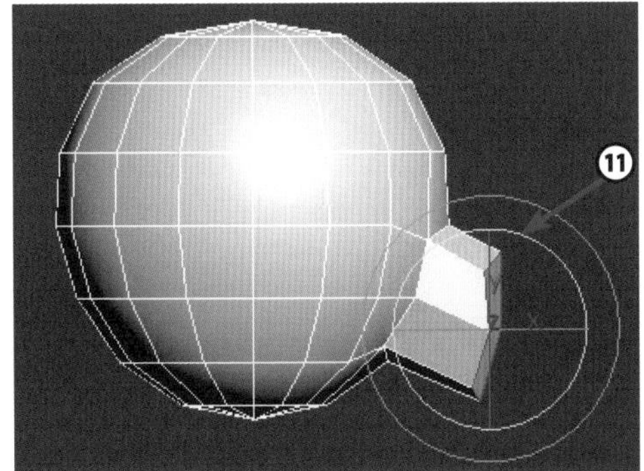

12 按下 W 鍵（移動），將嘴巴往上移。

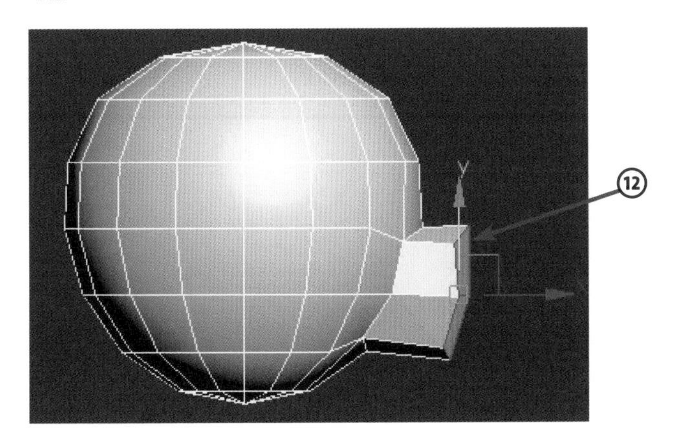

13 點擊滑鼠右鍵→【Inset（擠出）】旁的小按鈕，插入適當大小的面。

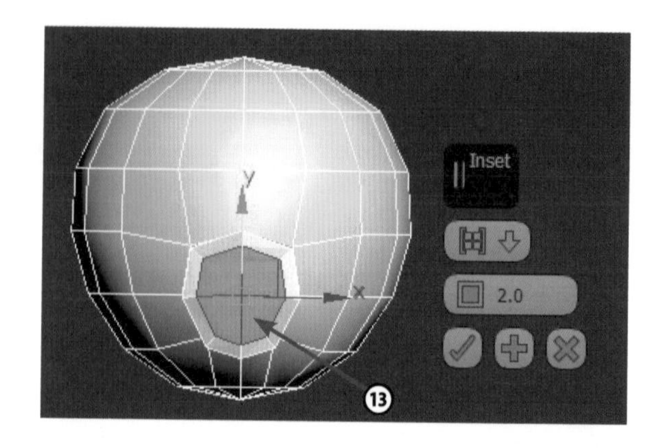

14 點擊滑鼠右鍵→【Extrude（擠出）】旁的小按鈕，往內擠出適當的長度使章魚嘴巴往內凹。

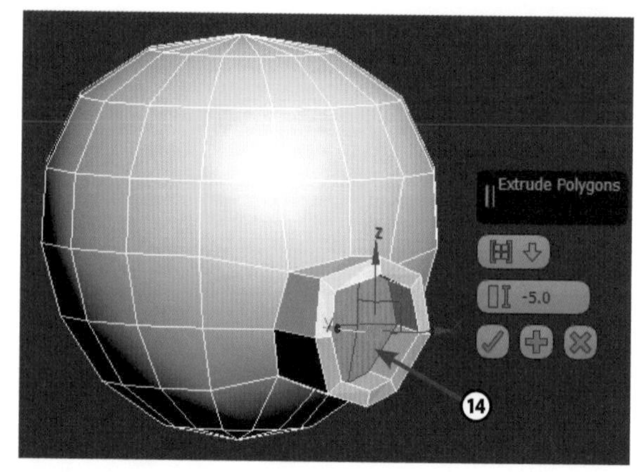

15 按下 F 鍵（切換至前視圖），點擊【Line（線）】，繪製章魚腳生長路線。並將線都畫在左半邊，因為等等會將右半邊刪除並加入對稱修改器。

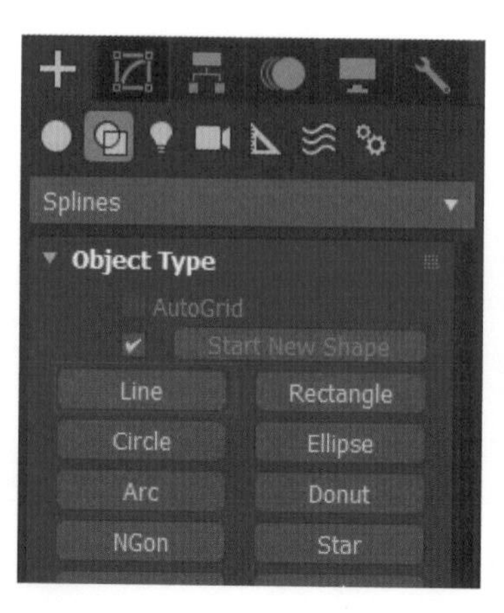

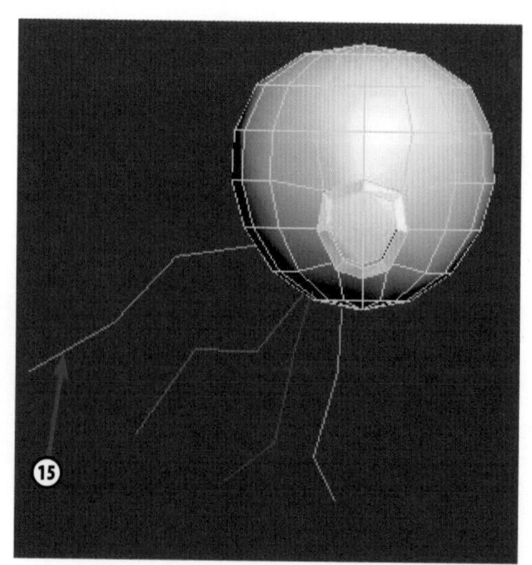

16 將線段移至要生長的面下端。

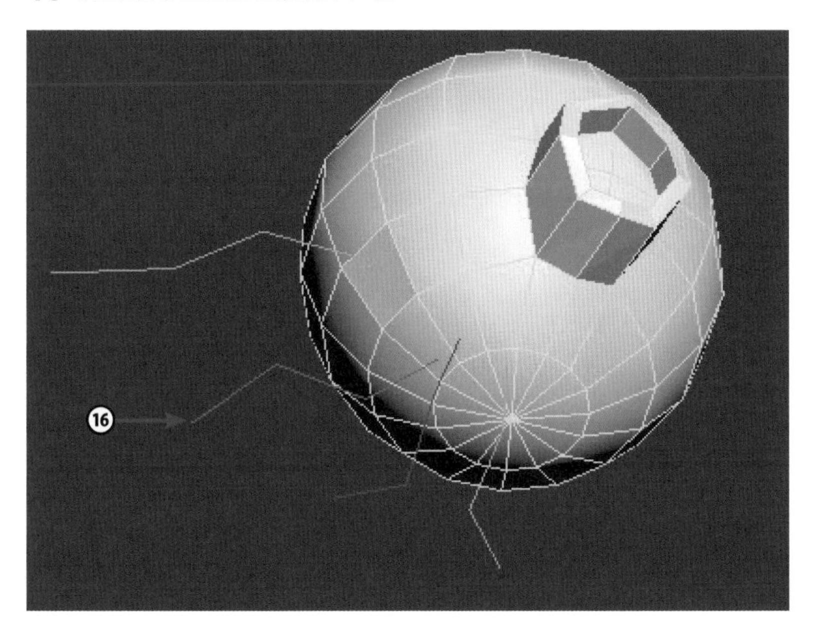

17 選取章魚頭，進入【Polygon（面）】層級，選取要長出腳的面。點擊滑鼠右鍵→點擊【Extrude along Spline（沿全線擠出）】旁的小按鈕。

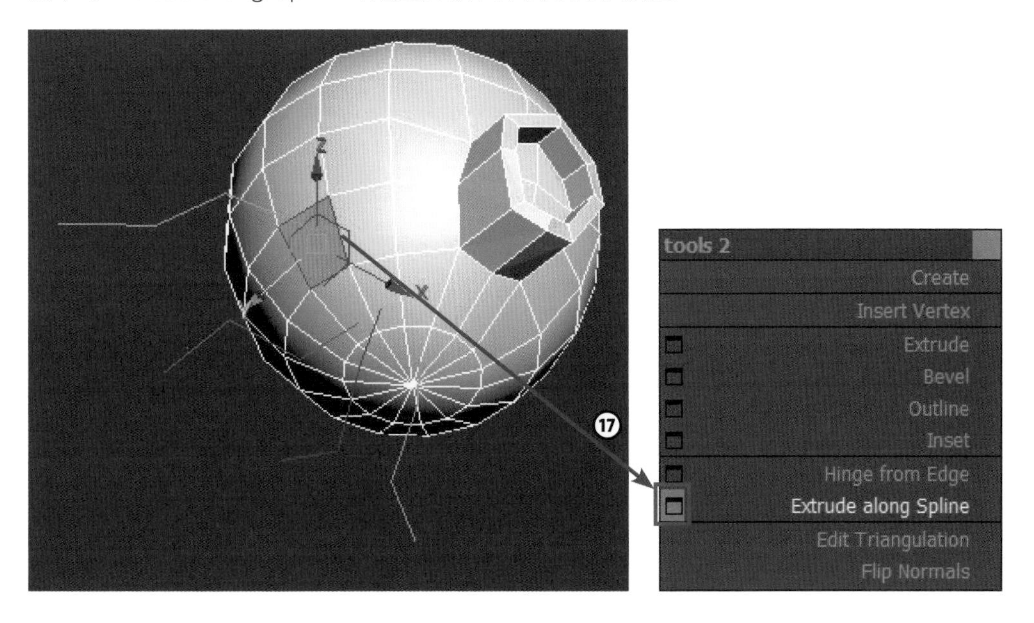

18 點擊【Picking Spline（挑選全線）】按鈕，點選要長出的線，並設定【Segments（分段數）】為「6」。

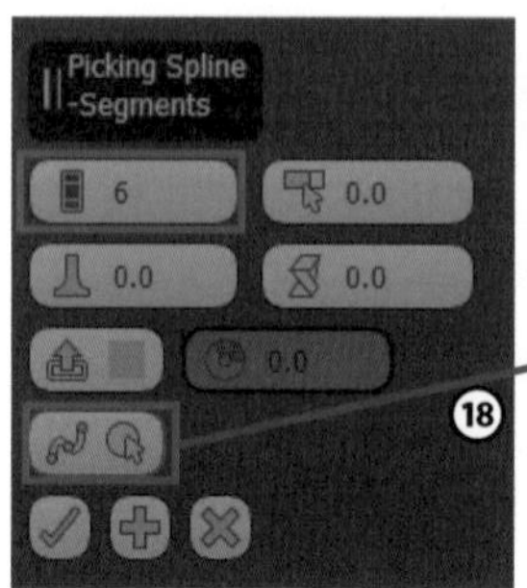

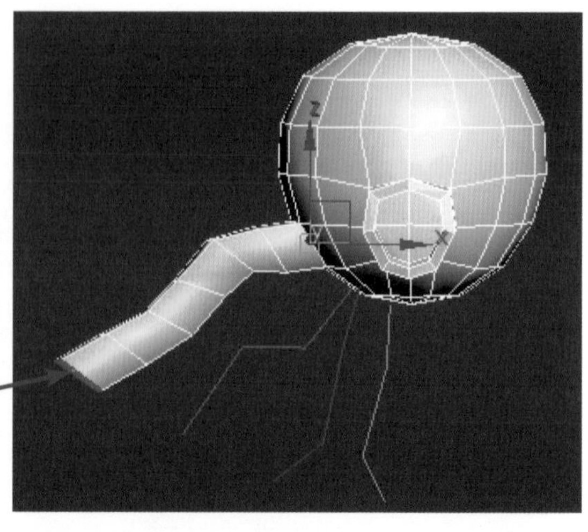

19 按下 R 鍵（比例），等比例將尾端縮小。因為章魚腳接近尾端會越來越小。

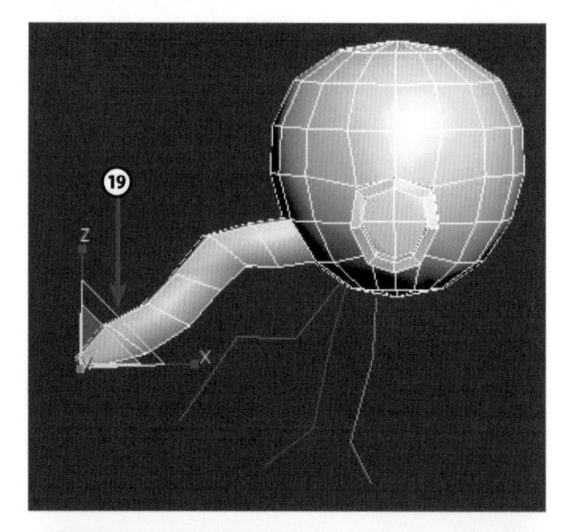

20 其他腳也是以上述的方式製作出來。

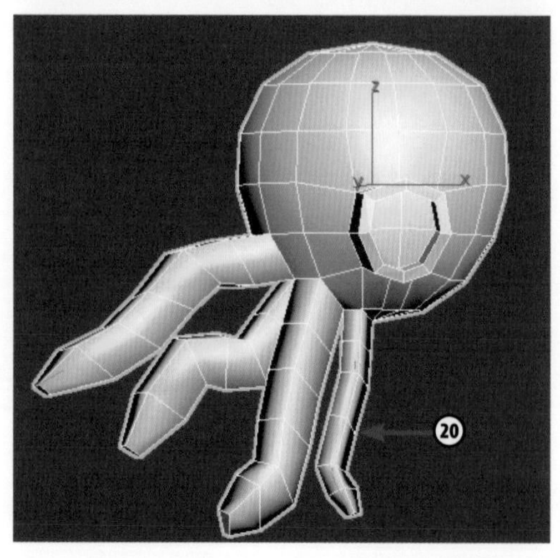

21 按下 F 鍵（切換至前視圖），進入【Polygon（面）】層級，將右半部的面都刪除。請小心不要刪到腳。

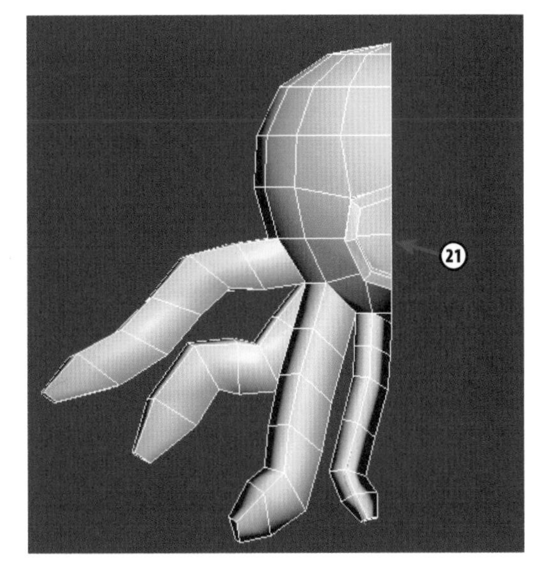

22 新增一顆 Sphere 作為眼睛並將【AutoGrid】打勾，這樣在頭部繪製出來的眼睛位置就會在章魚頭的表面上。

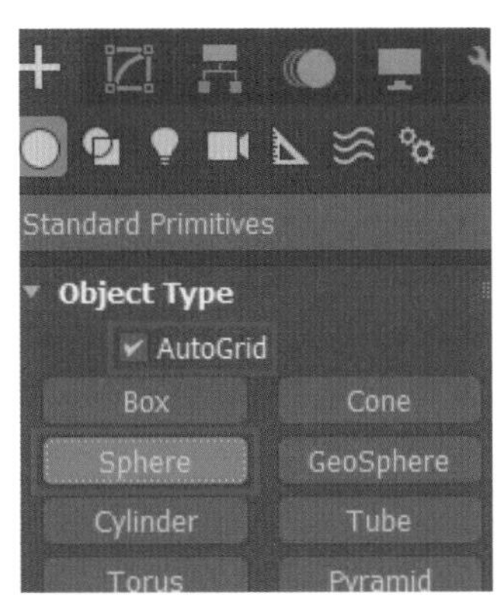

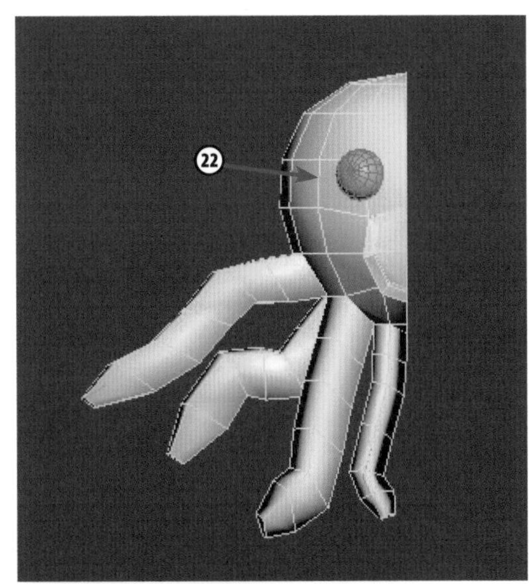

23 加入【Symmetry】對稱修改器，並進入【Mirror】子層級中。

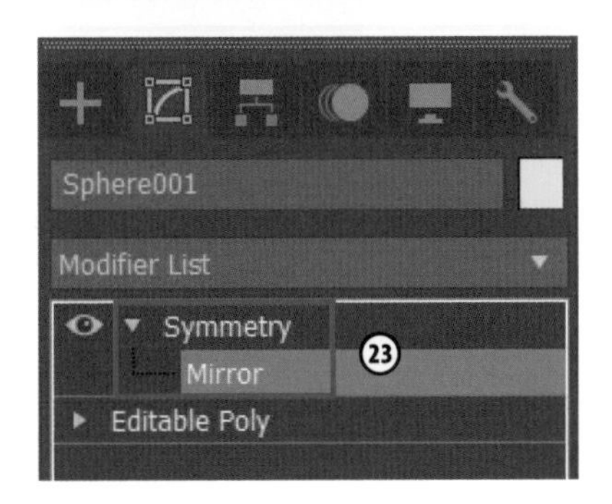

24 加入修改器時會發現畫面的章魚不見了，將【Parameters】下的「Flip」打勾即可。

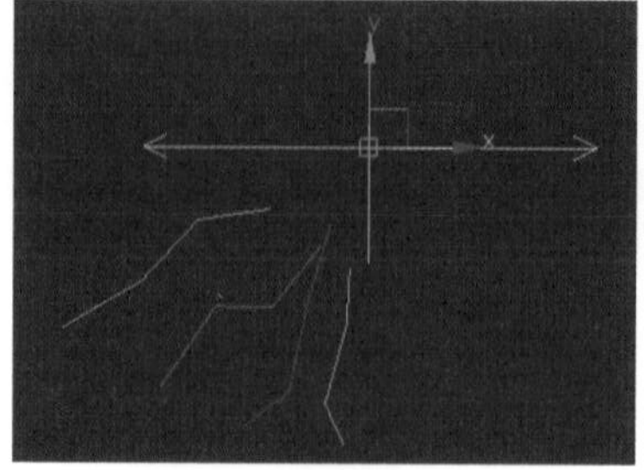

25 對稱後如右圖。

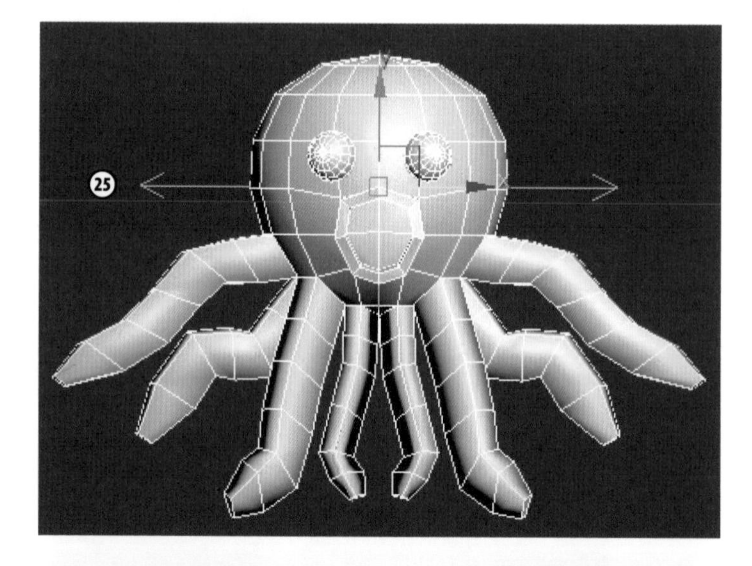

26 加入【Meshsmooth】即可完成章魚。

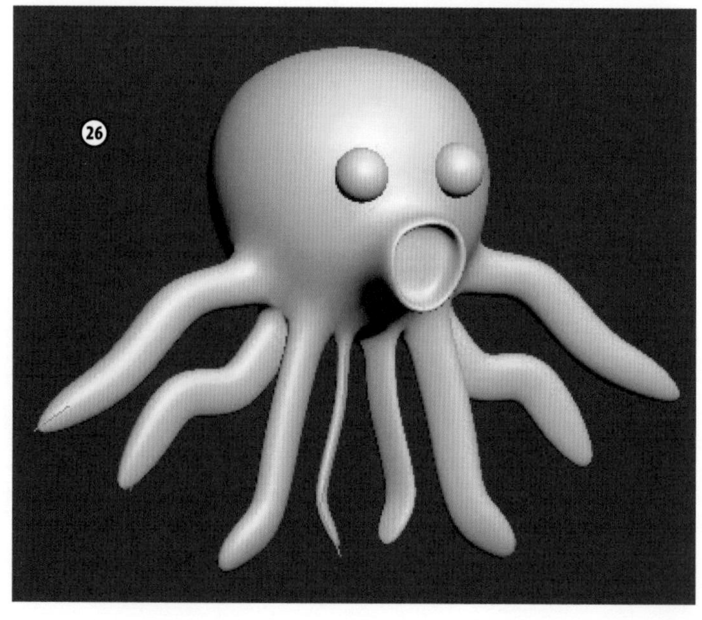

CHAPTER 03

動畫場景建模設計

3-1 戶外場景

01 點擊【Create（創建面板）】→【Geometry（幾何）】→【Plane】。

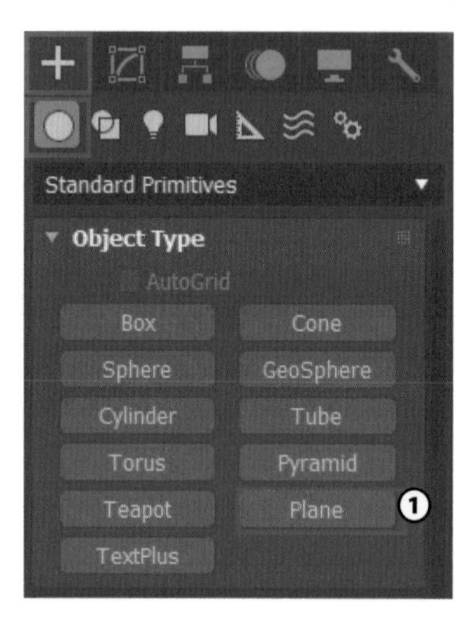

02 繪製一平面，長寬為 3000*4000，並將分割線改至 30*40。

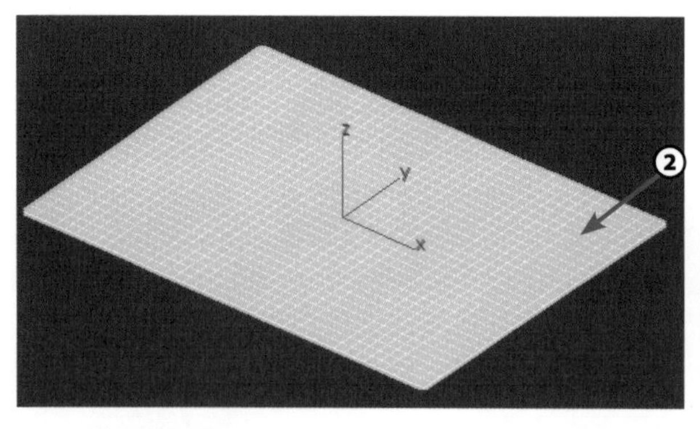

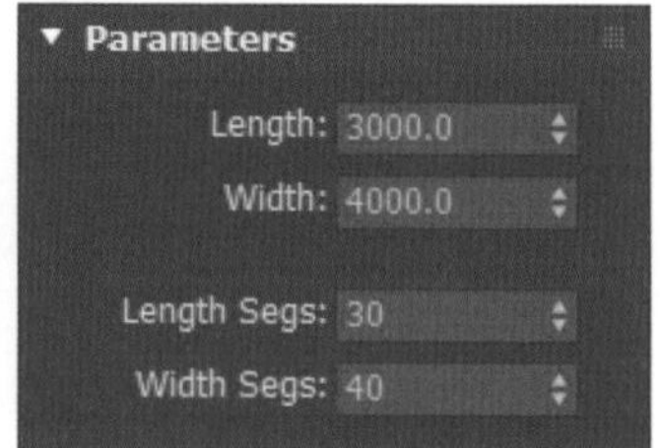

03 點擊滑鼠右鍵→【Convert To】→【Convert to Editable Poly(轉變為可編輯多邊形)】。

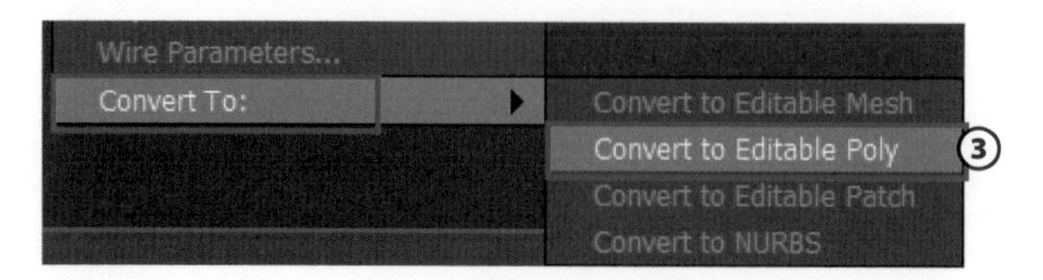

04 點擊【Modify（修改）】→【Paint Deformation（繪製變形）】面板。用來繪製地形。點擊【Push/pull】可開始使用筆刷。

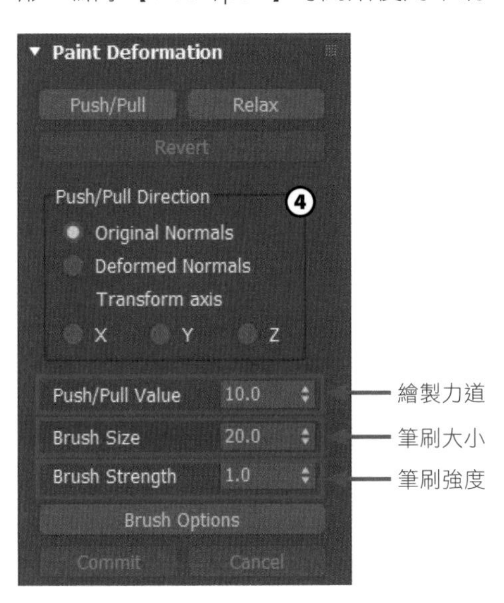

小秘訣

【Push/pull Value】數值越大繪製出來的凸紋越明顯也越高，如左下圖。【Push/pull Value】數值越小繪製出來的凸紋越不明顯也越矮，如右下圖。

【Brush Size】數值越大筆刷越大繪製出來的範圍也越大，如左下圖。【Brush Size】數值越小筆刷越小繪製出來的範圍也越小，如右下圖。

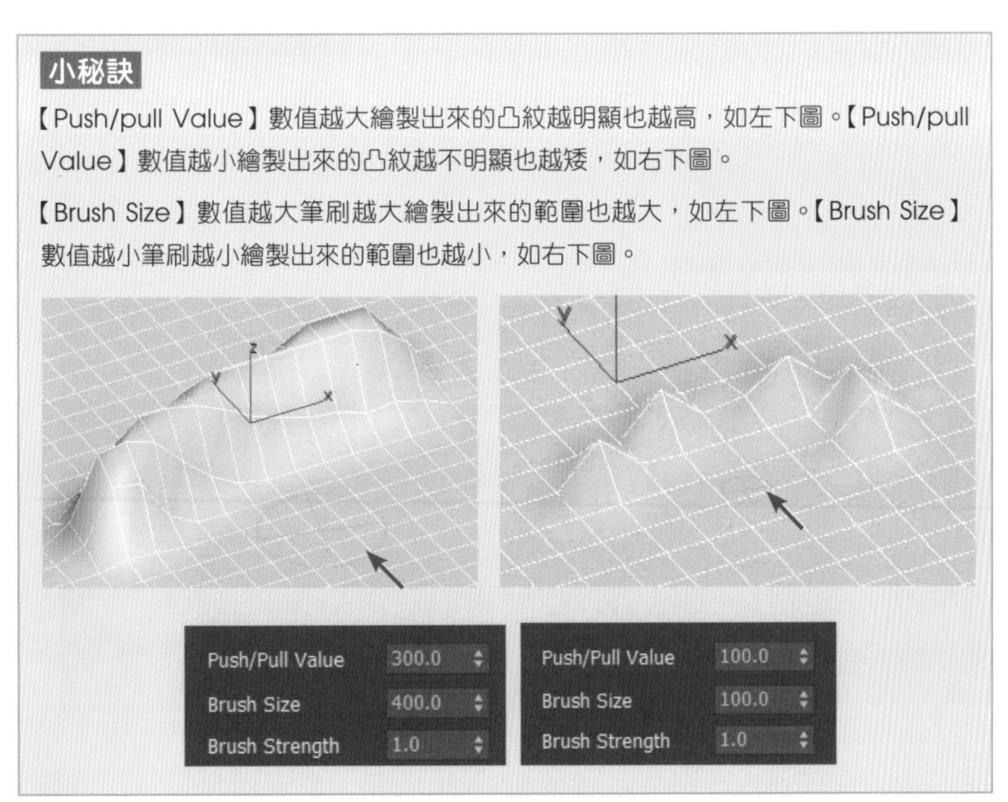

05 調整好筆刷後，在平面的周圍繪製出像山一樣的紋路，如下圖。中間留下擺放河流與房屋的空位。

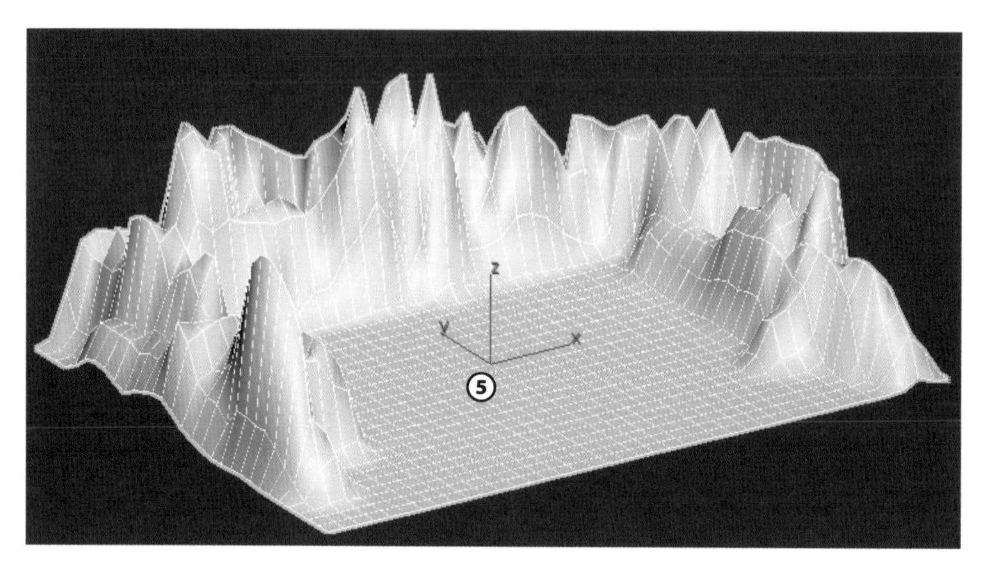

06 將【Push/pull Value】調成負值可以繪製出凹陷。調整好適當數值後繪製出凹陷作為小河，如下圖。

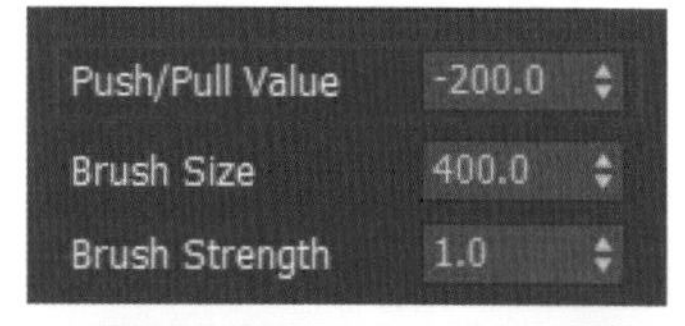

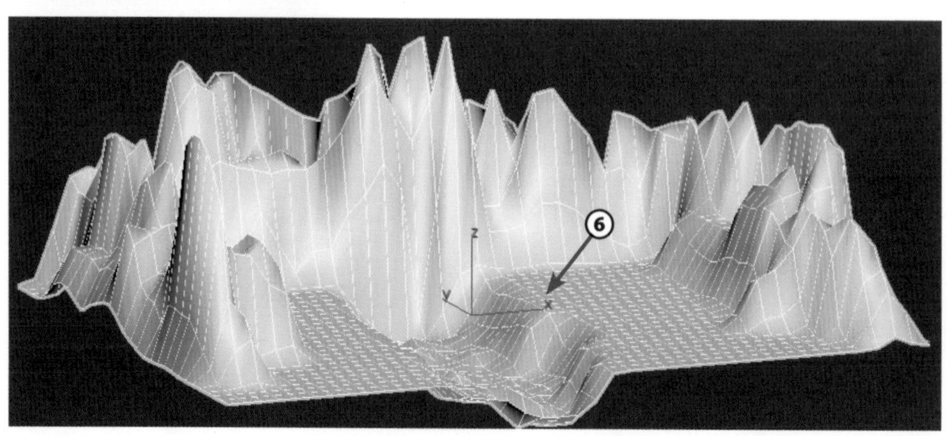

07 繪製一個平面來製作河流的水面。

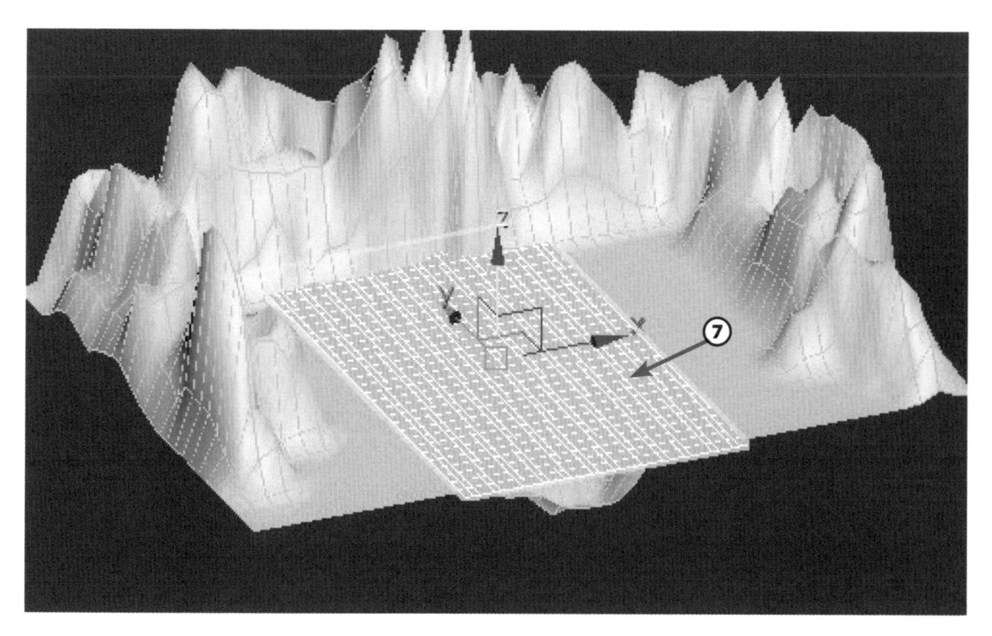

08 將水的平面往下移動到適當位置。如圖所示。

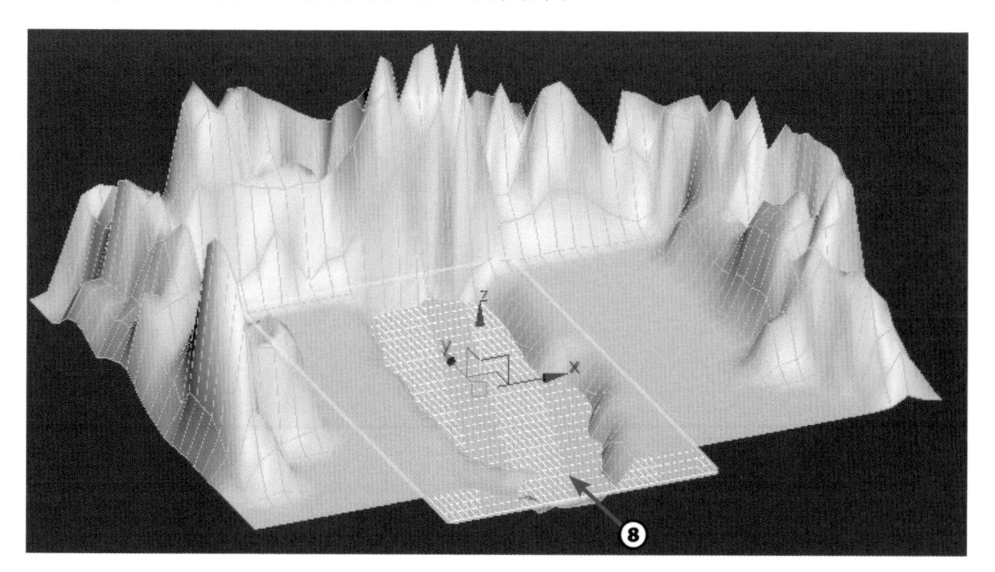

09 點擊【Create（創建面板）】→【Geometry】→【Box】，繪製一個比湖泊小一些的方塊，用來製作小島，將方塊移動到適當的位置。並轉成【Editable Poly】。

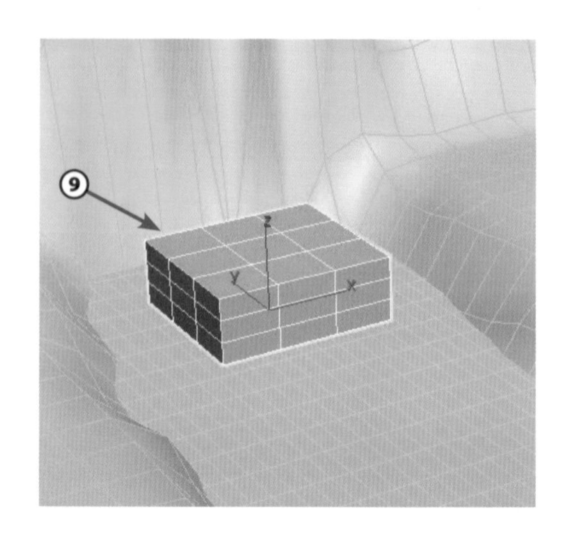

10 進入【Polygon（面）】層級，利用移動工具將面拉成不規則的形狀，如圖所示。

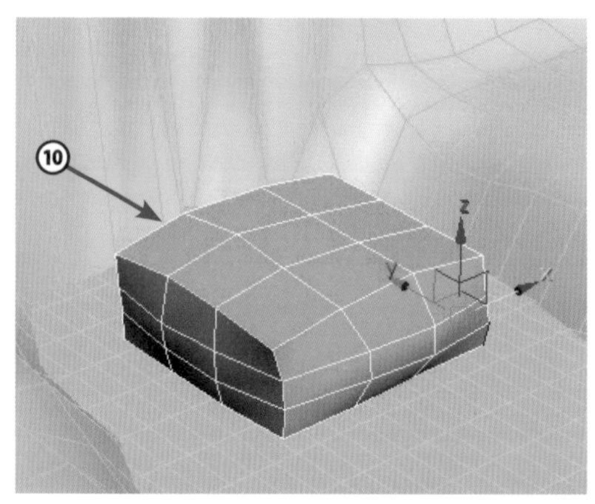

11 點擊【Modify（修改面板）】→加入【MeshSmooth（網格平滑）】修改器，讓矩形平滑化。

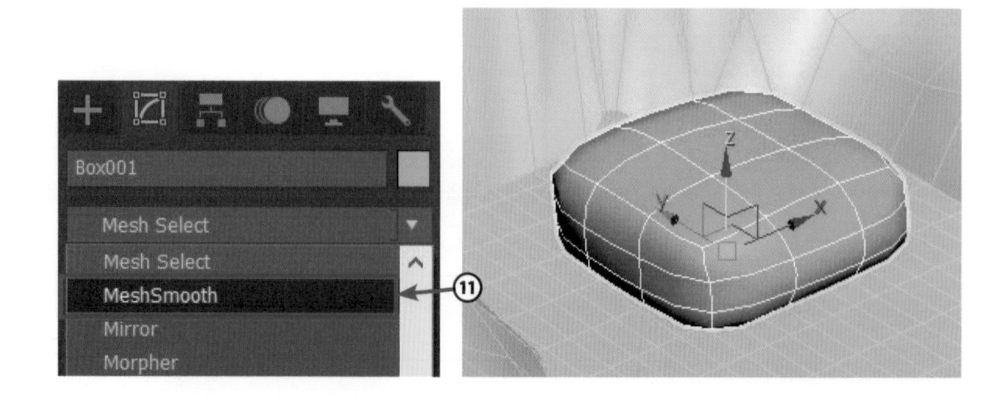

12 按下 T 鍵，切換至上視圖；點擊【Create（創建面板）】→【Geometry】→【Box】。繪製一長度大於河流寬度的方塊，用來製作橋，並將分割數改為 3*6*2。並轉成【Editable Poly】。橋的大小可自行設計。

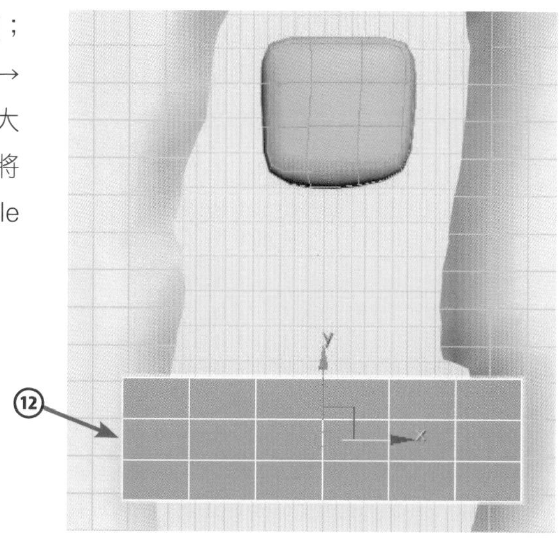

13 選取橋後，點擊右鍵【Hide Unselected（隱藏未選取的）】即可將沒有被選取的物件隱藏起來，可避免製作橋時受到其他物件影響製作。

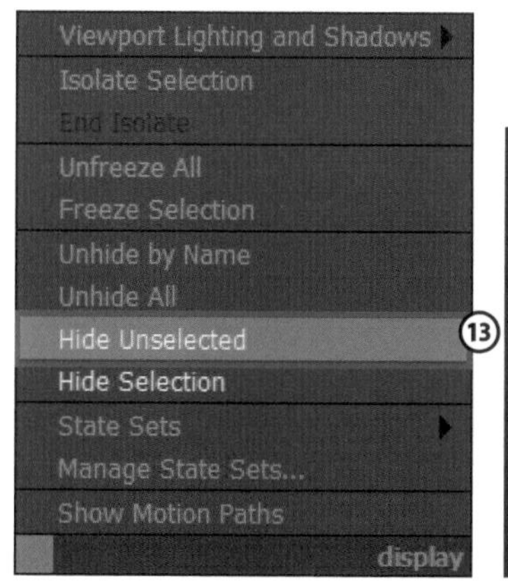

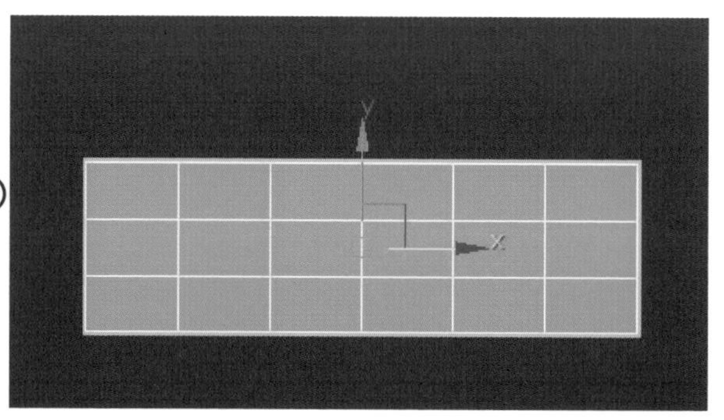

14 按下 F 鍵，切換至前視圖，進入【Vertex（點層級）】選取點，並利用移動鍵往「Y」軸方向移動，產生不規則狀，如圖所示。

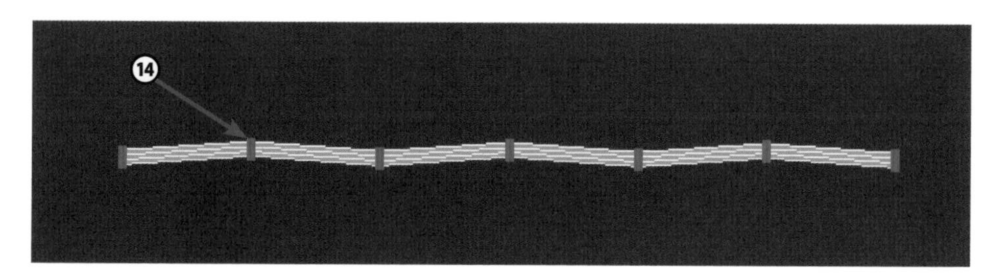

15 繪製一方塊來製作橋頭，此處長寬高可自行設計，將分割線改為「4*1*4」。並轉成【Editable Poly】。

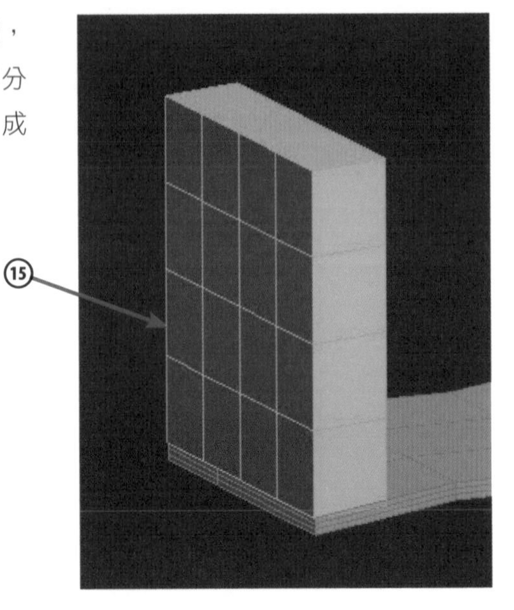

16 按下L鍵，切換至左視圖，繪製一個矩形線條，長寬高可自行設計。

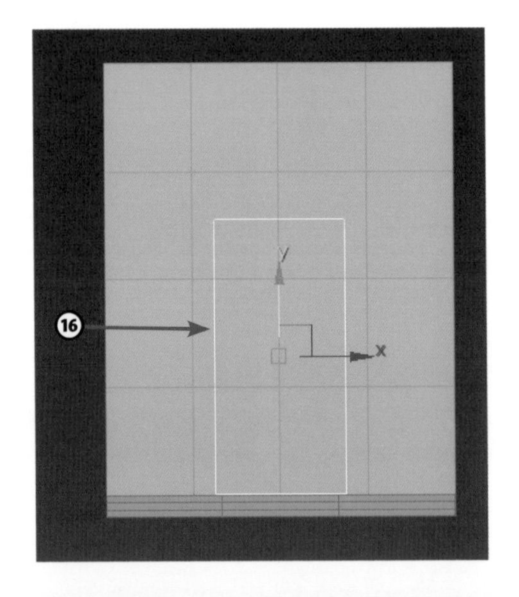

17 點擊滑鼠右鍵→【Convert To】→【Convert to Editable Spline（轉換為可編輯線段）】。

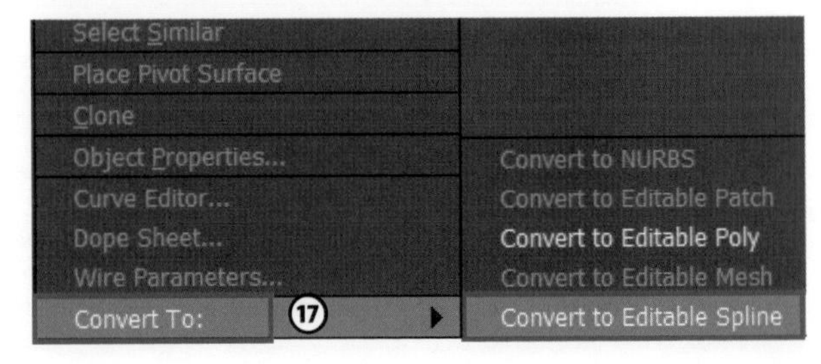

18 進入【Vertex（點）】層級，選取上排的兩個點。

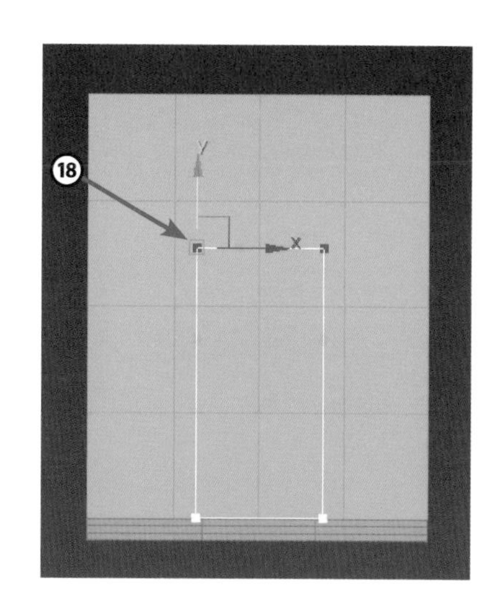

19 在【Modify（修改面板）】下方欄位中，找到【Geometry】→ 將【Fillet（圓角）】數值調到最大，製作出拱門形狀。

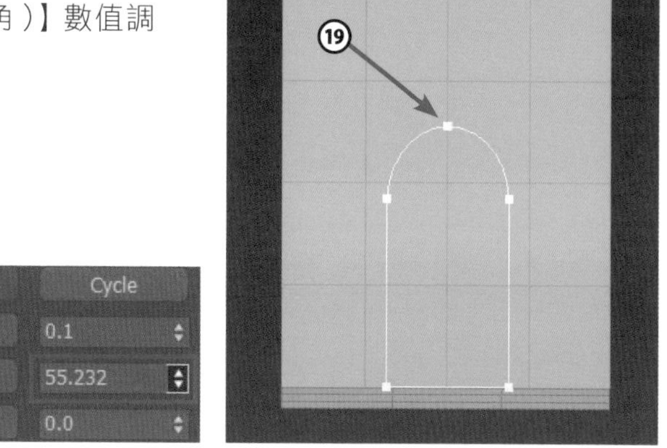

20 加入【Extrude（擠出）】修改器，利用比例縮放或移動工具，移動到適當的位置及大小。

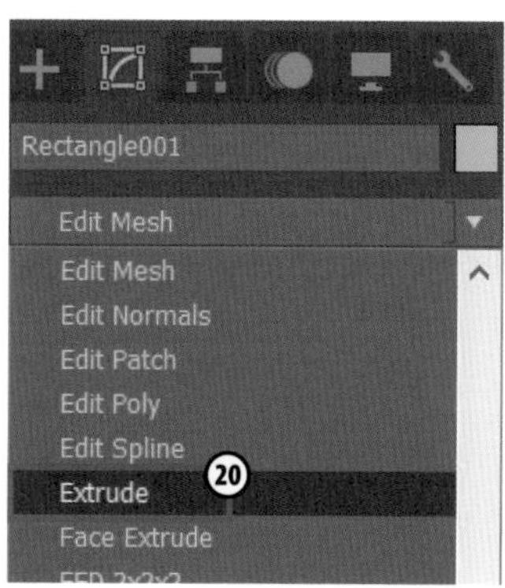

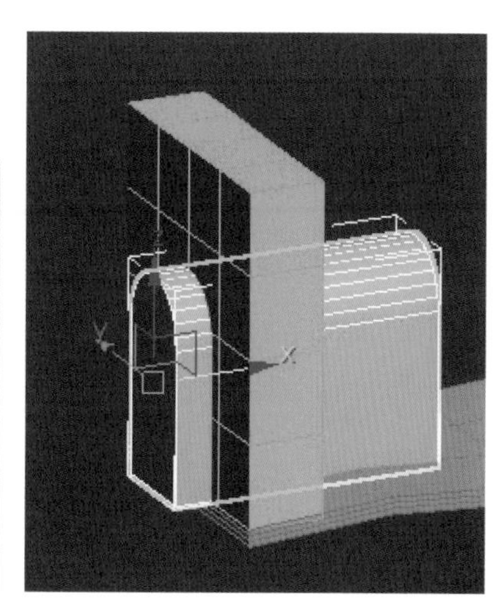

21 選取綠色方塊，【Create】→【Geometry】→【Compound Objects（複合物件）】→【ProBoolean（布林運算）】。

22【Modify（修改面板）】下方欄位中，找到【Pick Boolean】→按下【Star Picking（開始挑選）】並確認模式為【Subtraction(差集)】。再點擊藍色拱門。並轉成【Editable Poly】。

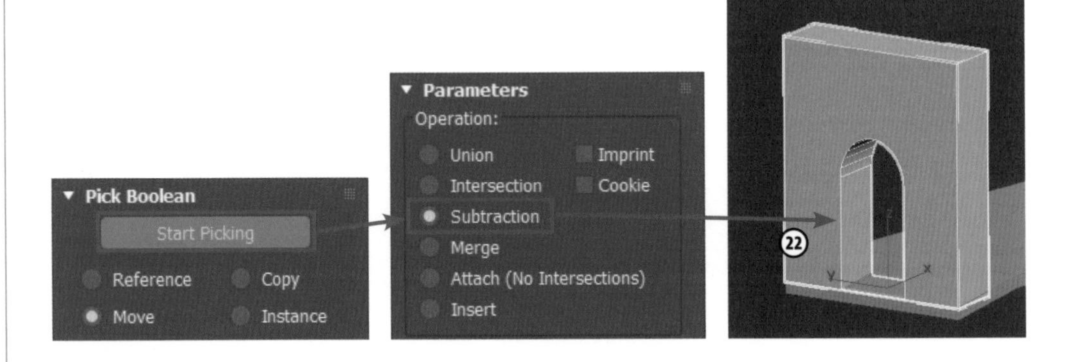

小秘訣

結束指令後須再點擊一次【Star Picking】或按下滑鼠右鍵才可離開指令。

23 並複製一個橋頭到對面，如右圖所示。

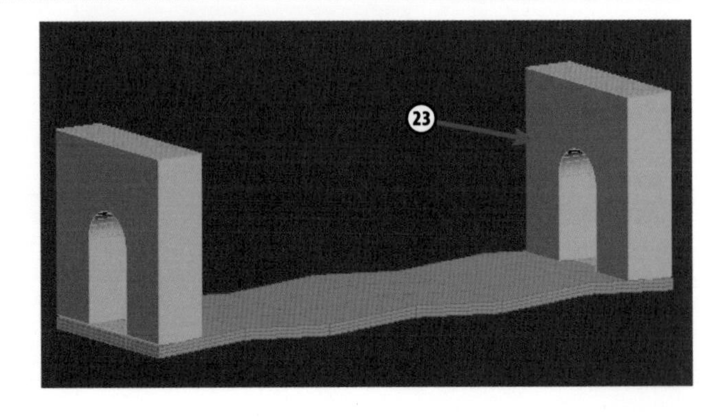

24 按下 F 鍵，切換至前視圖，利用【Line】繪製一個條八段的線條。

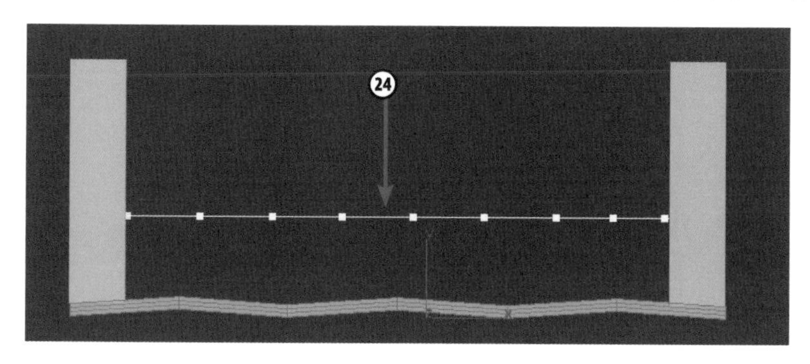

25【Modify（修改面板）】下方欄位中，找到【Rendering（渲染）】→勾選【Enable In Renderer（在渲染中顯示）】、【Enable In Viewport（在視埠中顯示）】，並在【Thickness（厚度）】、【Sides（邊數）】，輸入 7*12。使線條變為圓柱。

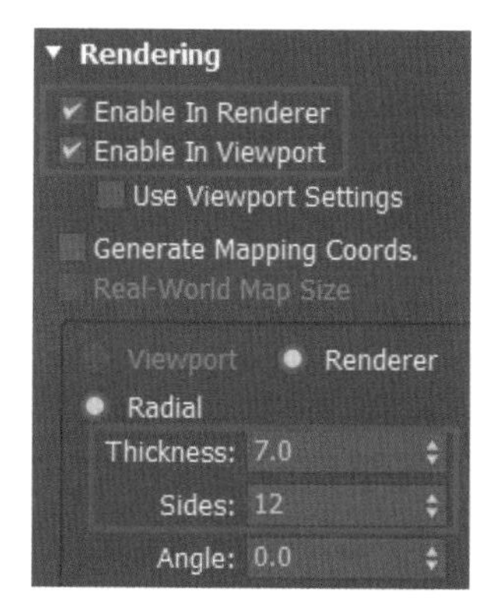

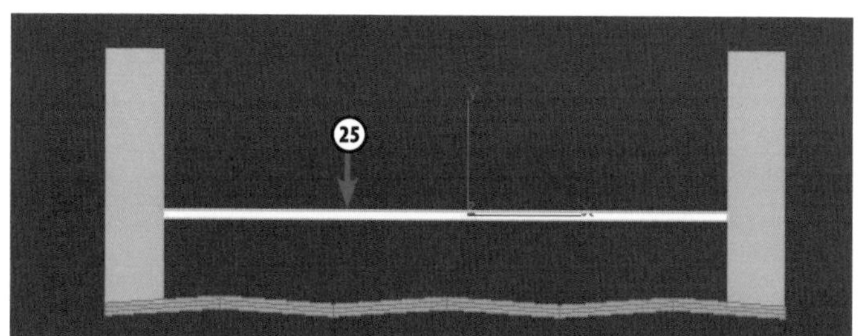

26 往下複製出第二條繩索，並繪製更多的繩索，如下圖所示。

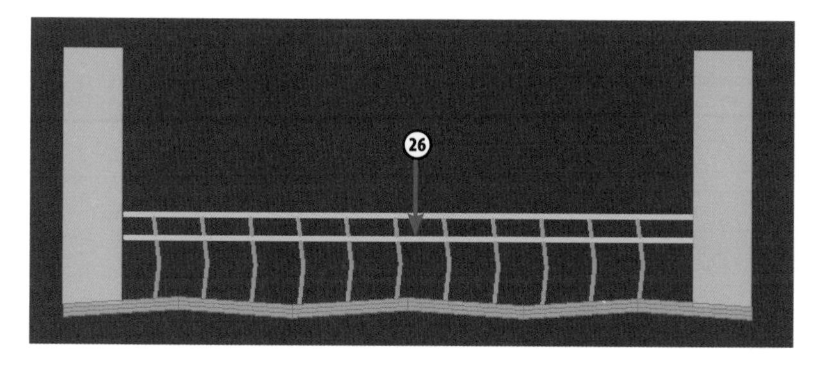

27 切換至上視圖將所有繩索移至橋的邊緣，並複製所有繩索至橋的另一側。

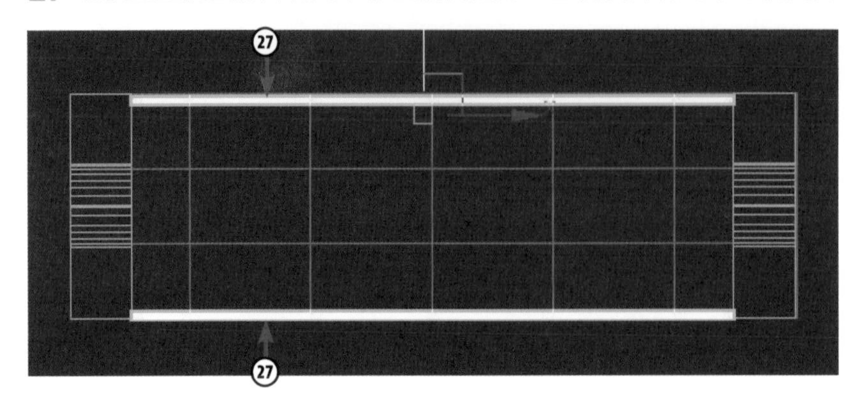

28 選取所有線段後點擊下拉式選單【Group】→【Group】將所有繩索群組。命名後點擊 OK 即可。

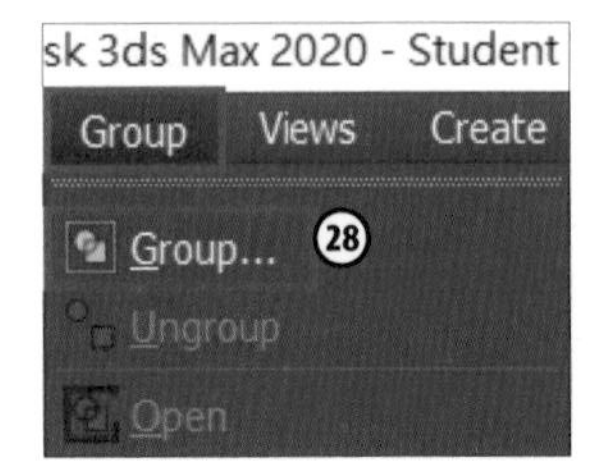

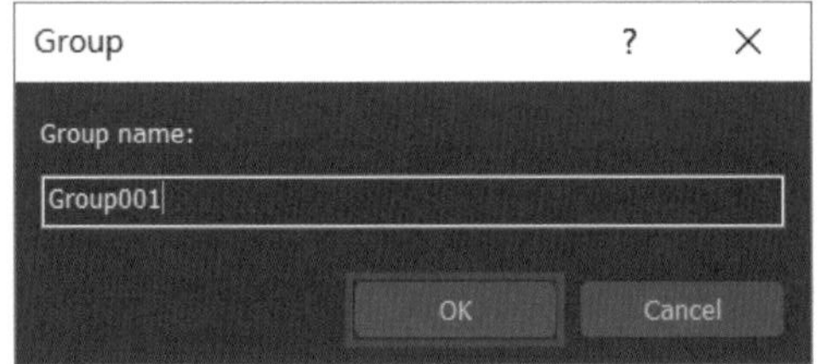

29 點擊右鍵【Unhide All（取消隱藏全部）】即可取消隱藏其他物件。

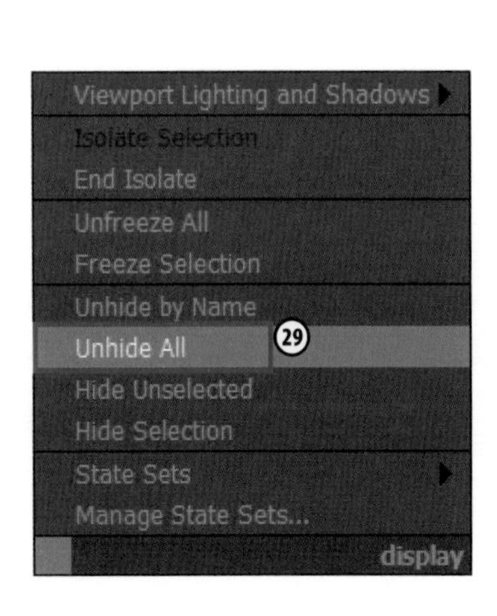

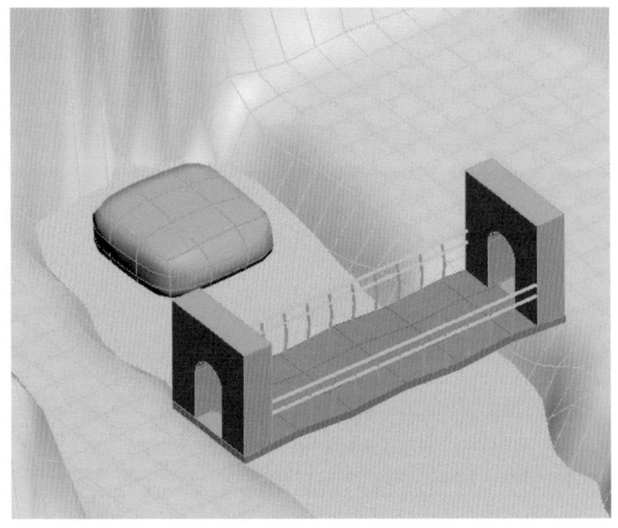

30 點擊下拉式選單【File（檔案）】→【Import（匯入）】→【Merge（合併）】，來匯入模型。

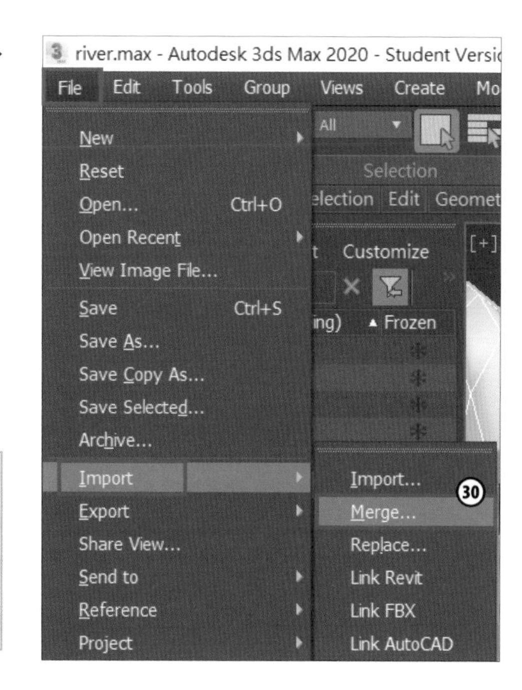

小秘訣

Import 可匯入不是由 Max 軟體所建立的檔案，Merge 可匯入由 Max 軟體所建立的檔案。

31 匯入光碟範例檔〈3-1 house.max〉。匯入時出現如下圖的視窗，點選「All」就可將所有模型匯入，之後按下 OK 鍵，匯入後如圖所示。

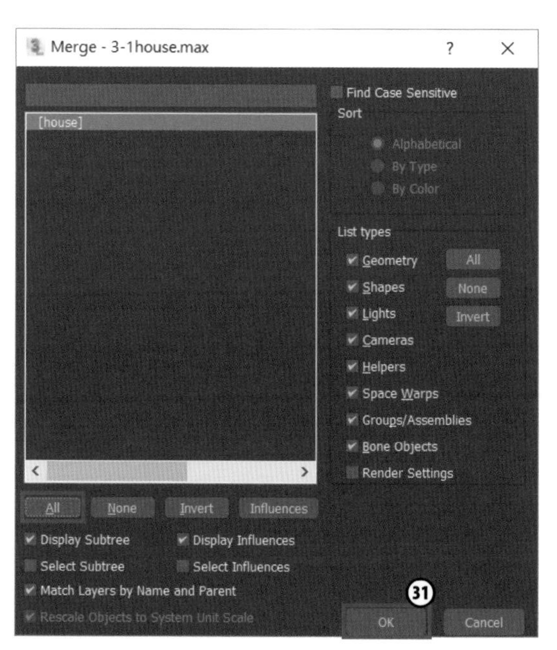

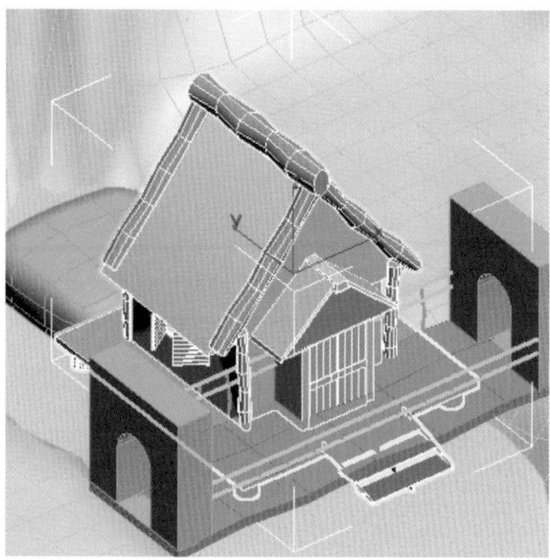

32 利用移動及縮放工具將房子移動至適當的位置以及調整至合適的大小。

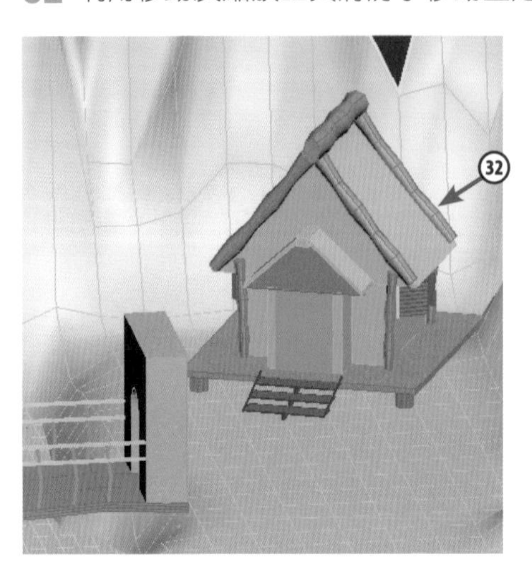

33 環轉視角，將畫面環轉適當的位置，可按下 Shift ＋ F 鍵打開安全框，用於檢視未來彩現的畫面，以方便調整畫面來架攝影機。

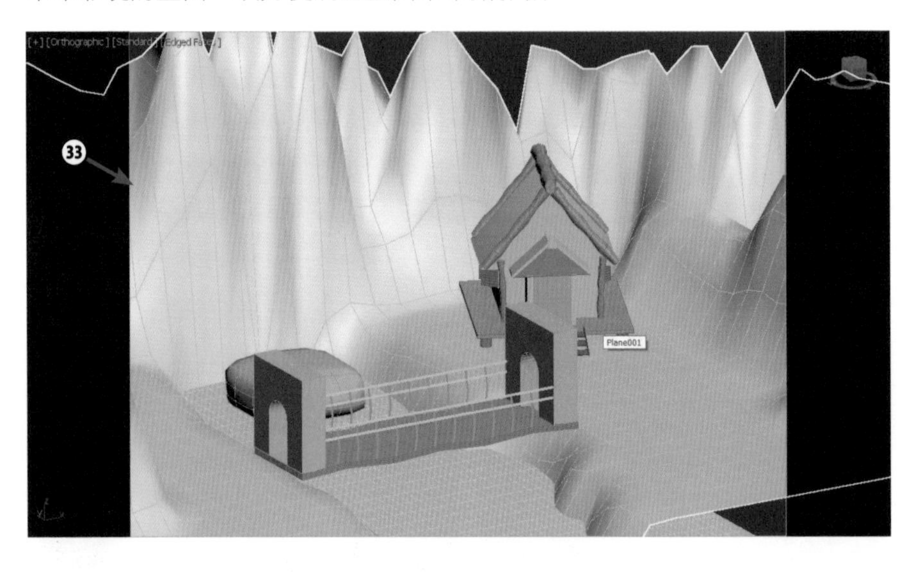

34 調好位置後按下 Ctrl + C 鍵，可快速建立攝影機。

> **小秘訣**
>
> 在立體視角時，需按下 P 鍵切換至透視圖，方便檢視畫面。且在透視圖情況下，才能使用快捷鍵 Ctrl + C 鍵來建立攝影機。

35 將攝影機的【Lens（鏡頭長度）】面板下的【Specify FOV】輸入「30」，此處的30為廣角設定。攝影機架設完成。

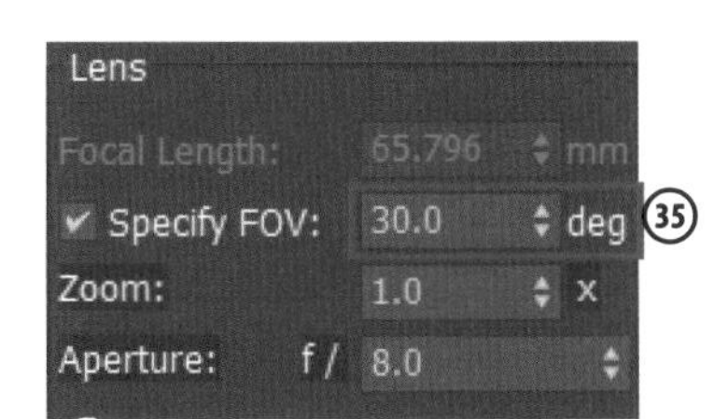

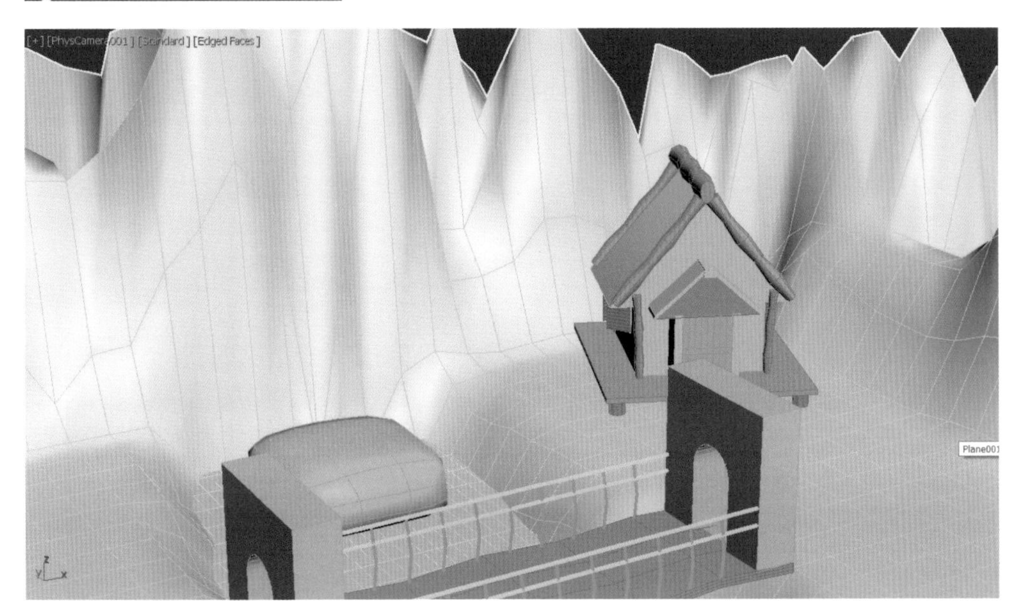

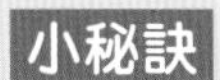

點擊視窗右下角【Dolly camera】。並拖曳滑鼠左鍵可調整相機前後視角。

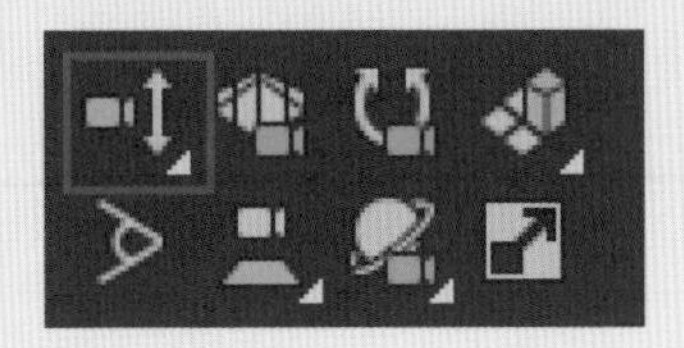

3-2 場景貼圖

01 延續上一小節製作的場景。按下 M 鍵，開啟材質編輯器。

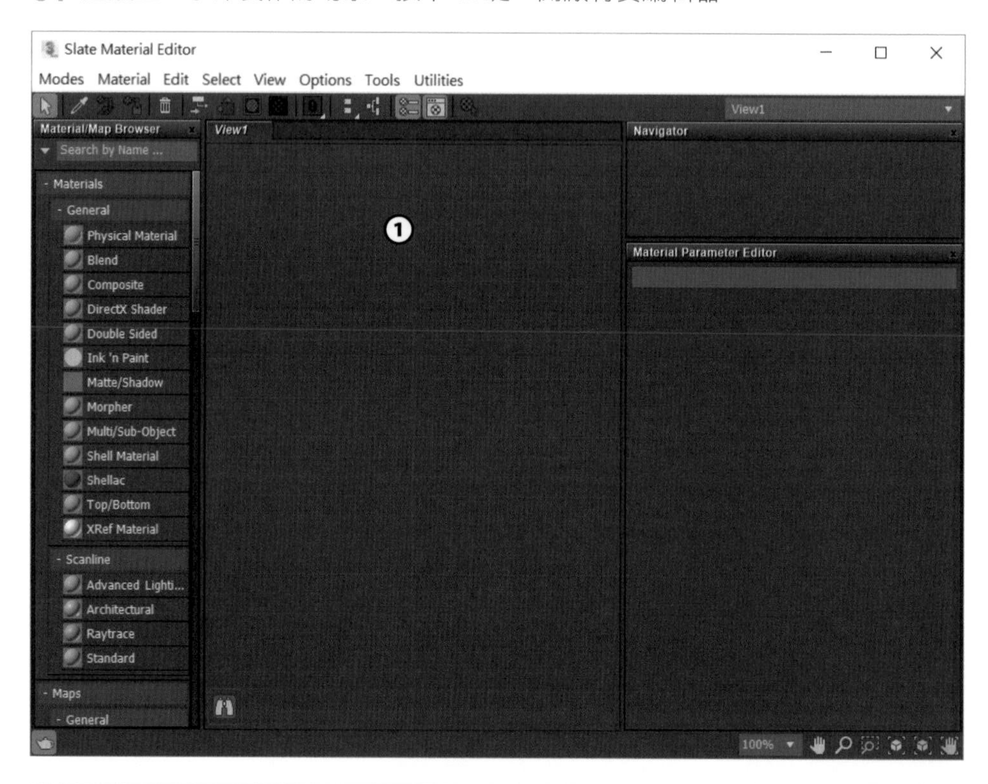

小秘訣

點擊主工具列的【Material Editor】也可開啟材質編輯器。

02 點擊【Modes】→【Compact Material Editor（傳統材質編輯器）】，將材質面板切換成舊版本。

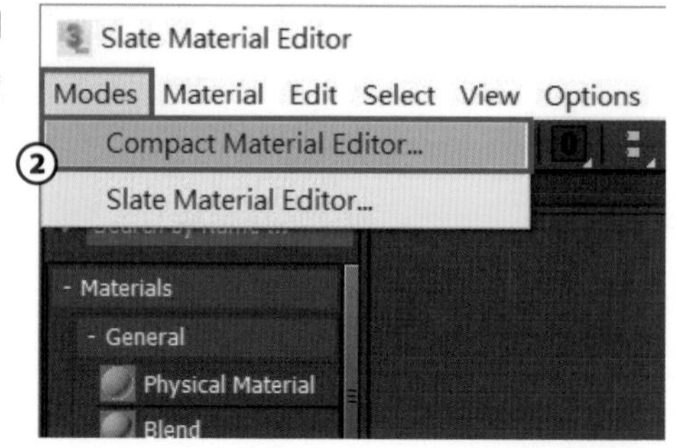

在點擊【Modes】→【Slate Material Editor（板岩材質編輯器）】可切回新版本。

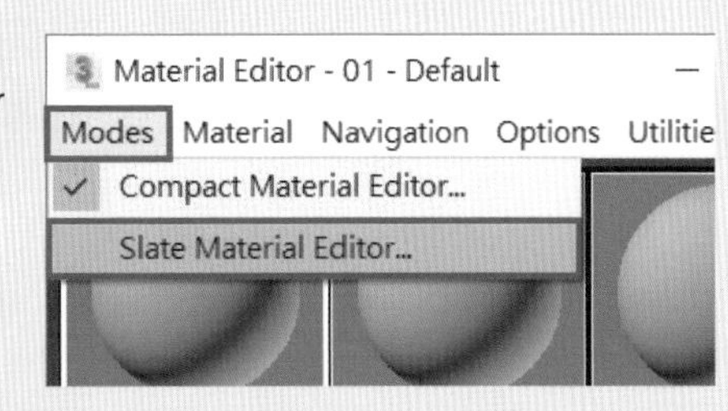

03 選擇一顆空的材質球，點擊【Diffuse（漫射）】後面的小按鈕。

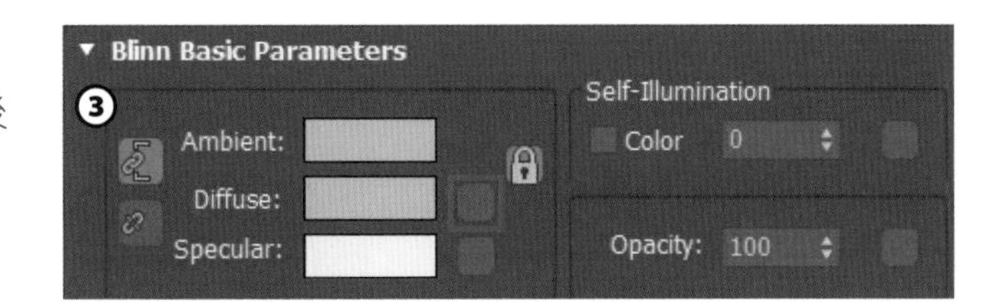

04 點選【Maps（貼圖）】→【General（一般）】→【Bitmap（點陣圖）】→選擇〈grass.jpg〉。

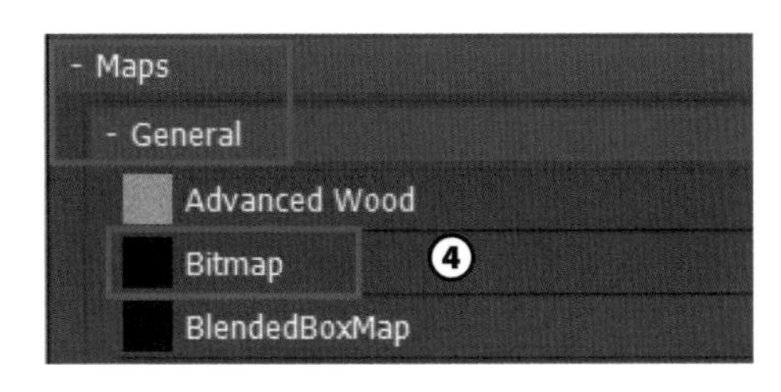

05 點選草地後，按下【 Assign Material to Selection】指定材質給地形。

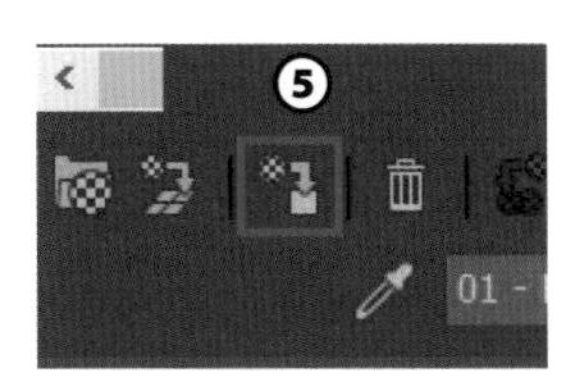

06 剛貼圖上去時，可能會出現如右圖的情形，看不到貼圖效果。

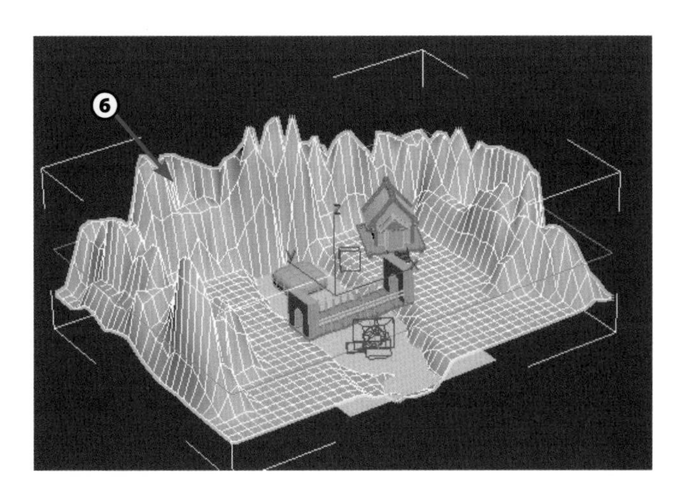

07 只要在材質面板按下【 Show Shaded Material in Viewport（顯示貼圖）】，即可看到貼圖。

08 看到貼圖後，可能會發現如右圖，貼圖的紋路大小不一定有合需求，可以用【UVW Map】修改器來調整。

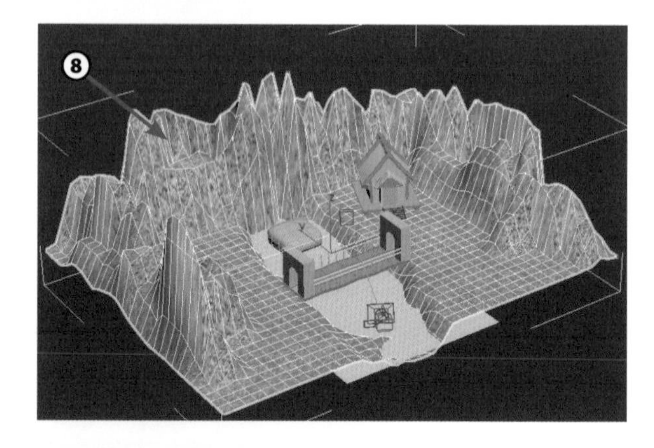

09 在【Modify（修改面板）】→加入【UVW Map】修改器。

10 在【Parameters（參數）】→【Mapping（映射）】→選擇【Box】。此時貼圖會依照方塊的大小來貼圖，比較符合此處的貼圖形式。

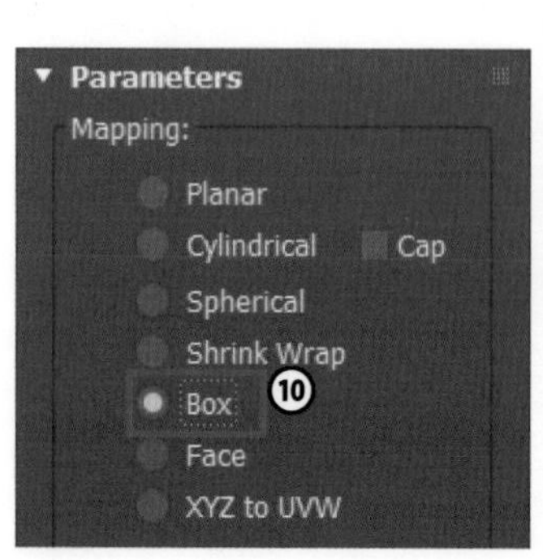

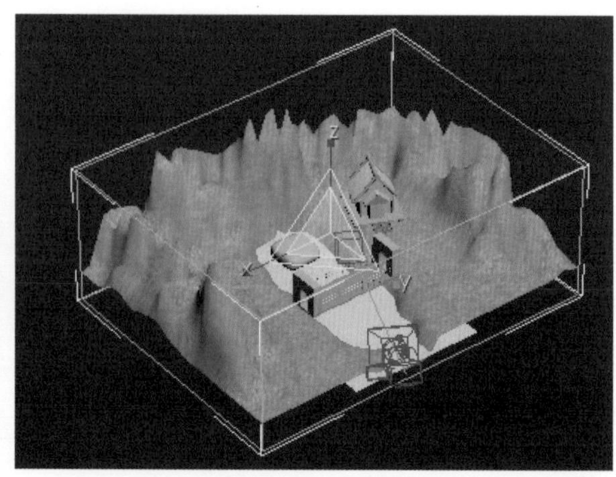

11 在【Modify（修改面板）】→進入【UVW Map】的【Gizmo】子層級。

12 使用縮放工具，將圖片大小縮小至適當的大小，將場景裡草的紋路調整至合理大小。縮放完畢後，記得離開子層級。

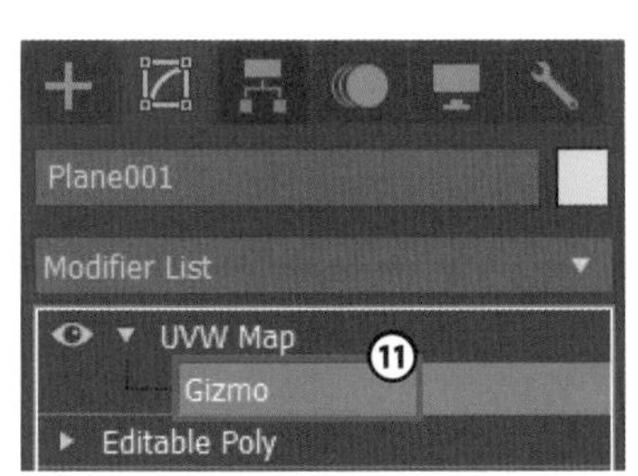

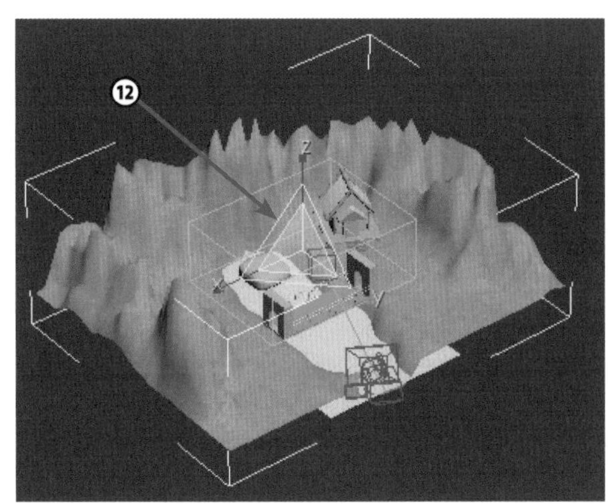

13 如果想讓草地有多變化，亦可利用混合貼圖來繪製道路。

14 點選空的材質球，點擊【Diffuse】後面的小按鈕。選擇【Mix（混合）】貼圖。

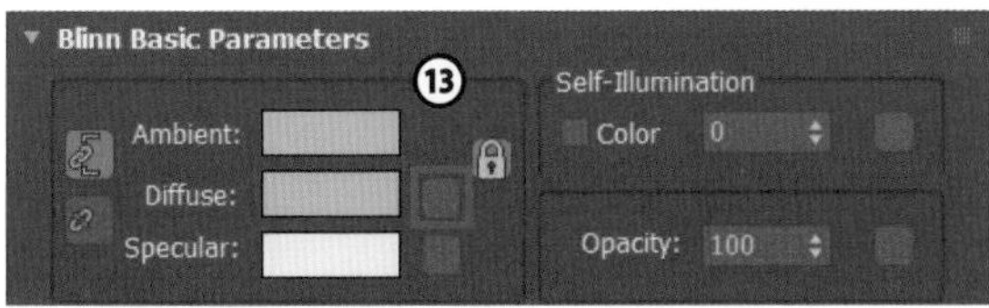

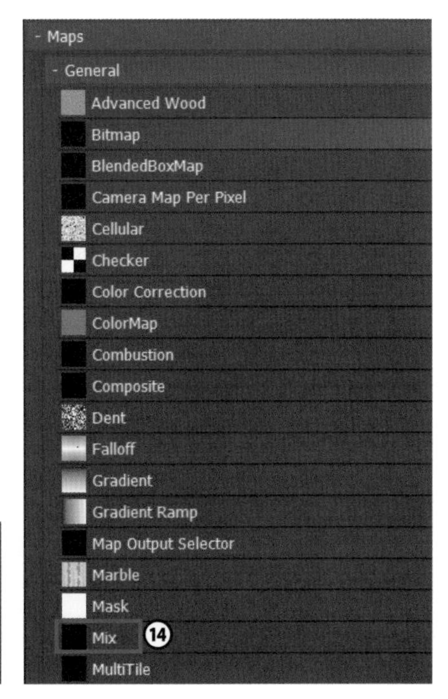

15 在【Color#1】→點擊色版後方的【None】，選擇【Bitmap】→開啟〈grass.jpg〉。

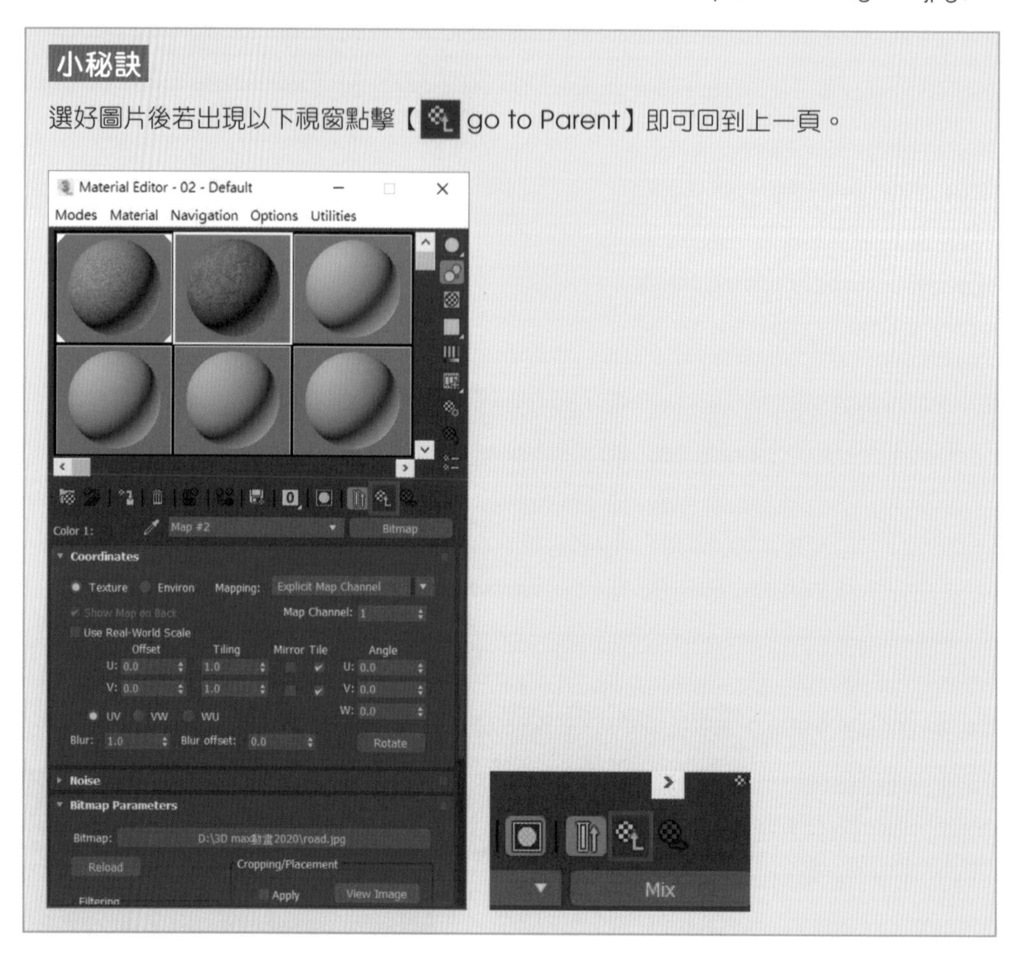

16 在【Color#2】→點擊色版後方的【None】，選擇【Bitmap】→開啟〈road.jpg〉。

17 在【Mix Amount】欄位後方→點擊【None】，選擇【Vertex Color】。

18 此材質貼給地形。

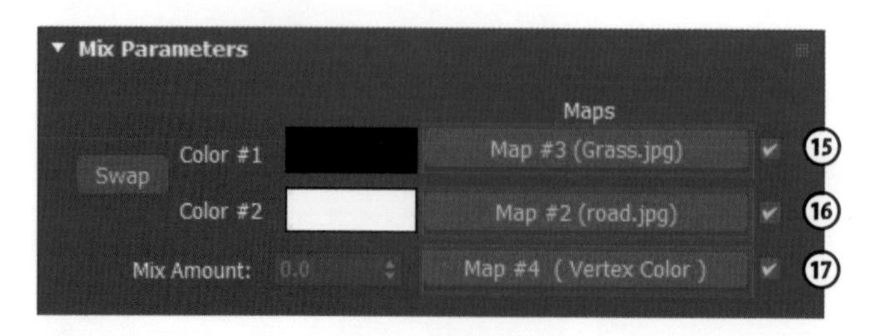

19 點選草地，在【Modify（修改面板）】→ 加入【VertexPaint（頂點繪製）】修改器。

20 加入【VertexPaint】修改器後，會出現一個視窗。

21 按下【 Vertex color display -unshaded 】，草地會變成白色，可以開始筆刷的繪製。

22 按下【 Paint 】，開始繪製道路。

23 更改【Opacity（透明度）】、【Size（尺寸）】的數值，可調整筆刷的透明度以及尺寸。

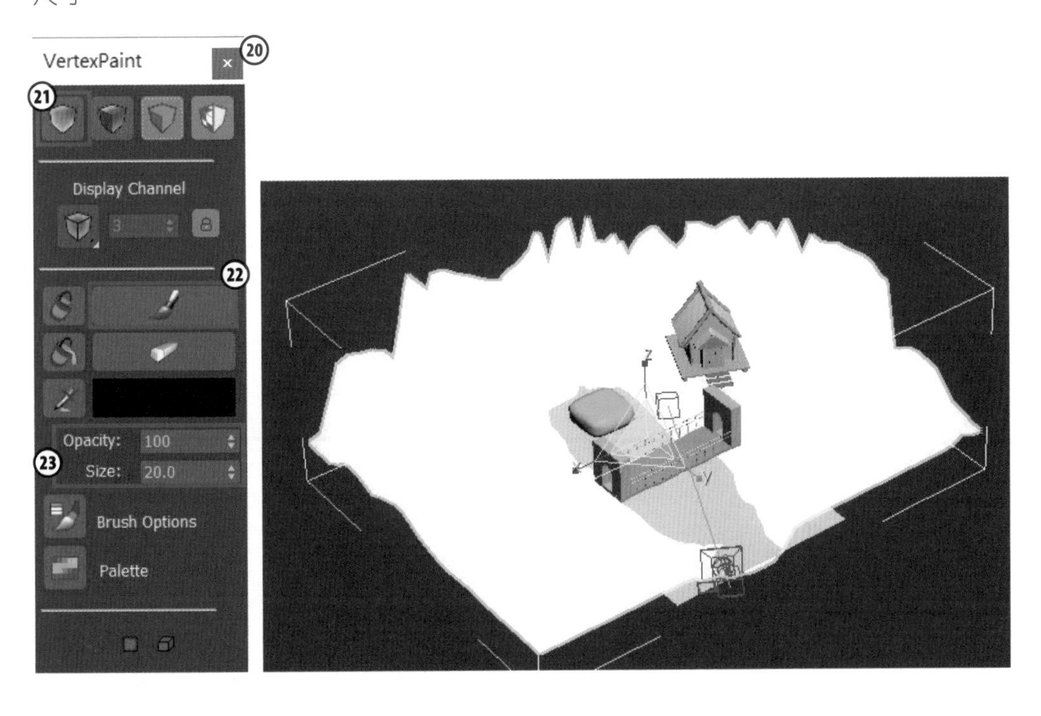

24 在適當的位置繪製道路以及想讓草地變成泥土地的地方，如下圖所示。

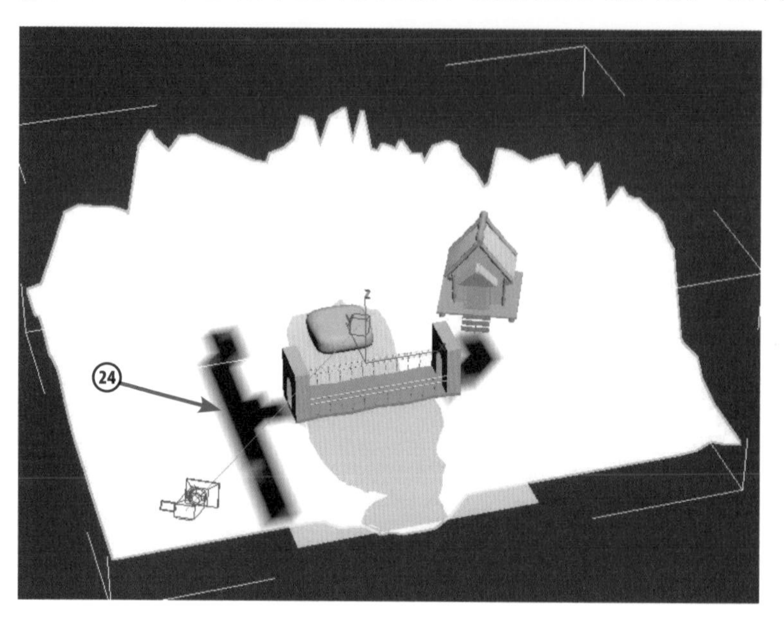

25 繪製完成後按下【 Disable vertex color display】，退出編輯。

26 按下彩現，來看一下結果；如果出現下圖的樣子，表示 Mix 材質貼圖的地方圖片放反了。

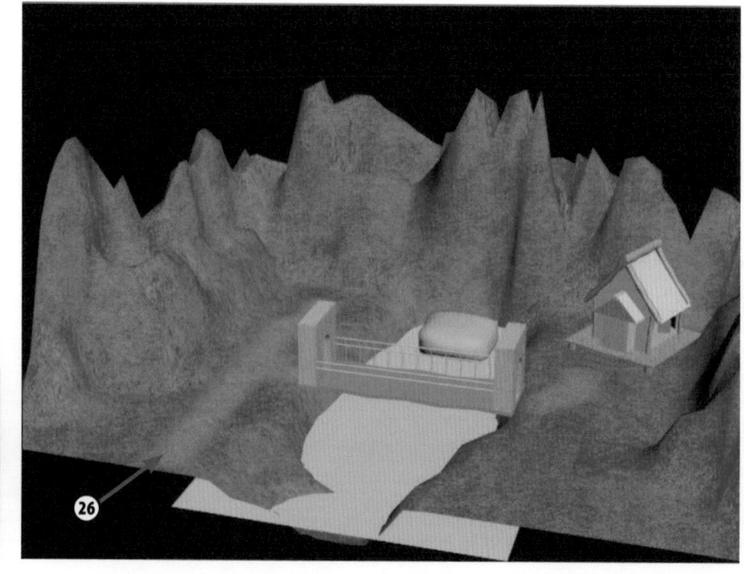

27 開啟材質編輯器，到混合貼圖的地方，按下【color#1】、【 color#2】前面的【Swap（交換）】就可以將兩個貼圖反過來。

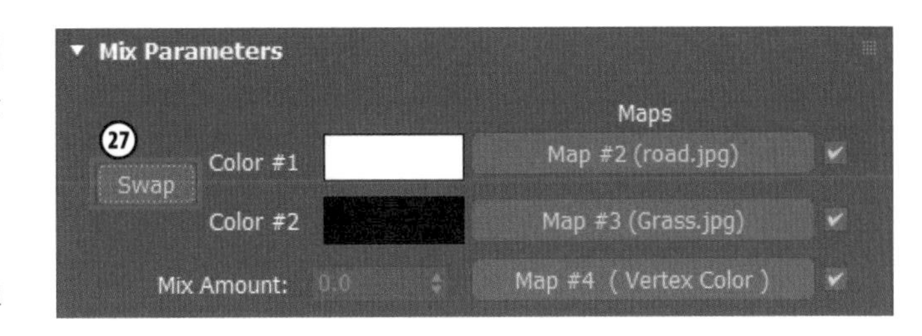

28 再彩現一次，即可看到剛剛繪製完成的道路。

29 點選橋，並選擇空的材質球，按下【Diffuse（漫射）】後面的小按鈕。

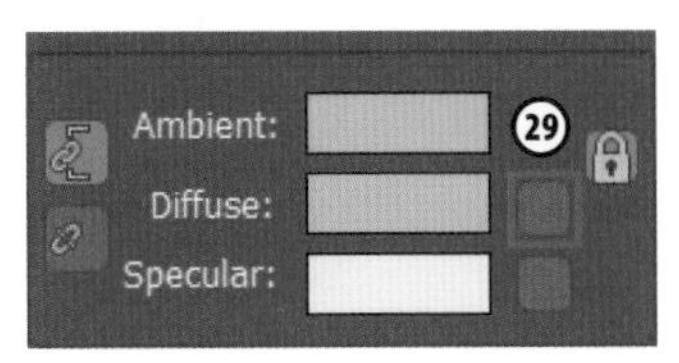

30 選擇【Bitmap（點陣圖）】→選擇〈stone.jpg〉。

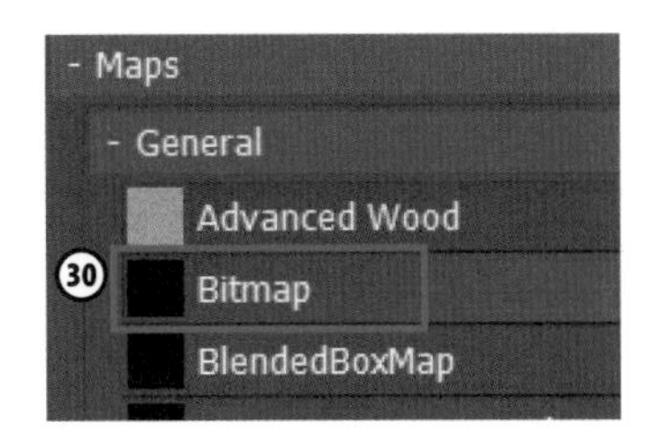

31 將材質貼給橋，若貼圖的紋路方向、大小不滿意，可加入【UVW Map】修改器。進入至 UVW Map 的子層級後，利用旋轉、移動工具做調整，完成如右下圖。

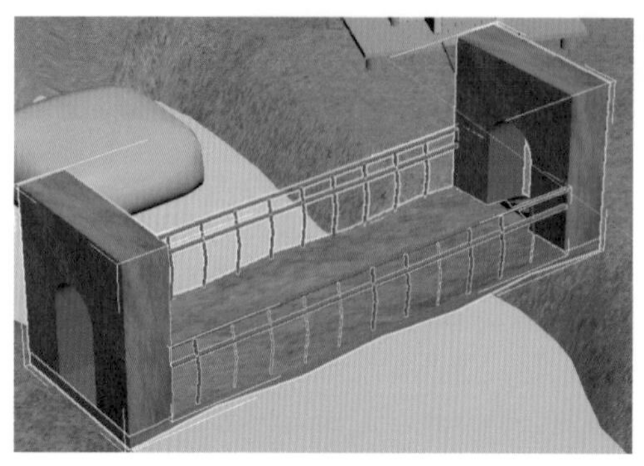

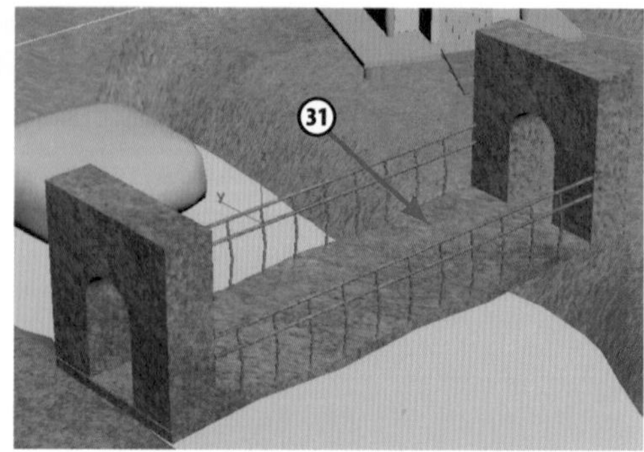

32 完成後如下圖所示。

33 點選水面，並選擇空的材質球，調整【Diffuse】旁的色板為淡藍色最為水的顏色。

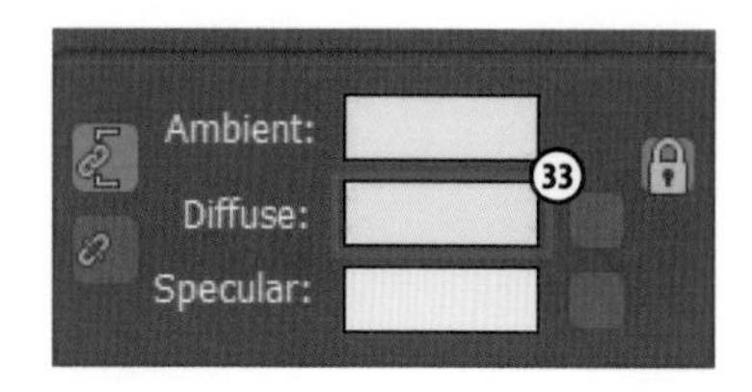

34 將【Specular Highlights】面板下的【Specular Level (反光強度)】設為「85」;【Glossiness (光澤度)】設為「25」。增加水的反射強度。

35 並在【Maps】面板下找到【Reflection(反射)】,並點擊旁邊的「No Map」。

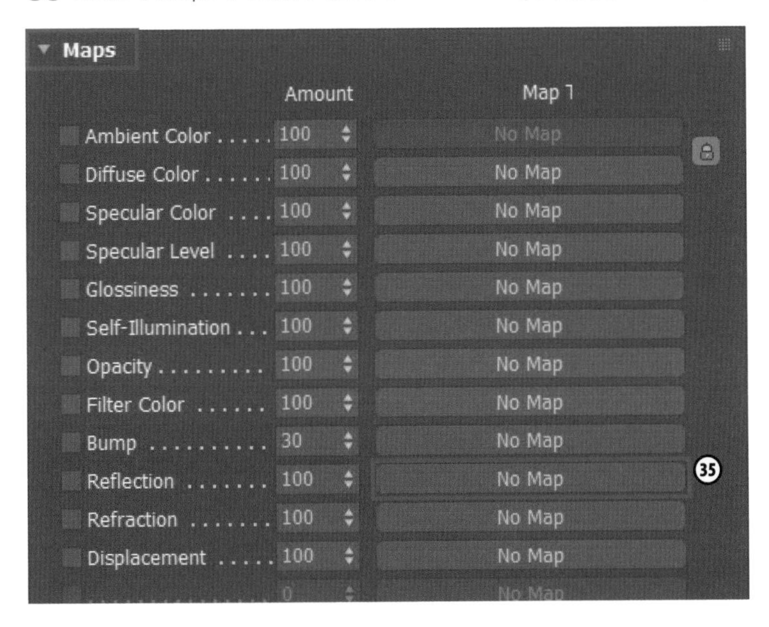

36 選取 Raytrace(光跡追蹤),增加預設材質的反射,使光澤感增加。

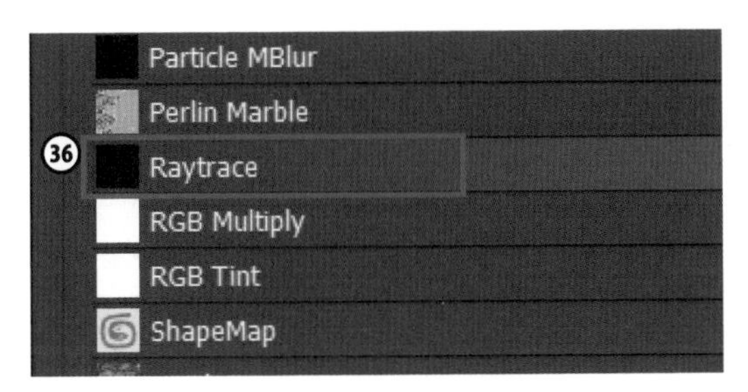

37 完成後如下圖。

38 匯入光碟範例檔〈3-2tree.max〉。調整至適當大小並移至適當位置即可。

3-3 天空色

延續上一章節製作的檔案。

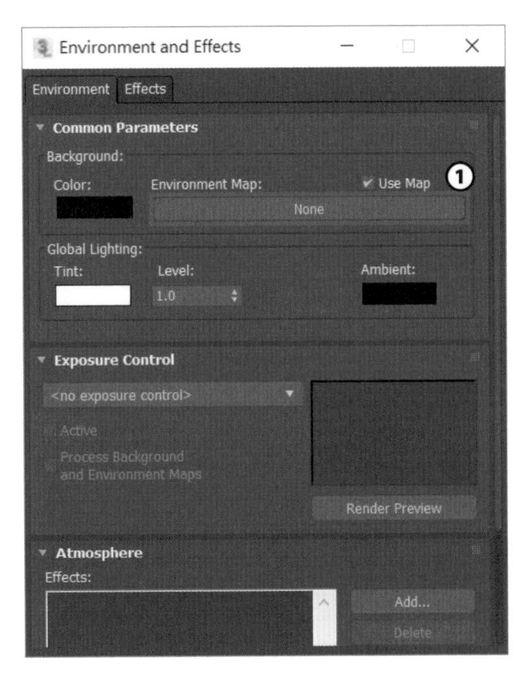

01 點擊數字鍵 8 開啟【Environment（環境設定視窗）】。並點擊【Environment Map（環境貼圖）】按鈕。

02 選擇【Maps（貼圖）】→【General（一般）】下的【Gradient(漸層)】。

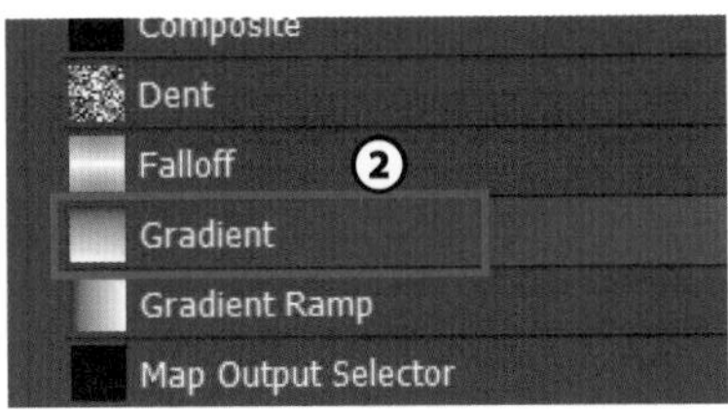

03 將【Environment Map（環境貼圖）】按鈕拖曳至材質編輯器裡空的材質球，並點擊【Instance】複製模式。拖曳完後會發現材質球變成漸層色。

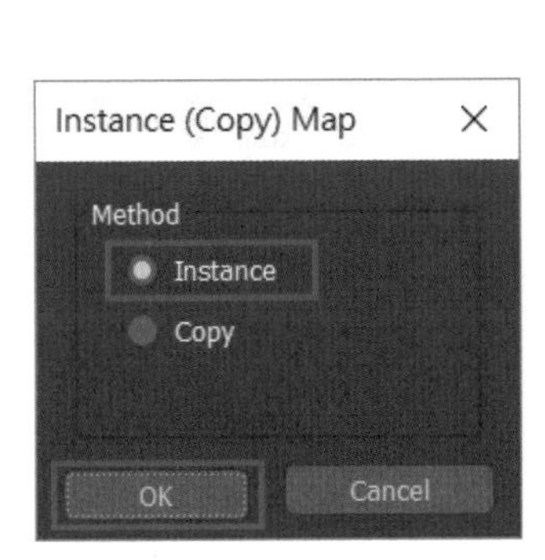

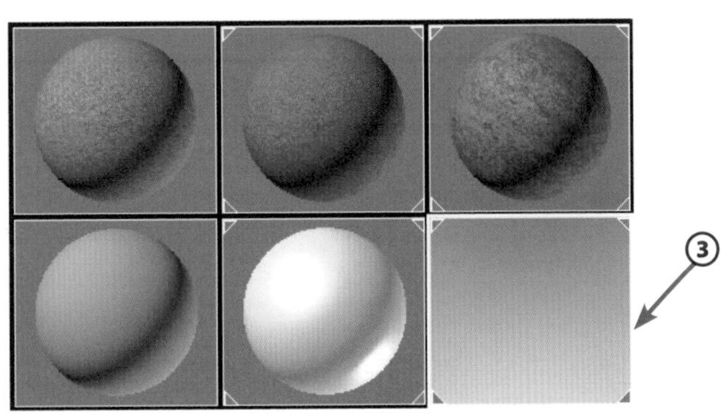

04 在【Gradient Parameters（漸層參數）】面板調整 Color#1 顏色作為天空最上層的顏色、調整 Color#2 顏色作為天空中間的顏色、Color#3 顏色作為地面的顏色。

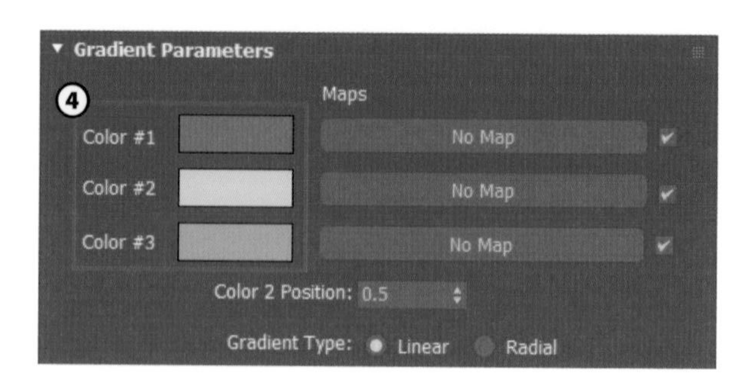

05 在【Coordinates（座標）】面板將【Mapping（螢幕）】設為「Screen（映射）」即可完成。

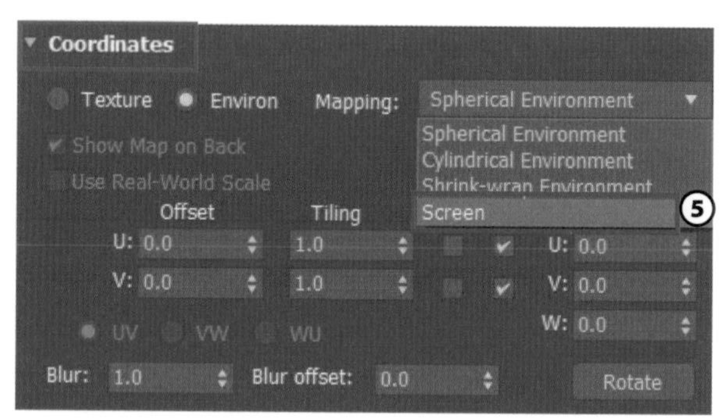

06 算圖後如下圖。

CHAPTER 04

基本動畫 UV 貼圖工具介紹

4-1 拆 UV 基本流程

製作 UV 貼圖

01 製作 UV 貼圖 01 建立一個長、寬、高為「50」且分割段數為 1*1*1 的【Box（方塊）】。

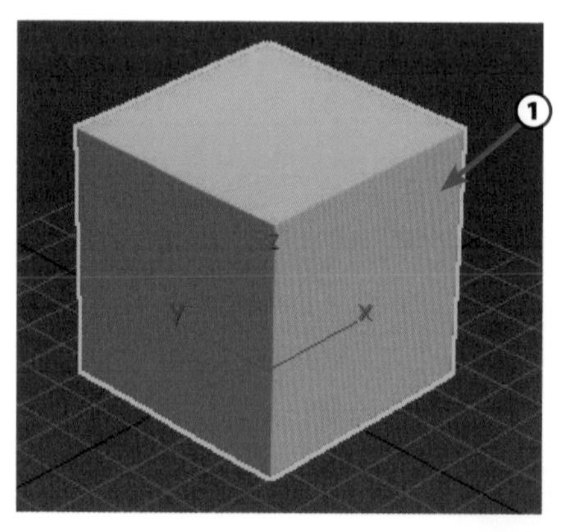

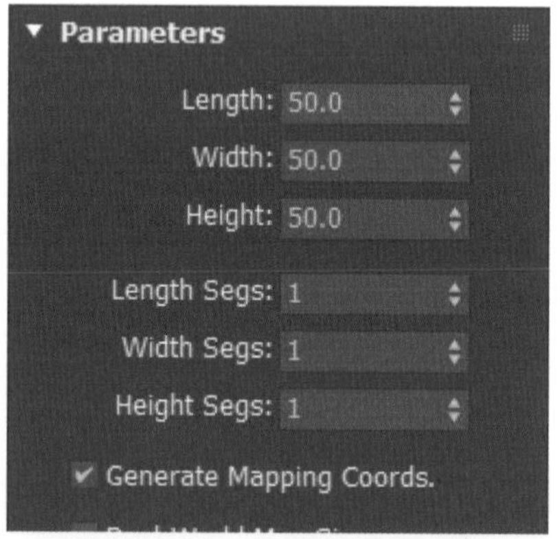

02 按下滑鼠右鍵，點選【Convert To:】→【Convert to Editable Poly（轉換成可編輯多邊形）】，將方塊轉換成可編輯多邊形。

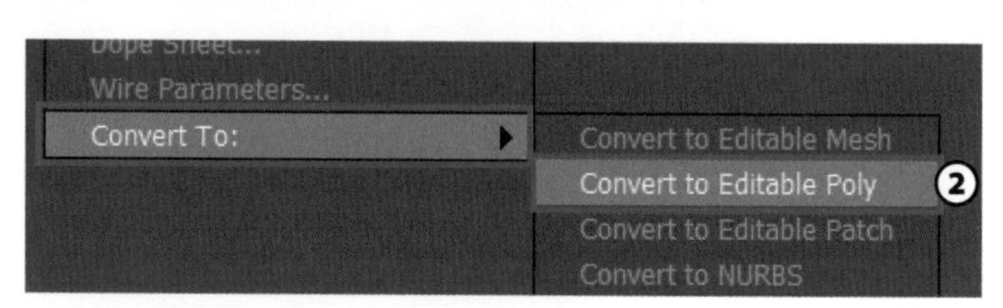

03 在【Modify（修改面板）】→點擊【Modifier List】下拉式選單→加入【Unwrap UVW】修改器。

04 點擊修改面板下方欄位中【 (polygon)】進入 Polygon（面）層級。

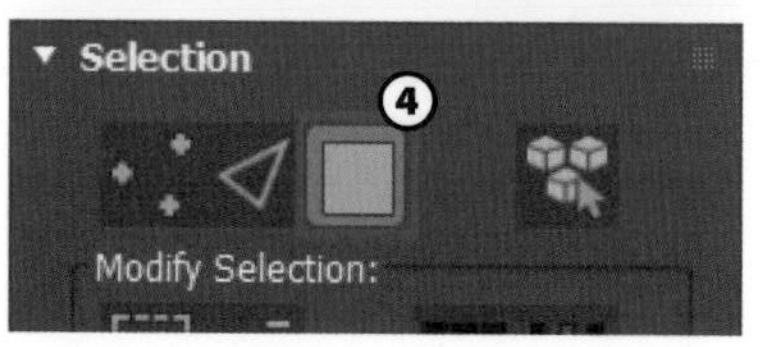

05 點選【Open UV Editor】按鈕，可以開啟UV貼圖控制視窗。

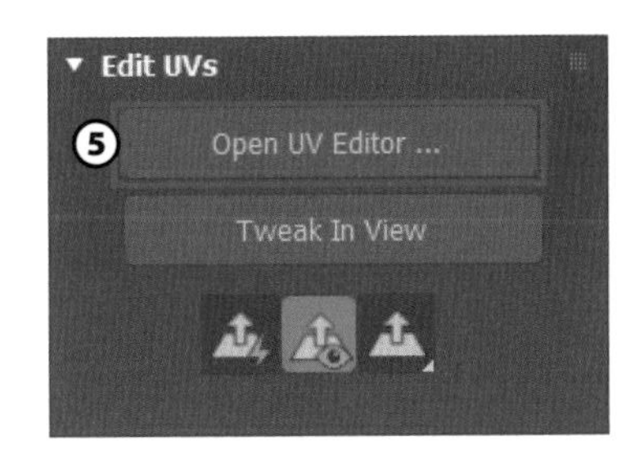

06 選取物件的表面時，面呈現紅色，代表該面被選中。請注意選中模型的面時，UV編輯器中的面也會呈現紅色。

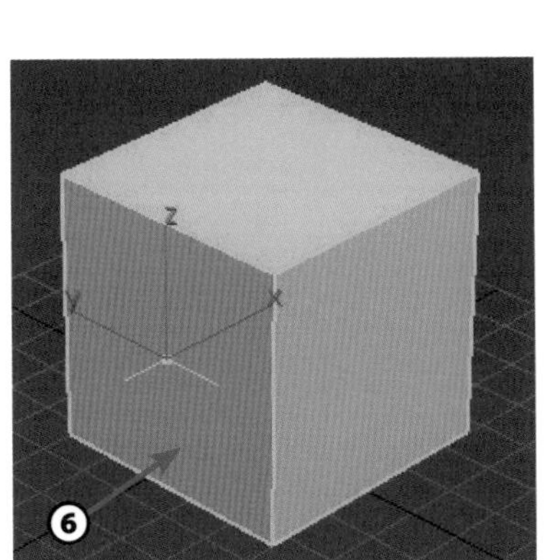

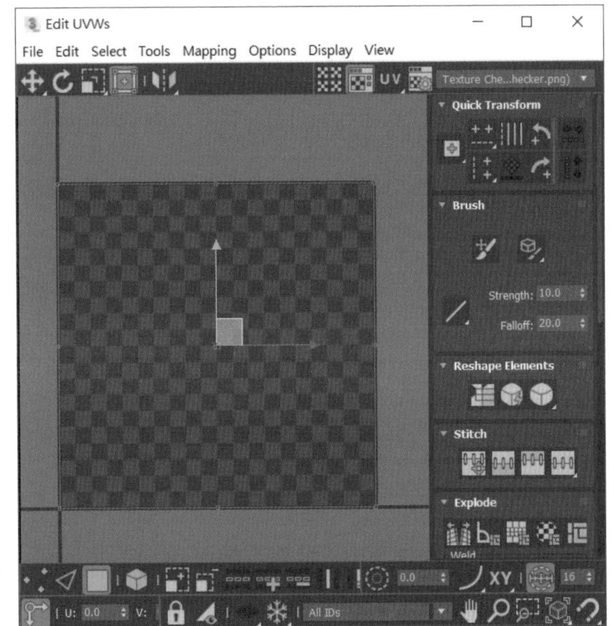

小秘訣

勾選【Ignore Backfacing（忽略背面）】按鈕，框選全部時就只能選到畫面中看的到的面，背面的面則忽略掉。取消勾選【Ignore Backfacing（忽略背面）】按鈕，框選時也可以選到全部的面。

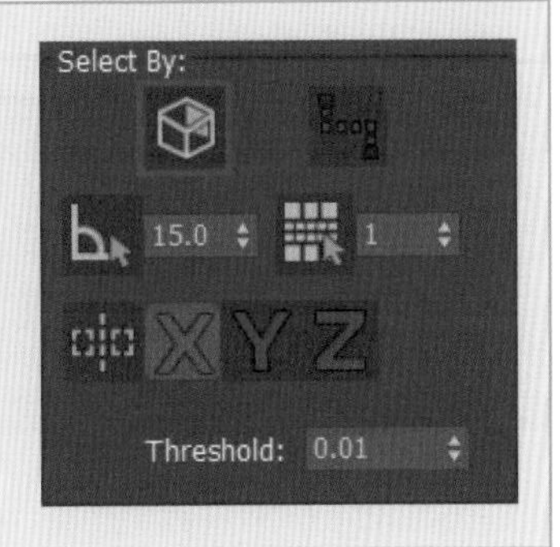

07 請在 UV 編輯器框選所有面。

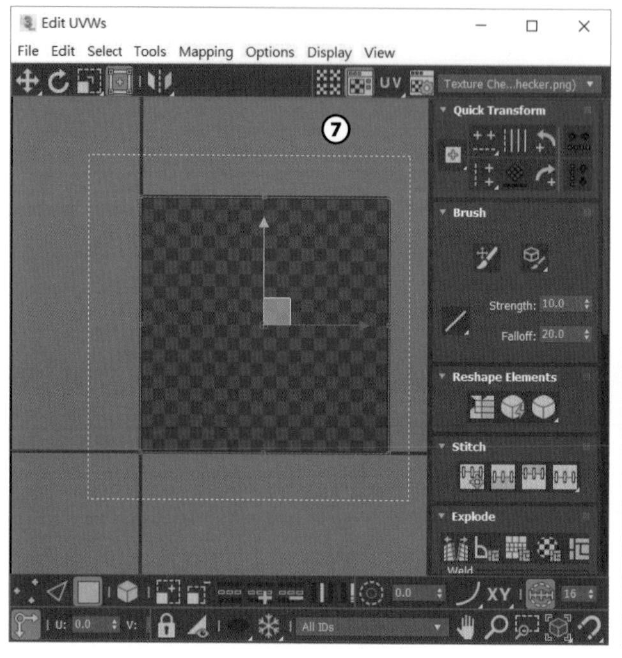

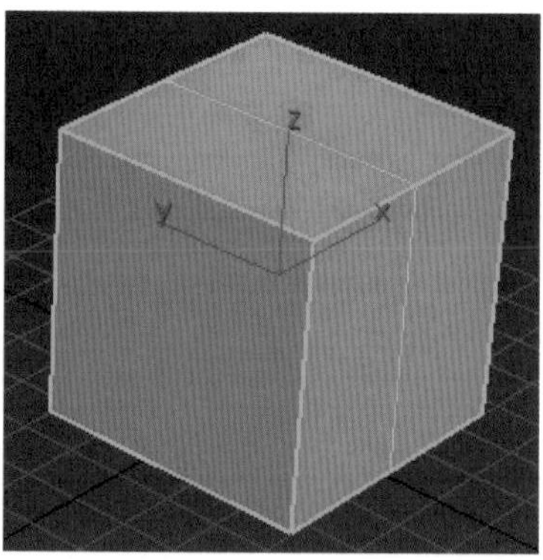

08 點選 UV 視窗中上方的【Mapping】→【Unfold Mapping（展平貼圖）】。

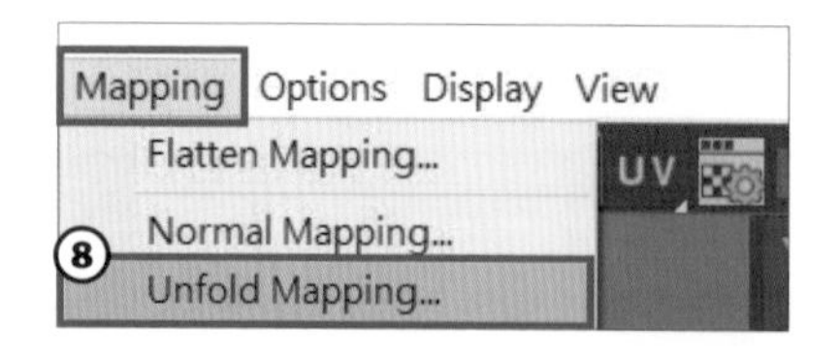

09 此時會出現一個【Unfold Mapping】視窗，在下拉式選單選取【Walk to closest face】後，點擊【OK】。

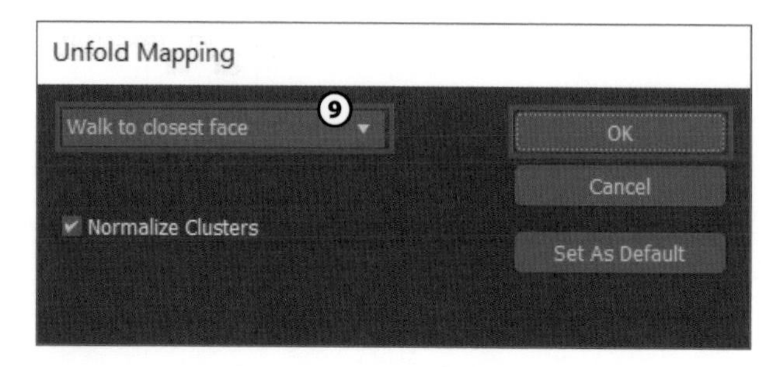

10 此時可以看到方塊的 UV 被展平成六個面，點擊上方棋盤格按鈕【 (shows the active map in the dialog) 】，取消棋盤格的顯示後，可以更清楚檢視。

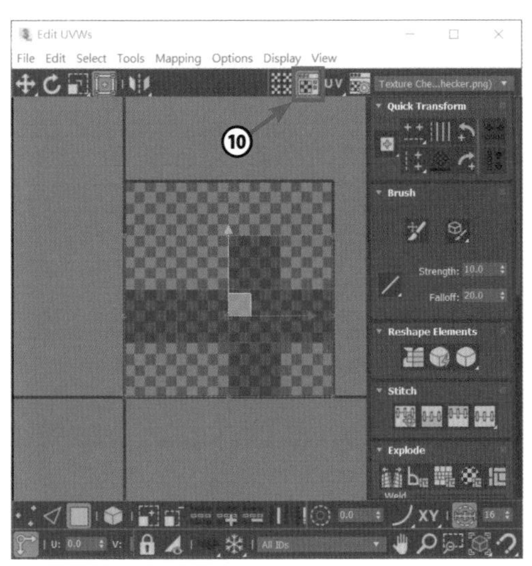

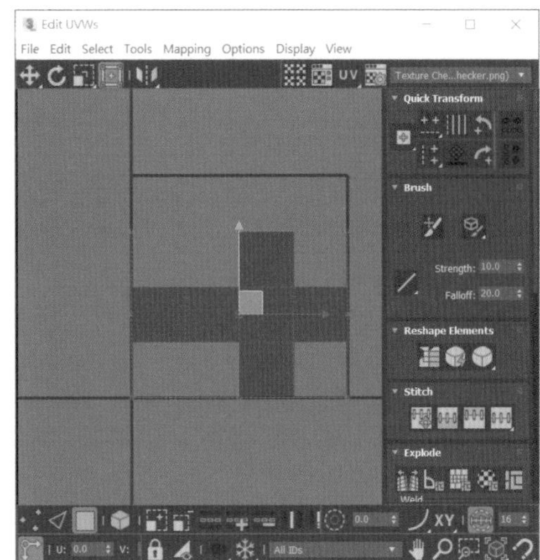

11 框選所有面，按下 R 鍵（比例），將展平後的圖縮小至黑色框線正方形的範圍內，也就是輸出圖片的範圍。

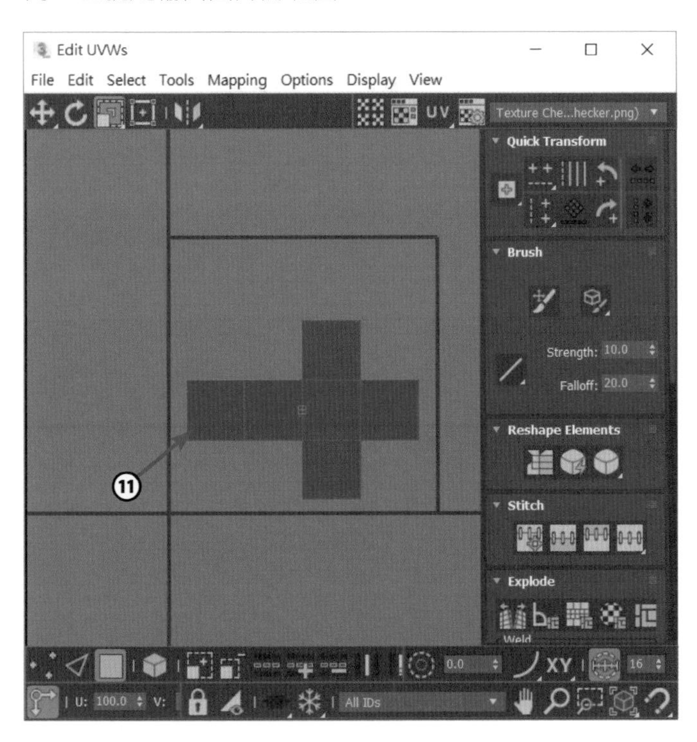

12 按下滑鼠右鍵，點選【Render UVW Template（彩現 UVW 樣本貼圖）】。

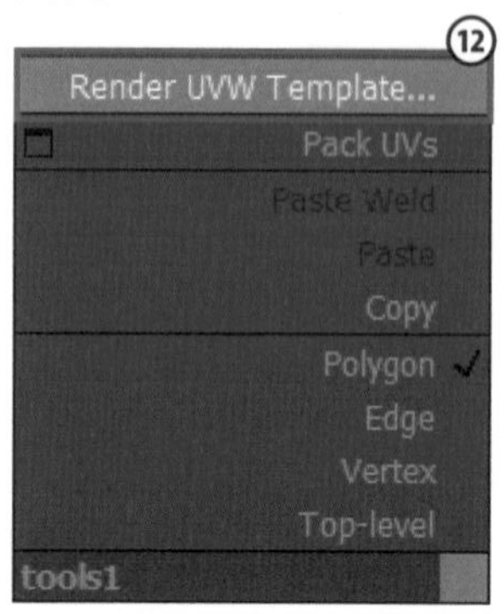

13 此時會出現【Render UVs】視窗，點擊【Render UV Template】按鈕。

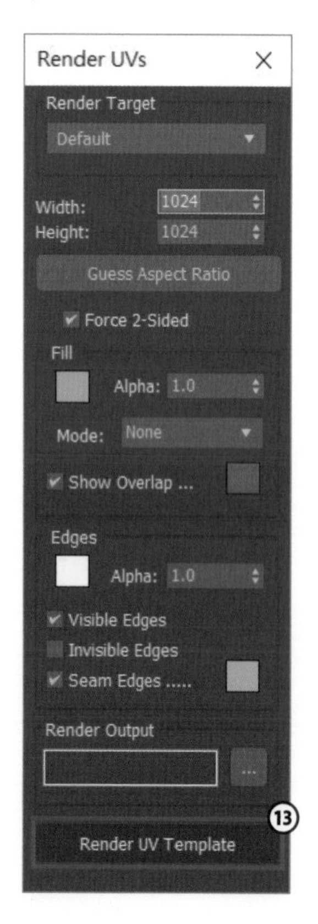

14 完成後，會得到黑色背景、綠色線條的線框圖片，如圖所示。

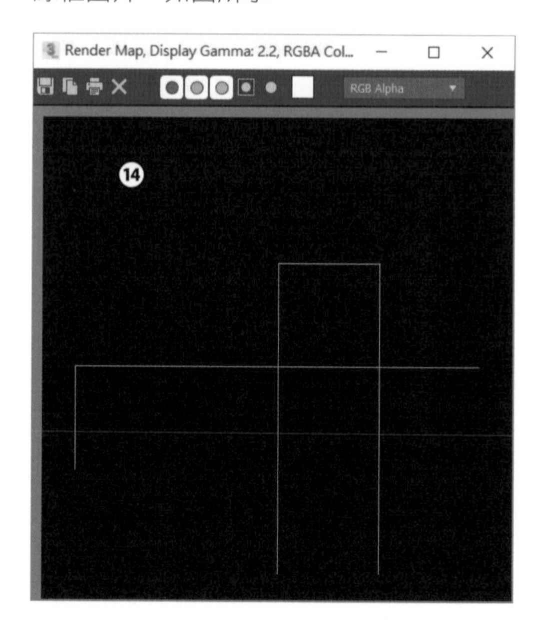

15 按下存檔的按鈕，存成 Png 檔，這樣才可以只留下線框，背景則是透明的。

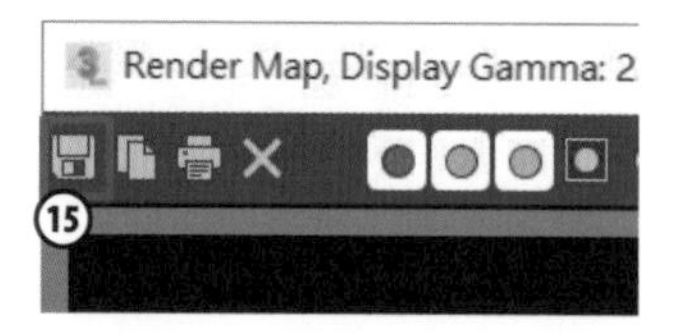

16 出現此視窗，點擊【Alpha channel】在點擊 OK，存檔完成，接著開啟 Photoshop 程式。

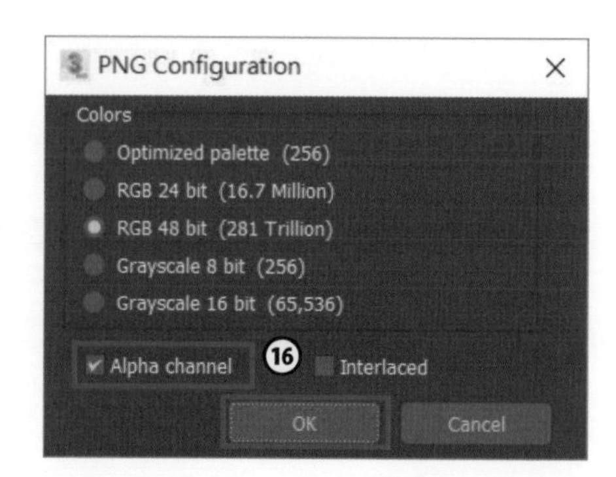

用 Photoshop 繪製展平圖

01 開啟 Photoshop 後，點擊【檔案】→【開啟舊檔】。開啟上一小節儲存的 Png 檔。

02 開啟後，畫面如圖所示，展平圖在圖層 1。

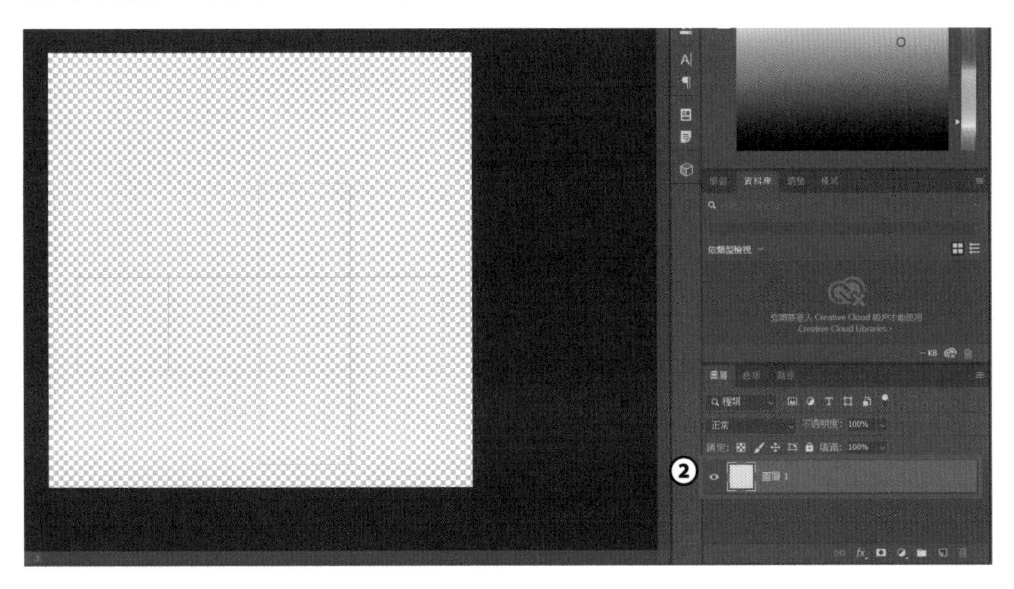

03 將展平圖層 1 拖曳至下方按鈕【 建立新圖層】如左下圖，即可複製出新的展平圖片在圖層 1 拷貝，拖曳完成後如右下圖。

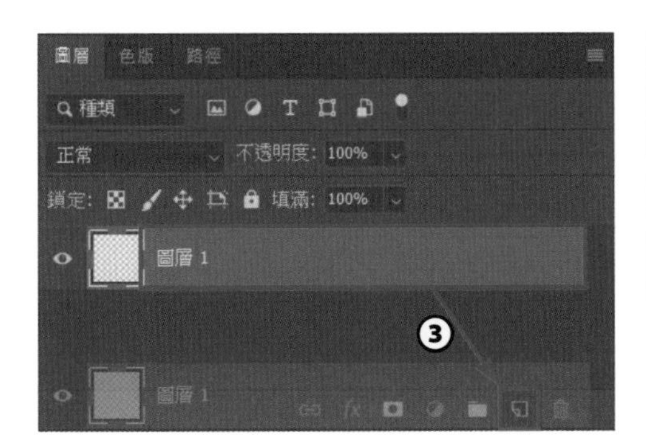

04 點擊下方按鈕【 建立新圖層】建立一個空白圖層。作為等等要作畫的圖層。右圖的空白圖層為圖層 2。

05 點擊圖層 1 使目前作用層在圖層 1。

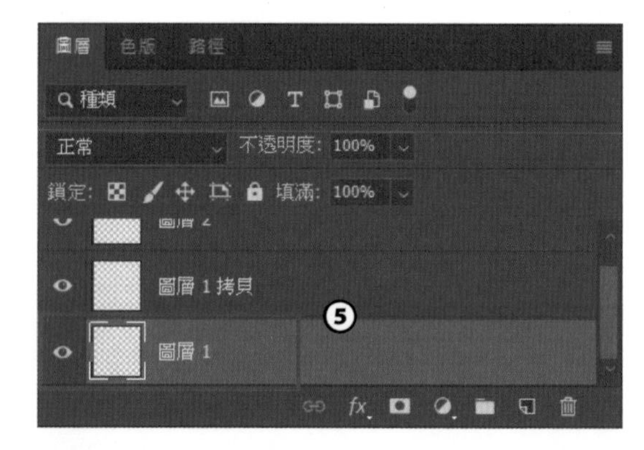

06 點擊工具列的【油漆桶】按鈕。

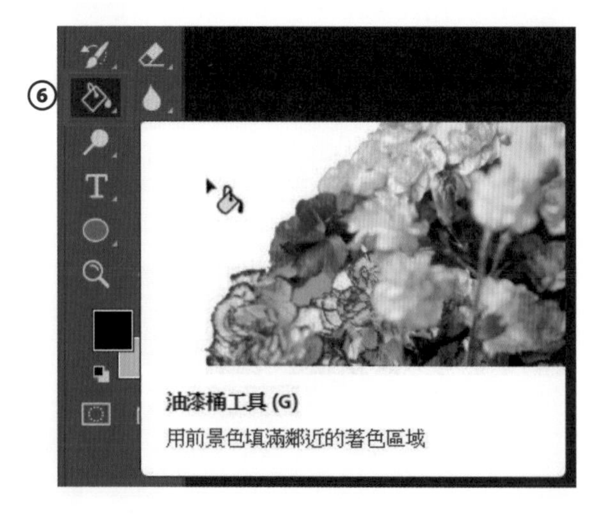

07 利用油漆桶將圖層 1 底色漆上自己喜歡的顏色作為骰子底色，或點擊【Alt+ delete】可使圖層 1 完全被前景色填充。

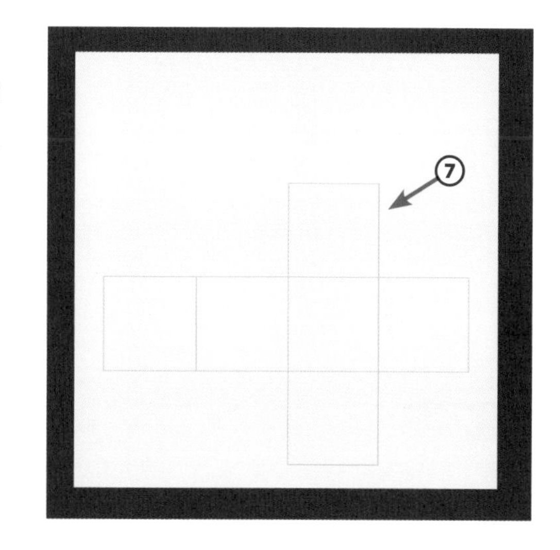

08 點擊圖層2使目前作用層在圖層2。

09 點擊工具列的【筆刷工具】按鈕。

10 點擊如圖所示的小三角形，可以選擇筆刷尺寸與筆頭形狀，此處選取【實邊圓形】的筆頭形狀，並將筆刷尺寸調至適當大小。

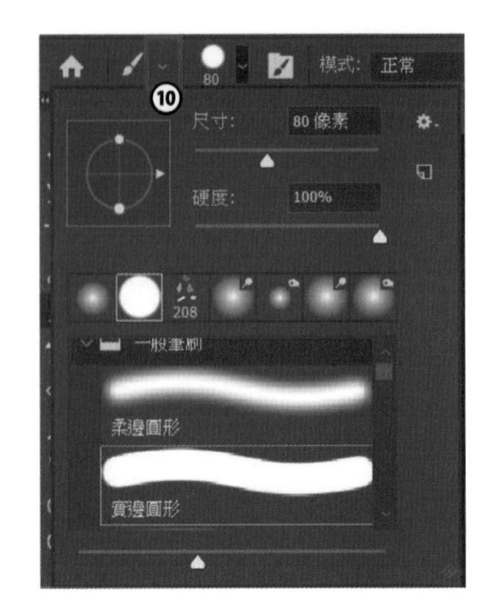

小秘訣

按下鍵盤的中括號按鍵也可以放大或縮小筆刷尺寸。

11 在工具列色板選取喜歡的顏色作為骰子點數的顏色，再使用【筆刷工具】，在展平的六個面上分別繪製 1 至 6 的點數。

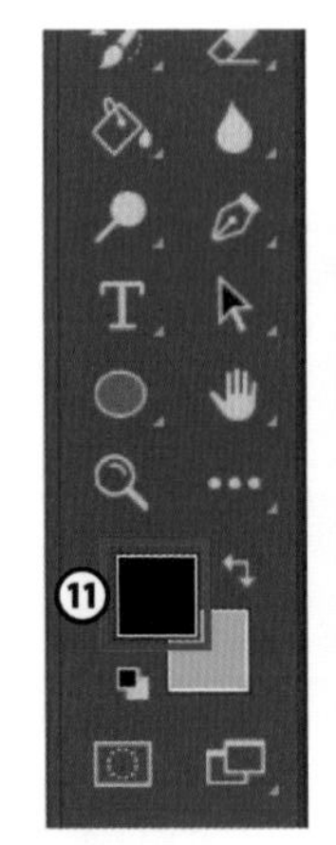

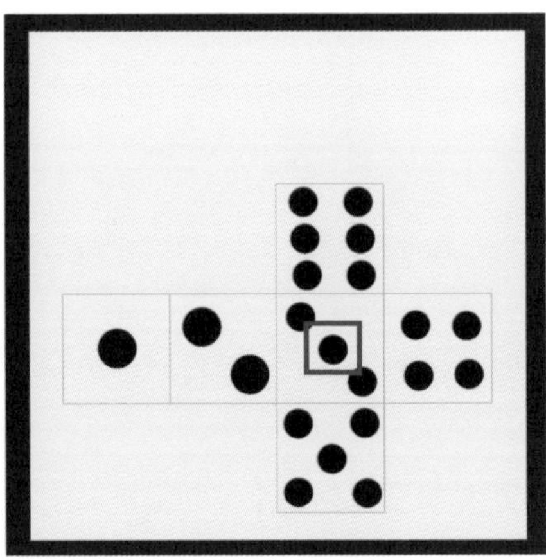

12 點擊圖層 1 拷貝【👁】的眼睛圖示，可將此圖層隱藏，即可將骰子邊框隱藏，則材質邊緣不會顯示綠框。

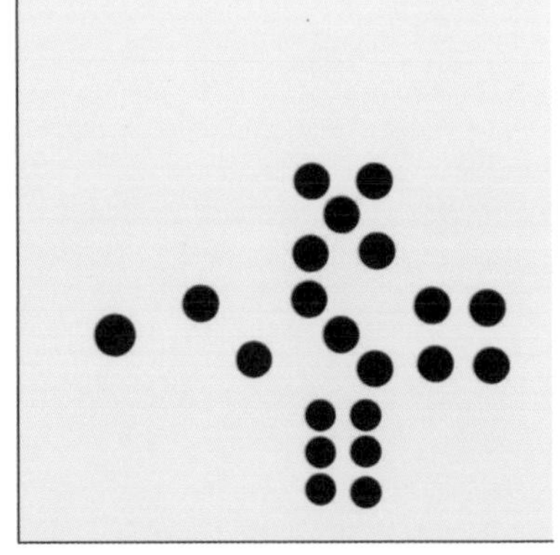

13 點擊【檔案】→【另存新檔】。檔案格式選取 PNG 檔後，點擊【存檔】。

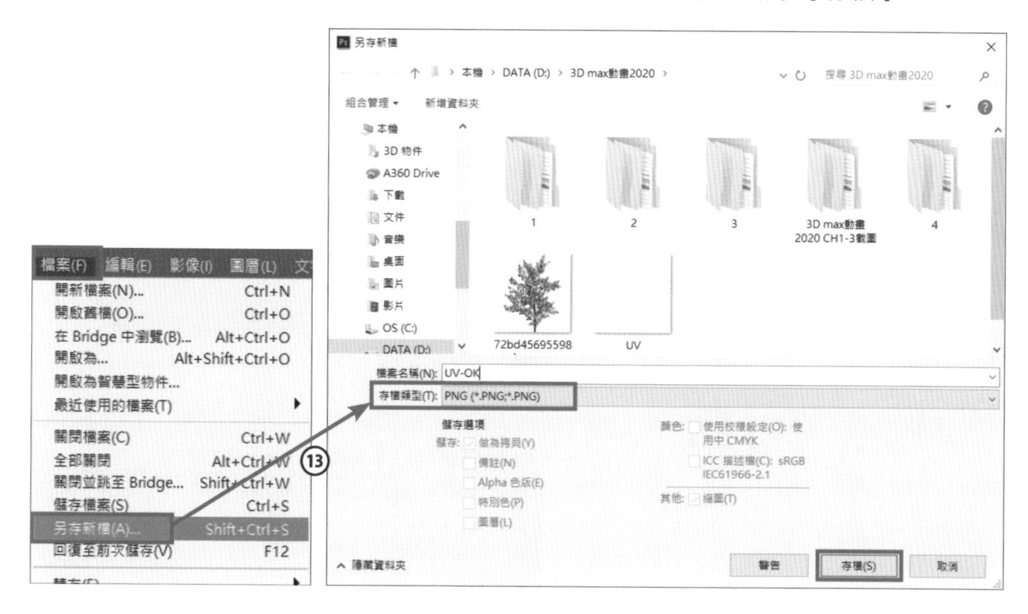

貼上材質

01 回到 3DS Max 軟體，按下 M 鍵開啟材質編輯器。並確認是 Standard 材質球。

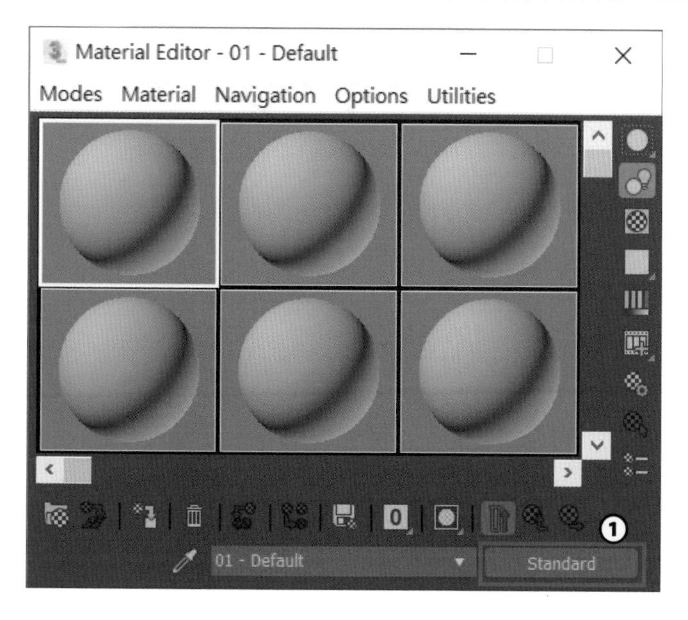

02 點擊【Diffuse（漫射）】旁的小按鈕，此時會出現一個視窗，點選【Maps（貼圖）】→【General（一般）】→【Bitmap（點陣圖）】，開啟上一小節使用 Photoshop 繪製的展平貼圖。

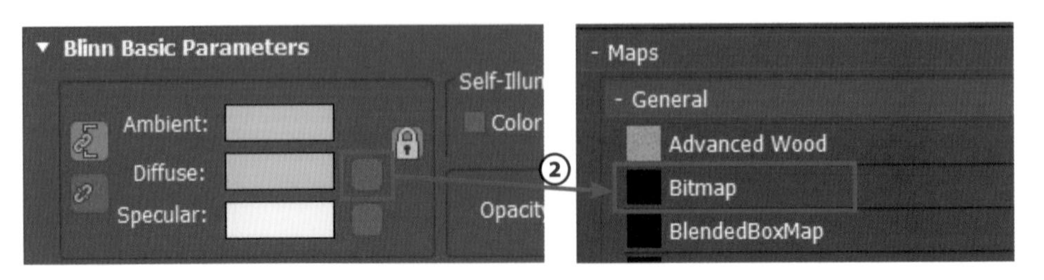

03 選取 Box，點擊【 （Assign Material to Selection）】按鈕，將骰子材質指定給 Box。按下【 (Show Shaded Material in Viewport) 】圖示，可以在視埠中顯示材質。

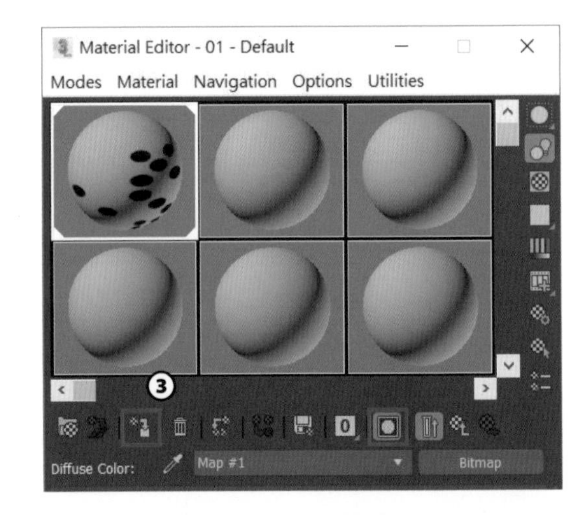

04 骰子繪製完成。

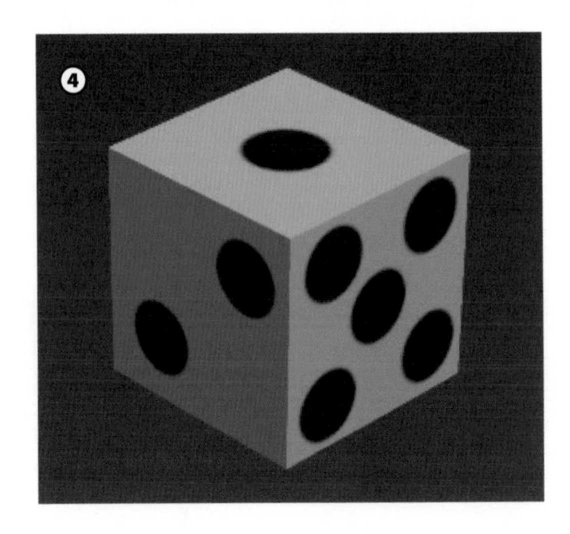

4-2 衣服 UV 貼圖

01 開啟光碟範例檔中〈clothes 範例檔.max〉檔案。

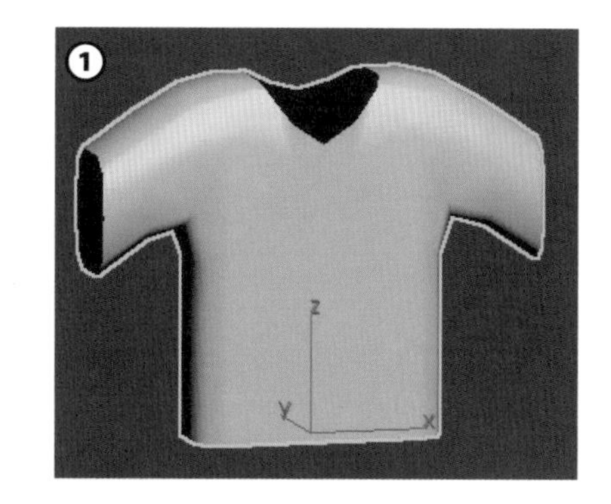

02 在【Modify（修改面板）】→點擊【Modifier List】下拉式選單→加入【Unwrap UVW（展平）】修改器。

03 點擊修改面板下方欄位中【 】進入 Polygon（面）層級。

04 勾選【Ignore Backfacing（忽略背面）】按鈕，這樣在框選面時不會選取到背 部的面。

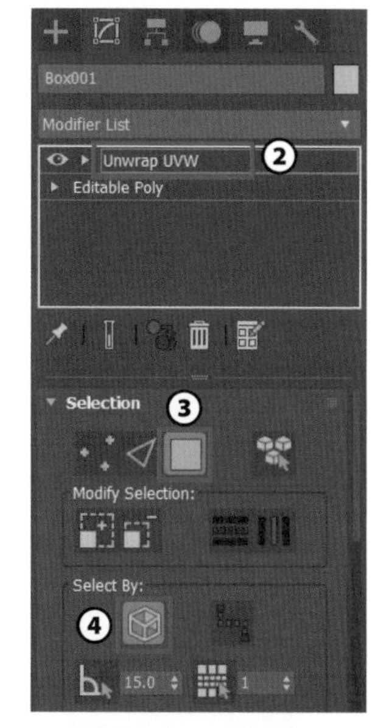

05 按下 F 鍵，切換至前視圖，框選衣服前半部的面。

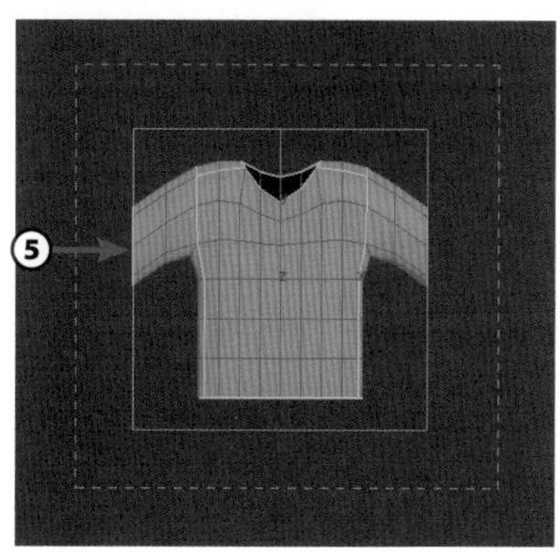

06 長按【Align Quick Planar Map：】來編輯拆 UV 所依據的方向，此處衣服拆解的軸向選擇「Y」。

小秘訣

選擇完拆 UV 軸向之後會出現黃色方框，不同的軸向方框會有不同的位置，正確拆 UV 的軸向一般來說會是方框與要拆的那面平行。

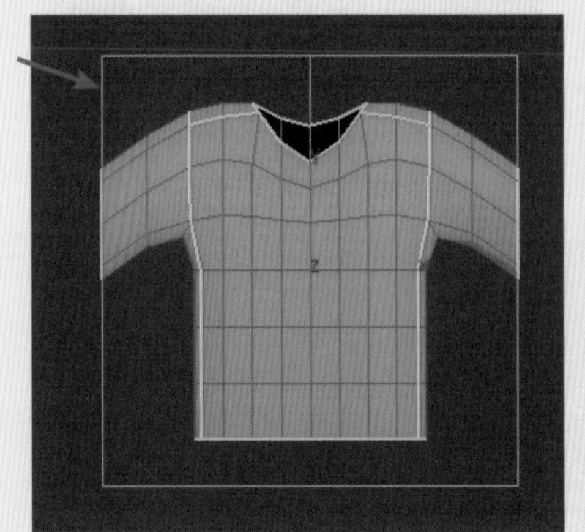

軸向：Y
方框與要拆選的面平行

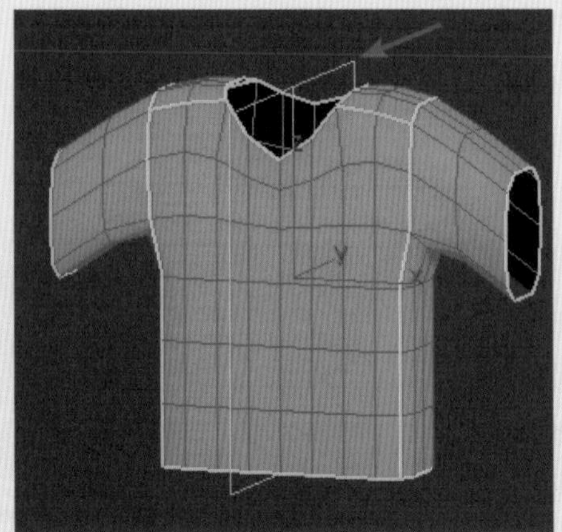

軸向：X
方框與要拆選的面不平行

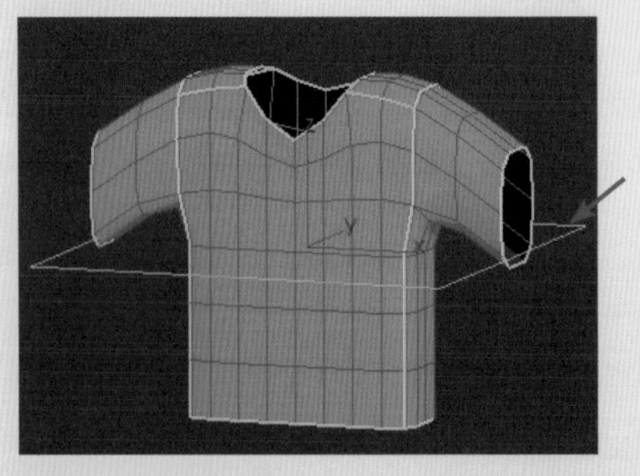

軸向：Z
方框與要拆選的面不平行

07 按下【Open UV Editor...】按鈕，開啟 UV 編輯器的視窗。

08 點擊【Quick Planer Map（快速平面映射）】按鈕，將框選的面拆成一個面。

09 將視埠中展平的面，按下移動鍵，移動至棋盤格外。

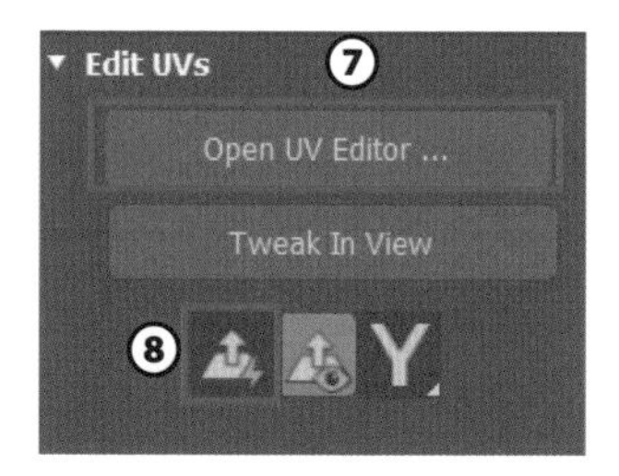

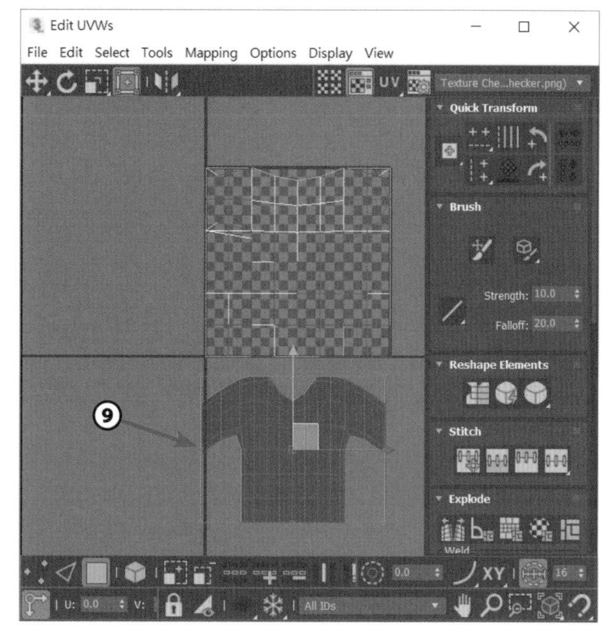

10 框選棋盤格內剩下的面，也就是衣服背面的面。

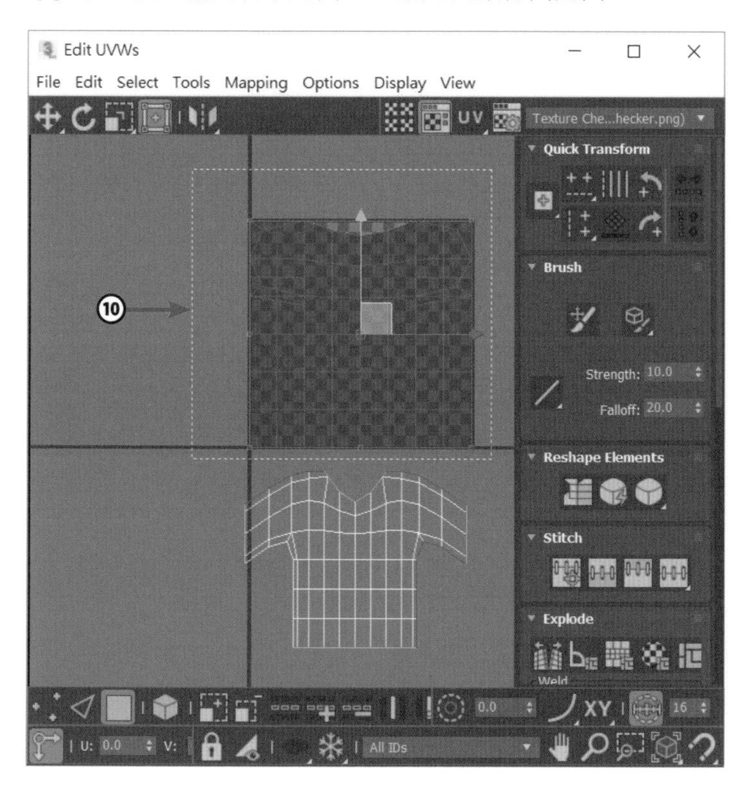

11 點擊【Quick Planar Map（快速平面映射）】按鈕，將框選的面拆成一個面後，按下移動鍵，移動至棋盤格外。

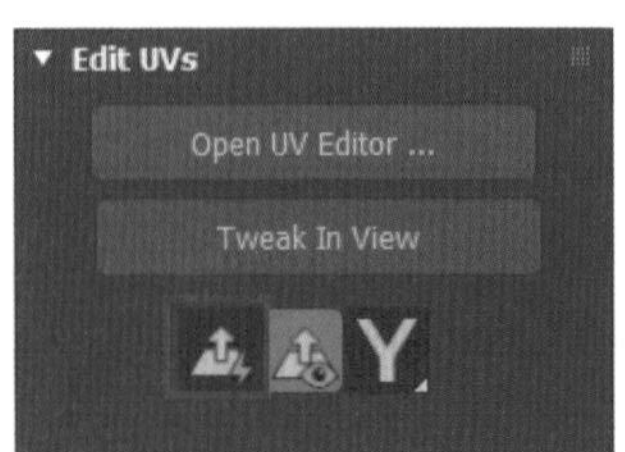

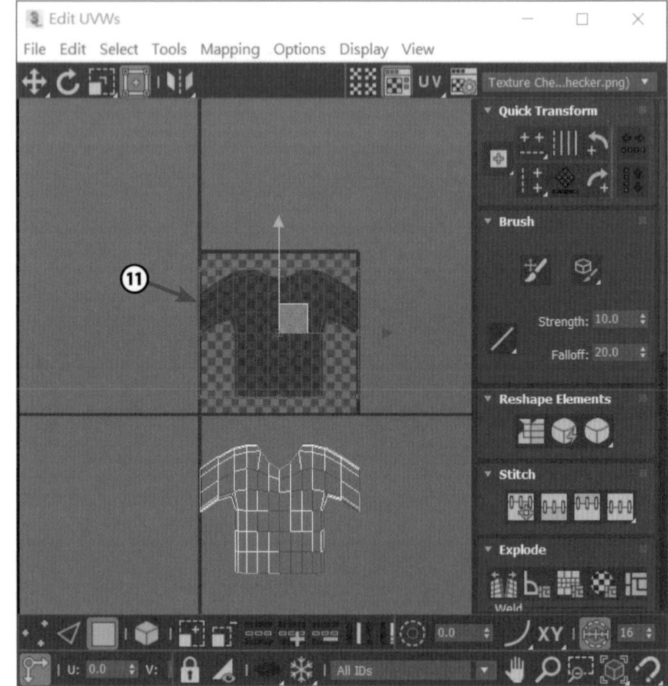

12 點擊視埠右上角下拉式選單，點擊【Pick Texture】可挑選圖片匯入視埠中。 點擊【Bitmap（點陣圖）】，開啟光碟範例檔中的〈clothesUV.PNG〉圖片。

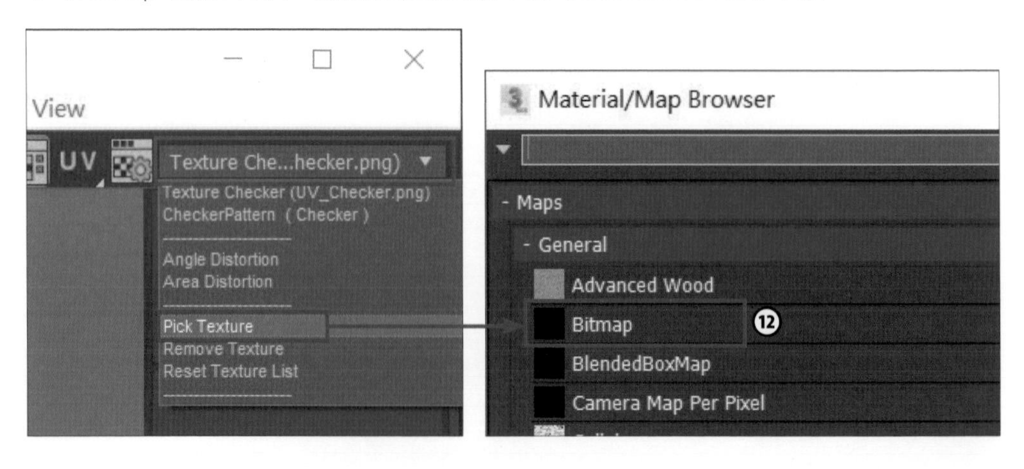

13 開啟後，圖片會在視埠中出現。

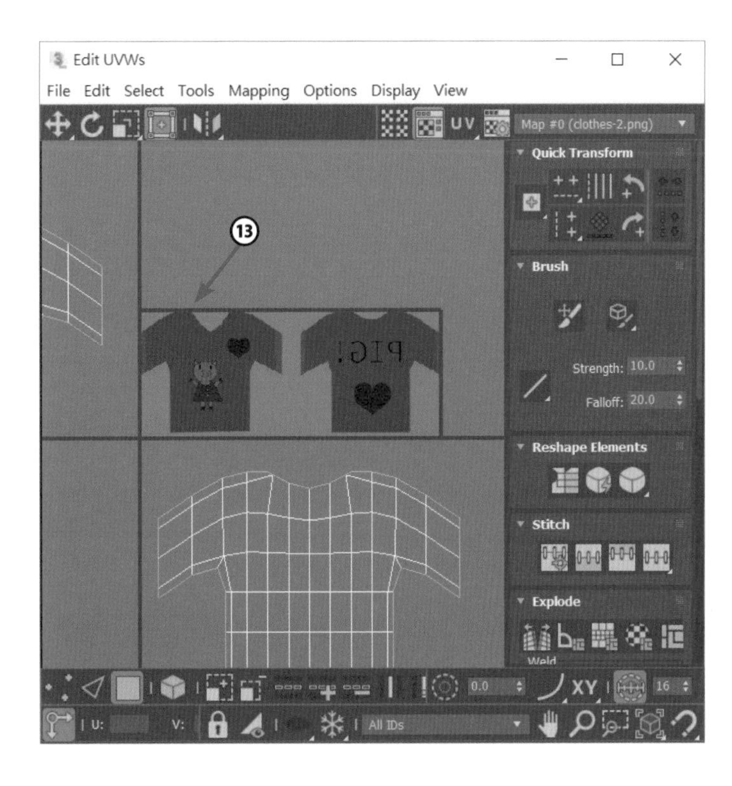

14 若衣服的面與圖片比例不相符，按下【】進入點層級，框選衣服，可使用【】（移動）】、【】（旋轉）】、【】（比例）】、【】Freeform Mode（自由變形模式）】，調整點的位置，將衣服縮小並移動至與圖片相符合的位置。

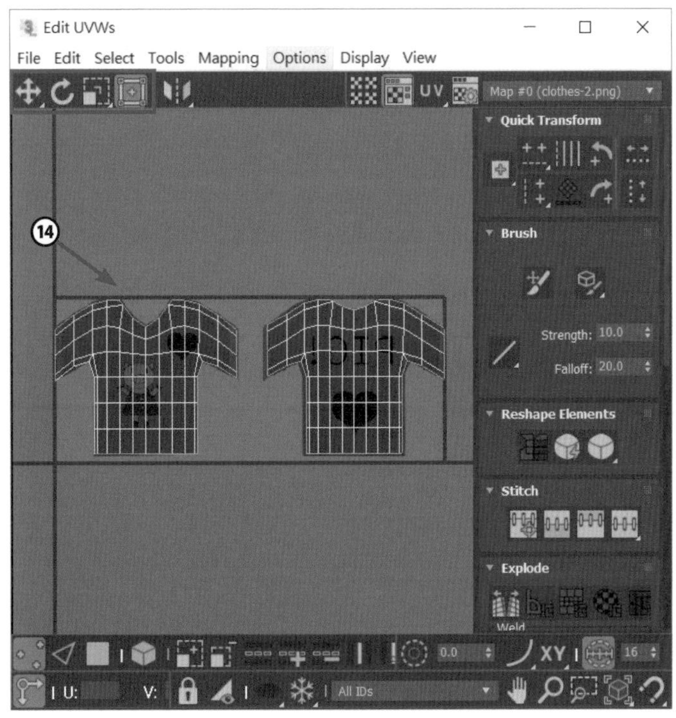

小秘訣

【Freeform Mode（自由變形模式）】包含了移動、旋轉、比例三種功能，按住 Ctrl 鍵並拖曳角落四個點可等比例放大縮小，按住 Shift 鍵拖曳可單方向放大縮小。

15 調整時須注意位置是否與圖片相符合，若不符合則會出現如下圖所示的狀況。

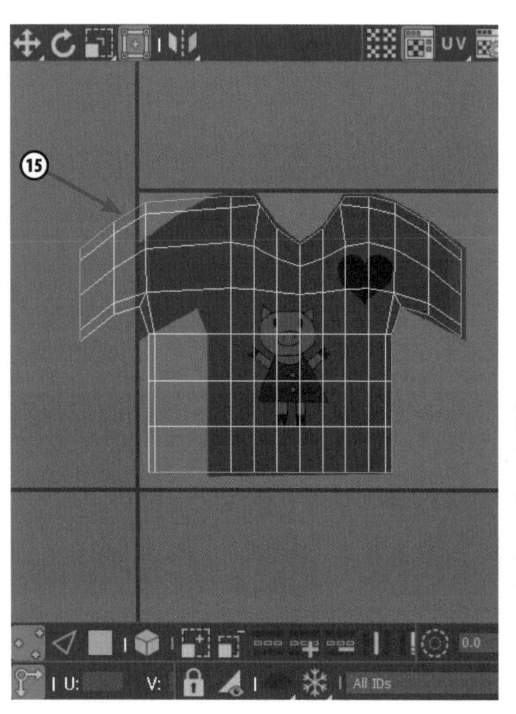

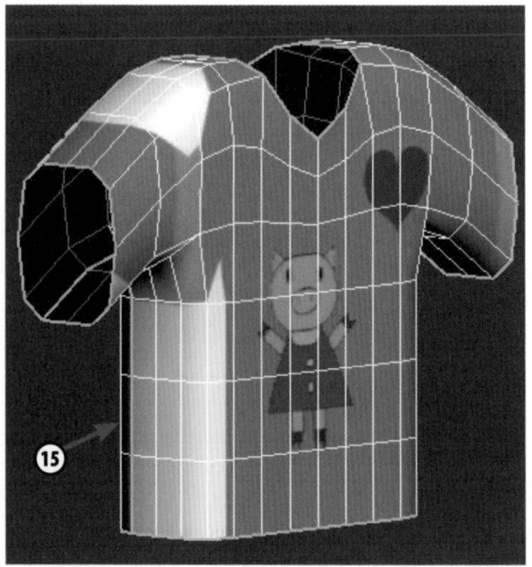

16 按下 M 鍵開啟材質編輯器，並確認是 Standard 材質球。點擊【Diffuse（漫射）】旁的小按鈕，此時會出現一個視窗，點選【Maps（貼圖）】→【General（一般）】→【Bitmap（點陣圖）】，開啟光碟範例檔中的〈clothesUV.PNG〉圖片。

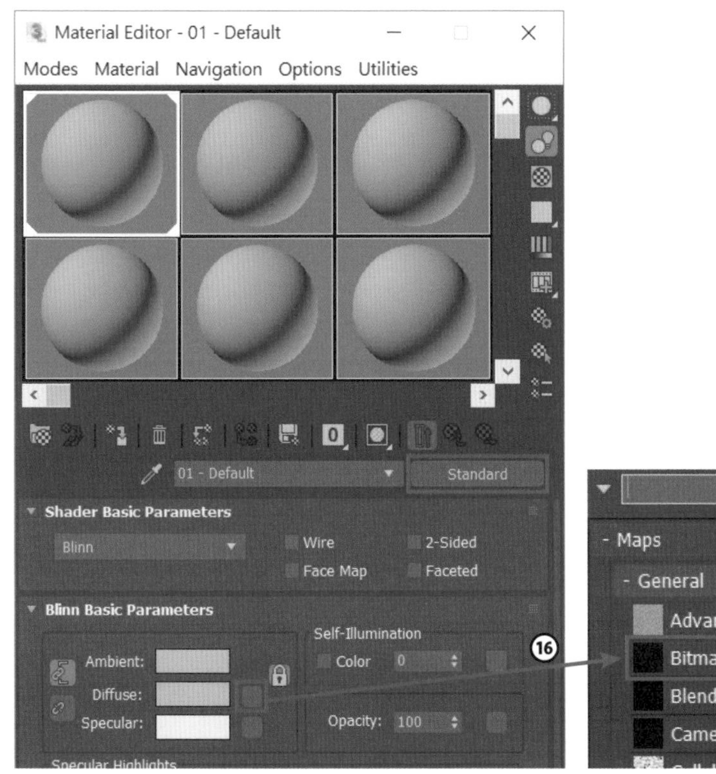

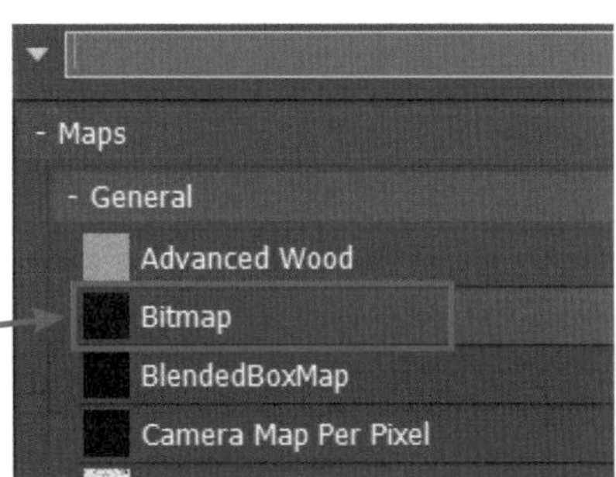

17 將材質指定給衣服模型，完成。

CHAPTER 05

遊戲動力學 - 碰撞動畫（MassFx）

5-1 擲骰子

01 開啟〈5-1_骰子.max〉範例檔。可以發現檔案裡有一顆骰子以及碗。

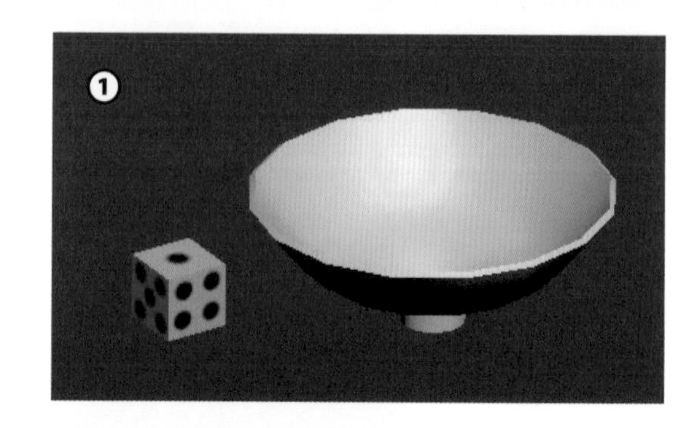

02 在畫面上方工具列的左側(或工具列的空白處)，按下滑鼠右鍵，開啟【MassFX Toolbar】工具列，可設定碗與骰子間的動力學碰撞關係。

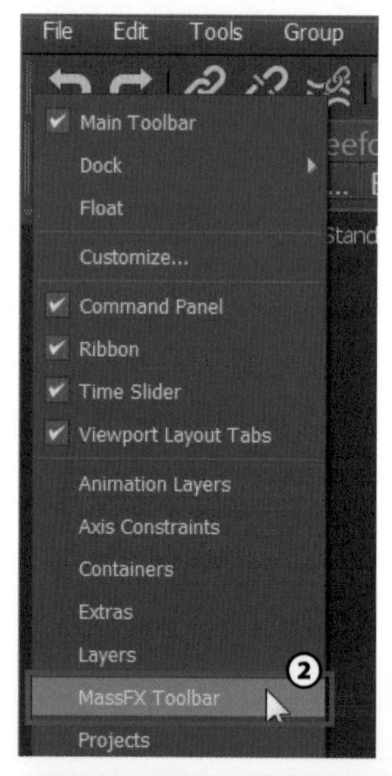

03 框選碗，在【 】按鈕上按住滑鼠左鍵不放，會出現選項，將模型設定為【Set Selected as Static Rigid Body(設置為靜態剛體)】，使之不會受到外力影響而移動。

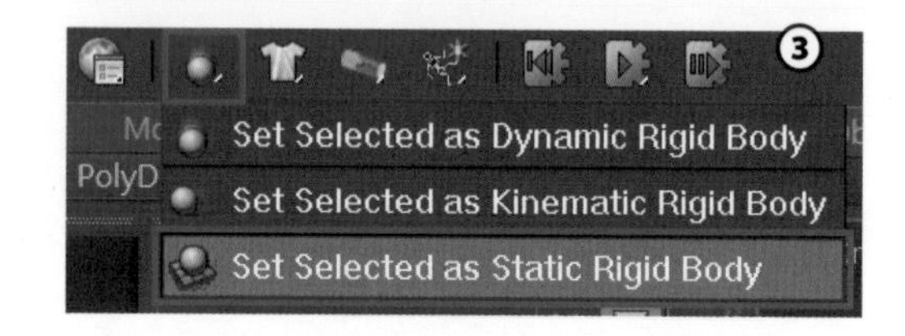

04 將骰子調整至適當大小後移動至碗的上方。選取骰子，在【 】按鈕上按住滑鼠左鍵不放，會出現選項，將模型設定為【Set Selected as Dynamic Rigid Body（動力學）】，使骰子因為重力影響而往下掉落。

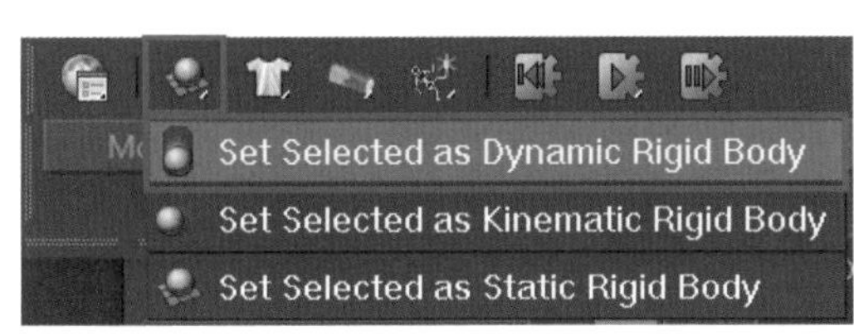

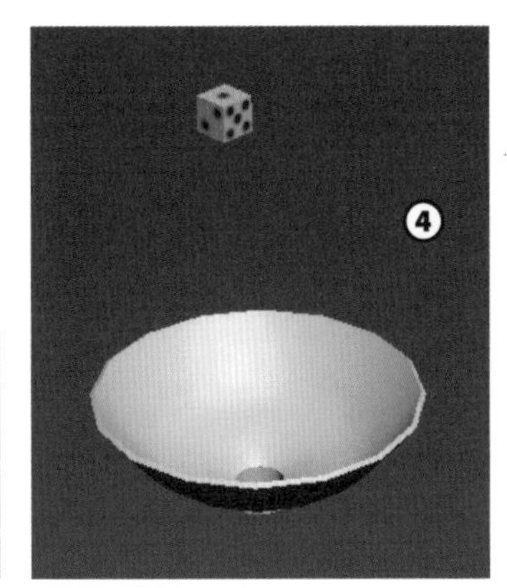

05 點擊【MassFXToolbar】工具列的【 】，並將【Global Gravity】面板下的【Acceleration（加速度）】設為「-100」降低骰子掉落的速度。

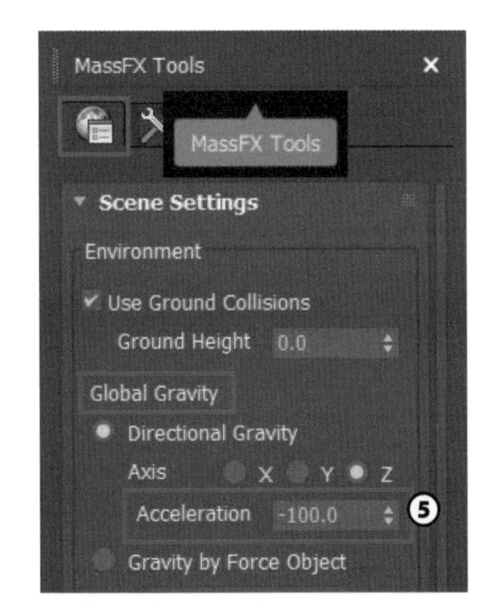

06 點擊【MassFXToolbar】工具列的【 】播放鍵，將發現骰子會掉落但不會落入碗裡，會停在碗口的高度位置。按下【 】鍵重置。

07 選取碗，在【Modify（修改面板）】下方欄位中，找到【Physical Shapes（物理形狀）】，開啟【Shape Type（形狀類型）】旁邊的下拉式選單，將類型設定為【Original（原始的）】。按下播放鍵，骰子將會落入碗中滾動。

小秘訣

若將碗的【Shape Type】設定為【Concave（凹面）】，播放時骰子將會穿透碗掉落至地上。

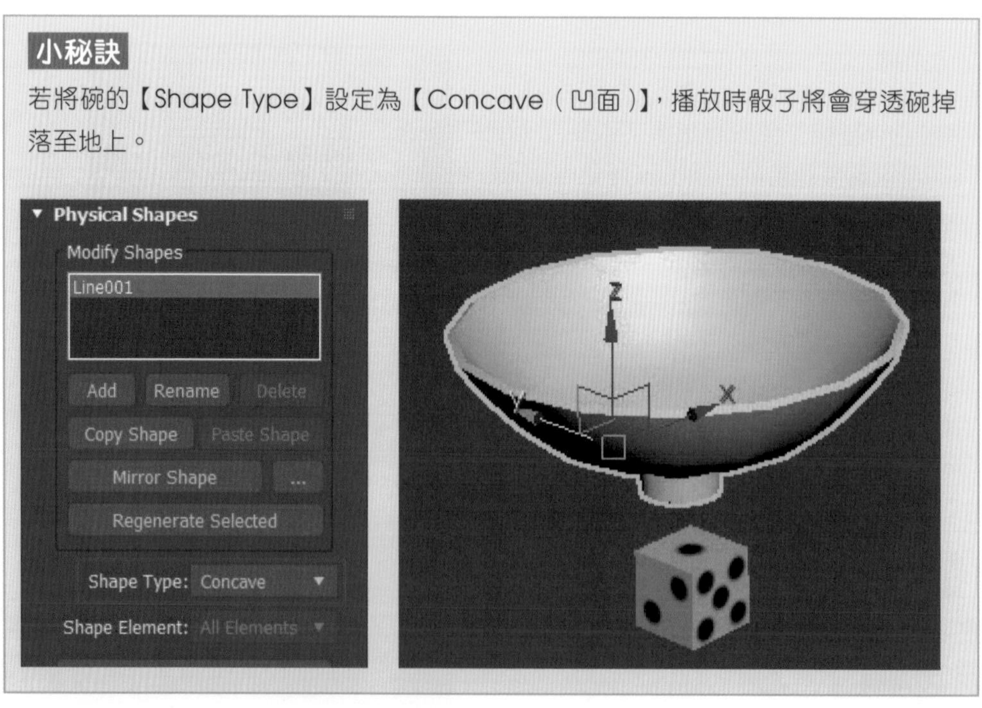

08 選取骰子，在【Modify（修改面板）】下方欄位中，找到【Physical Material】，將【Bounciness（彈力）】設為「0.7」，可增加彈力。

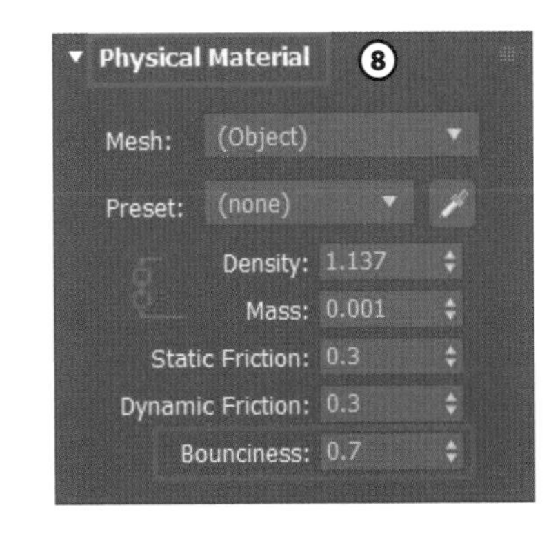

09 在【Modify（修改面板）】下方欄位中，點擊【Advanced（進階控制）】展開面板 →【Initial Motion】→【Initial Velocity(初始速度)】中，將【Z軸】設為「-100」,【Speed】設為「100」，增加Z軸方位的初始速度。模型越大，必須將數值調整越大；若骰子會飛出碗外，則必須將數值調整小一些。

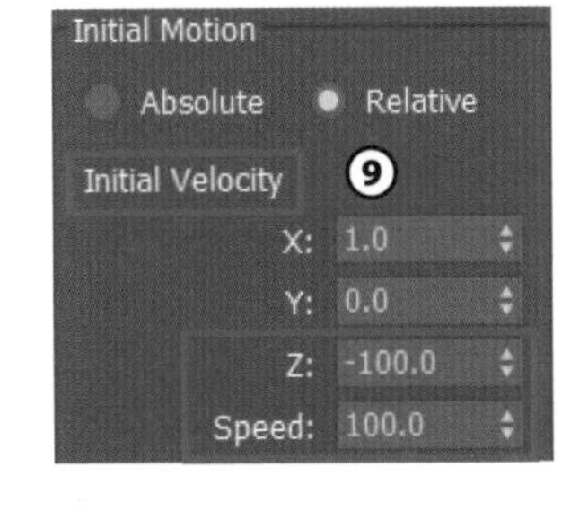

10 並在【Initial Spin（初始自轉）】，將【Y軸】設為「100」,【Speed】設為「400」，增加初始轉速。按下播放鍵觀察骰子，請注意速度與旋轉不要太大，以免骰子飛出去。

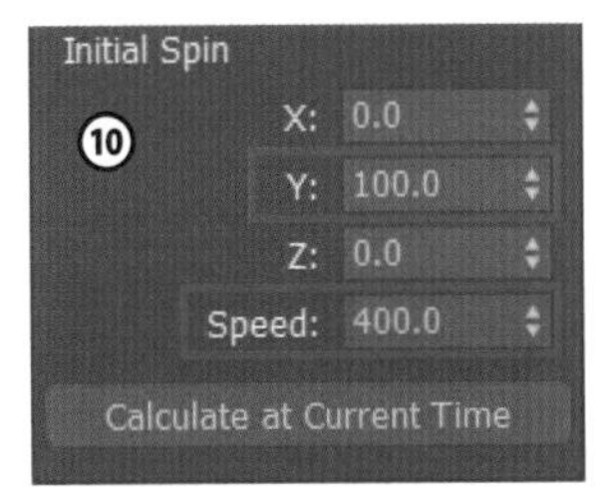

11 一般在 3dsMAX 中播放的畫面皆為模擬畫面，若要輸出成影片，必須使視埠下方的關鍵影格有紀錄，目前影格皆為空白的。

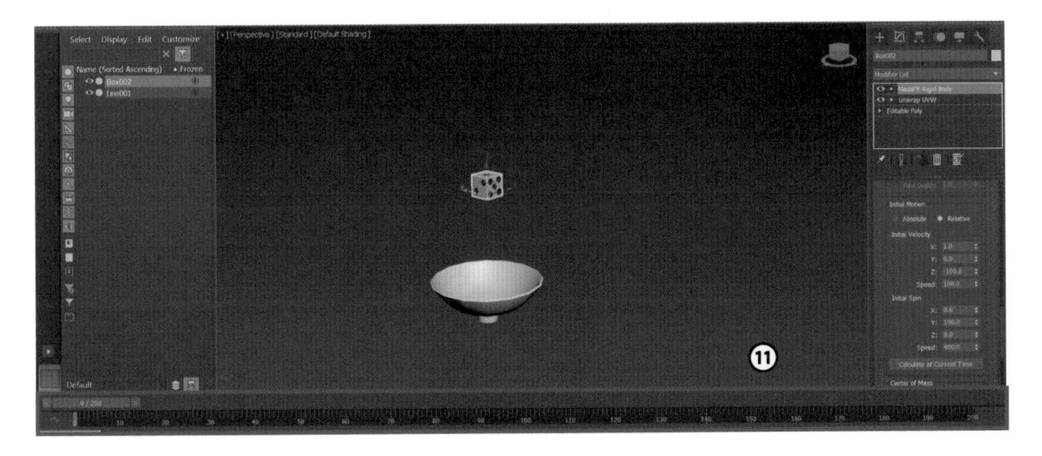

12 在紀錄前，先調整好影格數，點擊右下角【 Time configuration（時間配置）】按鈕，在【Animation（動畫）】→【Length（長度）】將影格數增加至「200」，按下 OK。

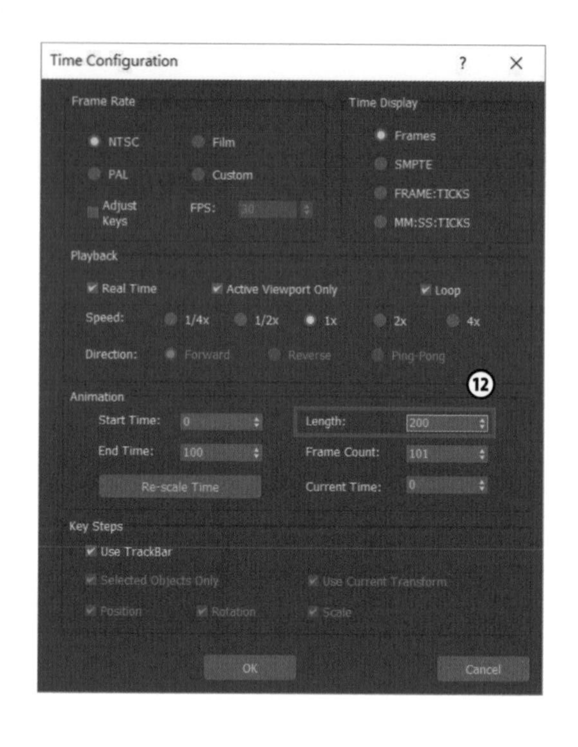

13 選取骰子，在【Modify（修改面板）】下方欄位中，點擊【Bake（烘焙）】按鈕，使關鍵影格上產生色帶，代表已記錄骰子的動作。

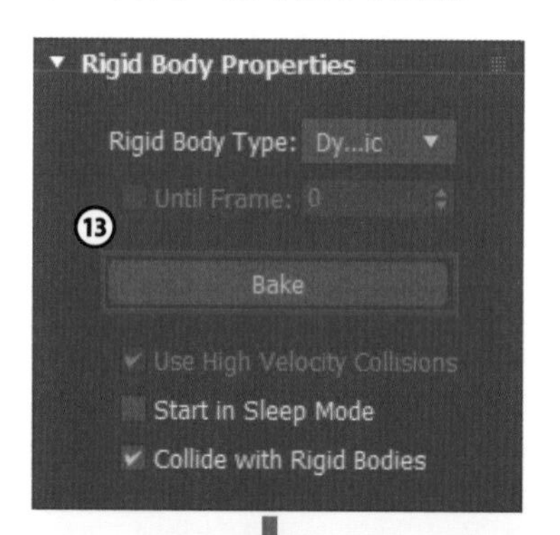

14 關鍵影格有紀錄後，即可輸出為影片檔。按下 F10 鍵開啟彩現設定→【Common】→【Common Parameters（共同參數）】→【Time Output（時間輸出）】，勾選【Active Time Segment】，輸出所有的影格。

15 並在欄位下方找到【Render Output（渲染輸出）】點選旁邊的【Files…（檔案）】。

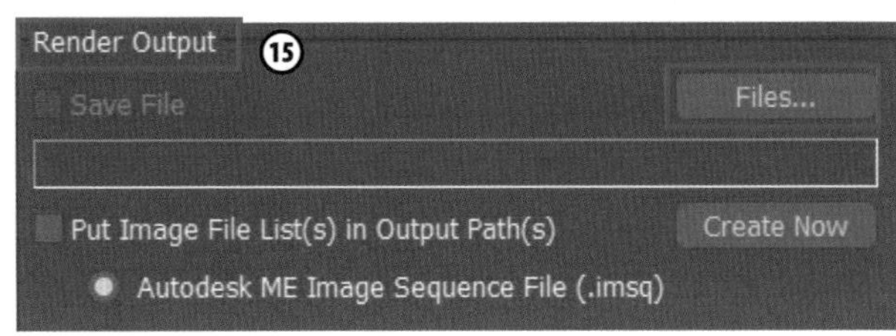

16 會出現一個視窗，選擇欲儲存位置，並將【Save as type：（儲存類型）】改為【AVI File（.avi）】。

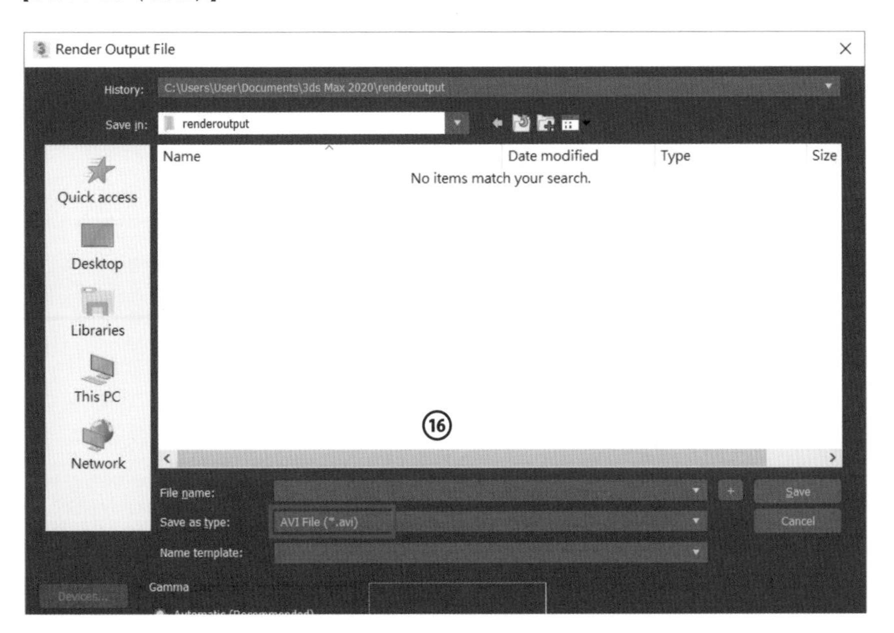

17 按下【Save】後會出現一個視窗，點擊 OK 鍵。

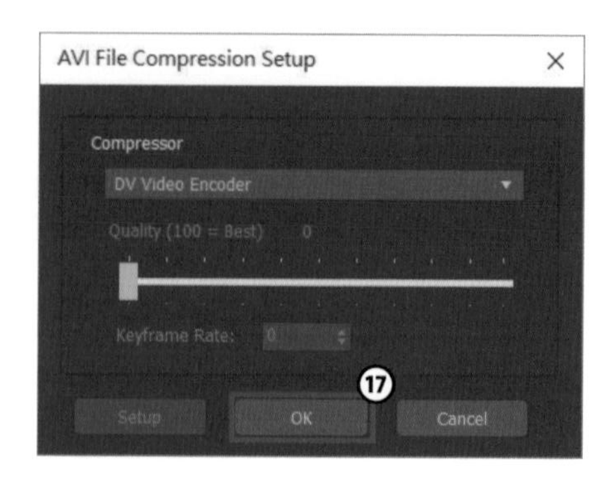

18 按下【Render】彩現，即可完成骰子影片檔。

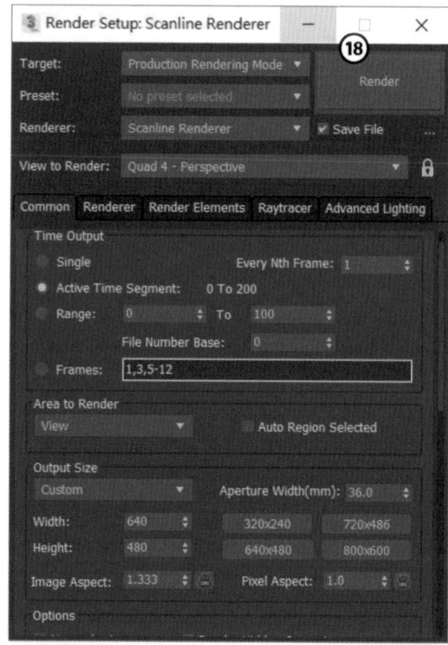

小秘訣

要恢復預設，可將【Time Output】選擇【Single】彩現單張圖。【Render Output】下方的【Save File】取消勾選，使彩現圖不要自動儲存。

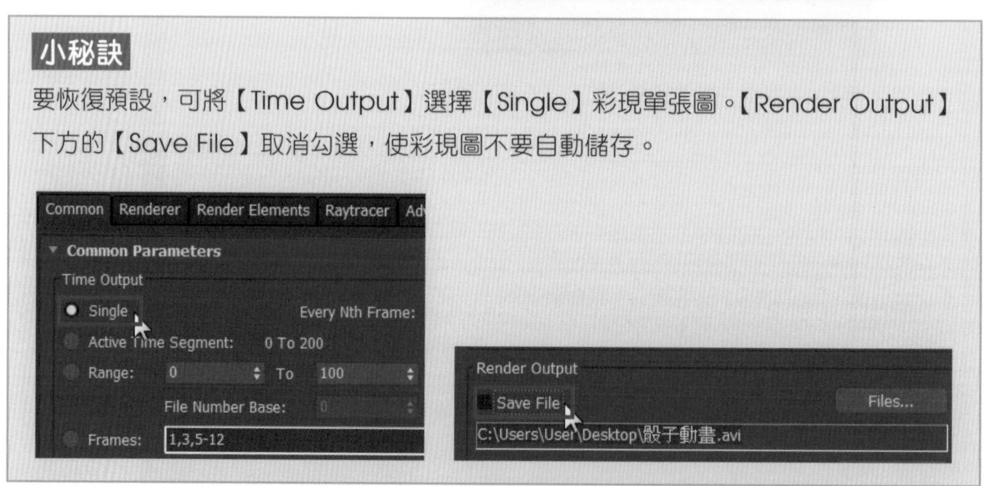

5-2 桌巾

01 建立一個 50*50*50 的方塊。

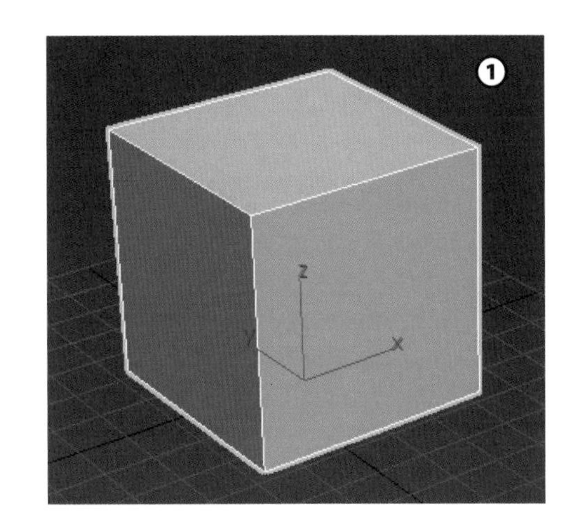

02 按下 T 鍵，切換至上視圖，建立一個段數為 50*50 的【Plane(平面)】作為桌巾，並將桌巾移至方塊上方

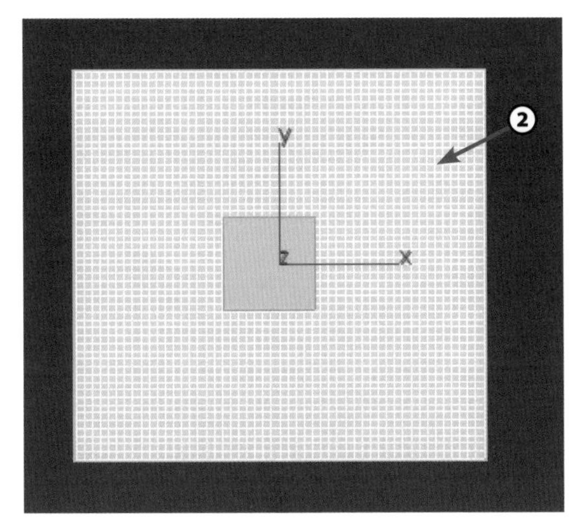

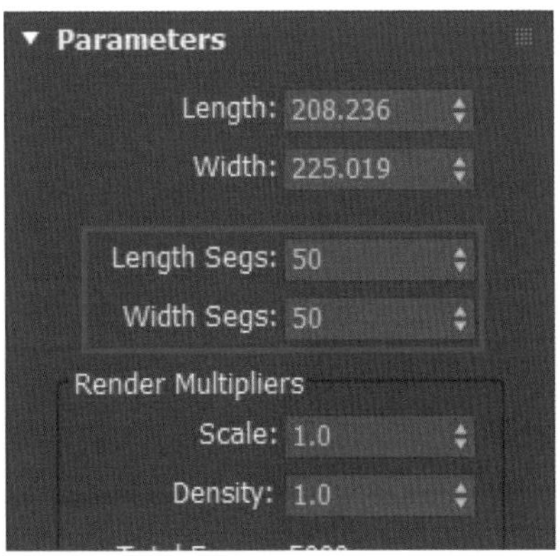

03 框選方塊，在【 】按鈕上按住滑鼠左鍵不放，會出現選項，將模型設定為【Set Selected as Static Rigid Body（設置為靜態剛體）】，使之不會受到外力影響而移動。

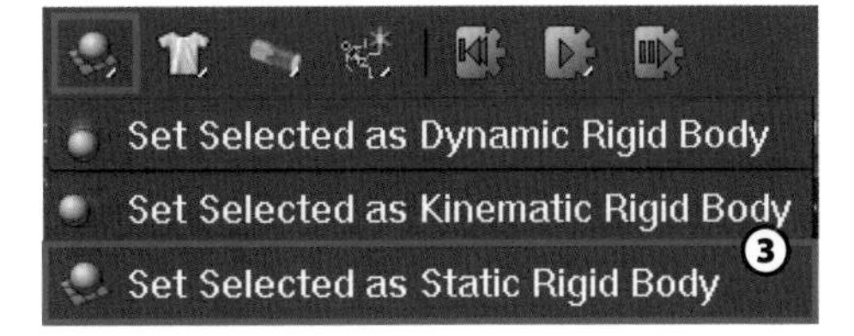

04 選取桌巾，在【 】按鈕上按住滑鼠左鍵不放，會出現選項，將模型設定為【Set Selected as mCloth Object（設置為布料）】，使平面有布料的性質。

05 設定後會發現多了一個【mCloth】修改器。

06 點擊【MassFXToolbar】工具列的【 】播放鍵，將發現桌巾掉落在方塊上，且像一塊布蓋在桌子上一樣。

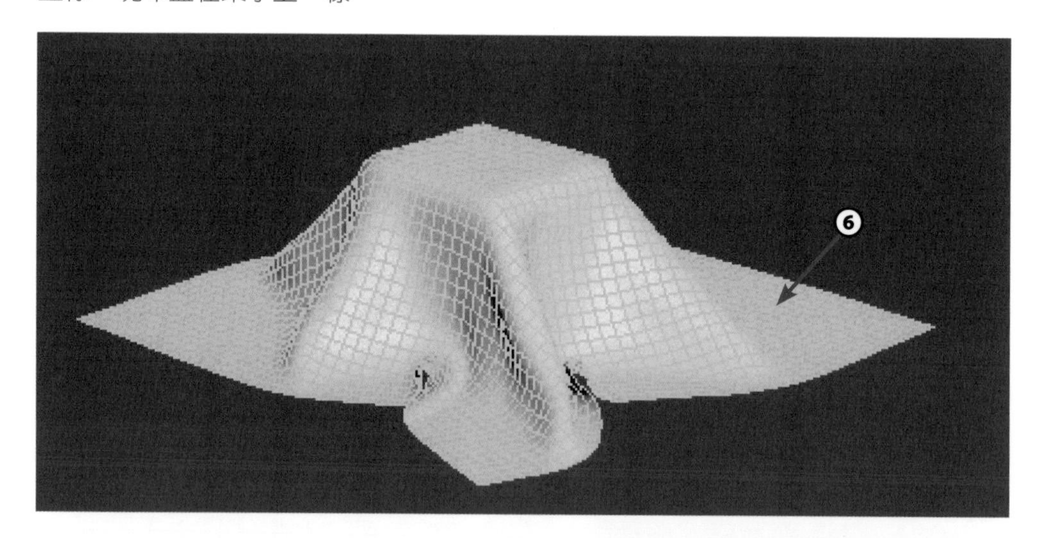

07 將【Physical Fabric Properties（物理織物性質）】面板下的【Stretchiness(拉伸)】、【Bendiness(彎曲)】調製最大，使桌巾增加延展性。

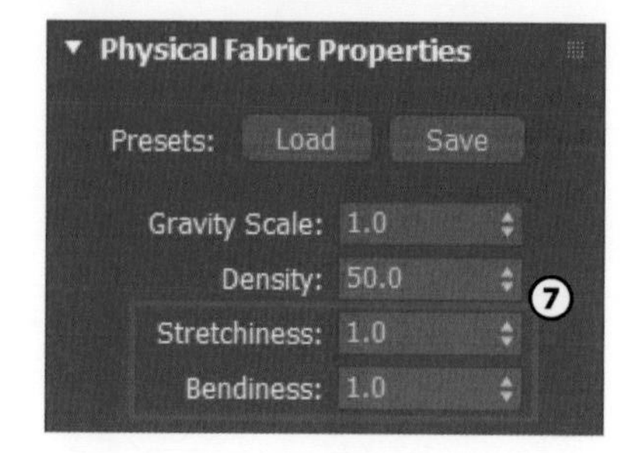

08 點擊【MassFXToolbar】工具列的【 】播放鍵，可以發現桌巾更柔軟。

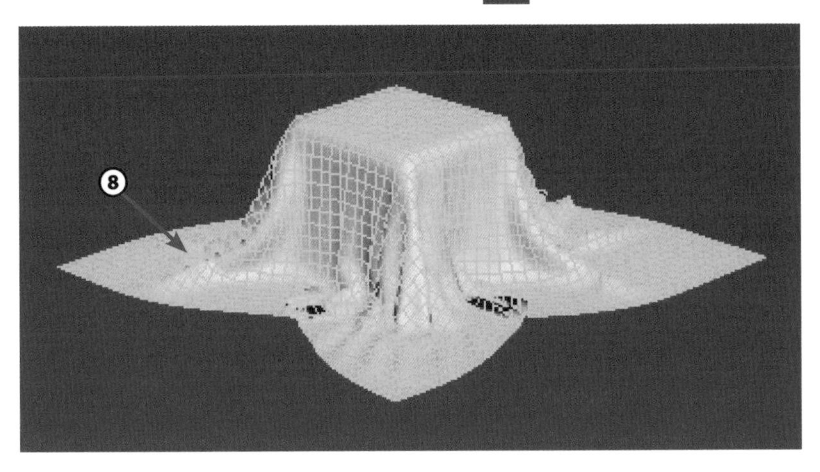

09 進入【mCloth】修改器的子層級【Vertex(點)】中。

10 任意框選桌巾上的點。

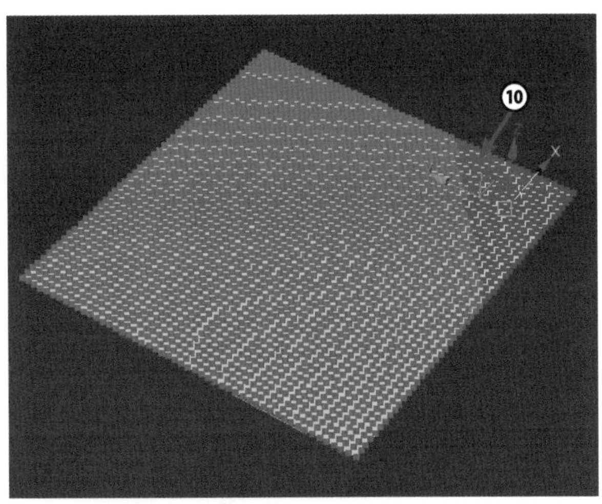

11 點擊【Group】面板下的【Make Group（建立群組）】。

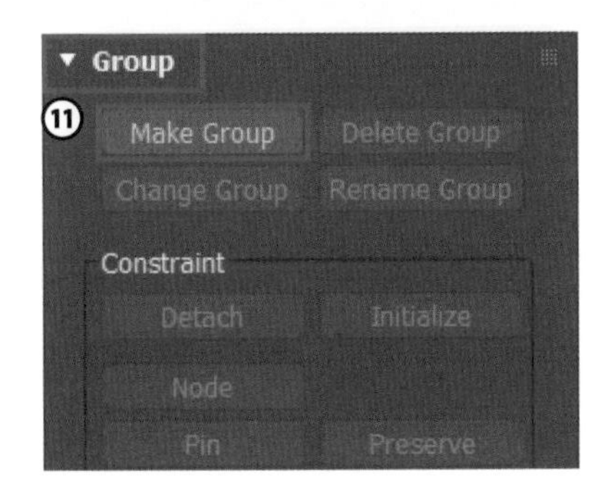

12 命名好後點擊 OK 即可。

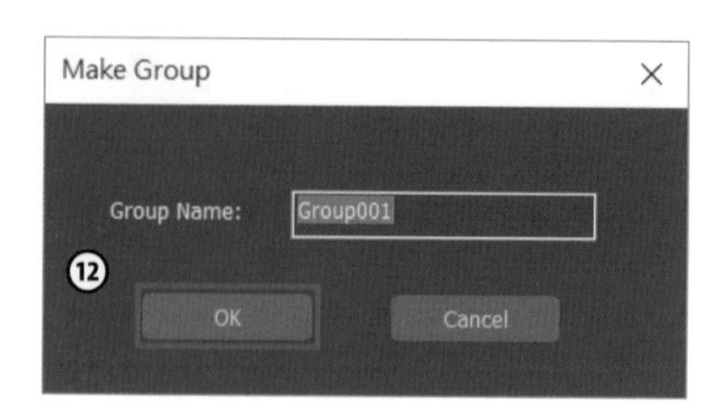

13 點擊【Group】面板下的【Pin(釘住)】。

14 點擊【MassFXToolbar】工具列的【 】播放鍵，可以發現剛剛框選的點都被釘住不會往下掉。

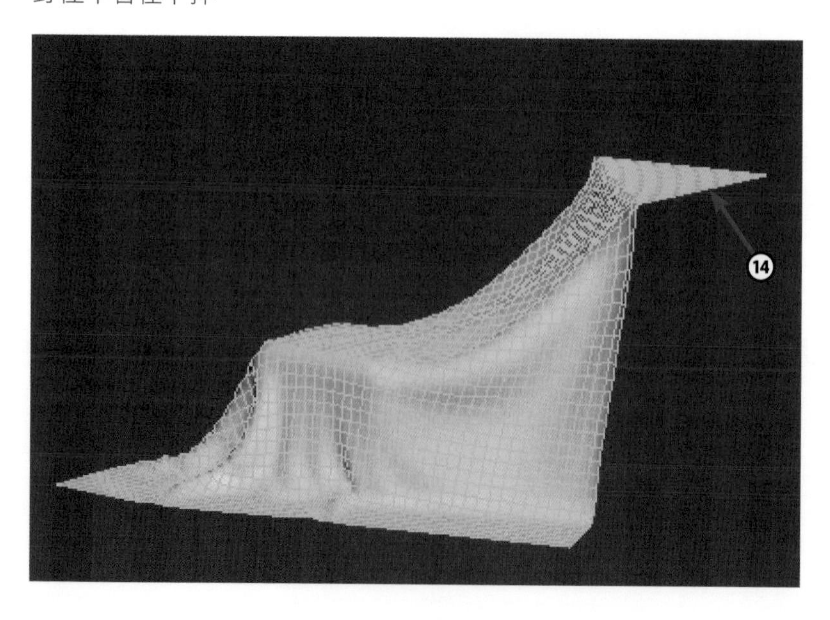

5-3 砲彈攻擊城牆

01 開啟光碟範例檔〈城牆 .max〉。

02 點擊下拉式選單【Scripting（腳本）】→【Run Script（執行腳本）】並開啟【FractureVoronoi_v1.1】範例檔。

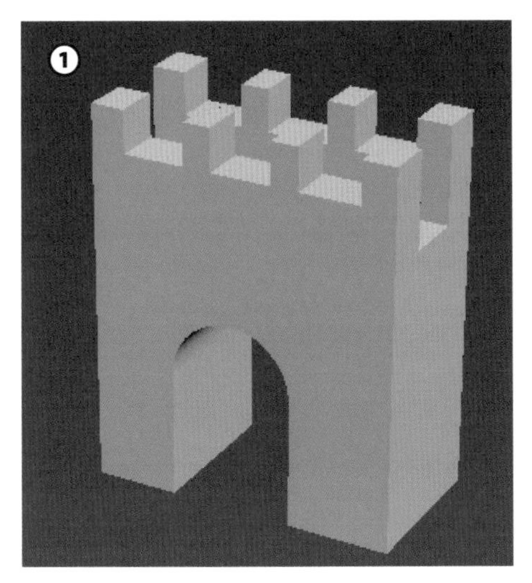

03 開啟後會出現下列視窗。

04 點　擊【Pick Object（選擇物件）】並選擇城牆後再點擊【Break in 10】即可將城牆分成 10 塊，如右圖所示。

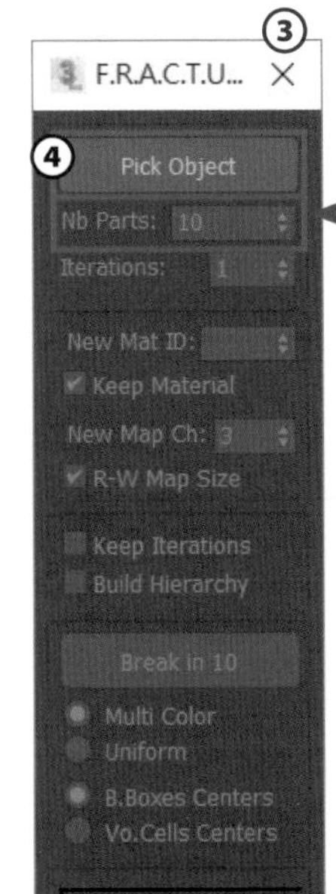

可以調整分割數量

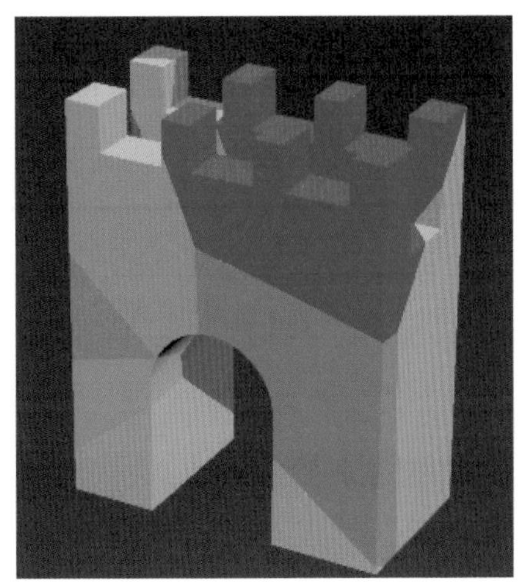

05 點擊【Box001】任意選取城牆的某一塊，再點擊【Break in 10】即可再將選取的那一塊分割出更多塊出來。

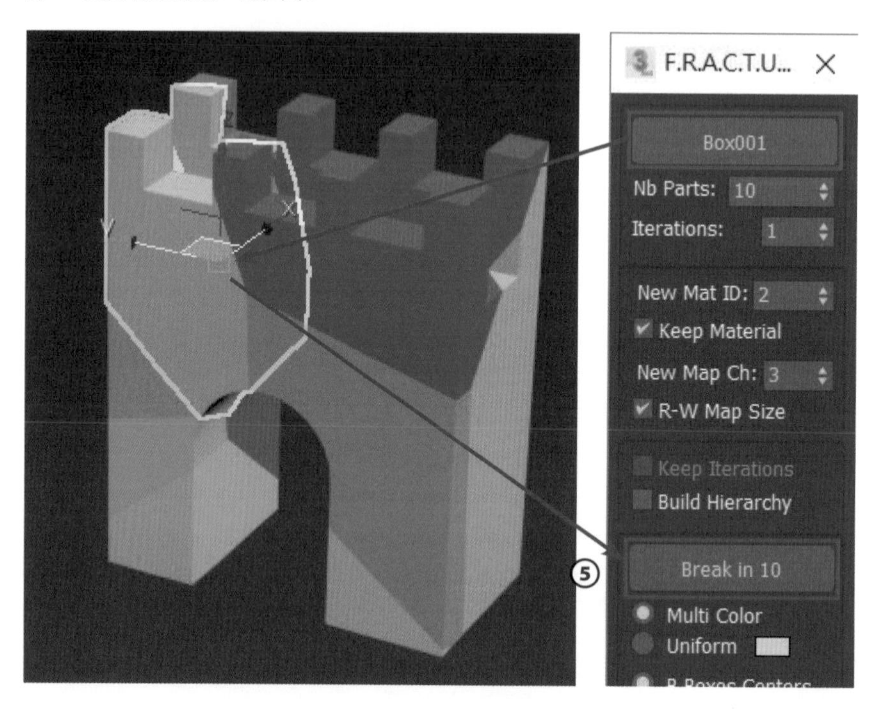

06 框選城牆後加入【MassFX Rigid Body】修改器。

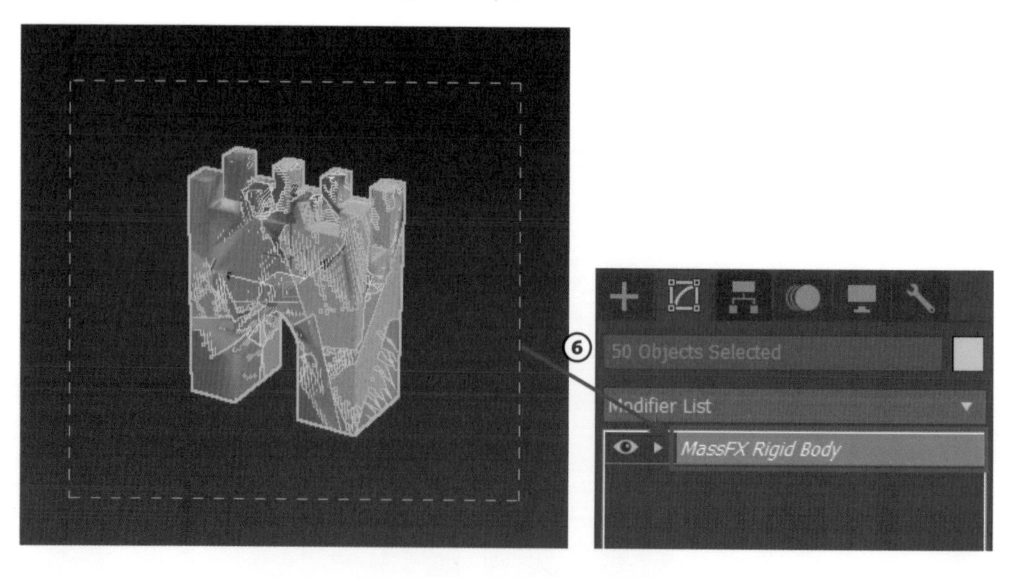

07 點擊【MassFXToolbar】工具列的【 】播放鍵，可以發現城牆馬上碎成一地。

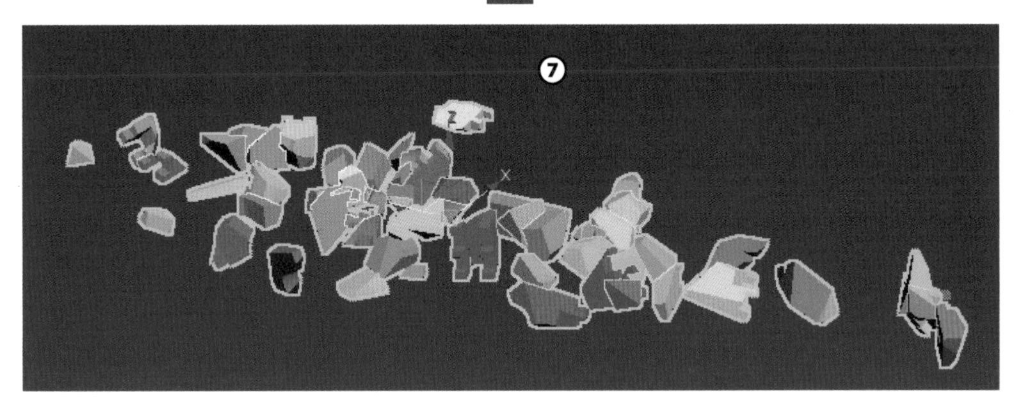

小秘訣

在修改面板，【Rigid Body Type】選擇【Static】，【Shape Type】選擇【Original(原本的)】，再把【Rigid Body Type】設定回【Dynamic】，播放動畫會發現城牆依照原本形狀裂開落下，而不是爆炸開來。

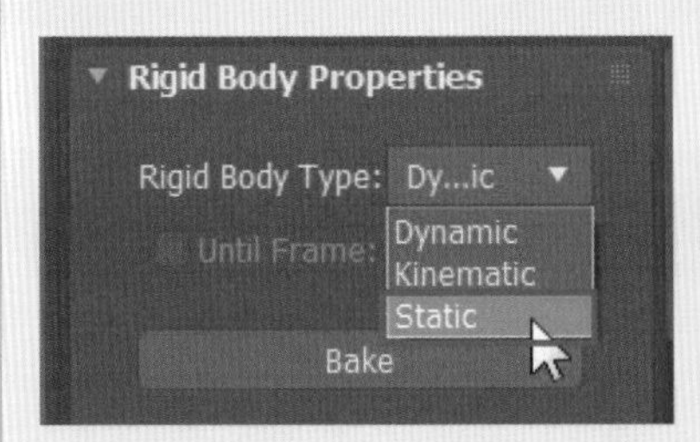

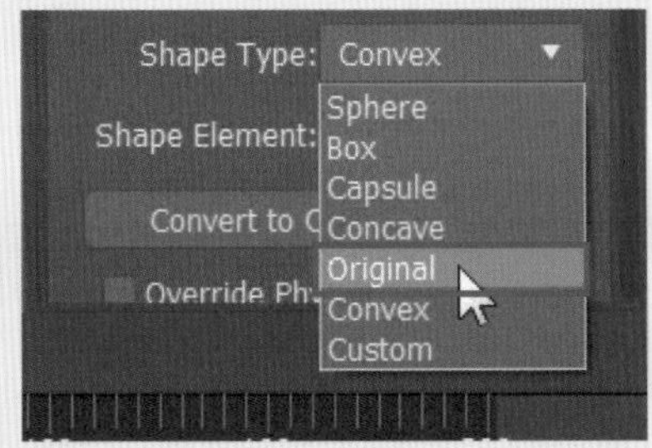

08 在【Modify（修改面板）】下方欄位中，勾選【Start in Sleep Mode（啟動睡眠模式）】，使城牆受到外力影響，才會開始有所變化。

09 在城牆前建立一顆【Sphere】作為砲彈。

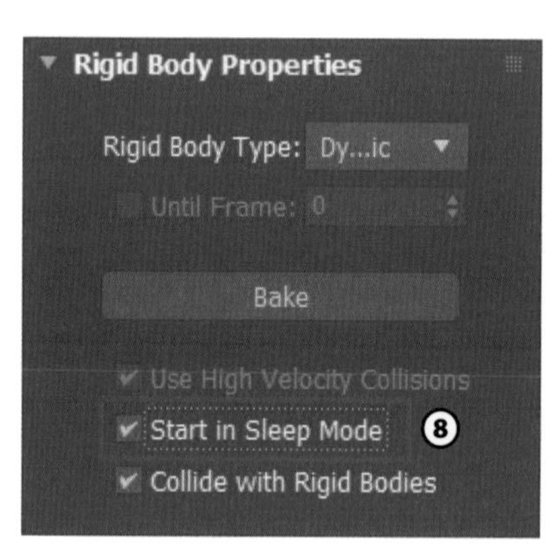

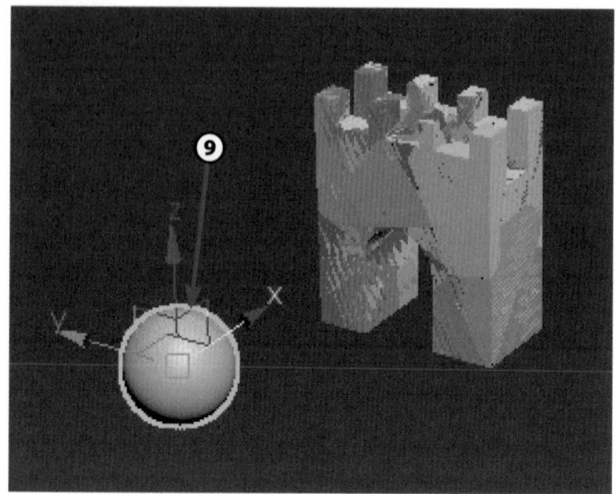

10 選取砲彈，在【MassFXToolbar】工具列的【 】按鈕上按住滑鼠左鍵不放，會出現選項，將模型設定為【Set Selected as Kinematic Rigid Body（設置為運動學剛體）】。

11 點擊右下角的【Auto】即可記錄物體的動畫。

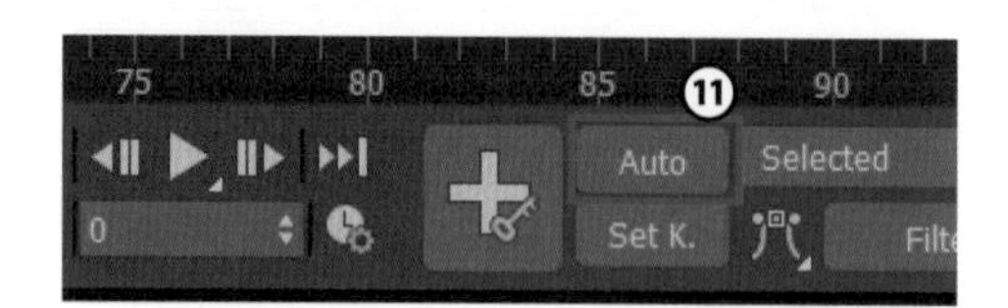

12 點擊【Auto】後會發現時間軸變成紅色的，將時間軸滑桿任意往後調整影格數。

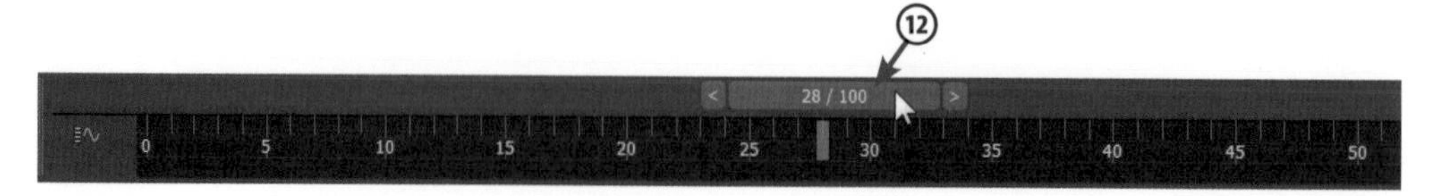

13 並將球移動至城牆後面，使球在設定的時間會跑到城牆後。

14 調整完後點擊【Auto】，關閉動畫錄製即可離開。

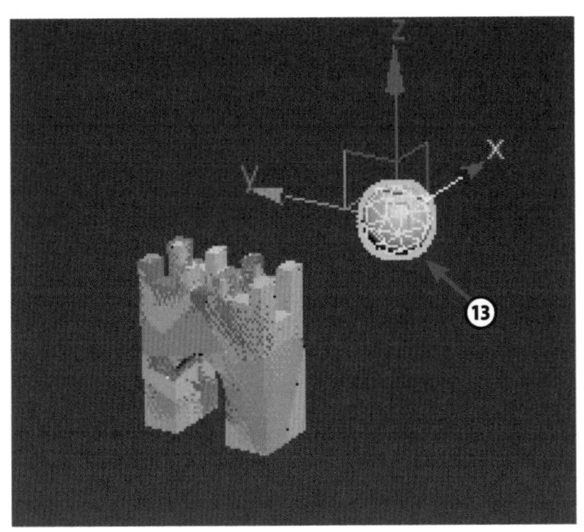

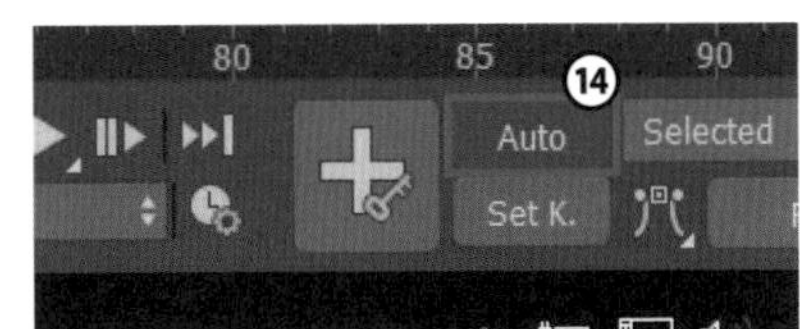

小秘訣

調整完後一定要點擊【Auto】。不然等等對物體所做的改變都會被記錄下來。

15 點擊【MassFXToolbar】工具列的【 】播放鍵，即可發現球體撞到城牆後城牆會碎裂。也可以參考 5-1 章節 - 擲骰子的速度設定來讓球體衝撞城牆。

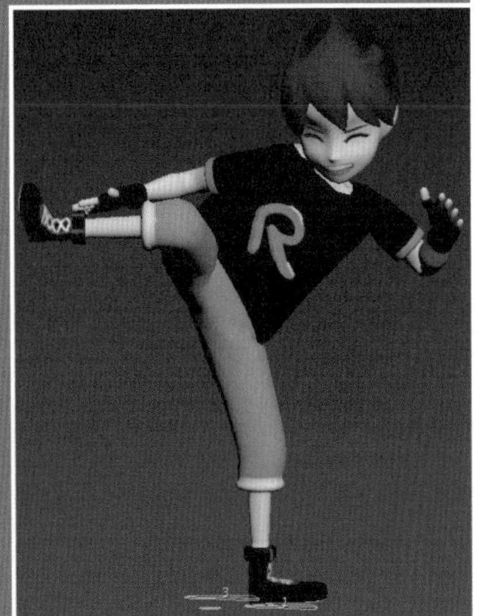

CHAPTER **06**

廣告級頭髮模擬展示（Hair and Fur）

6-1 頭髮模擬展示

使用 3ds Max 軟體建立模型時，不論是場景中的雜草、樹叢，或是遊戲動畫中的公仔 頭髮、毛茸茸的動物，都會需要用到【Hair and Fur (WSM)】毛髮修改器。

01 開啟〈6-1_ 頭髮模擬 .max〉可以發現檔案裡有顆球型要做為頭部模型。

02 進入 Polygon（面）層級，框選想要長出頭髮的部分。

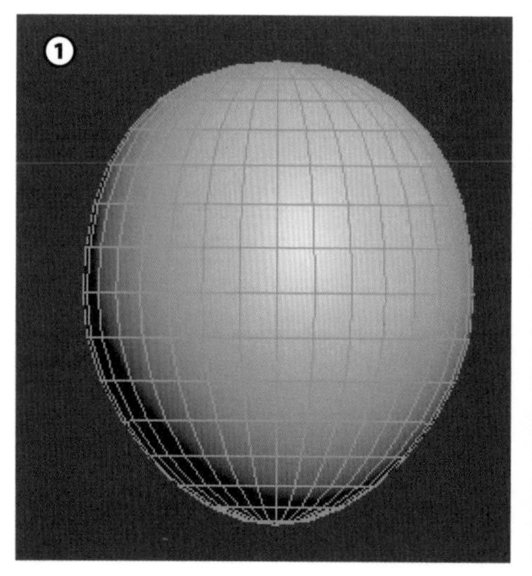

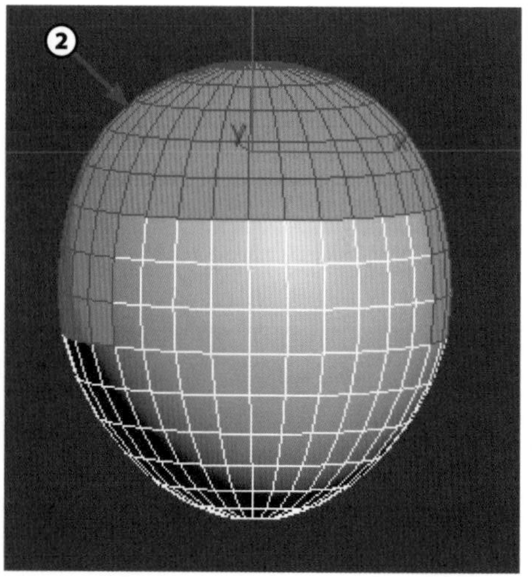

03 點擊【Modify（修改面板）】→【Edit Geometry（編輯幾何）】下的【Detach（分離）】使頭髮的部分與頭分成不同的物件。

04 命名完點擊 OK 即可。

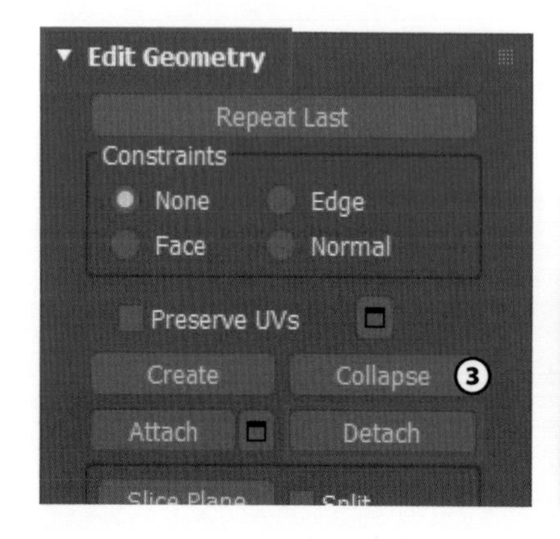

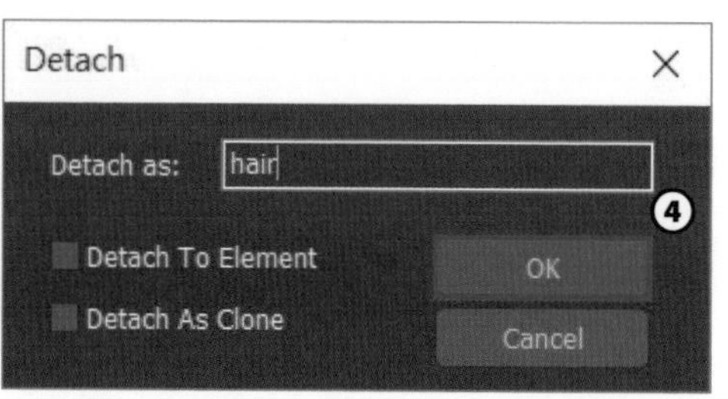

05 點選頭髮的部分，在【Modify（修改面板）】→點擊【Modifier List】下拉式選單→加入【Hair and Fur (WSM)】修改器來長出毛髮。

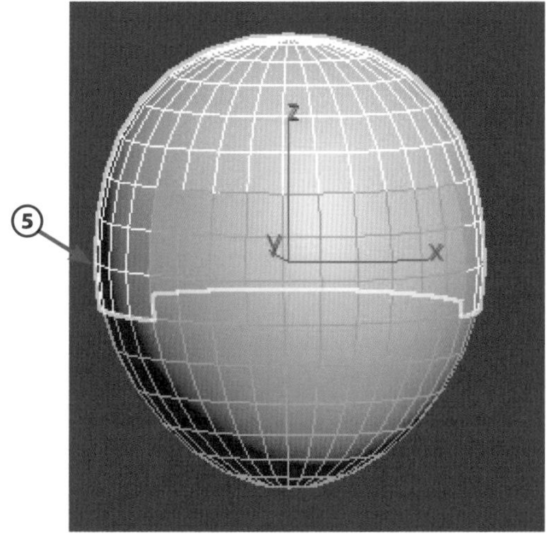

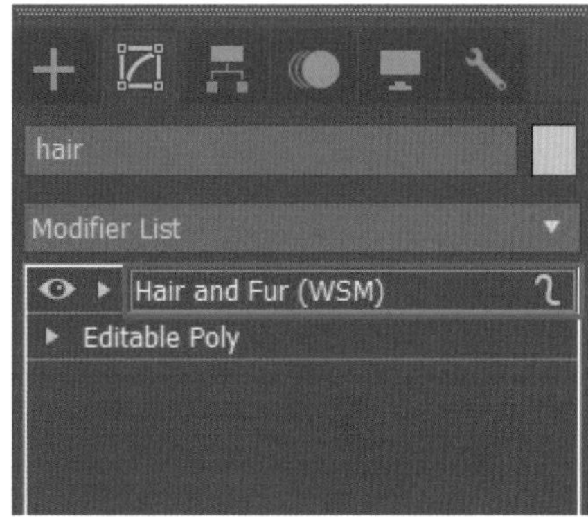

06 加入修改器後可以發現長出頭髮來了。

07 點擊【Styling（樣式）】→【Finish Styling（完成樣式）】按鈕，可以對頭髮的外觀做細部修飾。

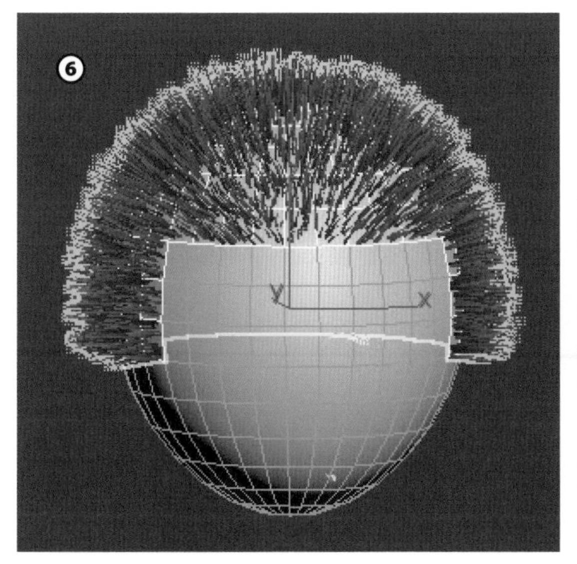

08 點擊【 (Scale)】，為比例按鈕，在頭髮上按住左鍵向右拖曳，可以增加頭髮長度向左拖曳則頭髮變短。

09 使用【 (Hair cut)】可以剪頭髮。點擊【 (Hair brush)】，可以繼續使用梳子來梳理頭髮。

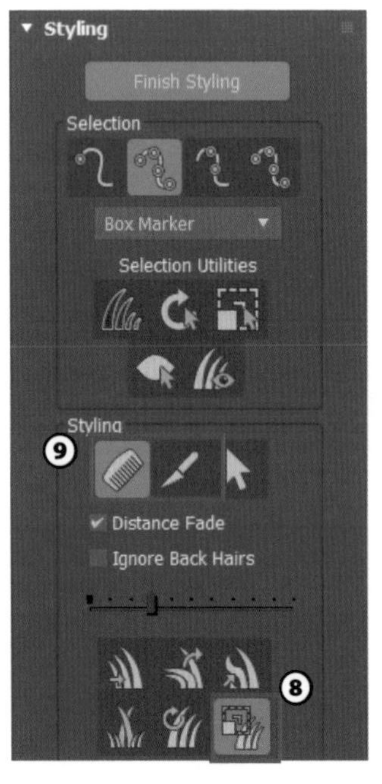

10 點擊【 】，為順著毛髮梳理。按住 Ctrl+Shift 鍵，同時按住滑鼠左鍵上下拖曳可以更改筆刷大小。

可以更改筆刷大小

11 點擊【Finish Styling】按鈕，退出【Finish Styling】模式，將【General Parameters】→【Hair Count】設定為「15000」，增加毛髮數。

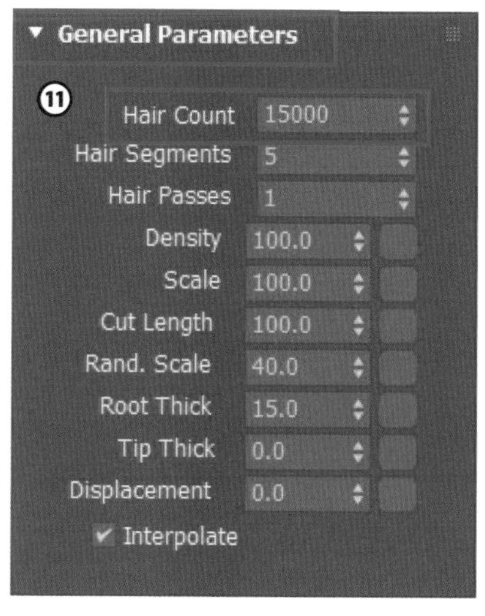

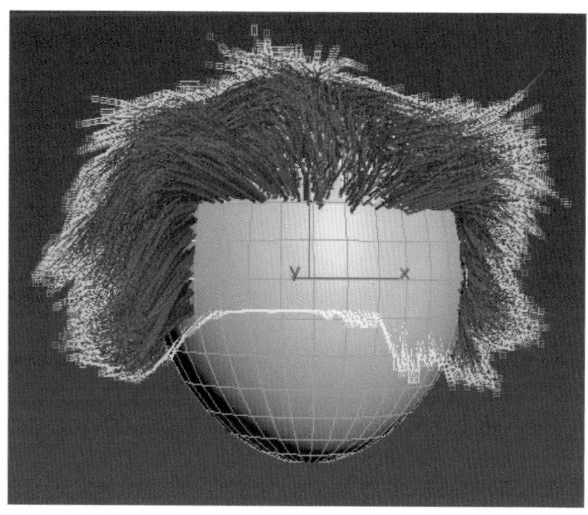

12 調整頭髮的【Hair Segments（段數）】、【Hair Passes（層次）】與【Root Thick（髮根半徑）】、【Tip Thick（髮梢半徑）】，可以增加頭髮的蓬鬆感。

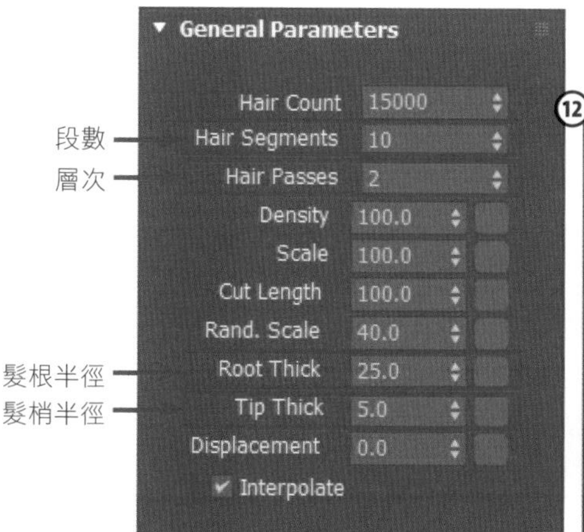

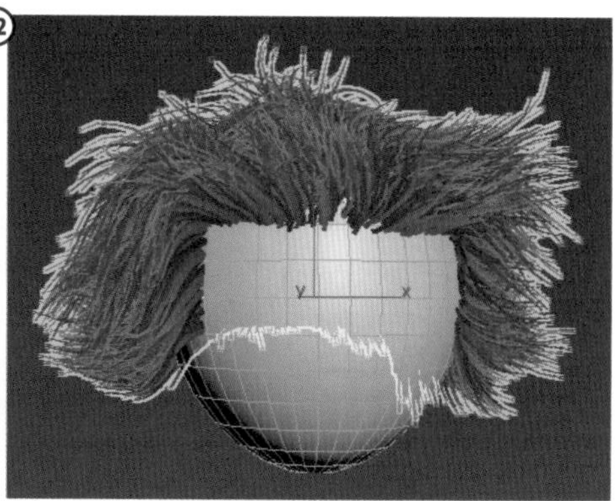

13 將修改面板下方欄位中 →【Dynamics】→【Mode】切換至【Live】的模擬模式，可以使頭髮受到重力自然下垂。

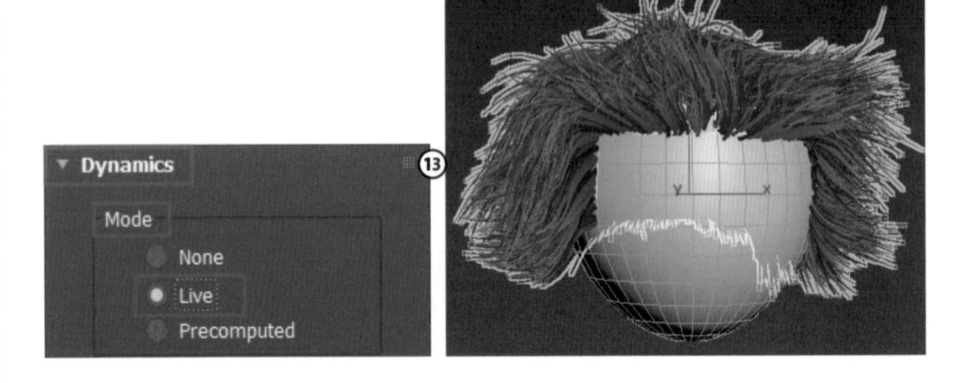

14 點擊修改面板下方欄位中→【Material Parameters】內的【Tip Color（髮梢顏色）】與【Root Color（髮根顏色）】可調整頭髮顏色。

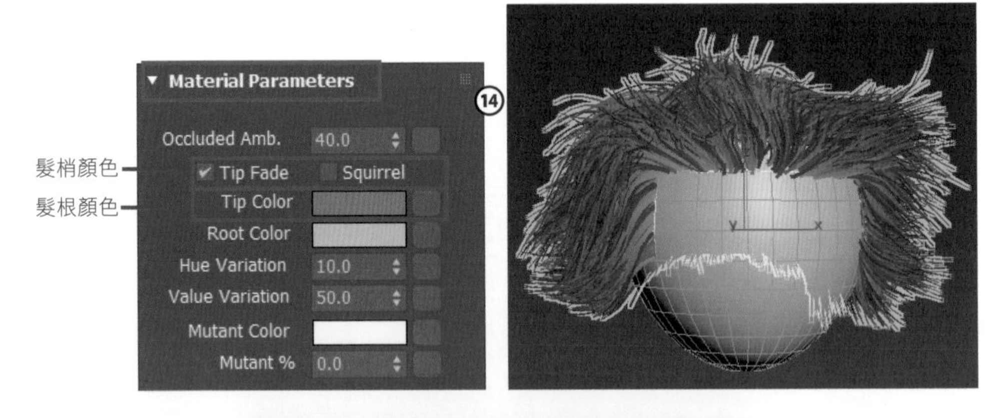

15 頭髮完成。

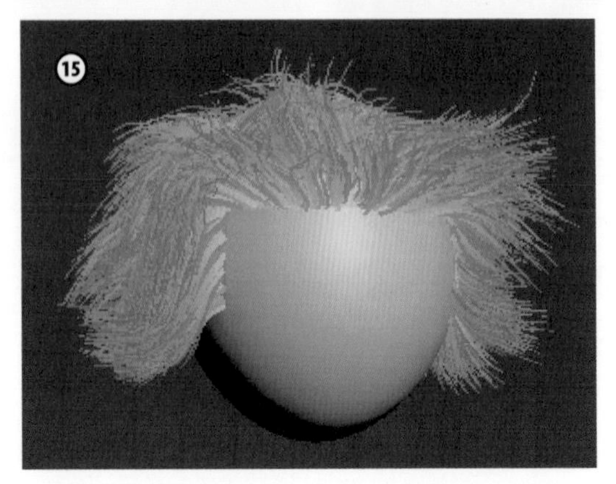

6-2 隨風飄逸的頭髮

01 沿用上一小節製作的檔案。

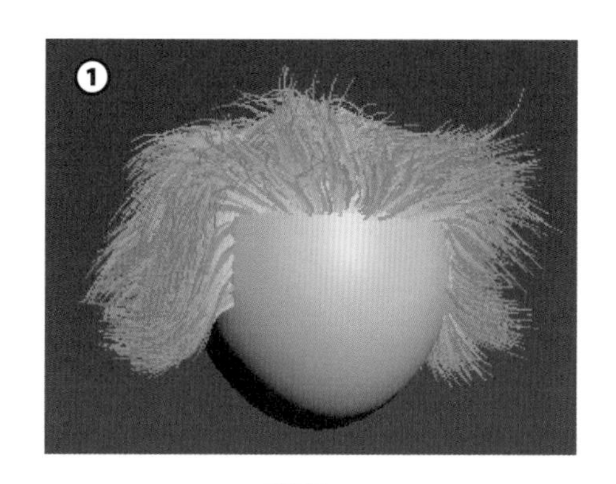

02 切換至前視圖，在【Create（創建面板）】→【Space Warps 空間扭曲】→ 點擊【Wind】按鈕，建立風力。

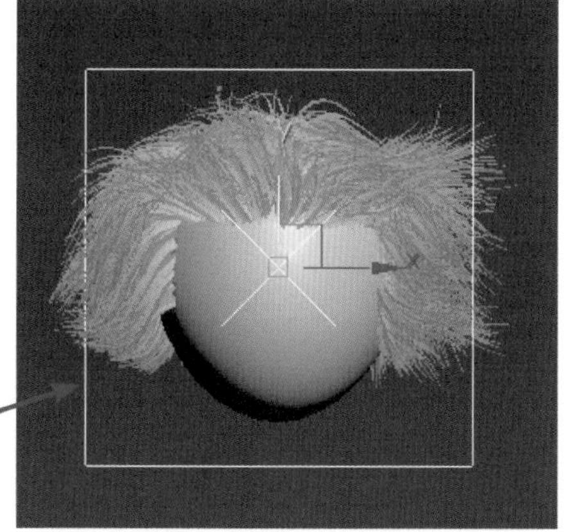

03 按下 T 鍵，切換至上視圖，將風力移動至頭的前方，並旋轉至箭頭朝向頭部，箭頭為風力方向。

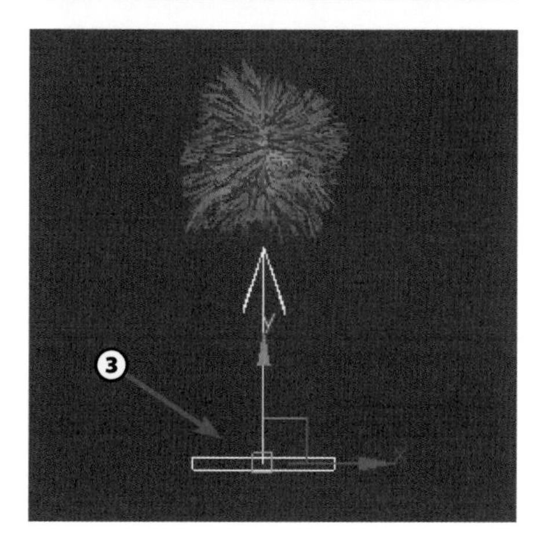

04 按下 E 鍵（旋轉），旋轉風的角度，如圖所示。

05 選取頭髮，在修改面板下方欄位中→【Dynamics（動力學）】→【Collisions（碰撞）】，切換為【Polygon】選項，使頭髮飄動時可與頭部碰撞，產生較真實的效果。

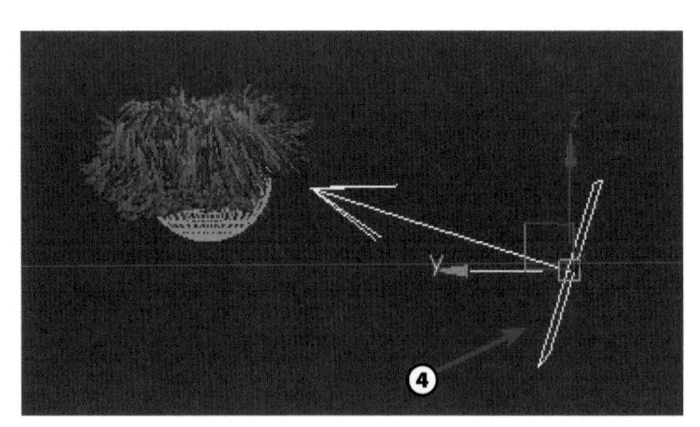

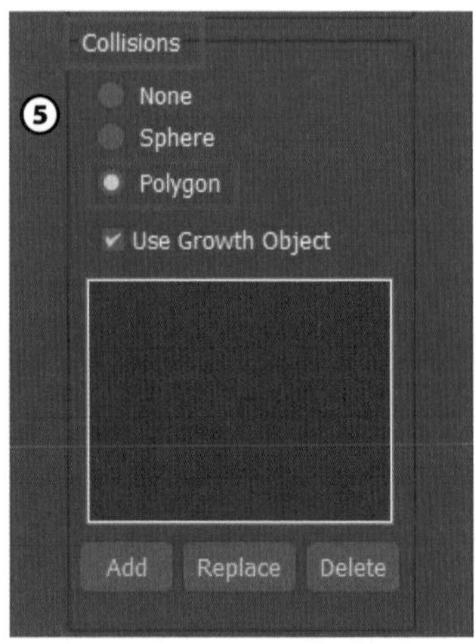

06 再點擊下方【External Forces（外力）】欄位的【Add（加入）】按鈕，點選所繪製的風力，加入頭髮與風力的連結。

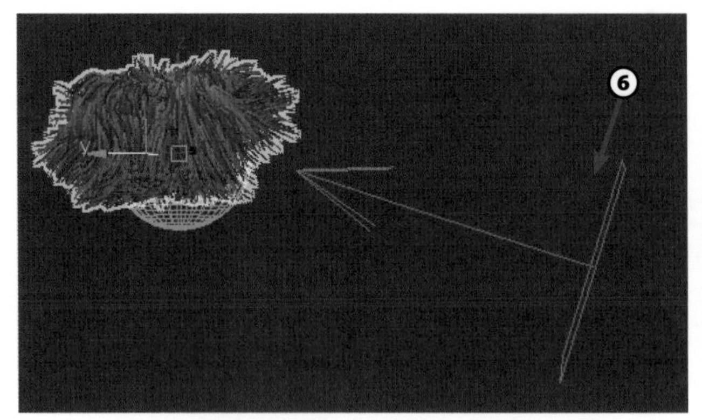

07 選取風，將修改面板下方欄位中→【Parameters（參數）】→【Force（力）】→【Strength（強度）】設定為「150」，增強風的強度。調整完畢，選取頭髮，切換至【Live】的模擬模式，可預覽頭髮飄動。

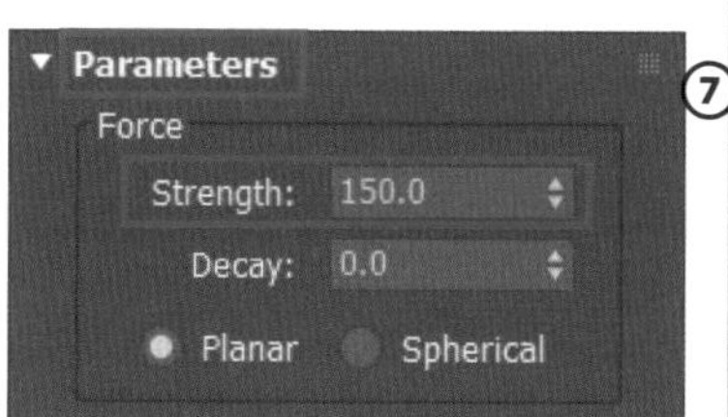

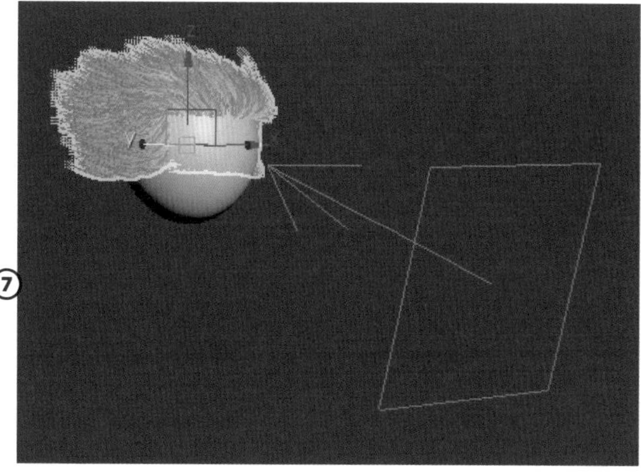

小秘訣

若頭髮太多過於厚重，可以選取頭髮，修改髮量與層次，降低髮量。

08 選取風，將修改面板下方欄位中→【Parameters】→【Wind（風力）】→【Turbulence（不穩定氣流）】設定為「500」，有間歇風的感覺。

09 將【Frequency】頻率設定為「200」，調整風吹吹停停的頻率。

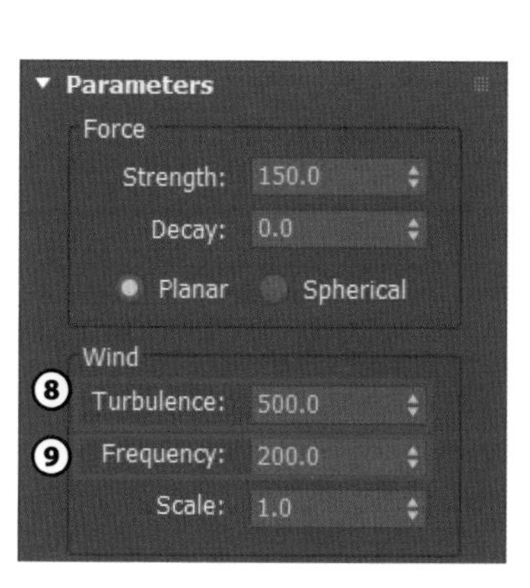

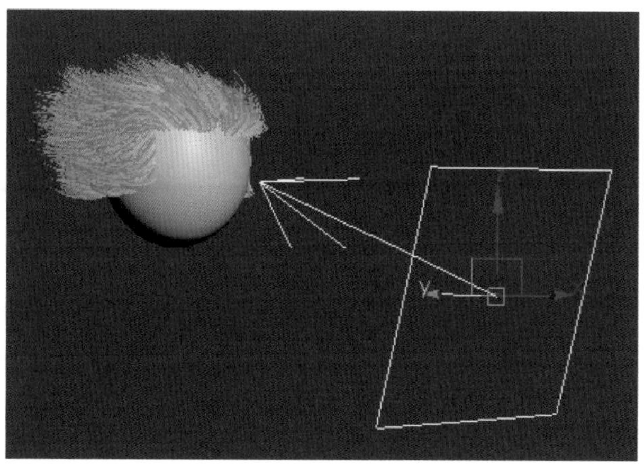

10 選取頭髮後至修改面板下方欄位中 →【Dynamics】→【Parameters】可調整頭髮的重力以及剛性。

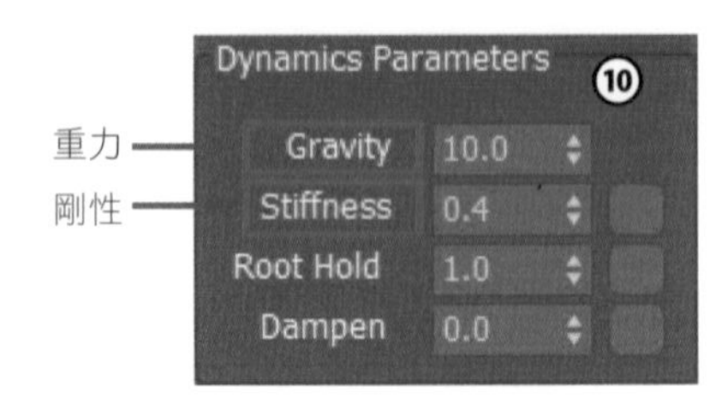

11【Gravity(重力)】越大頭髮飄的幅度越小，如左下圖。【Gravity(重力)】越小頭髮飄的幅度越大，如右下圖。

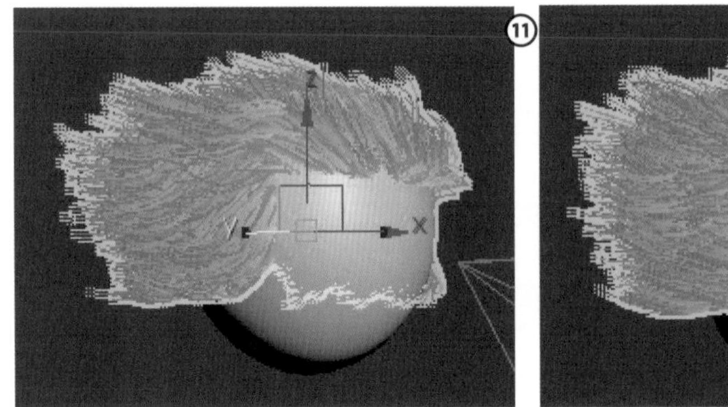

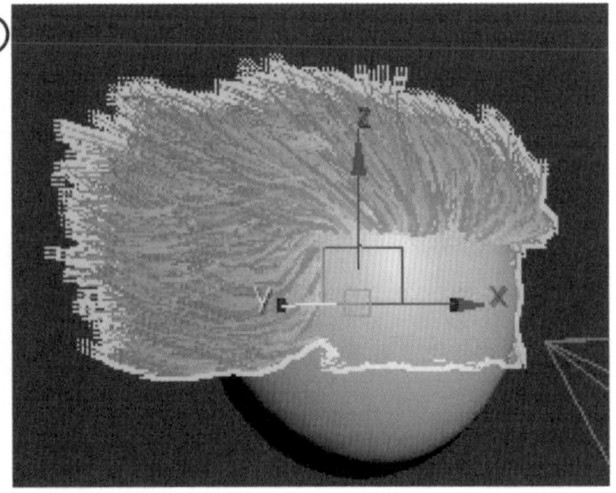

12【Stiffness(剛性)】越大頭髮越堅固，如左下圖。【Stiffness(剛性)】越小頭髮越柔軟，如右下圖。

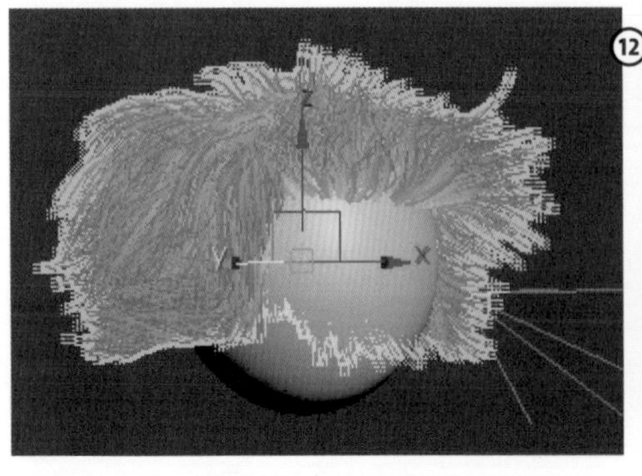

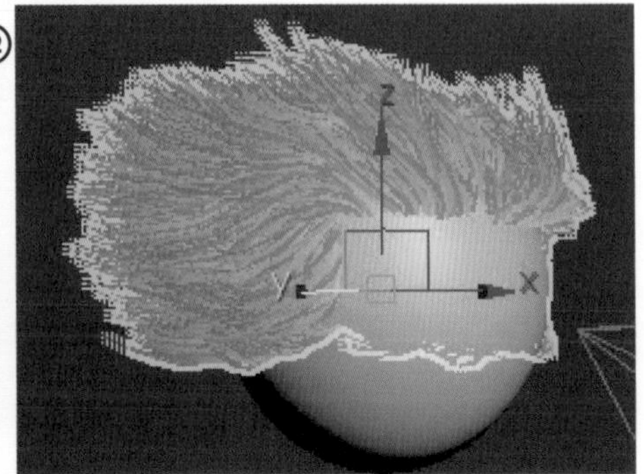

13 將修改面板下方欄位中→【Dynamics】→【Mode】切換為【Precomputed（預先計算）】模式來進行程式運算。

14 按下【Dynamics】→【Stat Files（統計文件）】右側的【...】按鈕，瀏覽要儲存的位置。

15 點擊【Dynamics】→【Simulation（模擬）】→【Run（執行）】按鈕，開始輸出。

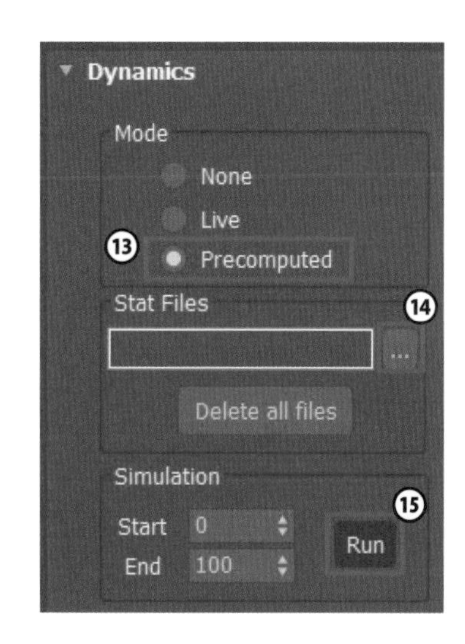

16 點擊播放鍵，頭髮就會飄動。(將風力刪除頭髮也會動)

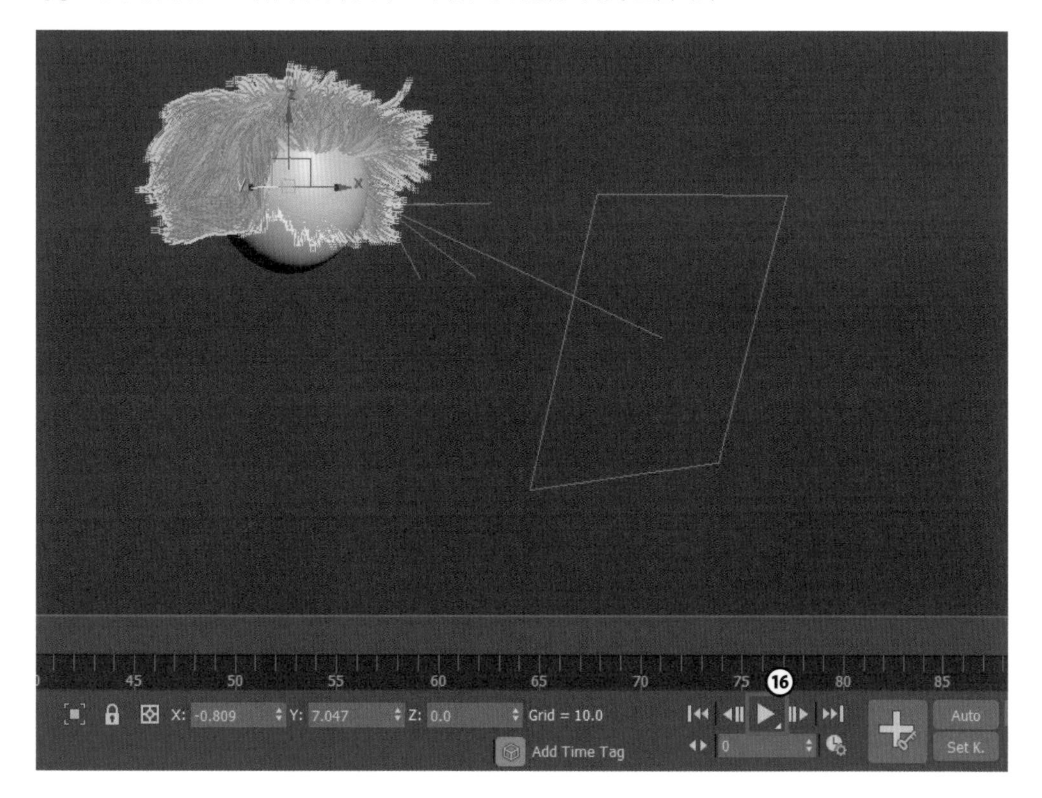

CHAPTER 07

運動路徑動畫 - 雲霄飛車

7-1 雲霄飛車軌道建模

本節是要建立雲霄飛車的軌道。建立此類模型最方便的方式就是用線，因為線可以轉變為有寬度與高度的矩形斷面，或是圓型斷面也可以。然後，枕木的部份要用到沿路徑複製的技巧。

01 按下F鍵，切換至前視圖，點擊【Create（創建面板）】→【Shapes】下的【Line】指令，繪製出如圖的線。

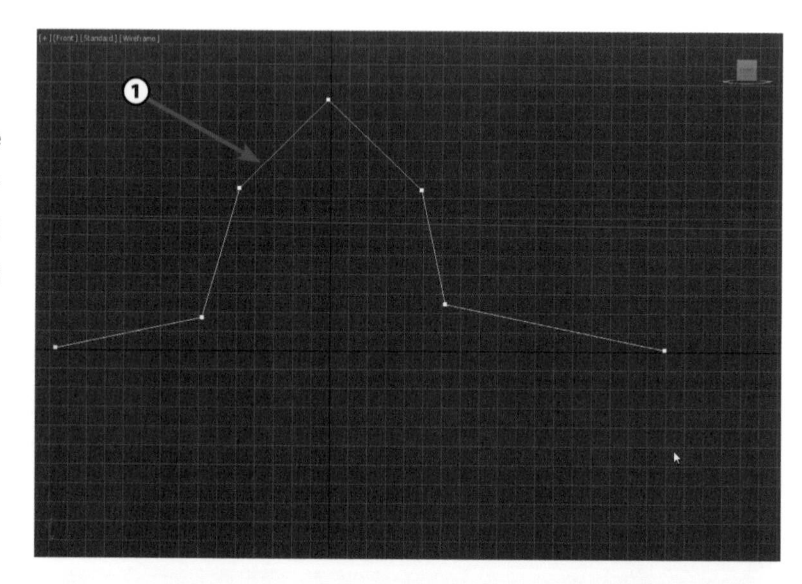

02 進入點層級，按下右鍵→切換為【Bezier（貝茲點）】，拖曳綠色把手調整曲線。

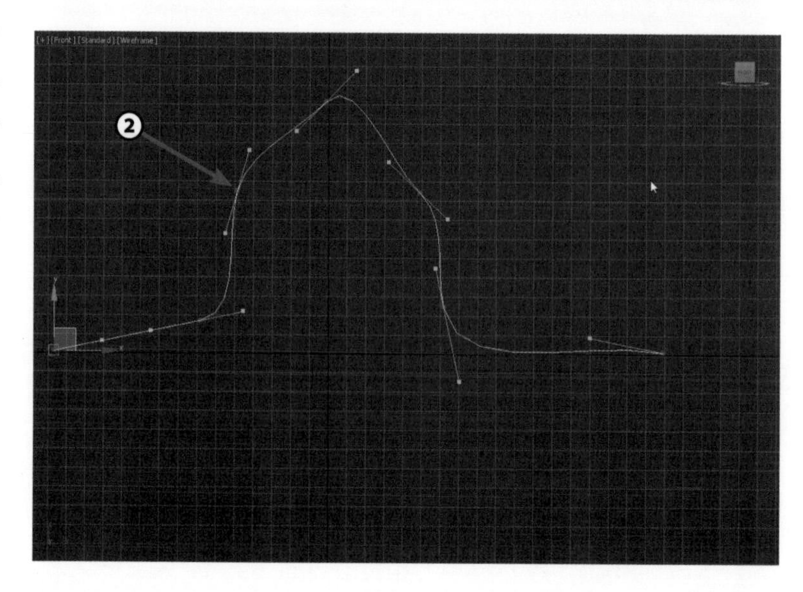

03 利用把手的旋轉與移動，將圖形調整成較平滑的曲線。

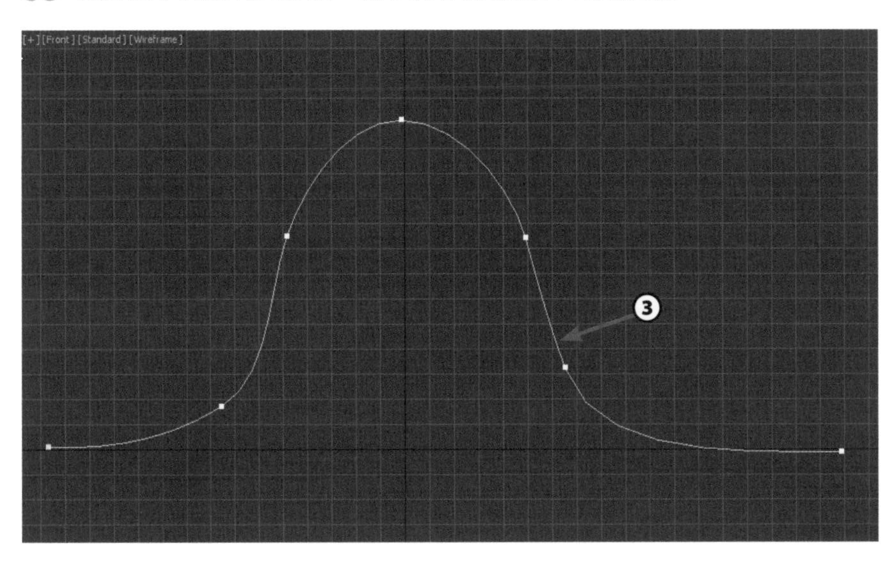

04 按下 P 鍵切換至透視視角，然後將此線複製成三條，右側兩條為軌道線。

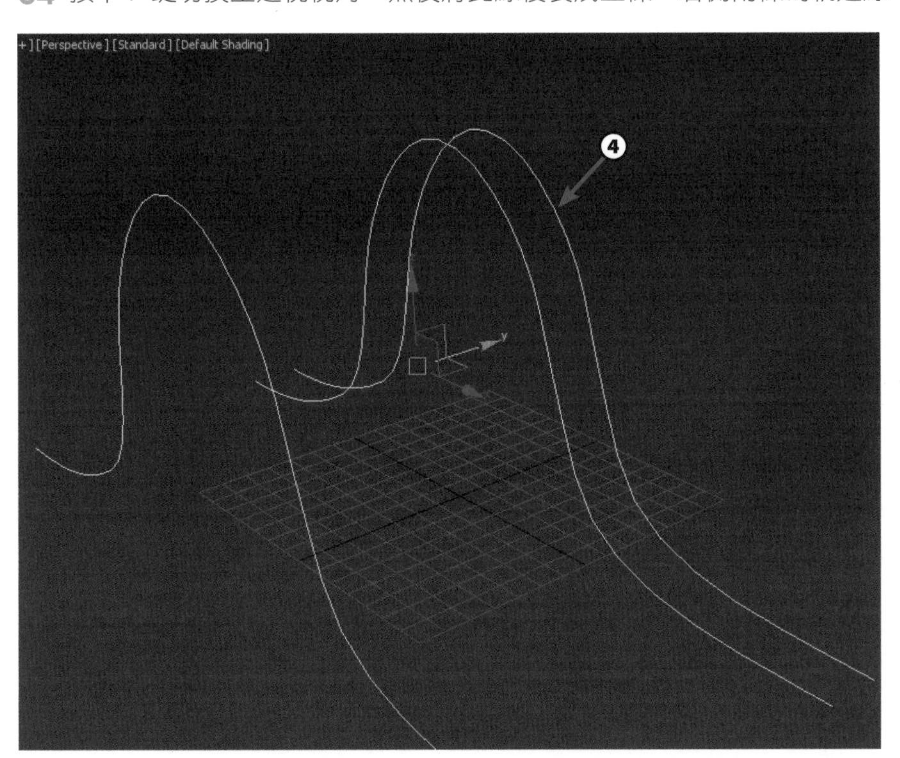

05 點選右側軌道線，在【Modify（修改面板）】→【Rendering】下拉式選單→勾選圖示的【Enable In Renderer（在渲染視窗可見）】與【Enable In Viewport（在視埠視窗可見）】，讓線轉為可見的實體方塊形狀。左側軌道線也以相同方式設定。

06 選取選單中的【Rectangular（方的）】，再調整 Length 與 Width，可以調整出合適的軌道造型。

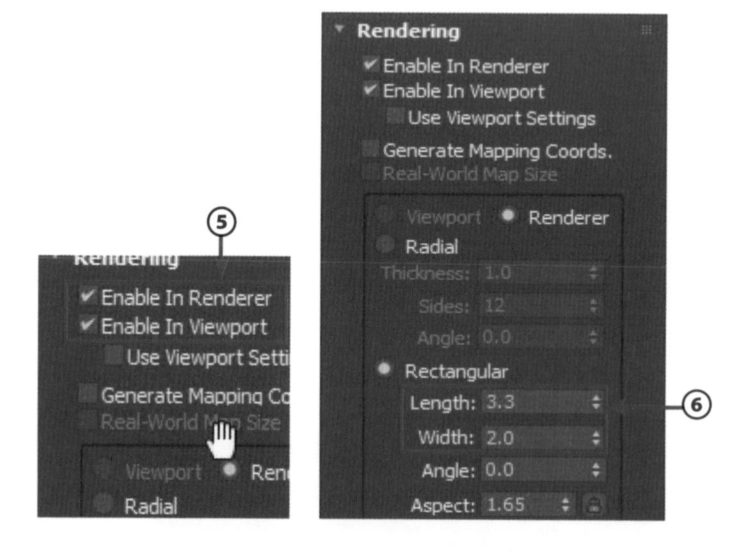

07 軌道造型完成後，在圖中位置建立 BOX（方塊），扁平形狀作為枕木。

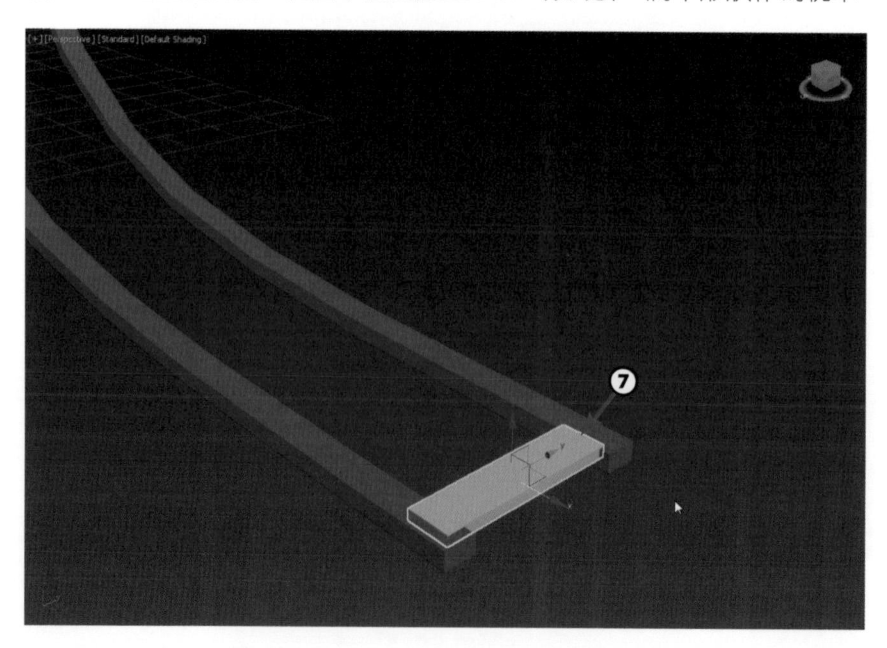

08 先選取要沿路徑複製的枕木，點擊功能表【Tools（工具）】→【Align（對齊）】→【Spacing Tool（間隔工具）】來進入複製狀態。

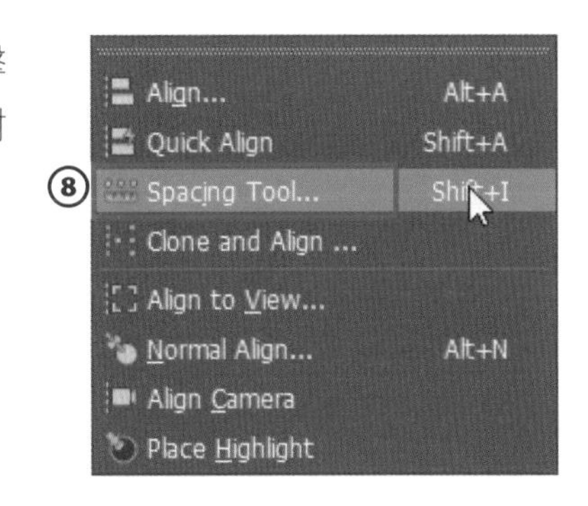

09 點擊【Pick Path】，選取路徑，可以使用第三條線作為路徑，請先移動路徑至軌道中線後再點選此路徑。

10 調整 Count 的數字直到枕木合理的佈滿在軌道上。也請記得勾選 Follow（跟隨），可以讓枕木對齊軌道的方向。

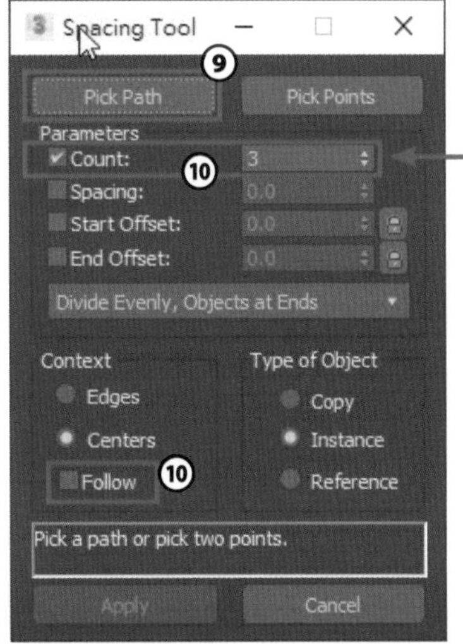

11 合理的軌道與枕木形狀如右圖所示。

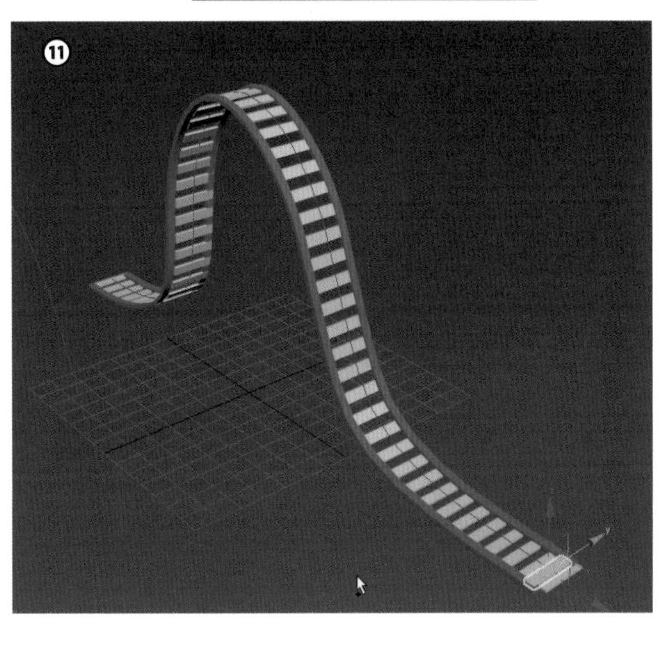

12 選取一開始所預留的路徑線，或是將軌道中的線複製出來也可以，如圖所示。

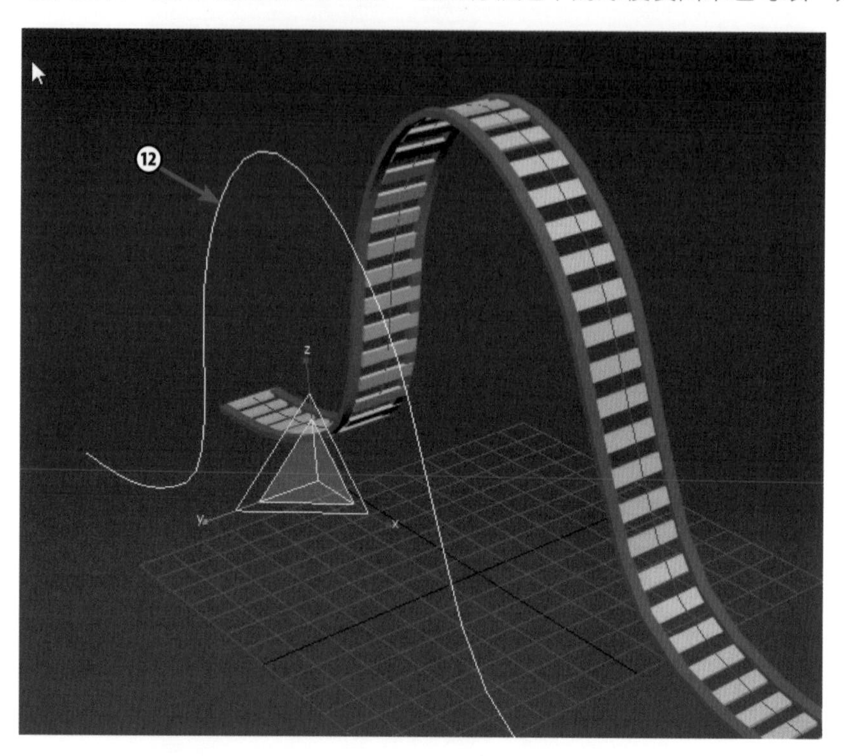

13 切換至前視圖，調整路徑線，利用點級別來調整。因為路徑是要給相機用，所以要調整的比軌道還高一些。

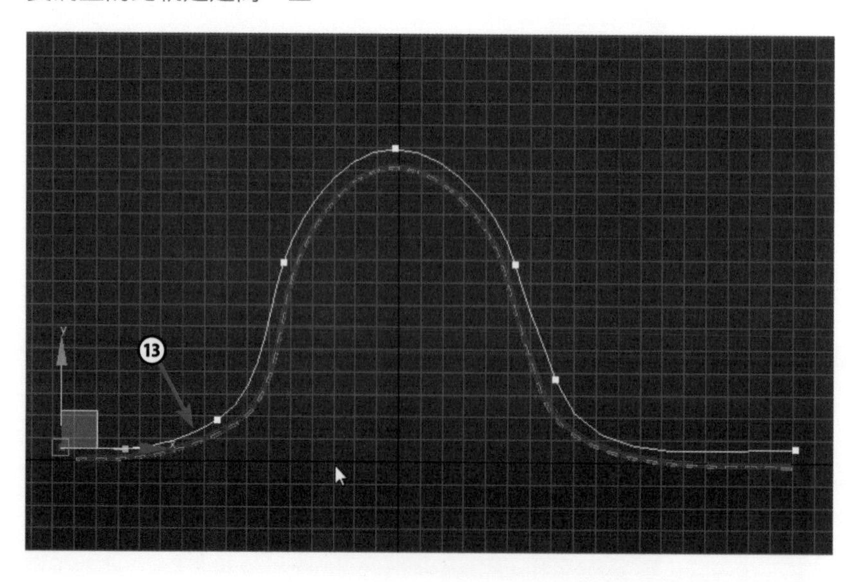

14 切換至面對軌道的視圖，將調整好的路徑線再移回兩個軌道中間。然後建立一台自由相機【Free】。此相機的拍攝方向是面對著軌道。如圖所示。

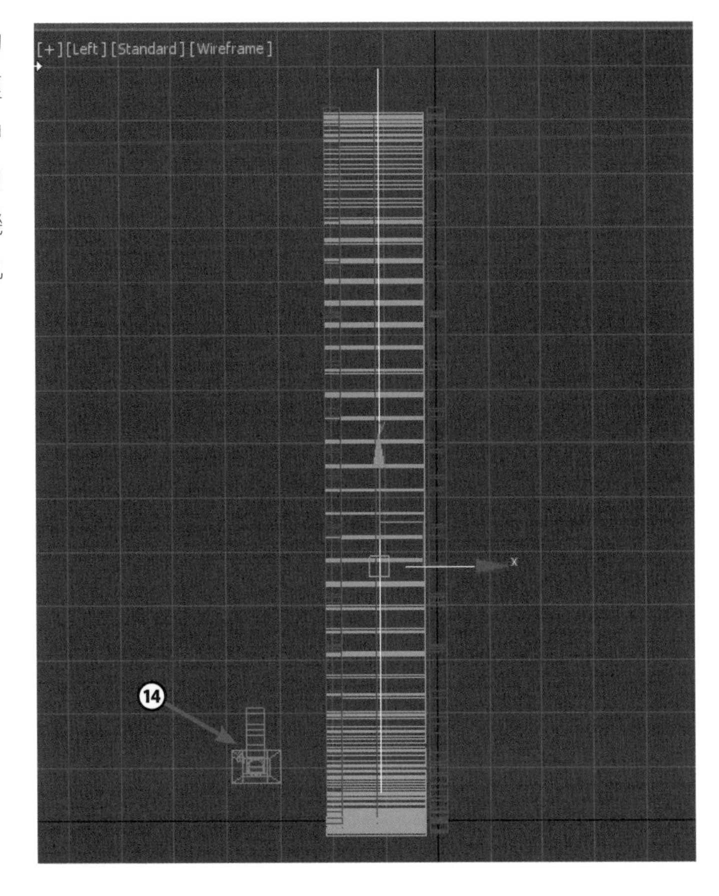

15 選取相機，點擊上面功能表的【Animation】→【Constraints(約束)】→【Path Constraint(路徑約束)】，然後點選路徑線，將自由相機綁定至路徑上。綁定成功後可以看到相機已經在路徑上移動。

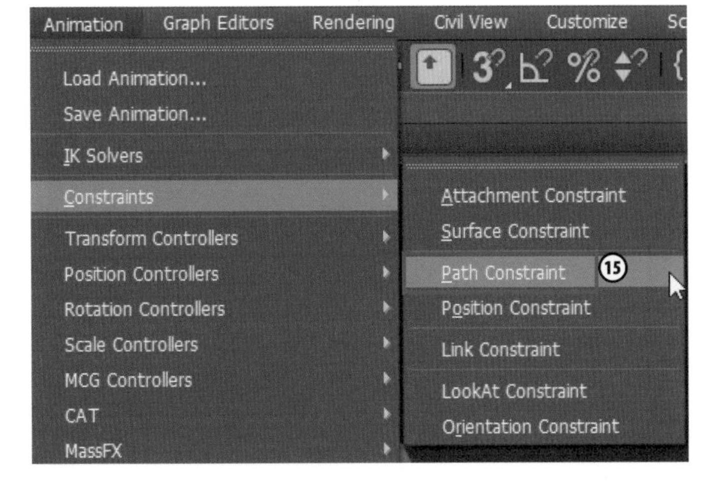

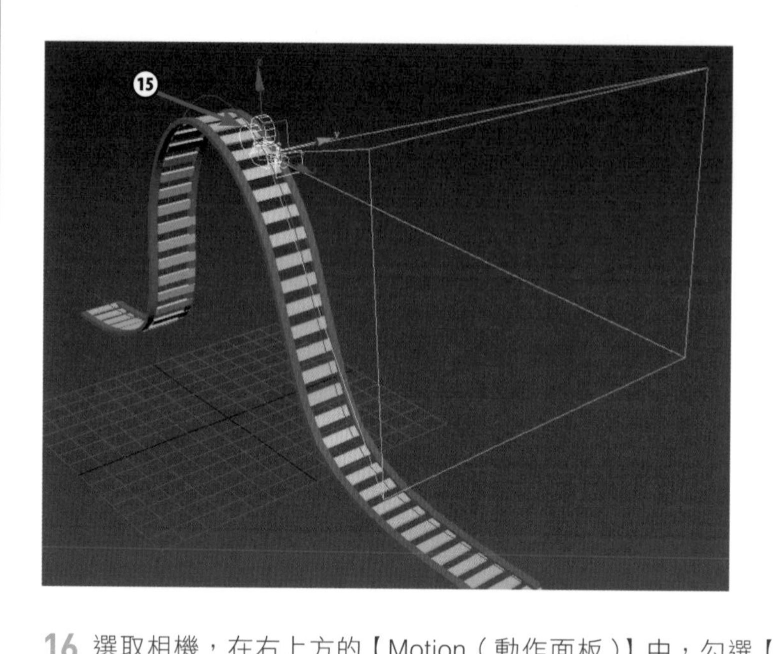

16 選取相機，在右上方的【Motion（動作面板）】中，勾選【Follow】選項，讓相機能對齊路徑來運動。如果方向有錯，可以調整【Axis（軸）】下方的【XYZ】或是【Flip（反向）】來改變方向。

17 按下 C 鍵，切換至自由相機的觀察視角，可以產生很不錯的臨場感。可以按下【/】鍵來播放相機所看到的畫面，或是把此段動畫輸出成影片。

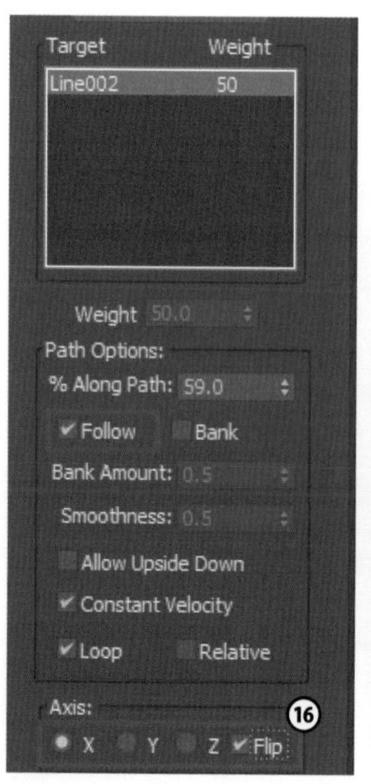

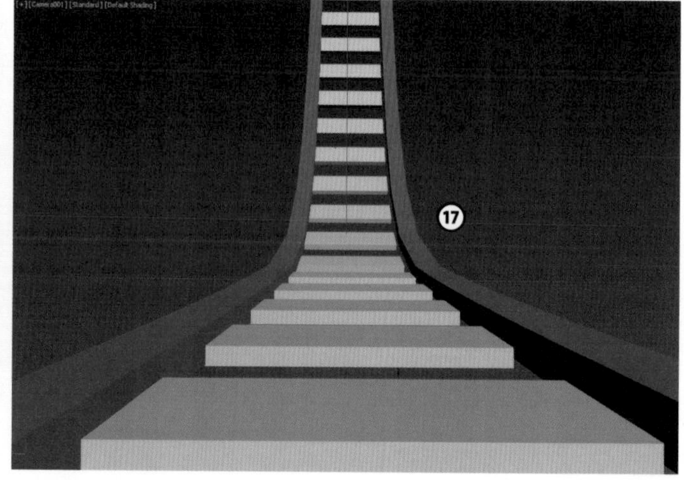

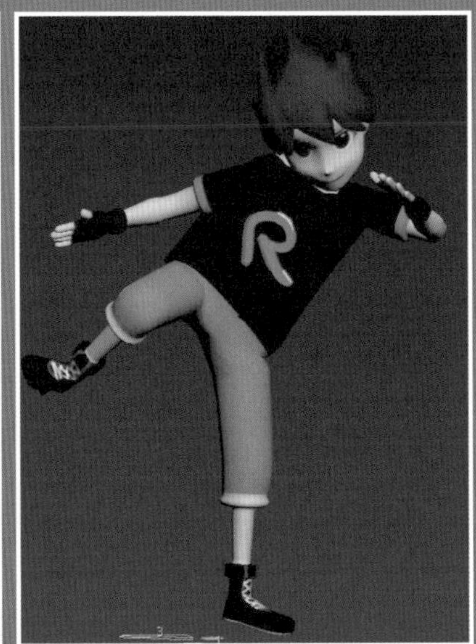

CHAPTER 08

精緻遊戲動畫角色建模

8-1 頭部

01 點擊【Create】→【Geometry】→【Box】，繪製長寬高皆為「100」，分割為 1 X 1 X 1 的方塊。

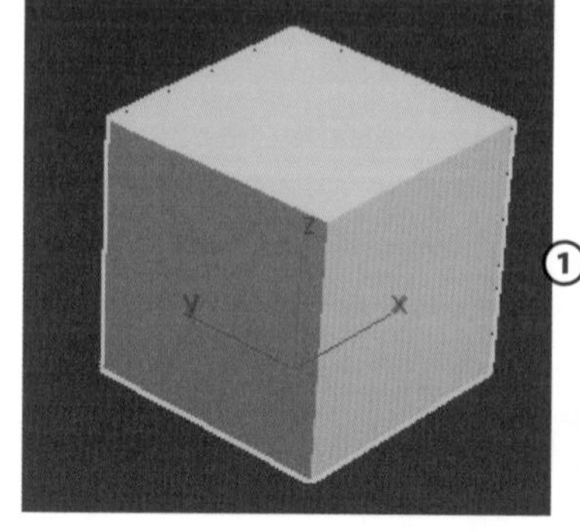

02 選取方塊，加入【MeshSmooth（網格平滑）】修改器。

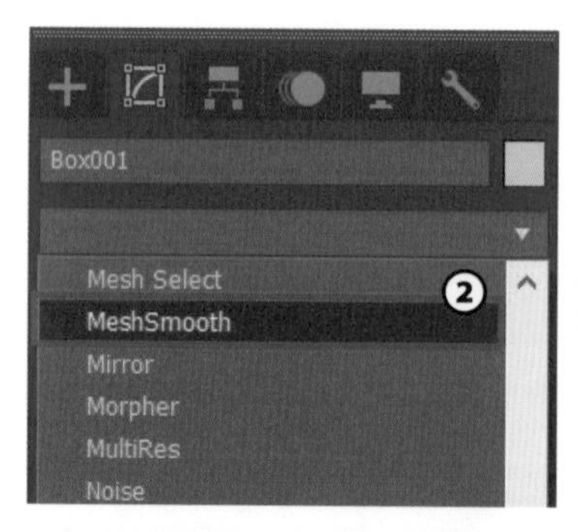

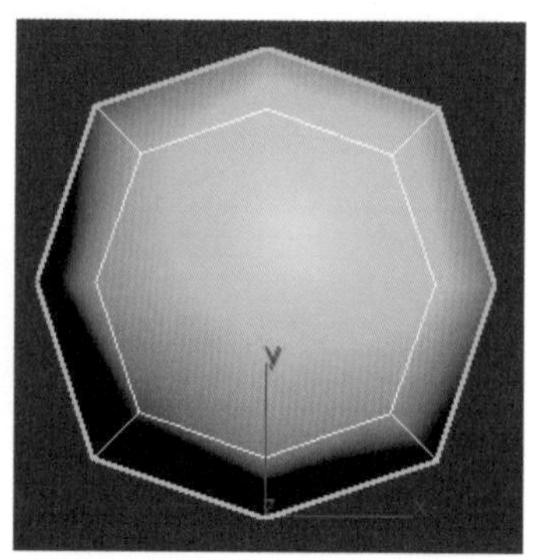

03 點擊滑鼠右鍵→【Convert To】→【Convert to Editable Poly】將方塊轉 Editable Poly，按下 L 鍵切換成左視圖，利用縮放工具將模型上下拉長。

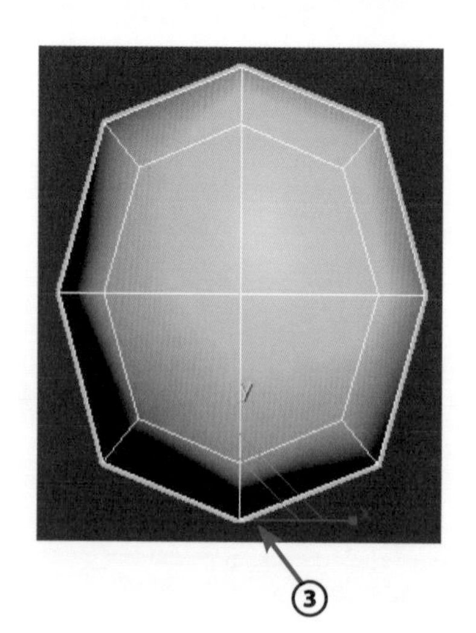

04 切換到【Vertex(點)】層級來調整臉部的曲線，選取右下方的點。利用移動工具將點往下移動，製作下巴。

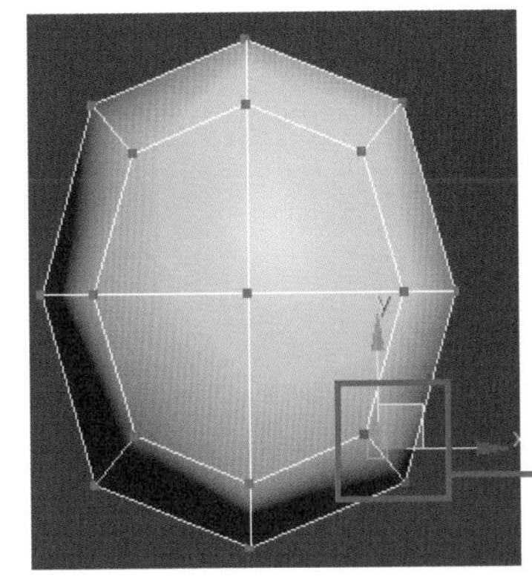

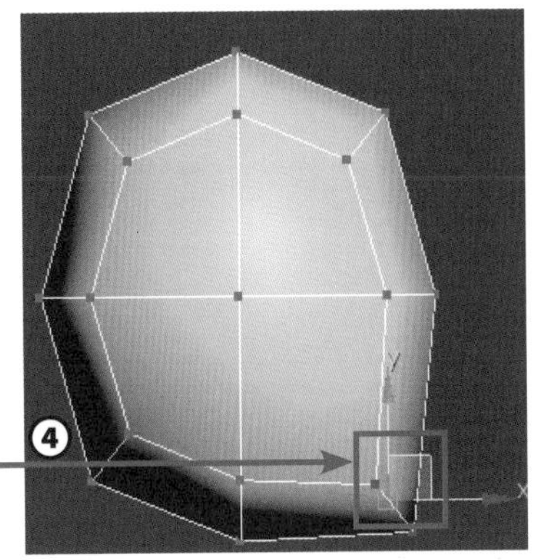

05 選取下方的點，利用移動工具將點往上移動。

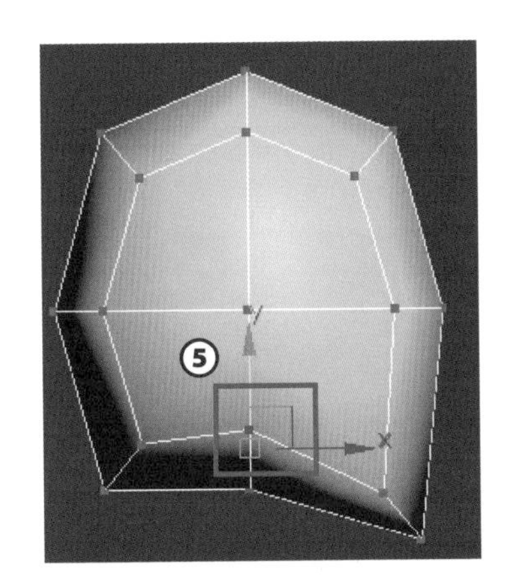

06 按下F鍵切換前視圖，切換到【Edge(邊層級)】層級，框選中上排的邊。

07 點擊滑鼠右鍵→【Connect】製作連接線。

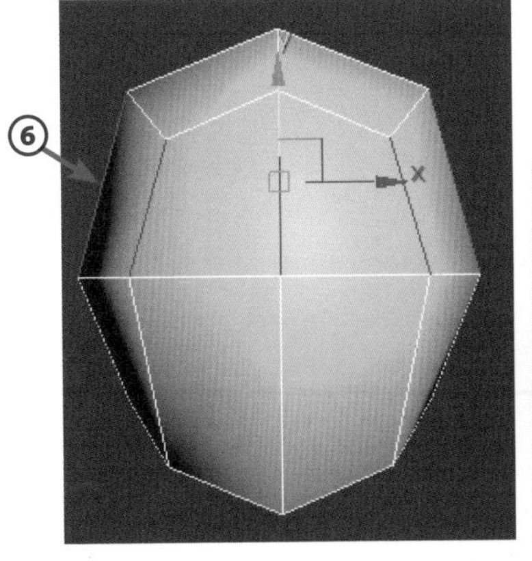

08 切換到【Vertex（點）】層級調整臉部的曲線，選取箭頭指示的點。利用移動工具將點往下移動。

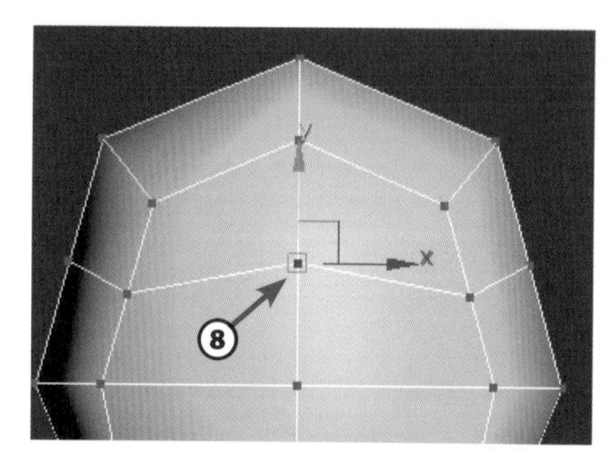

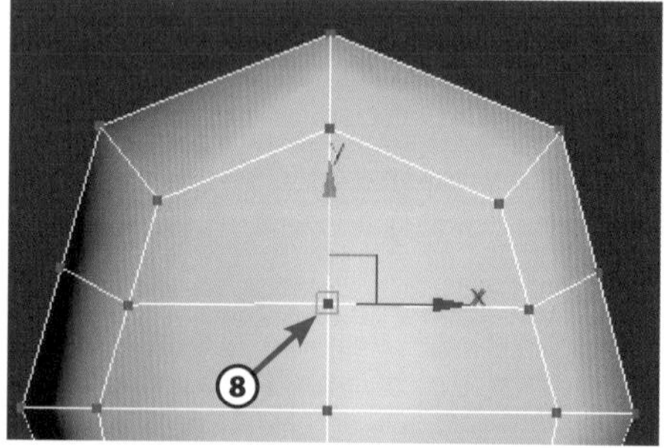

09 切換到【Edge（邊）】層級，選取中下排的邊，按下 F3 線框模式，確認沒有選到多餘線段。

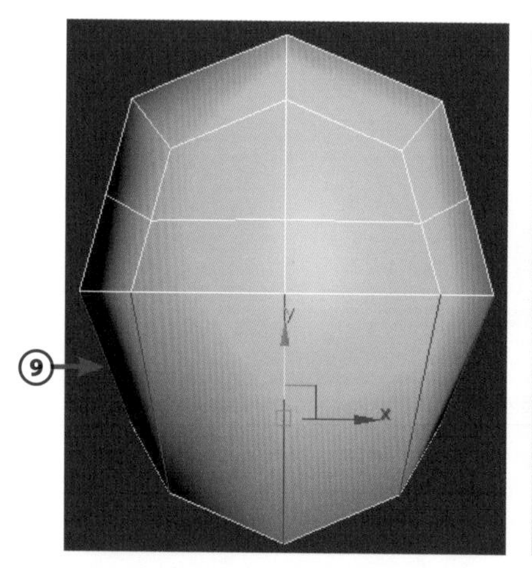

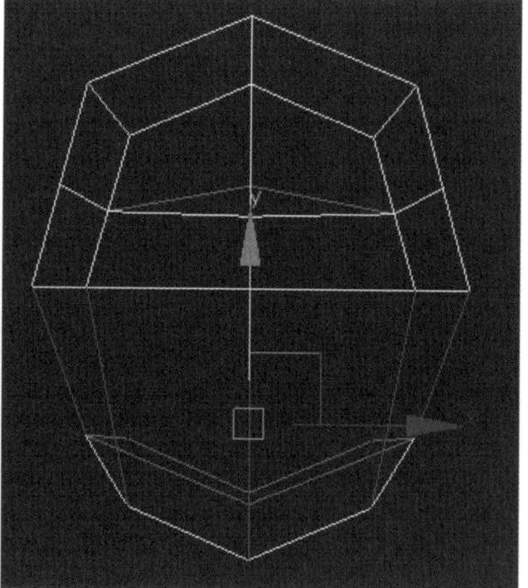

10 點擊滑鼠右鍵 →【Connect 前面的小按鈕】。

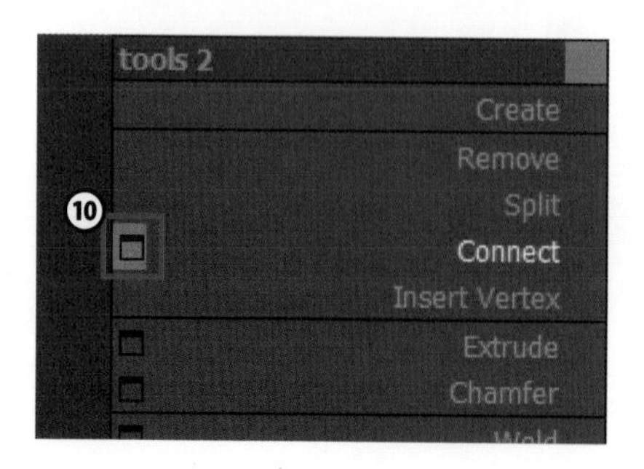

11 在右圖紅色框的欄位中，以滑鼠左鍵按住上下箭頭往上滑動，將繪製出來的線往上拉。

12 點擊打勾按鈕。

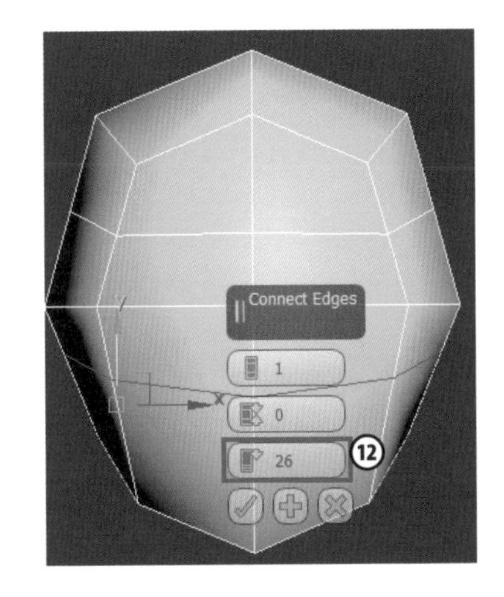

13 選取如圖所示的線，利用縮放工具將線些微放大。

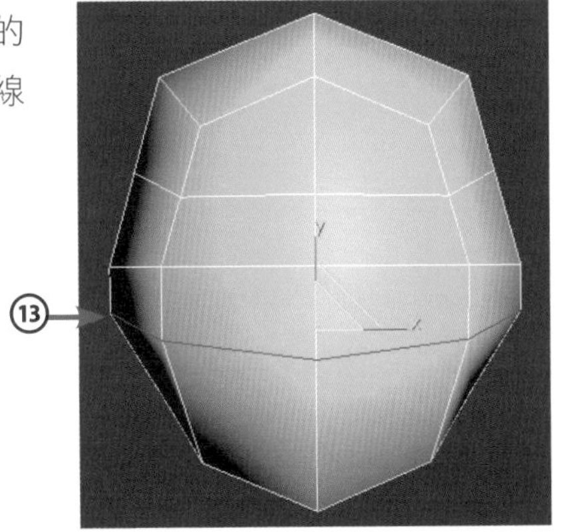

14 選取中間兩排橫線，點擊滑鼠右鍵，按下【Connect】前面的小按鈕。

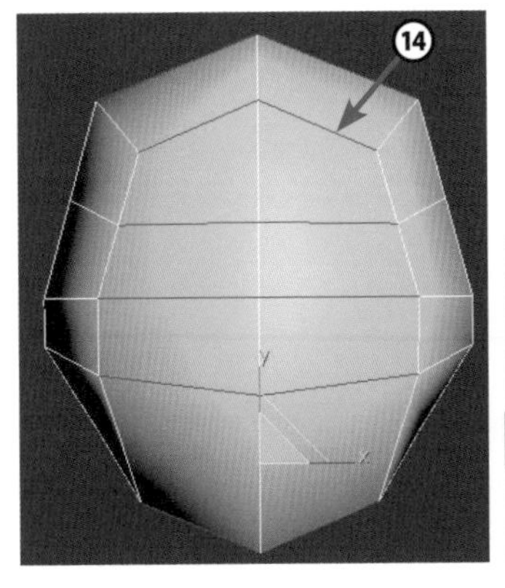

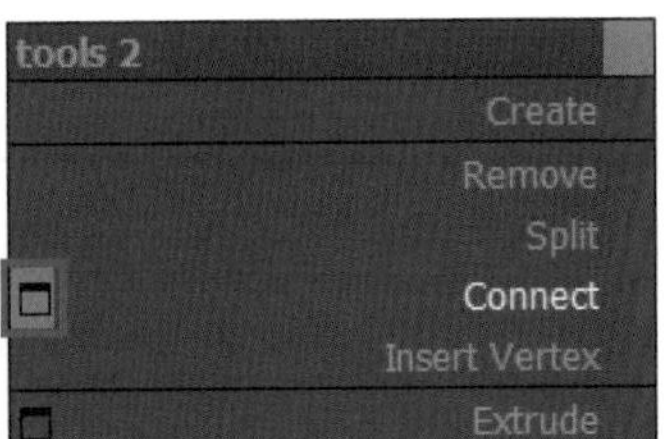

15 在【Slide（滑動）】的欄位輸入「0」，將兩條線的位置歸零。

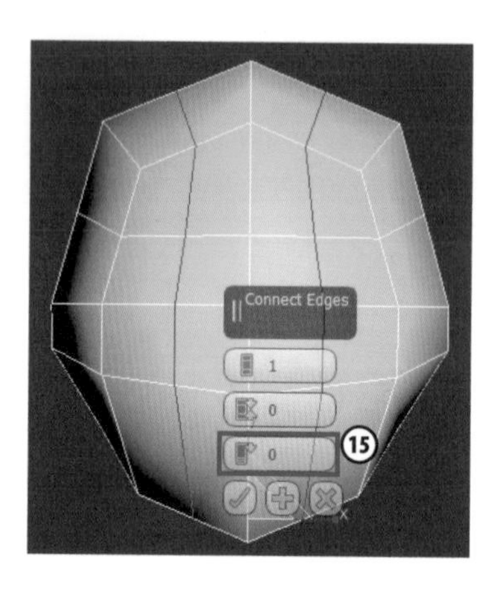

16 切換到【Vertex（點）】層級，選取如圖所示的 6 個點，利用縮放工具，拖曳 X 軸把點往中間集中。

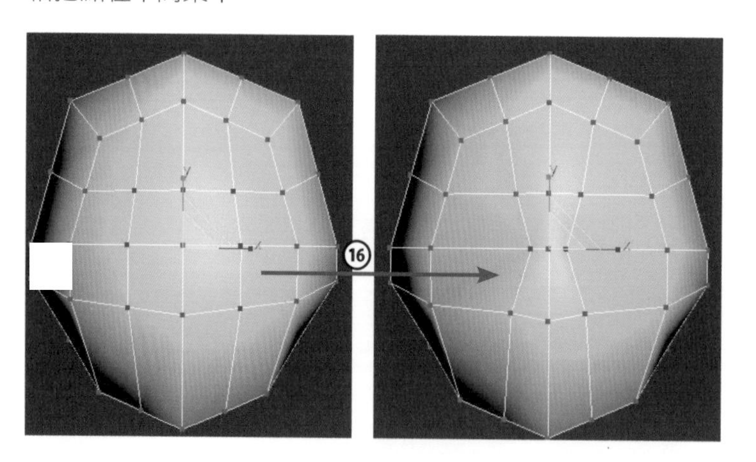

17 切換到【Polygon（面）】層級，選取到下圖所示的 4 個面，點擊滑鼠右鍵，按下【Inset】前面的小按鈕。

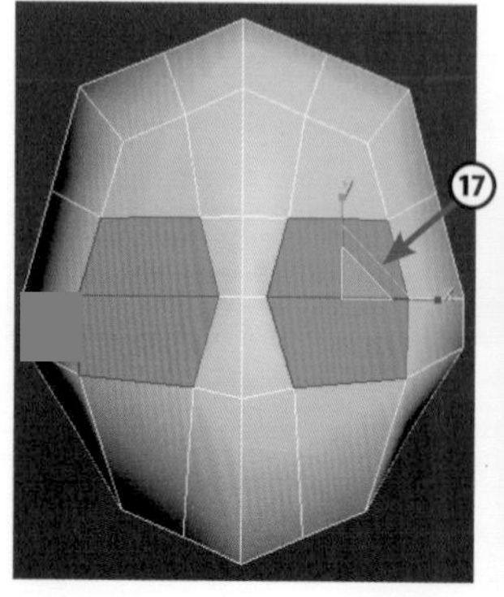

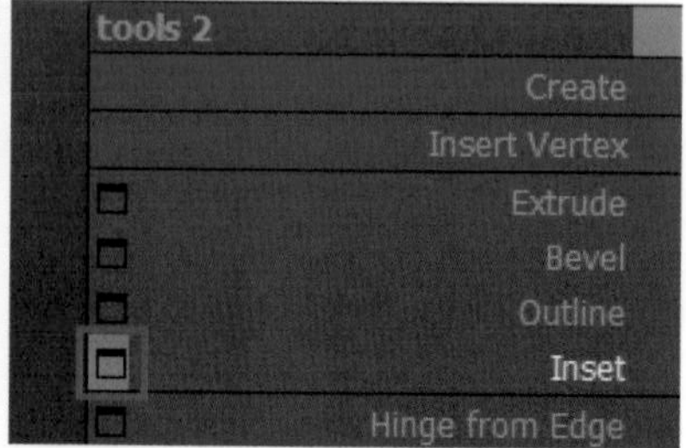

18 設定適當的偏移植，模式使用【Group（群組）】，往內插入一個面。

19 按下 Delete 鍵將面刪除，製作眼睛。

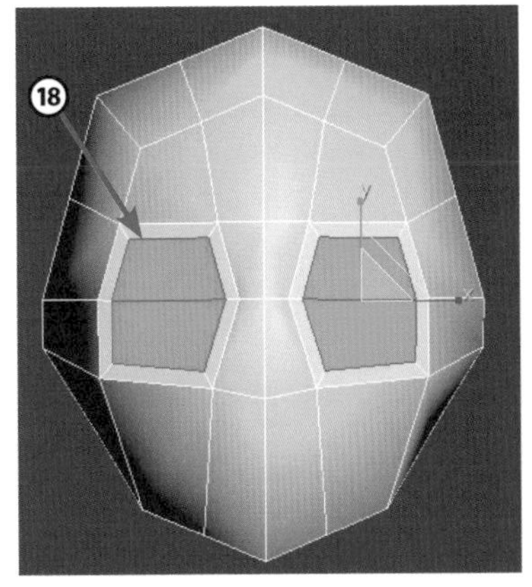

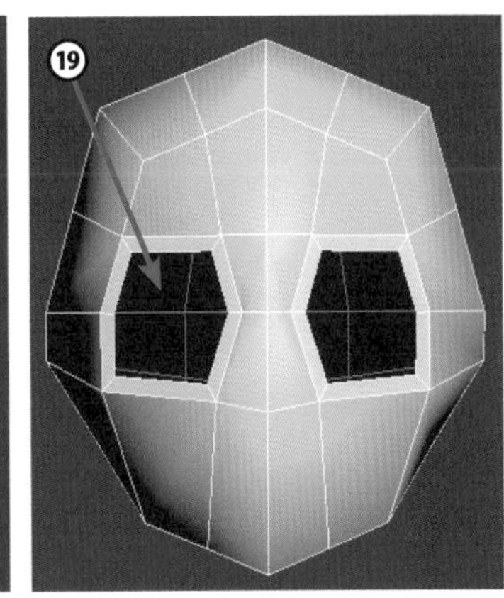

20 按下 L 鍵，切換成左視圖，選取右圖所示的三點，點擊滑鼠右鍵，按下【Collapse】將三點合併成一點。

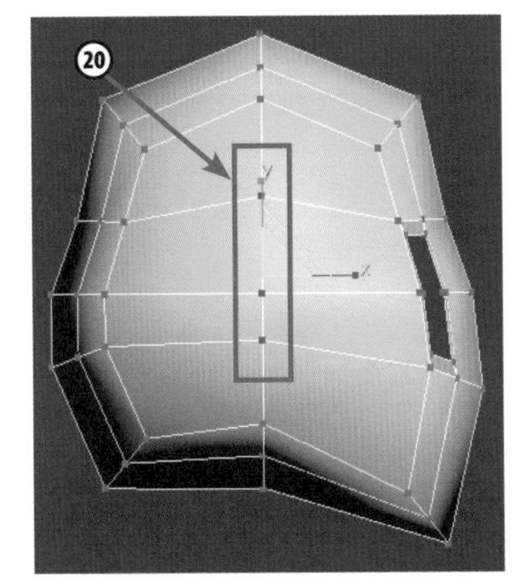

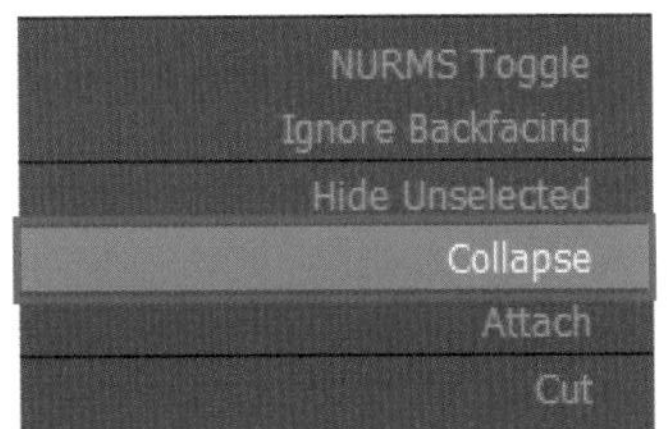

21 切換到【Edge（邊）】層級，選取右圖箭頭指示 2 條線。

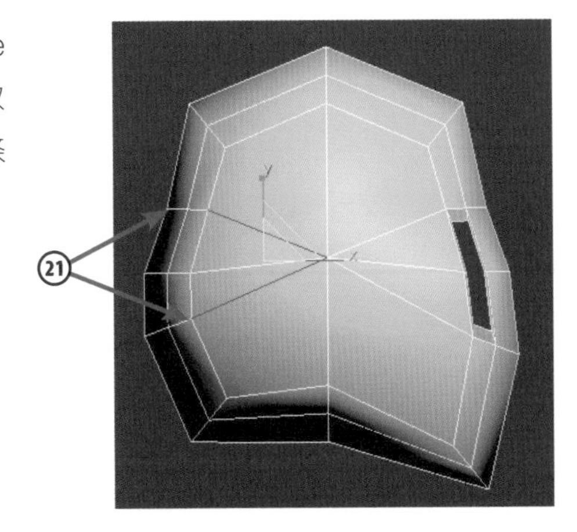

22 在【Selection】→ 按下【Loop】將線選取一圈，如下圖所示。

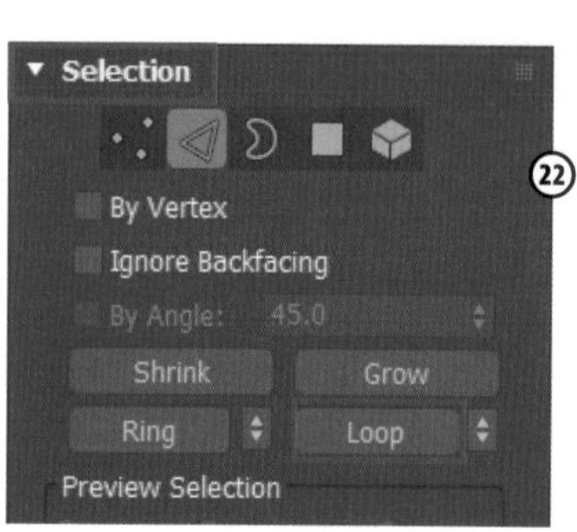

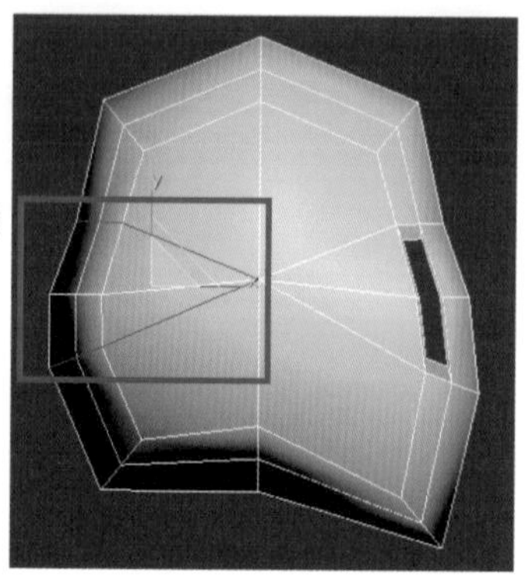

23 按往 Ctrl 鍵，點擊滑鼠右鍵，按下【Remove】將選取的線和點移除。

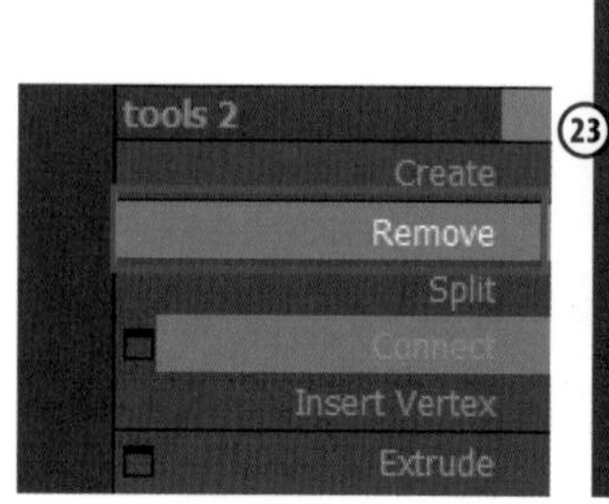

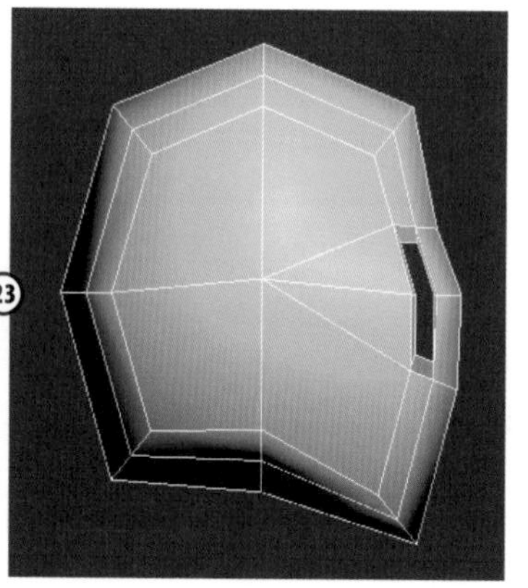

小秘訣

如果沒有按住 Ctrl 鍵就【Remove】的話，只會把 " 線 " 去掉，點卻不會被移除。

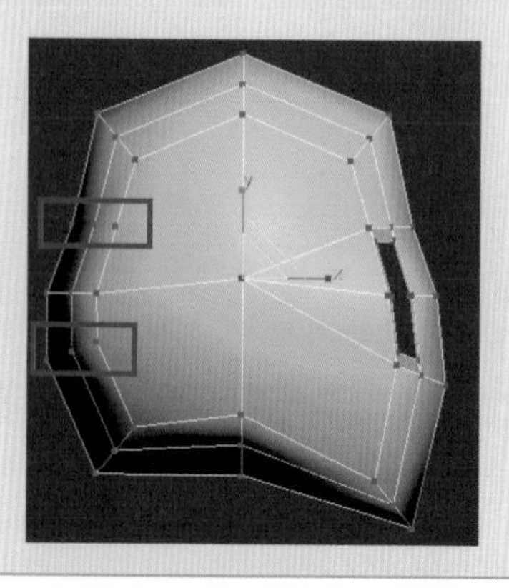

24 按下 B 切換到仰視圖，切換到【Polygon（面）】層級，選取底部 2 個面，點擊滑鼠右鍵，按下【Inset】前面的小按鈕，往內插入一個面並利用移動工具把插入面往下移。

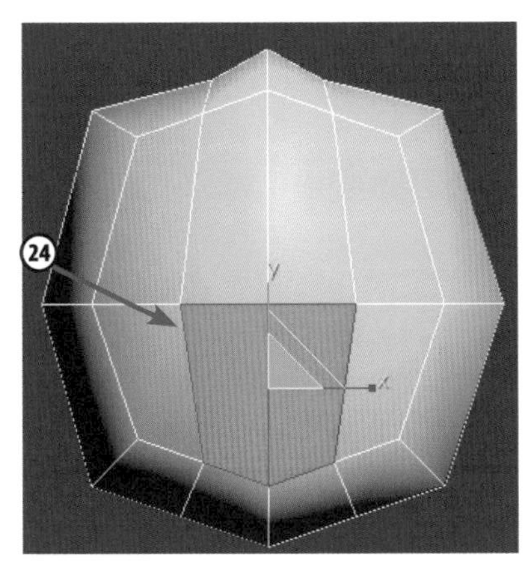

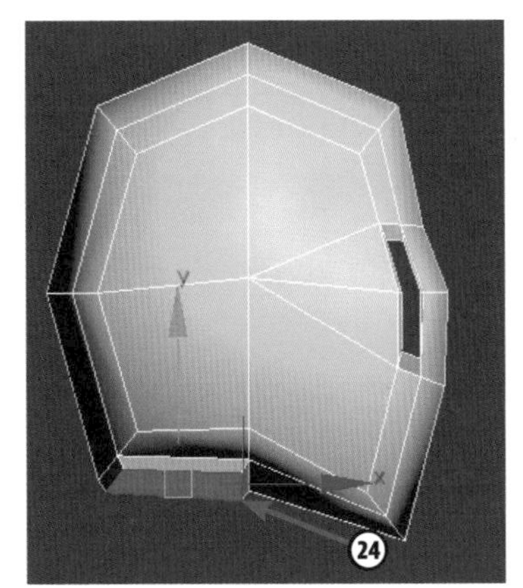

25 再點擊滑鼠右鍵，按下【Extrude】前面的小按鈕，擠出適當的面，並把底部的面利用縮放工具，往 Z 軸方向縮放拉平，按下 Delete 鍵將面刪除，製作脖子。

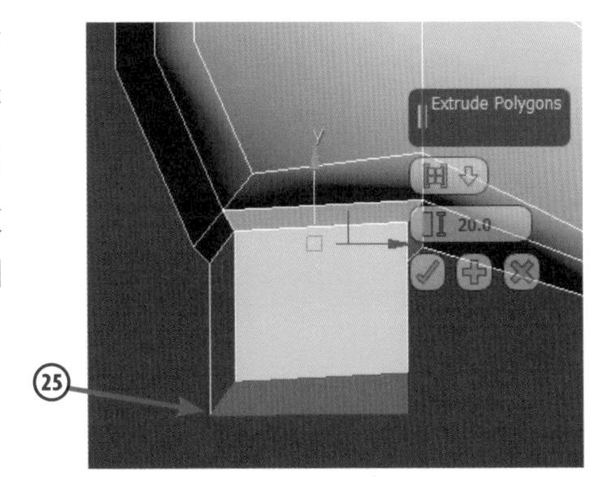

26 按下 L 鍵，切換成左視圖，選取如圖所示的點，將點利用移動工具往後移。

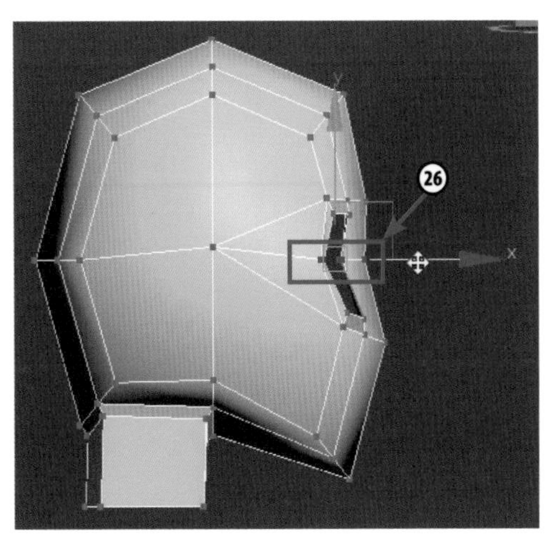

27 切換到前視圖，切換面層級，框選右半邊的面按下 Delete 鍵刪除。

28 加入【Symmetry（對稱）】修改器。

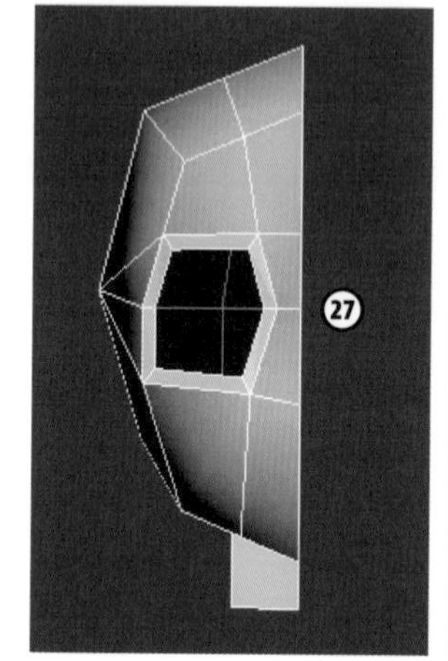

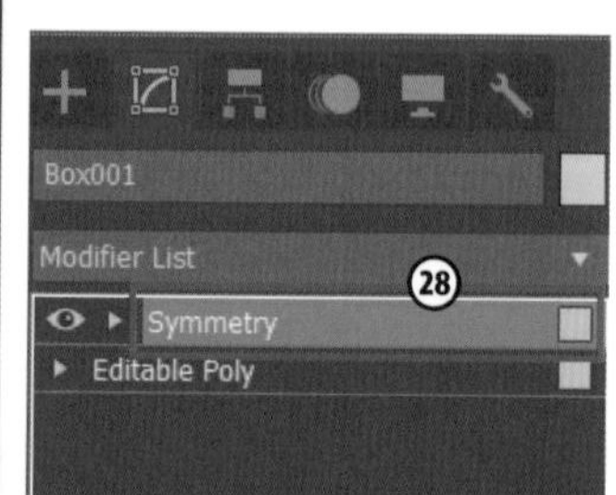

29 剛加入對稱修改器時可能會出現 看不到物件的情形，代表對稱方向是相反的，在修改面板中【Parameters】 →【Mirror Axis(鏡射軸)】→將【Flip（反向）】打勾就可以看到模型。

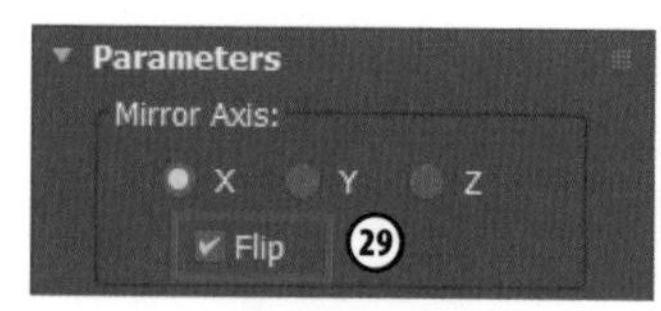

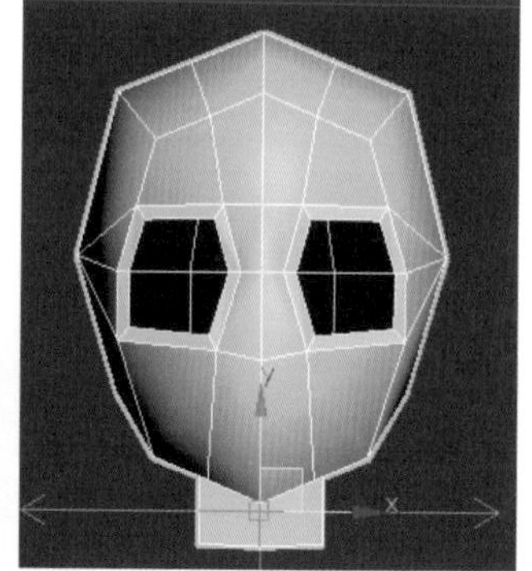

30 點擊【Editable Poly】修改器，頭部會變成一半，再點擊【Show end result on/off toggle】顯示最終結果，可顯示整個頭部。

31 切換到點層級來調整臉部的曲線，調整完如右下圖所示。

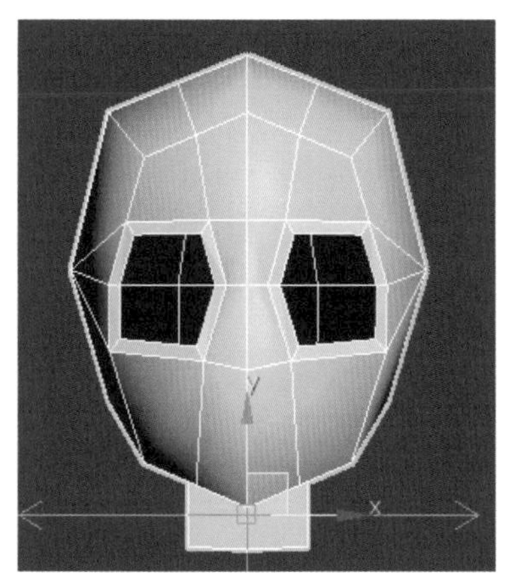

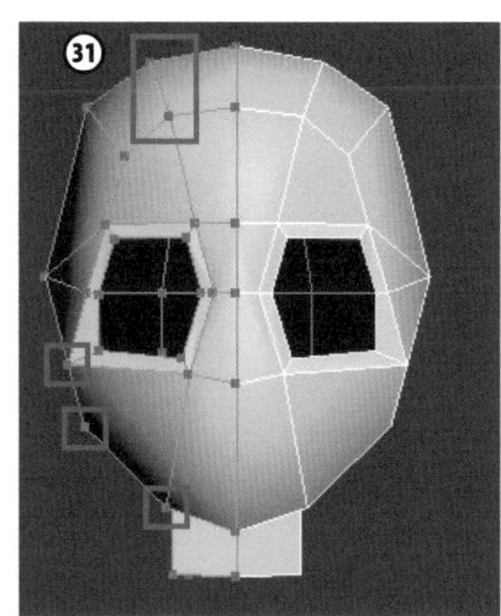

32 點擊滑鼠右鍵 →【Convert To】→【Convert to Editable Poly】將頭部轉為 Poly。

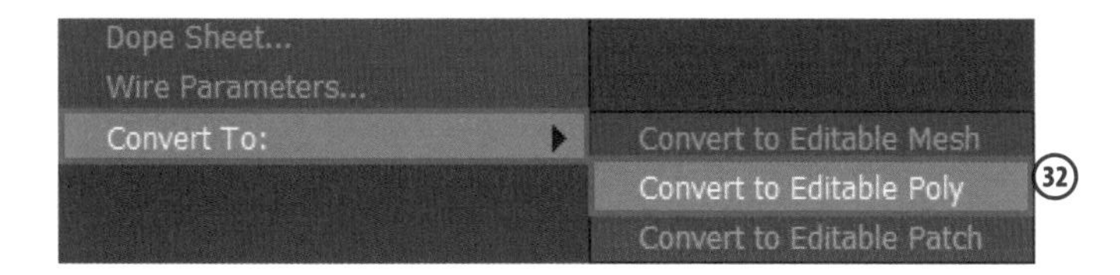

33 切換到面層級，選取到下圖所示的 4 個面，點擊滑鼠右鍵，按下【Inset】前面的小按鈕插入 2 個面。（注意不要讓面交叉）

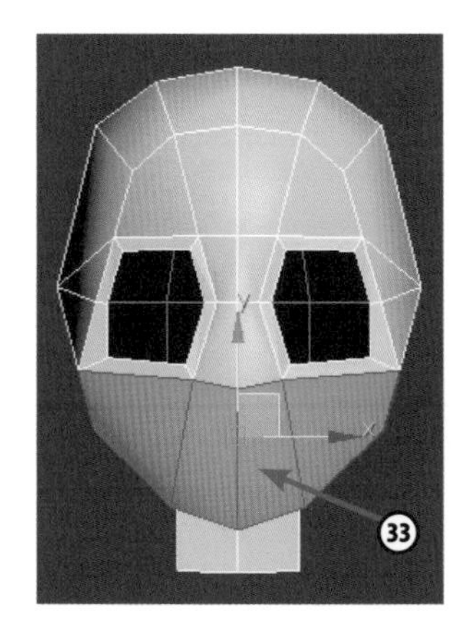

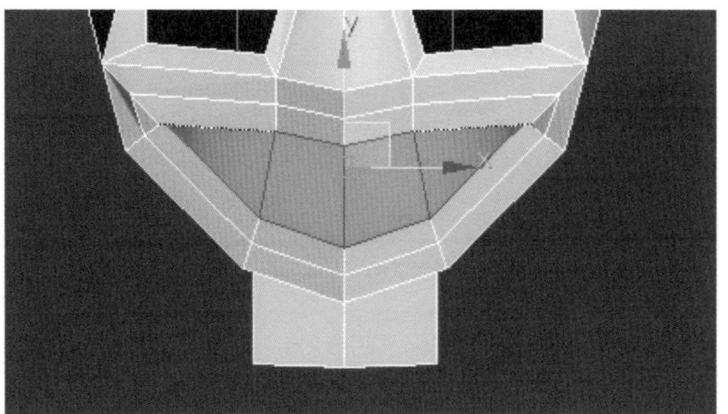

34 把插入的面利用縮放工具些微調整大小，並將嘴巴的面刪除。

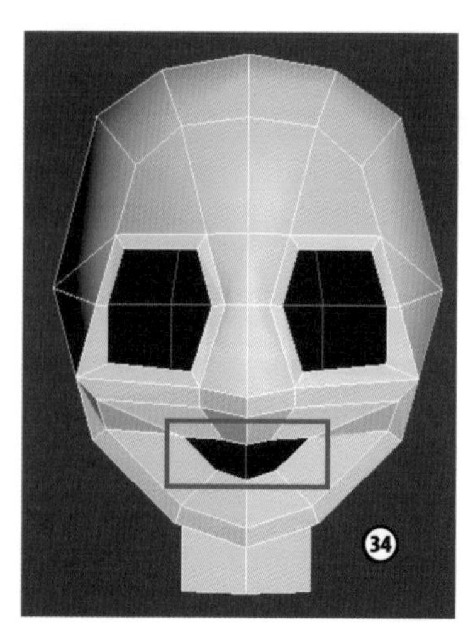

35 按下 Alt ＋ C 來切割線段 (或按滑鼠右鍵→ Cut 指令)，從圖示的位置切割鼻子，按滑鼠右鍵結束指令。到左視圖將鼻子拉長。

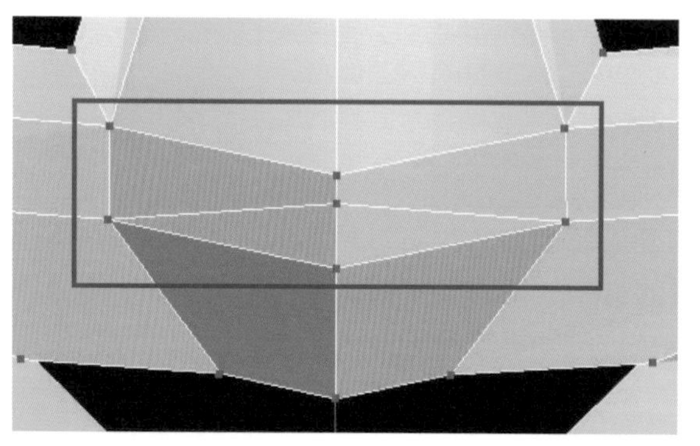

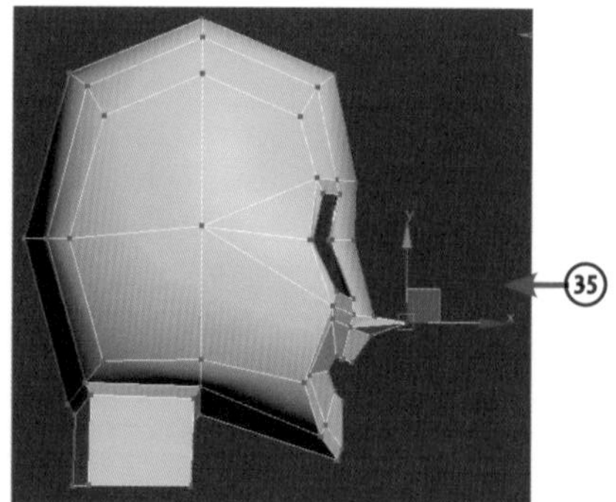

36 切換到面層級，將右半邊的面刪除。加入【Symmetry (對稱)】修改器，勾選【Flip】選項。Flip 是翻轉的意思，如果對稱修改器加上之後沒有鏡射出模型，請按 Flip。

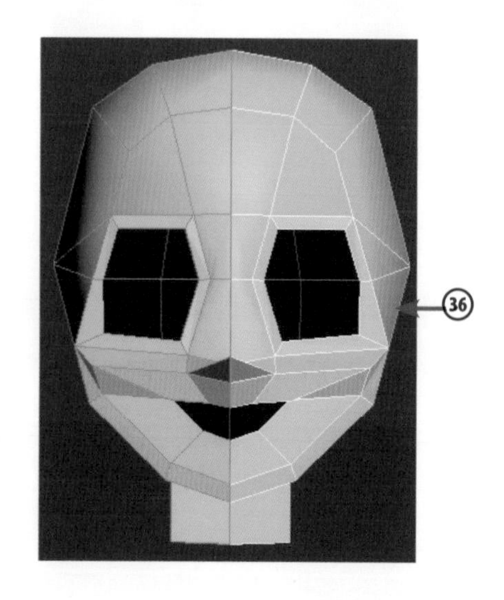

37 回到【Editable Poly】修改器，再點擊【Show end result on/off toggle】顯示最終結果。

38 點擊右鍵 →【Cut（切割）】，從適當的位置切割眼睛上下位置，進行佈線。

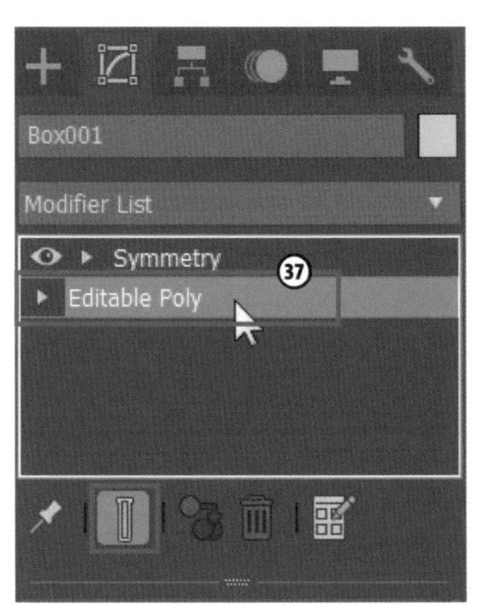

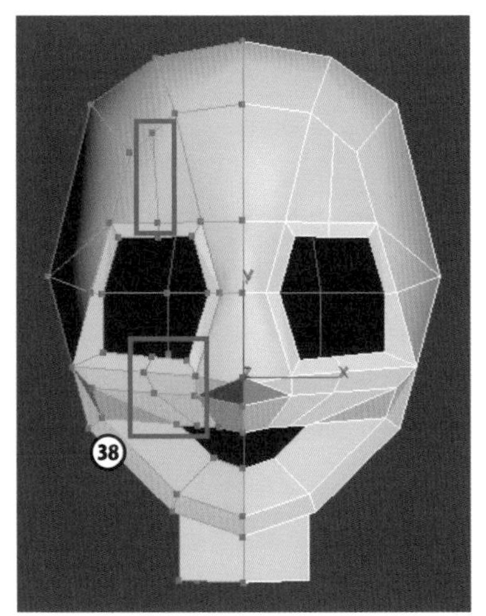

39 切換到點層級調整眼睛的曲線，將眼睛調圓。

40 按下「L」切換成左視圖，選取臉部周圍的點，利用移動工具調整成「(」的 形狀，後腦杓的弧度也同樣作調整。

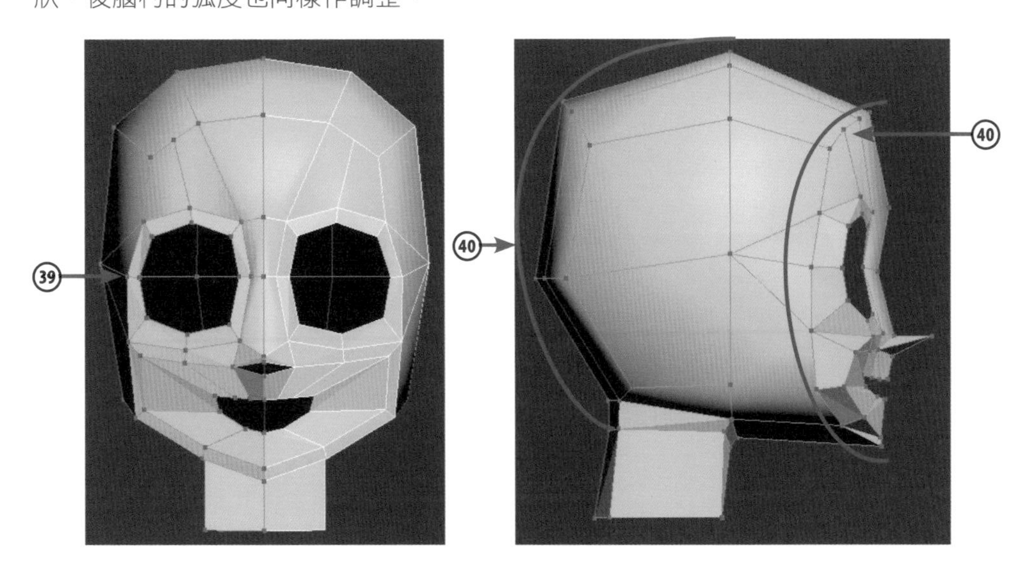

41 按下 B 鍵切換到下視圖，調整後腦杓的弧度（如左下圖）。稍微往下環轉看到嘴巴，把嘴巴的開口利用移動工具調整成「︵」的形狀，使扁下去的嘴巴有弧度（如右下圖）。

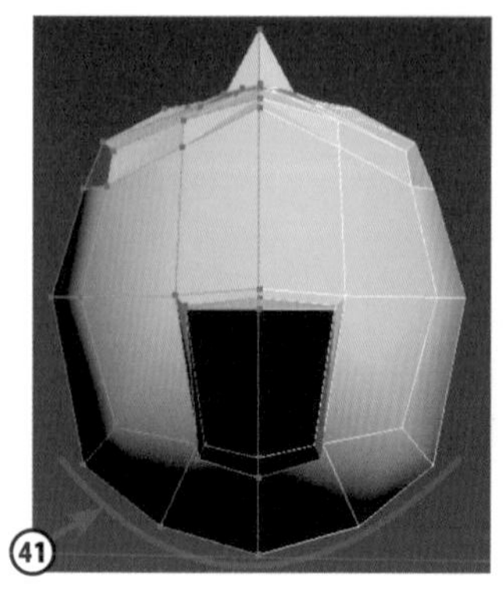

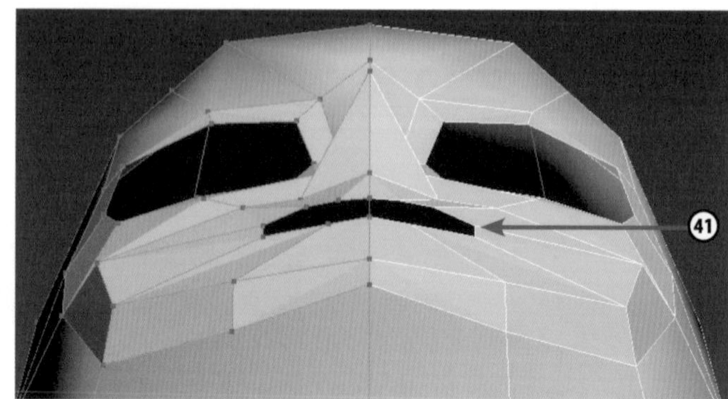

加入參考圖片做調整

01 切換至前視圖，利用【Plane 平面】繪製一平面，【Length Segs】與【Width Segs】段數皆設定為「1」，如下圖所示。

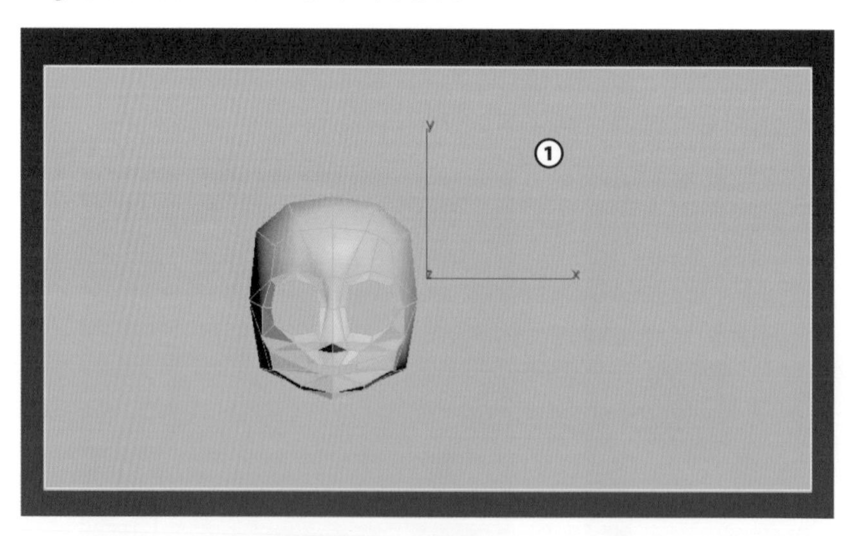

02 點擊工具列的【Material Editor】開啟材質編輯器。

03 選取一顆空的材質球，點擊【Blinn Basic Parameters】→【Diffuse】旁的小按鈕。

04 選擇【Bitmap】後，選擇光碟範例檔〈8-1_ 參考圖.jpg〉。

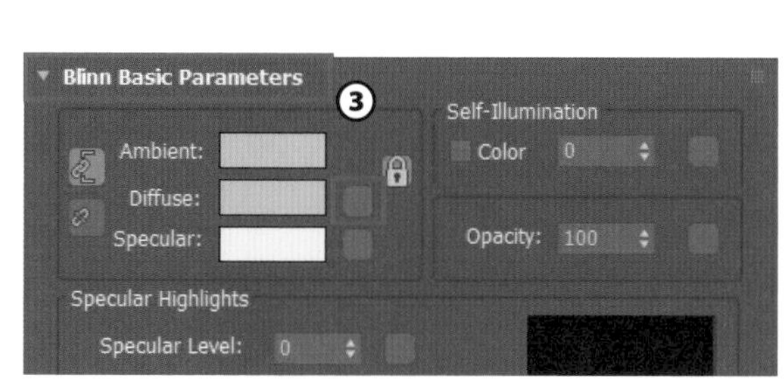

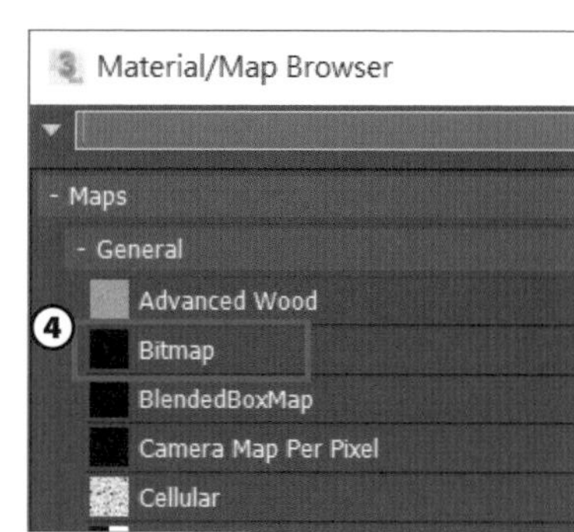

05 選擇 Plane 後，點擊【Assign Material to Selection】即可將圖面指定給 Plane。

06 點擊【Show Shaded Material in Viewport】即可顯示圖片。

07 利用縮放工具將圖片放大或縮小至與人頭相符，利用移動工具移動圖片至與頭對齊，往 Y 方向旋轉圖片約 3 度，使參考圖臉部左右對稱。

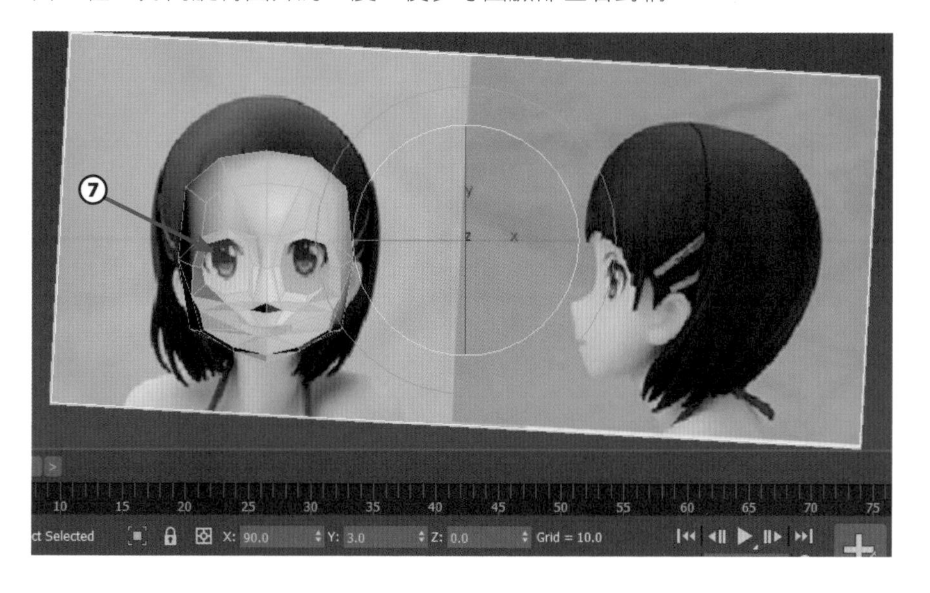

08 將圖片往後移動一些，使圖片不會遮住脖子。

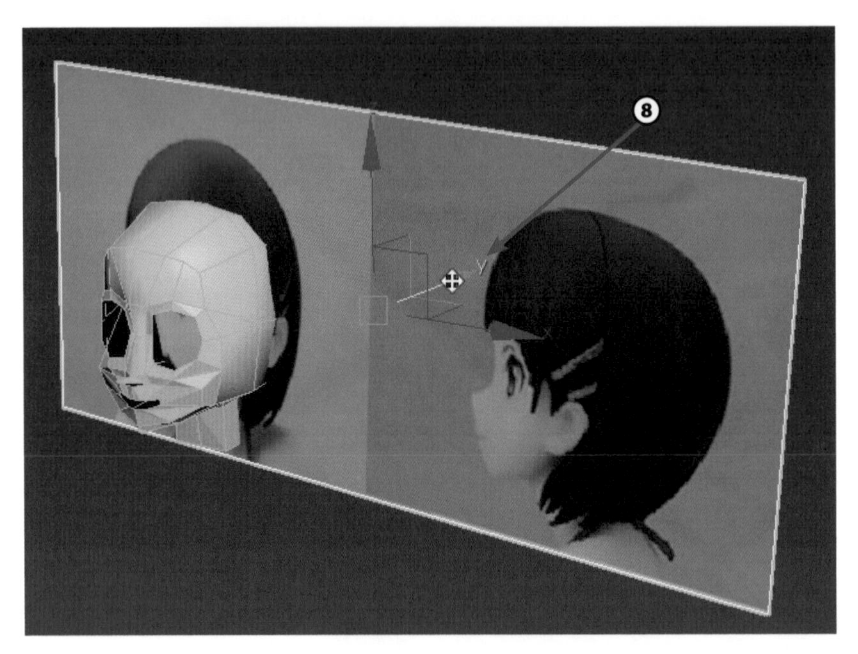

小秘訣

選模型，按下 Alt + X 鍵，使模型透明，容易對照後方參考圖（如左下圖）。再按一次 Alt + X 鍵可以恢復（如右下圖）。

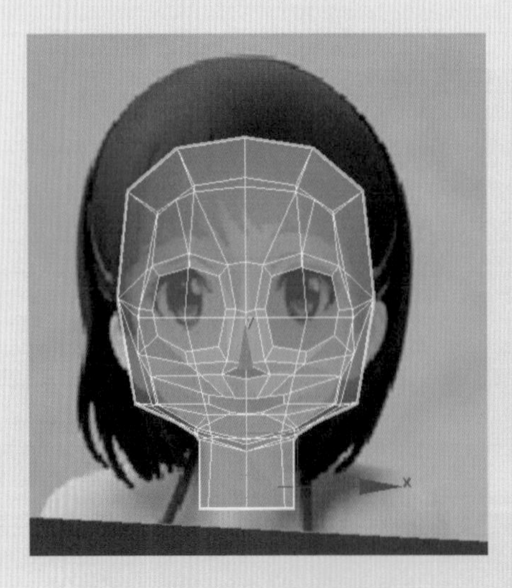

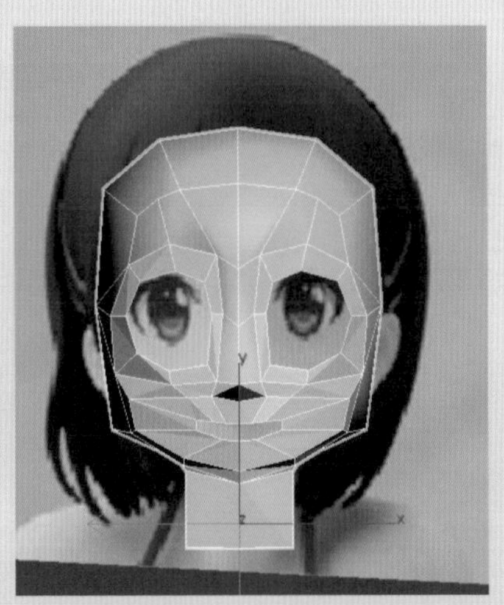

09 選取圖片後點擊右鍵→【Object Properties…（物件屬性）】，將【Show Frozen in Gray（以灰色顯示凍結）】取消勾選後點擊【OK】，使圖片凍結之後不會變成灰色。

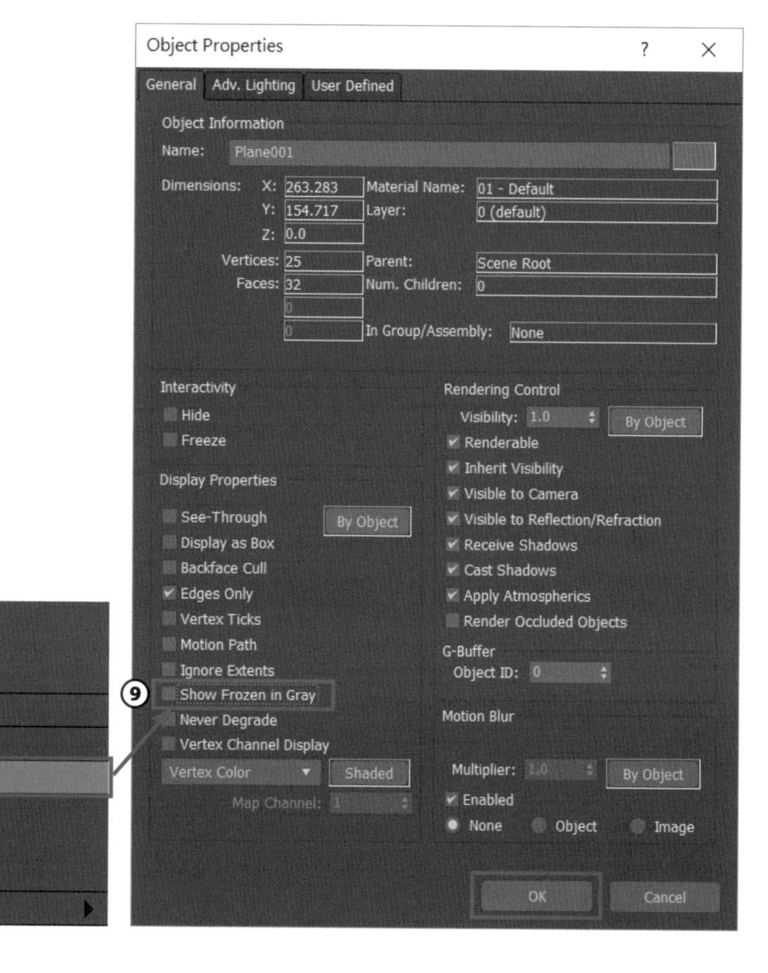

10 選取圖片後點擊右鍵→【Freeze Selection（凍結選取的）】。即可將圖片凍結鎖住，這樣等等調整頭型時才不會影響到圖片。

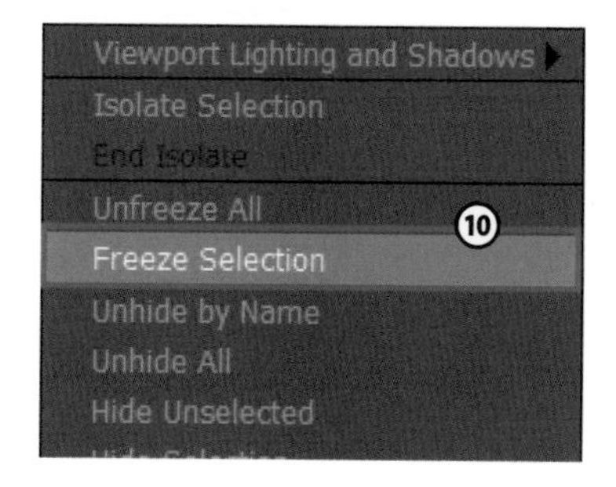

小秘訣

點擊【UnFreeze All】可以取消凍結。

11 選取頭後進入【Editable Poly】的點層級，選取眼睛周圍的點，調整眼睛的形狀。

12 同理，框選臉周圍的點，利用移動工具調整點如右下圖，若要 Q 版人物，臉部可以更寬一些。

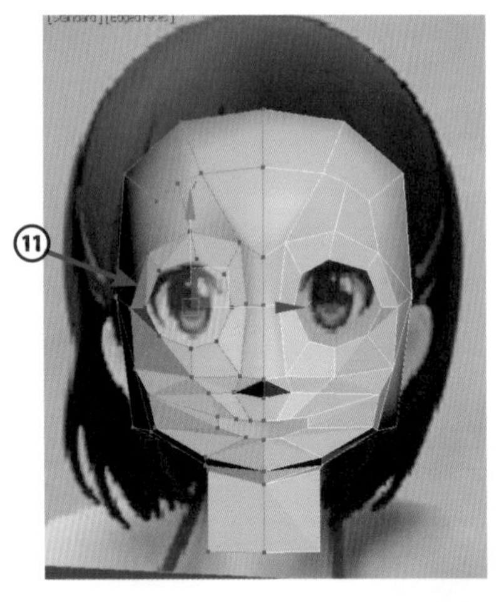

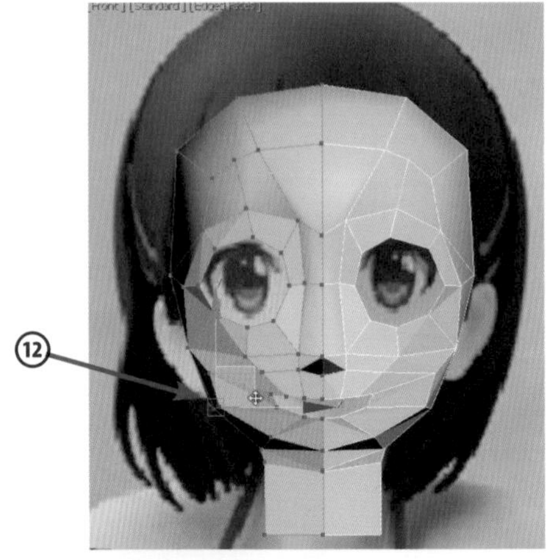

13 調整完後如右圖。

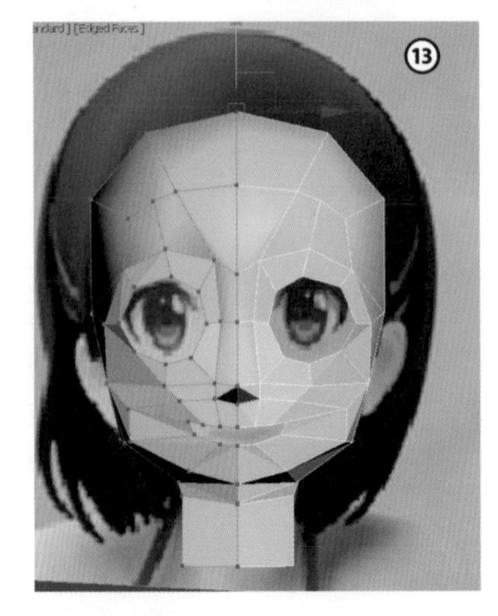

14 按下 L 鍵，切換至左視圖利用上述方式調整側臉，調整完後如右圖，也可以利用參考圖片調整臉型。

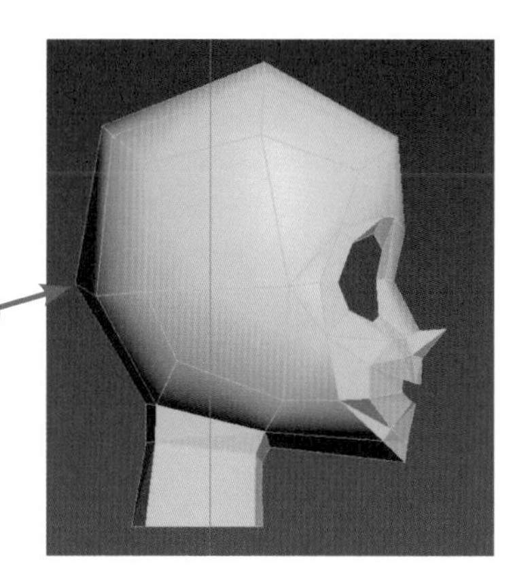

15 切換成左視圖，切換到面層級，選取要製作耳朵的 2 個面，點擊滑鼠右鍵，按下【Inset】旁邊的小按鈕插入 1 個面並調整位置。

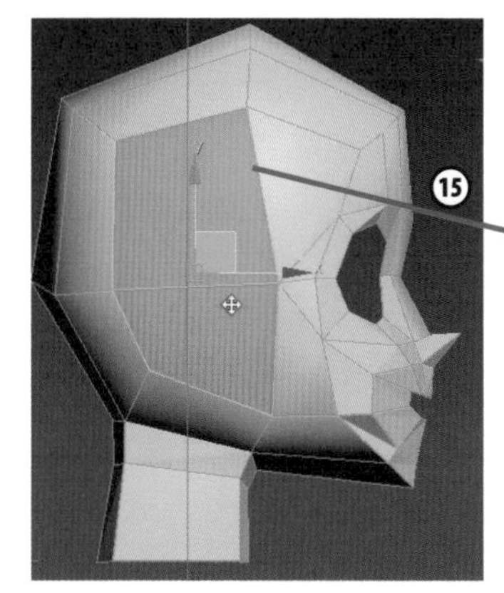
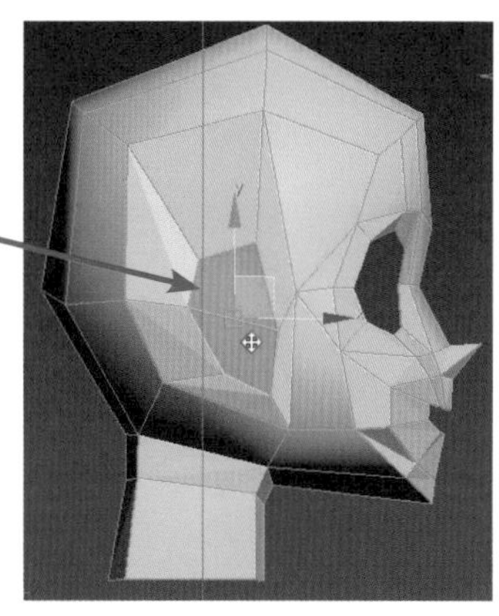

16 選取插入的耳朵面，點擊 F 切換至前視圖，利用比例工具，往左縮放（X 方向）可使耳朵面較為平坦（如左圖）。利用移動工具將耳朵的面往外移至適當位置（如右圖）。

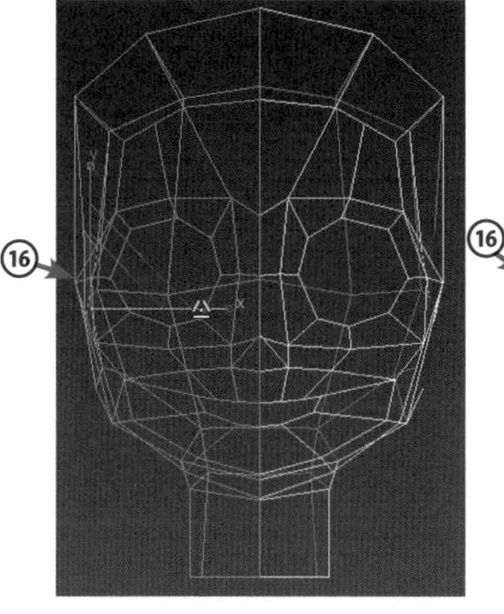

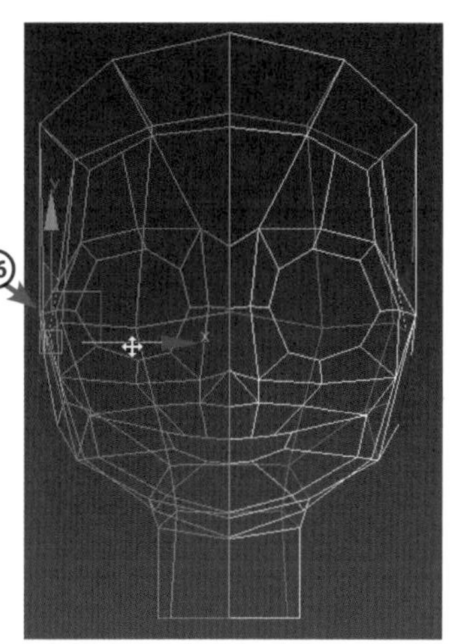

17 點擊滑鼠右鍵，按下【Extrude】前面的小按鈕擠出，製作耳朵。

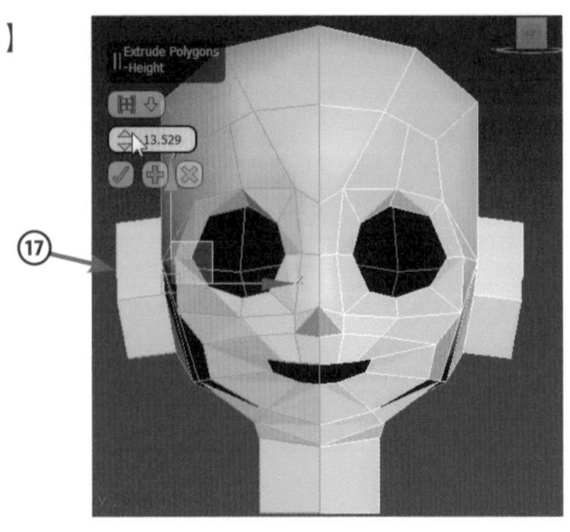

18 切換到線層級，選取耳朵橫排的線，如左下圖，點擊滑鼠右鍵 →【Connect】製作連接線完成後如右下圖。

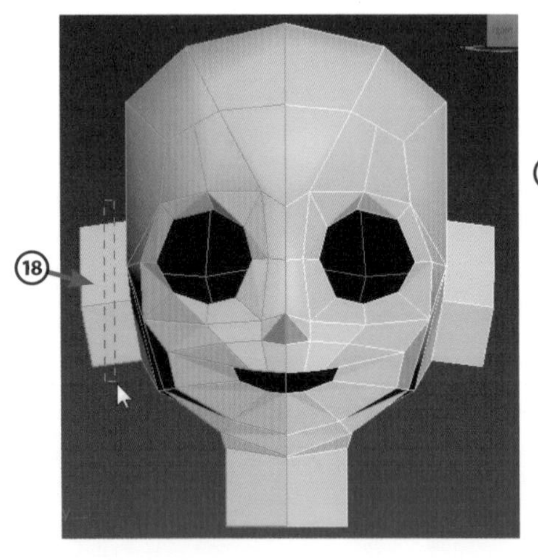

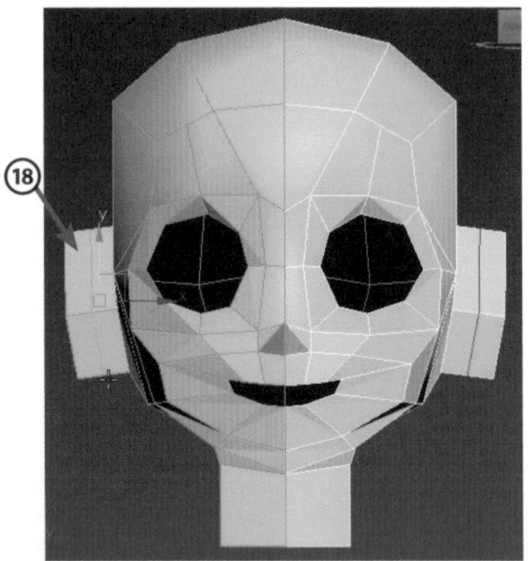

19 按下 T 鍵，切換成上視圖，切換到點層級，將耳朵的曲線利用移動工具及旋轉工具些微調整，如圖所示。

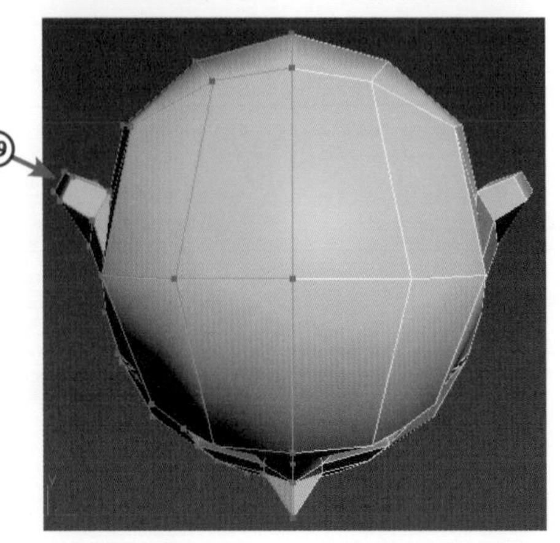

20 按下 F 鍵，切換成前視圖，利用移動工具調整耳朵形狀（如左下圖）。切換到面層級，選取耳朵的 4 個面，按下右鍵→【Inset】插入 2 個面（如右下圖）。

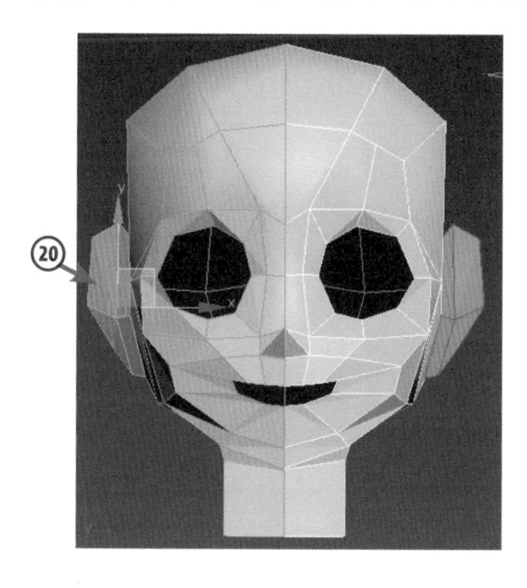

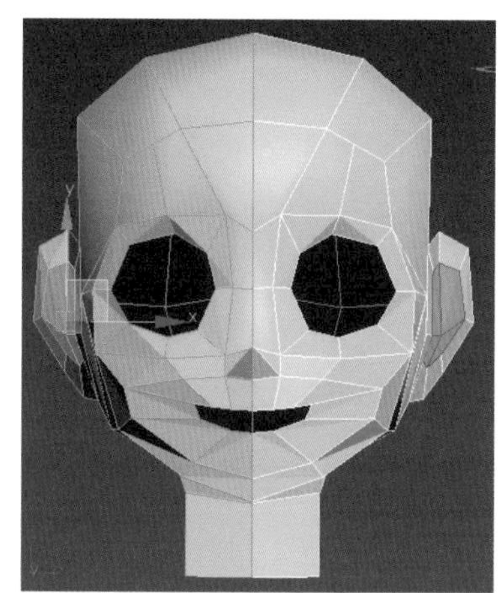

21 按下 T 鍵，切換成上視圖，將擠出的面利用比例工具縮小，並往內移動，製作出耳朵凹陷處。

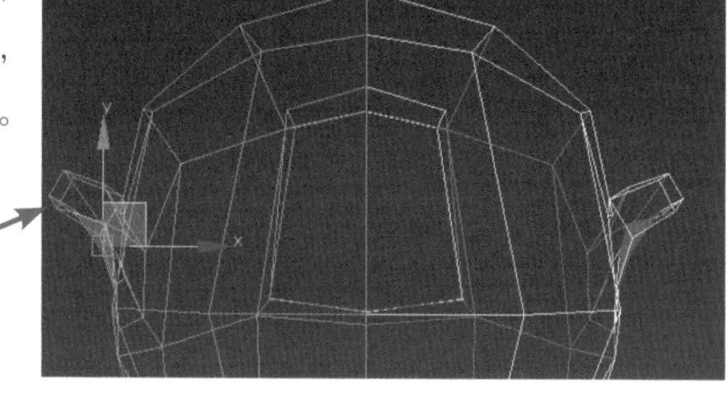

22 可以使用移動工具調整耳朵外型。離開子層級，點擊修改面板 → 加入【MeshSmooth】修改器，讓模型平滑化。

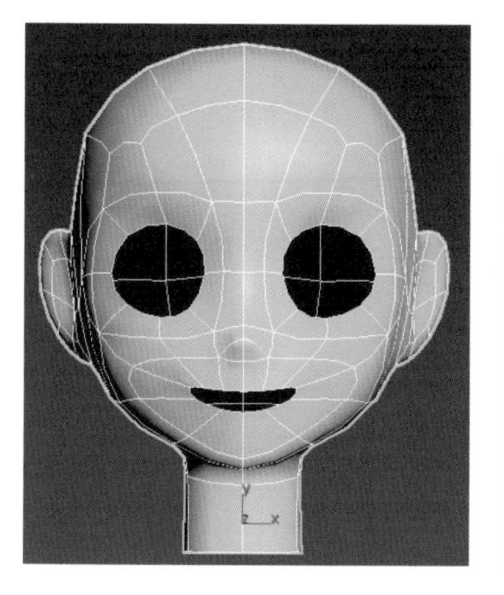

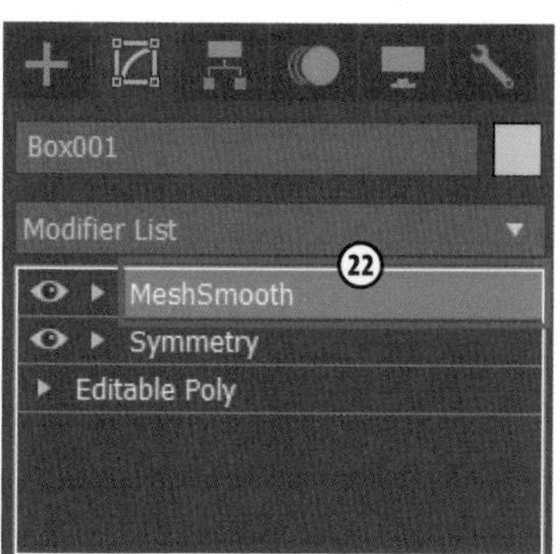

8-2 身體

01 點擊【Create】→【Geometry】→【Box】，繪製長寬高為 30 X 90X 110，分割為 1 X 4 X 5 的方塊。

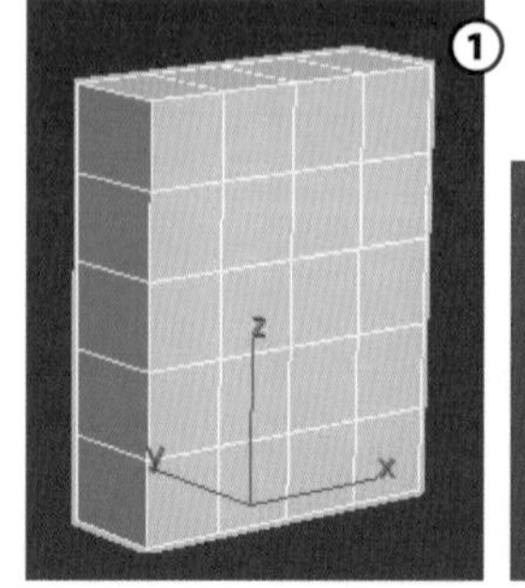

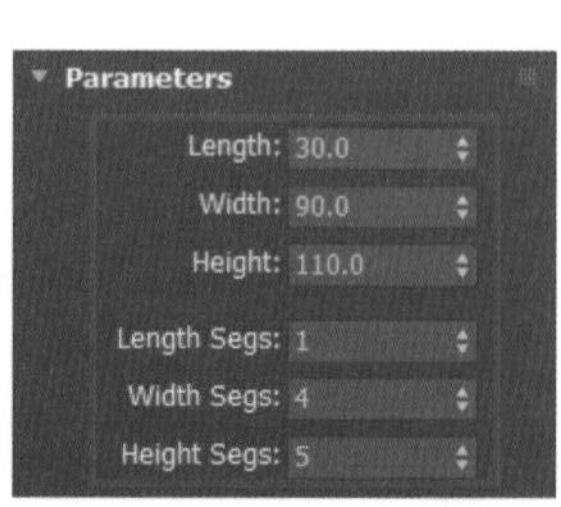

02 點擊滑鼠右鍵 →【Convert To】→【Convert to Editable Poly】將方塊轉 Editable Poly。

Convert To: | Convert to Editable Mesh | Convert to Editable Poly | Convert to Editable Patch | Convert to NURBS

03 切換到【Polygon（面）】層級，選取到右圖所示的 2 個面，點擊滑鼠右鍵，按下【Extrude】前面的小按鈕。

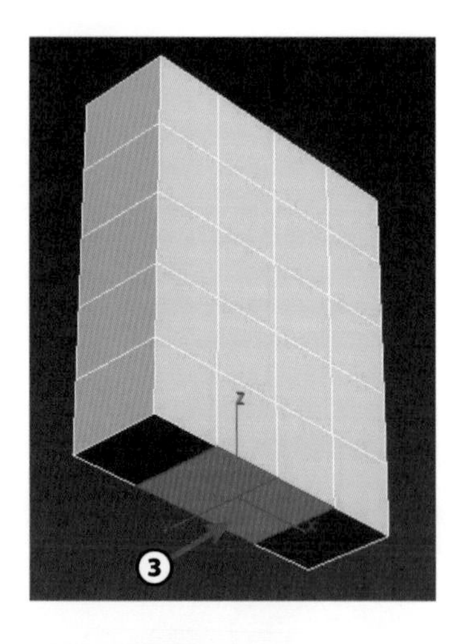

04 設定適當的擠出值，往外擠出方塊，並選取擠出面利用縮放工具將面縮小，如右圖。

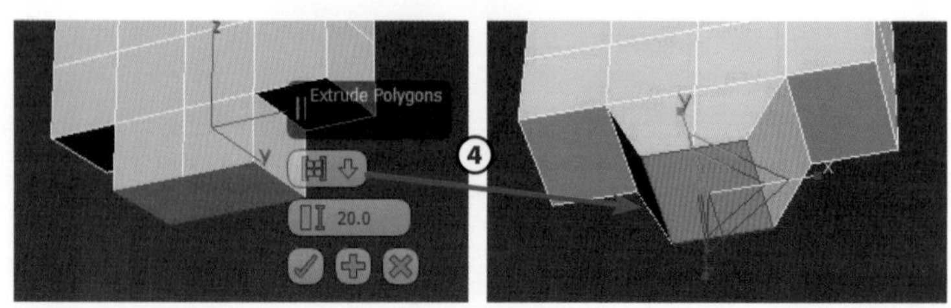

05 選取如右圖所示的邊。(在邊上點擊左鍵兩下即可選到一排)

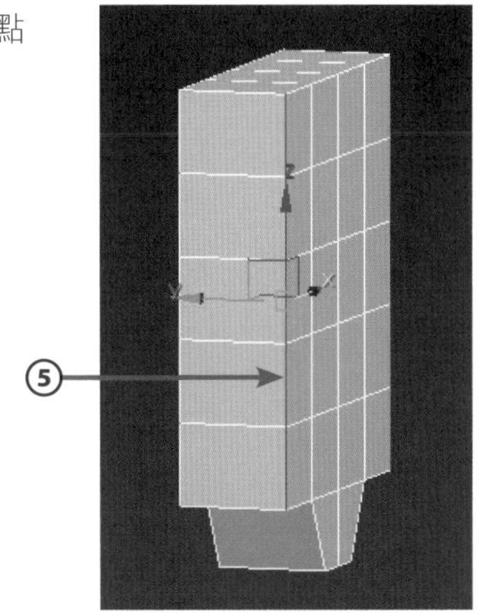

06 切換至左視圖，將邊往左邊移至適當位置，製作出身體外型。

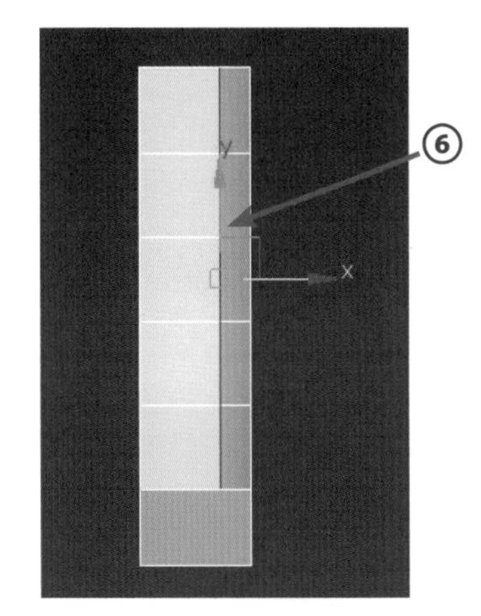

07 選取左側邊，往右移動，製作完成如右圖。這兩個步驟操作的目的是將身體的側面製作出立體感。

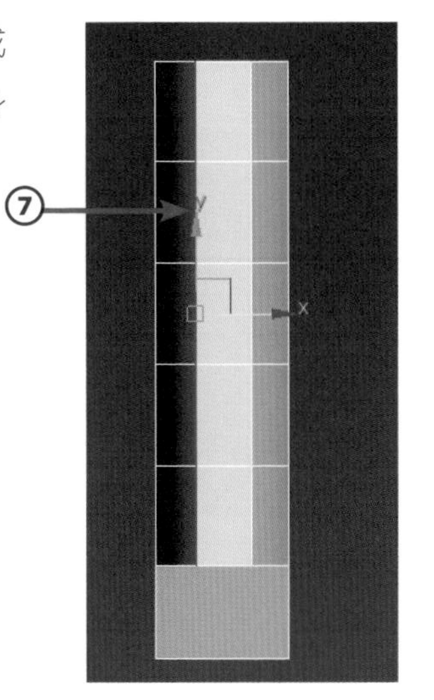

08 切換至左視圖，選取如下圖所示的點，將點往外移至作出背部曲型。

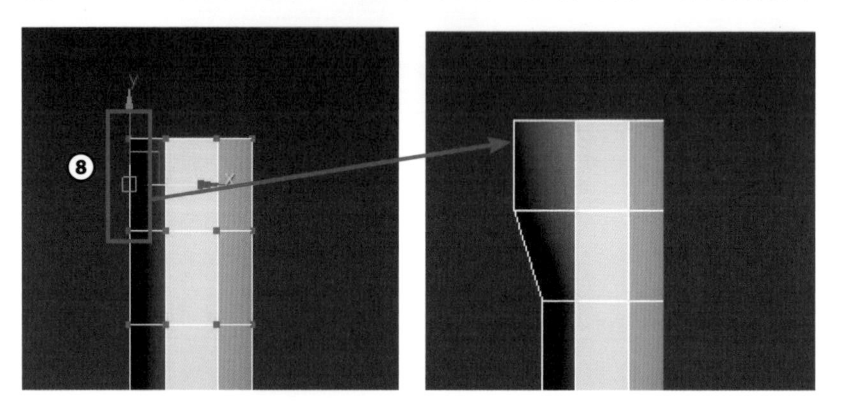

09 選取如下圖所示的邊，往左移動作出手臂位置。

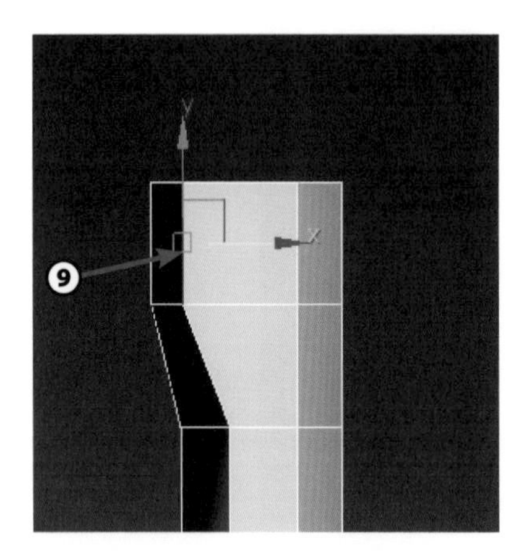

10 選取背部的 4 個面，往左移動做出臀部位置。

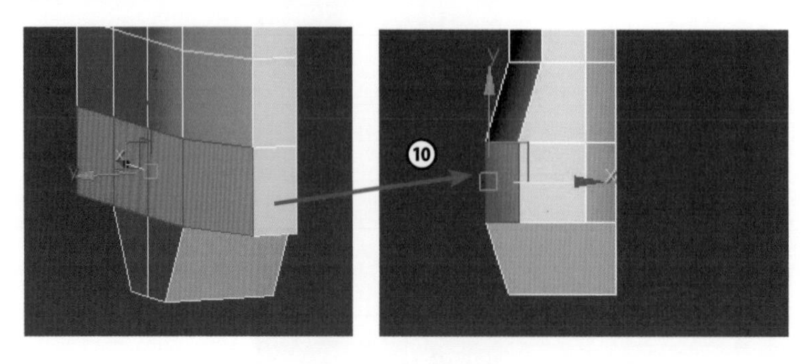

11 選取底部的 2 個面，按下 Delete 鍵，將面刪除。

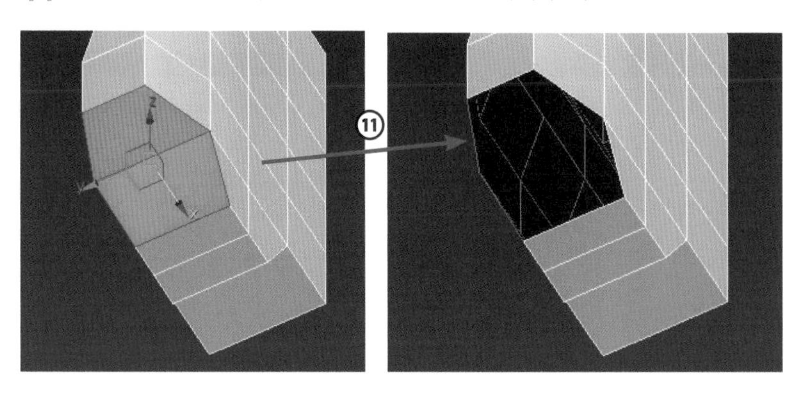

12 切換到【Border（開口邊）】層級，選取圖中所示的邊緣線。

13 切換到前視圖，按住 Shift 鍵，利用移動工具將邊緣線往下複製移動，製作大腿。

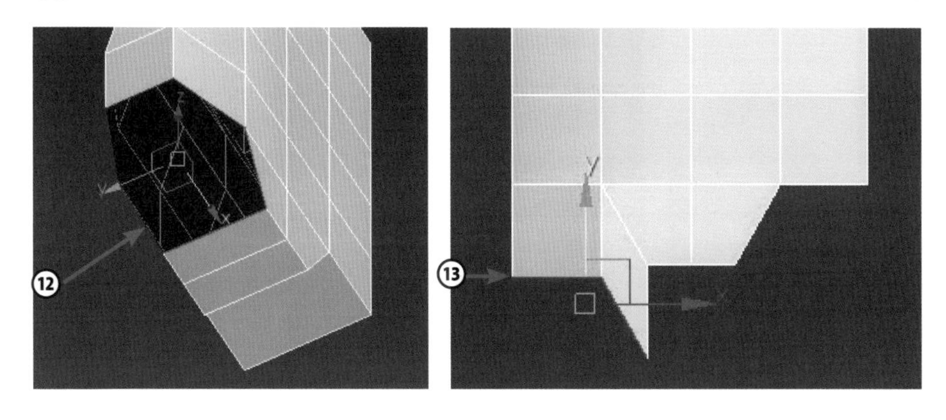

14 利用縮放工具將底部壓平（往 Y 方向縮小）。

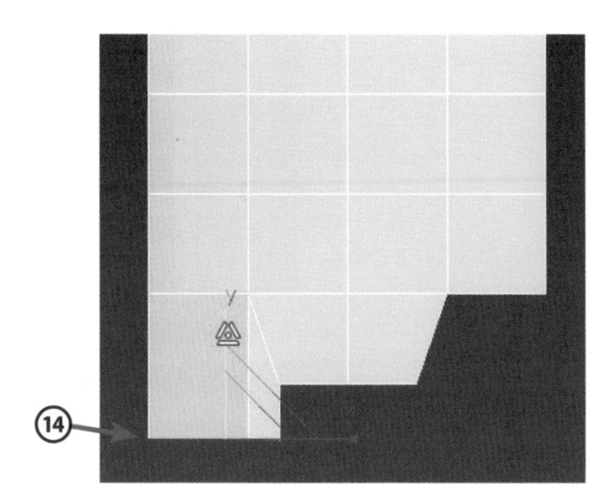

15 切換到【Edge（邊）】層級，選取底部的三條線。

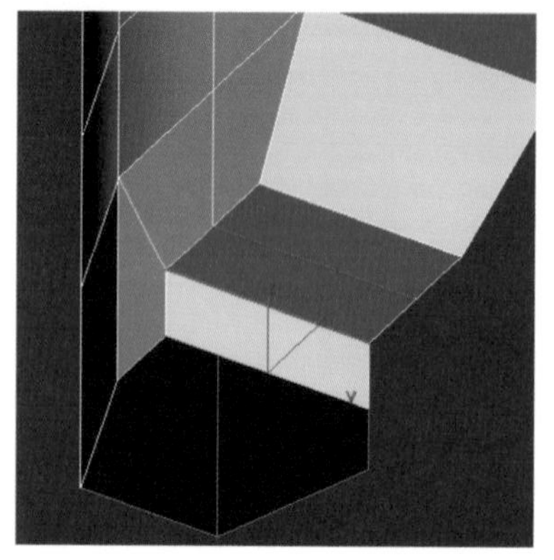

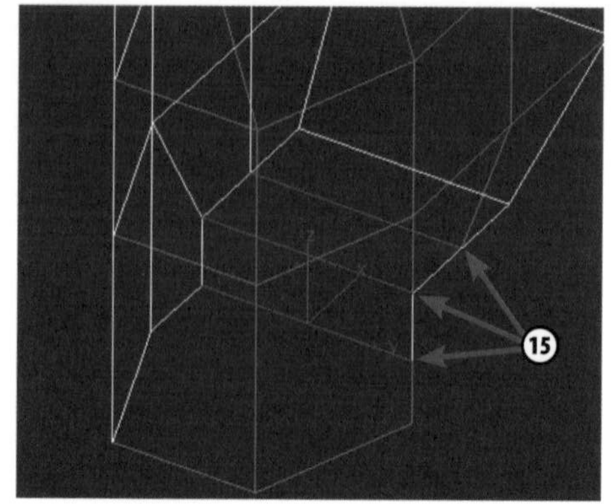

16 點擊滑鼠右鍵 →【Connect】製作連接線。

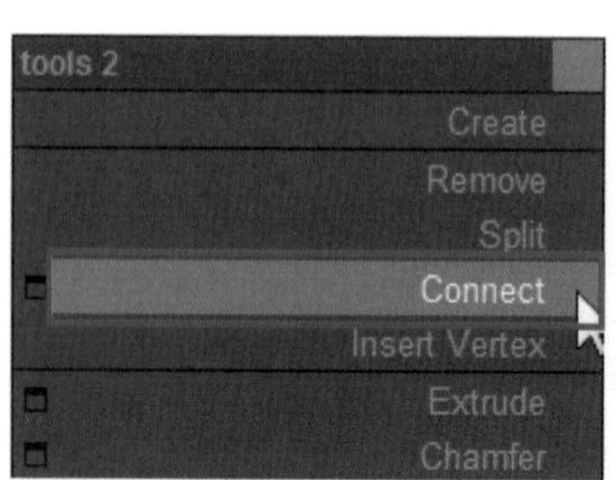

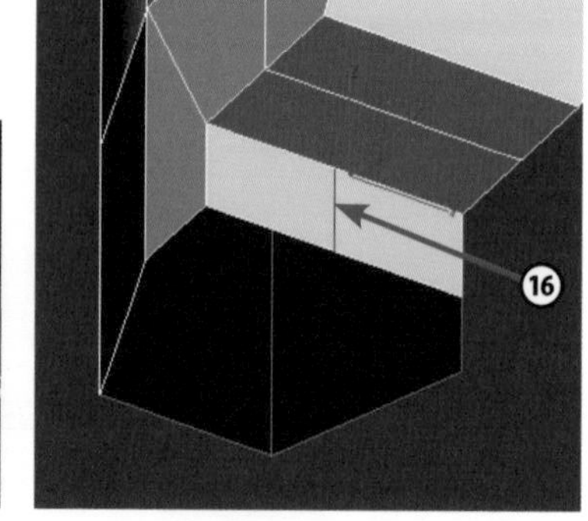

17 選取如下圖所示的線往左移至如圖所示的位置。

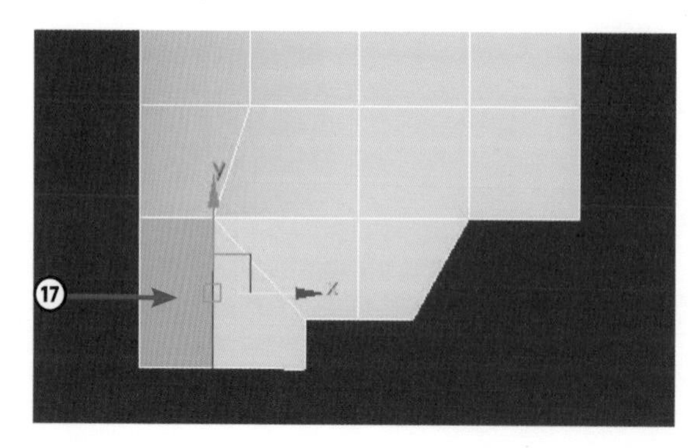

18 按下 B 鍵切換到仰視圖，切換到點層級來調整底部的曲線，將底部調整成橢圓形。

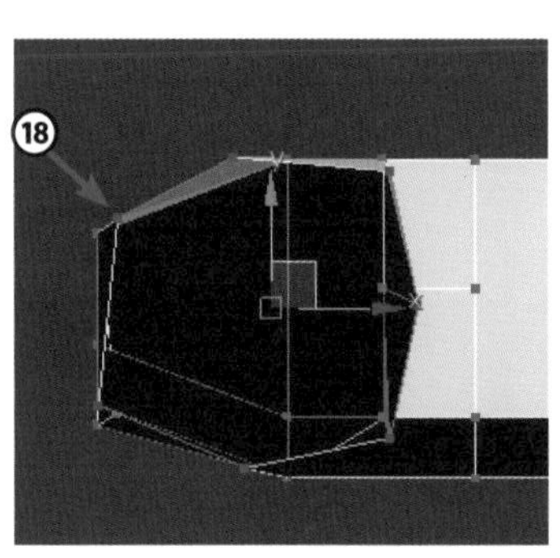

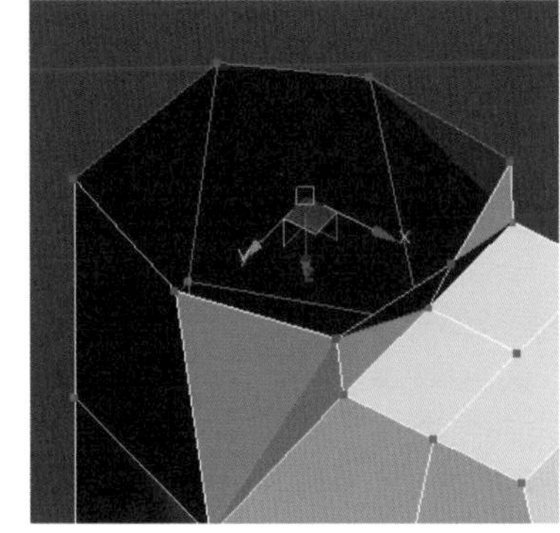

19 切換到【Border（開口邊）】層級，選取圖中所示的邊緣線。

20 按住 Shift 鍵，利用移動工具將邊緣線往下移，並利用縮放工具，製作褲子曲線。

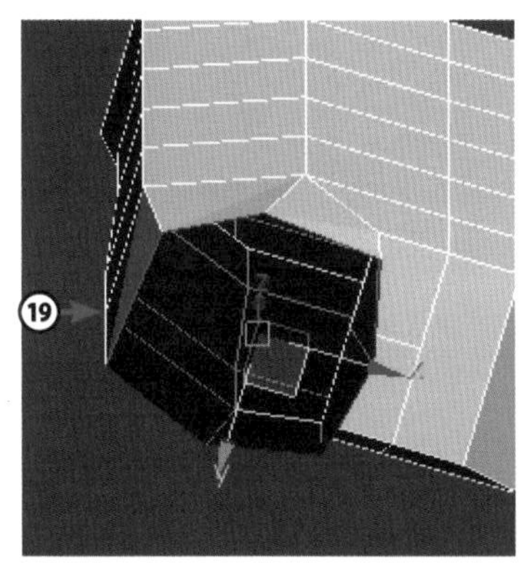

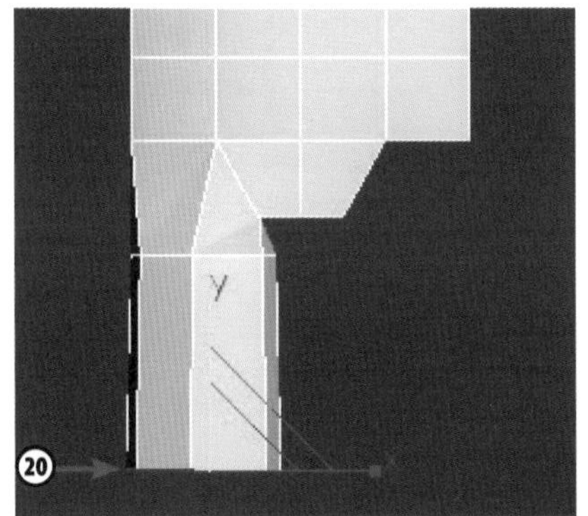

21 按住 Shift 鍵，利用移動工具將邊緣線往下移出一小段，並利用縮放工具，製作褲子曲線。

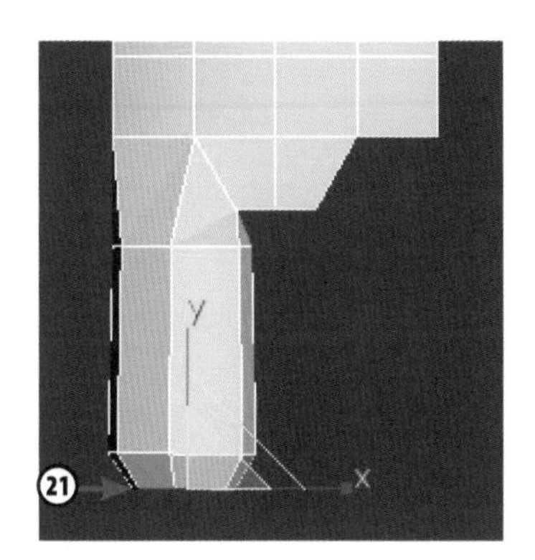

22 運用相同方式，按住 Shift 鍵，利用移動工具將邊緣線往下移出一小段，並利用縮放工具，繼續製作褲子曲線。

23 切換到【Border（開口邊）】層級，選取圖中所示的邊緣線。

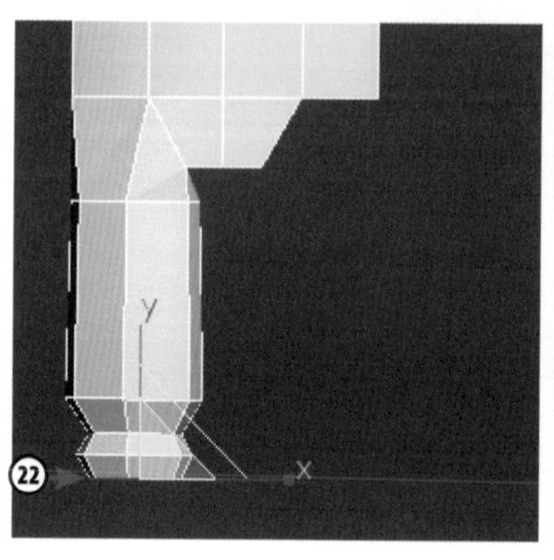

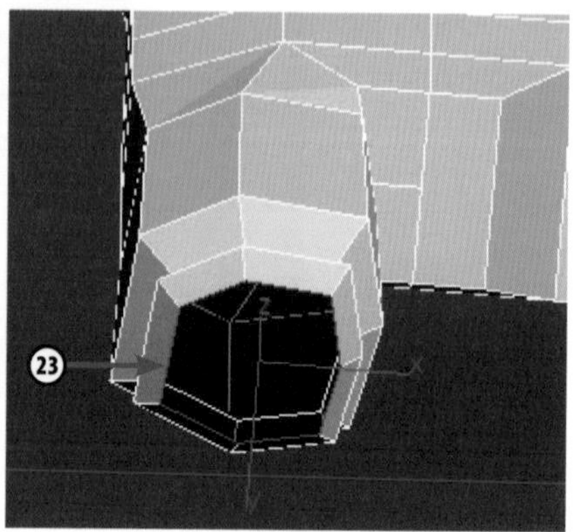

24 按下滑鼠右鍵→【cap】即可將開口邊封起來。

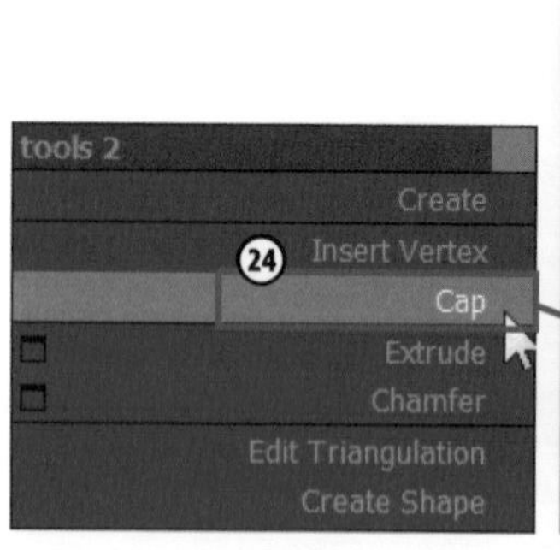

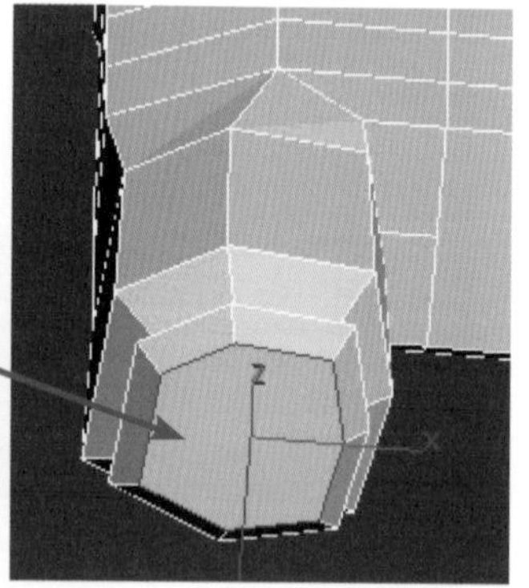

25 切換到【Polygon（面）】層級，選取底部的面，點擊滑鼠右鍵，按下【Inset】前面的小按鈕，往內插入一個面，作為腿的面。

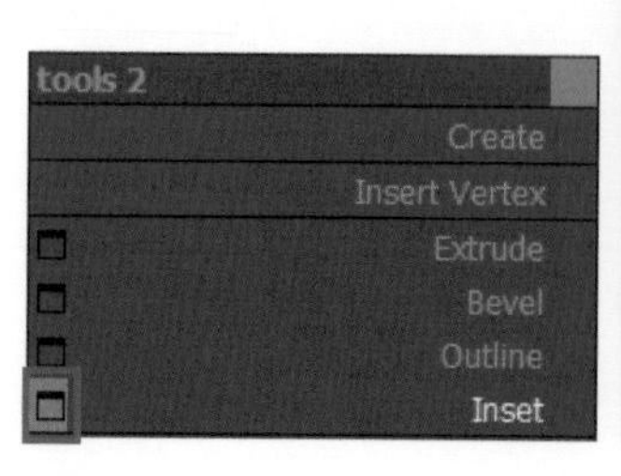

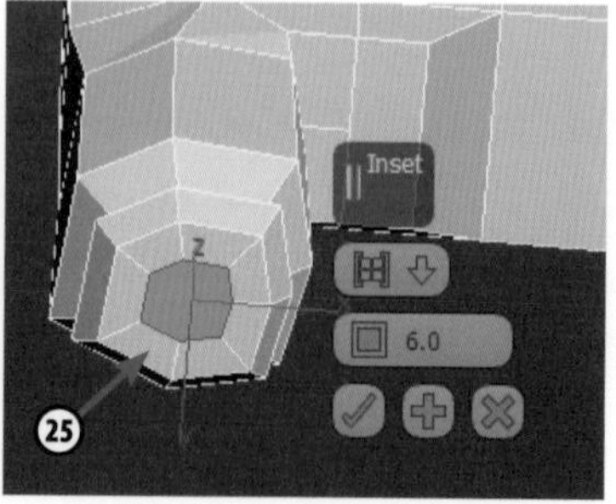

26 選取插入的面後點擊【Extrude】前面的小按鈕。擠出適當數值作為小腿與腳。

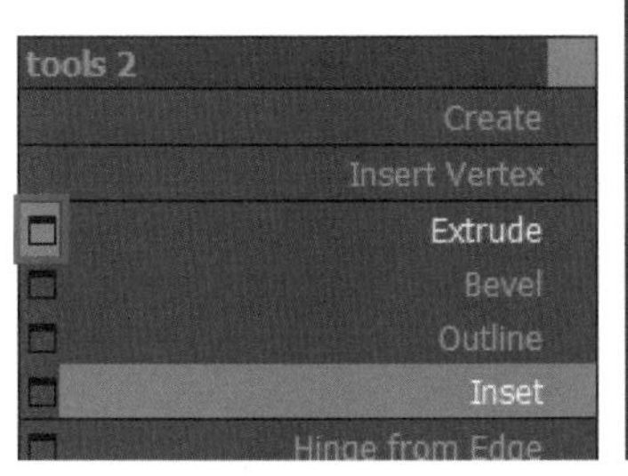

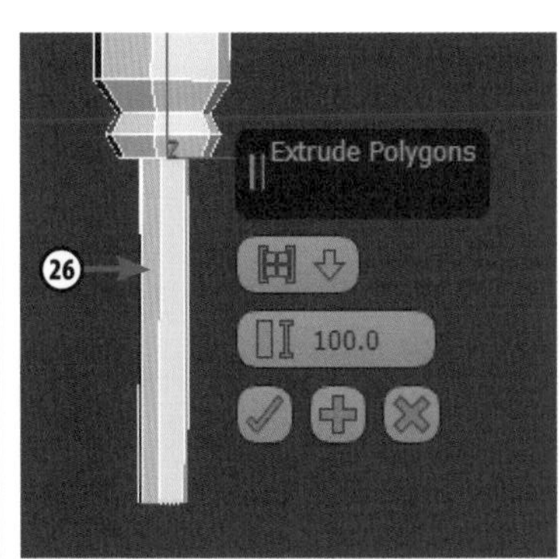

27 按下 F 鍵切換到前視圖，框選腿的垂直邊後。點擊滑鼠右鍵 →【Connect 前面的小按鈕】。將【Segment 段數】設為「3」，並移動至適當位置。

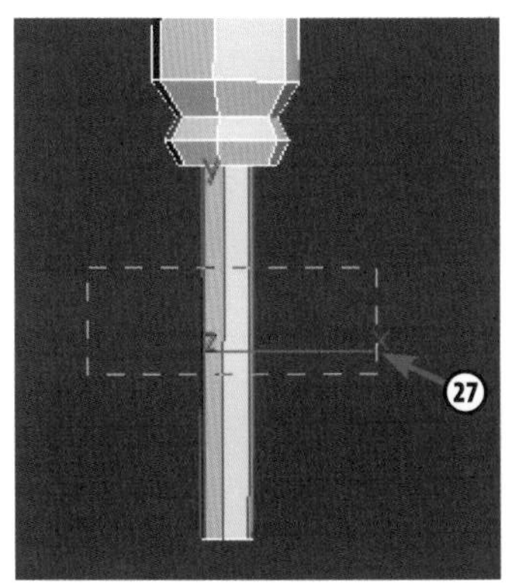

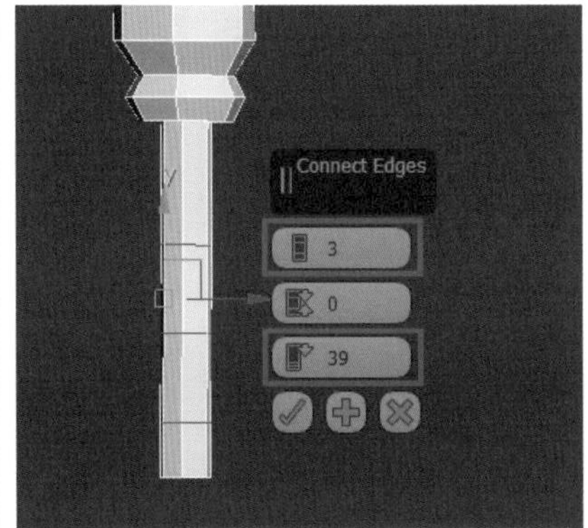

28 滑鼠左鍵點擊中間那段線兩次，選取到整圈的線段後，利用移動工具往上移至如下圖所示的位置。

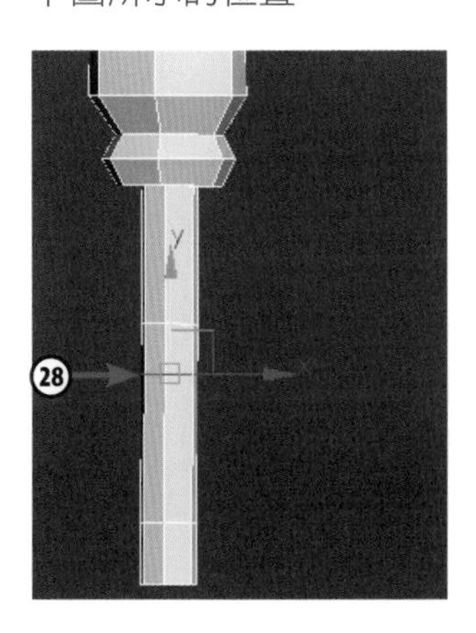

29 選取如下圖所示的面，點擊【Extrude】前面的小按鈕。擠出適當數值作為鞋子第一段。

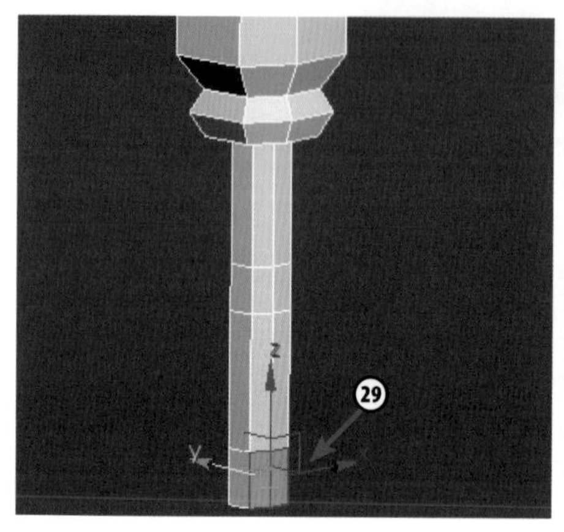

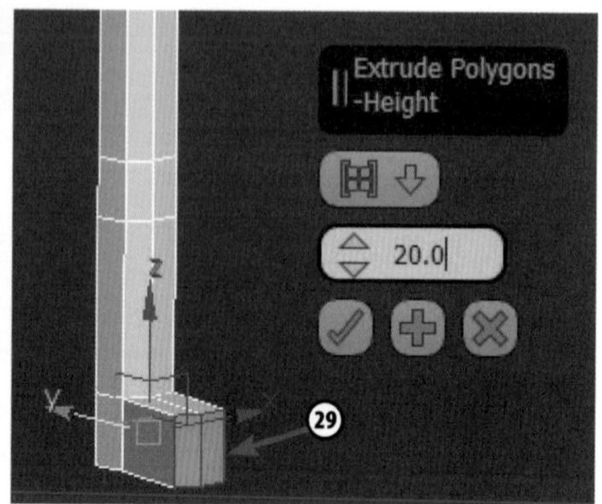

30 再擠出第二段作為鞋子第二段。

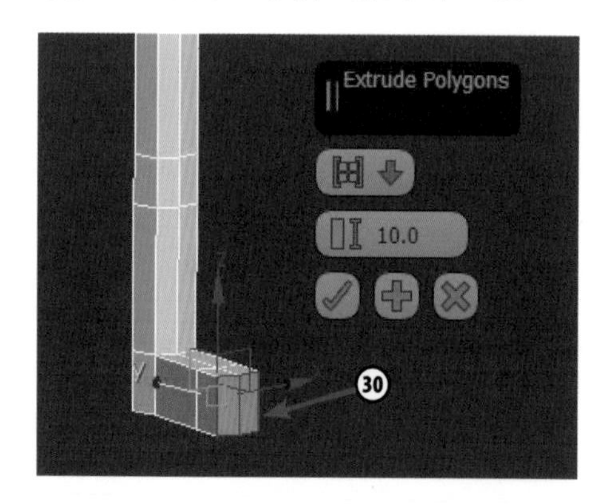

31 切換至左視圖，進入點層級調整點的位置製作出鞋子曲線。

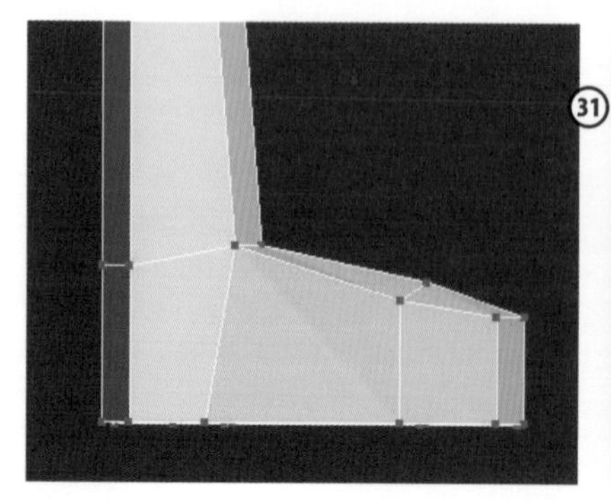

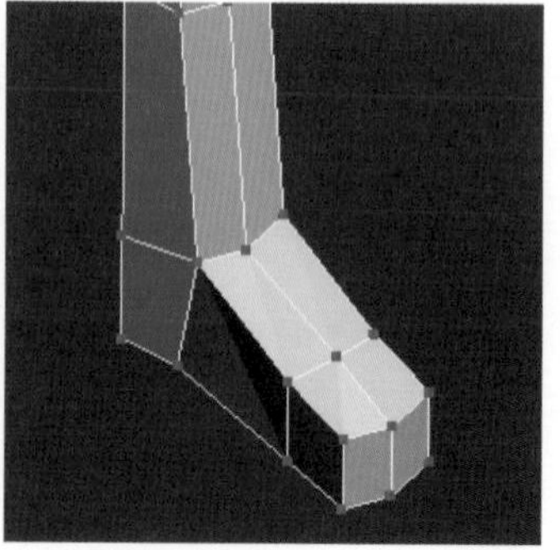

32 切換邊層級，選取第二排的邊。點擊【Loop】可以選到一整排。

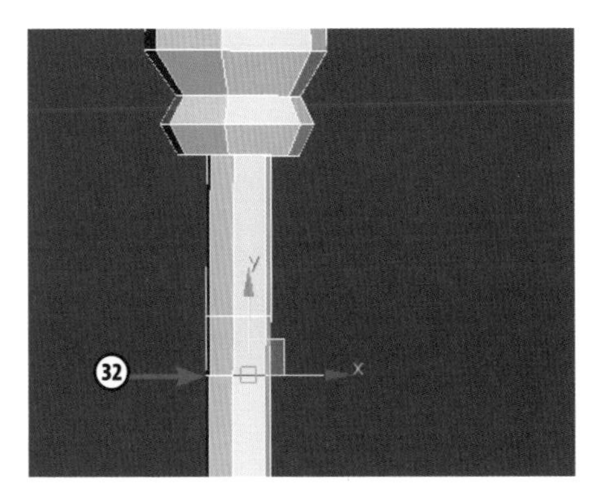

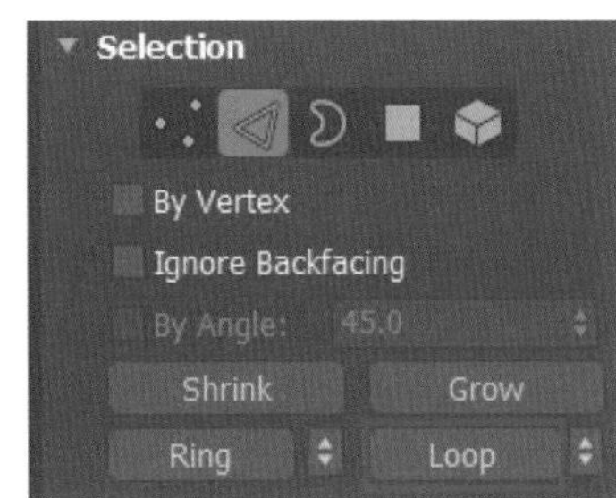

33 利用縮放工具將第二排的線放大。

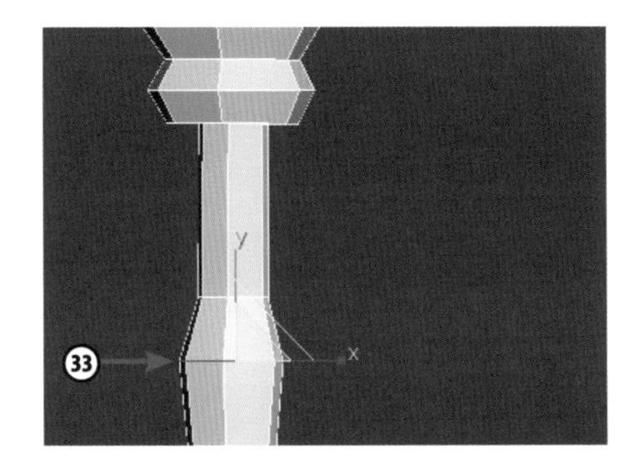

34 選取第一排的邊，利用移動工具往下移至第二排的邊內側，就可以製作出靴子的感覺。

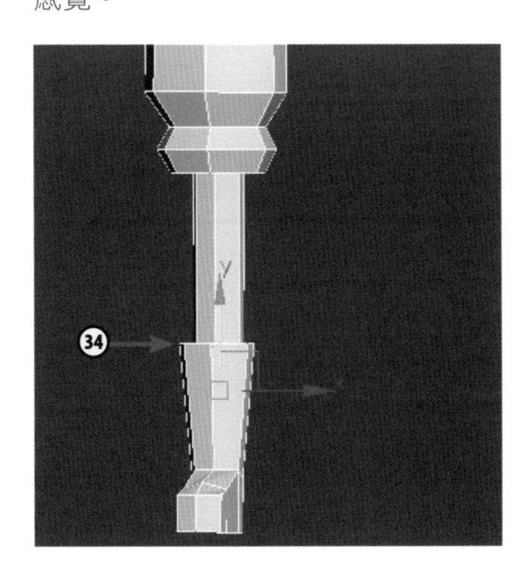

35 切換到前視圖，切換面層級，框選右半邊的面按下 Delete 鍵刪除→加入【Symmetry（對稱）】修改器。

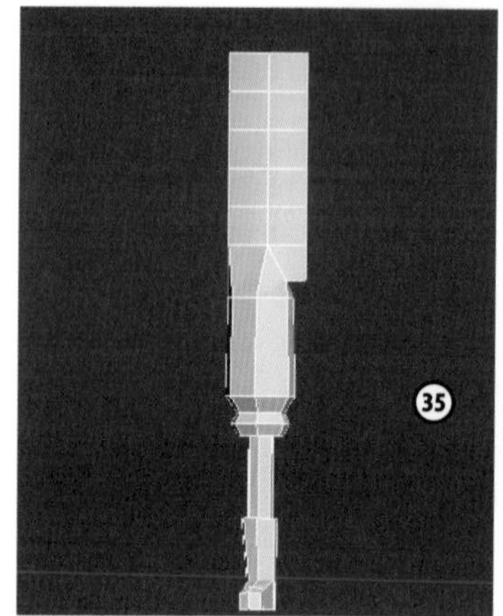

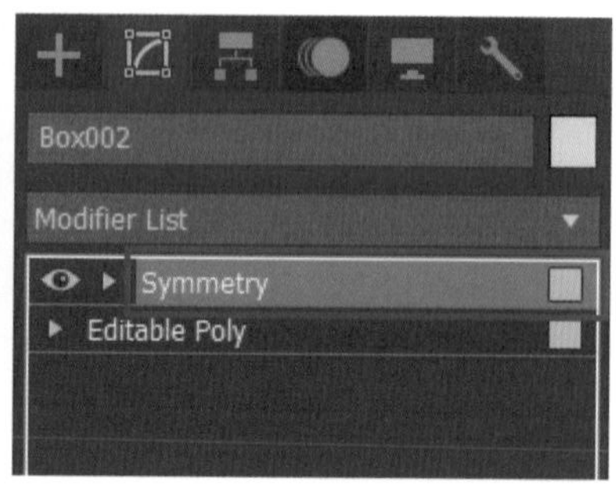

36 剛加入對稱修改器時可能會出現看不到物件的情形，代表模型是相反的，在修改面板中【Parameters】→【Mirror Axis】→將【Flip】打勾就可以看到模型。完成腳。

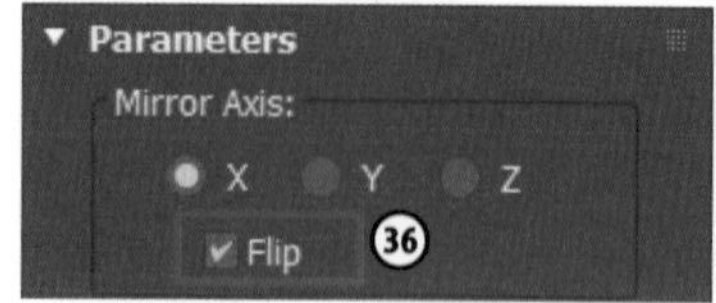

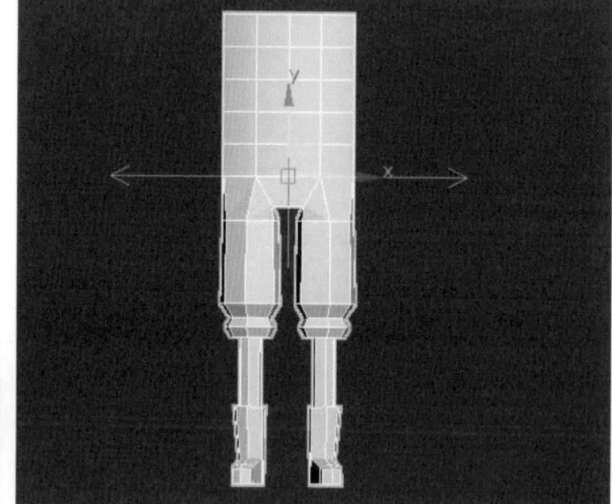

8-3 手

01 沿用上一小節製作的身體。選取模型回到【Editable Poly】修改器後，點擊【Show end result on/off toggle（顯示最終結果）】。

02 選取如右圖所示的面。

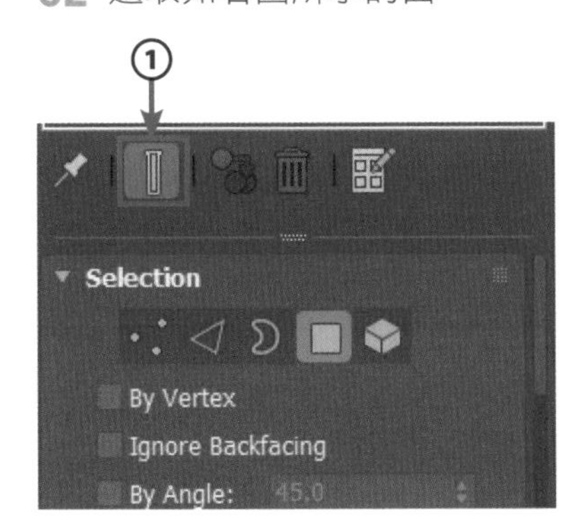

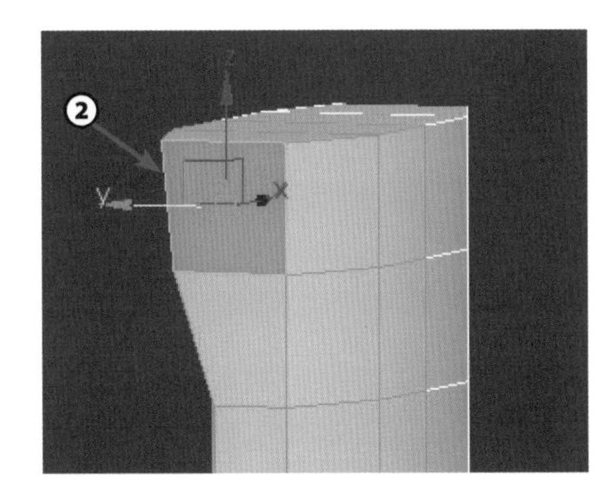

03 點擊【Extrude】前面的小按鈕。擠出適當數值作為袖子。

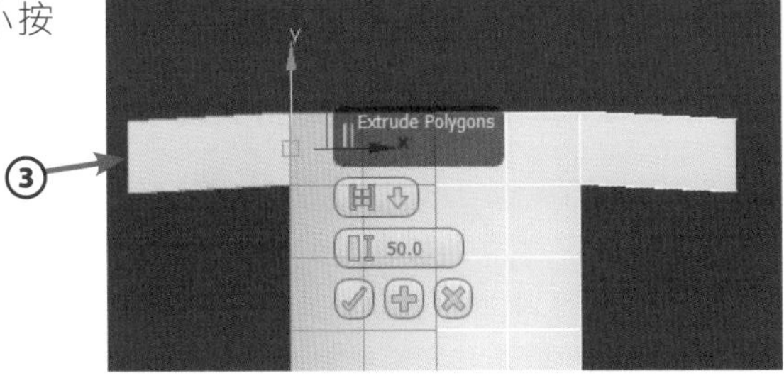

04 切換至左視圖，框選如下圖所示的橫排線。點擊滑鼠右鍵 →【Connect】前面的小按鈕，製作一條連接線。

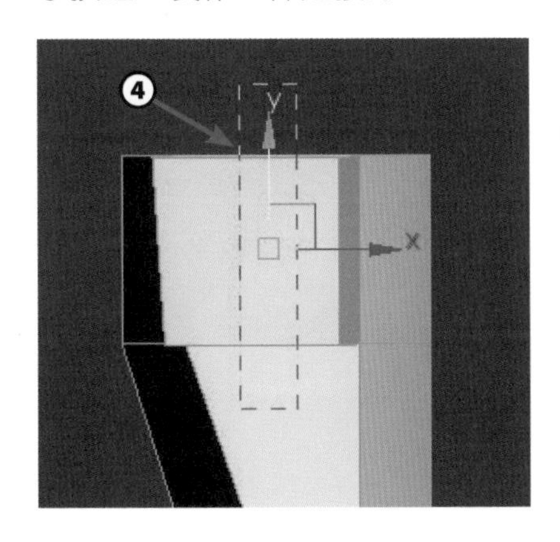

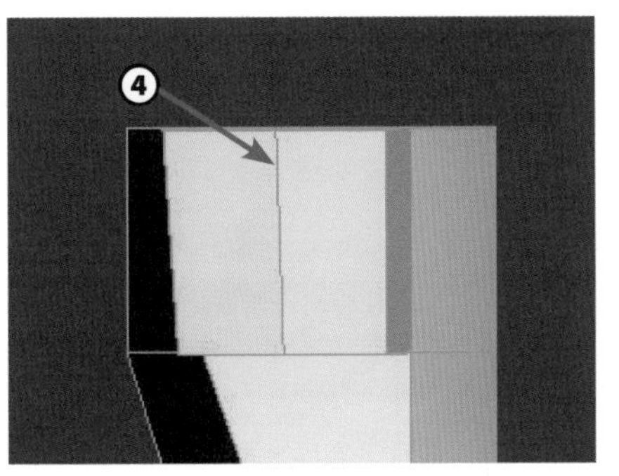

05 框選如下圖所示的直排線。點擊滑鼠右鍵 →【Connect】製作連接線。

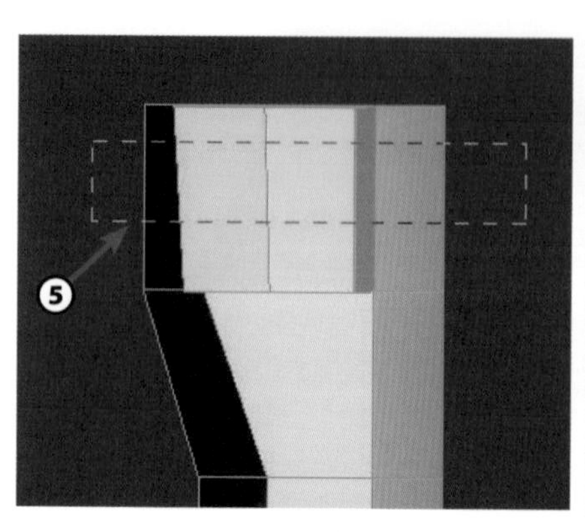

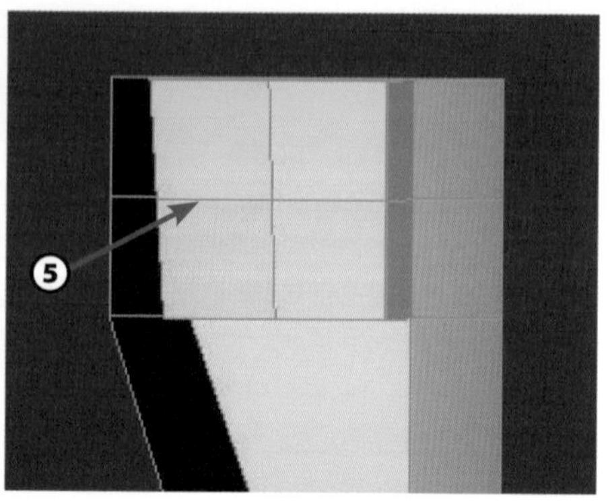

06 選取如下圖所示的四個面。點擊滑鼠右鍵，按下【Inset】前面的小按鈕插入 適當大小的面作為手臂。

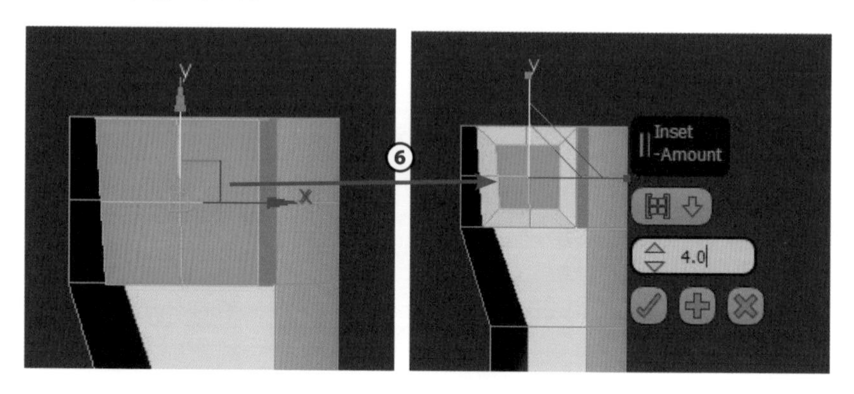

07 按下滑鼠右鍵→點擊【Extrude】前面的小按鈕。擠出適當數值作為手臂。並利用縮放工具縮小，製作手臂曲線。

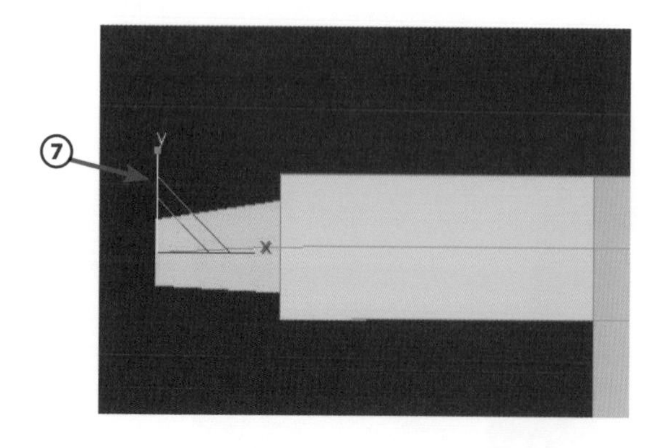

08 按下滑鼠右鍵→點擊【Extrude】前面的小按鈕。擠出適當數值作為關節。並利用縮放工具放大，製作關節曲線。

09 按下滑鼠右鍵→點擊【Extrude】前面的小按鈕。擠出適當數值作為手臂。並利用縮放工具縮小，製作手腕曲線。

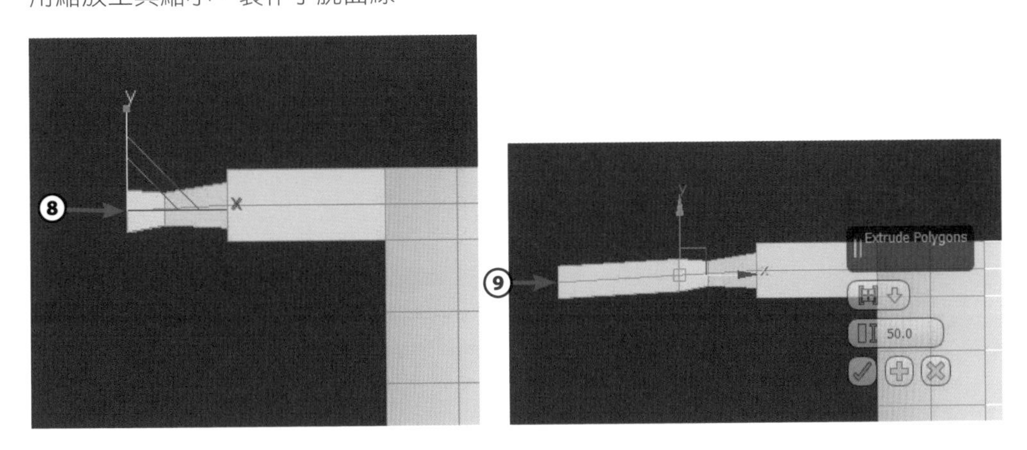

10 接下來製作手套，切換至前視圖，框選如下圖所示的橫排線。點擊滑鼠右鍵 →【Connect】製作連接線。並將【Segment 段數】設為「3」。

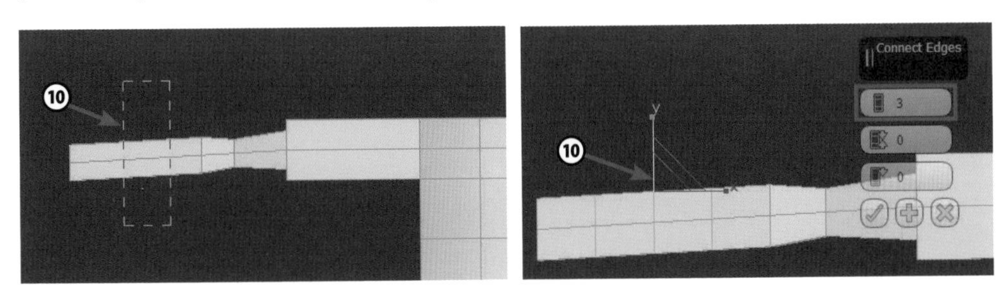

11 選取左邊數來第二排邊線，利用縮放工具將線放大，如右下圖。

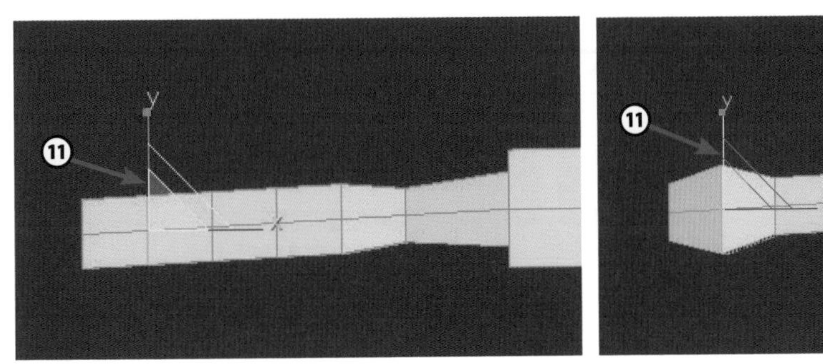

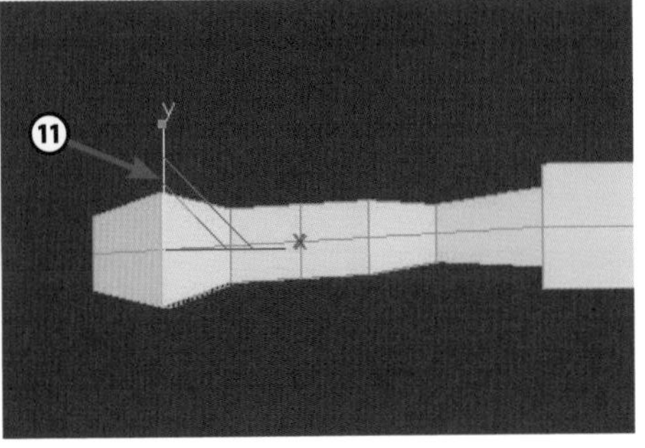

12 選取左邊第三排所有線後，利用移動工具將線往左移至第二排線裡。製作出手套的效果，如右下圖。

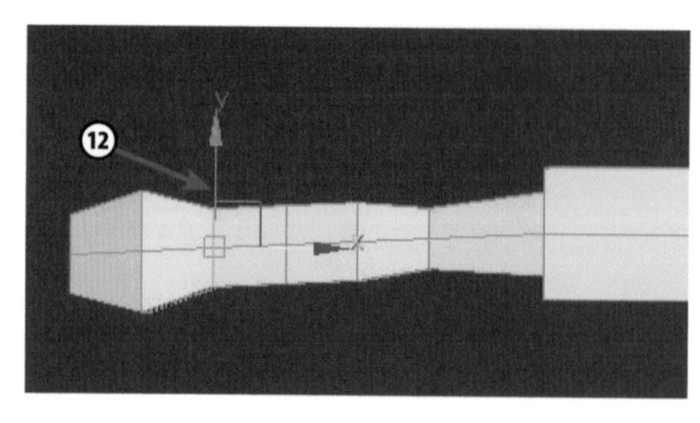

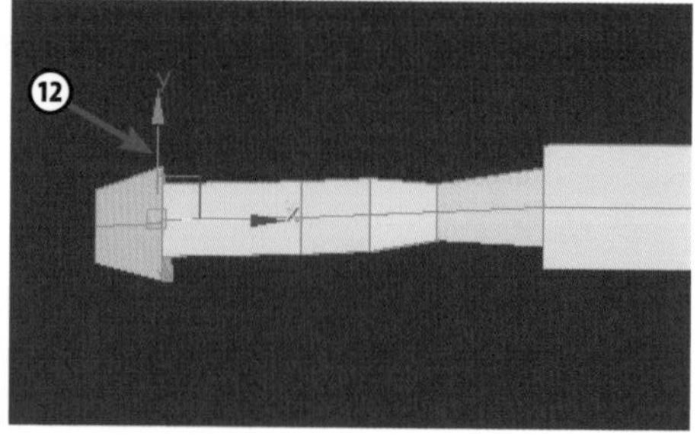

13 選取左邊第四排所有線，利用移動與縮放工具調整手臂曲線。

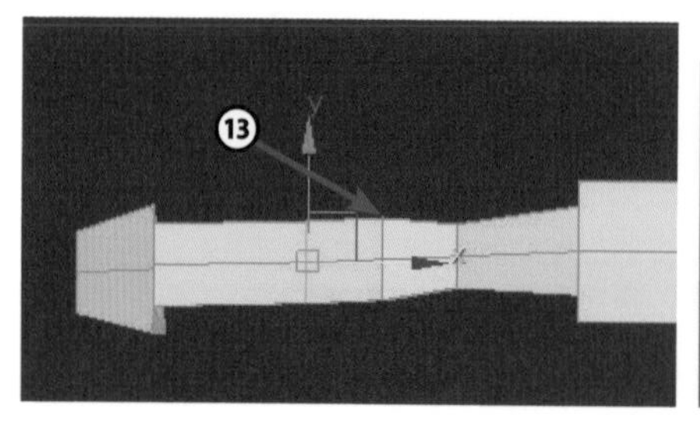

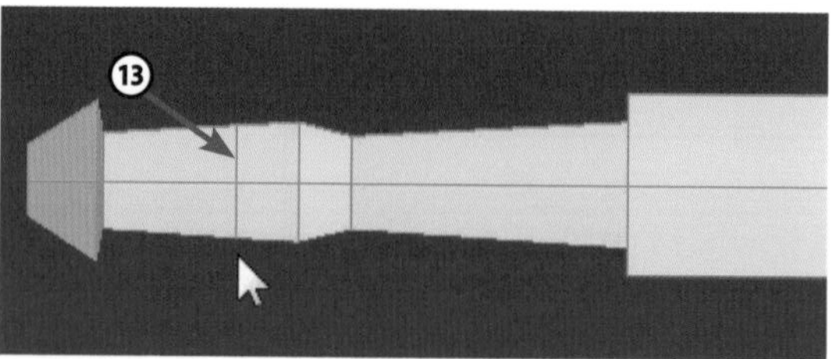

14 切換至左視圖並切換至點層級，框選最上排中間的點。

15 將點往上移一點製作出曲線。

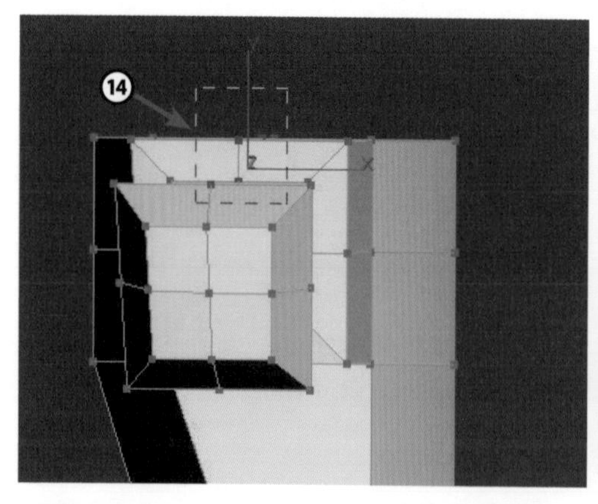

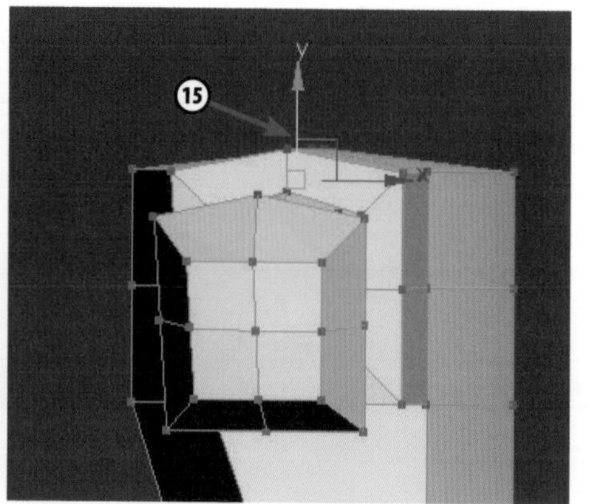

16 其他點也是依此方式做調整，將點調整至圓弧形。

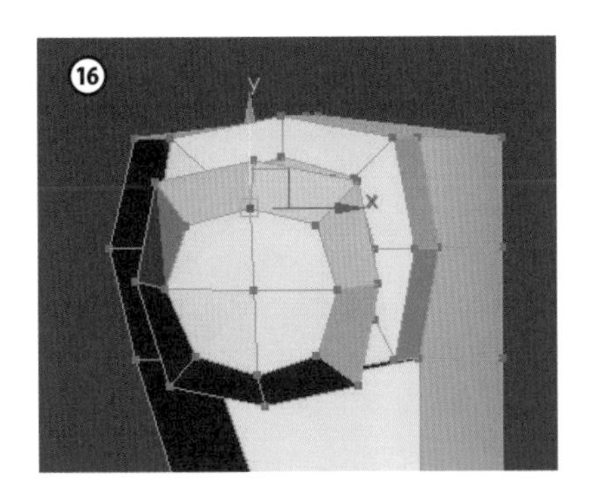

17 選取身體側邊，點擊修改面板【Ring】或按下 Alt+R 鍵可以選到所有的並排邊，如右下圖。

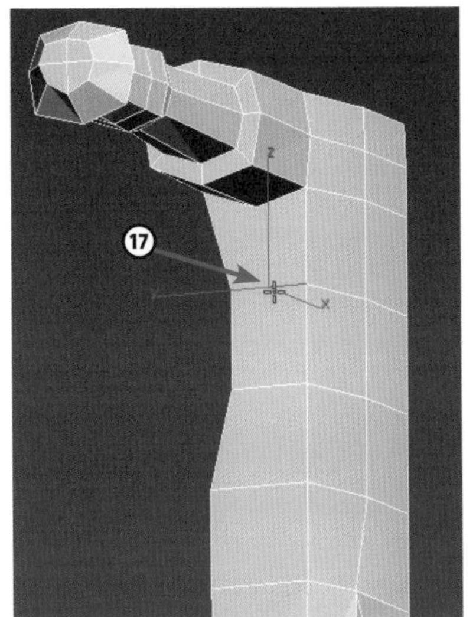

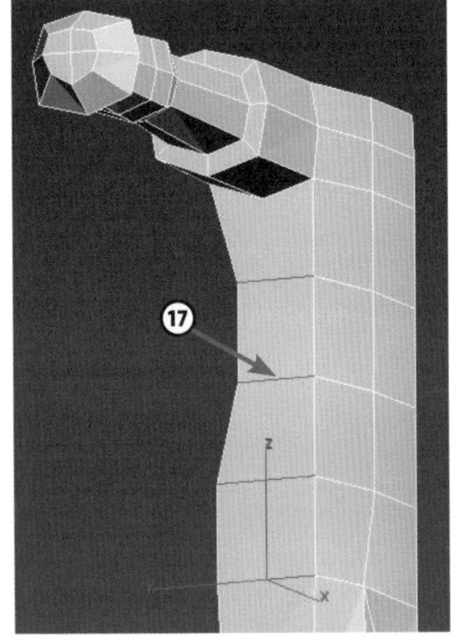

18 按下滑鼠右鍵→【Connect】前面的小按鈕，段數設定為「1」。

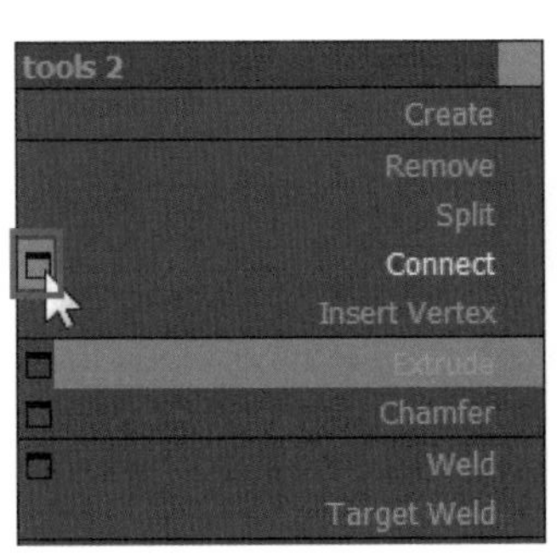

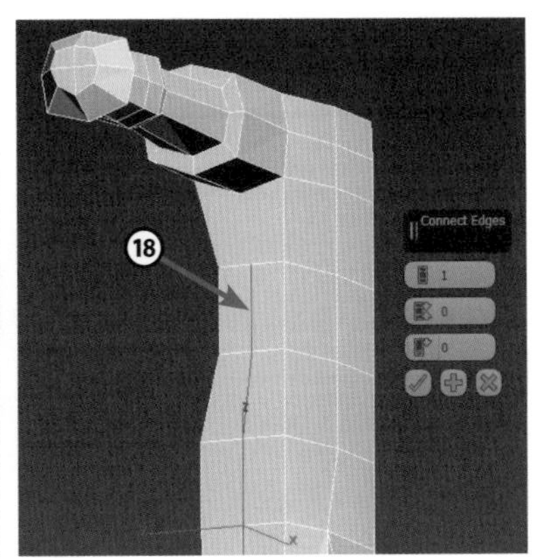

19 按下滑鼠右鍵→【Cut】，點擊兩個點，切割手臂下方的邊。

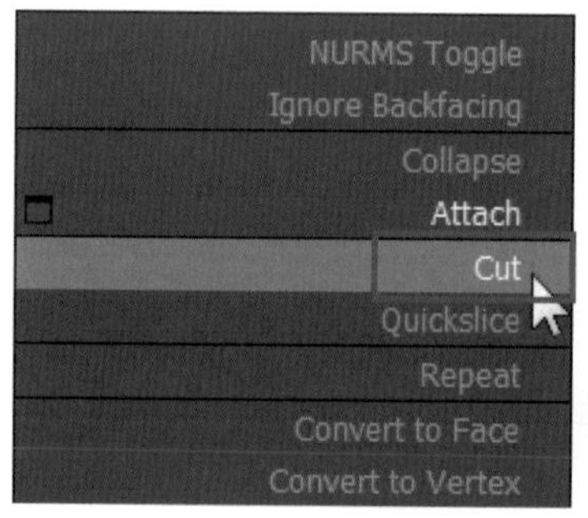

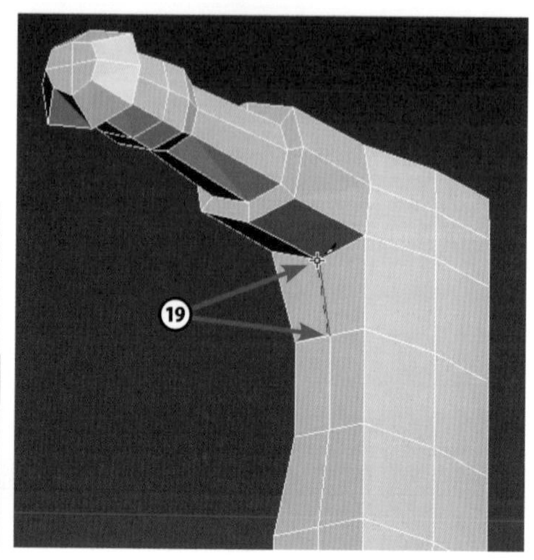

20 環轉至腳底，切割至如右下圖所示，使多邊形面變成四邊形面。

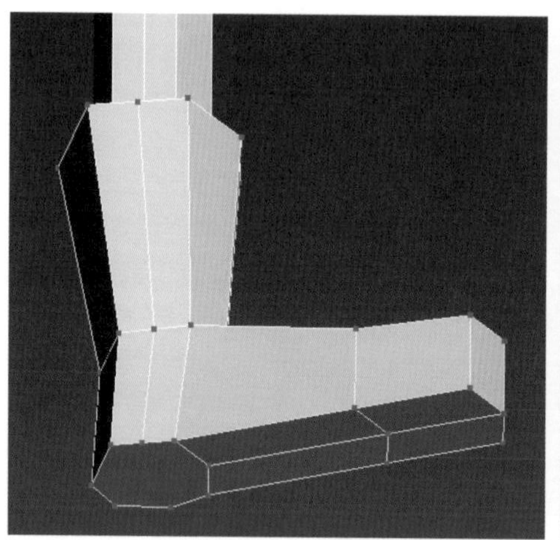

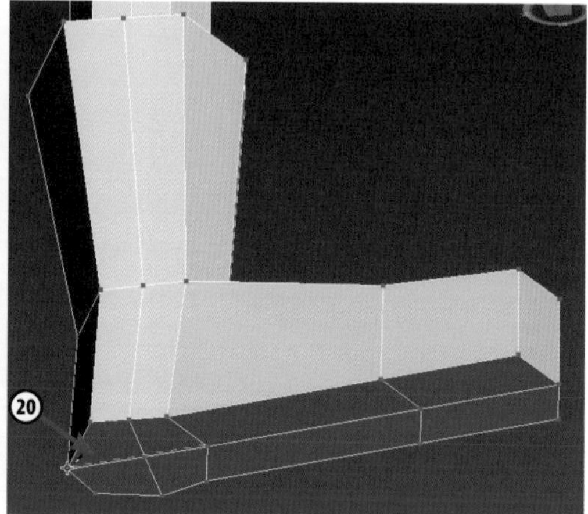

8-4 手掌連接

01 點擊【File】→【Import】→【Merge】，匯入【hand.max】範例檔，選擇 hand，點擊【OK】。或參考第二章手的製作。

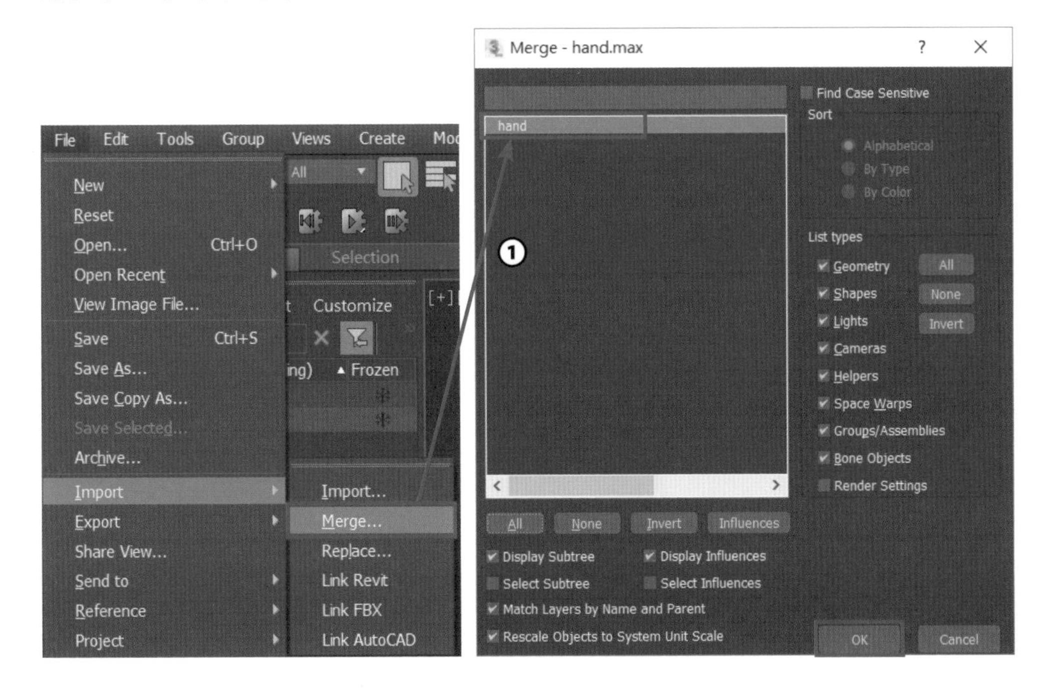

02 切換至前視圖與上視圖，利用移動工具將手掌移至手旁邊，並縮放至合適的大小。

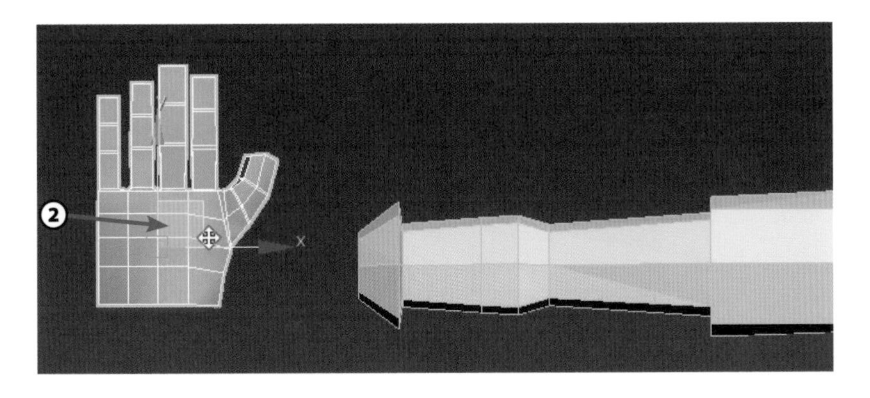

03 切換至上視圖，利用旋轉工具使手掌方向正確。

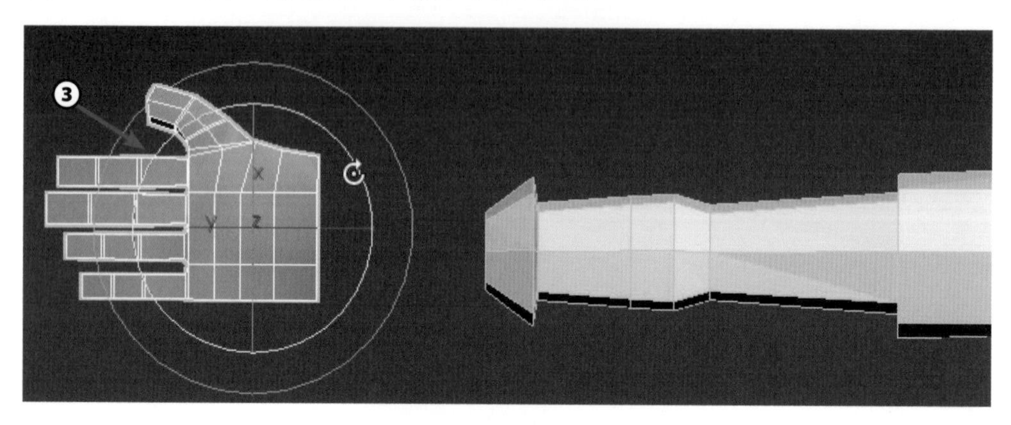

04 在上方工具列點擊【 】鏡射工具，選擇【Y】方向，使大拇指的位置正確，按下【OK】完成。

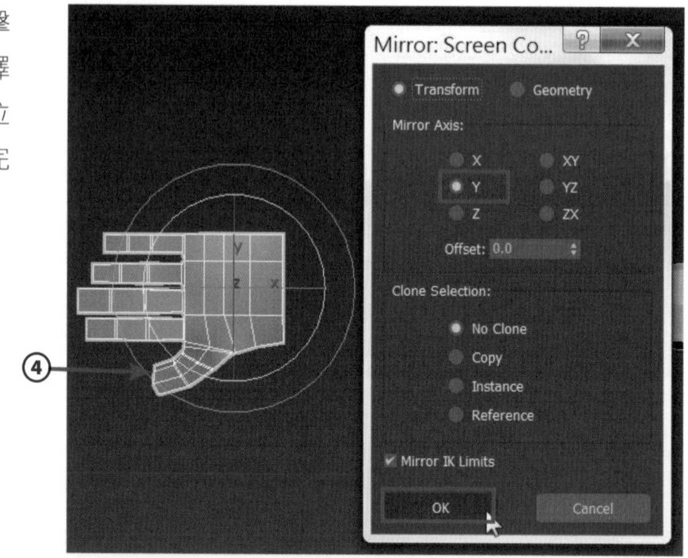

05 選取手掌，切換到點層級，按下滑鼠右鍵→【Target Weld(點焊接)】。

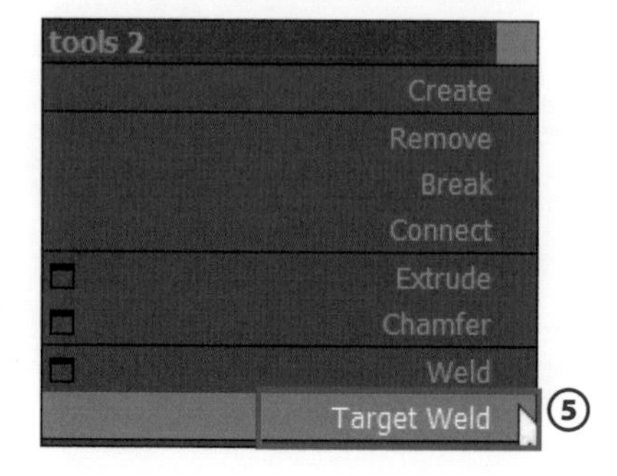

06 將手掌根部的左右邊做連接，減少佈線，如右下圖。完成後按滑鼠右鍵一下離開焊接指令。

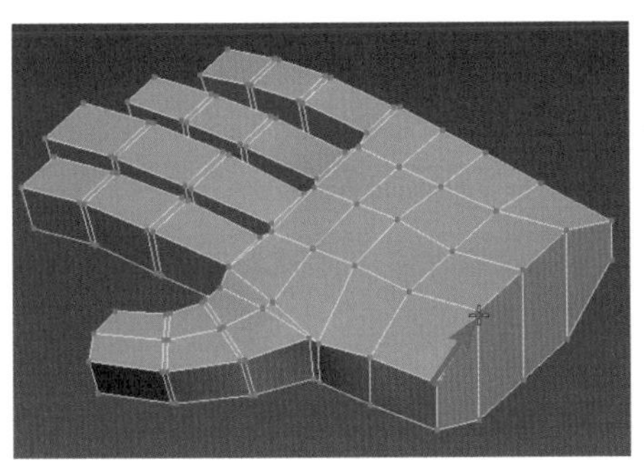

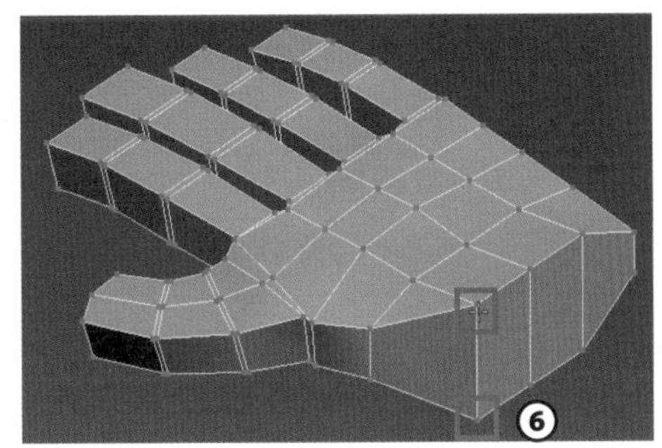

07 利用移動工具將點移動至適當位置。

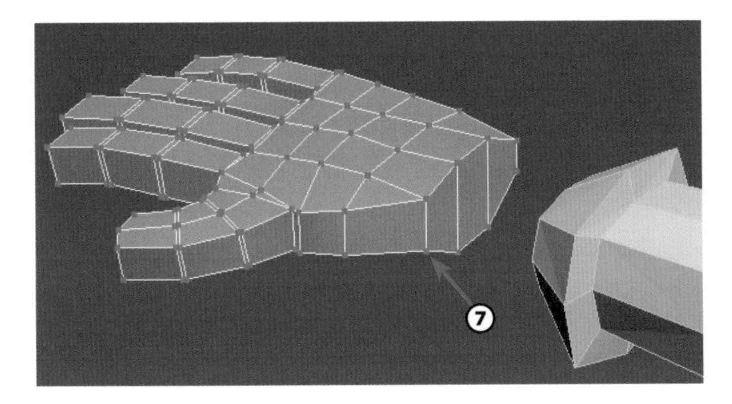

08 點擊身體，在修改面板點擊【Editable Poly】，在身體上按下滑鼠右鍵→【Attach（附加）】並選取手掌，使手掌與身體成為同一物件，按右鍵結束 Attach 指令。

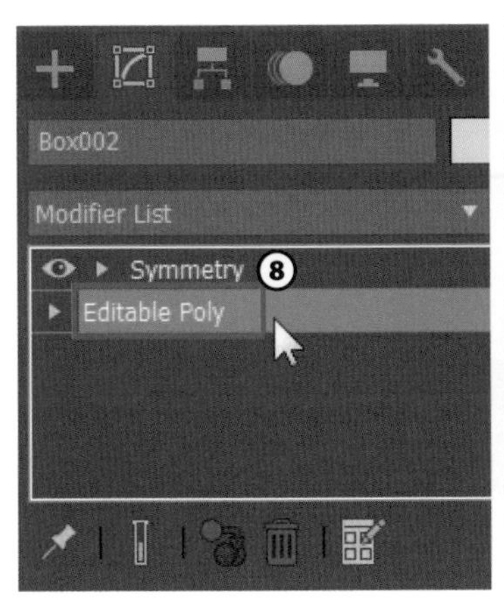

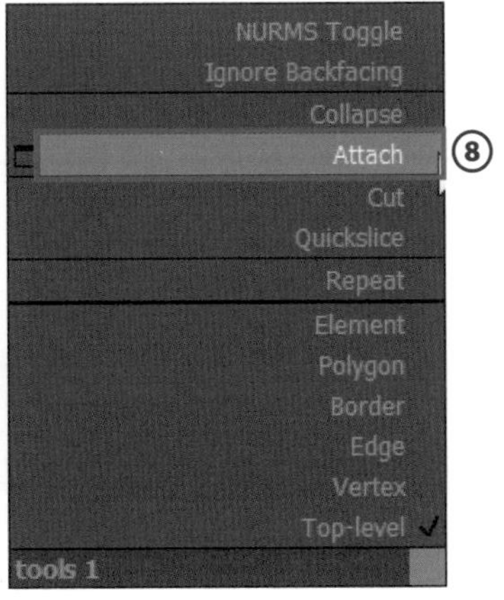

09 切換到面層級，選取手掌的 3 個面與手腕的 4 個面。

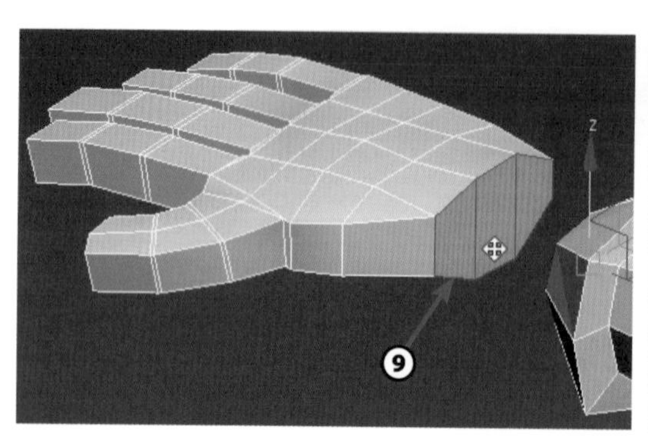

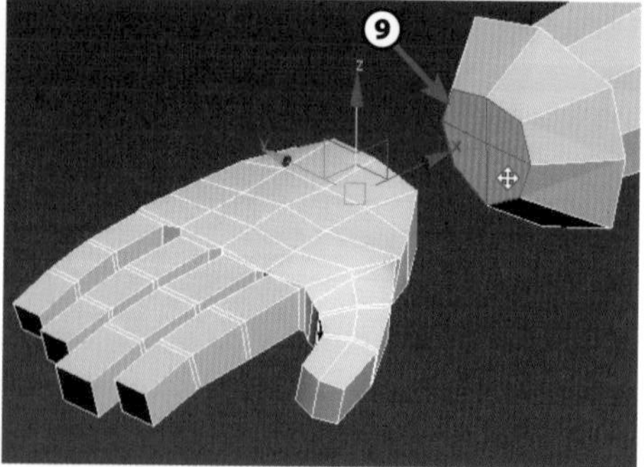

10 點擊修改面板的【Bridge（橋接）】，使手掌與手腕連接。

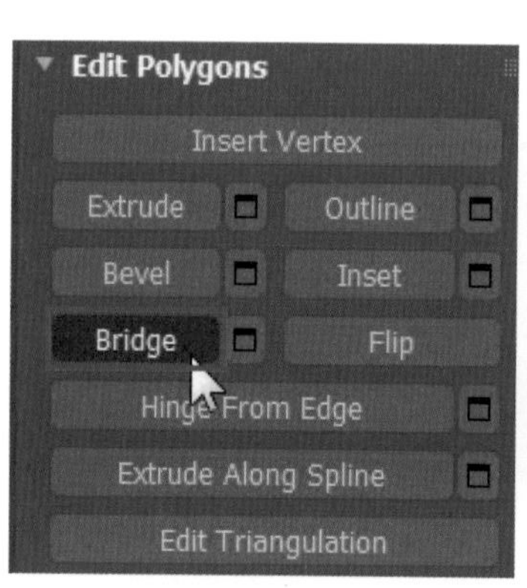

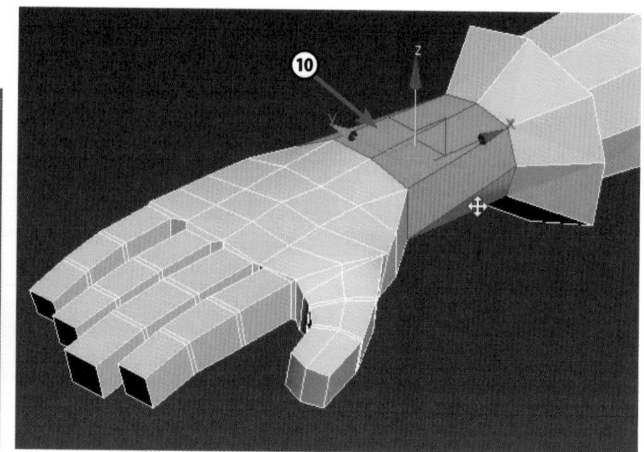

11 切換到點層級，框選手掌往右移動，調整連接處。

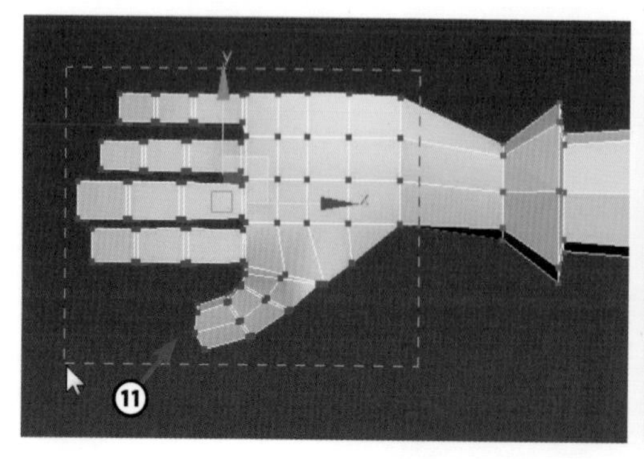

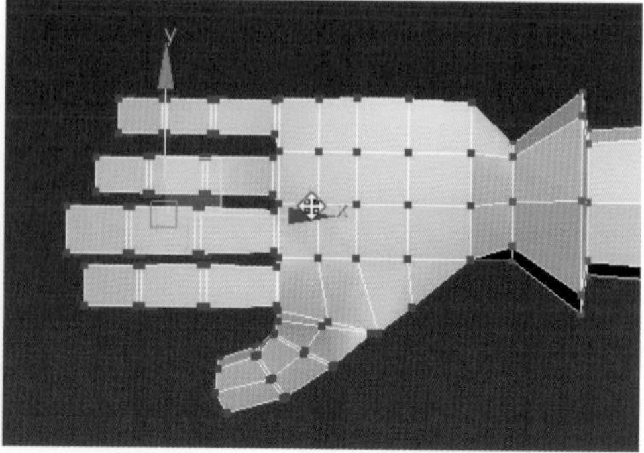

12 框選單一排點，使用比例縮放調整。

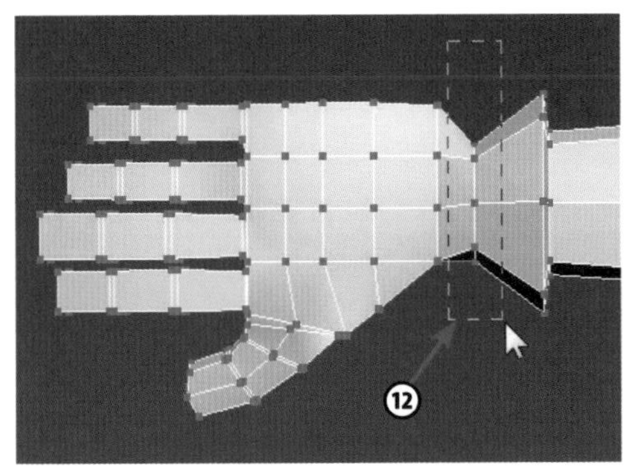

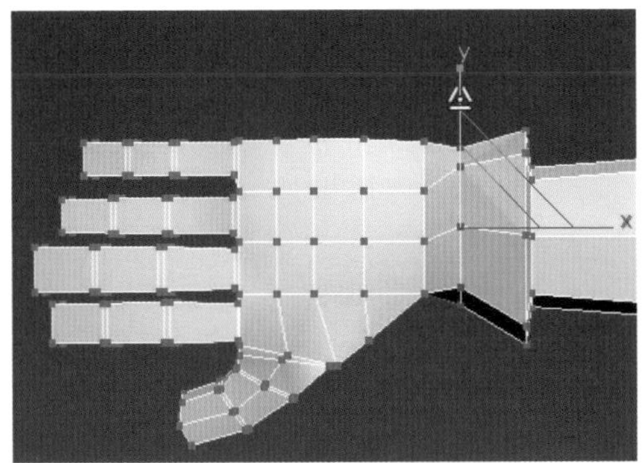

13 繼續使用移動工具調整連接處，完成。

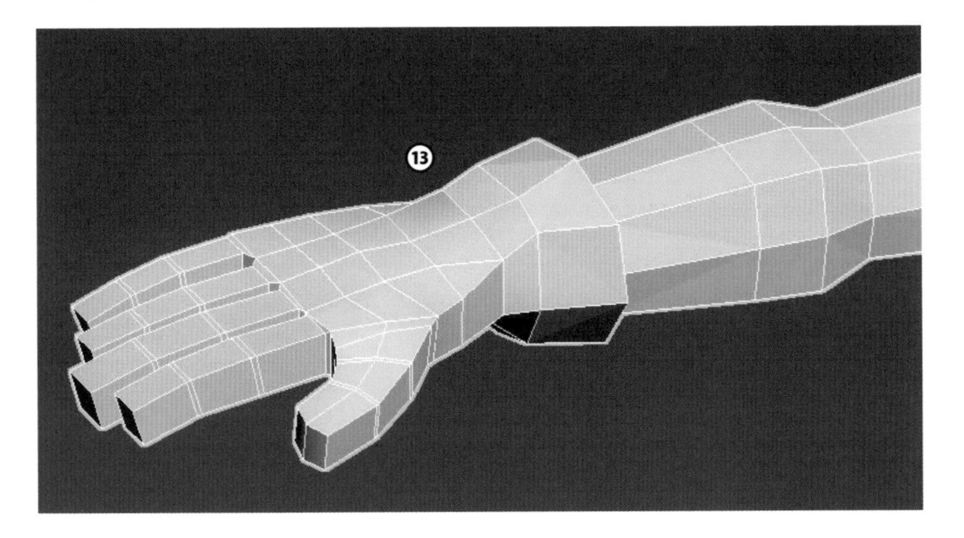

8-5 與頭部連接

01 切換至上視圖，身體上方。進入點層級，點擊右鍵 →【Cut（切割）】，在下圖所示的地方畫個圓弧狀製作出脖子。

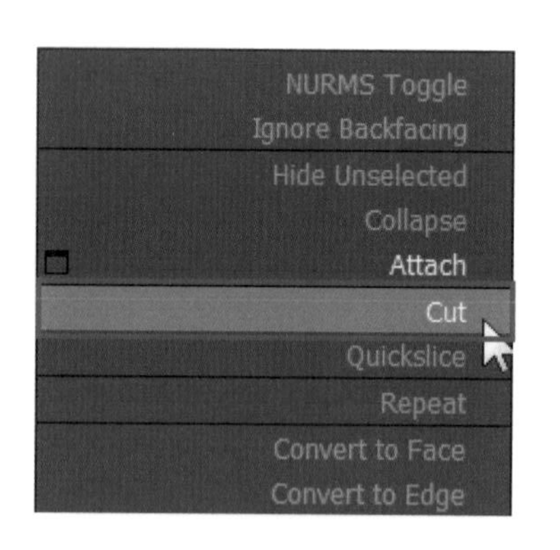

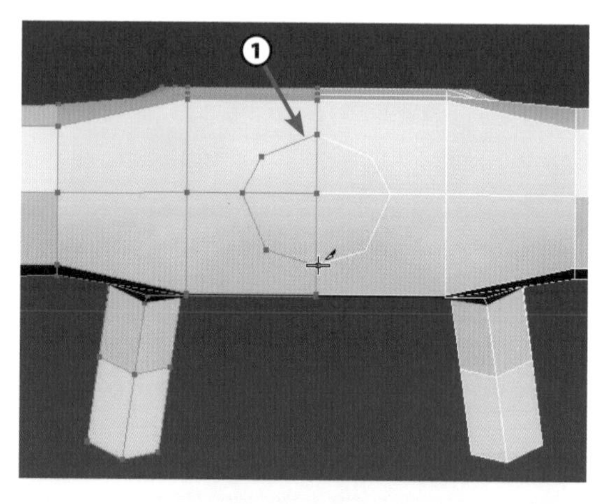

02 刪除身體脖子連接處的四個面。

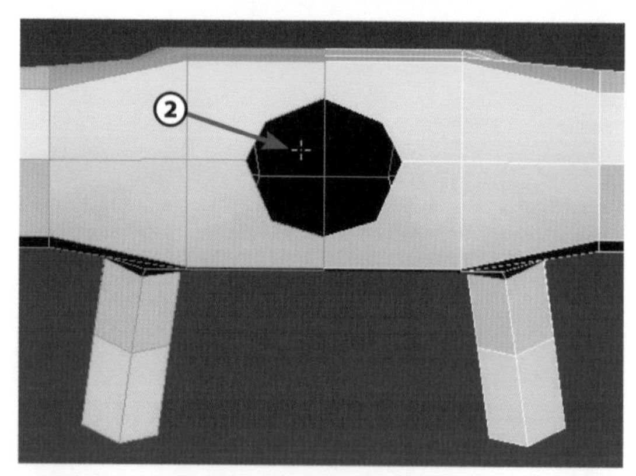

03 將面上的點切到到角落的點，使多邊形面變成兩個四邊面。

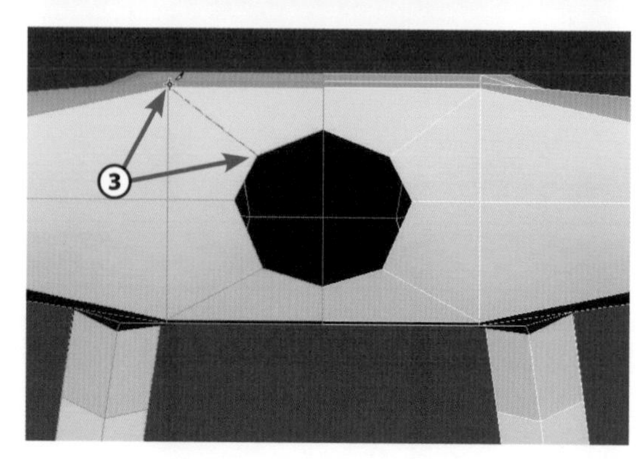

04 選取身體，按下滑鼠右鍵→【Convert to】→【Convert to Editable Poly】轉為 Poly，使修改面板的 Editable Poly 與 Symmetry 修改器合併。

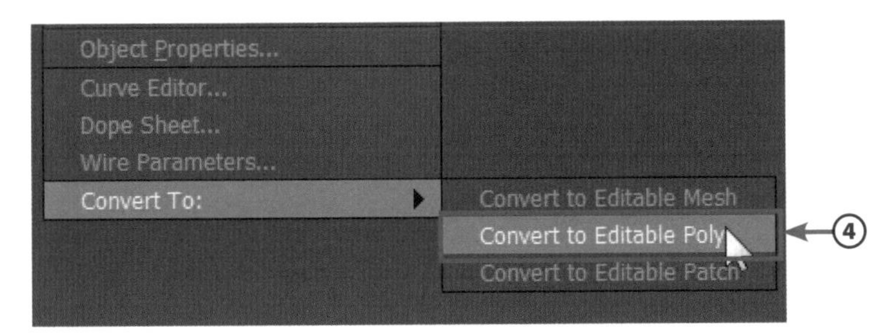

05 選取頭部，在修改面板，點擊【Remove Modifier from the stack】刪除 MeshSmooth 修改器。

06 選取【Editable Poly】修改器。

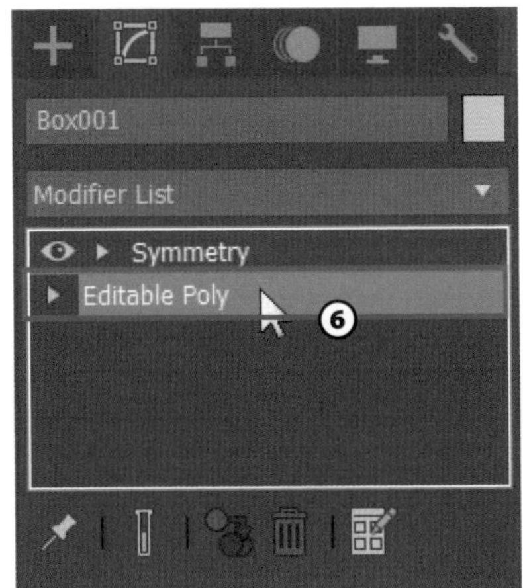

07 按下滑鼠右鍵→【Cut】。

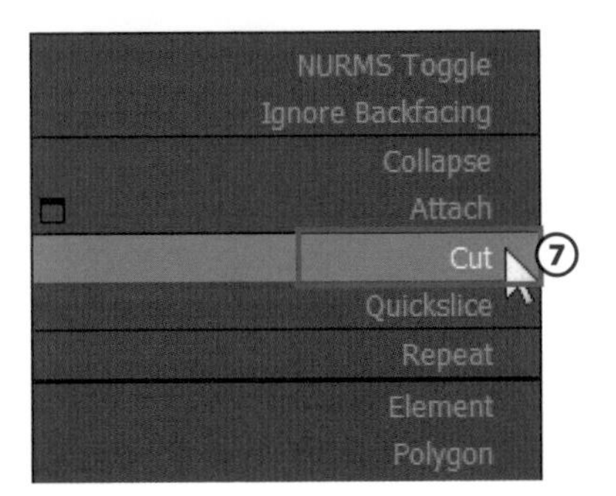

08 從如圖所示的點開始切割。

09 切割到邊上。

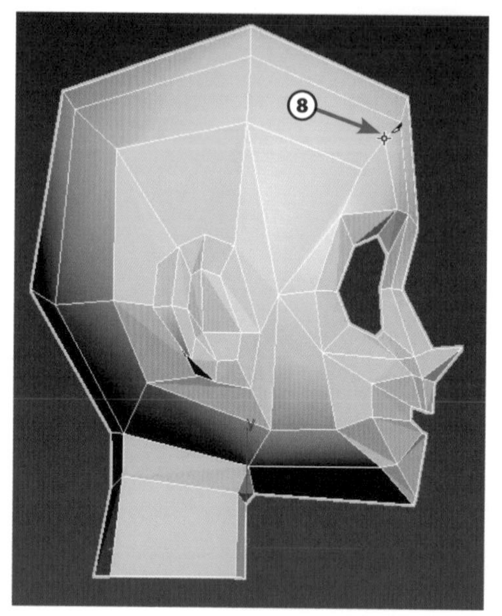

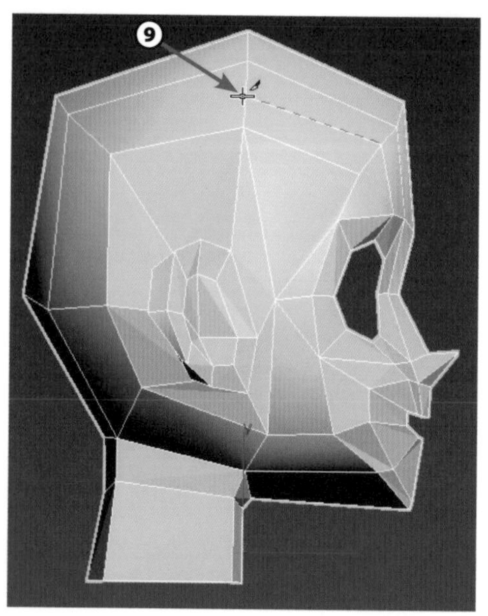

10 繼續切割到如左圖所示，在脖子處轉折往下切割，此時會形成多邊形面，如右下圖。

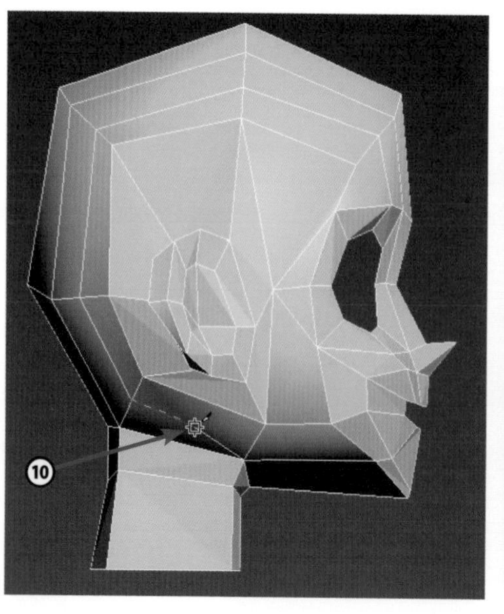

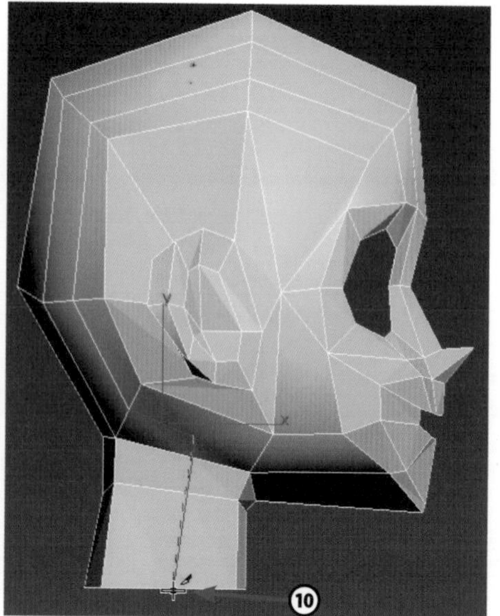

11 將面上的點，切割到附近的點上，可使多邊形面變成兩個四邊面。只要會使用多邊形面轉四邊面，就能任意更改想要的佈線方向，順著肌肉的方向來佈線。

12 選取頭部，按下滑鼠右鍵→【Convert to】→【Convert to Editable Poly】轉為 Poly。

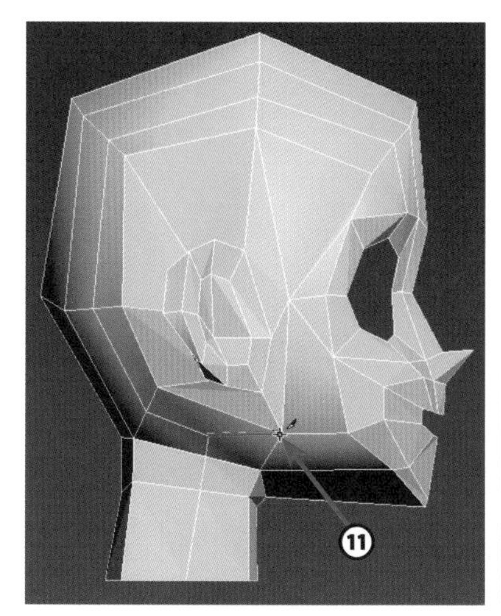

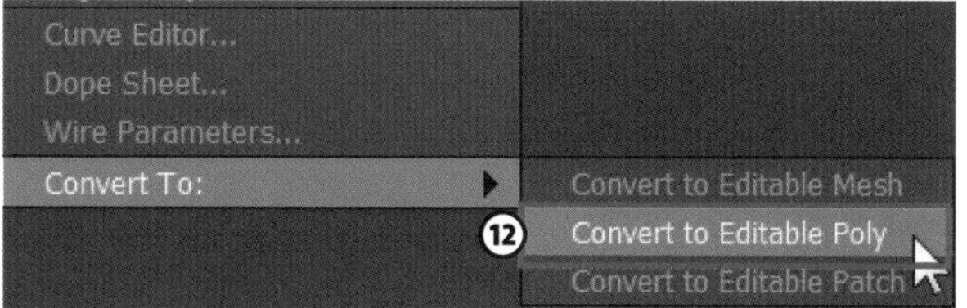

13 分別選取頭部與身體，使用移動工具，將座標 X 軸歸零，使頭部與身體正面對齊。

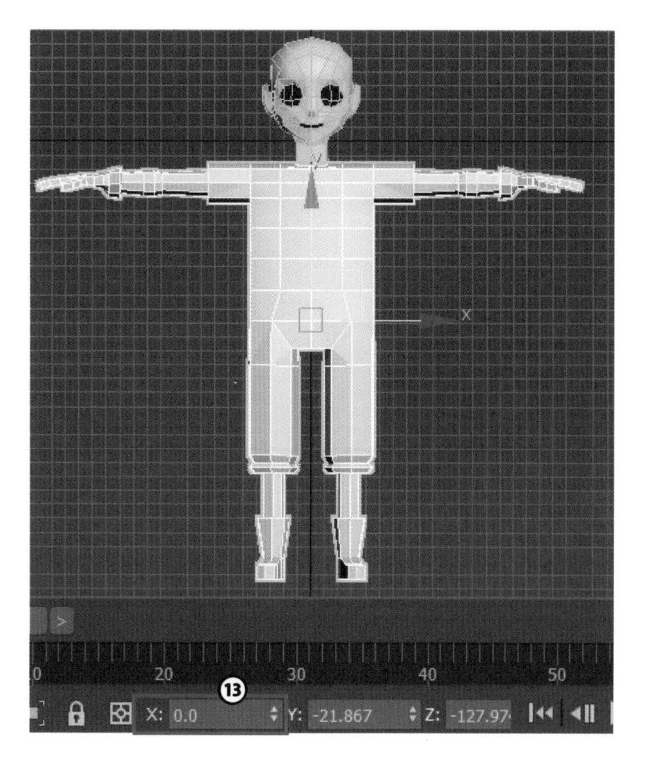

14 切換到左視圖和前視圖下，利用移動工具將頭部與身體擺好相對位置，如右圖。

15 點擊身體，按下滑鼠右鍵→【Attach（結合）】，點選頭部，將頭部與身體結合成同一物件。

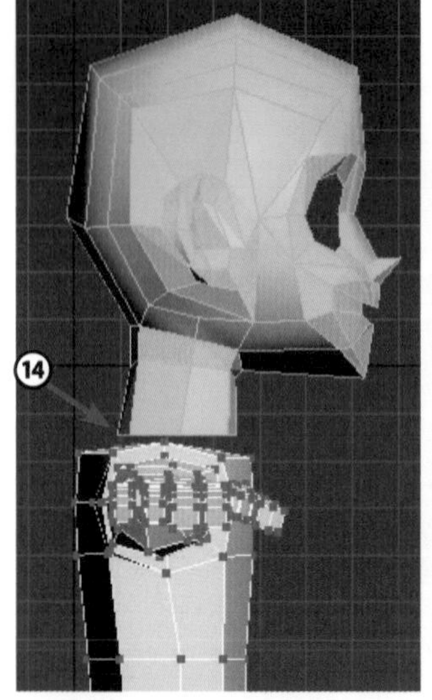

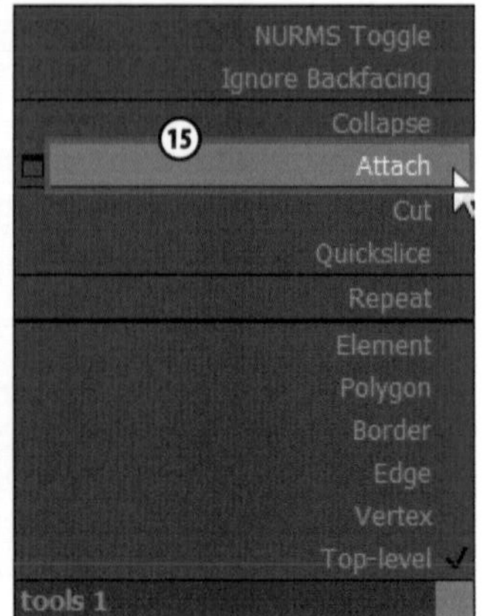

16 切換到【Border（開口邊）】層級，選取圖中所示的 2 條邊緣線。

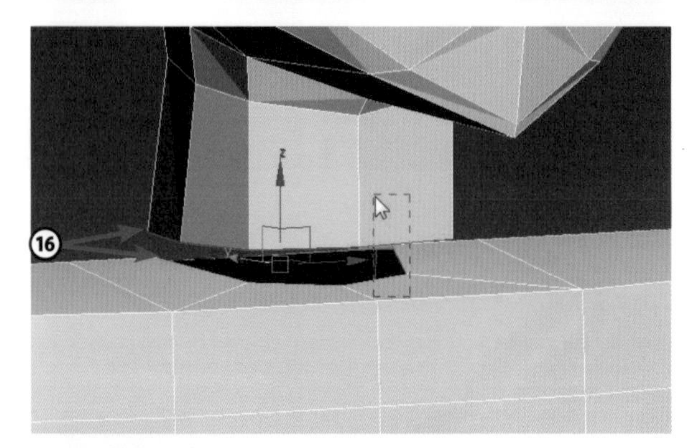

17 在修改面板【Edit Borders】→點擊【Bridge（橋接）】連接脖子與身體，如右圖。

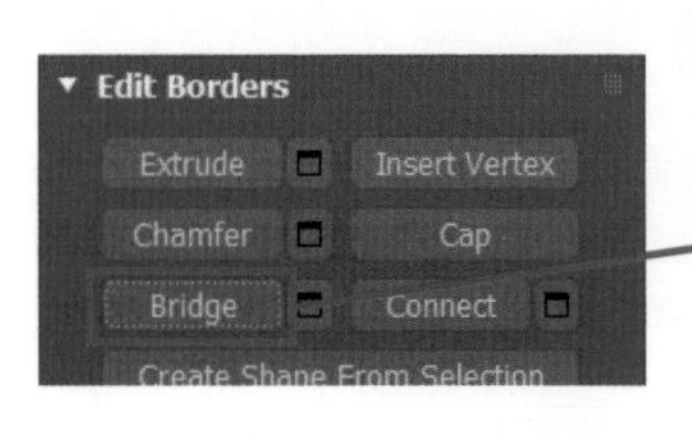

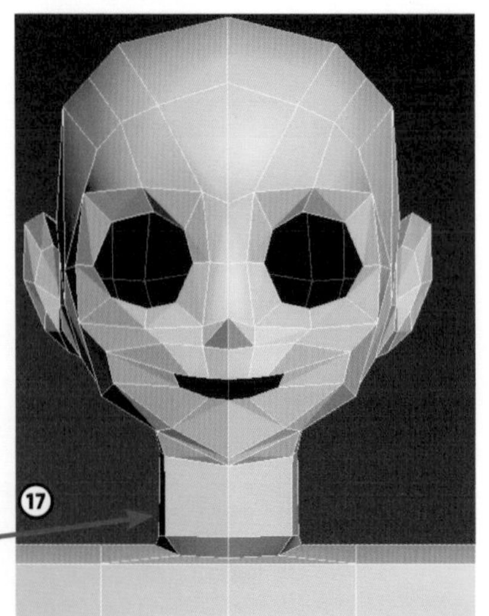

18 進入邊層級，在脖子的邊上點擊滑鼠左鍵兩下，利用比例工具放大。

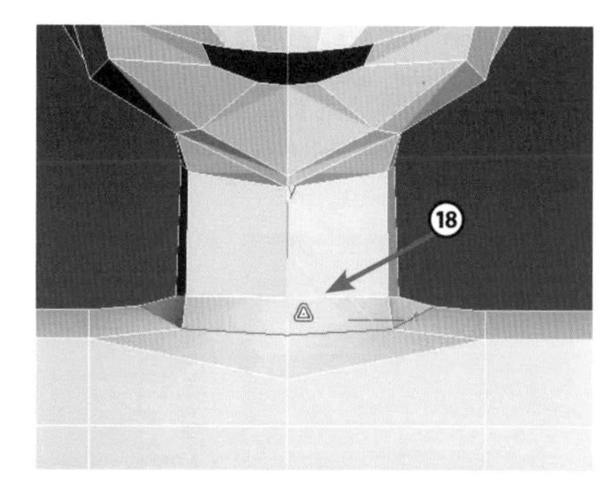

19 進入點層級，框選頭的所有點，利用移動工具往下移，調整脖子長度。

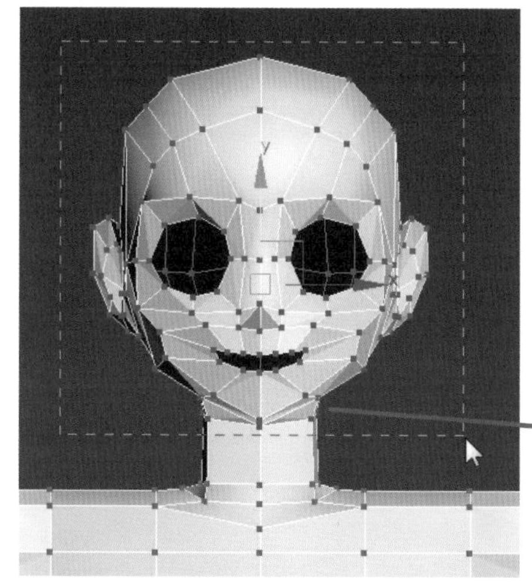

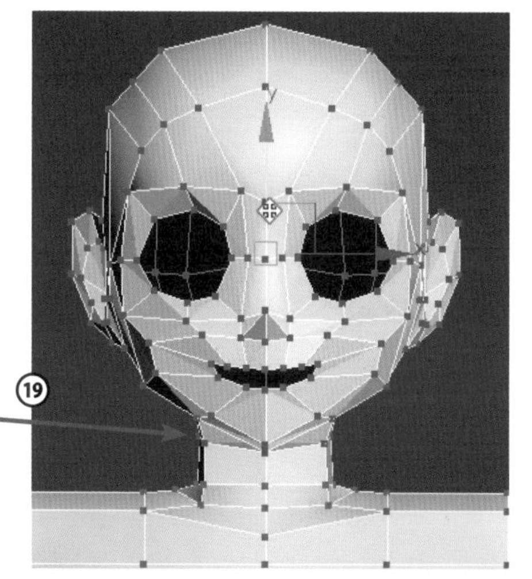

20 切換到左視圖，進入點層級，調整側面脖子形狀。調整時要保持左右對稱，若不對稱，請重新加入 Symmetry 對稱修改器。

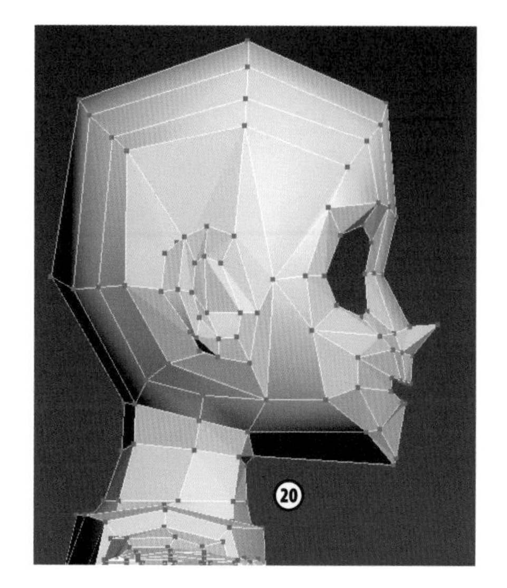

21 點擊修改面板的顏色按鈕。

22 將模型換成深色，可使模型佈線容易檢視。（因為選取的線段會變成紅色，盡量不要切換成紅色）

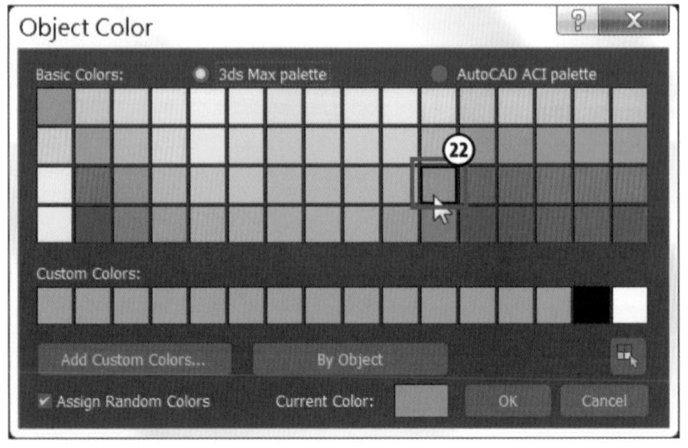

23 切換到【Border（開口邊）】層級，選取眼睛的邊緣線。

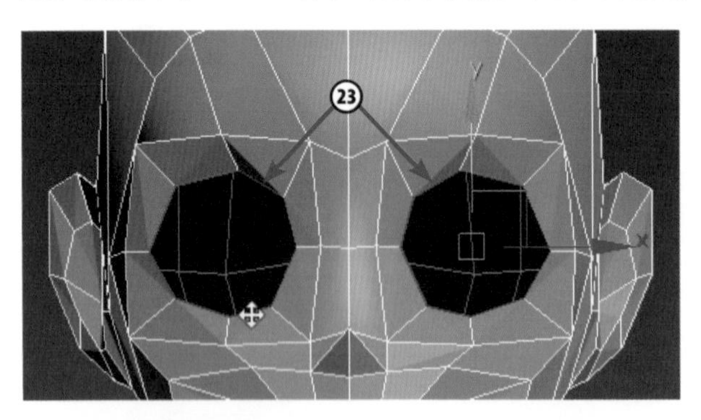

24 按住 Shift 鍵，利用比例工具往內縮小並複製面。

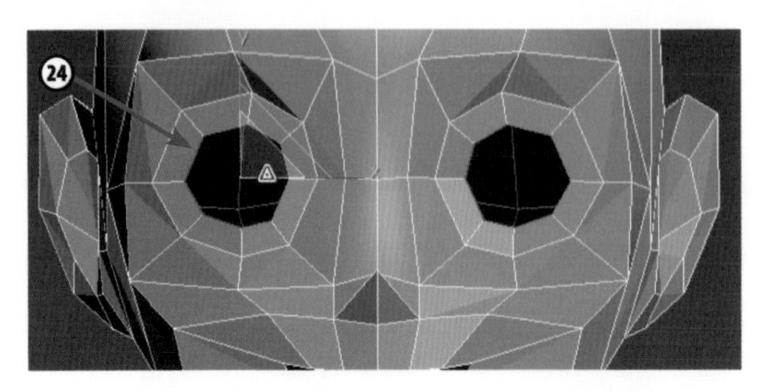

25 按下滑鼠右鍵→【Collapse】，將選取的開口邊合併為 1 個點，把眼睛填滿，如圖所示。

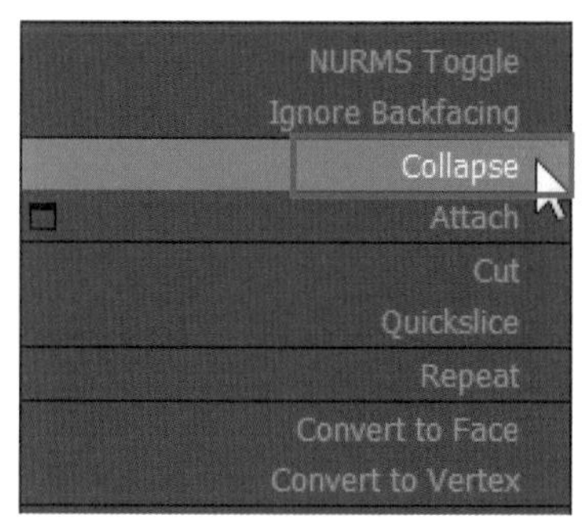

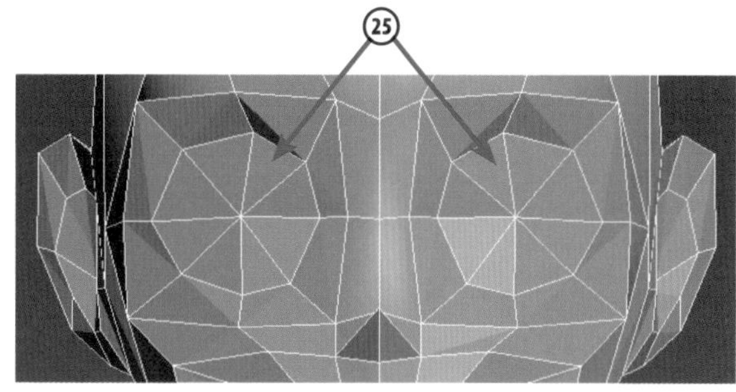

26 切換到【Border（開口邊）】層級，選取嘴巴的邊緣線。

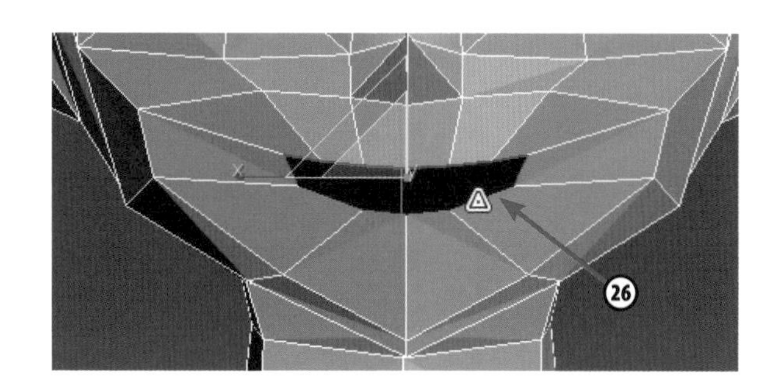

27 按下滑鼠右鍵→【Cap】將嘴巴開口封閉。

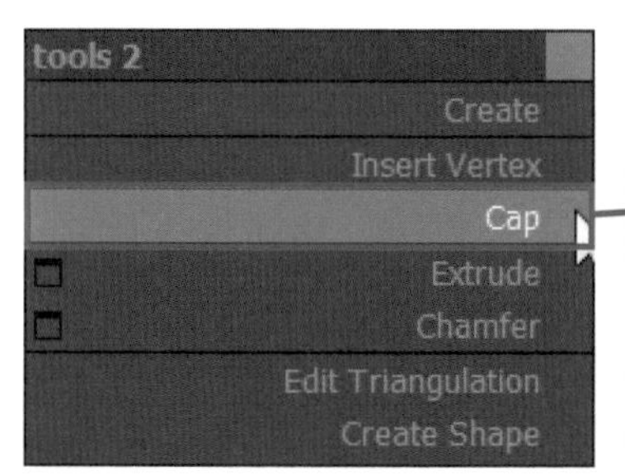

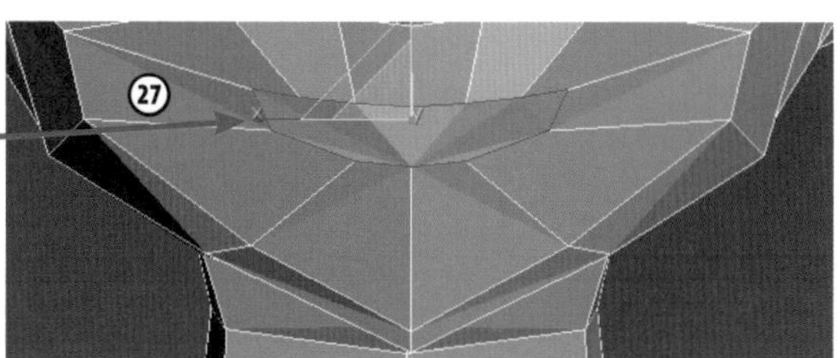

28 按下滑鼠右鍵→【Cut】切割線段，如圖所示。

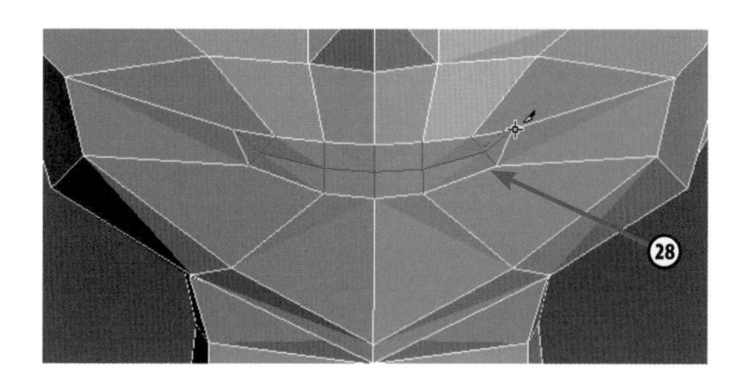

29 選取模型，進入面層級，刪除右半邊面。加入【Symmetry】修改器，在修改面板勾選【Flip】。

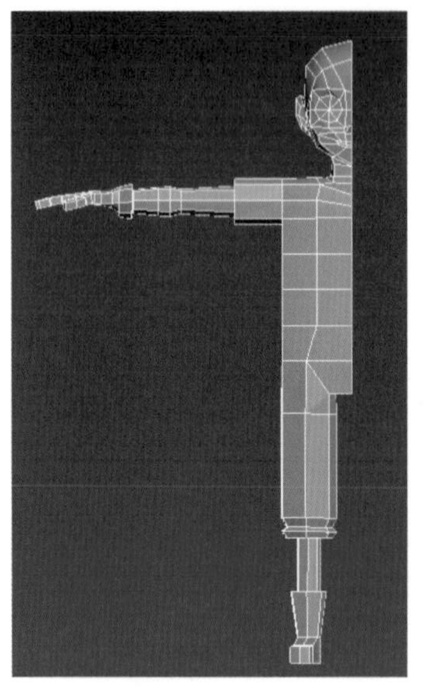

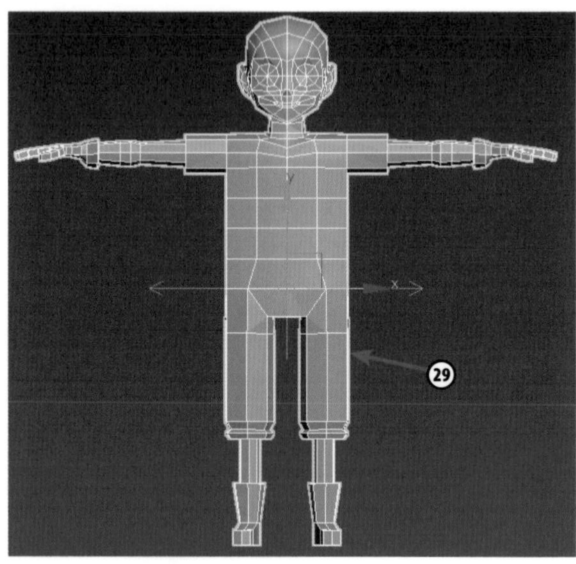

30 再加入【MeshSmooth】修改器，讓模型平滑化，如下圖，平滑化導致袖口造型消失，需要調整。請注意建模時請不加平滑，平滑只是用來觀察光滑的的模型展示。

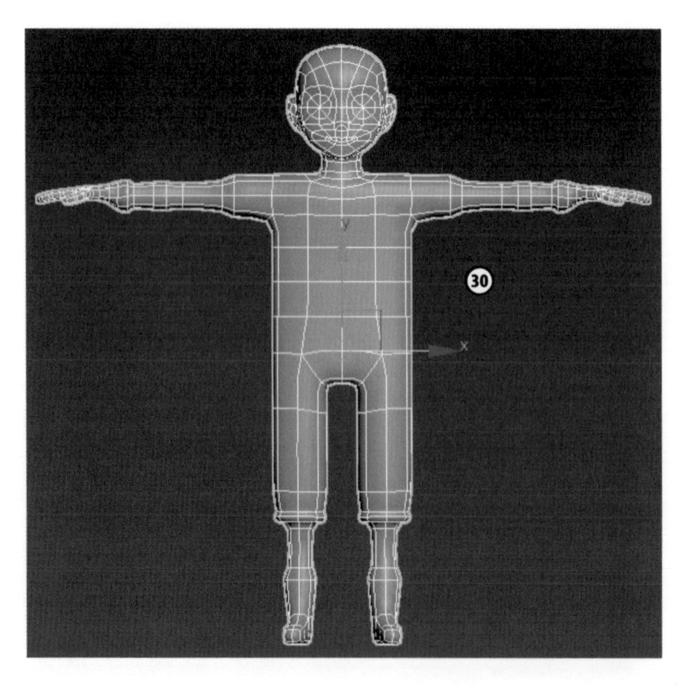

31 回到 Editable Poly 的邊層級，框選手臂的邊（如左下圖），按下滑鼠右鍵→【Connect】前面的小按鈕，將連接邊往右位移，靠近袖口（如右下圖）。

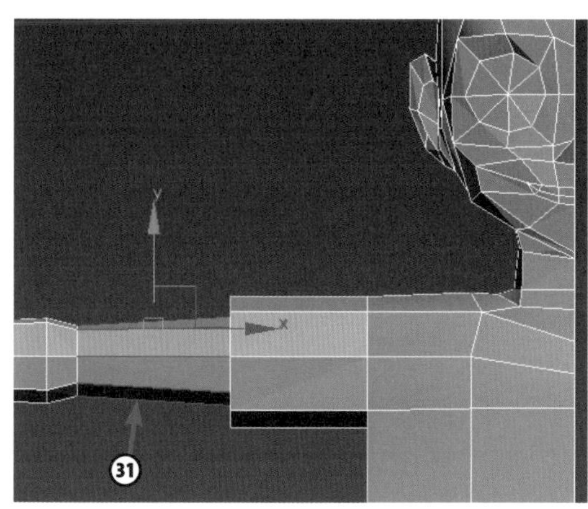

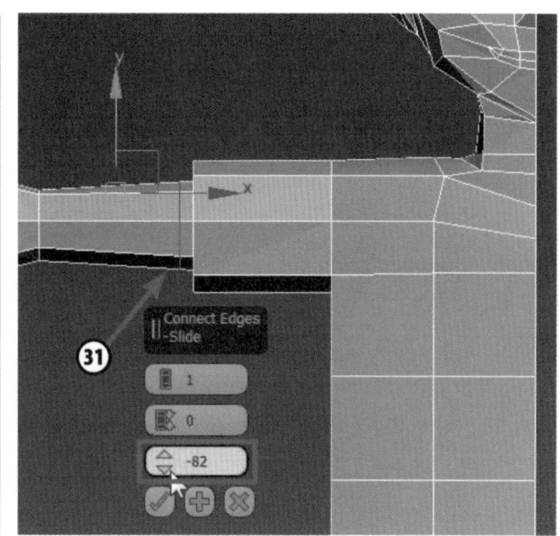

32 框選袖子的邊（如左圖），按下滑鼠右鍵→【Connect】前面的小按鈕，段數設定「2」，調整間距，使連接邊靠近袖口與肩膀（如右下圖）。

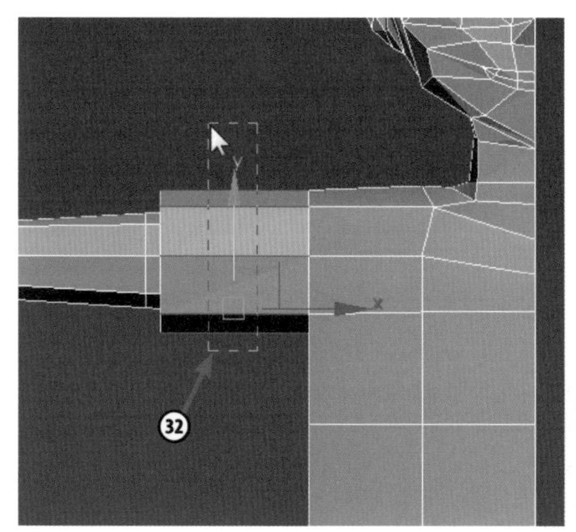

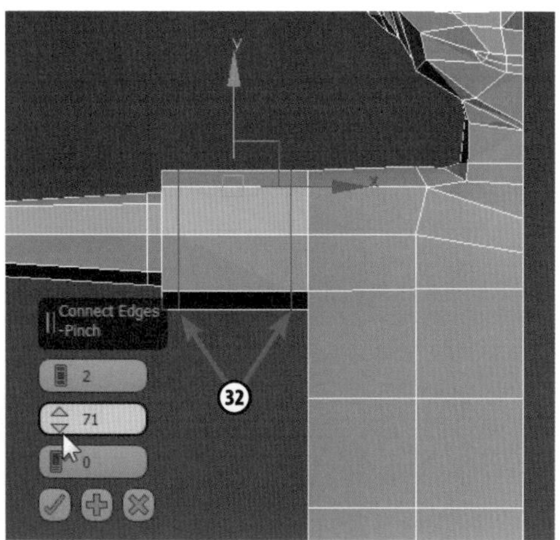

33 按下【Show end result on/off toggle（顯示最終結果）】，可以發現袖口造型較為明顯。

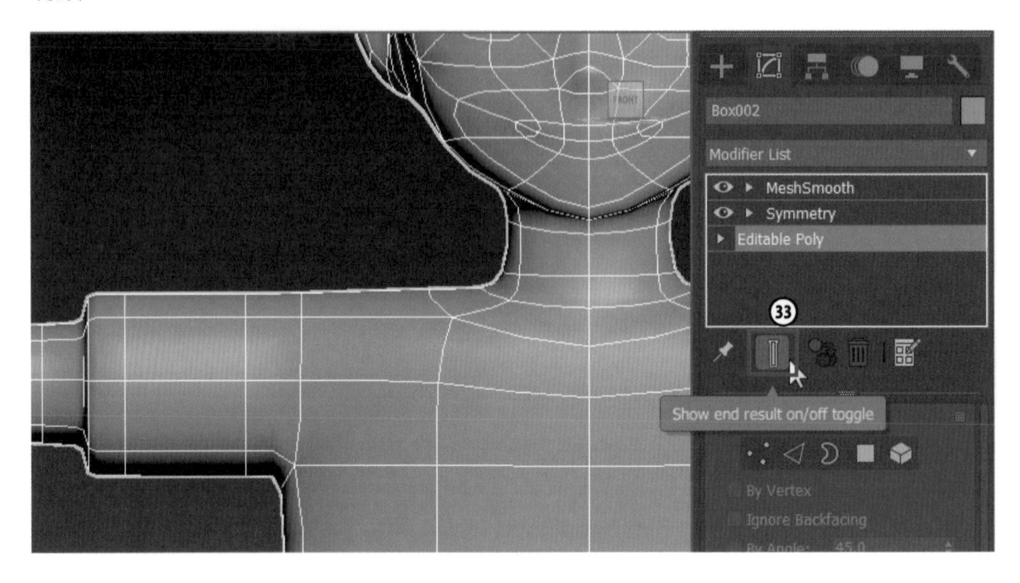

34 運用相同方式，將手套位置增加邊，平滑後如右下圖。

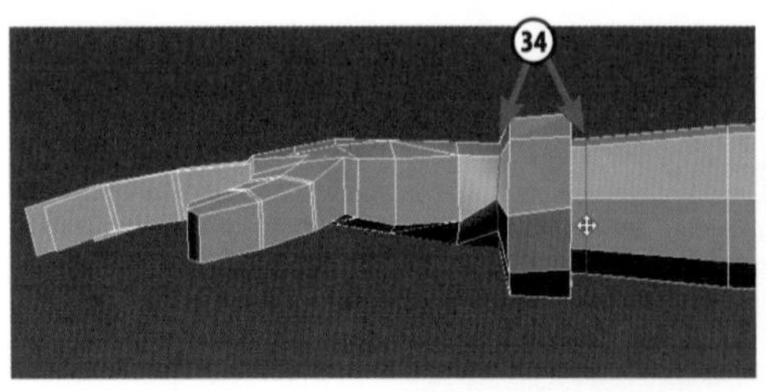

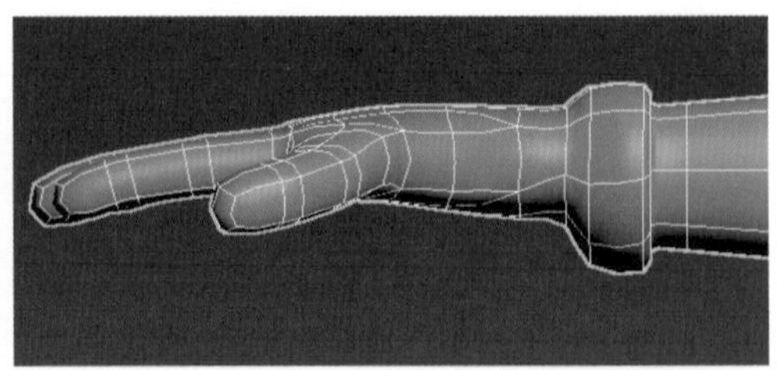

35 將身體腋下處加邊，腰部加邊，利用移動工具調整衣服與褲子銜接處，身體側面與背面也需要調整。平滑後如右圖。

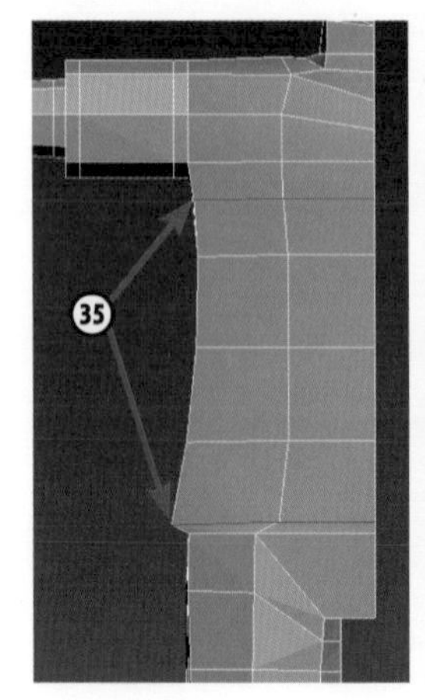

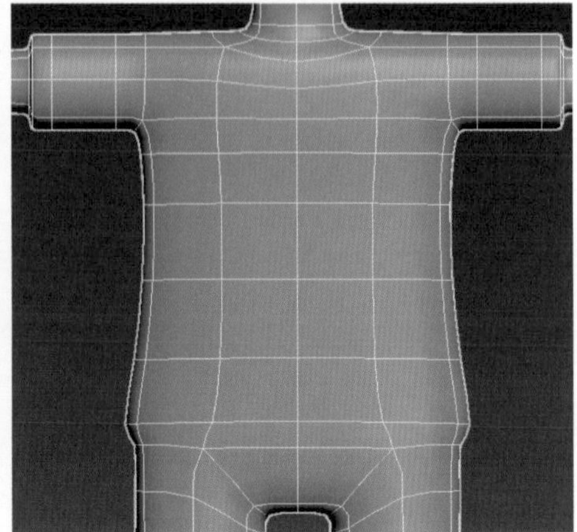

36 褲子大腿位置加邊，膝蓋彎曲處也增加邊。平滑後如右下圖。

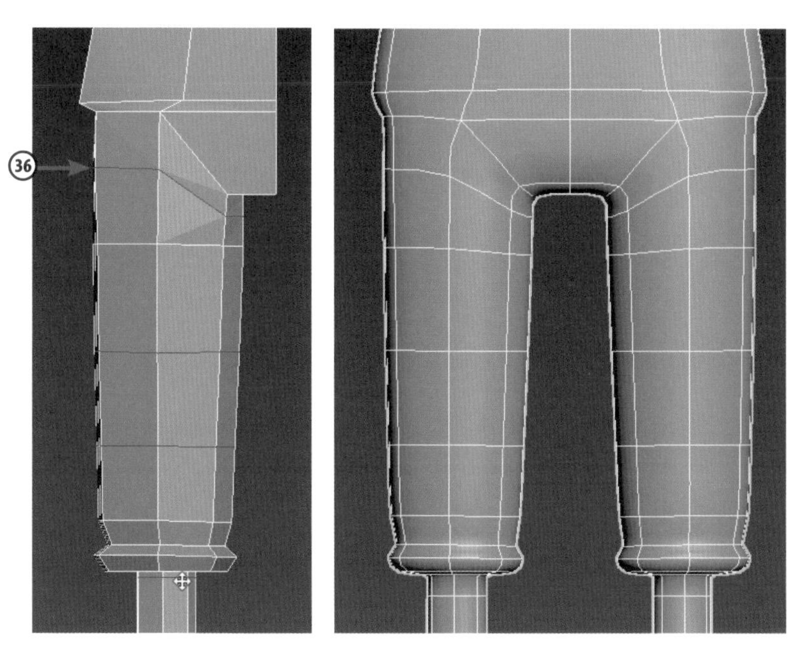

37 鞋子先增加幾條邊，調整需要的外型（如左下圖）。

38 在轉折處增加邊，使平滑後能夠保持形狀（如中間的圖）。平滑後如右下圖。

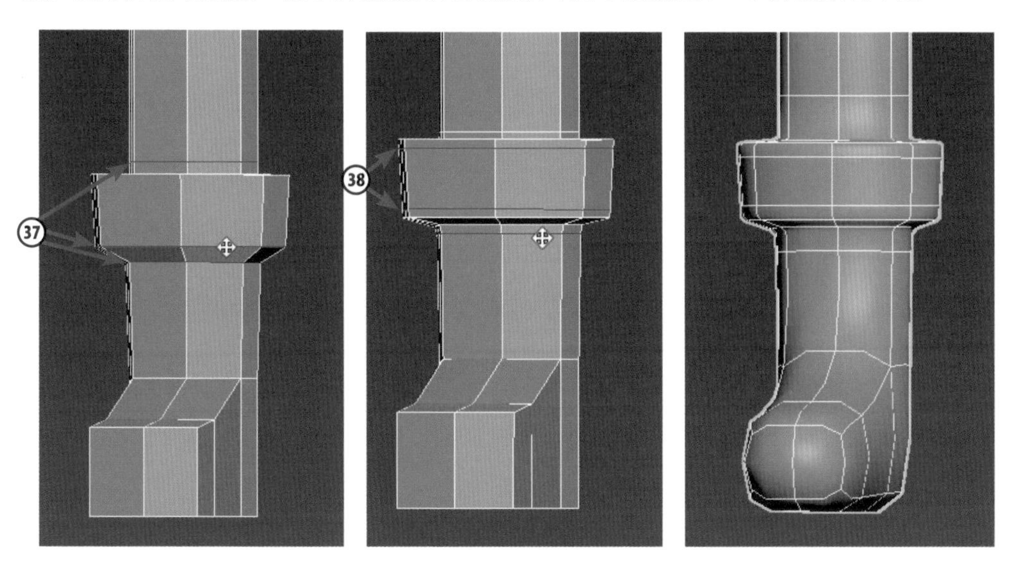

39 切換到左視圖，在鞋子側面靠近鞋底的位置增加邊，保持硬鞋底的感覺（如左下圖）。在鞋子轉折處增加邊（如右下圖）。

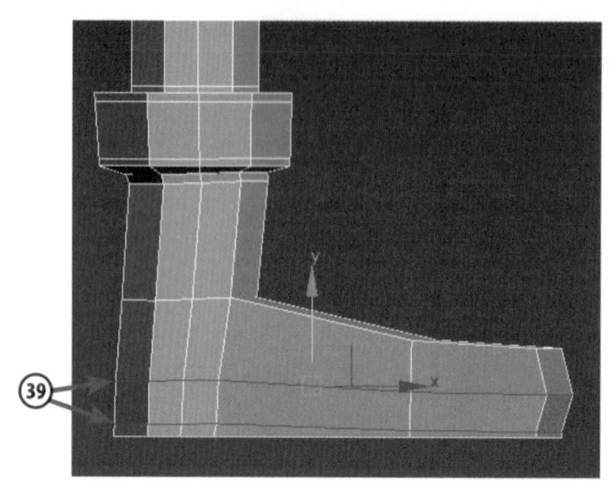

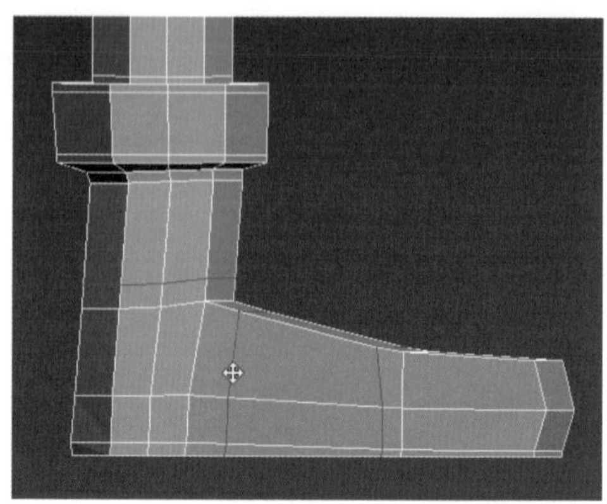

40 切換到面層級，將鞋子兩邊的側面往外移動，增加鞋子寬度。平滑後如右下圖。

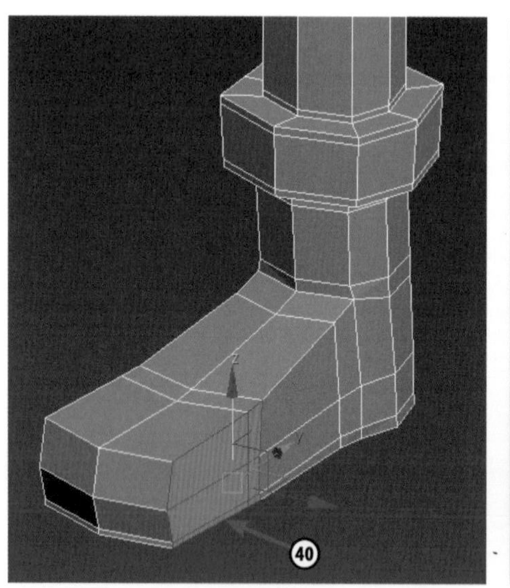

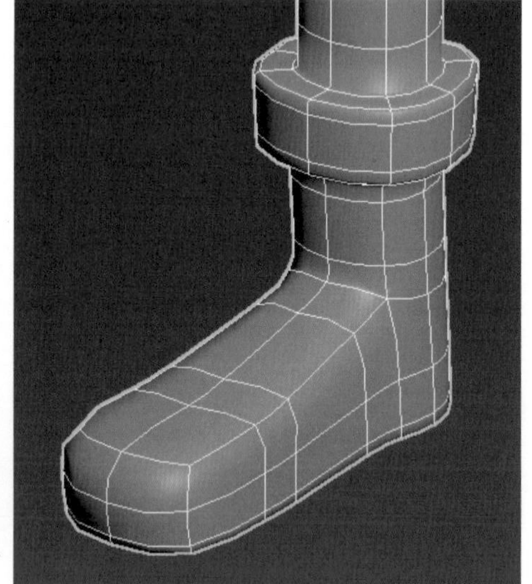

8-6 頭髮製作

01 選取頭部，刪除 MeshSmooth 修改器。

02 選取頭部，按下滑鼠右鍵→【Convert to】→【Convert to Editable Poly】轉為 Poly。

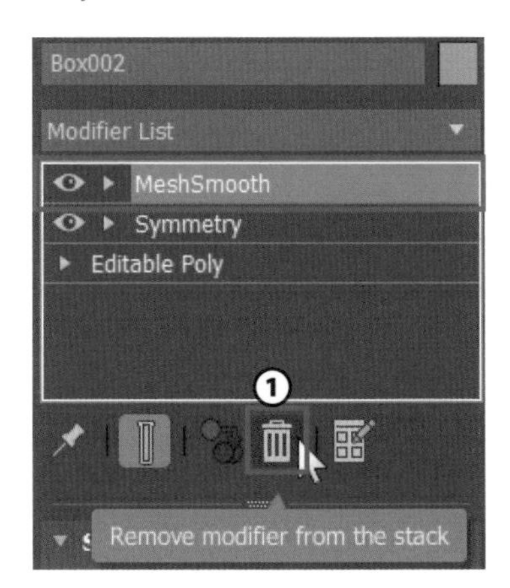

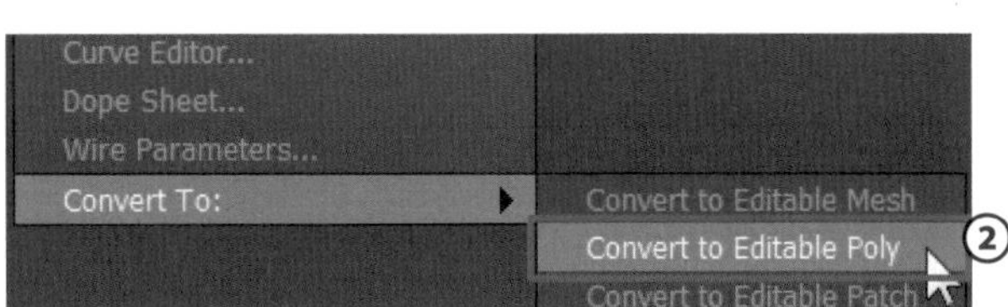

03 切換到面層級，選取要製作頭髮的區域的面。

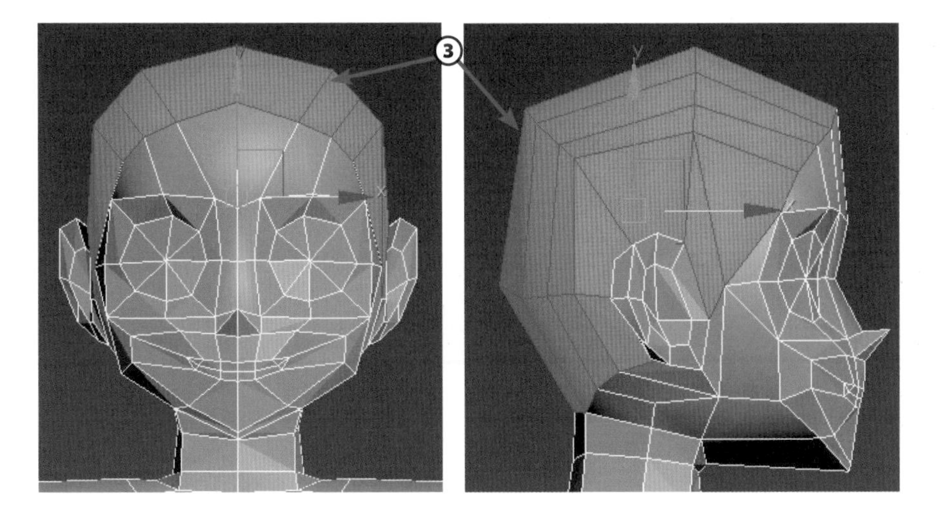

04 按住 Shift 鍵，利用縮放工具將選取的面複製並些微放大，選擇模式【Clone To Object】複製為新物件，可自行命名「hair」，點擊【OK】。

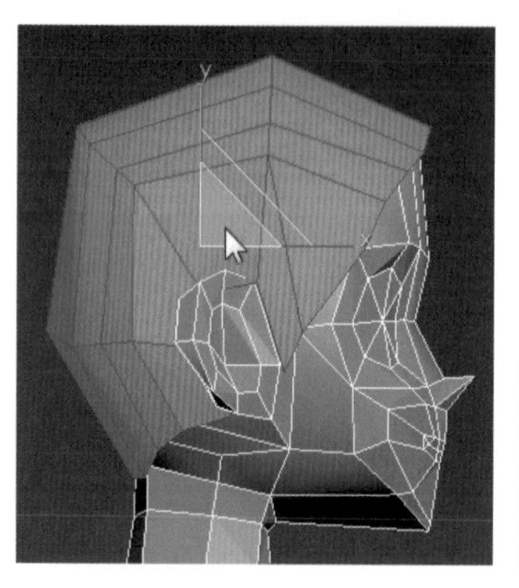

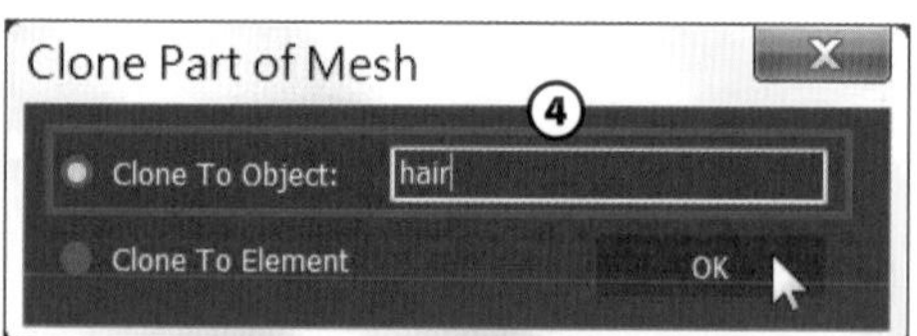

05 離開子層級，選取頭髮，切換到（階層面板），點擊【Affect Pivot Only（影響軸心）】，再點擊【Center to Object（物件中心）】使軸心移動到頭髮中心，再點擊一次【Affect Pivot Only（影響軸心）】結束。

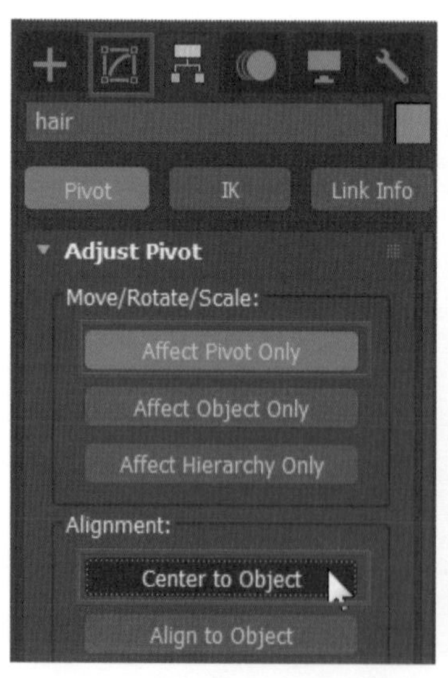

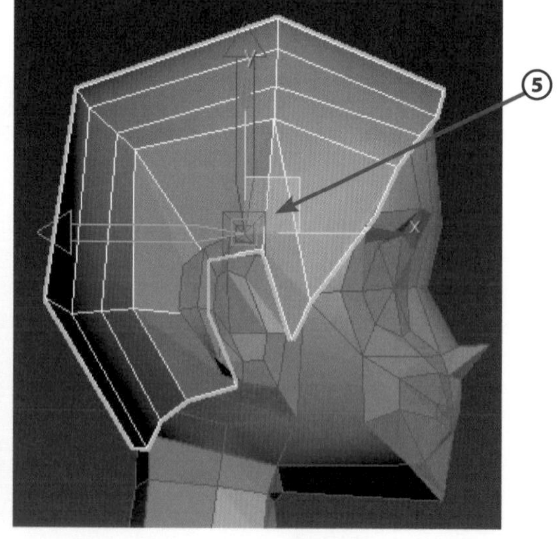

06 選取身體，加上【MeshSmooth】網格平滑修改器，並變更顏色區別身體與頭髮。

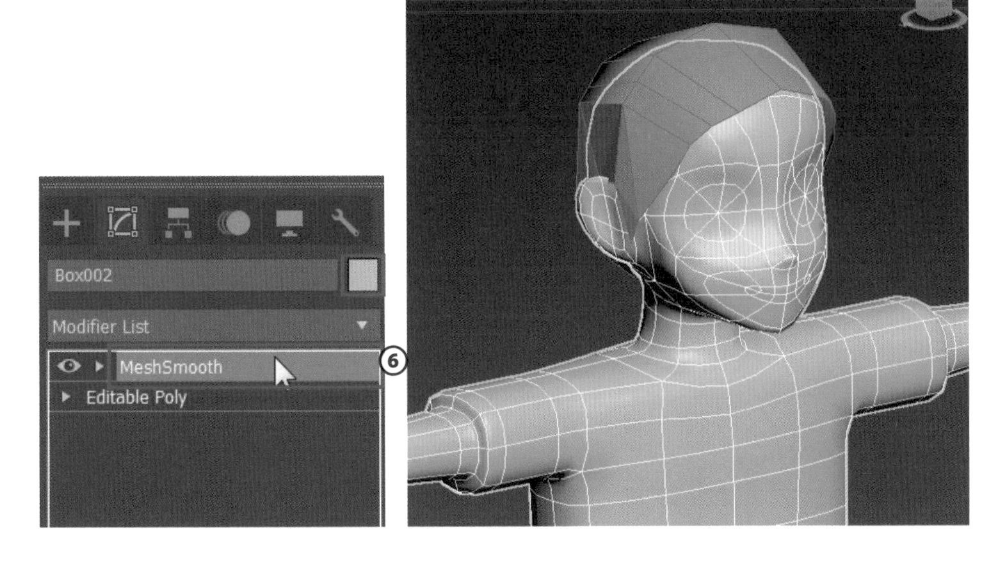

07 選取頭髮，切換面層級，選取圖中所示的面，製作瀏海。

08 點擊滑鼠右鍵，按下【Extrude】前面的小按鈕，模式選擇【Local Normal】設定適當的偏移植，往外擠出厚度。

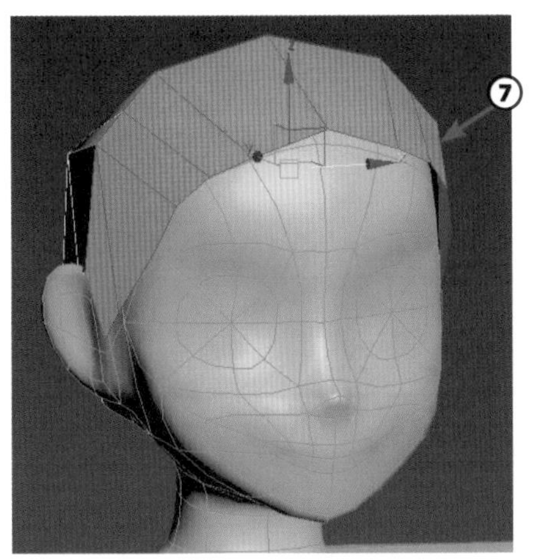

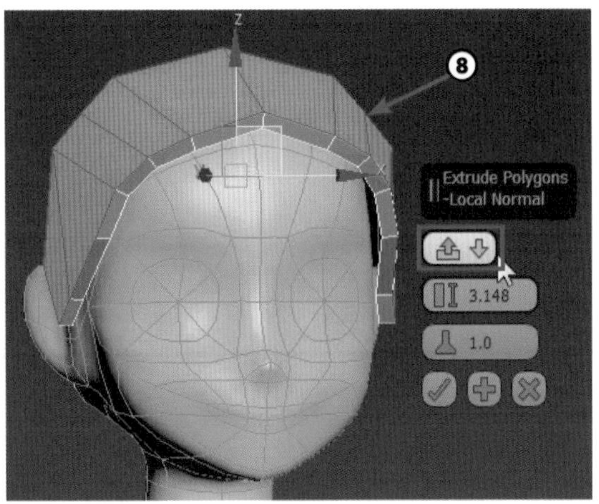

09 選取頭髮下方的面（如左下圖）。點擊滑鼠右鍵，按下【Extrude】前面的小按鈕擠出，並選取擠出面利用縮放工具將面縮小（如右下圖）。

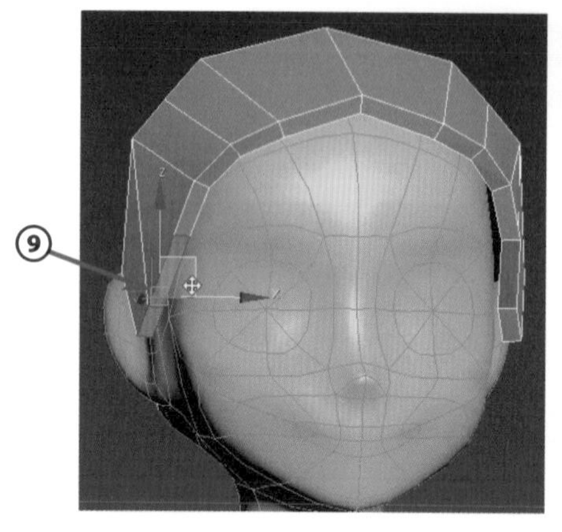

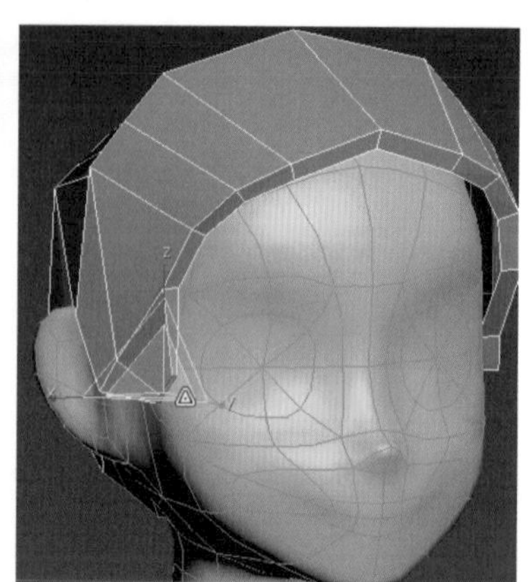

10 切換到左視圖，往左調整頭髮位置，並旋轉角度，控制髮尾的方向。

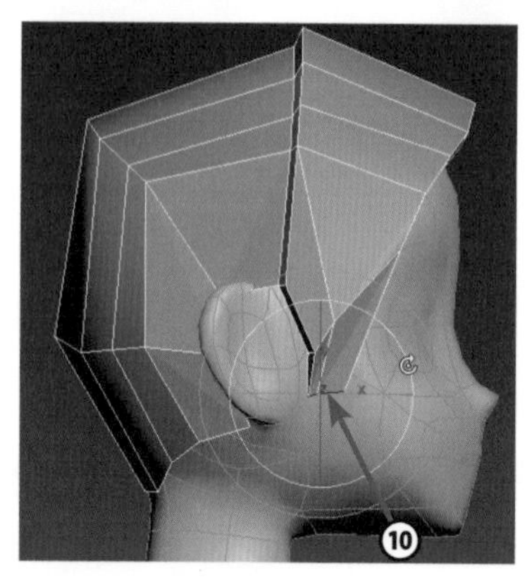

11 切換到邊層級，點擊兩次頭髮中間的邊，選取到整排線段（如左下圖）。利用旋轉來調整，使頭髮平順（如右下圖）。

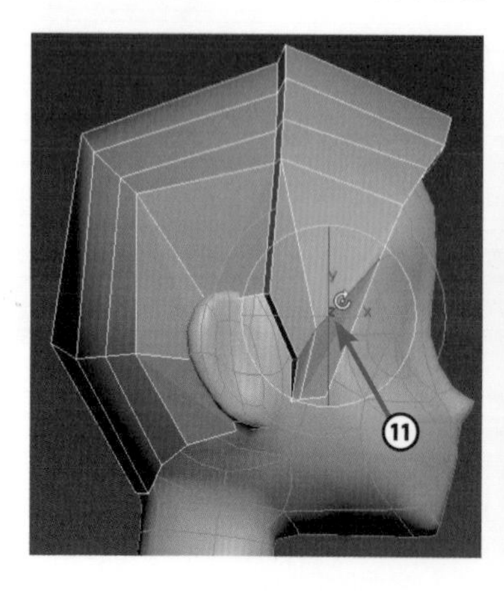

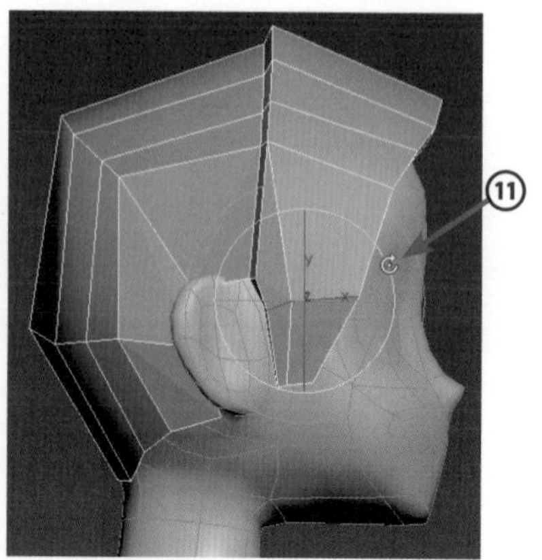

12 切換到點層級，選取頭髮中間的點（如左下圖）。切換到前視圖，將點往左移動，使頭髮有厚度。

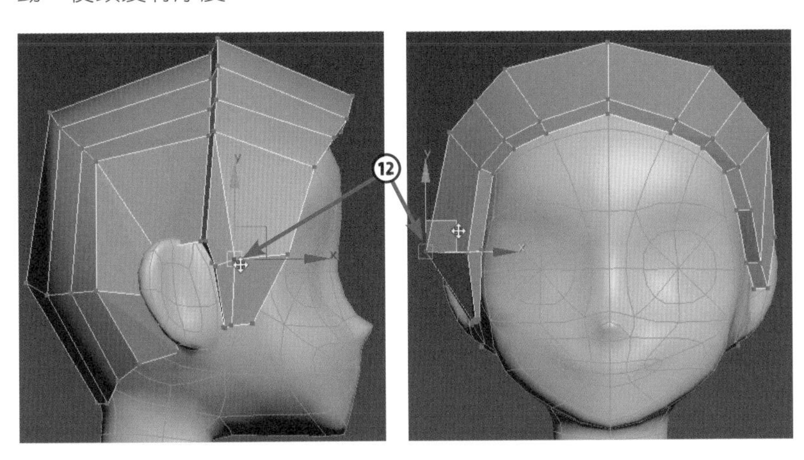

13 加入【MeshSmooth】網格平滑修改器，檢視最後的結果。

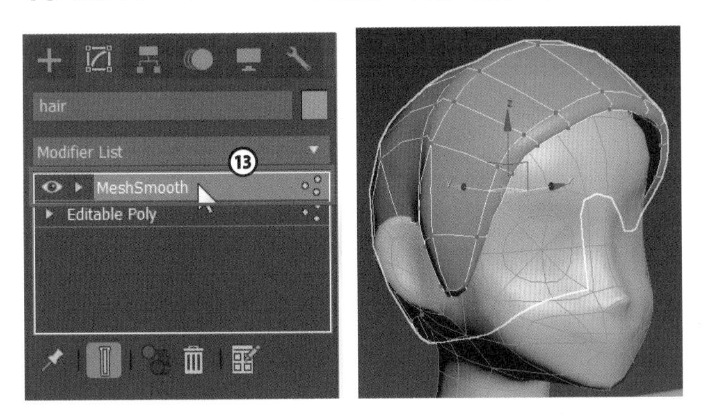

14 回到【Editable Poly】修改器，選取兩個面，利用【Extrude】擠出並縮小面。

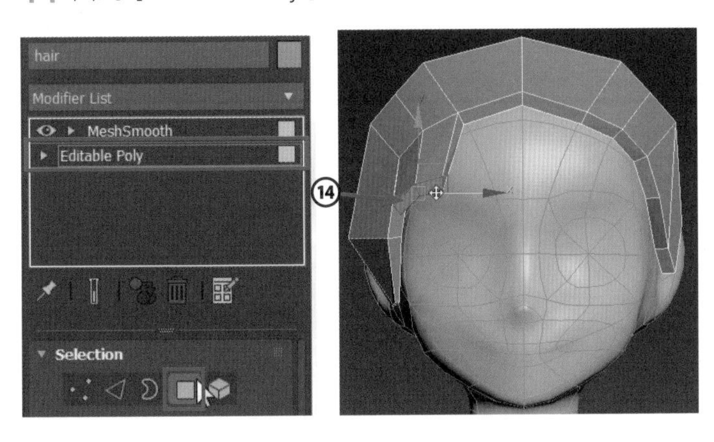

15 環轉視角到頭髮的側面（視角要與選取的面垂直），利用移動工具，往左拖曳座標中間的正方形，能夠以目前視角來做移動，可以往 X、Y、Z 以外的方向移動，是很便利的功能。

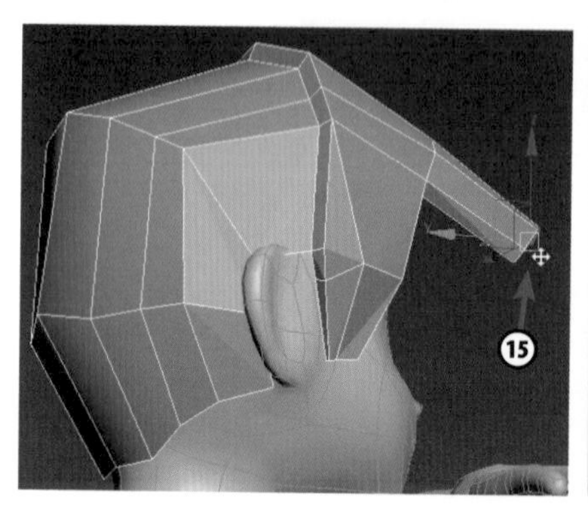

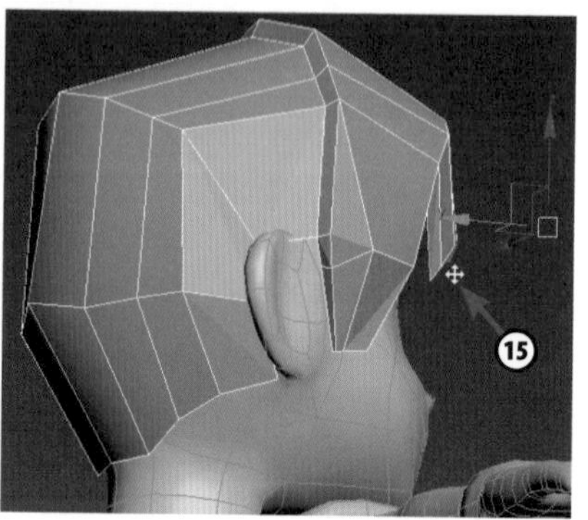

16 利用旋轉工具，往下拖曳最外側的灰色圓形，能夠以目前視角來做旋轉。

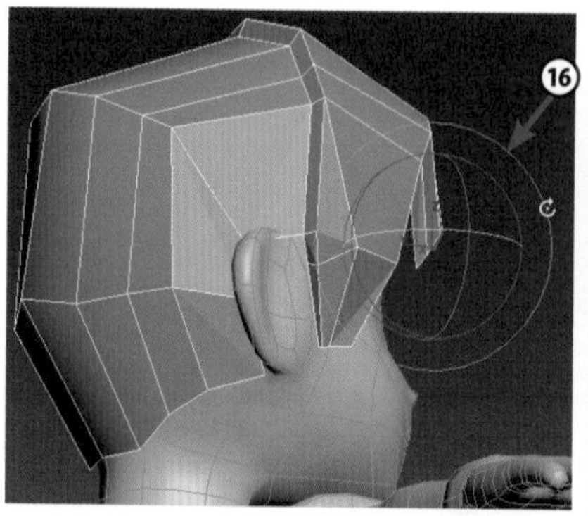

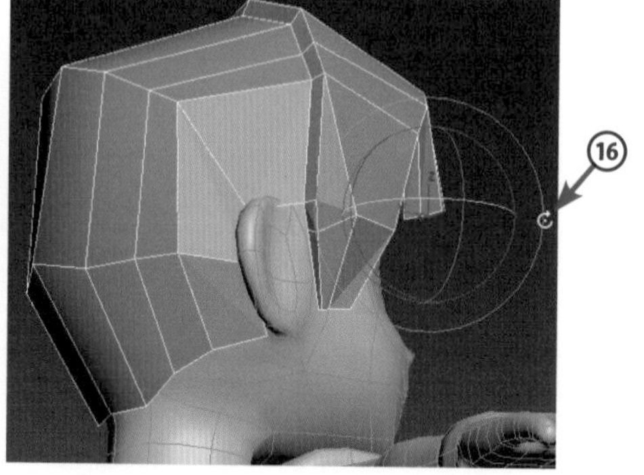

17 利用【Extrude】繼續將選取的面擠出，並做移動或旋轉的調整。

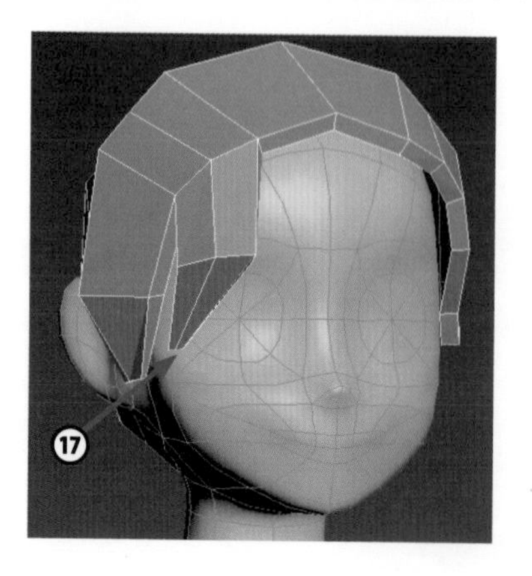

18 選取頭髮內側的邊（如左圖）。旋轉視角到頭髮的側面，往右拖曳座標中間的正方形，使邊線往額頭靠近，增加頭髮厚度。

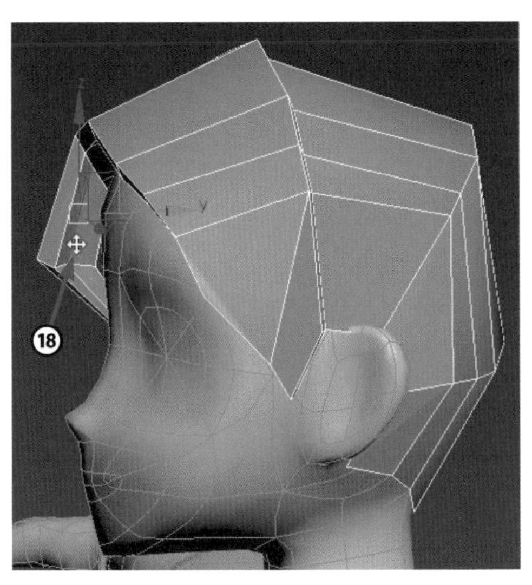

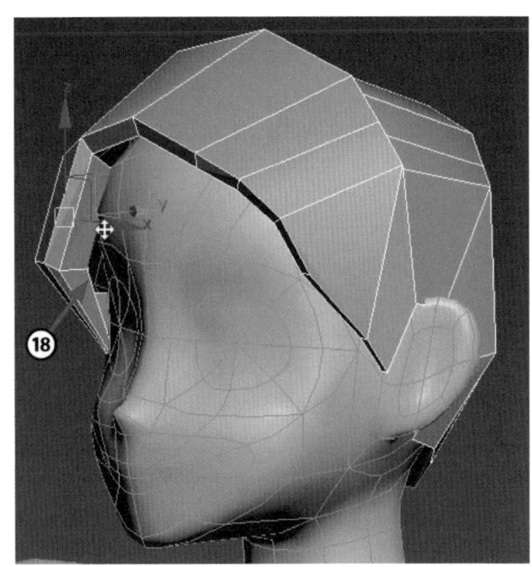

小秘訣

調整瀏海要避免選取到後腦杓的頭髮。可選取頭髮背後的面，在修改面板→點擊【Hide Selected】隱藏選取的面，調整完前面瀏海後，再點擊【Unhide All】取消隱藏。

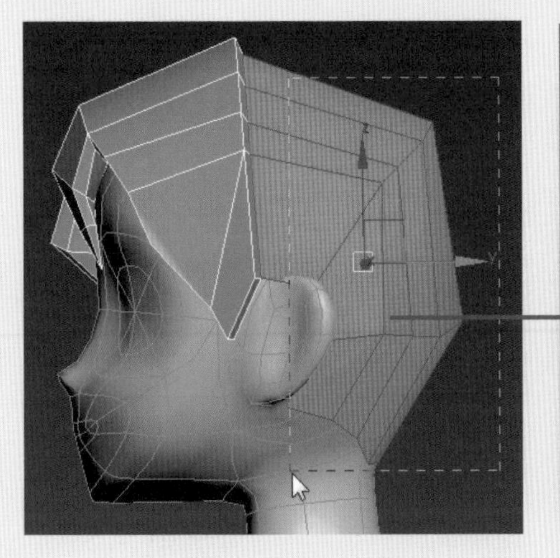

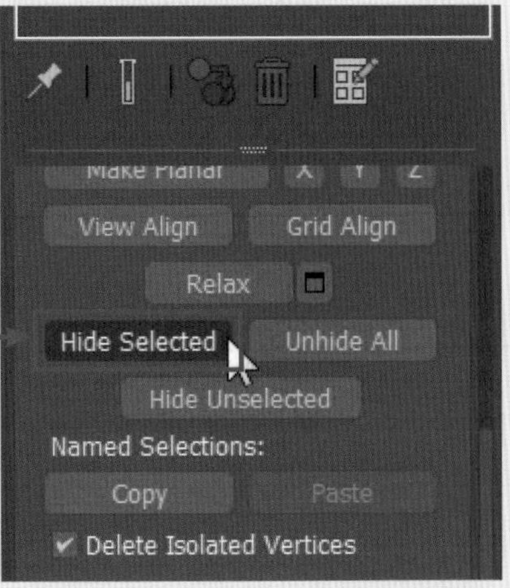

19 利用相同方式，擠出其他瀏海。切換到邊層級，選取如左下圖所示的邊。按下 Alt+R 鍵選取並排的邊。

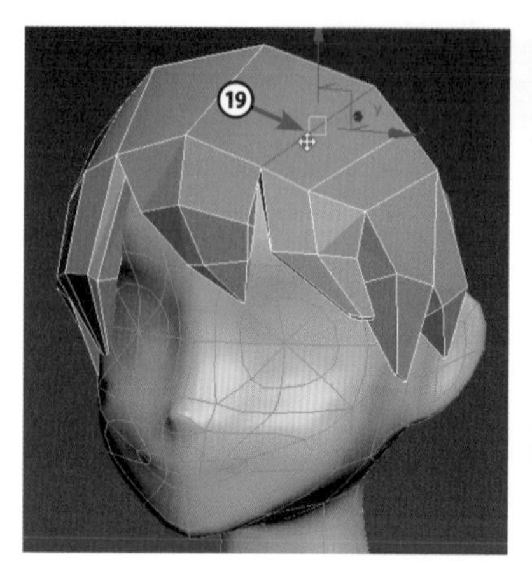

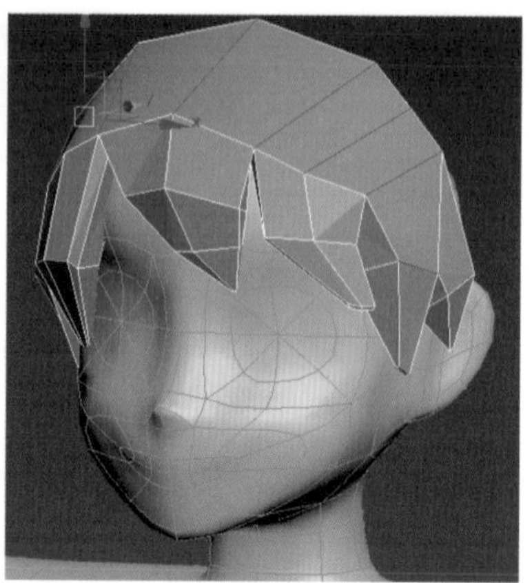

20 點擊滑鼠右鍵→按下【Connect】前面的小按鈕，可以增加邊數來調整形狀（如左下圖）。利用縮放工具些微放大，使頭髮不要塌陷。

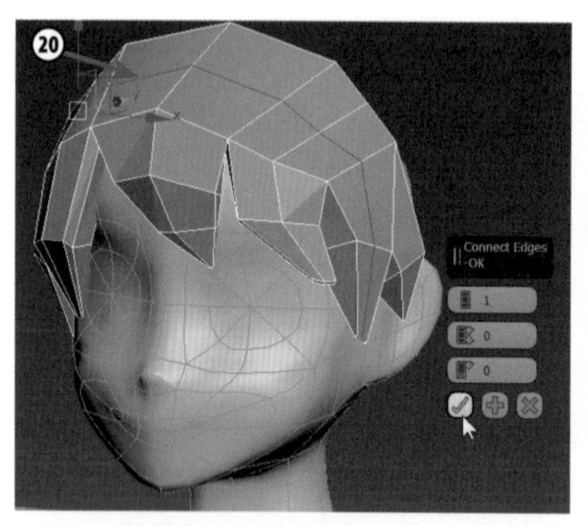

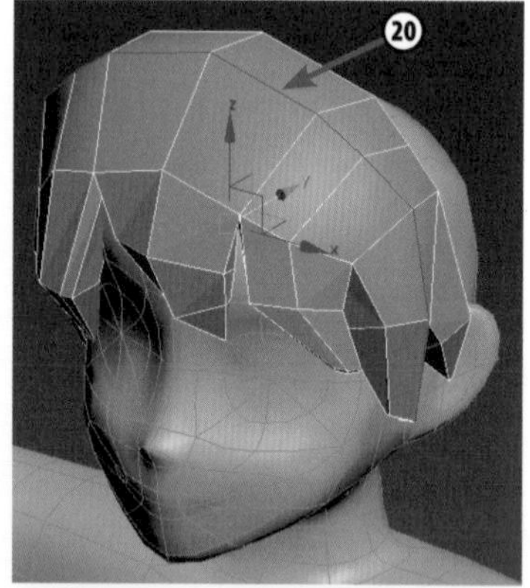

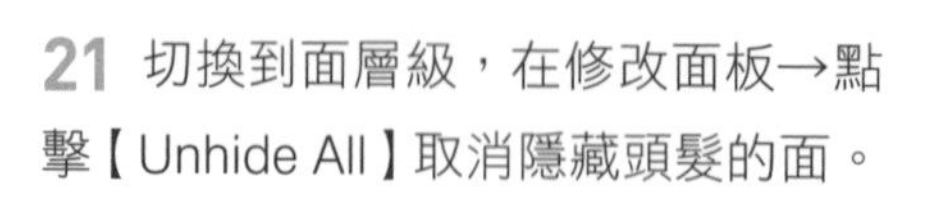

21 切換到面層級，在修改面板→點擊【Unhide All】取消隱藏頭髮的面。

22 選取兩個面（如左下圖）。利用【Extrude】擠出一段，並選取點，往下移動調整頭髮厚度（如右下圖）。

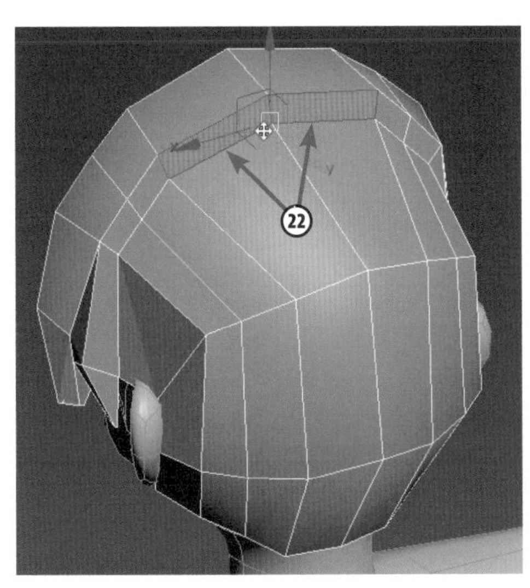

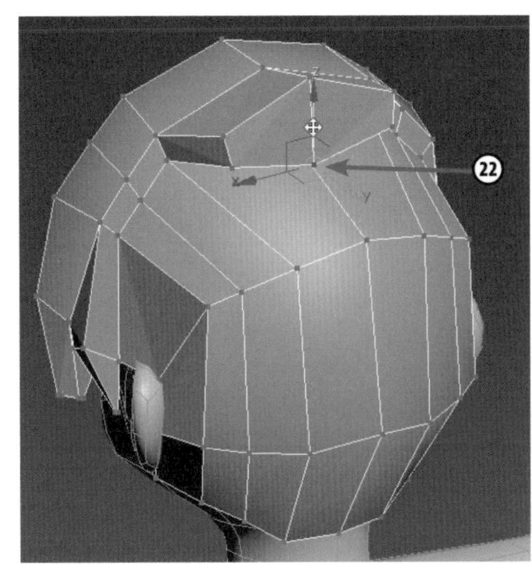

23 切換到面層級，繼續將面擠出兩段並縮小面（如左下圖）。環轉到由上往下的視角，調整髮尾的方向（如右下圖）。

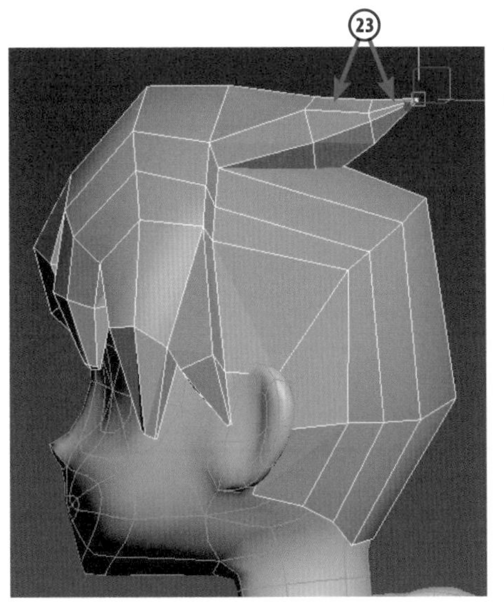

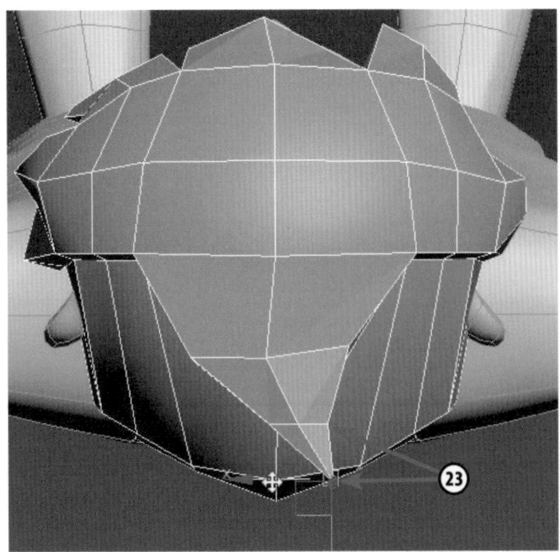

24 運用此方法繼續長出頭髮。若邊數不夠，選取如左下圖所示的邊，按下 Alt+R 鍵選取並排的邊，點擊滑鼠右鍵→按下【Connect】前面的小按鈕，增加邊數（如右下圖）。

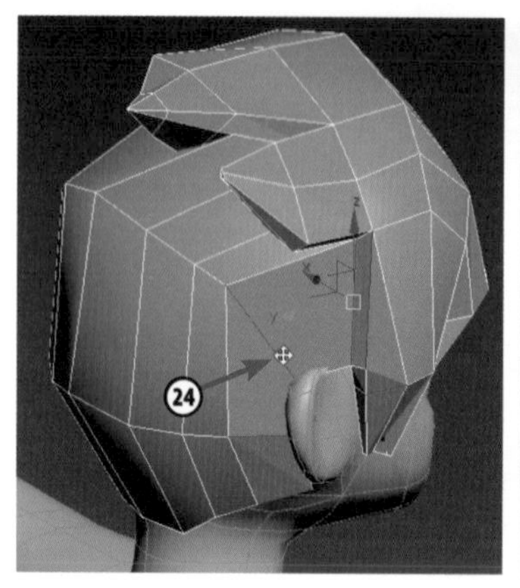

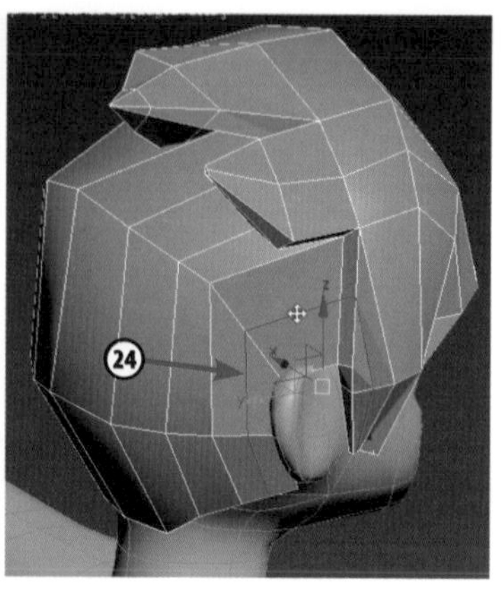

25 選取左下圖所示的兩個邊。按下 Alt+R 鍵選取並排的邊（如中間的圖）。點擊滑鼠右鍵→按下【Connect】前面的小按鈕，增加邊數（如右下圖）。

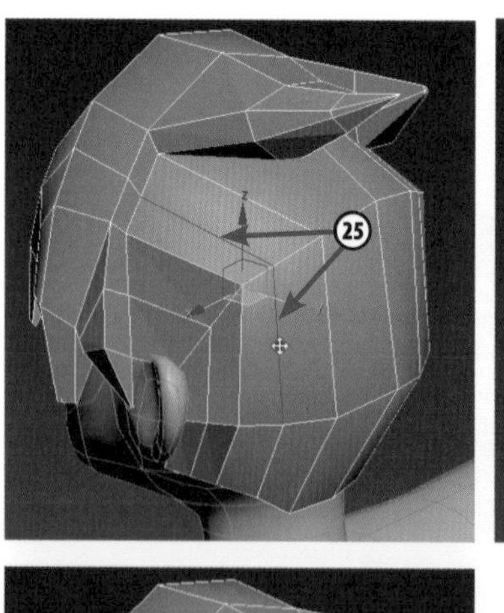

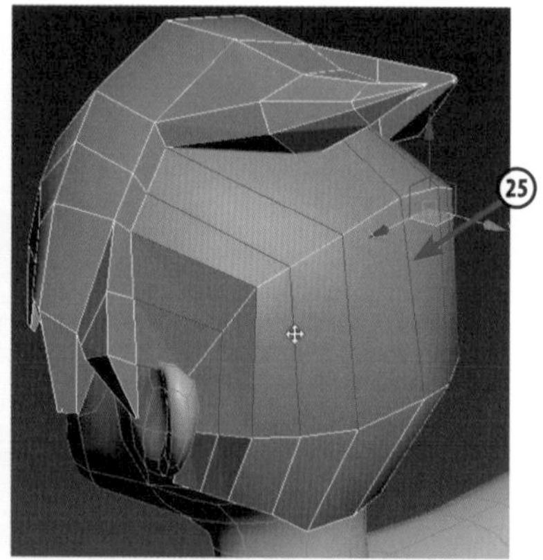

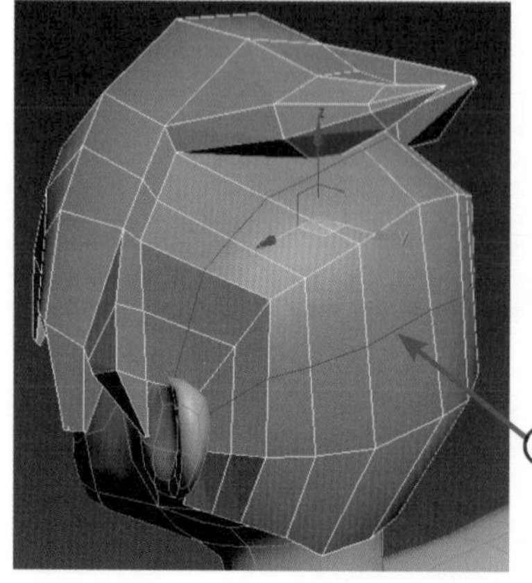

26 繼續將面擠出，如下圖由左至右。

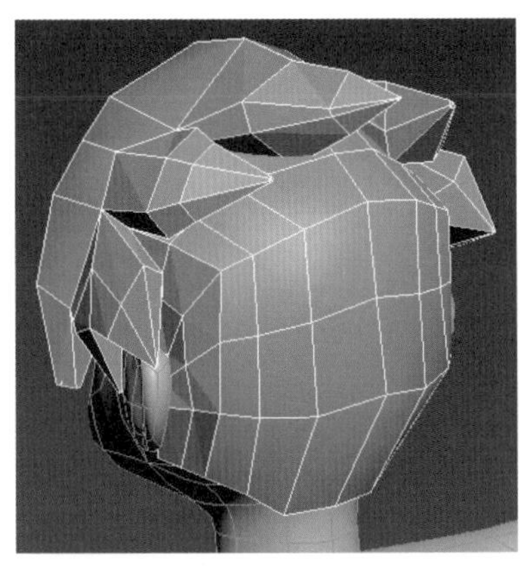

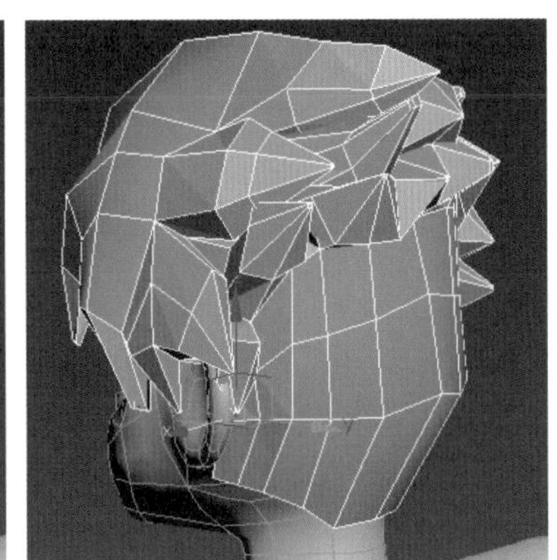

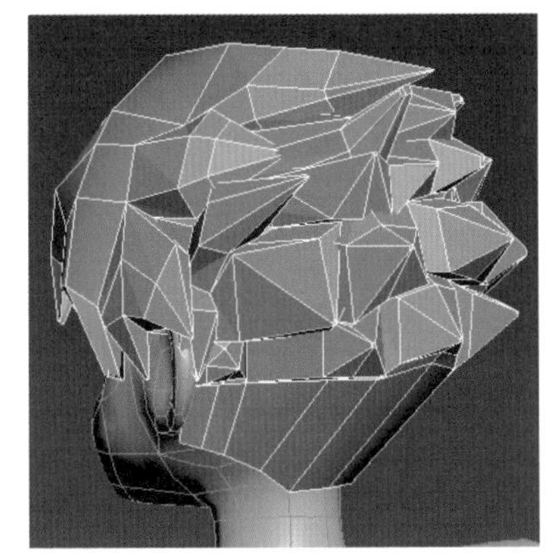

27 選取【MeshSmooth】修改器，或點擊【Show end result on/off toggle（顯示最終結果）】，可以檢視目前結果。

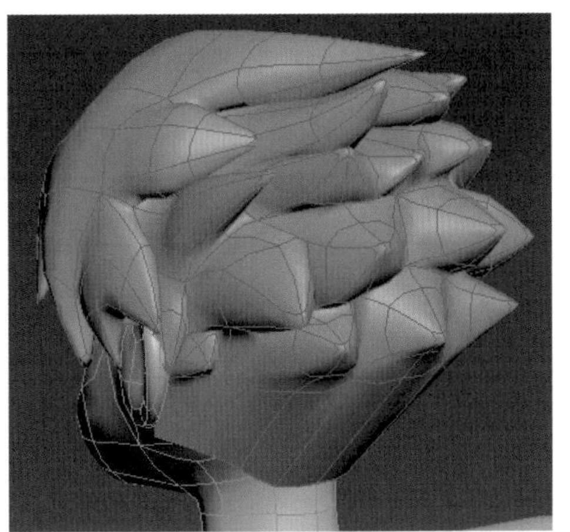

28 選取如圖所示的邊。按下 Alt+R 鍵選取並排的邊，點擊滑鼠右鍵→按下【Connect】前面的小按鈕，增加一段或兩段邊數。

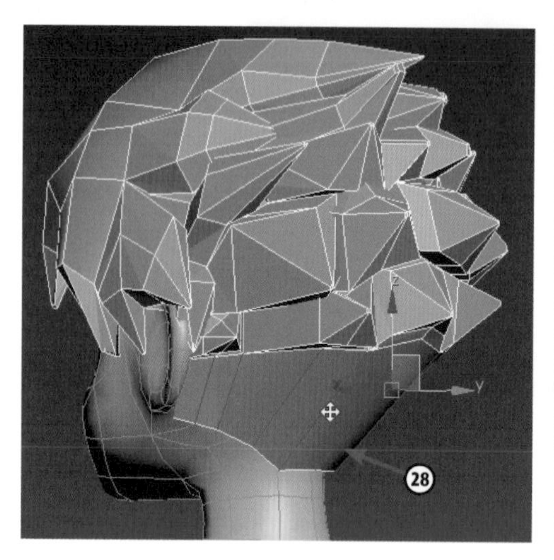

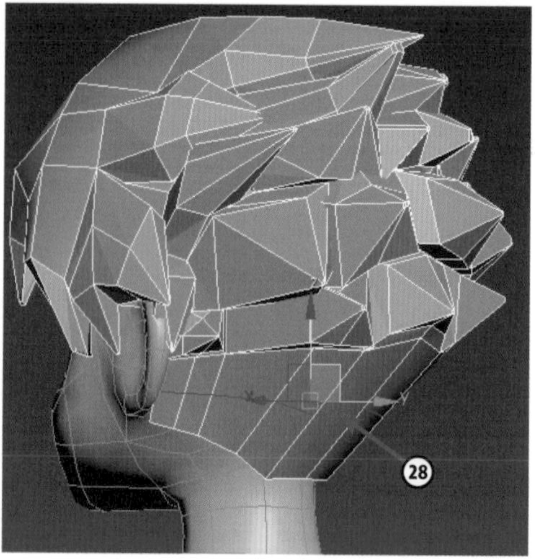

29 調整髮尾形狀。

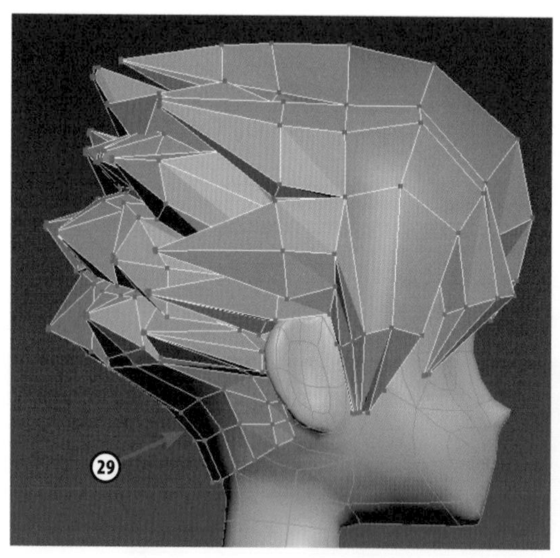

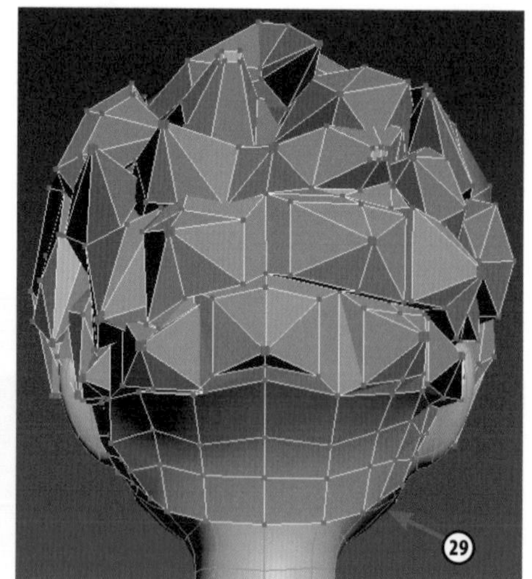

30 選取髮尾的兩個面（如左下圖）。利用【Extrude】擠出面，並縮小面製作髮尾（如右下圖）。

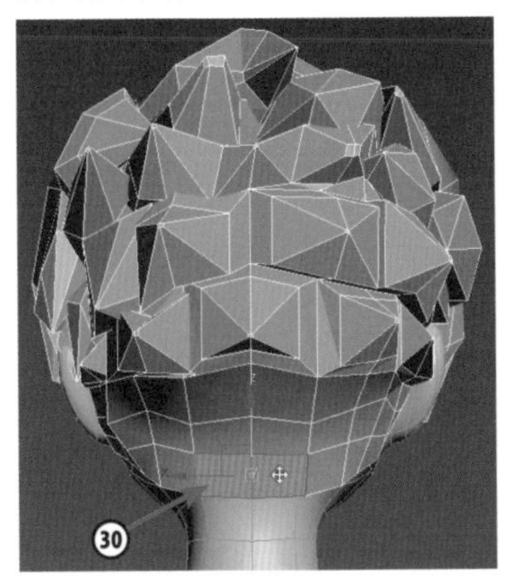

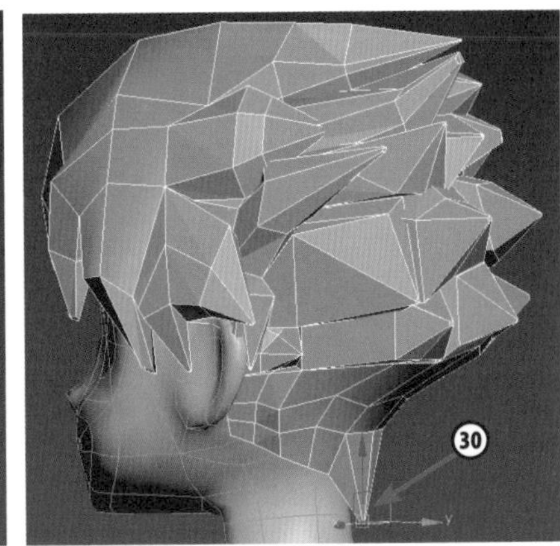

31 利用前面的方式，完成所有的髮尾造型。

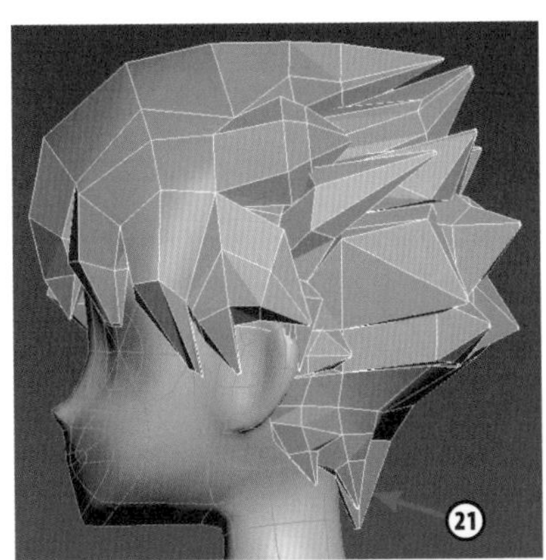

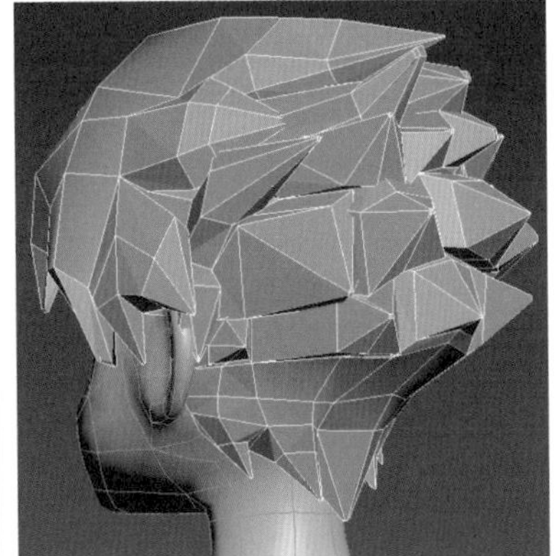

32 選取【MeshSmooth】修改器，檢視結果。

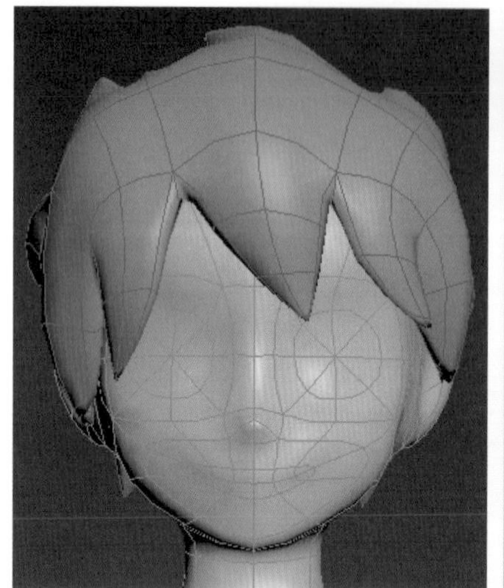

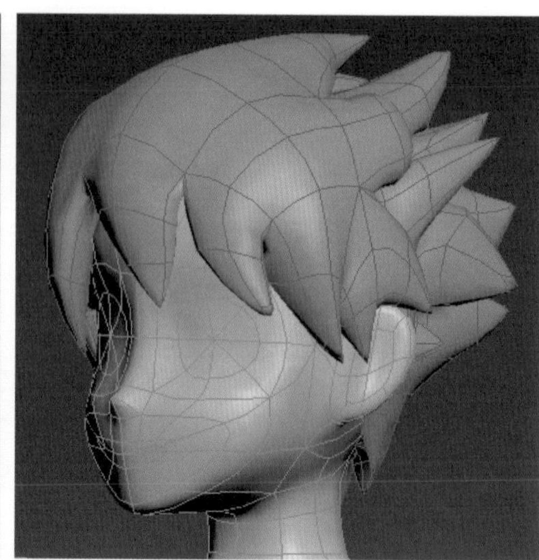

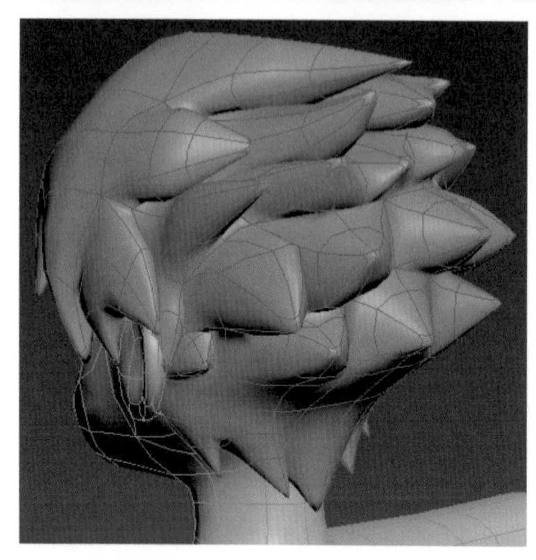

CHAPTER 09

角色模型 3D 彩繪

9-1 拆 UV

頭部拆 UV

01 可繼續使用上一小節檔案，或直接開啟光碟範例檔〈9-1_ 頭部拆 UV.max〉。

02 選取身體，加入【Unwrap UVW】修改器。

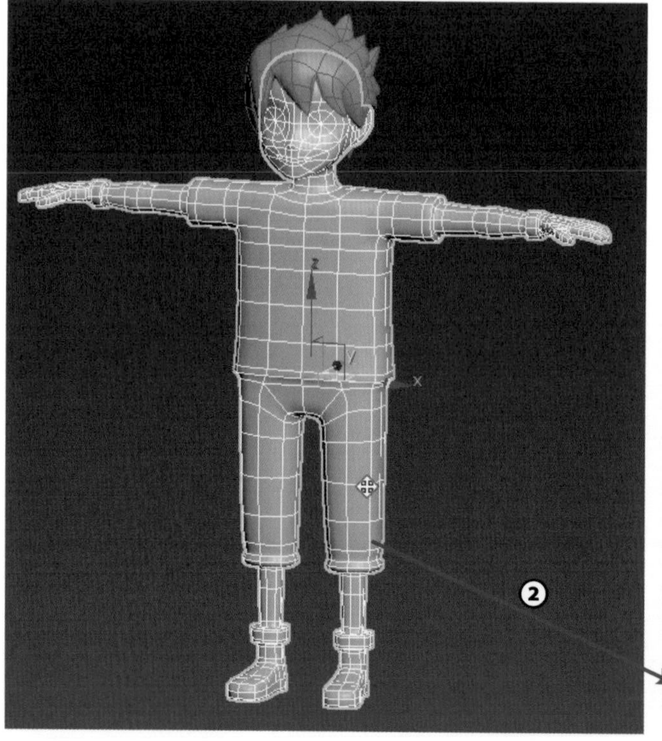

03 進入 Unwrap UVW 的面層級（Polygon），也可以點擊【 】按鈕。

04 點擊【Open UV Editor】開啟 UV 編輯器，用來展開 UV 貼圖。

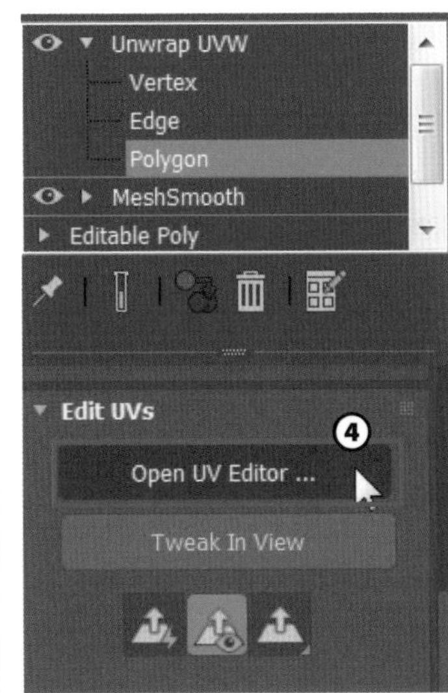

05 開啟後畫面如下圖，UV 非常的雜亂，接下來要開始整理。

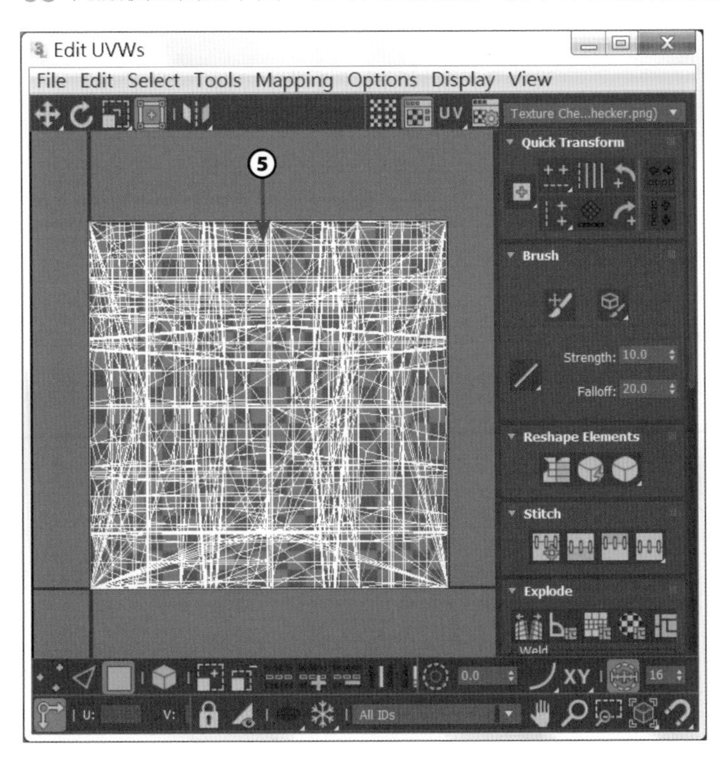

06 關閉【Ignore Backfacing（忽略背面）】，使背面也能被選取。

07 切換到左視圖，框選臉部與脖子的面。

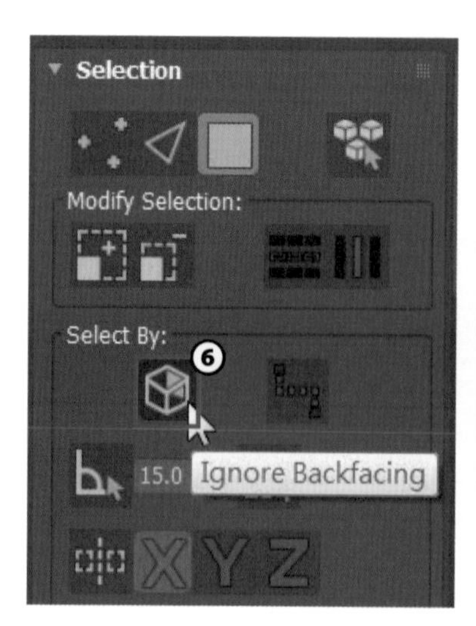

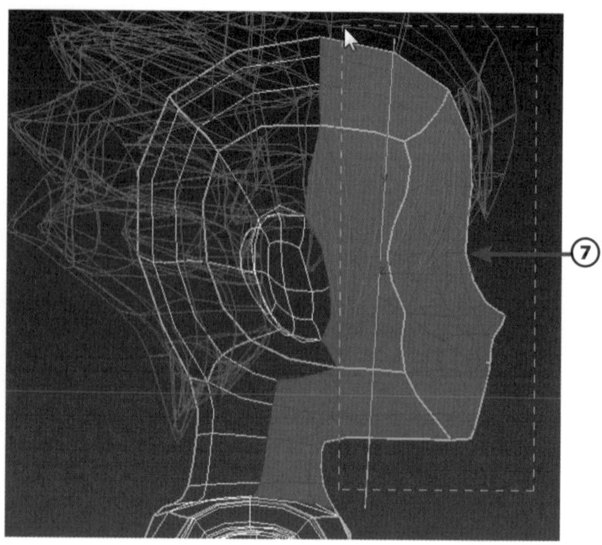

08 利用 Ctrl 鍵加選面、Alt 鍵退選面，選取完成如下圖。

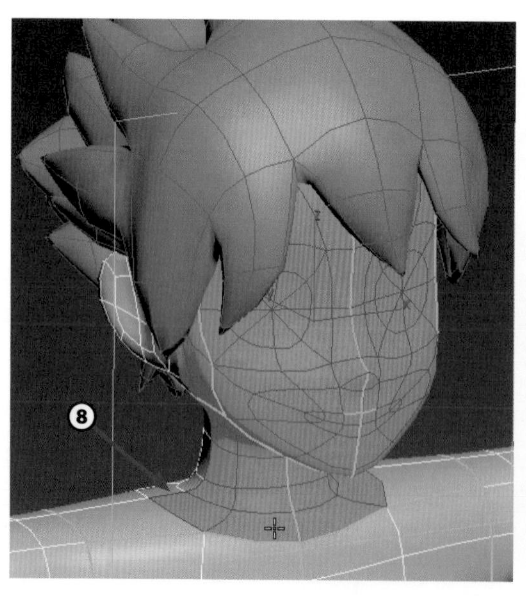

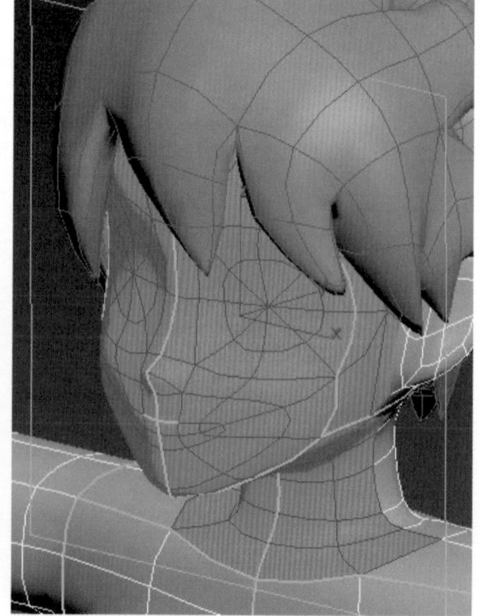

09 切換到左視圖，可以看見黃色的矩形面稍微傾斜，因為映射方向選擇【（法向）】。

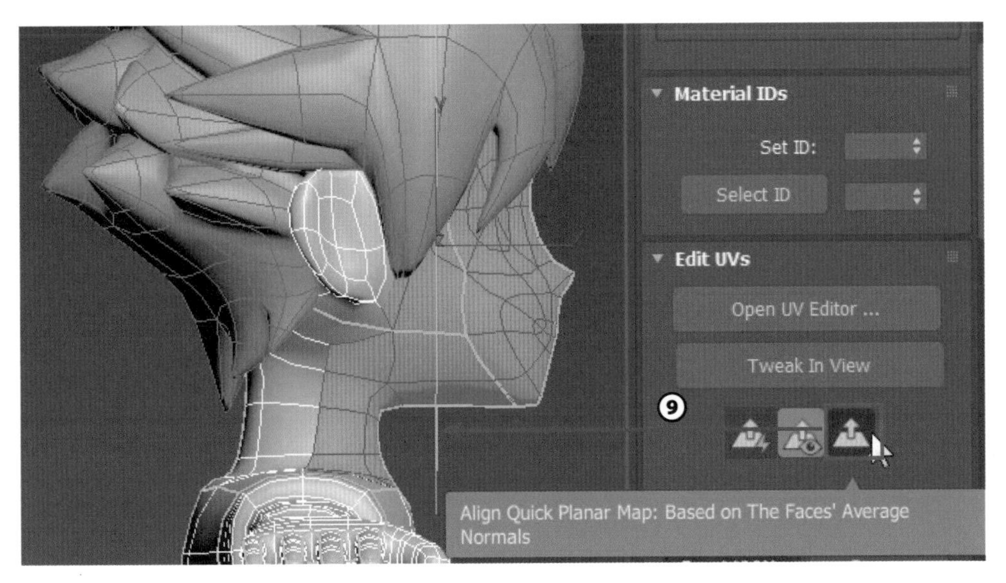

10 按住【】按鈕選擇【Y】，使黃色矩形面垂直 Y 軸。

11 再點擊【（快速平面映射）】，將選取的面投影至黃色面。

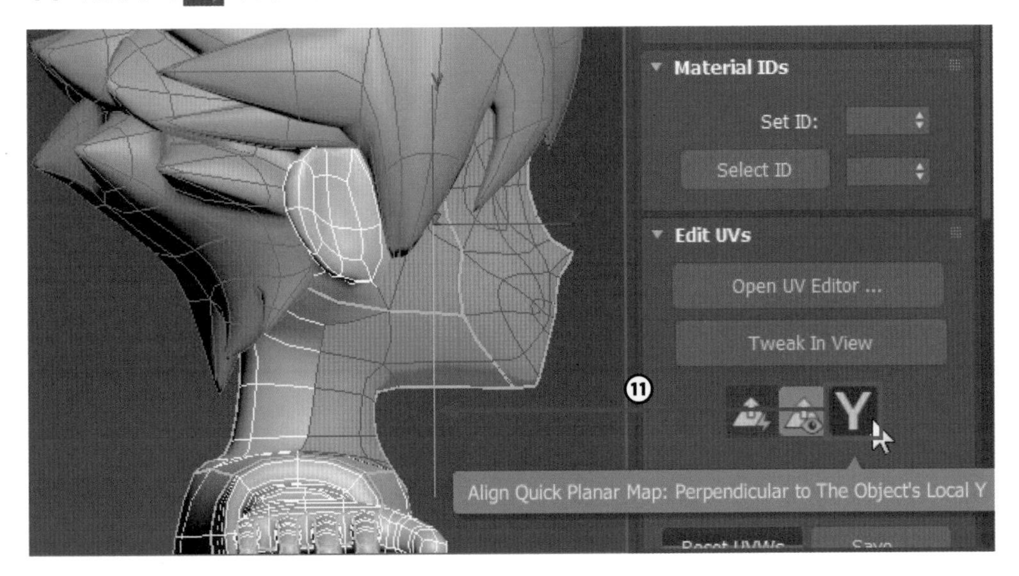

12 完成圖會顯示在 UV 編輯器中，利用移動工具，拖曳紅色面往外移動，不要與雜亂的線段重疊。製作 UV 貼圖盡量正面，以方便繪製貼圖為主。

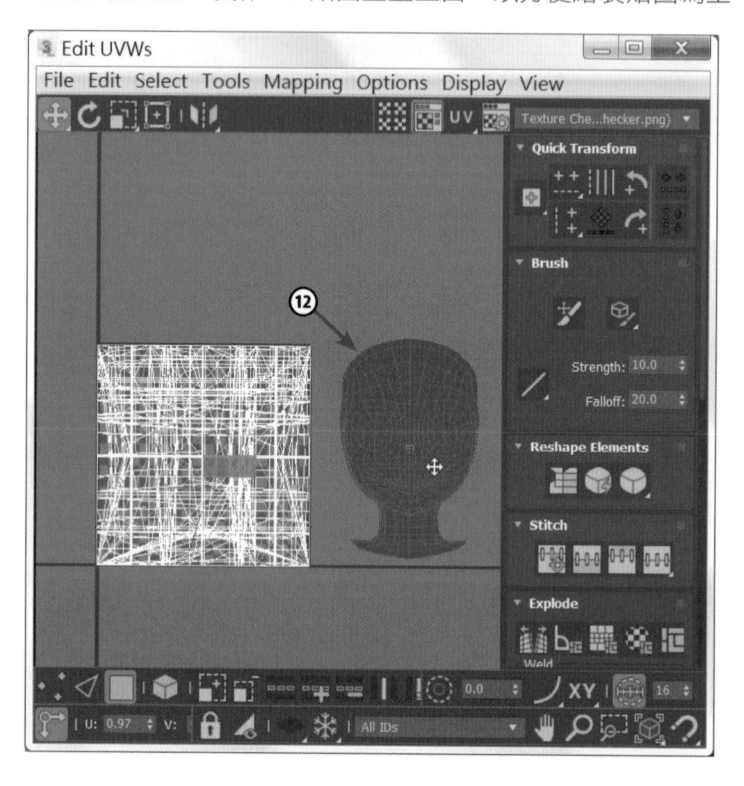

13 切換到左視圖，框選後腦杓與耳朵的面，如圖所示。

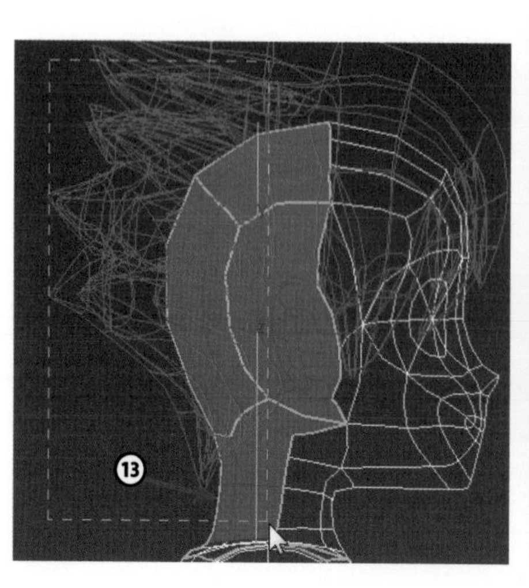

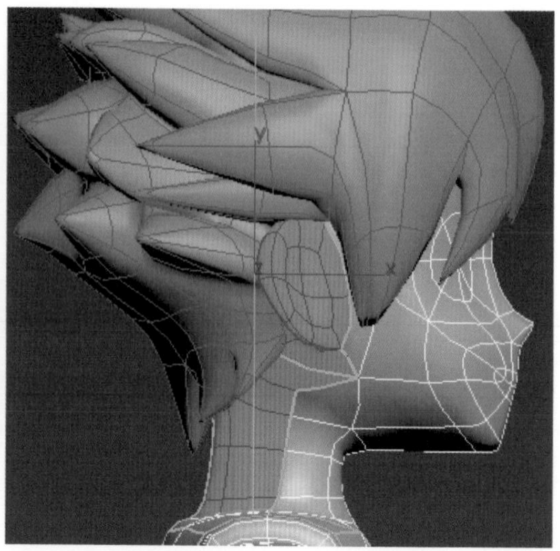

14 環轉視角，確認沒有選到臉部與前方脖子的面。

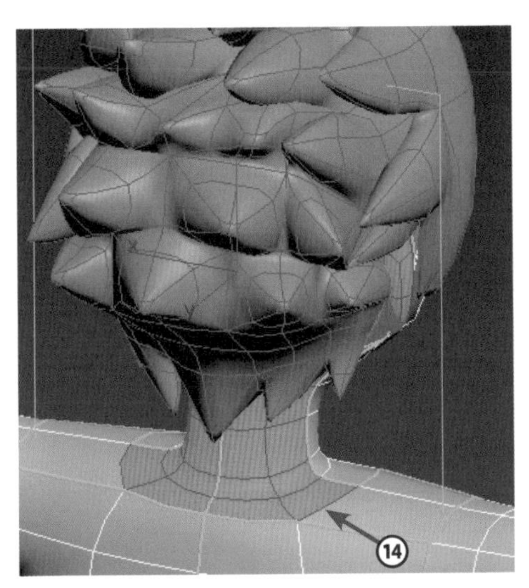

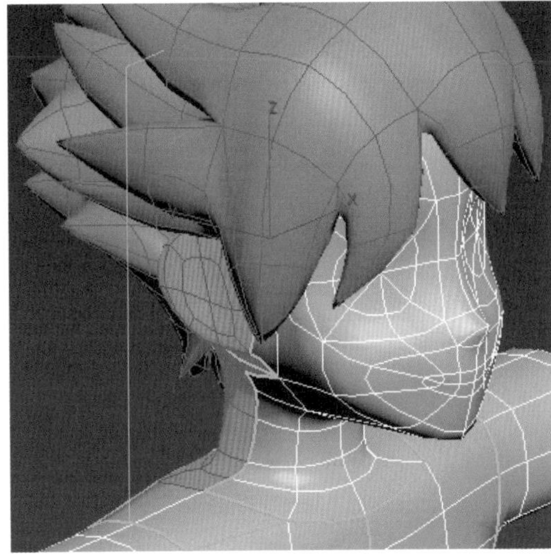

15 點擊【Quick Planar Map（快速平面映射）】按鈕，將後腦杓的面投影完成，並在 UV 編輯器中往外移動到空白處，

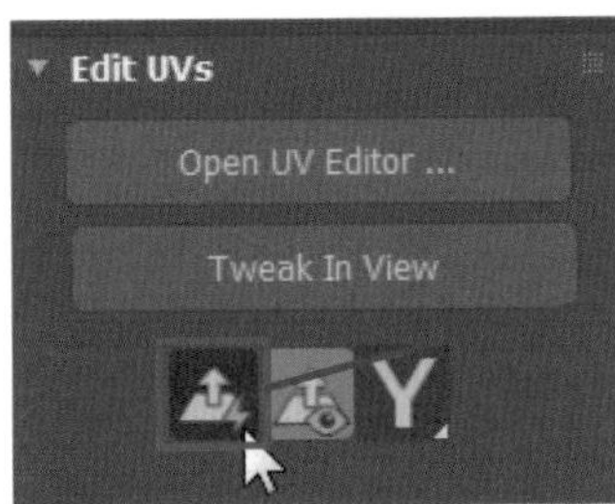

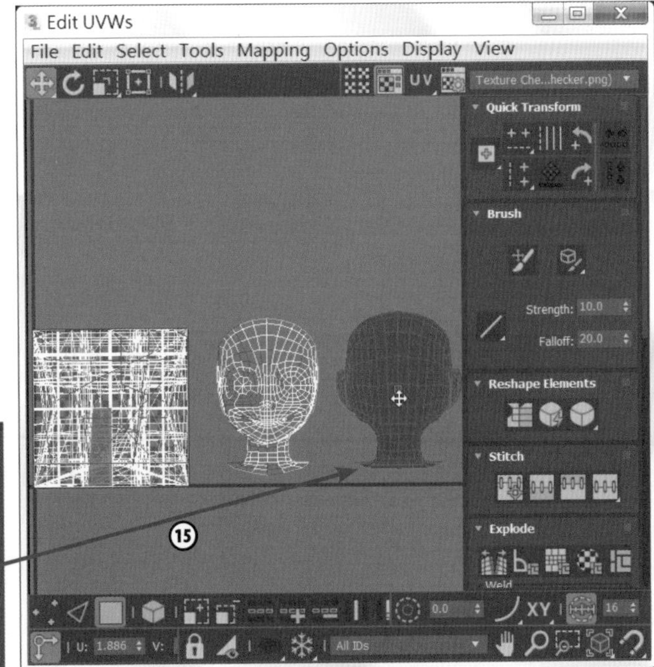

衣服拆 UV

01 開啟【Ignore Backfacing（忽略背面）】，使背面不會被選取到。

02 切換到前視圖，框選衣服的面。

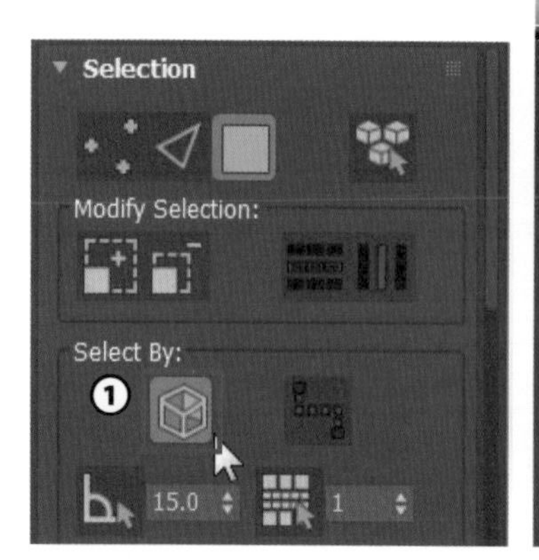

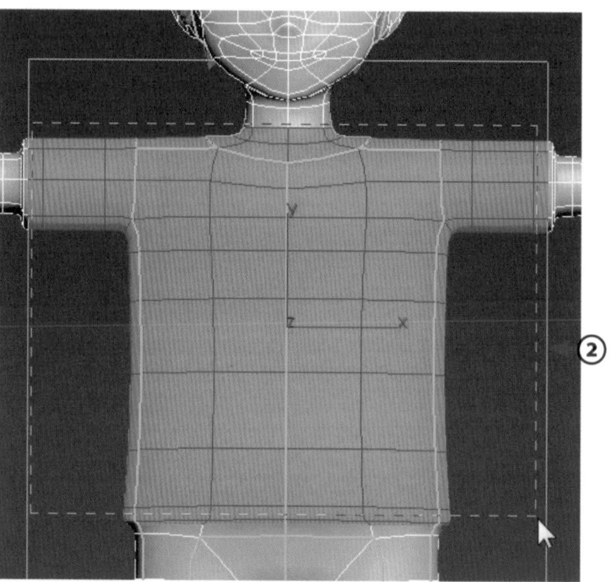

03 環轉視角，確認側面與背面有沒有漏選或多選取的面，並加選袖口的面。因為已經開啟忽略背面，選取時用框選也沒有問題（如右下圖）。

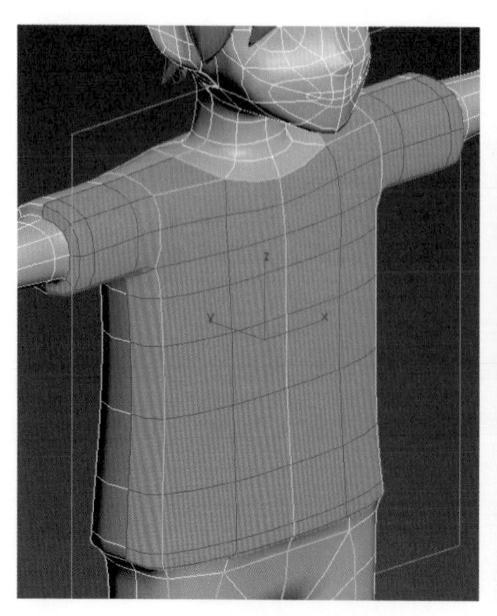

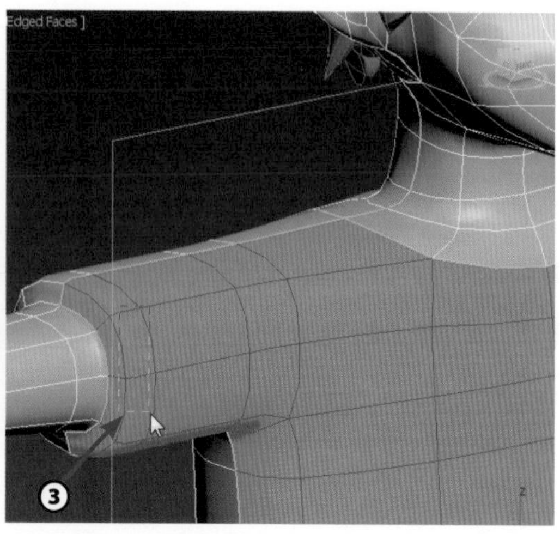

04 點擊【Quick Planar Map（快速平面映射）】按鈕，在 UV 編輯器中，將衣服移動到空白處。

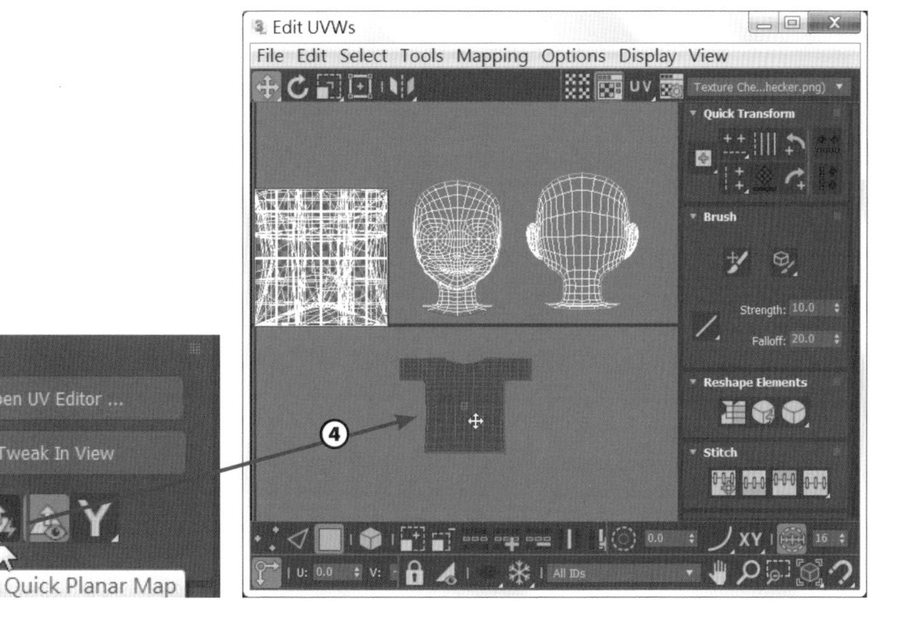

05 點擊右上角視圖方塊的【BACK】切換到後視圖（如左下圖）。

06 框選背部的衣服（如中間圖），並環轉視角確認漏選或多選取的面，再加選袖口的面（如右下圖）。

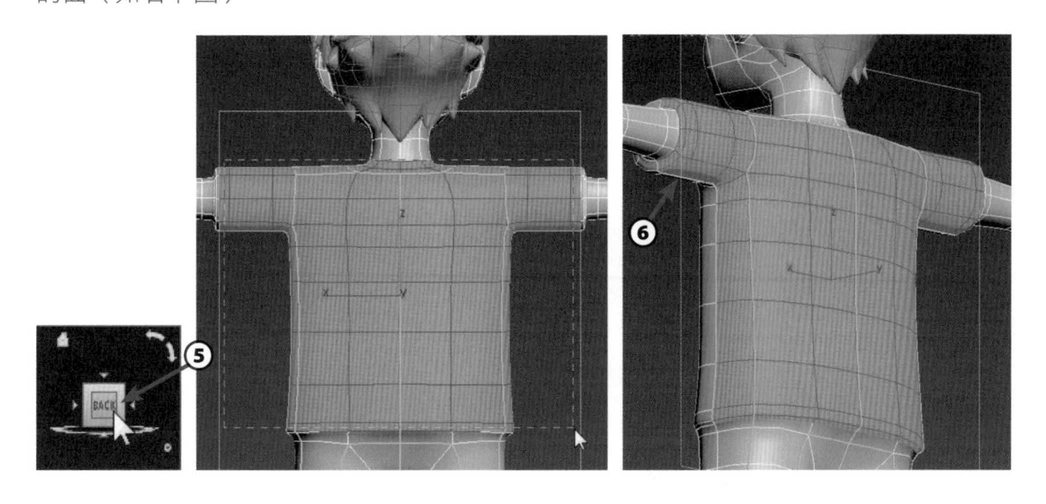

07 點擊【Quick Planar Map（快速平面映射）】按鈕，在 UV 編輯器中，將衣服移動到空白處。

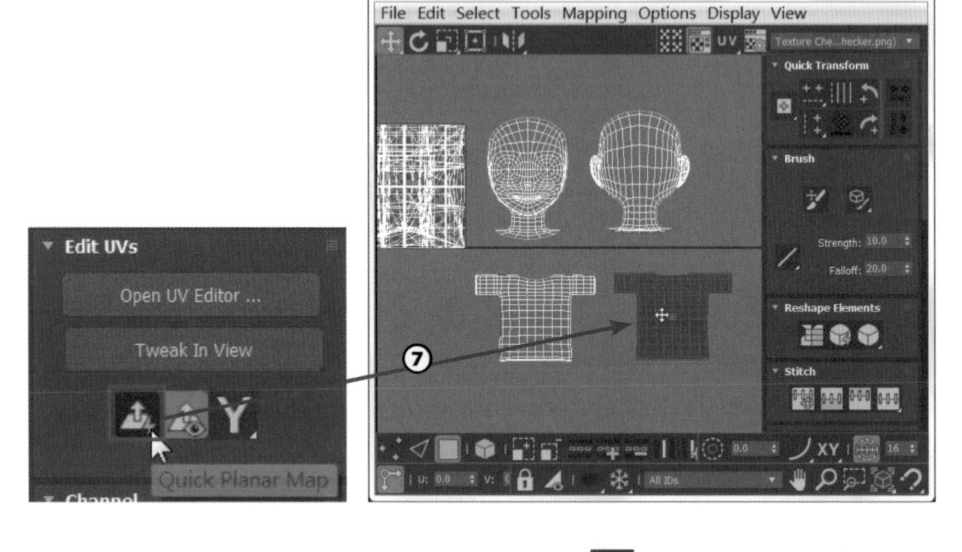

08 使用同樣的方式，選取褲子的正面，點擊【 （快速平面映射）】。在 UV 編輯器中，將褲子移動到空白處。

09 使用同樣的方式，選取褲子的背面，點擊【 （快速平面映射）】。在 UV 編輯器中，將褲子移動到空白處。（若褲子側面也需要繪製圖案，可以利用之後拆鞋子 UV 的方式來拆褲子）

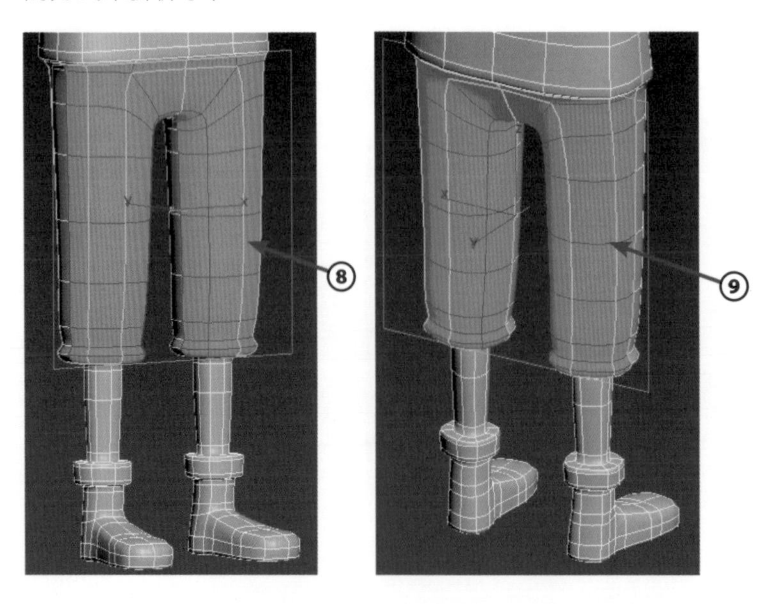

10 完成如下圖。

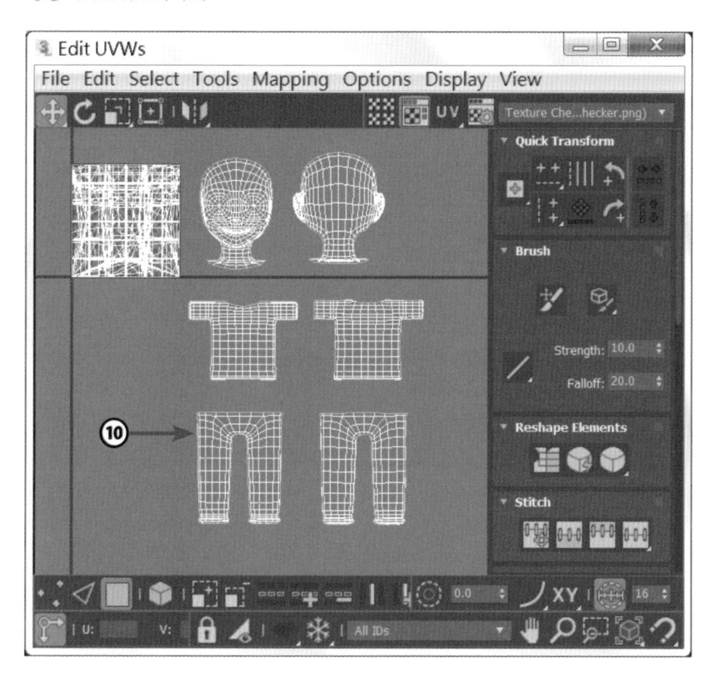

腳與鞋子拆 UV

01 選取小腿的部份，映射方向設定為【Y】，點擊【 （快速平面映射）】，在 UV 編輯器中，將小腿移動到空白處。

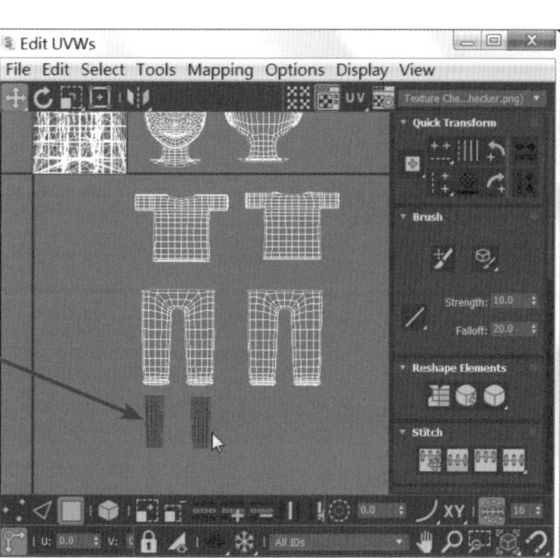

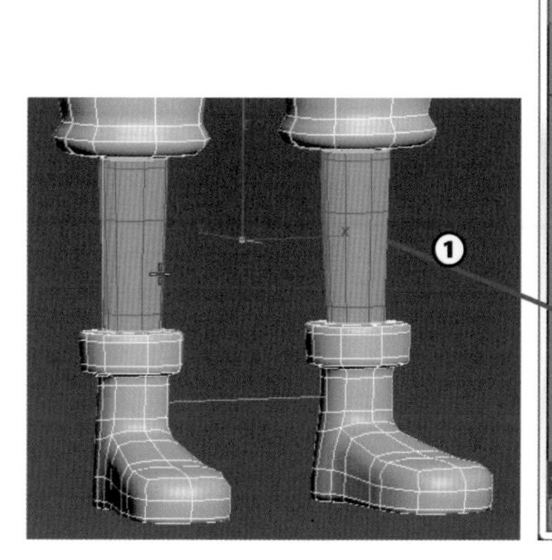

02 先確認鞋子上有無綠色邊界線，若有邊界線，需要先重置。可以先框選兩雙鞋子的面。

03 在修改面板中點擊【Reset Peel】按鈕，會重置目前選取面的邊界】。（若鞋子上沒有綠色邊界，則可忽略此步驟）

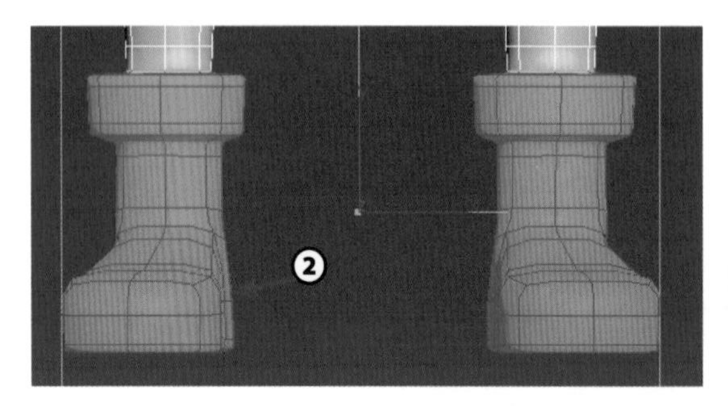

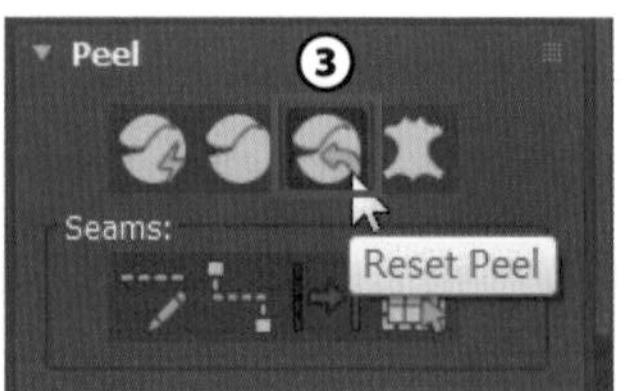

04 切換到邊層級，在鞋子靠近底部的邊點擊左鍵兩下，選到腳底與鞋子的分界線。

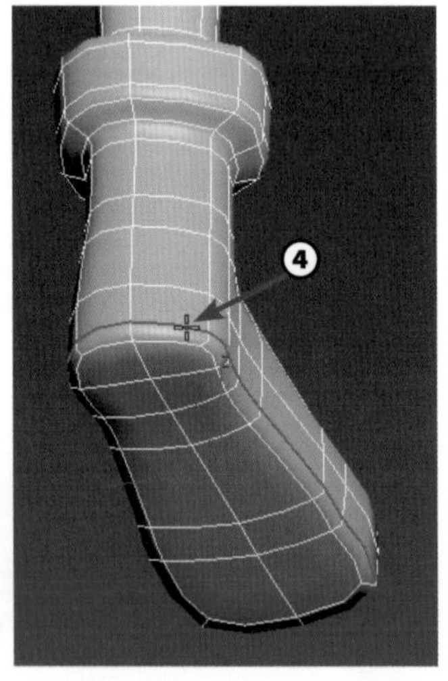

05 點擊【Break（切斷）】，可以在 UV 編輯器中，切斷腳底與鞋子的連接處。

06 再選取鞋子背後的邊。注意從下方的綠色邊界，到上面的綠色邊界之間的邊皆要選取。

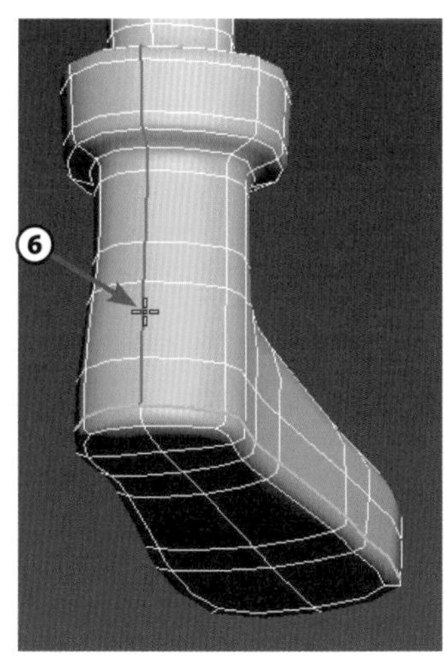

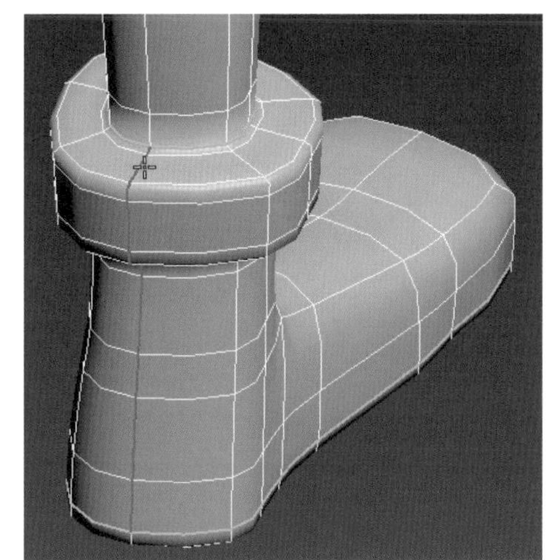

07 點擊【Break（切斷）】。

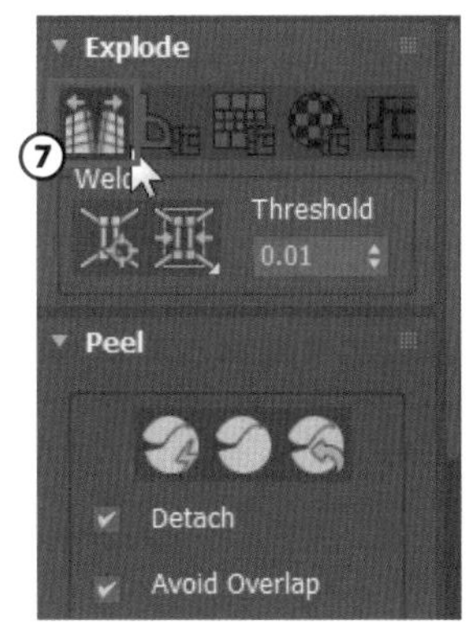

08 關閉【Ignore Backfacing（忽略背面）】。

09 切換到面層級，在前視圖，選取所有鞋子的面，並環轉視角確認。

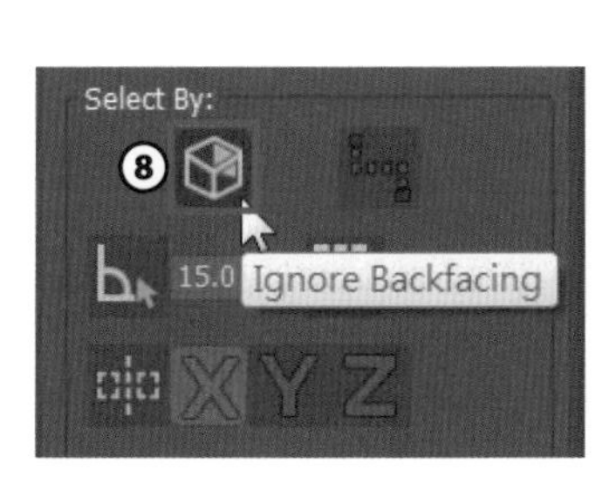

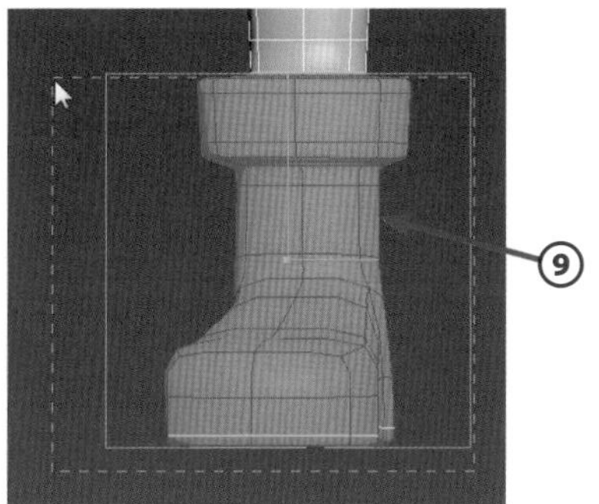

10 點擊【Quick Peel】按鈕，完成鞋子的 UV 展開圖，可以用旋轉工具調整 UV 圖的角度。

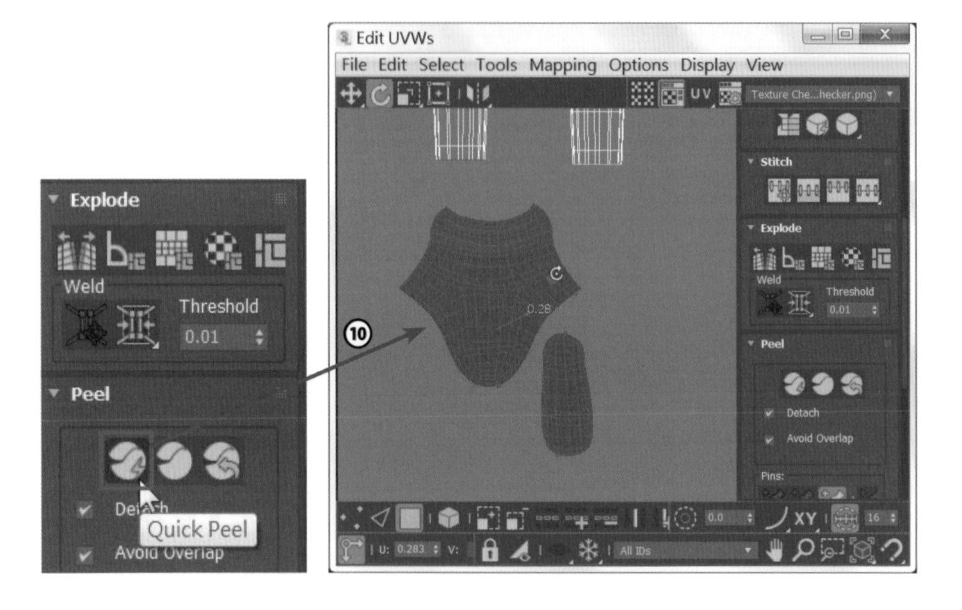

11 使用同樣的方式，切換到邊層級，選取另一隻鞋子的邊。

12 點擊【Break（切斷）】。

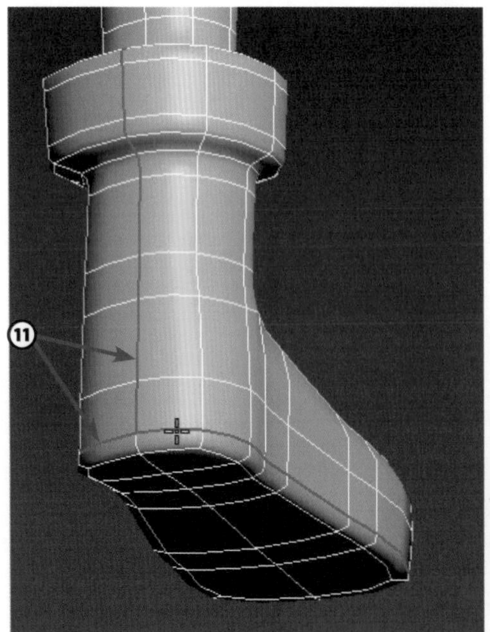

13 再切換到面層級，選取鞋子的面。

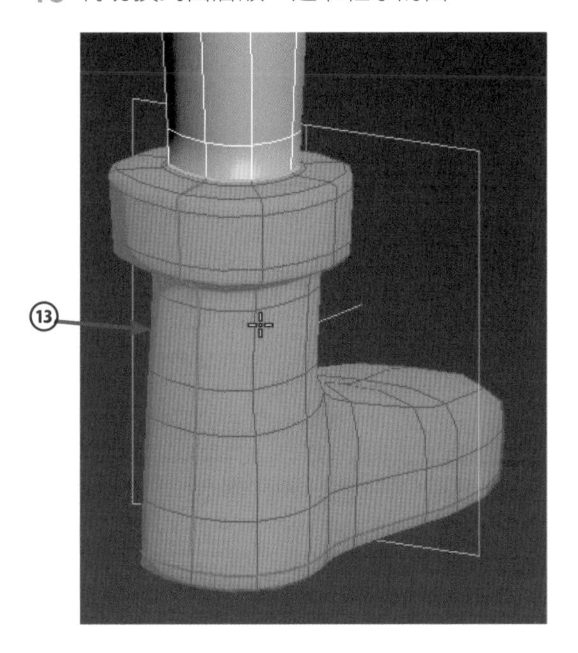

14 點擊【Quick Peel】按鈕，完成鞋子的 UV 展開圖。

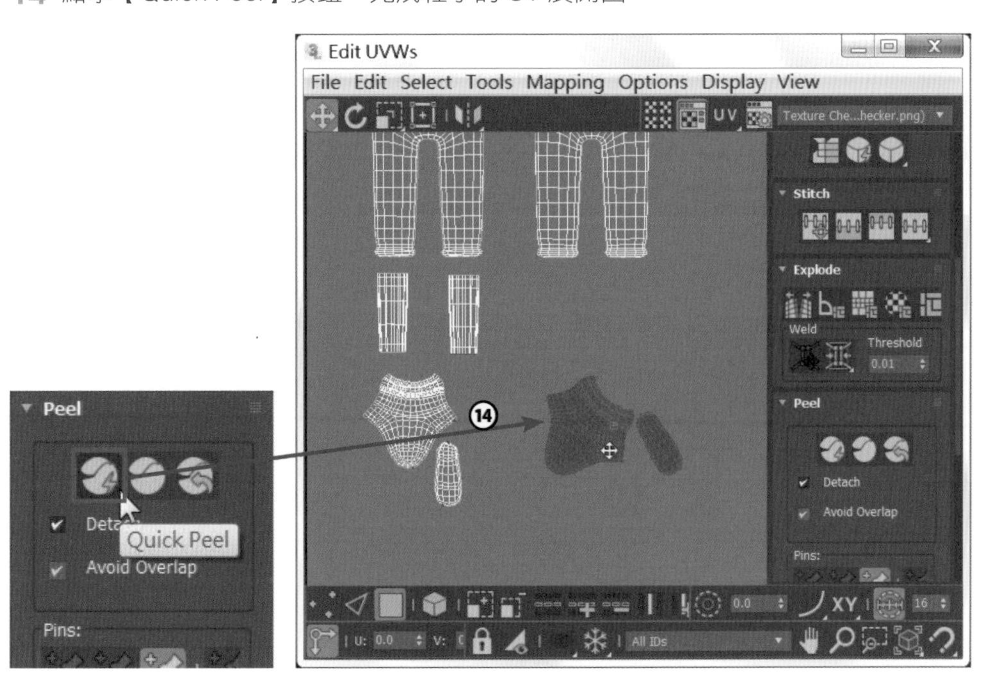

小秘訣

若褲子側面要繪製圖形，也可以使用 Peel 功能拆 UV。先選取褲子面，點擊【（重置）】。選取如左下圖的大腿內側邊、大腿內側中間到臀部後的邊，點擊【（切斷）】。再選取褲子面，點擊【（快速展平）】，完成如右下圖。

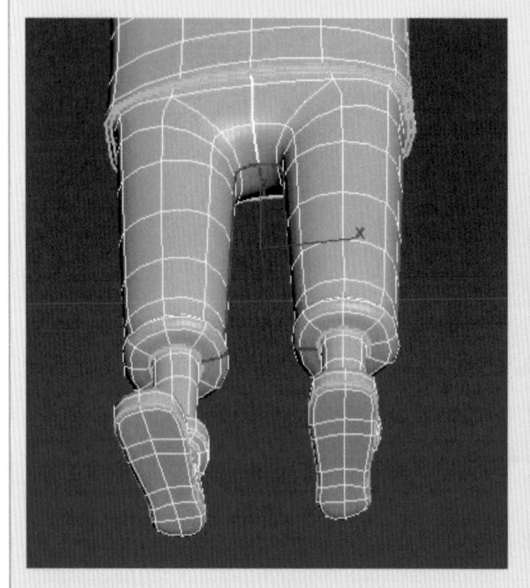

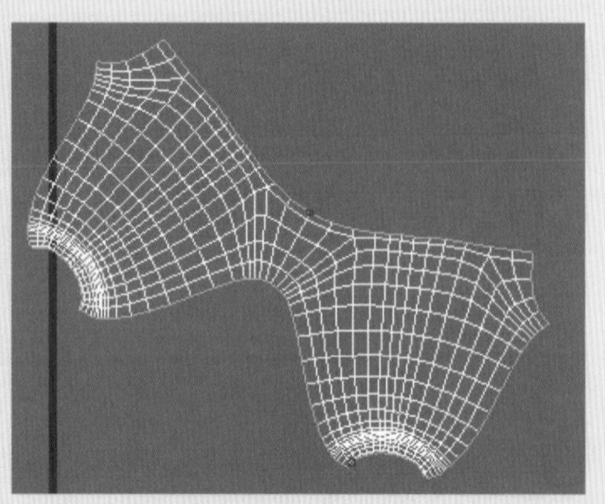

手臂拆 UV

01 切換到上視圖，框選兩隻手臂的面。

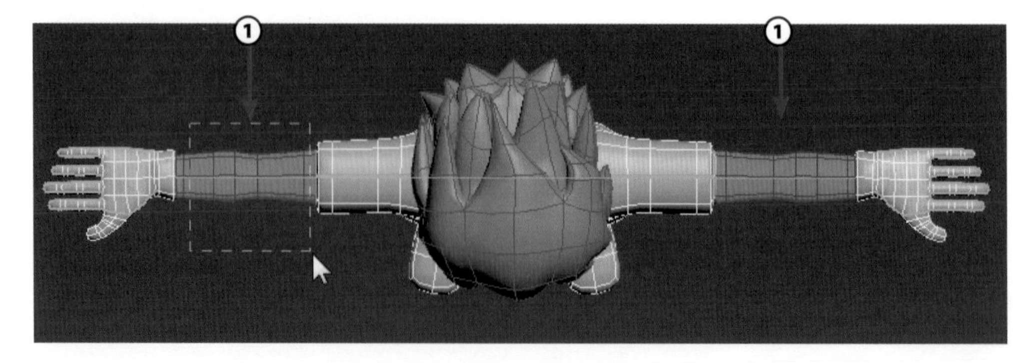

02 映射方向設定【Z】，點擊【Quick Planar Map（快速平面映射）】，在 UV 編輯器將手臂移動到空白處。

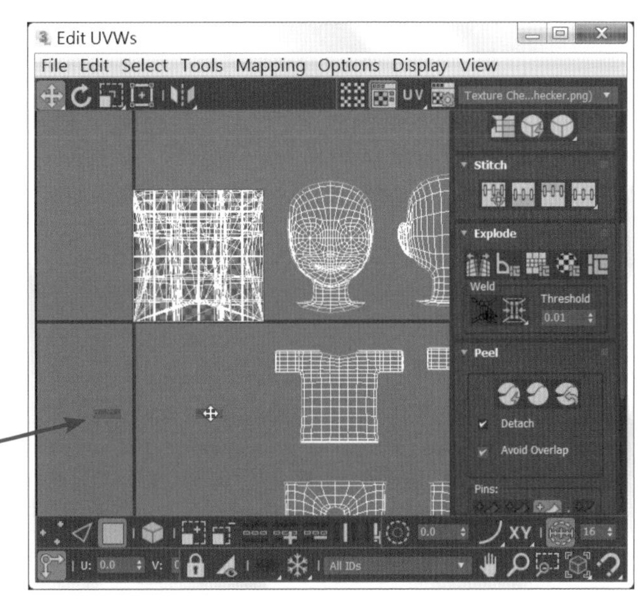

03 框選兩隻手套的面。

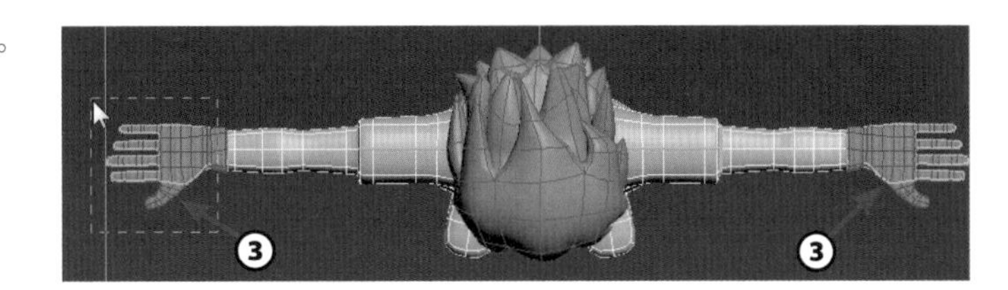

04 點擊【 （快速平面映射）】，在 UV 編輯器將手套移動到空白處。

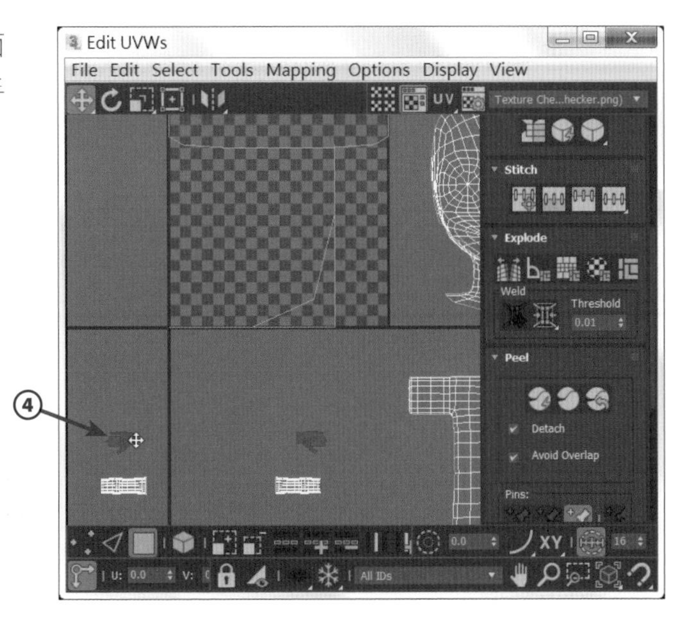

檢查與修正

01 檢查棋盤格中有多餘的面，表示之前選取時，有漏掉一些面沒有選到。可以先把棋盤格中的面全部選取。

02 確認是哪些面沒有拆 UV，以下圖為例，是袖口與褲管的面沒有拆 UV。

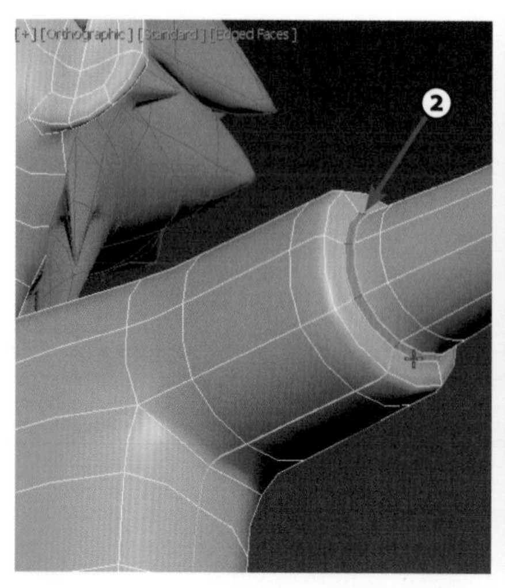

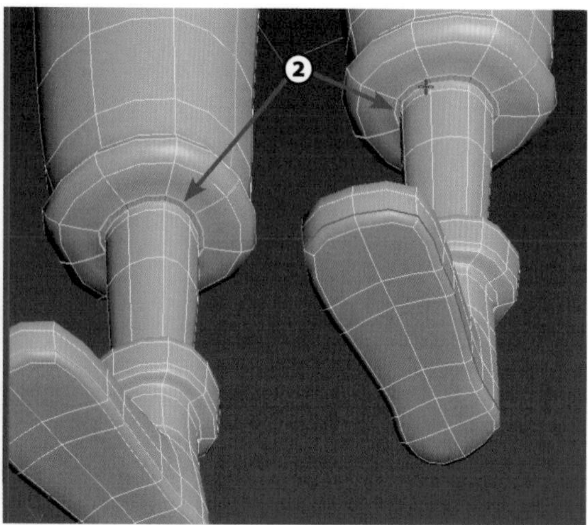

03 因為之前已經拆 UV 一次，這次可以開啟【Select By Element UV Toggle（以元素來選取 UV）】，點擊正面的衣服一次，即可選到全部。

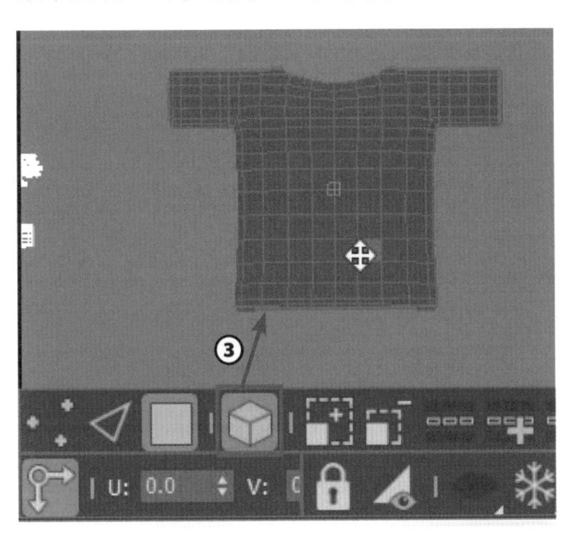

04 按住 Ctrl 鍵加選之前沒選到的袖口的面。

05 點擊【Quick Planar Map（快速平面映射）】重新映射一次，就可以將衣服與袖口的 UV 合併。

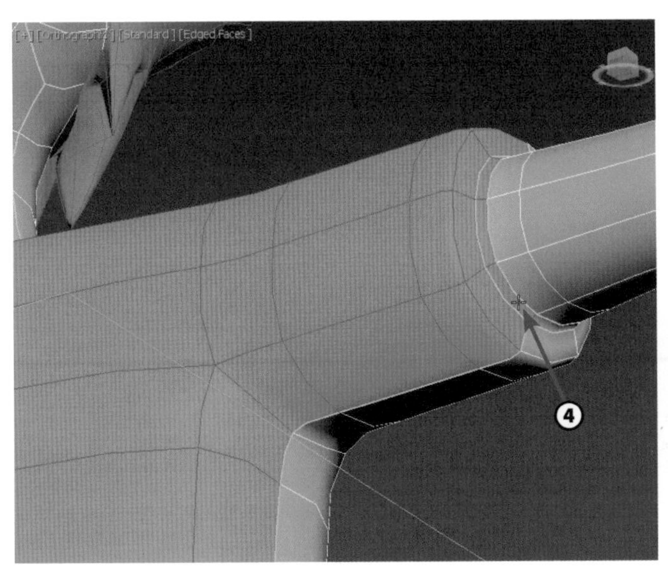

06 將衣服移動到空白處。完成新的綠色邊界線如右下圖所示。

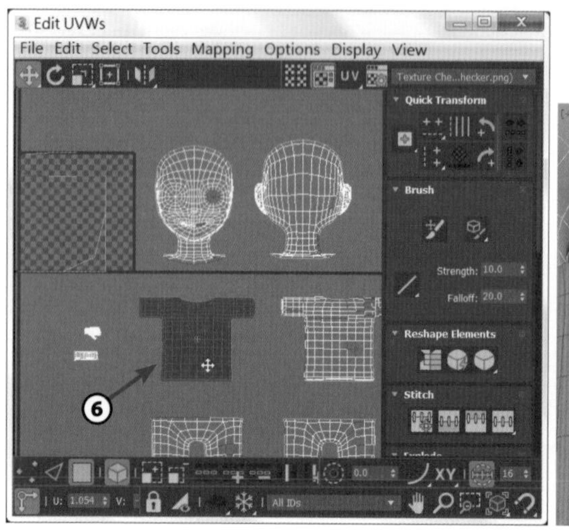

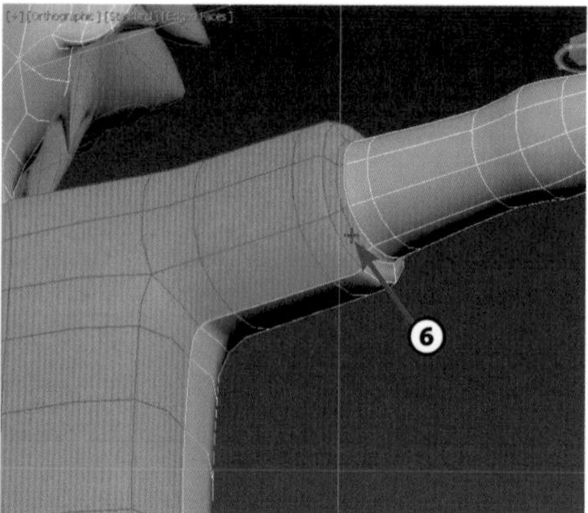

07 框選手臂以外的 UV 圖，利用比例工具縮小。

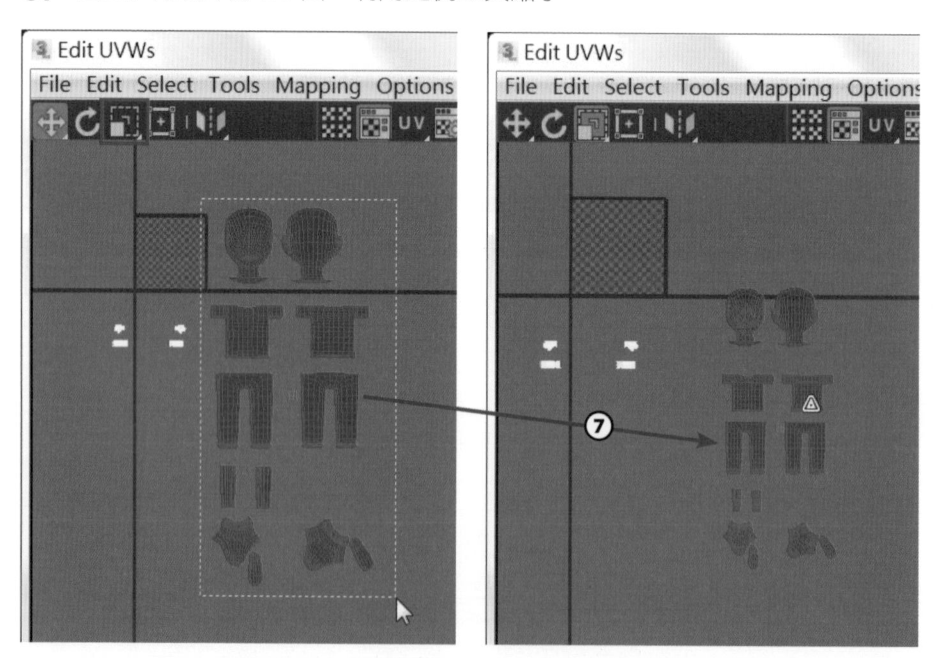

08 利用移動工具，將所有的 UV 圖放置在棋盤格中。需要繪製細節的 UV 可以放大一些，只要塗單一顏色的 UV 則可以縮小。

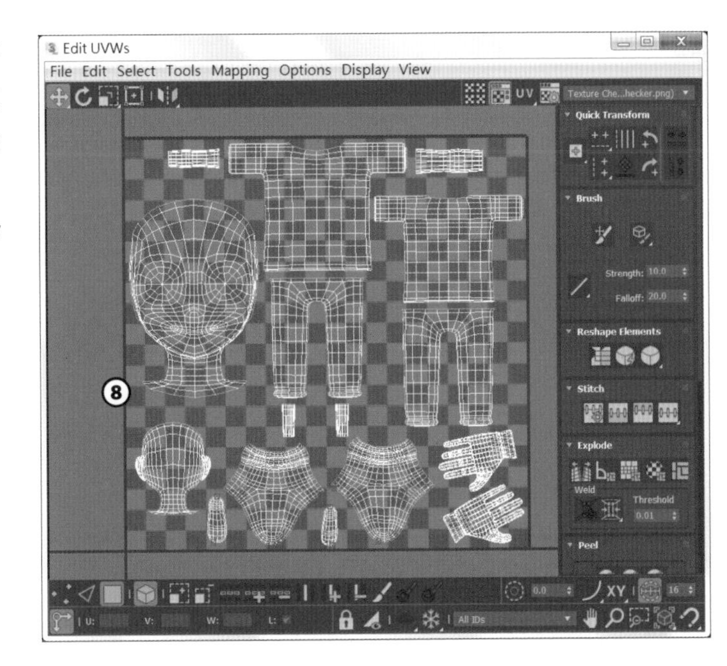

09 按下滑鼠右鍵→選擇【Render UVW Template】。

10 設定 UV 圖尺寸為寬與高皆為「2048」，再點擊【Render UV Template】儲存 UV 圖。

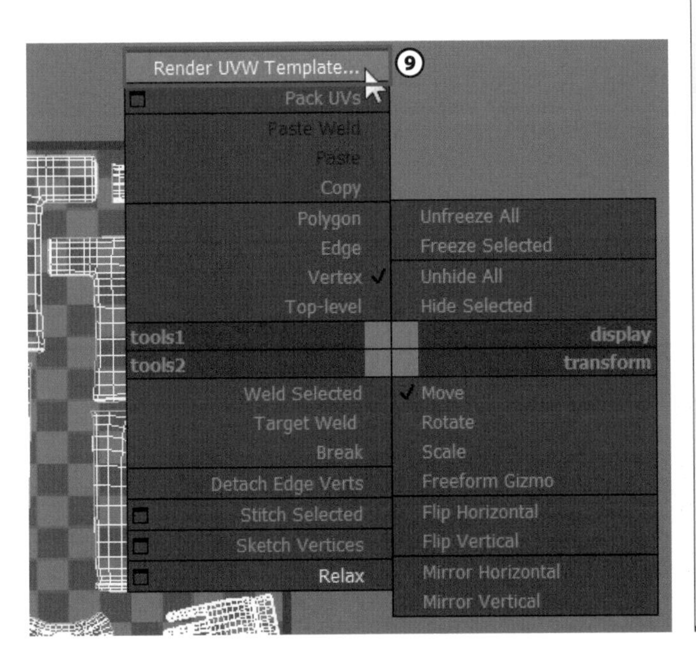

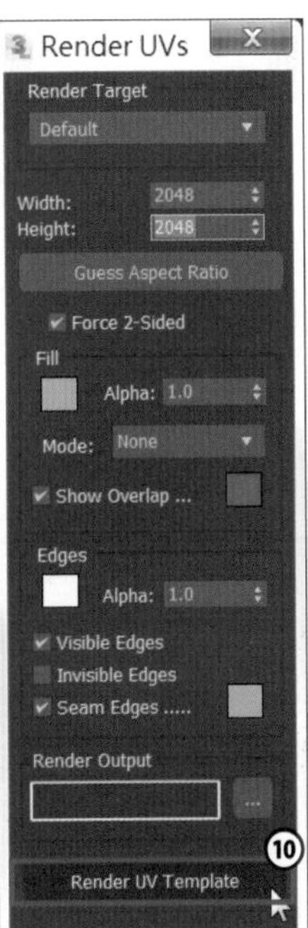

11 點擊【 】按鈕儲存。

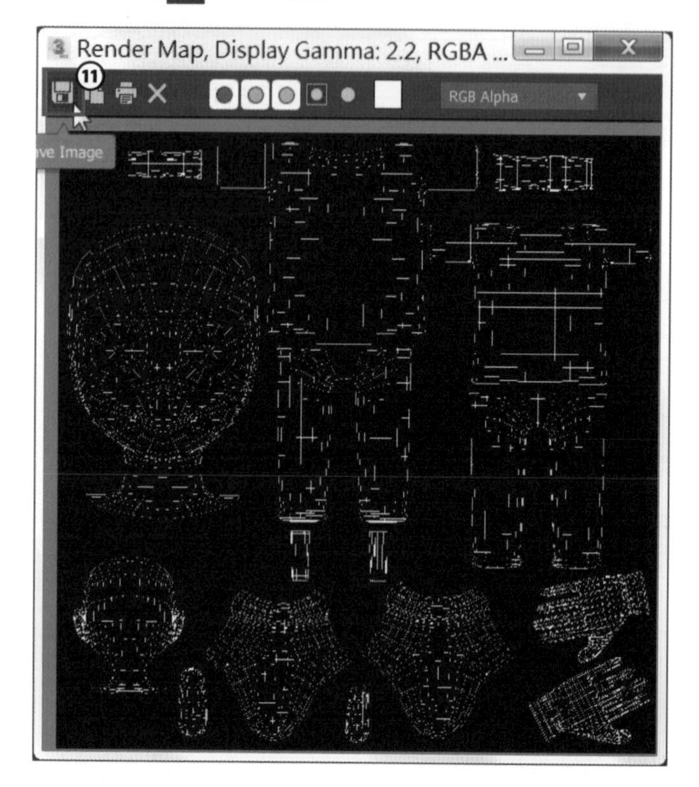

12 設定名稱「人物 UV 圖」，儲存類型選擇【PNG】，按下【Save】存檔。

13 按下【OK】。

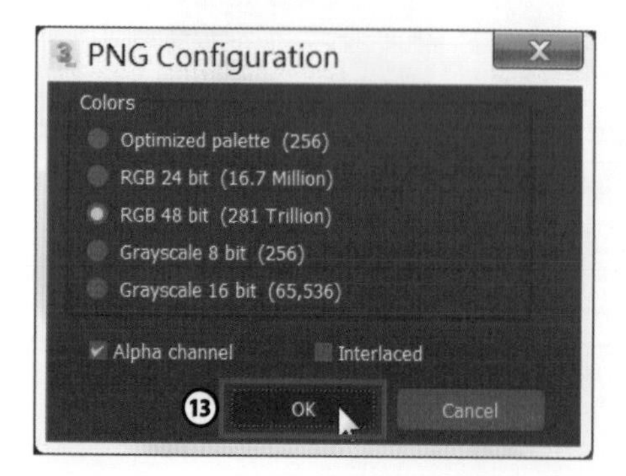

頭髮拆 UV

01 離開子層級，選取頭髮，按下滑鼠右鍵→【Isolate Selection（隔離選取的）】。

02 加入【Unwrap UVW】修改器，並拖曳到 MeshSmooth 與 Editable Poly 中間。

03 進入面層級。

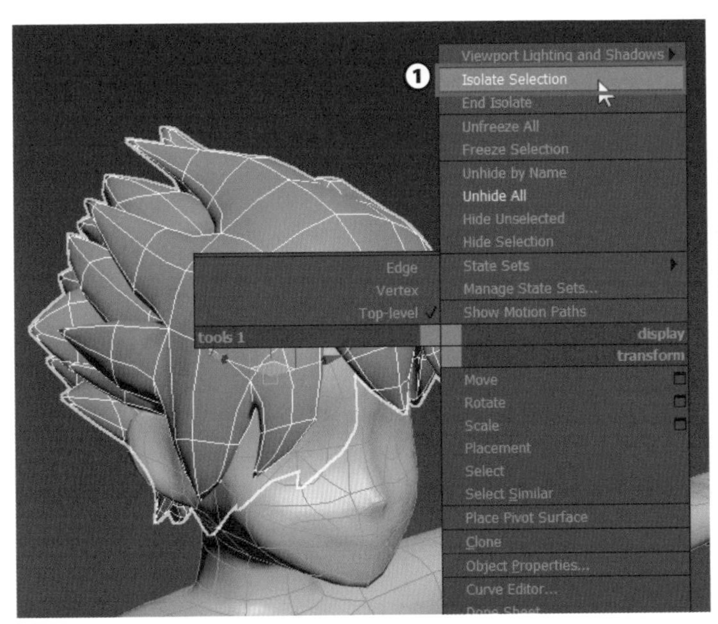

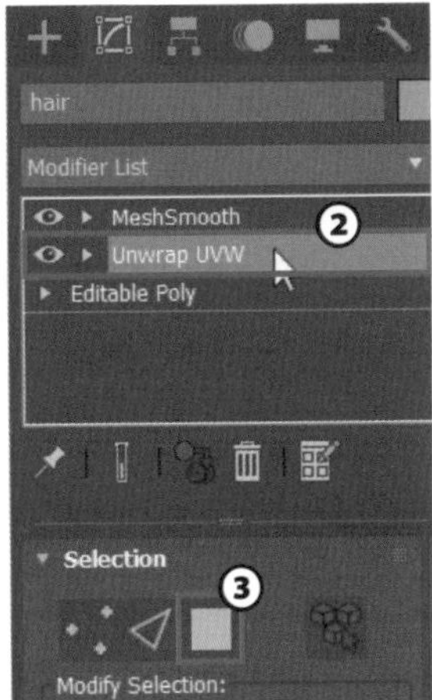

04 先選取如圖所示的前面與上方表面的頭髮。

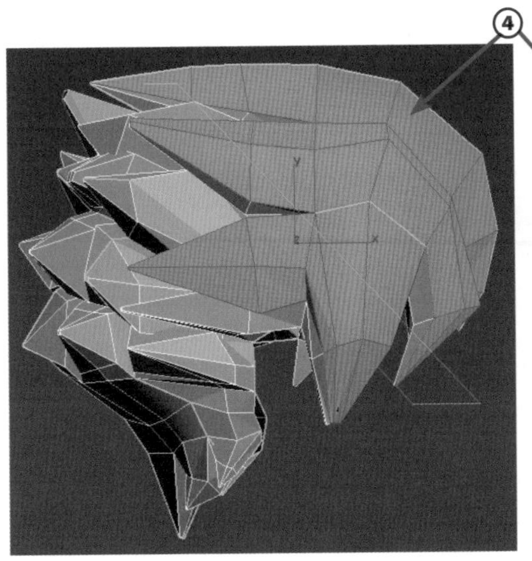

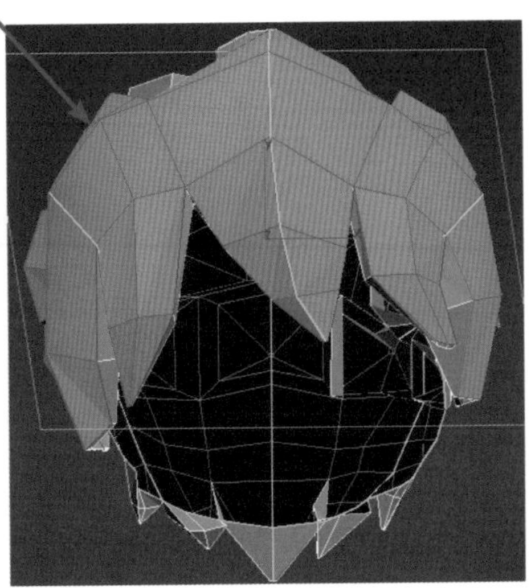

05 點擊【Grow】，選取的面會往外擴張選取更多的面。

06 檢查有沒有多選取或少選取的面。

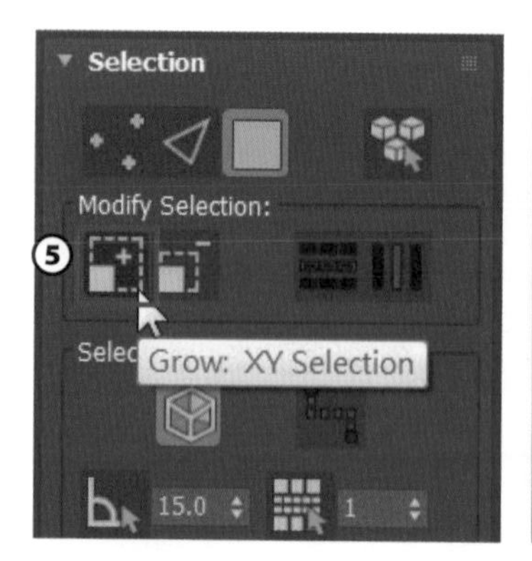

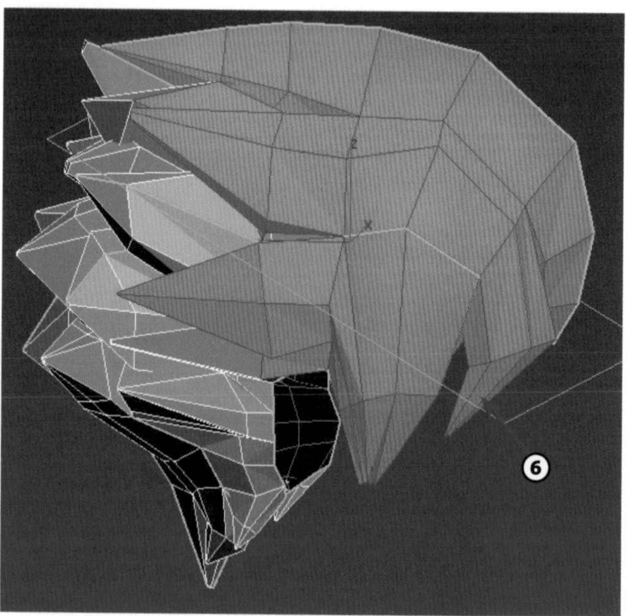

小秘訣

點擊【（Grow）】可使面擴張選取，從下方的左圖變成右圖。點擊【（Shrink）】使面收縮選取，從下方的右圖變成左圖。

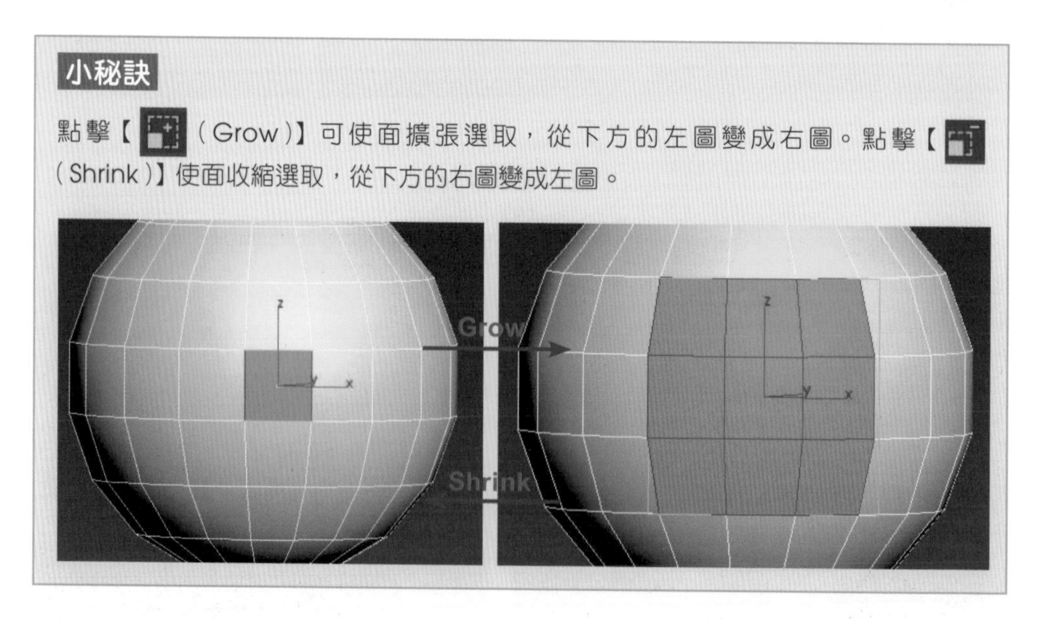

07 點擊【（快速平面映射）】，在 UV 編輯器將頭髮移到空白處。

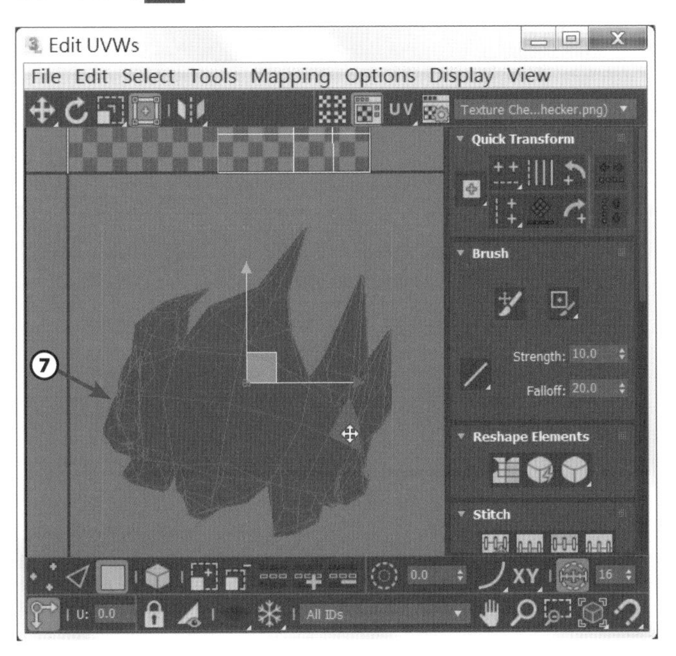

08 關閉【（以元素選取 UV）】。選取一個頭髮的面，發現與實際方向相反。

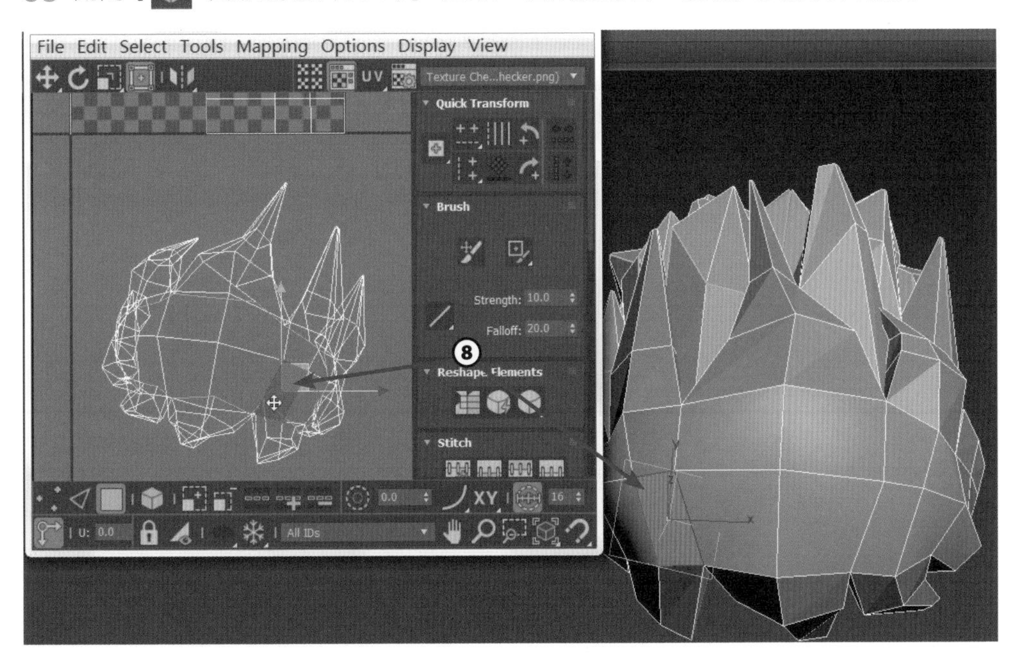

09 全選頭髮面，點擊【 (左右鏡射)】，使選取的面左右翻轉。

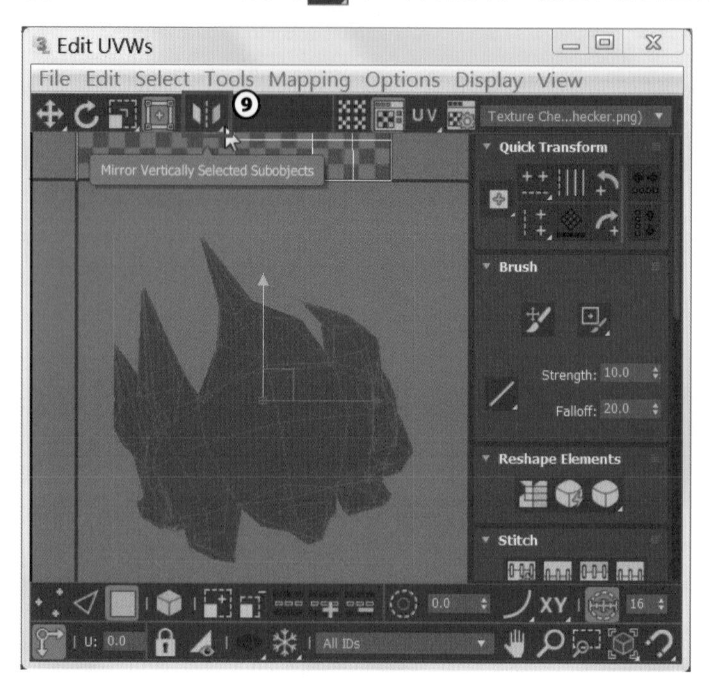

10 框選棋盤格中剩下的面。

11 點擊 Projection (投影) 下方的【 (平面映射)】。

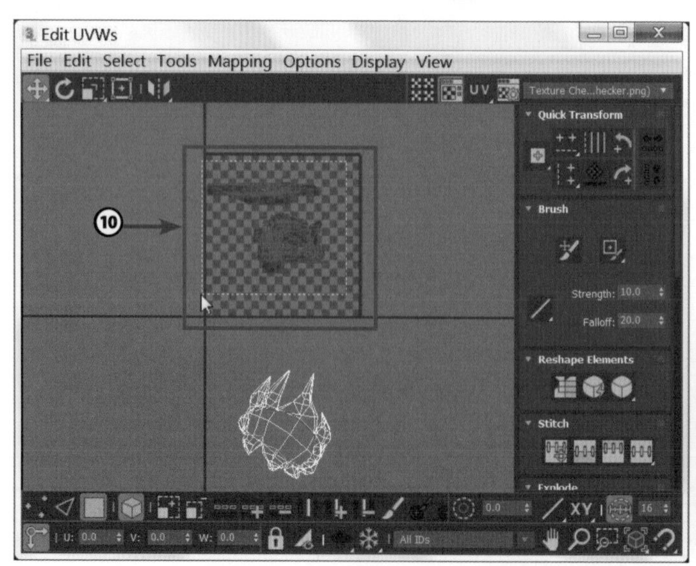

12 出現黃色的投影面（如左下圖）。旋轉投影面，與頭髮傾斜角度一致（如右下圖）。

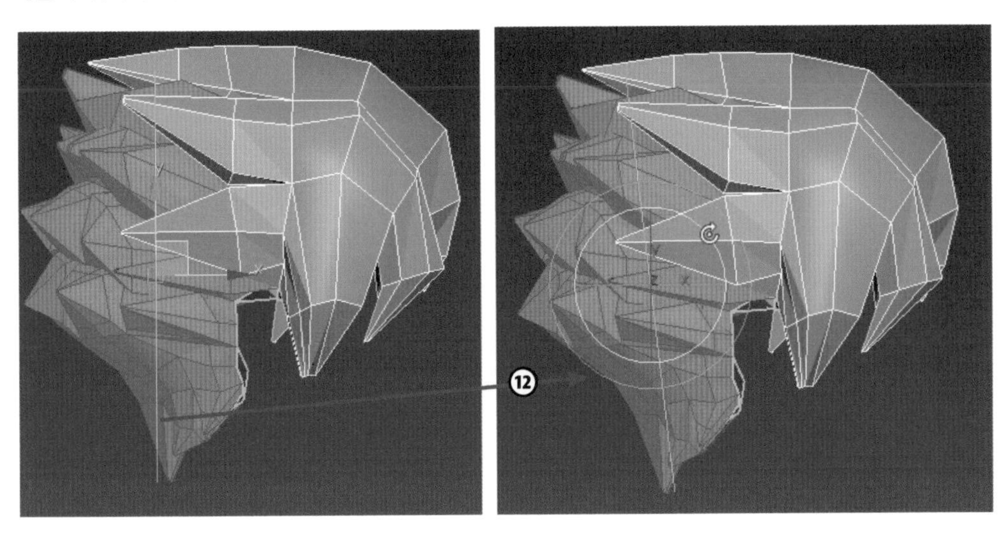

13 旋轉投影面時，UV 圖也會隨之變化，覺得可以看出頭髮形狀後，再次點擊【（平面映射）】，離開指令。

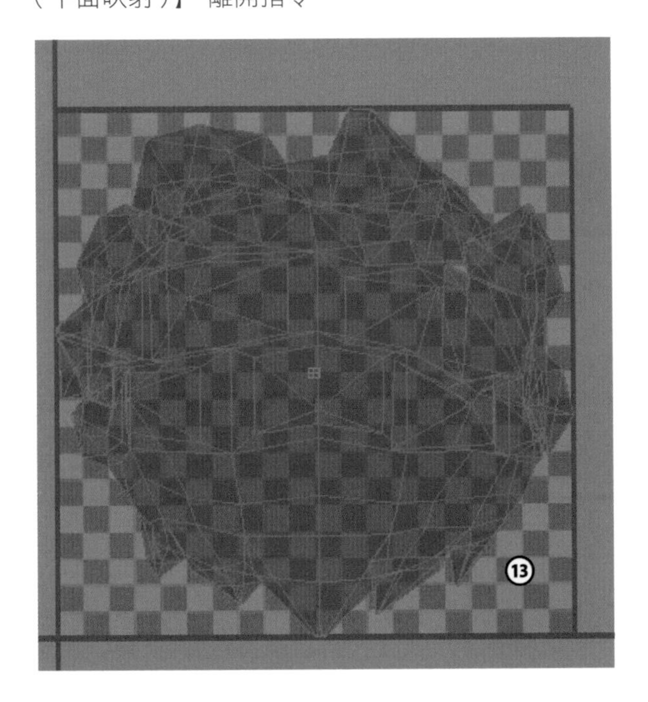

14 選取一個頭髮的面，發現方向相反。

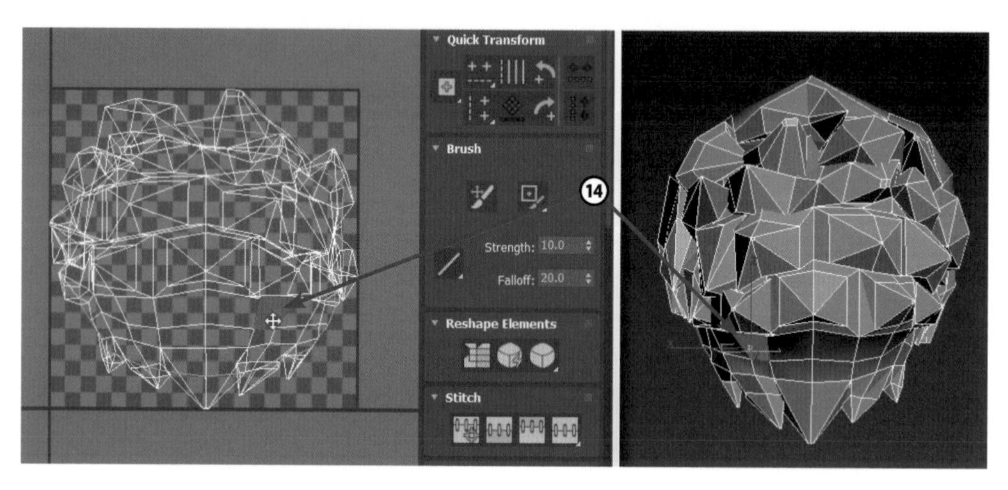

15 全選頭髮的面，點擊【 (左右鏡射)】。

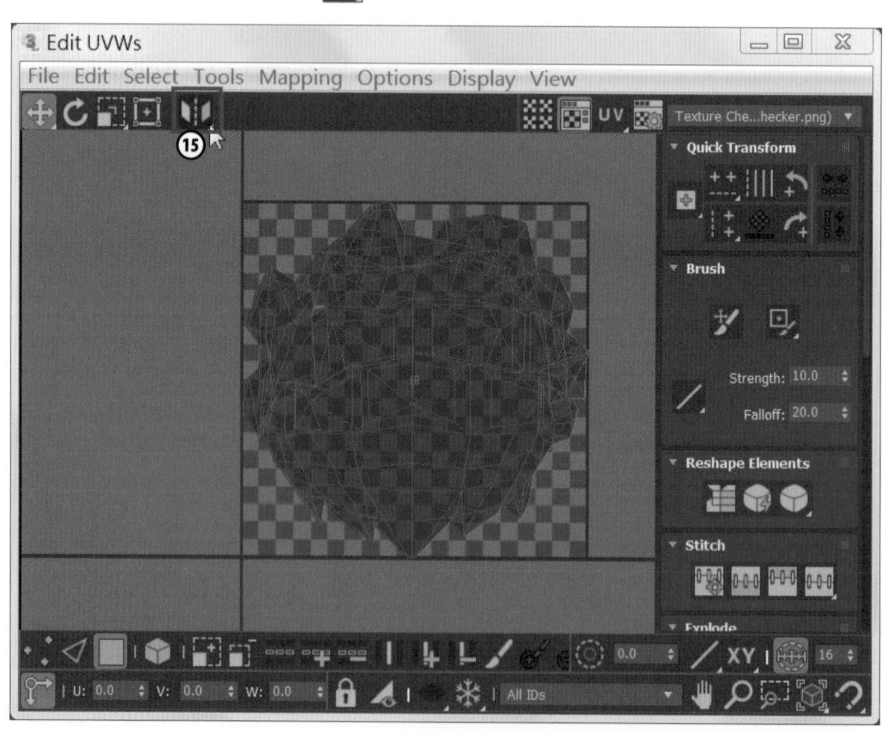

16 利用移動與比例工具，將頭髮正反面放置在棋盤格中，按下滑鼠右鍵→【Render UVW Template】。

17 設定 UV 圖尺寸為寬與高皆為「1024」，再點擊【Render UV Template】儲存 UV 圖。

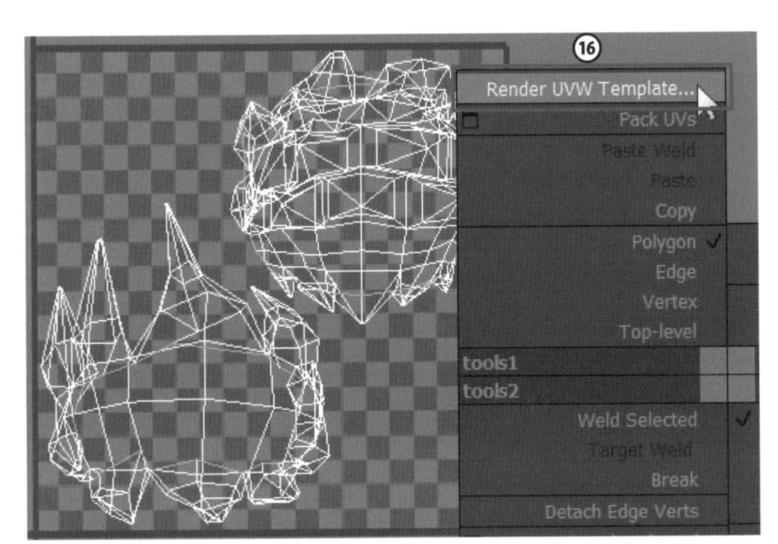

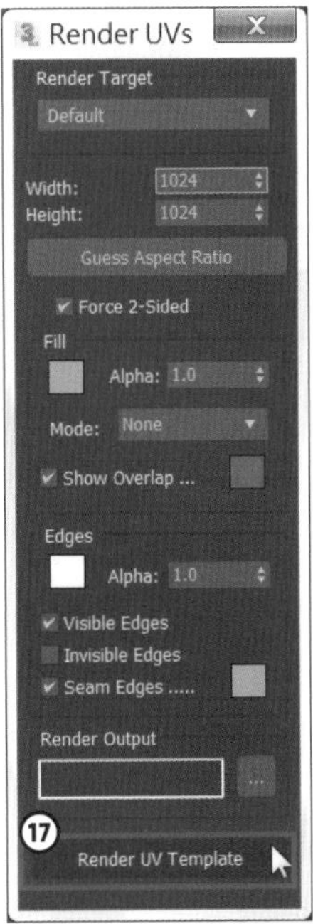

18 點擊【Save Image】按鈕儲存。

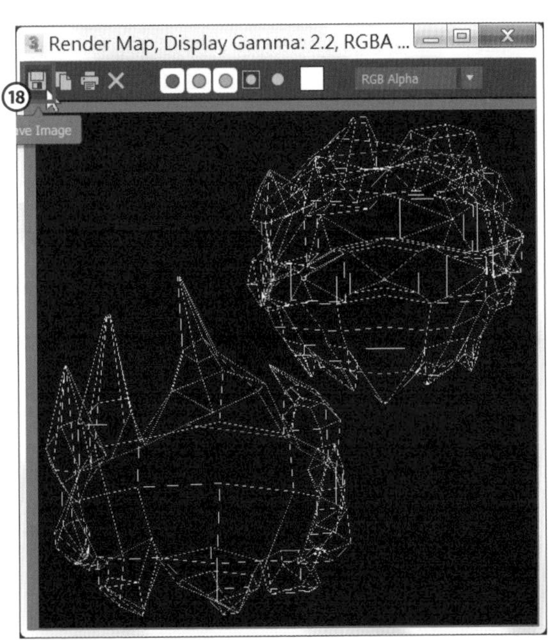

19 輸入名稱「頭髮 UV 圖」，儲存類型為「PNG」，按下【Save】儲存。

20 按下滑鼠右鍵→【End Isolate（結束隔離）】。

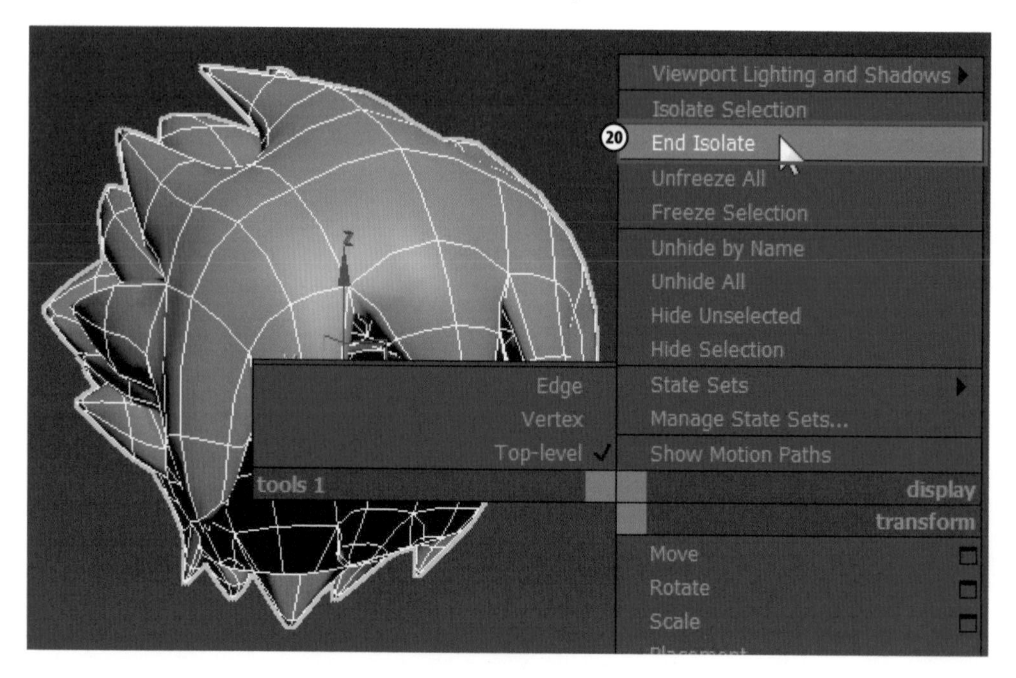

9-2 貼圖繪製

臉部與衣物貼圖繪製

01 開啟 Photoshop 軟體繪製貼圖，先將儲存好的「人物 UV 圖 .png」拖入 Photoshop 視窗中。

02 點擊【 （建立新圖層）】，會出現圖層 1。

03 右上角的顏色面板，選擇黑色，並按下 Alt+Delete 填充顏色。

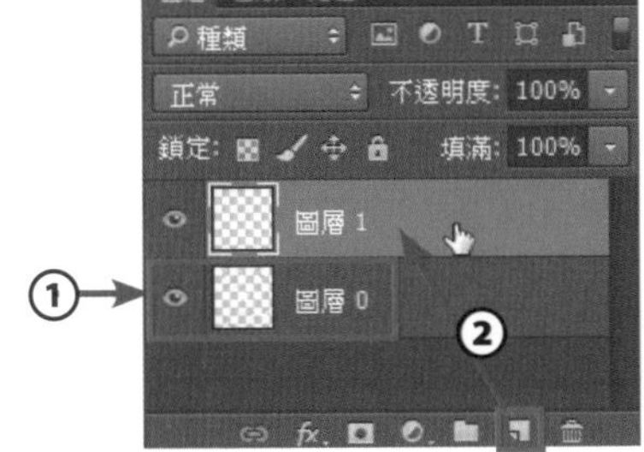

小秘訣

若使用 Photoshop 2018 版本，可按下 Alt + Delete + Delete 填充顏色。

04 將圖層 1 拖曳到圖層 0 下方，完成如下圖。

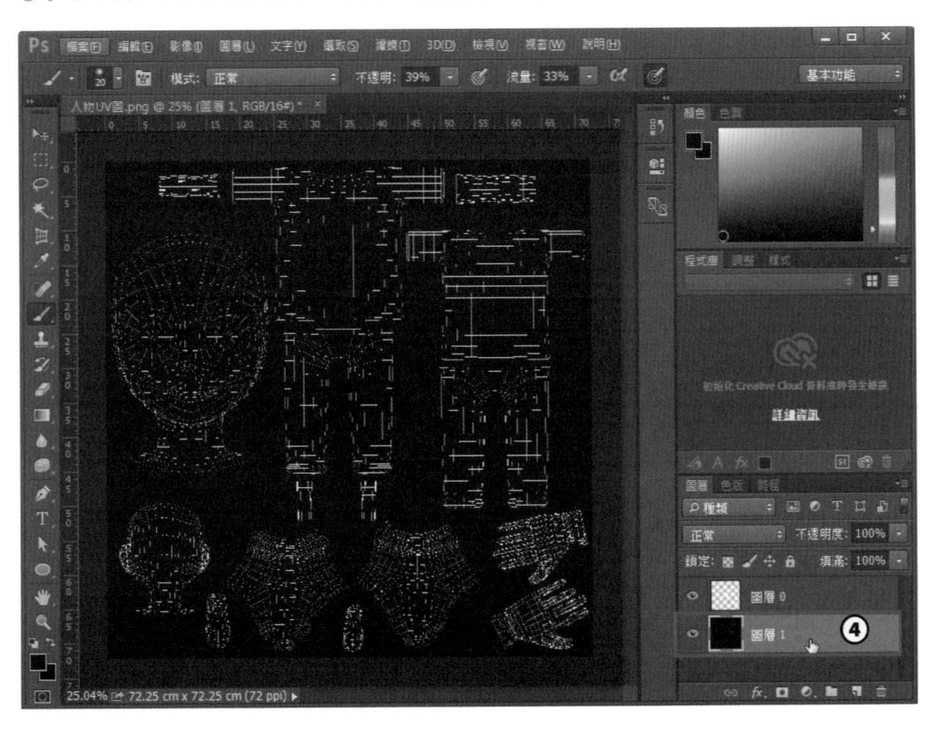

05 點擊圖層 0 兩下修改名稱為「UV」，圖層 1 修改為「底色」。

06 再建立一個新圖層，名稱修改為「皮膚」。

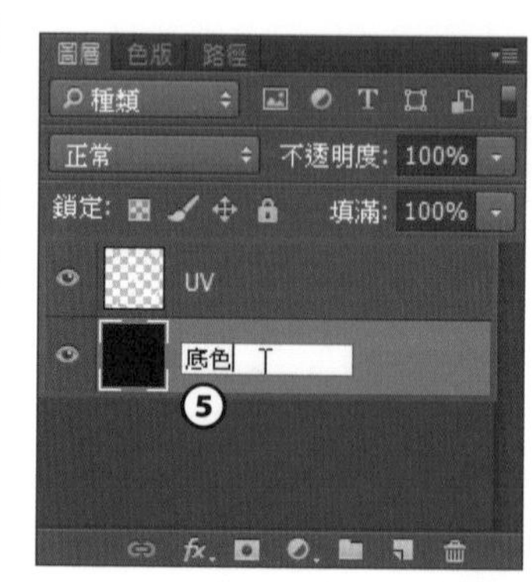

07 在顏色面板的右側點擊【 】→【RGB 滑桿】。

08 RGB 欄位分別輸入「255、222、174」，調出膚色，可以自行拖曳滑桿微調。

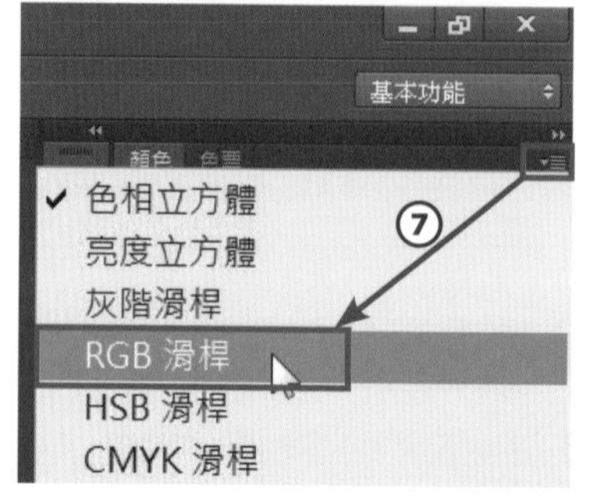

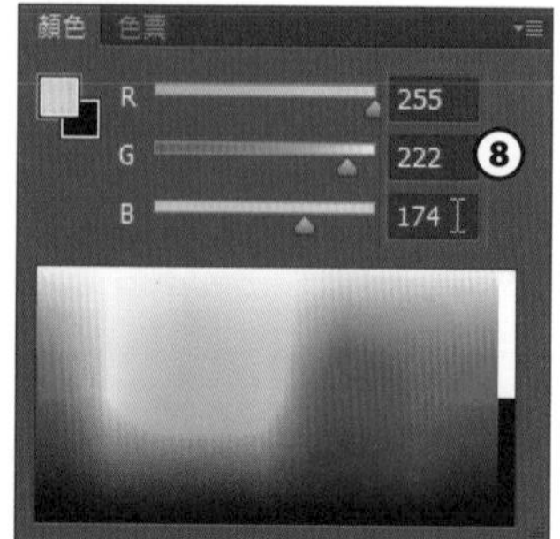

09 使用【筆刷工具】，點擊下圖所示位置→選【實邊圓形】筆刷。

10【不透明度】與【流量】皆為「100」。

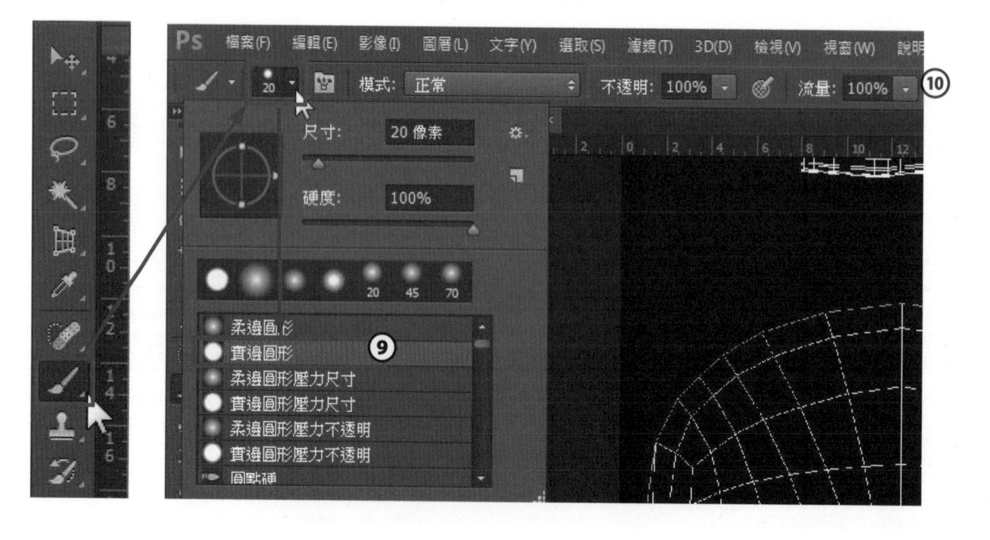

小秘訣

使用筆刷繪製時，按下鍵盤的【、】鍵可以調整筆刷大小，若沒效果請檢查是否正在用中文輸入法，或者沒有選到「皮膚」圖層。

11 將臉與手腳部位塗滿膚色，可以塗出線框外一點，確保皮膚不會出現黑色。

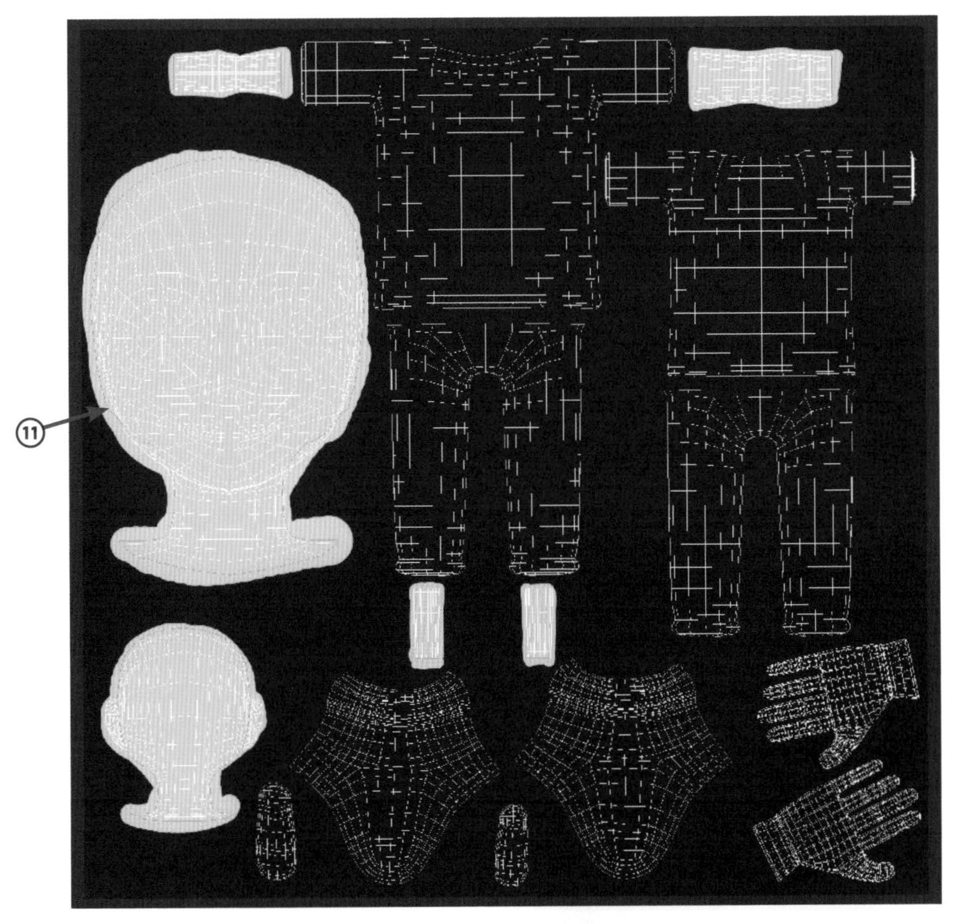

12 在顏色面板的右側點擊【 】→【色相立方體】，可使面板恢復原狀。

13 使用【筆型工具】，繪製眉毛輪廓。（若畫面太遠看不清楚，按住 Alt 鍵 + 滑鼠滾輪可以拉遠或拉近畫面）

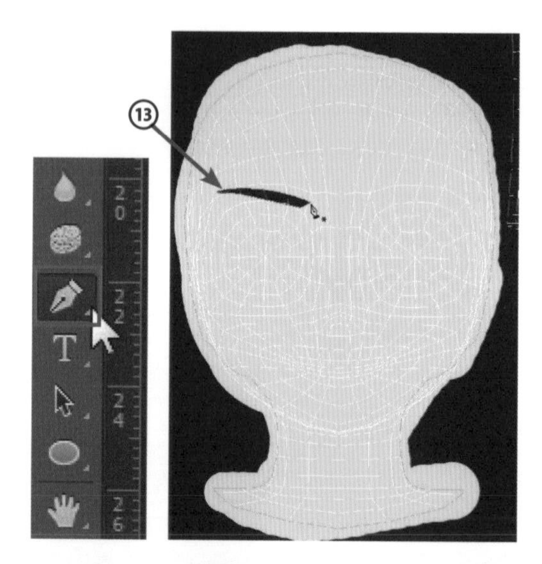

14 使用【橢圓工具】，在上方點擊填滿旁邊的顏色，選取白色。

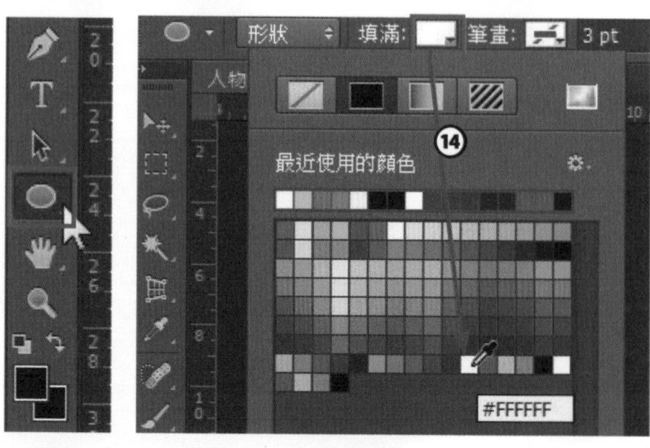

15 左鍵拖曳繪製眼白。

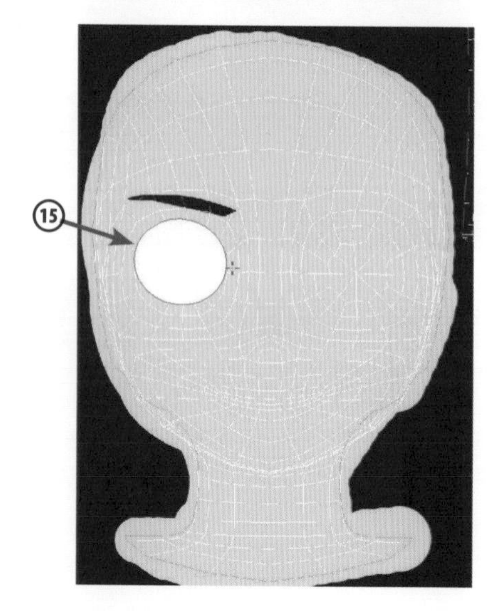

16 新建一個圖層，更名為「臉部」。

17 利用【（筆刷）】與【（橡皮擦）】，繪製眼睛。（按住 Alt 鍵點擊畫面可以吸取顏色）

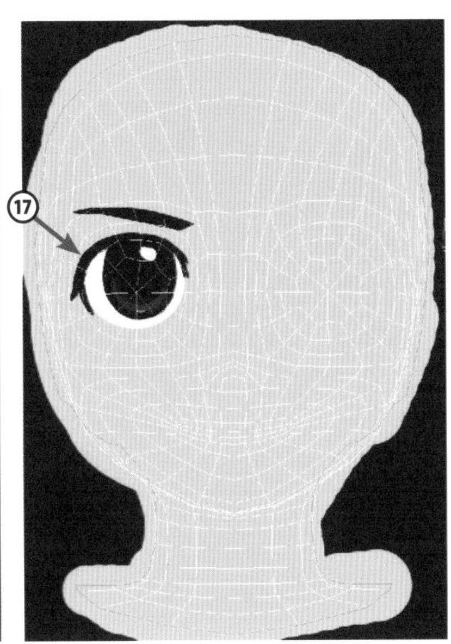

18 按住 Ctrl 鍵選取「臉部」、「橢圓」、「形狀圖層」，按下滑鼠右鍵→【合併圖層】，或直接按下 Ctrl+E 鍵。

19 選取合併後的圖層，按下 Ctrl+J 複製圖層。

20 按下【編輯】→【任意變形】，或直接按 Ctrl+T 鍵。按下滑鼠右鍵→【水平翻轉】使圖層左右顛倒。

21 在矩形框內按住滑鼠左鍵移動到右邊，按下 Enter 鍵完成。

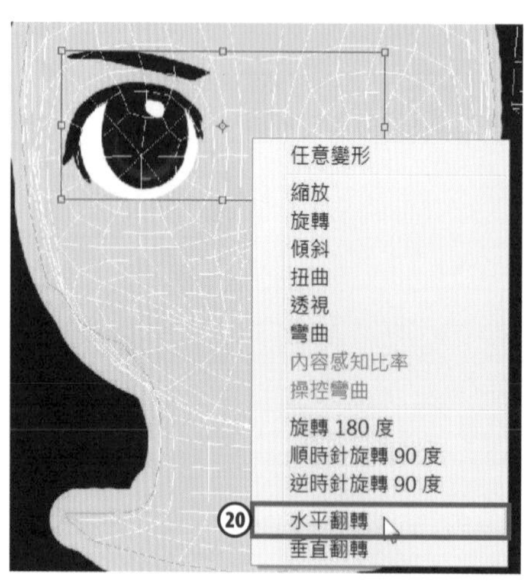

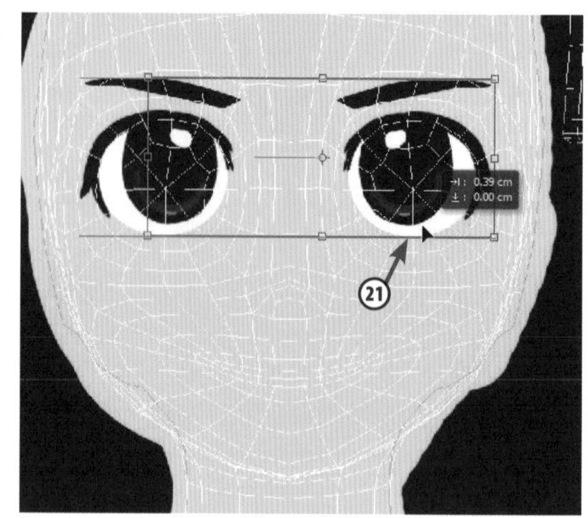

22 選取「臉部」與「臉部拷貝」圖層，按下 Ctrl + E 合併圖層。

23 可再【筆刷工具】微調眼睛。

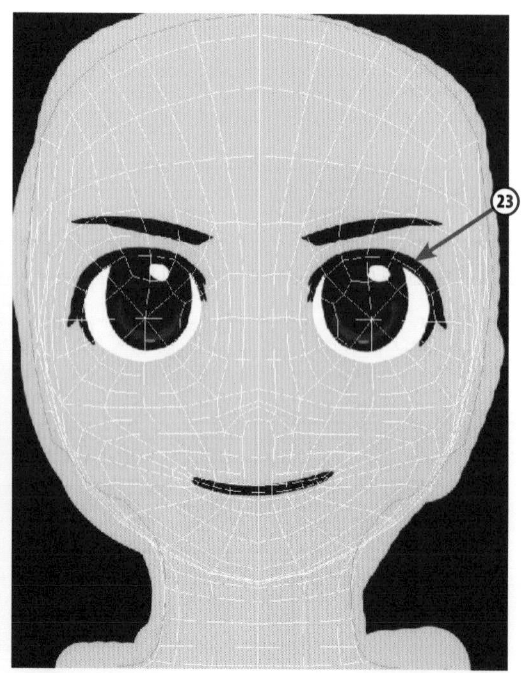

24 運用相同方式，新建不同圖層，繪製衣服、褲子、鞋子、手套，完成如下圖。

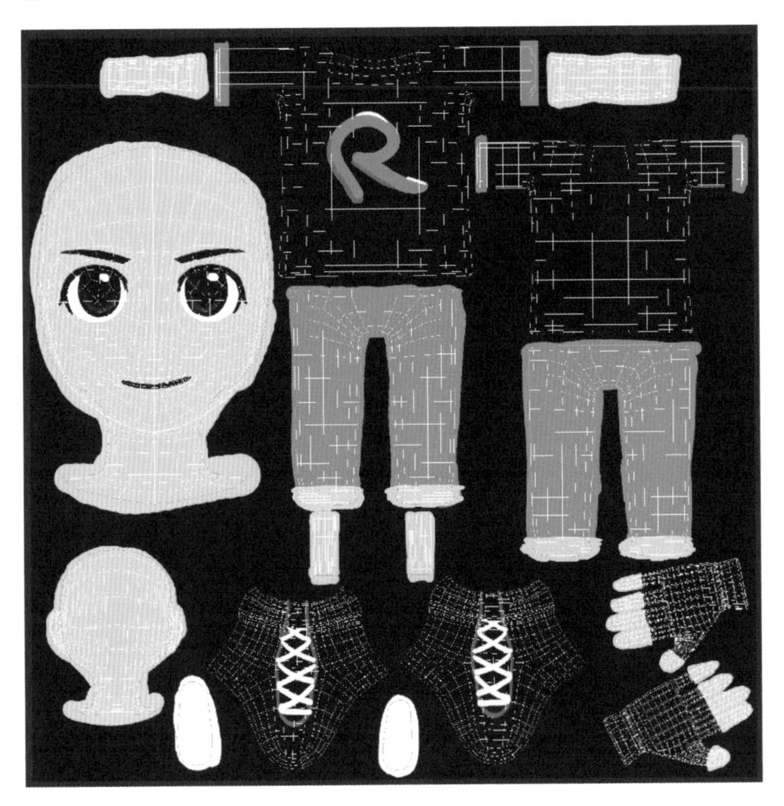

25 點擊 UV 圖層左邊的眼睛圖示，隱藏圖層。

26 點擊【檔案】→【另存新檔】。

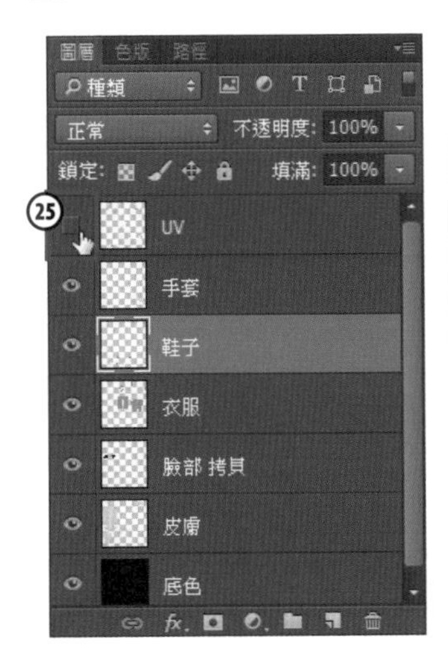

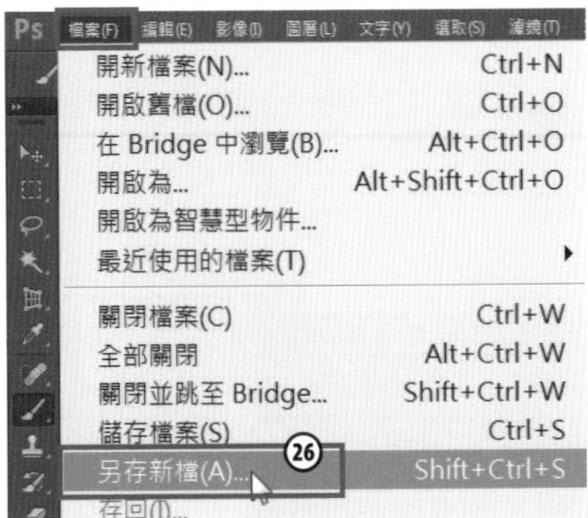

27 檔案名稱輸入「人物貼圖」，存檔類型為【JPEG】，按下【存檔】。

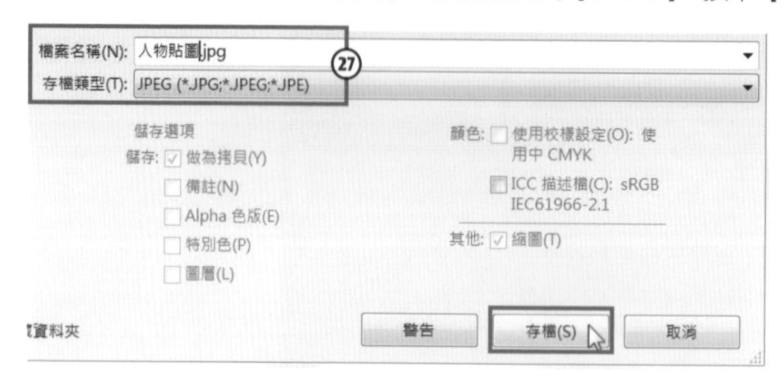

28 點擊【確定】。

29 再次點擊【檔案】→【另存新檔】。

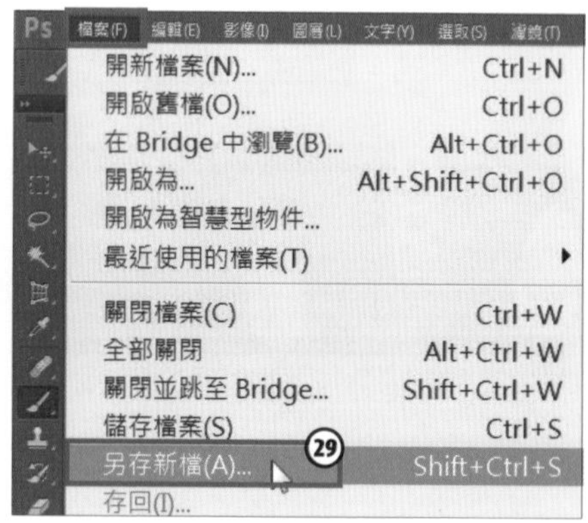

30 檔案名稱輸入「人物 UV 圖」，存檔類型為【PSD】，按下【存檔】，PSD 檔案可保留圖層，方便之後回來修改貼圖。

31 點擊檔名右側的打叉，關閉檔案。

材質設定

01 在 3dsMax 開 啟【Material Editor（材質編輯器）】，或直接按下快速鍵 M。

02 選取一個新材質。

03 點擊 Diffuse（漫射）右側的小按鈕。

04 選擇【Bitmap（點陣圖）】，選取之前存檔的「人物貼圖 .jpg」。

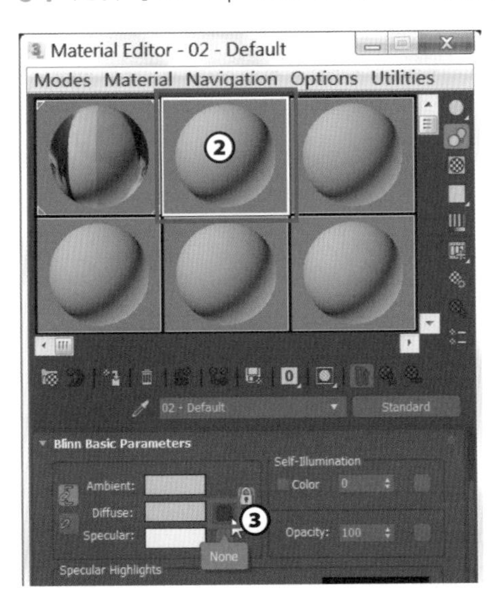

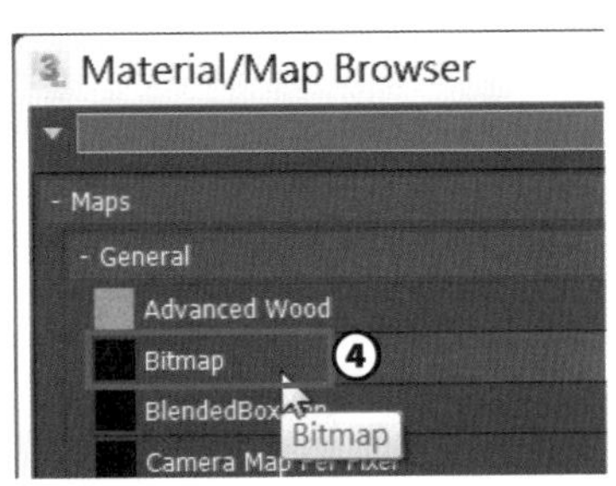

05 將材質球拖曳給人物，點擊【 】，可以顯示貼圖。

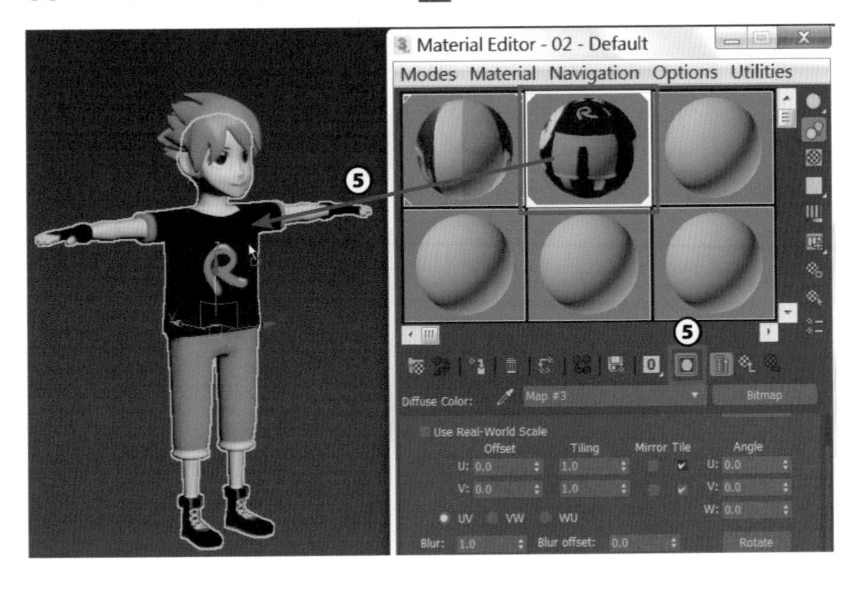

頭髮貼圖繪製

01 將儲存好的「頭髮 UV 圖 .png」拖入 Photoshop 視窗中，圖層改名「UV」。

02 建立一個新圖層，改名「底色」，在顏色面板選擇黑色，按下 Alt+Delete 填充顏色，圖層拖曳到最下方。

03 再建立新圖層，改名「頭髮」，圖層拖曳到 UV 下方。

04 使用【 （筆刷）】，選取筆刷類型為【柔邊圓形】，繪製的線段邊緣較柔和。

05【不透明】與【流量】數值調低。

06 繪製髮流與髮絲的感覺。

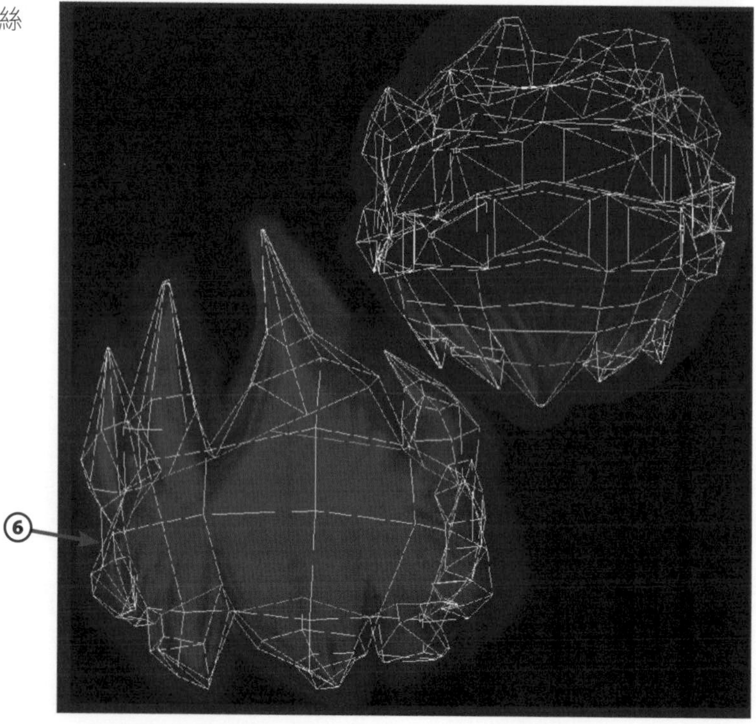

07 點擊 UV 圖層左邊的眼睛，隱藏圖層。

08 點擊【檔案】→【另存新檔】。

09 名稱輸入「頭髮貼圖」，存檔類型為【JPEG】，點擊【存檔】。

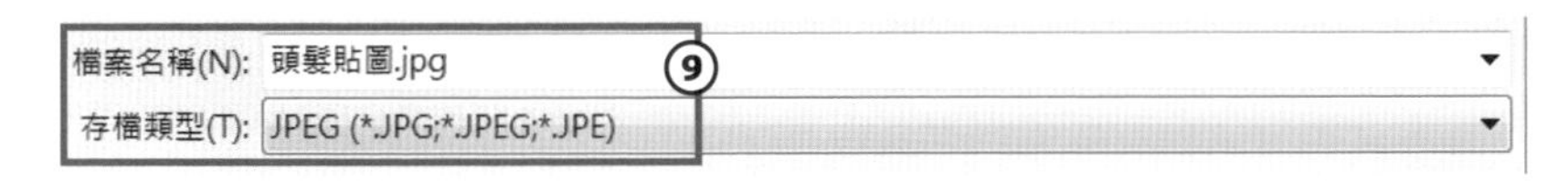

10 點擊【確定】。

11 再次點擊【檔案】→【另存新檔】，存檔類型為【PSD】，點擊【存檔】。

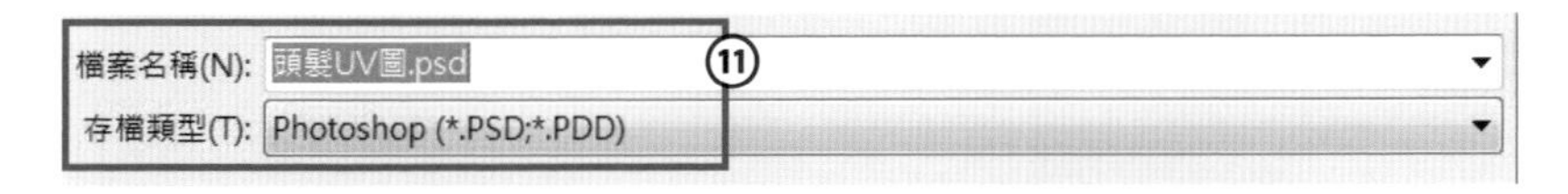

12 回到 3dsMax 介面，選取一個新材質球。

13 點擊 Diffuse（漫射）右邊的小按鈕。

14 選擇【Bitmap（點陣圖）】。

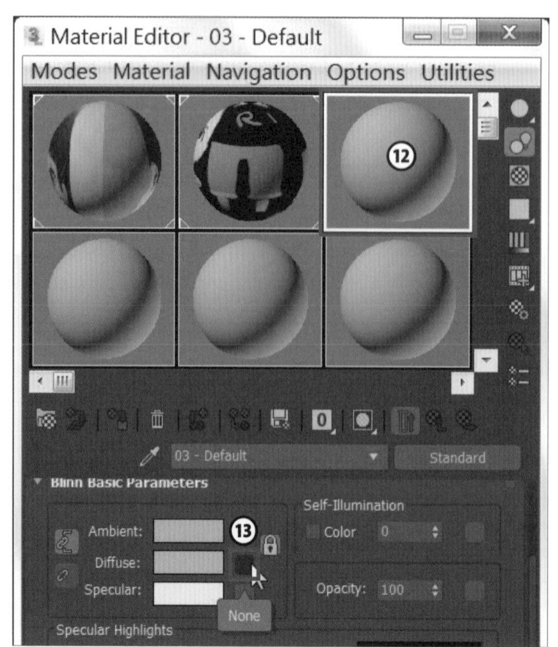

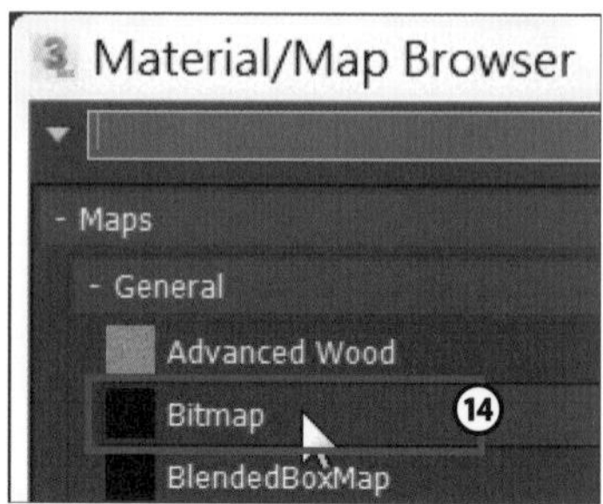

15 將材質球拖曳給頭髮，點擊【 】按鈕顯示貼圖。

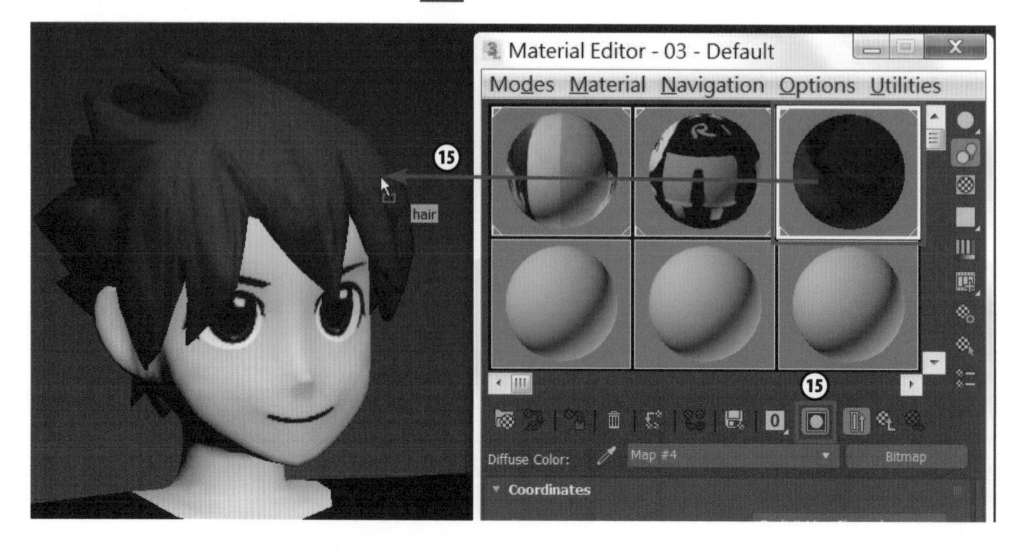

16 完成圖。

9-3 法線貼圖

使用法線貼圖，可以使平滑的面看起來有凹凸的效果，使用低面數的模型就可以有接近高面數的效果，是很常使用的貼圖。

01 開啟 Photoshop 軟體繪製貼圖，將儲存好的「人物 UV 圖 .png」拖入 Photoshop 視窗中，更名為「UV」。

02 建立一個新圖層，更名為「底色」，右上角的顏色面板，選擇黑色，並按下 Alt+Delete 填充顏色，將圖層拖曳到 UV 圖層下方。

03 目前畫面如下。

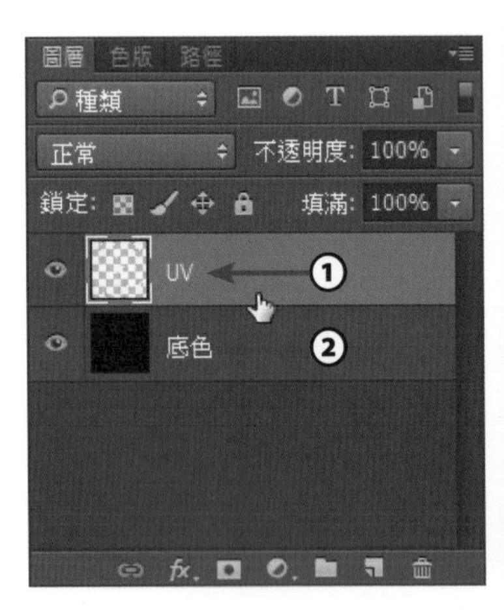

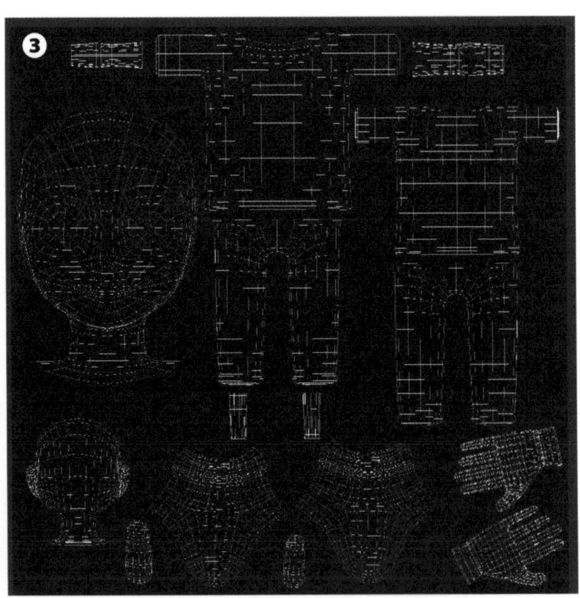

04 滑鼠左鍵按住形狀工具→選擇【自訂形狀工具】。

05 上方的形狀欄位可以選擇不一樣的造型。

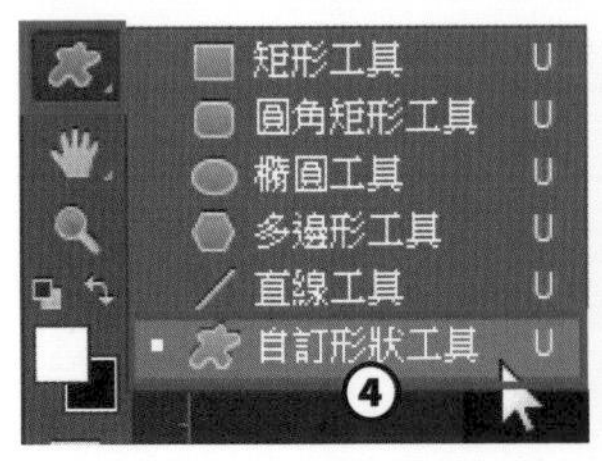

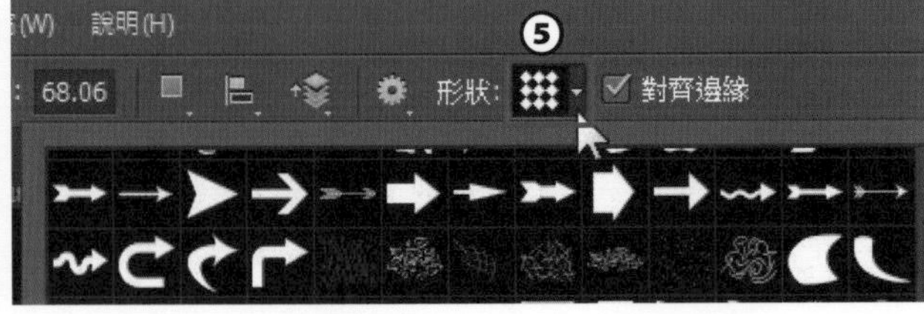

06 顏色面板選擇白色，在褲子上按住左鍵拖曳出形狀。(也可以自行繪製造型)

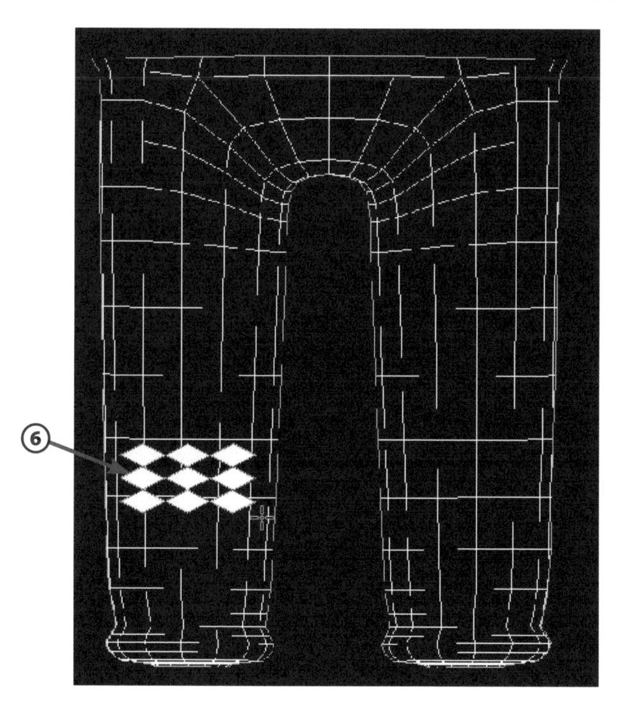

07 按住 Ctrl 鍵選取「形狀」與「底色」圖層 (如左下圖)。按下 Ctrl+E 合併圖層 (如右下圖)。

08 隱藏 UV 圖層。

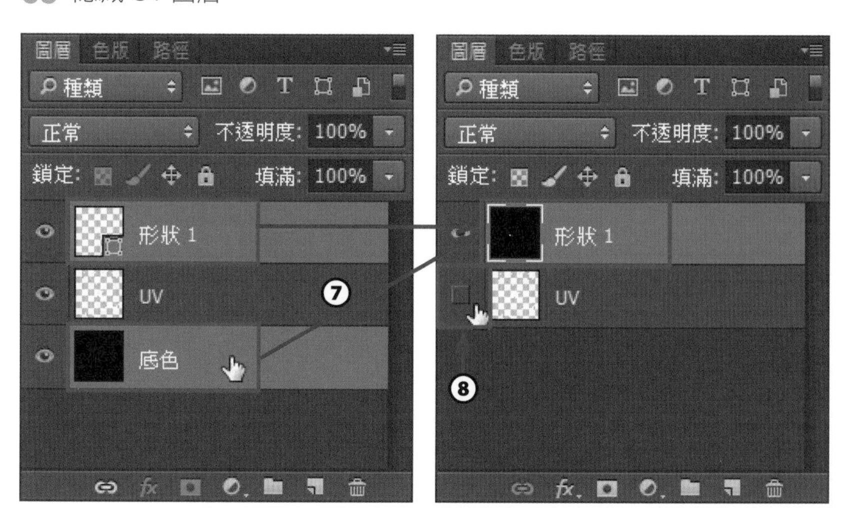

09 選取形狀 1 的圖層，點擊【濾鏡】→【NVIDIA Tools】→【NormalMapFilter...】，開啟法線貼圖視窗。(請先安裝好免費插件 NormalMapFilter)

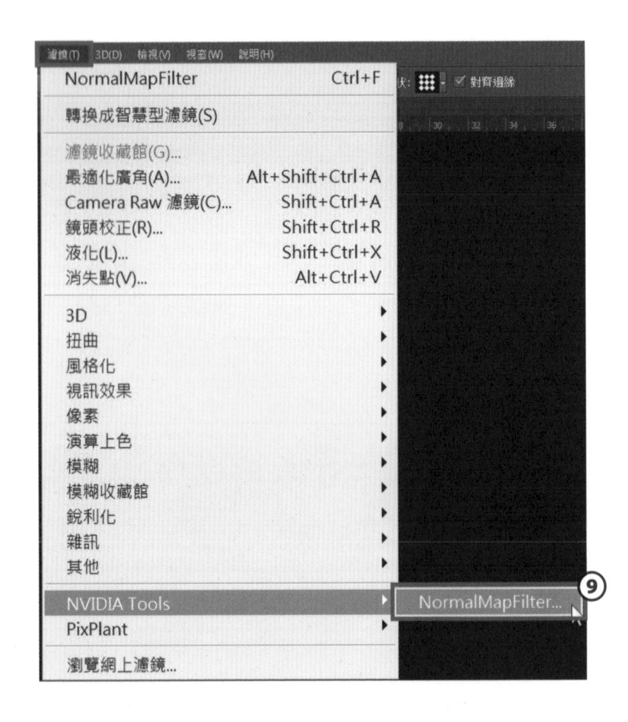

10【Scale】數值越大，凹凸越明顯。【Filter Type】選擇【4 sample】，【Alpha Field】選擇【Unchanged】，按下【OK】。

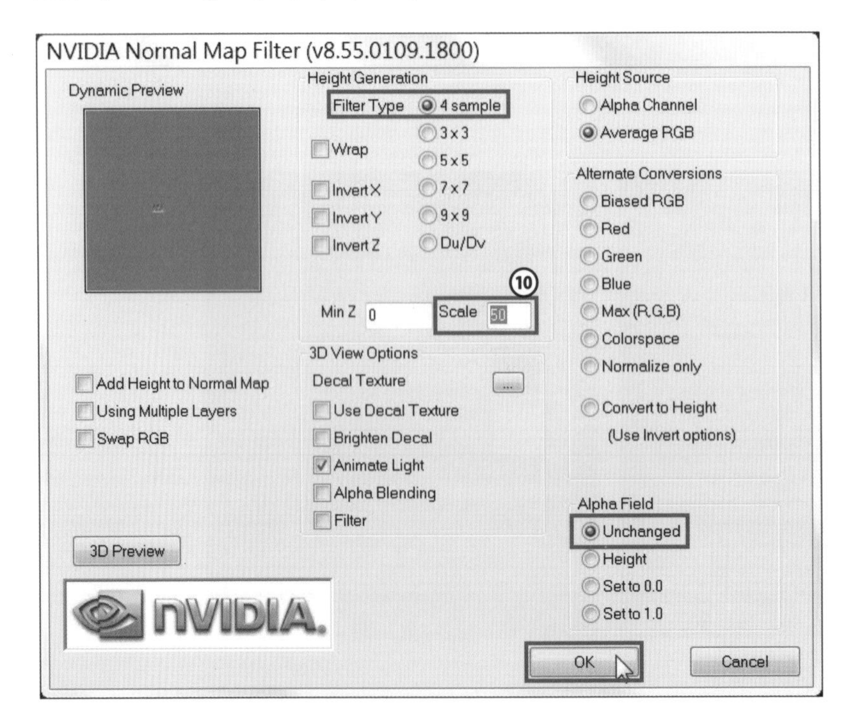

11 完成紫色的法線貼圖。

12 點擊【檔案】→【另存新檔】。

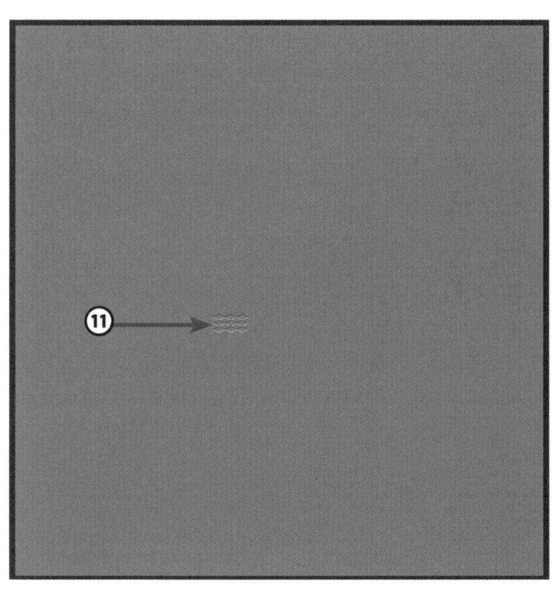

13 名稱輸入「人物法線貼圖」，存檔類型【JPEG】，按下【存檔】。

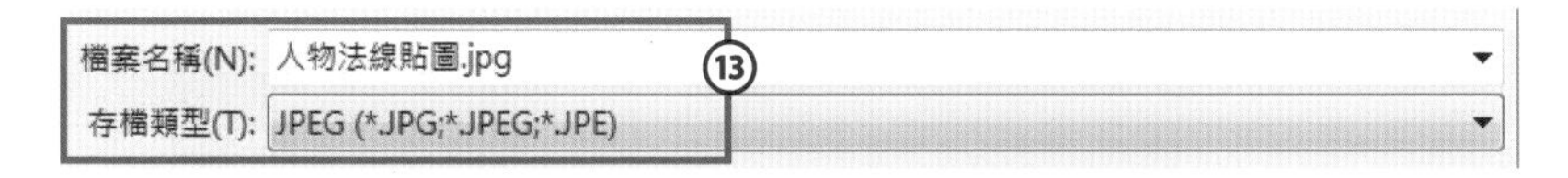

14 在 3dsMax 的材質編輯器，選取人物的材質。

15 點擊【 (回到上一層)】，從圖片設定回到上一層的材質設定。

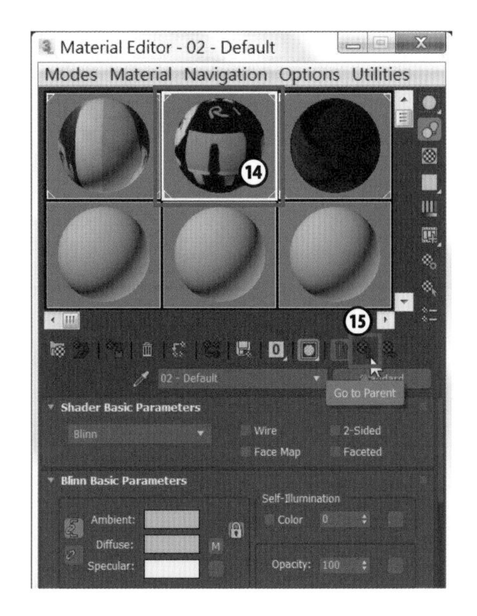

16 在下方展開【Map】→點擊 Bump（凸紋）右側的【No Map】來放置貼圖。

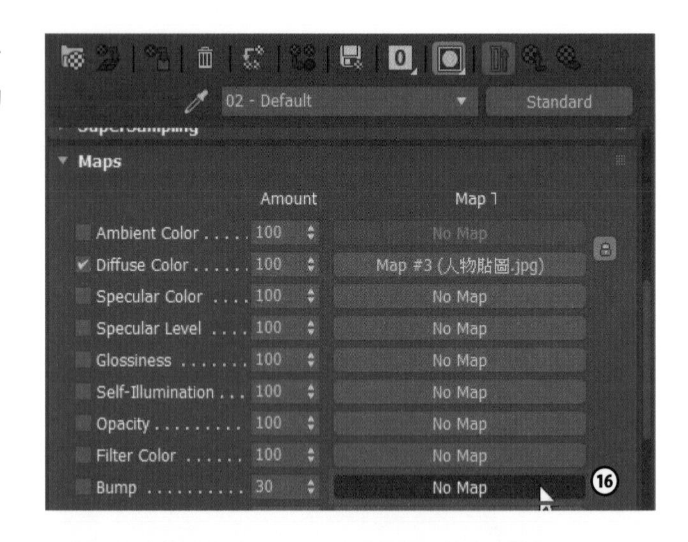

17 選擇【Normal Bump（法線凸紋）】，按下【OK】。

18 點擊 Normal 右側的【No Map】。

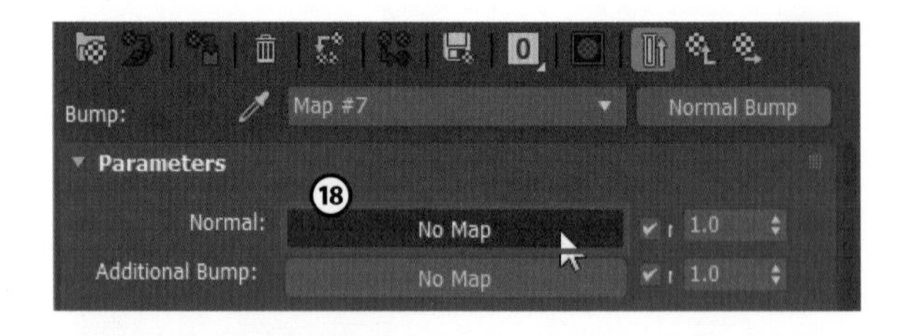

19 選擇【Bitmap（點陣圖）】，開啟之前存檔的「人物法線貼圖 .jpg」。

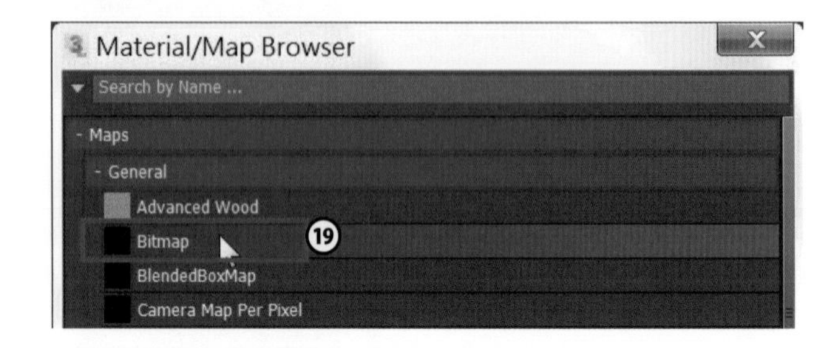

20 點擊【 (彩現、渲染)】，或按下 F9 鍵。彩現效果如下圖。

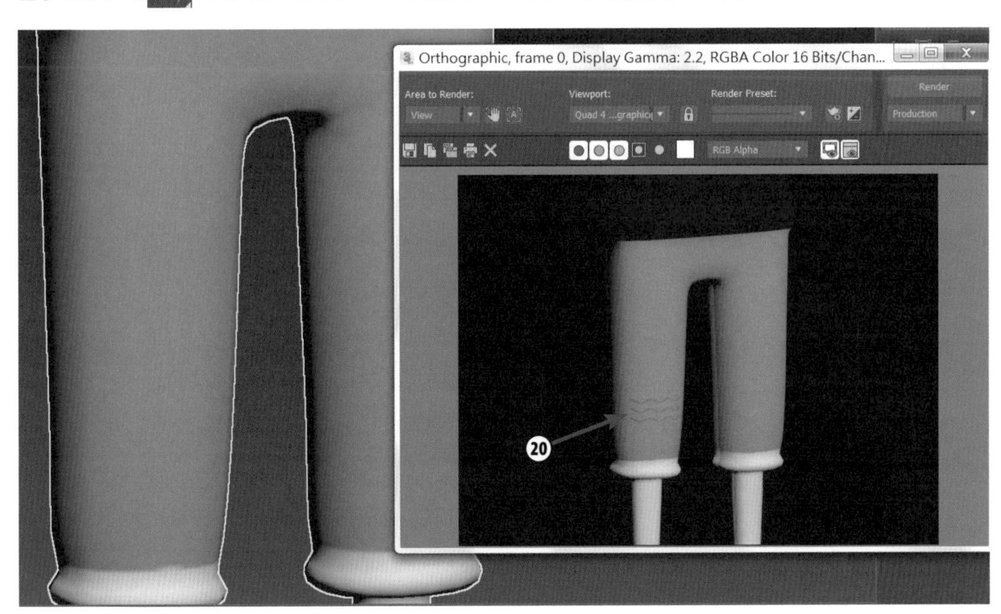

CHAPTER 10

動畫 Material ID 表情材質

10-1 表情貼圖

準備貼圖

01 開啟上一小節製作的「人物 UV 圖 .psd」，或開啟光碟範例檔〈人物 UV 圖 .psd〉。

02 隱藏「臉部拷貝」圖層，隱藏之前繪製的第一種表情。

03 點擊【建立圖層】，建立新圖層。

04 利用【筆刷工具】繪製另一種表情，如左下圖，可以繪製很多種。

05 隱藏 UV 的圖層，如右下圖。

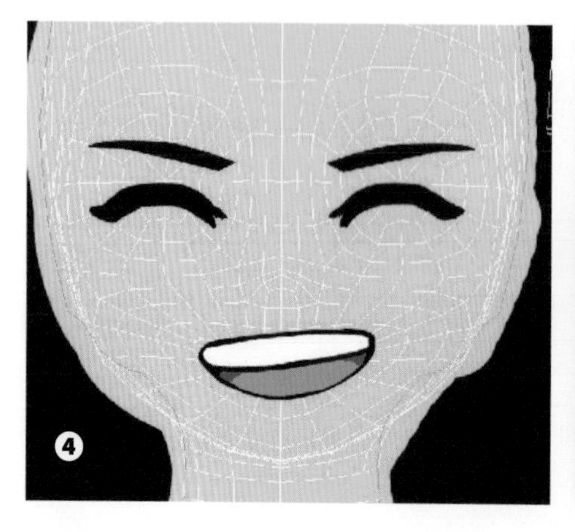

06 點擊【檔案】→【另存新檔】，輸入檔案名稱「人物貼圖 2」，存檔類型為【JPEG】。

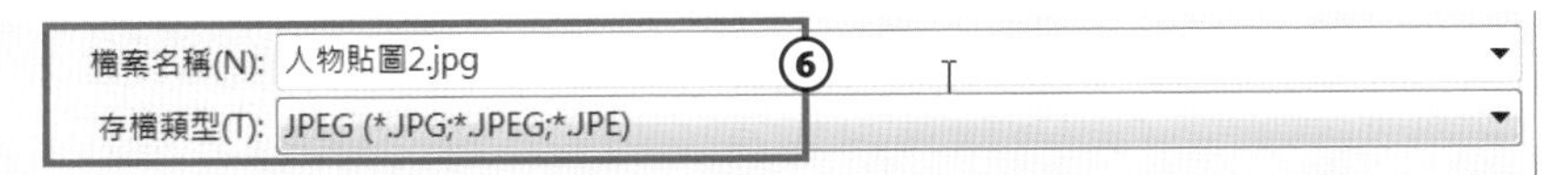

複合材質設定

01 開啟上一小節的 max 檔案。（若剛才使用光碟範例檔繪製貼圖，這次也直接開啟光碟範例檔〈10-1_ 表情貼圖 .max〉。

02 選取一個新的材質球。

03 點擊 Diffuse（漫射）右側的小按鈕。

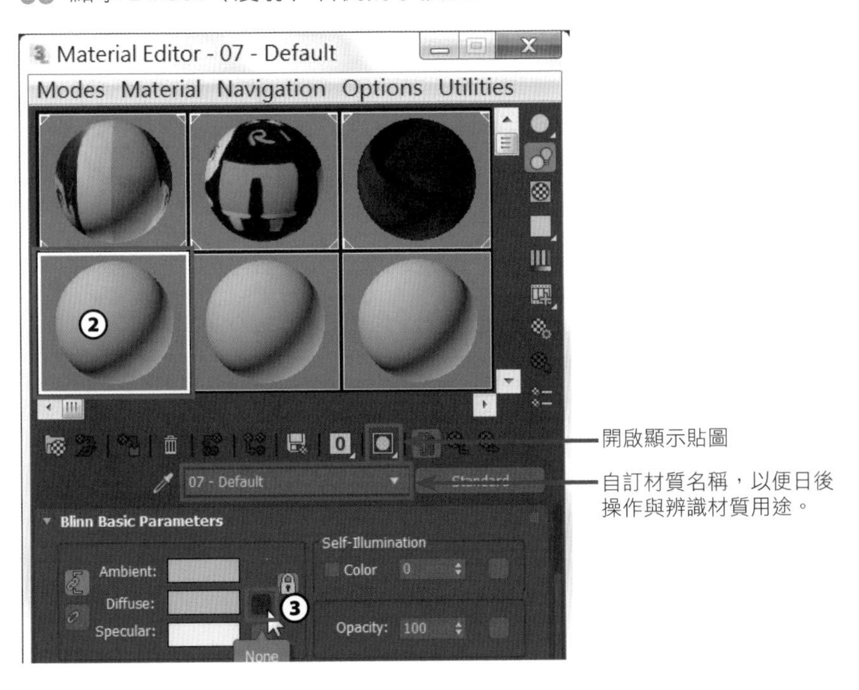

小秘訣

若開啟 max 檔案後看不見人物的貼圖，請將人物的貼圖與 3dsmax 檔放在同一個資料夾內，並重新開啟 3dsmax 檔案，即可搜尋到貼圖。（注意：貼圖 JPEG 的檔案名稱不可修改，否則會找不到貼圖，須在 3dsmax 重新設定材質）

04 點擊【Bitmap（點陣圖）】，選擇之前繪製的「人物貼圖 2.jpg」。

05 選取一個新的材質球。

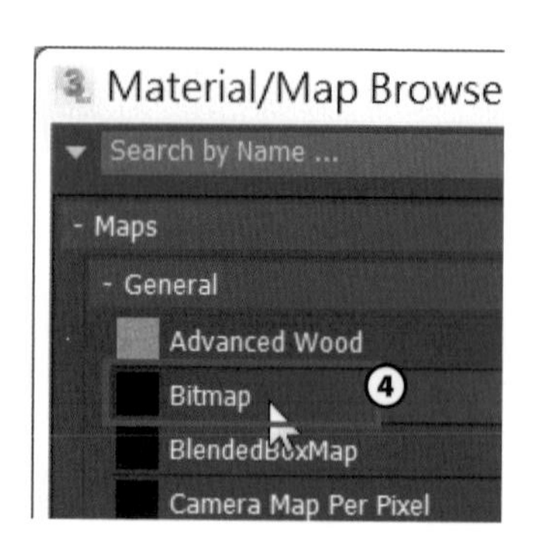

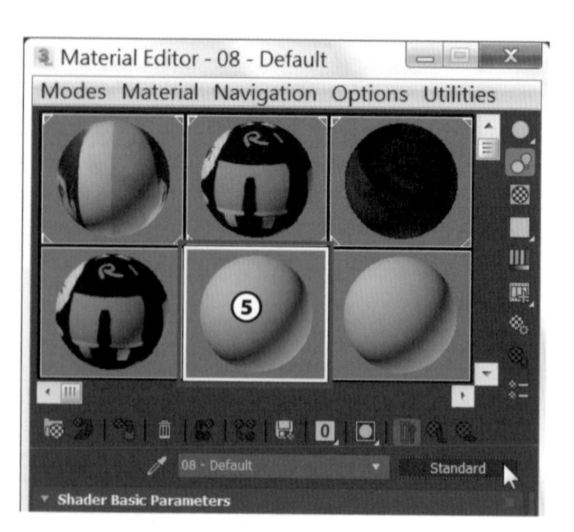

06 選擇【Multi/Sub-Object（複合材質）】。

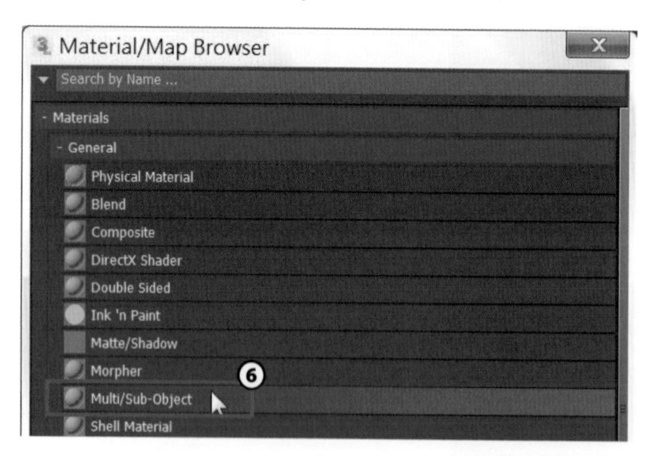

07 選擇【Discard old material（丟棄舊材質）】。（若選擇【Keep old material as Sub-material】則會保留原本材質作為複合材質之一）

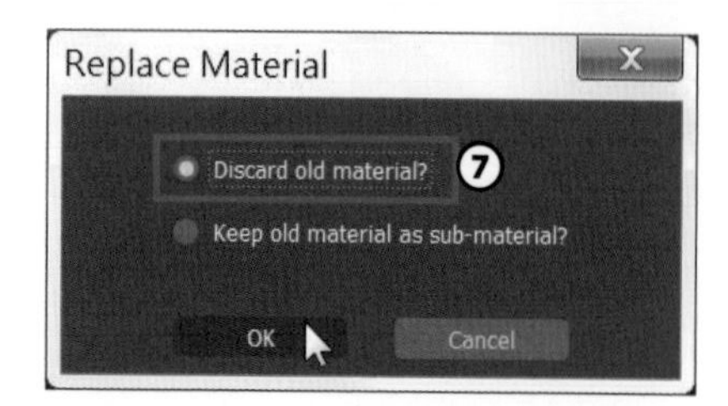

08 點擊【Set Number】設定複合材質數量。

09 輸入「2」，按下【OK】。(若繪製許多表情，可依據表情數量來輸入數值)

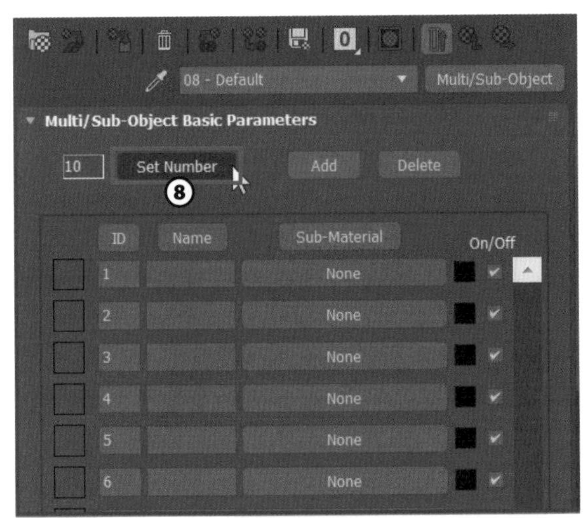

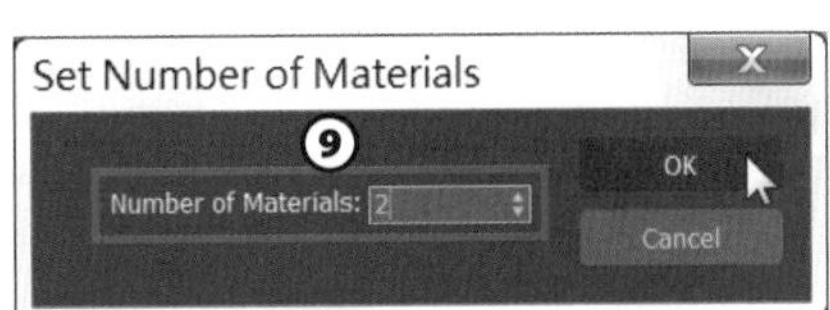

10 將第一種表情拖曳到 ID 為 1 的【None】欄位，選擇【Instance】的複製模式。

11 將第二種表情拖曳到 ID 為 2 的【None】欄位選擇【Instance】的複製模式。

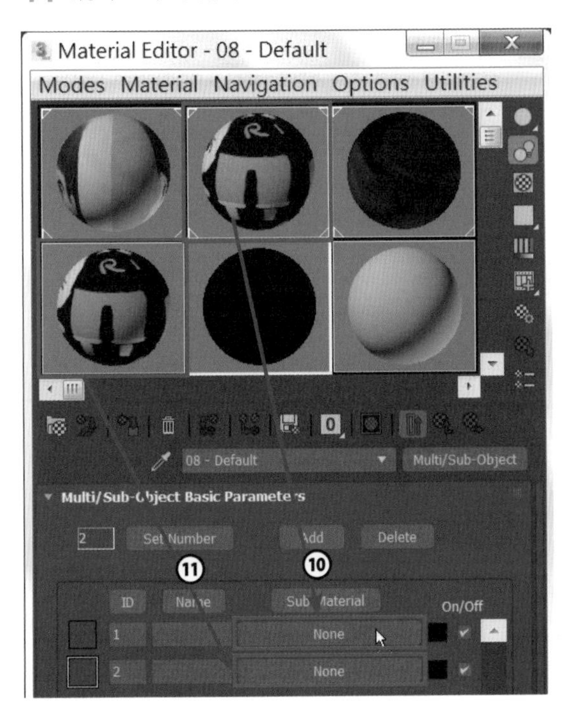

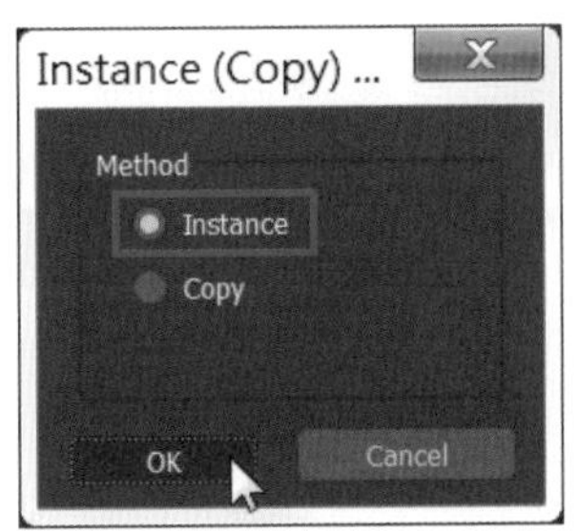

12 將複合材質拖曳給人物。

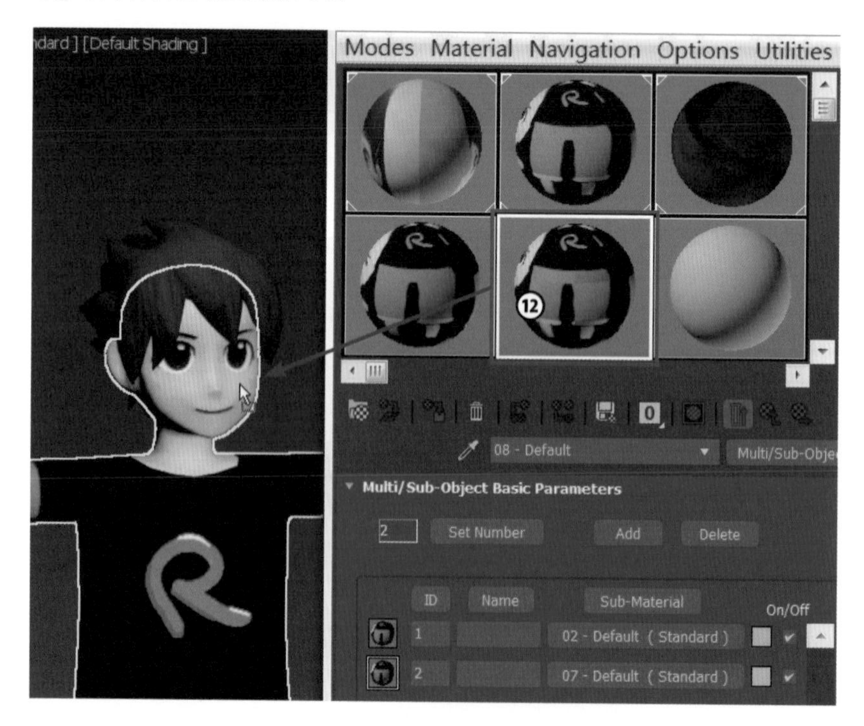

表情變換動畫

01 選取人物，加入【Material（材質）】修改器。

02 當【Material ID】為「1」，人物為 1 號表情貼圖。

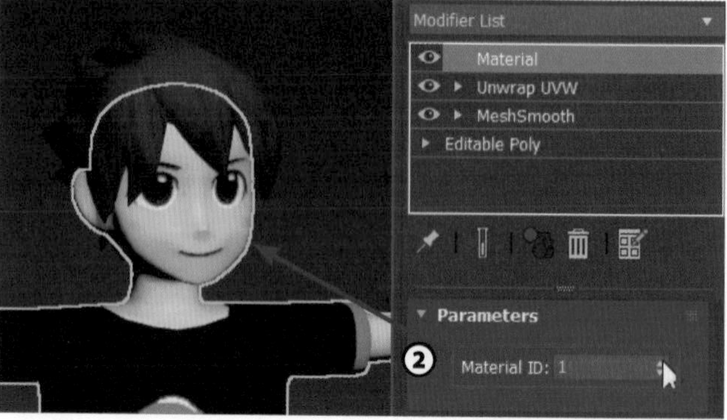

03 當【Material ID】為「2」，人物為 2 號表情貼圖。

04 將【Material ID】設定回「1」。按下【Auto】按鈕，或按下 N 鍵，開始錄製動畫。

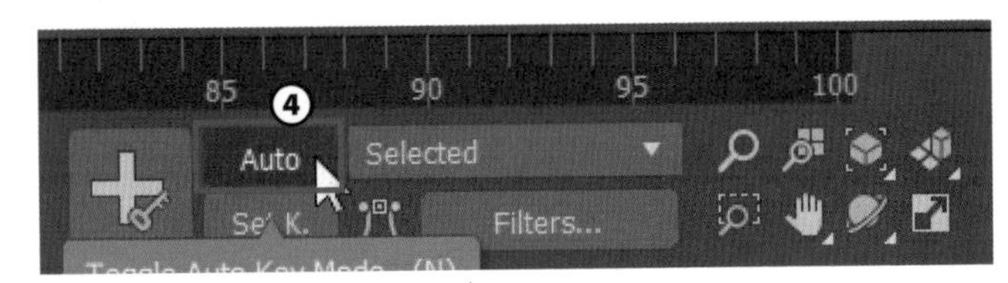

05 按下【Set Key】按鈕，在目前的時間設定一個關鍵影格（或稱作關鍵幀）。

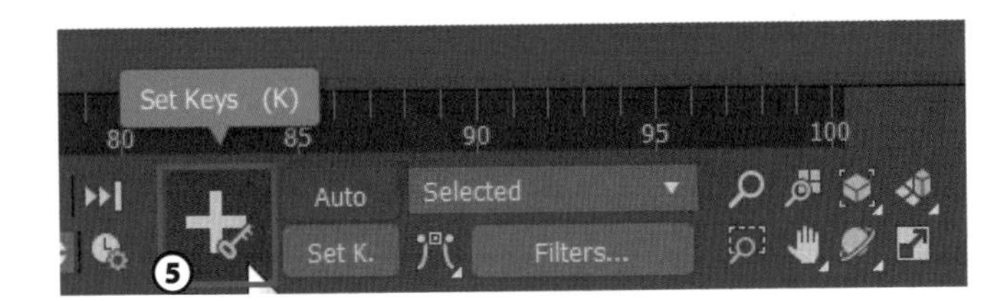

06 關鍵影格的紅色表示記錄移動動作，綠色表示記錄旋轉動作，藍色則是記錄比例動作。

07 拖曳時間軸到第 10 格。

08 加入【Material（材質）】修改器。

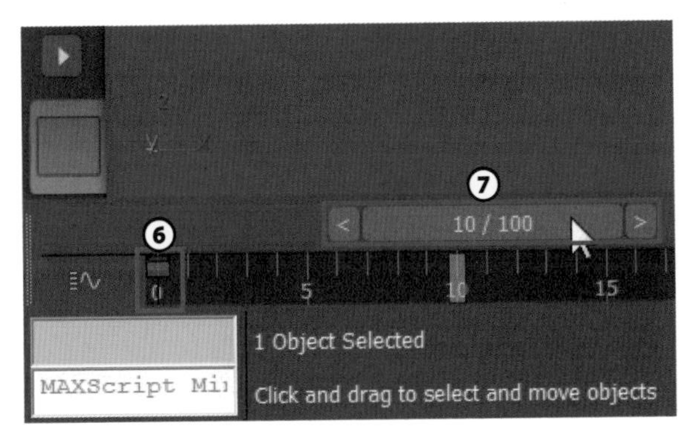

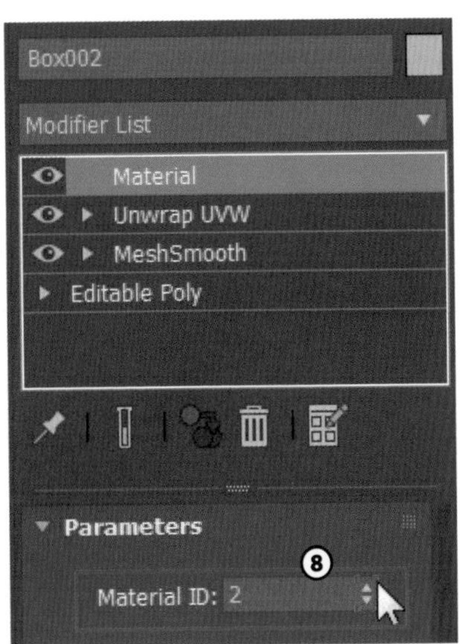

09 在時間軸下方的刻度，框選第 0 格與 10 格的關鍵影格。

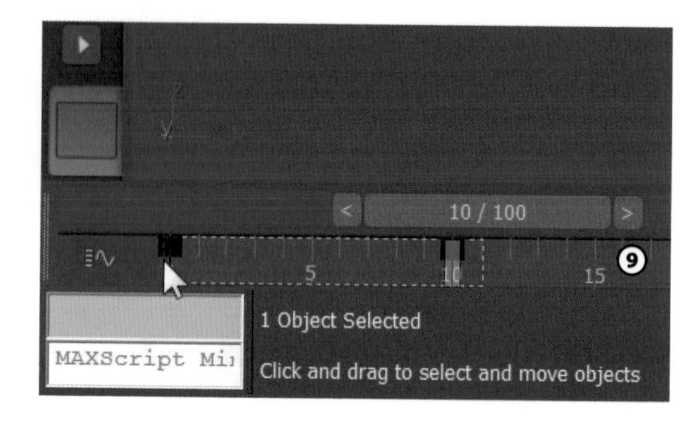

10 按住 Shift 鍵，左鍵拖曳第 0 格的關鍵影格。

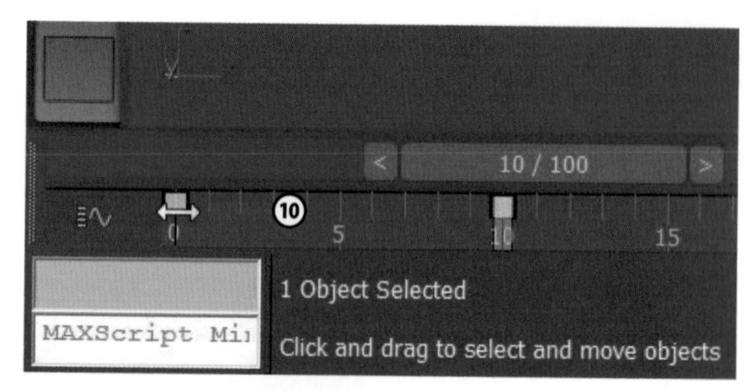

11 拖曳到第 20 格，複製關鍵影格，如下圖，可以多複製幾組，或增加其他的表情。

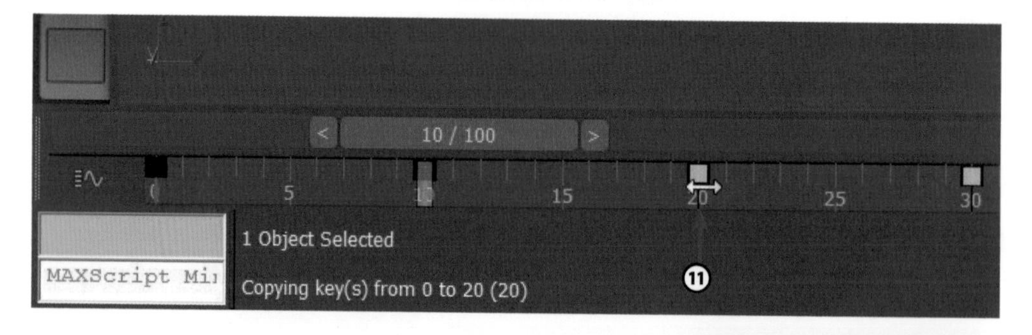

12 點擊【Play Animation（播放動畫）】，可以檢視表情的變化。

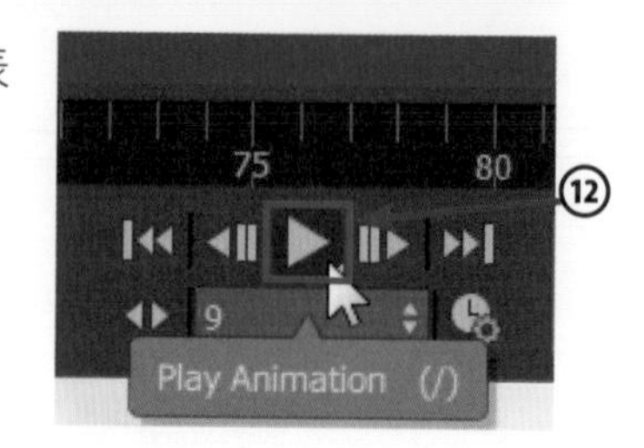

13 如下圖，從第 0 格到第 10 格，會從表情 1 號變為 2 號。

14 按下【Auto】關閉錄製動畫功能。

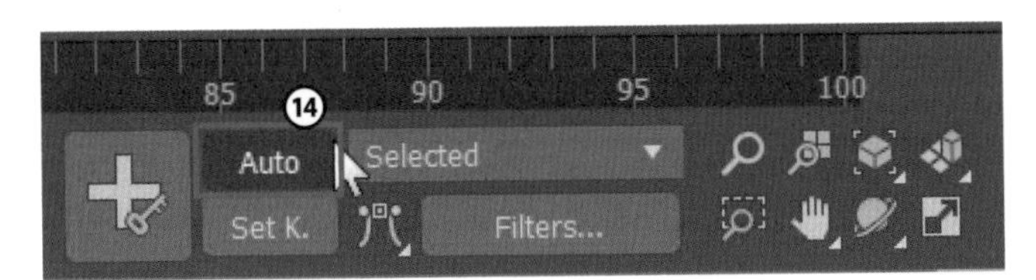

CHAPTER 11

角色骨架綁定

11-1 Biped 骨架

為了更容易綁定骨架，建立骨架後，要調整骨架與人物姿勢符合，且避免移動到模型，可以先將模型利用圖層凍結起來。

凍結圖層

01 開啟上一小節已經貼圖完成的模型，或開啟光碟範例檔〈11-1_骨架綁定 .max〉。

02 點擊【Toggle Layer Explorer（圖層資源管理）】，開啟圖層視窗。

03 往右拖曳圖層視窗的外框，使上方的小按鈕出現。

04 點擊【 】建立新圖層。

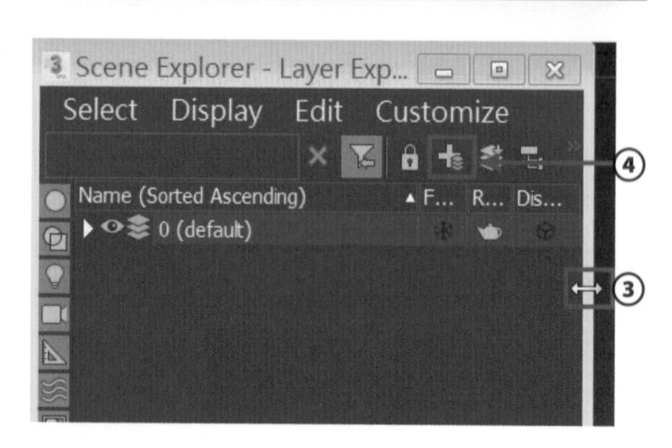

05 會出現一個 Layer001 圖層，且此圖層會變成活動層，之後新建立的物件會自動放在此圖層。在名稱上點擊滑鼠右鍵→【Rename】可以變更名稱。

06 框選人物與頭髮。

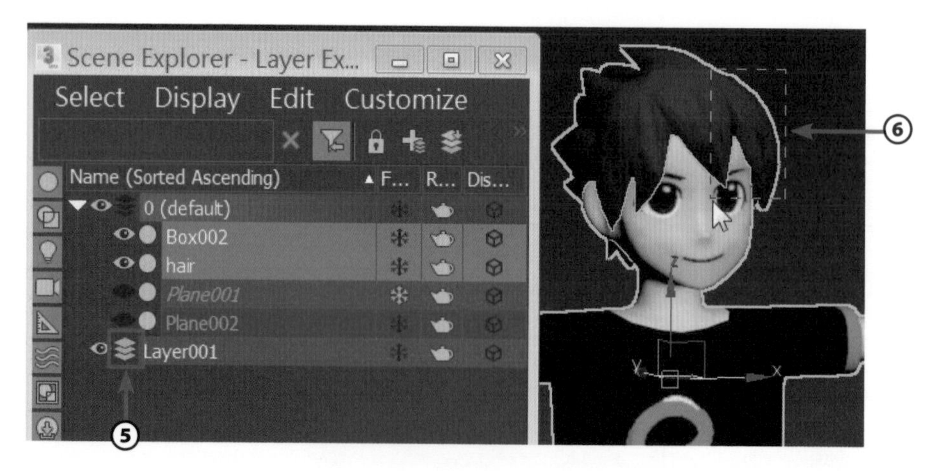

07 點擊【 】按鈕，可以將選取的物件加入到活動層，此時人物與頭髮已經加到 Layer001 圖層。

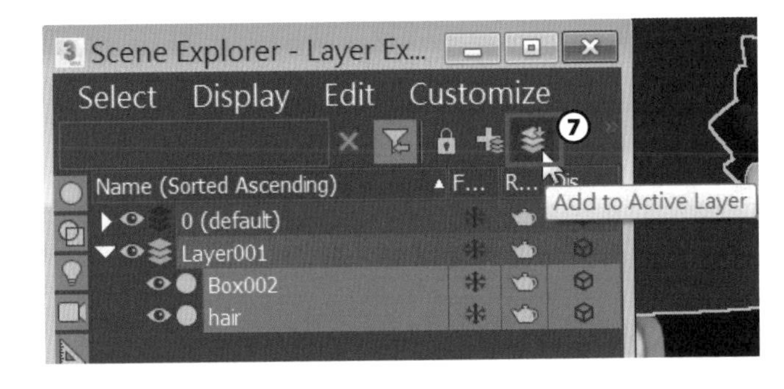

小秘訣

也可以將 Box002 與 hair 直接拖曳到 Layer001 圖層。

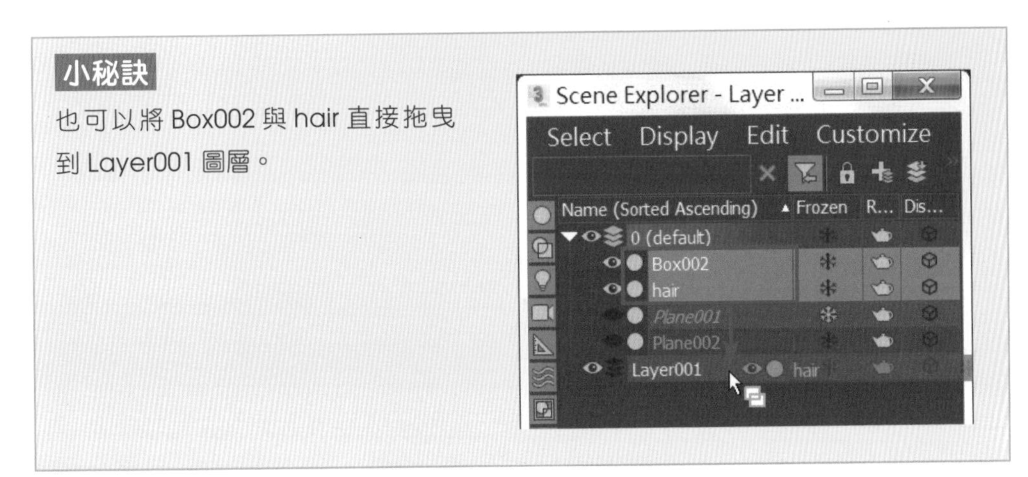

08 選取人物與頭髮，按下滑鼠右鍵→【Object Properties（物件屬性）】。

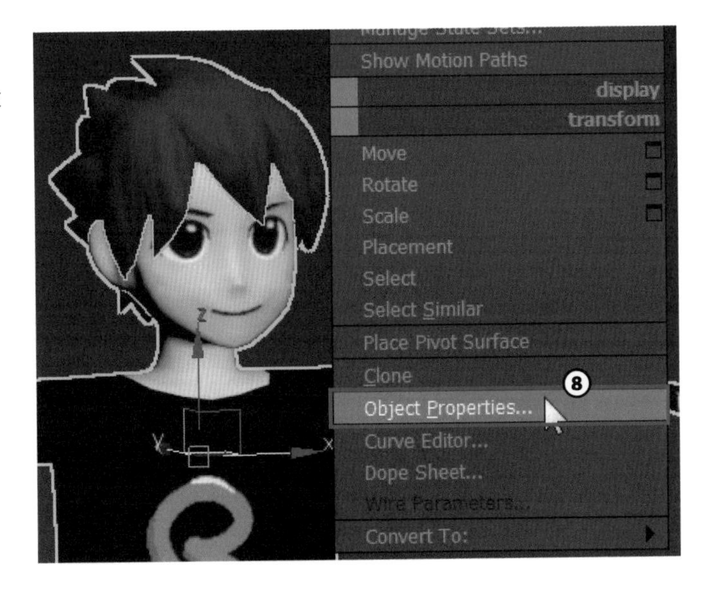

09 取消勾選【Show Frozen in Gray（凍結時以灰色顯示）】，則人物凍結不會變成灰色，按下【OK】。

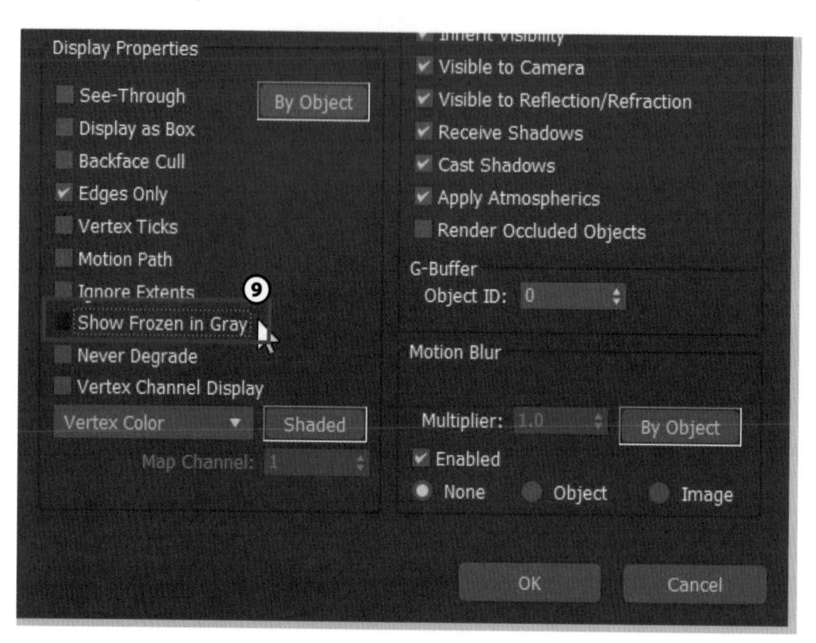

小秘訣

點擊下圖所示的按鈕，可以切換成【By Layer】或【By Object】,【By Layer】是以圖層來控制屬性，必須在圖層視窗設定,【By Object】是以物件來控制屬性。

10 點擊 Layer001 右側的【 ❄ 】按鈕，凍結此圖層，在畫面中不能選取，也無法編輯。

11 點擊 0 圖層左邊的小按鈕，可以將 0 圖層切換為活動層，新建立的物件會自動在 0 圖層之下。

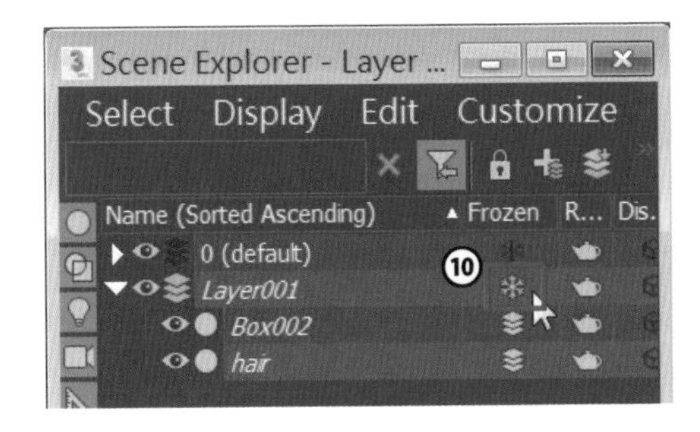

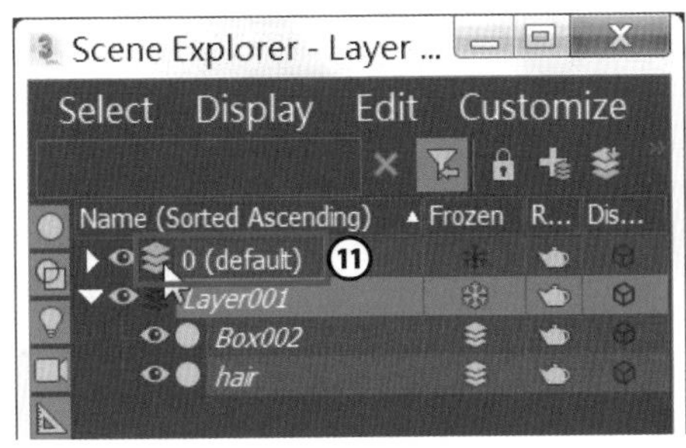

12 在畫面中無法選取凍結的物件，但是在圖層視窗還是可以選取凍結物件。切換到前視圖，先選取人物（Box002），切換到移動工具，將 X、Y 座標皆歸零。

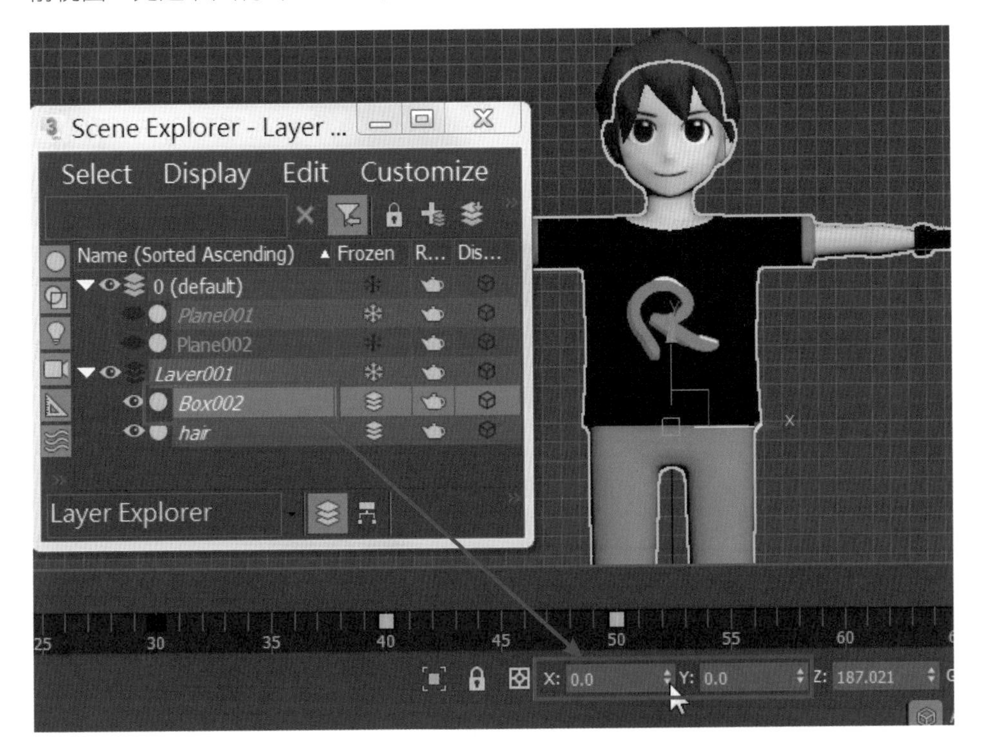

13 再選取頭髮（hair），將 X、Y 座標皆歸零。

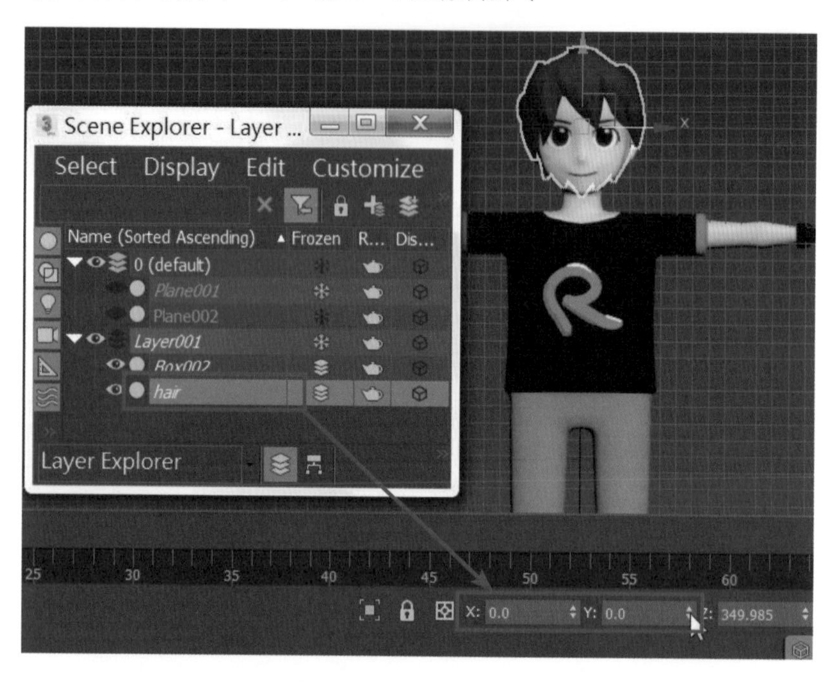

14 按下 G 鍵開啟格線。選取人物（Box002）與頭髮（hair），往上移動，使腳底對齊原點的十字黑線。

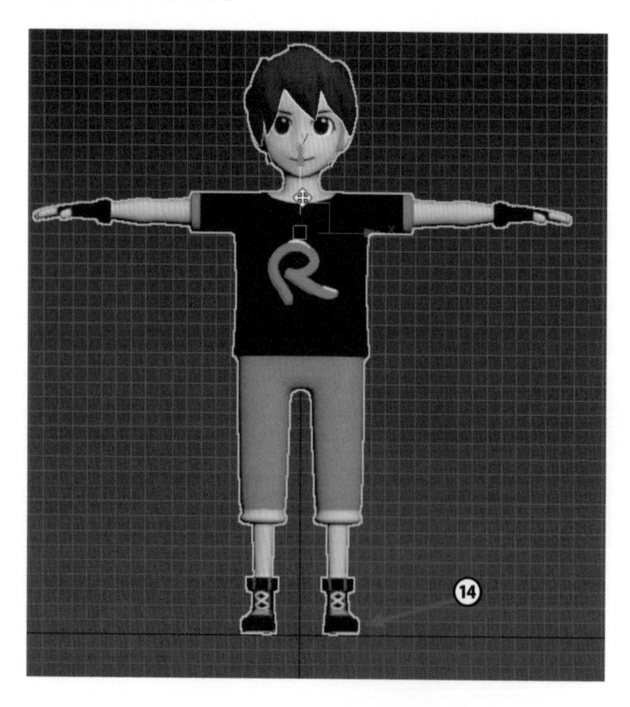

建立並調整骨架

建立骨骼有【Biped（兩足的）】與【Bones（骨頭）】兩種指令可以應用。一般建立人類的骨骼會使用【Biped（兩足的）】，建立像遊戲中沒有固定形體的怪獸會使用【Bones（骨頭）】。

01 切換到前視圖。點擊【Create（創建面板）】→【Systems（系統）】→【Standard（標準）】→【Biped（兩足的）】。

02 在原點（十字線的交點）點擊滑鼠左鍵往上拖曳，讓骨盆的骨頭在人物骨盆位置，再放開滑鼠左鍵。

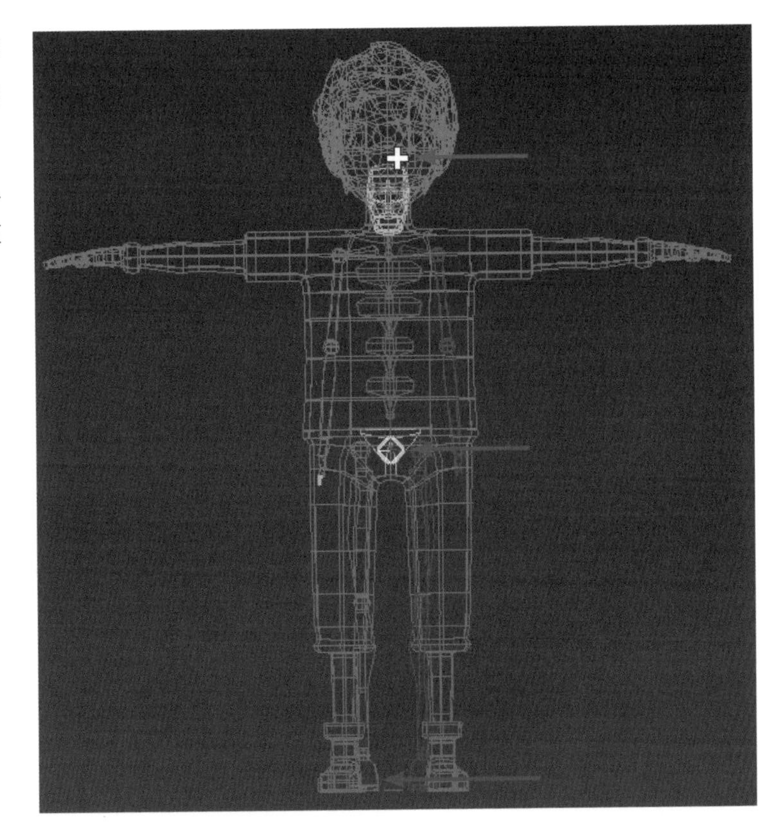

03 選取任意一個骨頭，在【Motion（動作面板）】→ 開啟【 Figure Mode（姿勢模式）】，才能開始調整綁定骨架的姿勢。

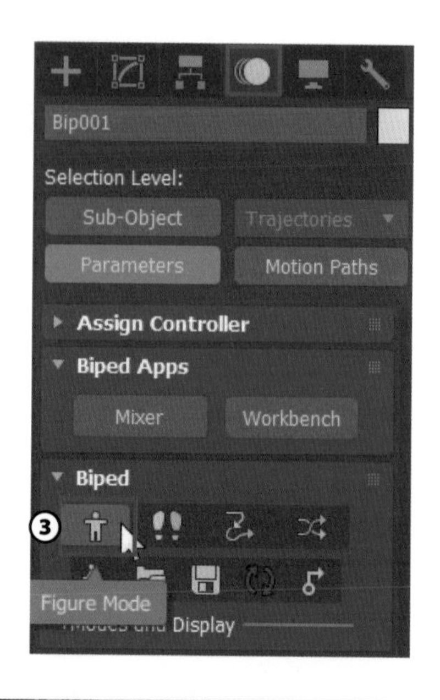

04 在前視圖，選取中間菱形形狀的骨架中心，切換移動工具，將 X、Y 座標數值歸零。

05 再切換至左視圖，往左移動，對齊骨盆中間。

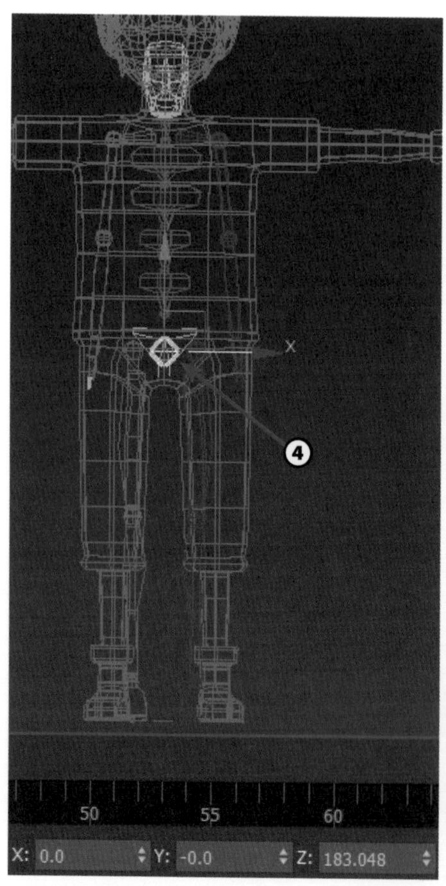

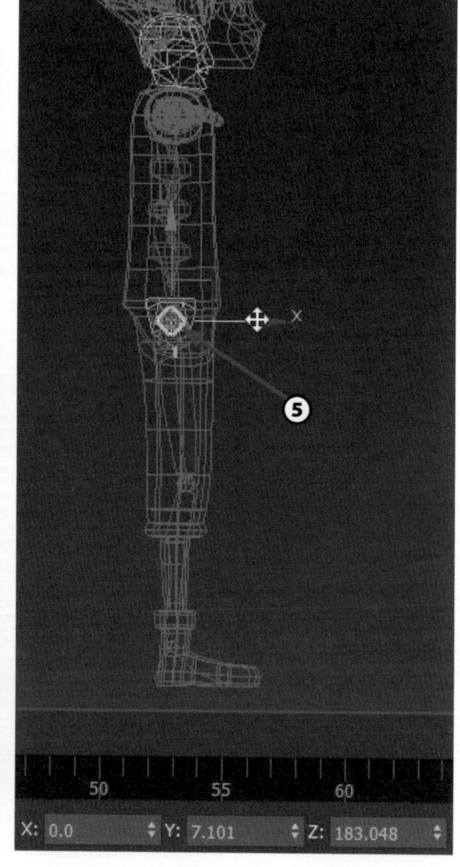

小秘訣

也可以從圖層面板選取 Bip001 骨架中心，選取骨架中心才能移動整個骨架。

06 在【Motion（動作面板）】→點擊【Structure（結構）】展開面板。

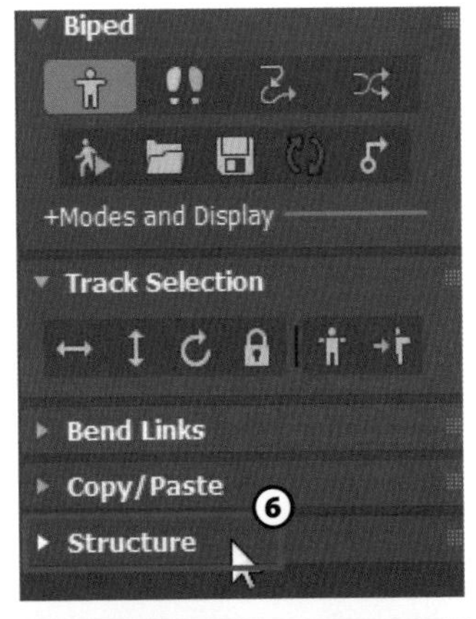

07 設定關節數目。【Fingers（手指數目）】輸入「5」，【Finger Links（手指關節）】輸入「3」，有 5 個手指，每個手指有 3 個關節。可依據人物需要做出動作的複雜度來增加或減少關節。

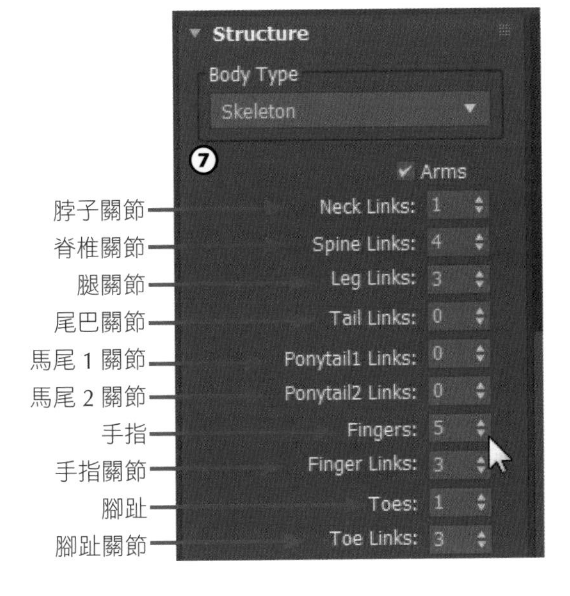

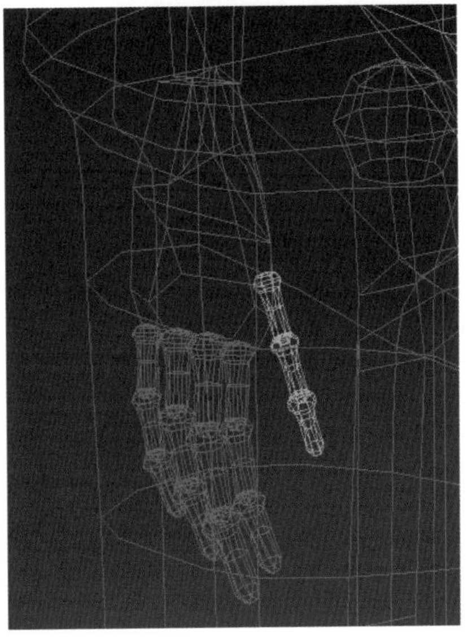

08【Toes（腳趾數目）】輸入「1」,【Toe Links（腳趾關節）】輸入「1」，因為穿鞋子沒有露出腳趾，此處皆設定 1。

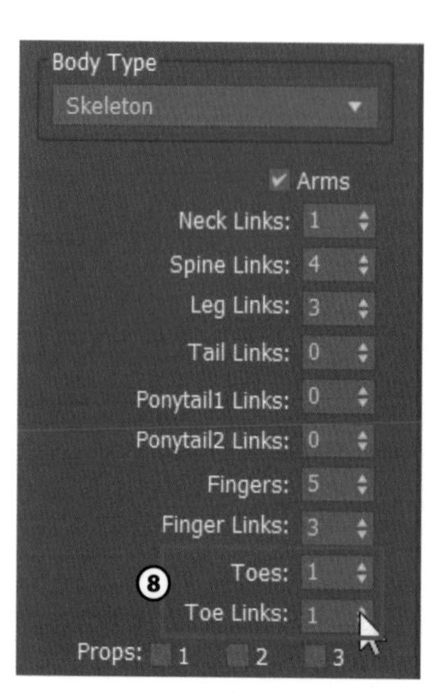

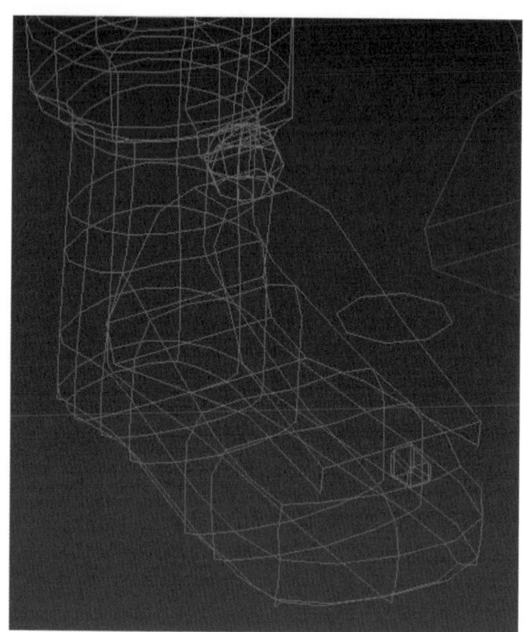

09 先切換為比例工具。

10 將座標系統切換為【Local】，Local 座標的方向會隨著骨架方向而改變。

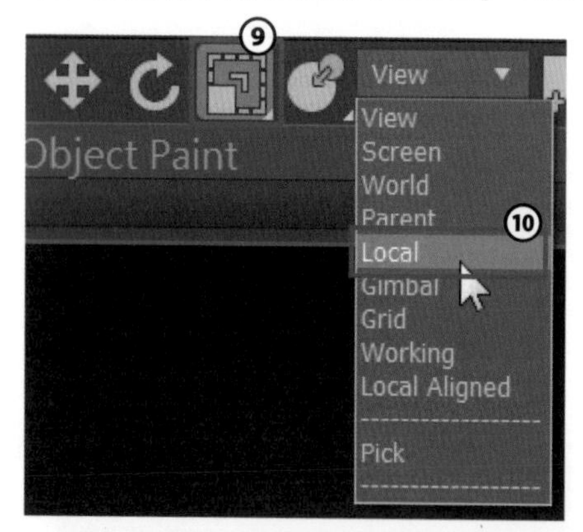

小秘訣

移動、旋轉、比例工具的座標系統是分開設定的，必須先切換比例工具，再設定座標系統，調整時請記得切換成 local 座標系統。

11 選取骨盆的骨頭，往 Z 軸橫向放大，使兩腳骨架符合模型位置。

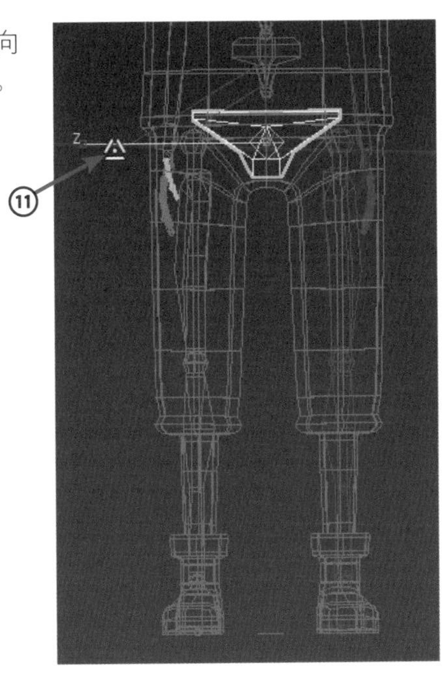

12 選取大腿骨頭，以同樣方式放大，符合大腿寬度。同理，將小腿與腳放大。

13 切換移動工具，選取腳骨頭，左右移動調整位置。

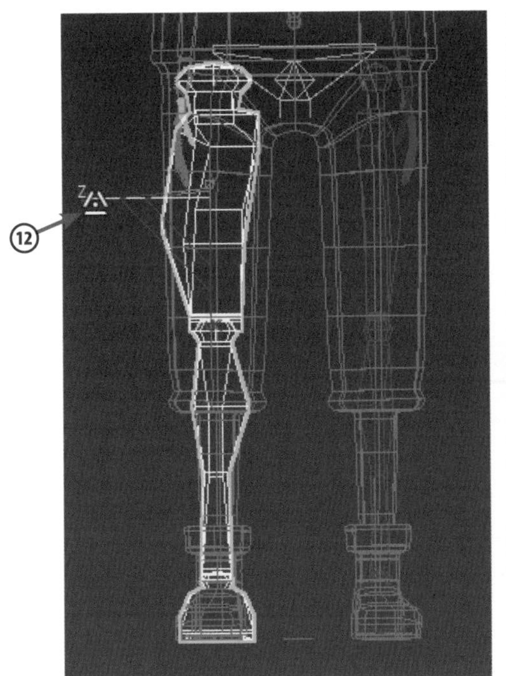

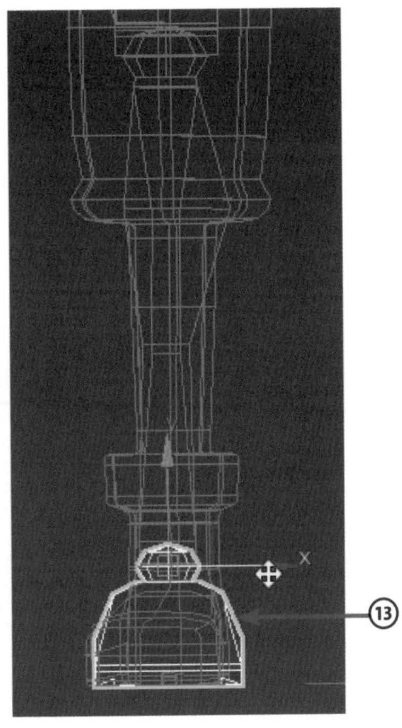

14 選取肩膀骨頭，放大並移動到肩膀位置。

15 選取大臂骨頭，旋轉骨頭對齊大臂。

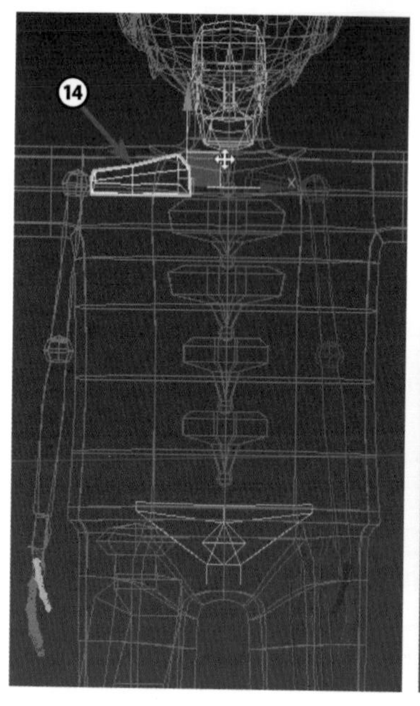

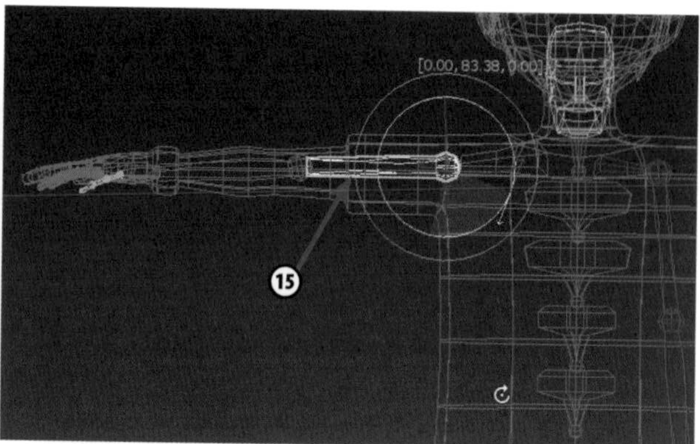

16 分別選取大臂、小臂、手掌、手指，利用比例往 Z 方向放大。模型已經被凍結，手指可以直接框選，不會選到模型。

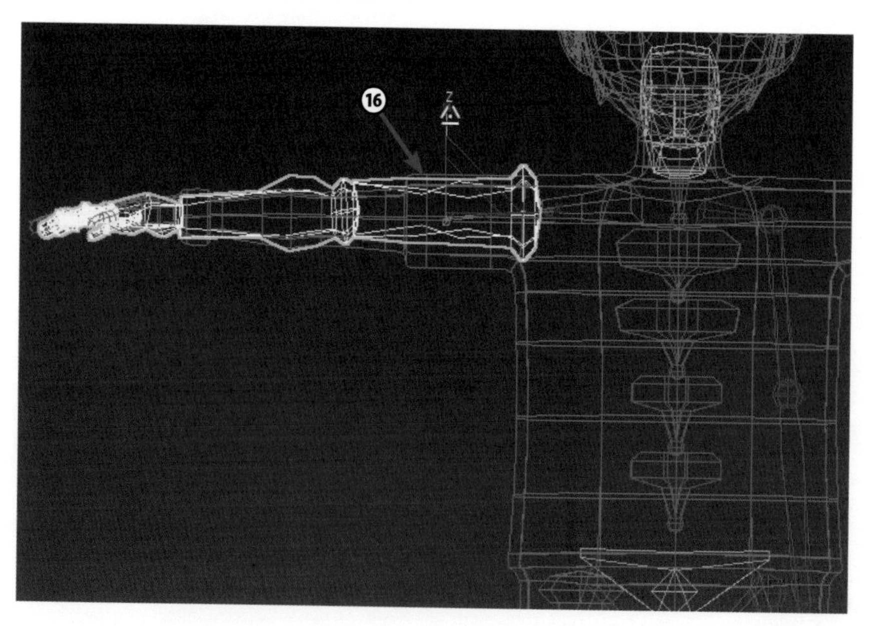

17 選取 4 個脊椎，往橫向放大，肩膀位置偏移沒關係。再選取肩膀骨頭，移動回適當位置即可。

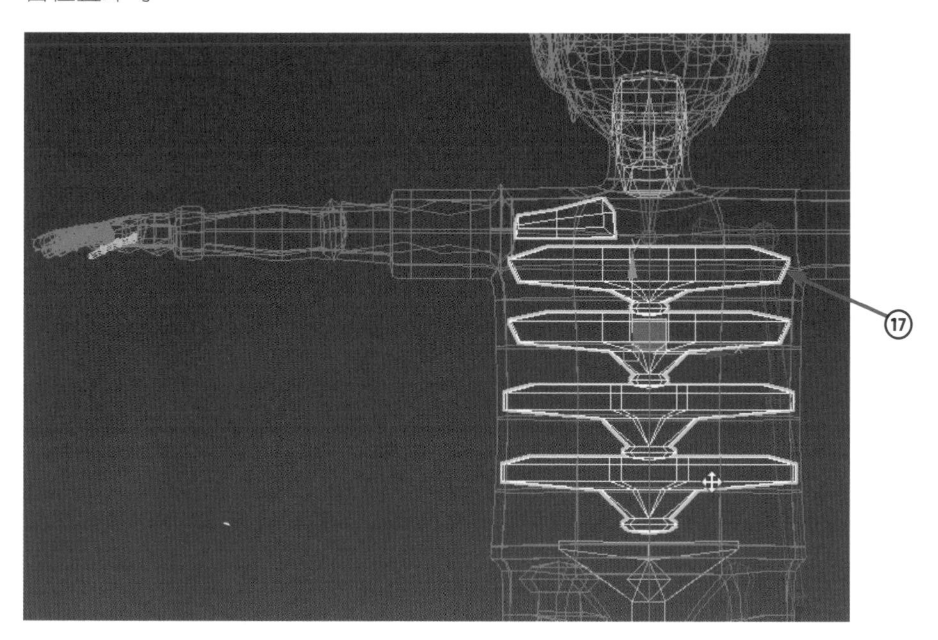

18 選取頭部與脖子，等比例放大，並往上移動到符合模型位置，不要左右移動，讓頭部保持在中間。

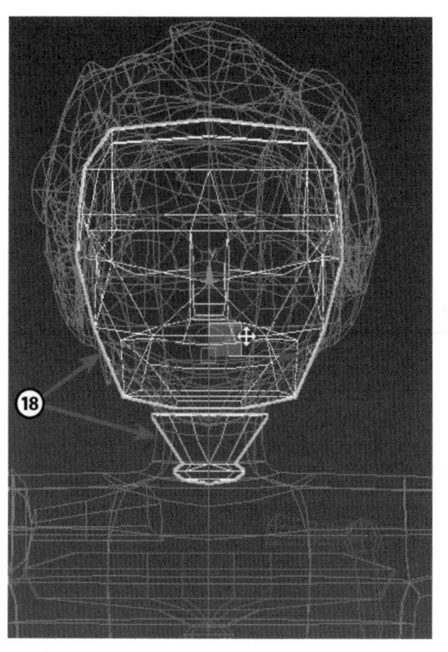

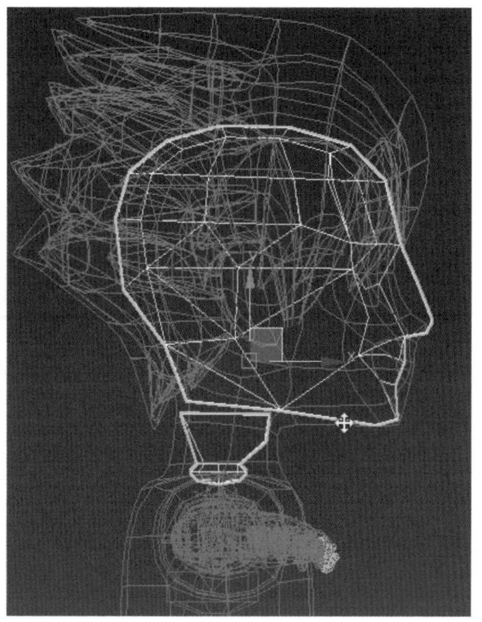

19 切換到左視圖，分別選取大腿、小腿、腳、腳趾，利用比例縮放。

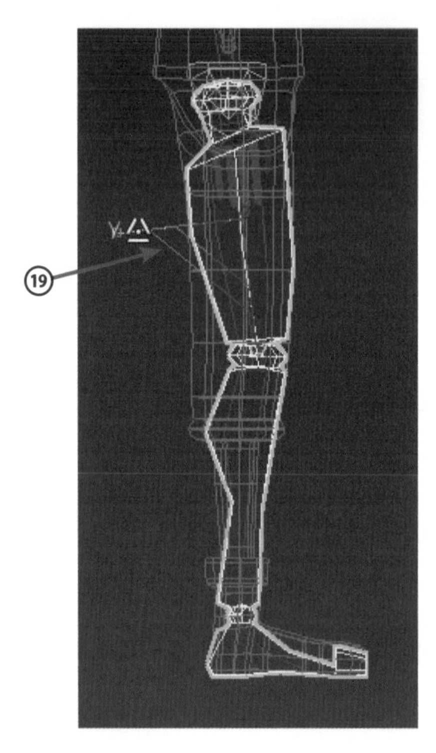

20 環轉如下圖視角，選取腳趾，利用比例橫向放大。

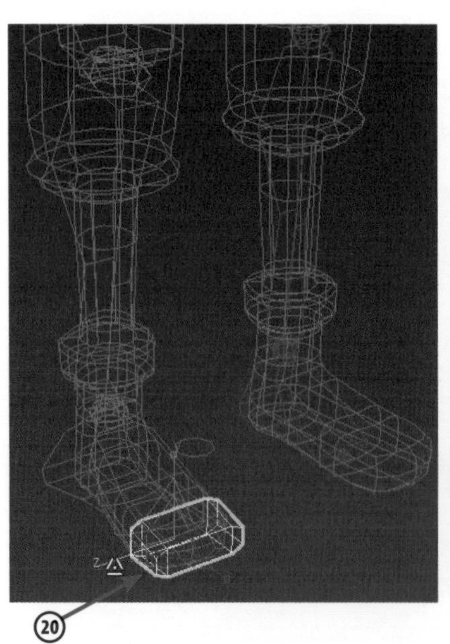

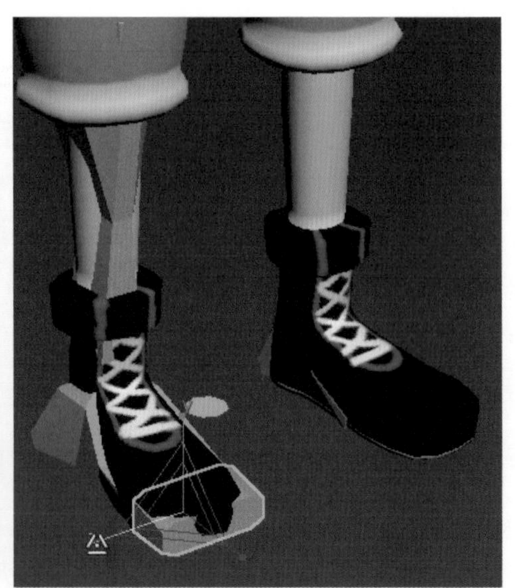

21 切換到左視圖，選取脊椎與骨盆，利用比例工具橫向放大。

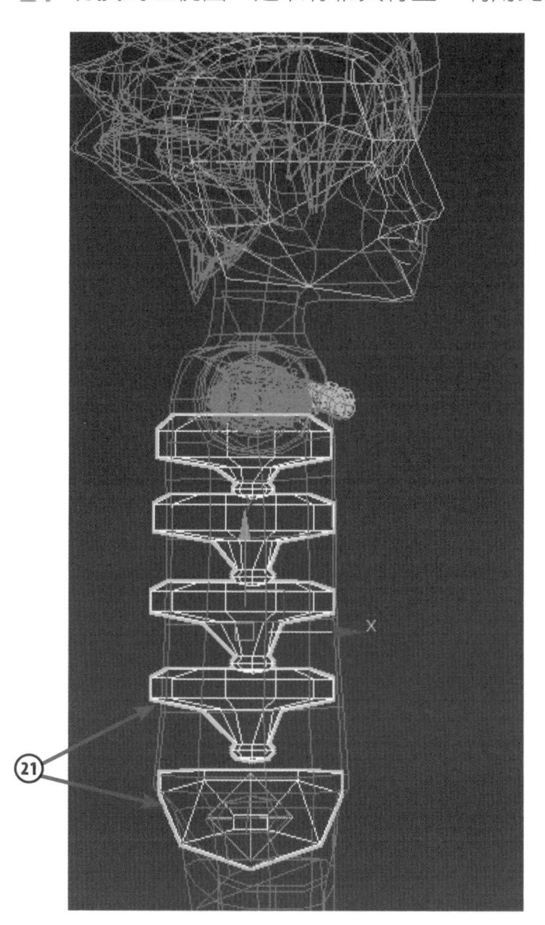

22 切換到上視圖，選取大臂，利用旋轉工具，旋轉到手臂中間。

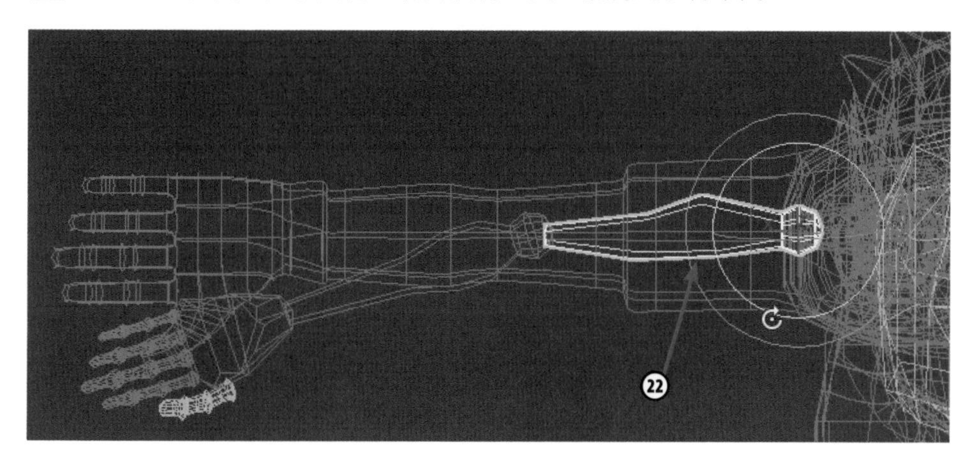

23 旋轉小臂。

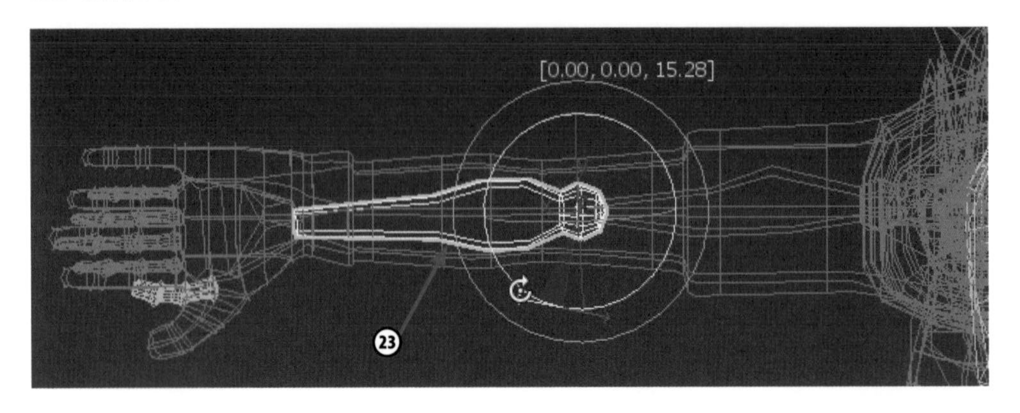

24 分別選取大臂、小臂、手掌、手指，利用比例放大。

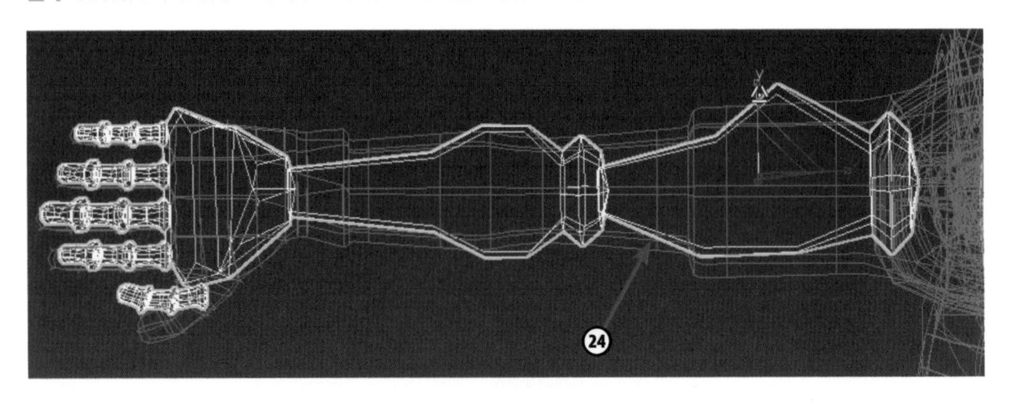

25 選取大拇指最上層指節（靠近手掌的），移動與旋轉角度到符合模型位置。

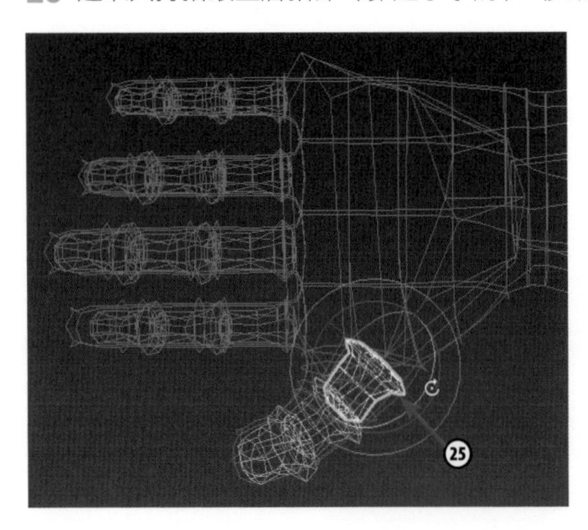

26 以滑鼠左鍵點擊兩次手指最上層指節，可以選到所有下層的指節，利用比例縮放至合適長度。（其他部位也通用此技巧）

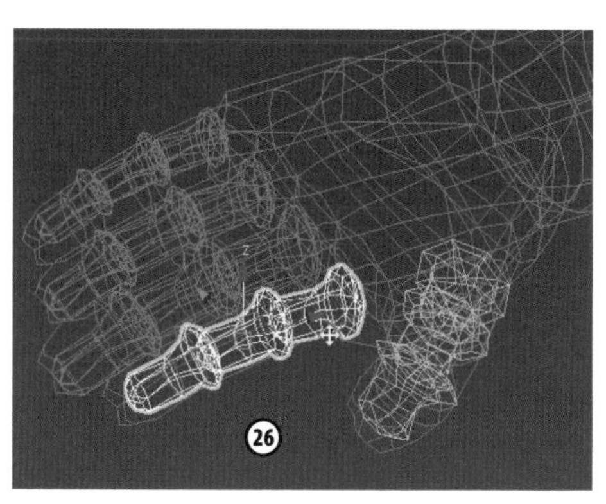

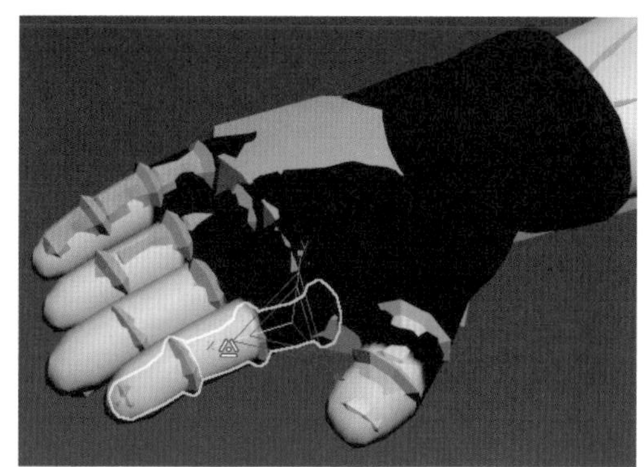

複製骨架姿勢

01 點擊左側肩膀骨頭兩次，選到肩膀以下的所有骨頭。

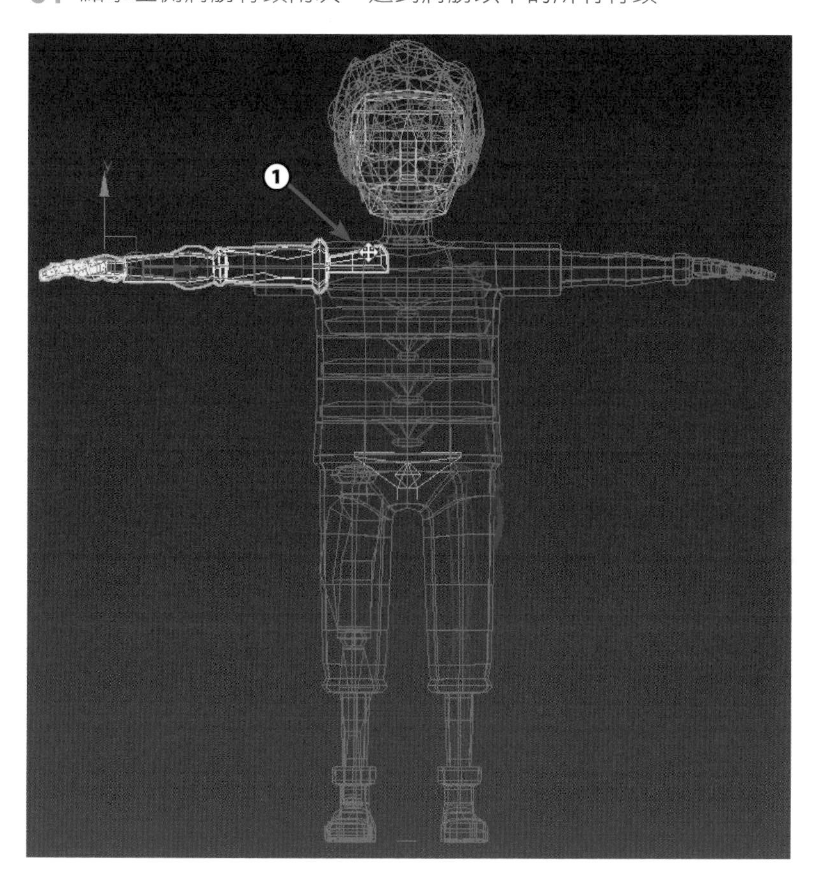

02 在【Motion（動作面板）】→【Copy/Paste（複製 / 貼上）】→點擊【 】新增一個集合。一個集合可以收集很多姿勢。

03 點擊【 】複製姿勢，下方預覽圖紅色骨架為複製的範圍。點擊【 】貼上姿勢到相反方向，也就是左手會貼到右手。

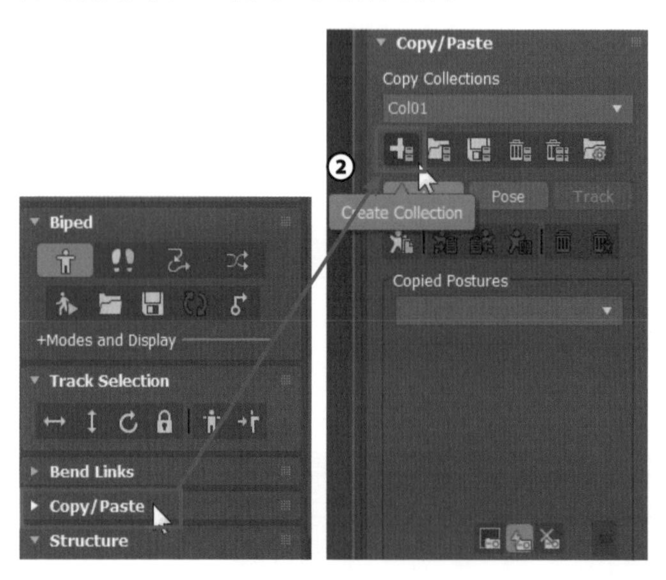

04 完成如下圖。

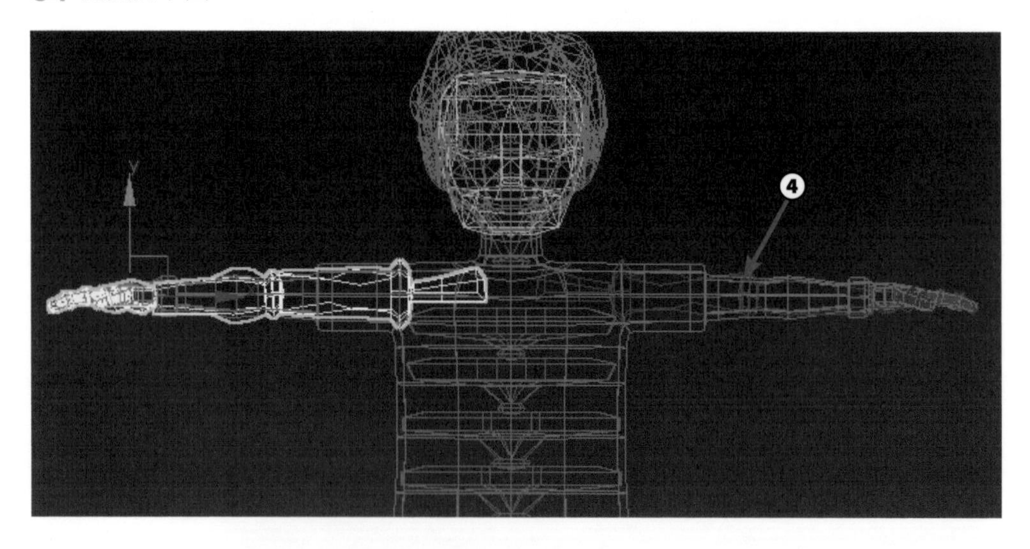

小秘訣

若點擊【 Paste Posture Opposite（貼上姿勢到相反方向）】，可將左手姿勢貼給右手。若點擊【 Paste Posture（貼上姿勢）】則左手姿勢貼給左手。

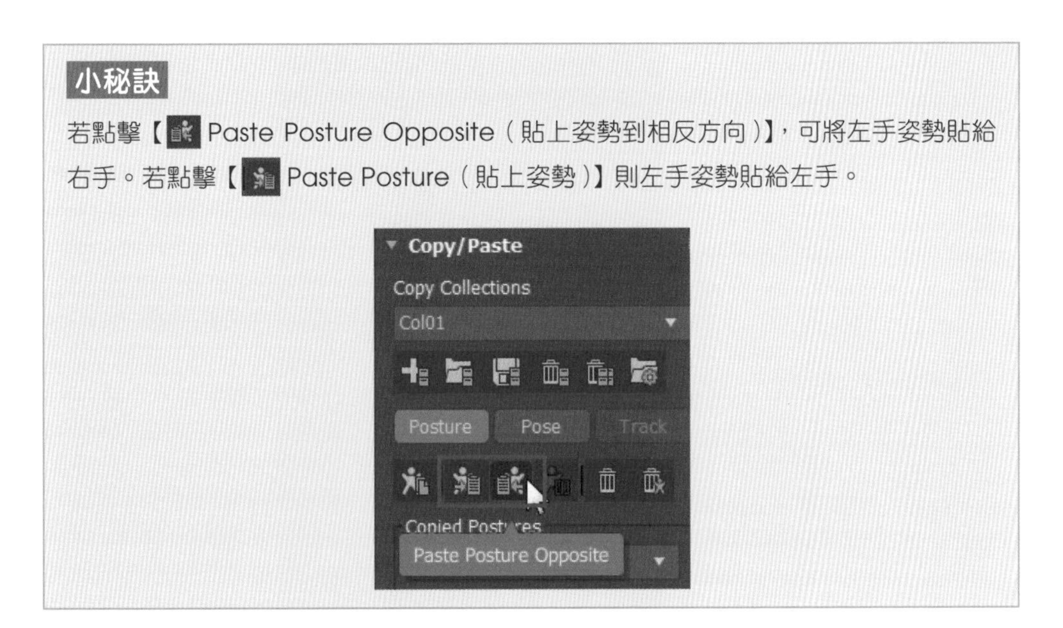

05 滑鼠左鍵點擊兩次大腿骨頭，選取大腿以下的骨頭。

06 點擊【 】複製姿勢，點擊【 】貼上姿勢到右邊大腿骨頭。

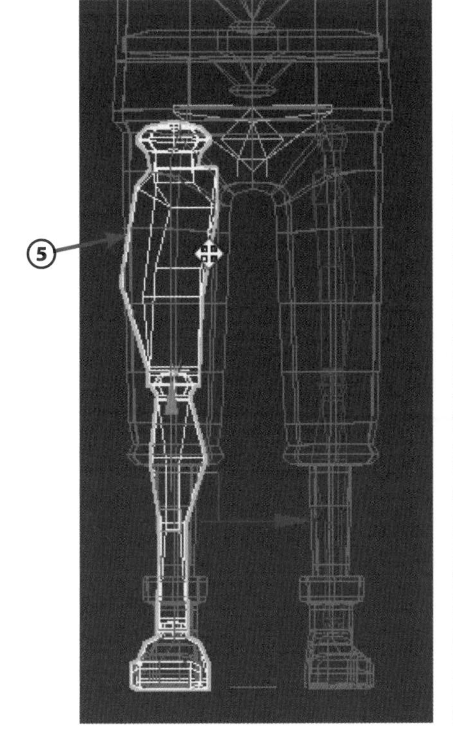

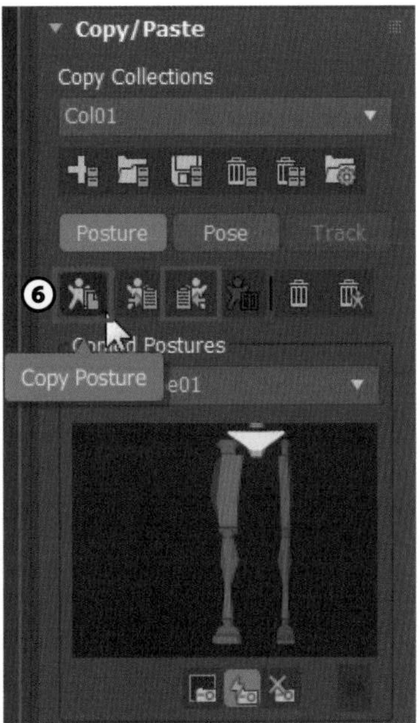

07 完成如右圖。

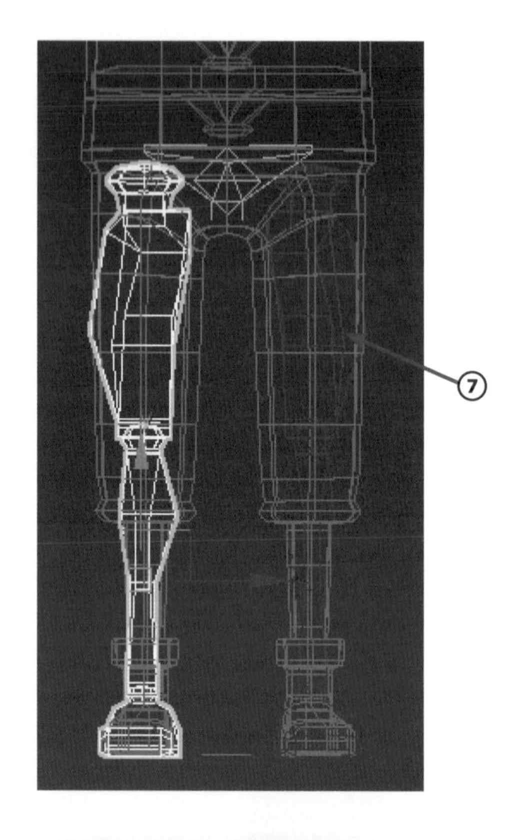

08 最後很重要的一點是，要點擊 Figure Mode 離開姿勢模式，離開姿勢模式等於固定預設動作，之後任意調整的動作都可以恢復預設的 T 字型標準姿勢。

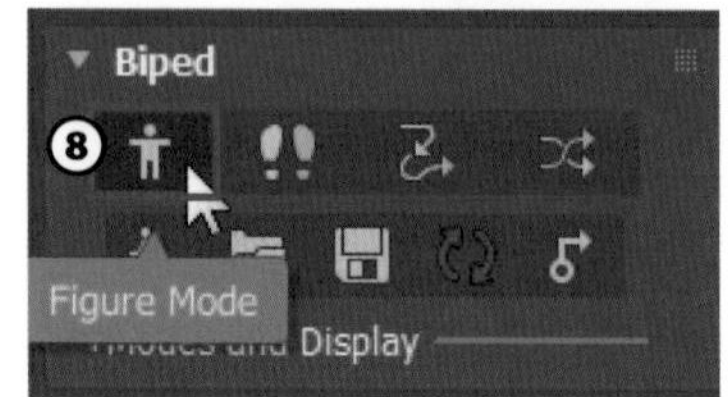

11-2 Skin（蒙皮）修改器

模型與骨架綁定

01 點擊【Toggle Layer Explorer（圖層資源管理）】，開啟圖層視窗。

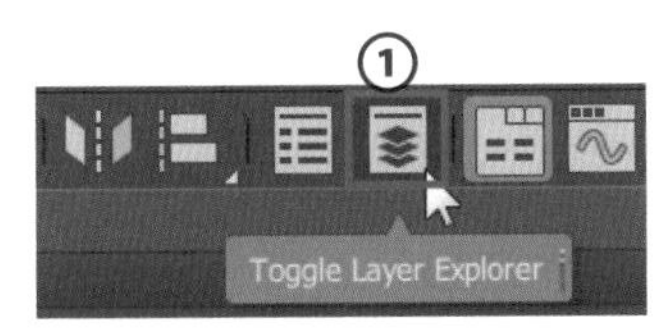

02 點擊 Layer001 圖層右側的凍結圖示，可以解凍。

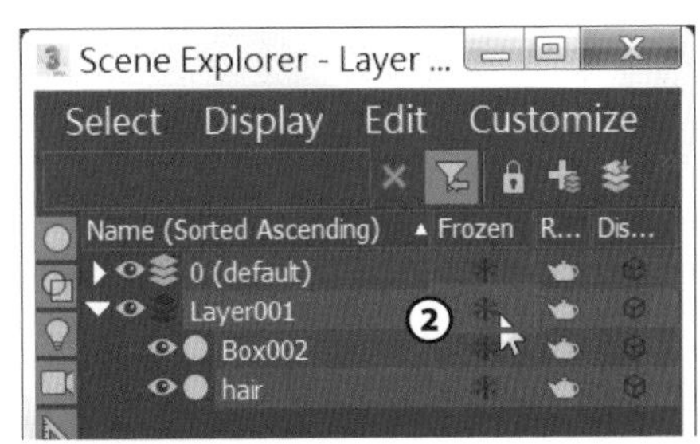

03 選取頭骨，得知物件名稱為「Bip001 Head」。

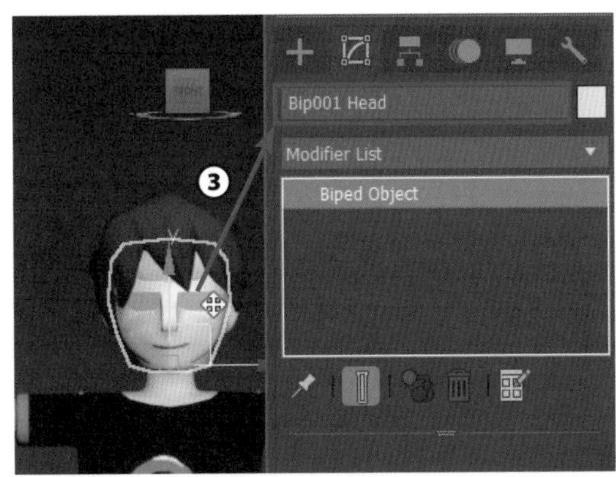

04 選取頭髮，加入【Skin（蒙皮）】修改器。

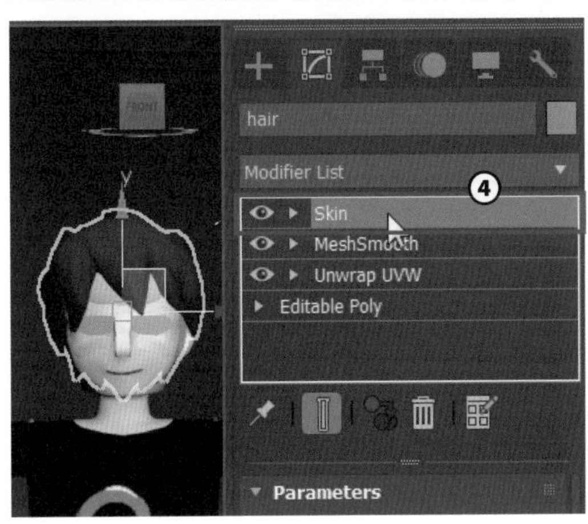

05 在修改面板中，點擊 Bones 右側的【Add】加入要綁定頭髮的骨頭。

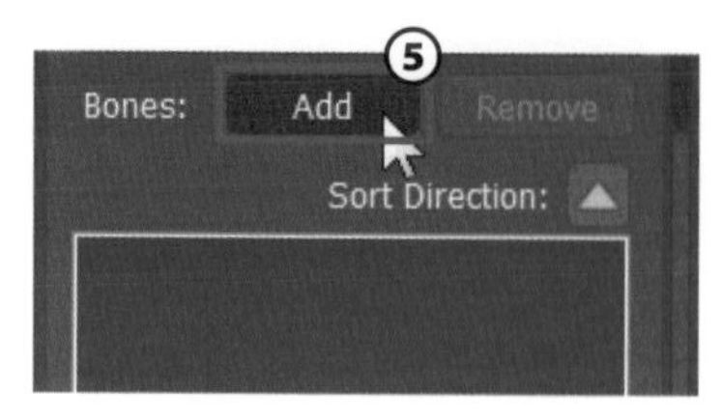

06 選取【Bip001 Head】，按下【Select（選取）】。

07 因為只有加入一個骨頭，所以頭髮控制權都在頭骨上。選取頭骨做旋轉，頭髮會一起移動。按下 Ctrl+Z 鍵復原。

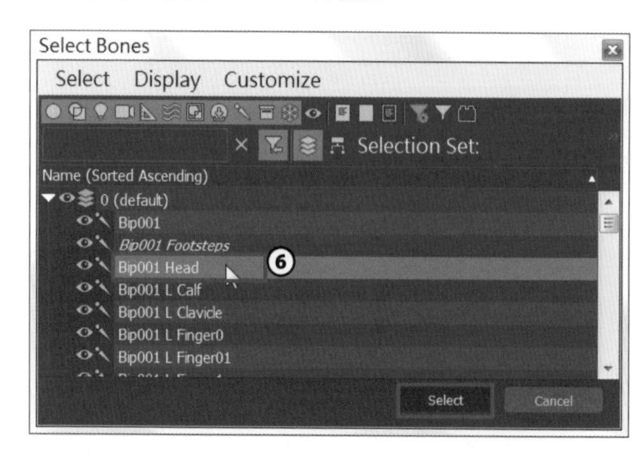

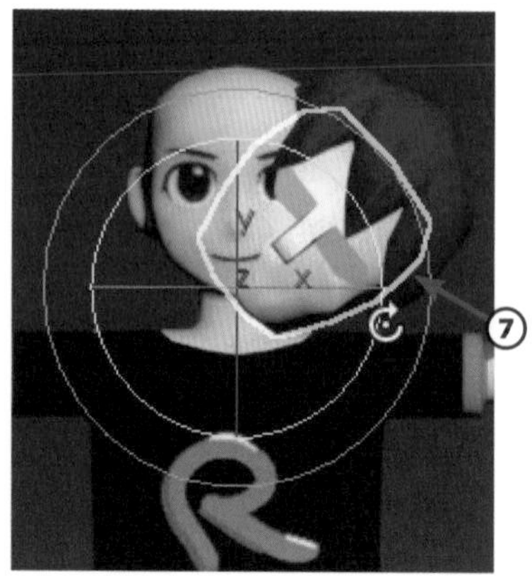

08 選取人物，加入【Skin（蒙皮）】修改器。

09 在修改面板中，點擊 Bones 右側的【Add】，加入要綁定的骨頭。

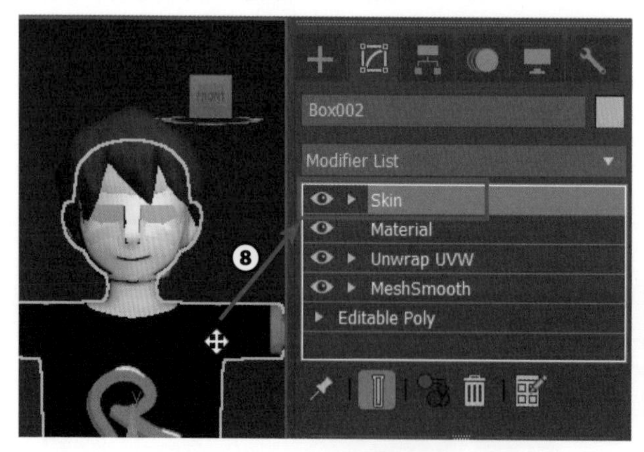

10 搜尋關鍵字「bip」，選取下方出現的全部骨頭（選取 bip001 再按住 Shift 鍵選最下方的骨頭），按下【Select（選取）】。

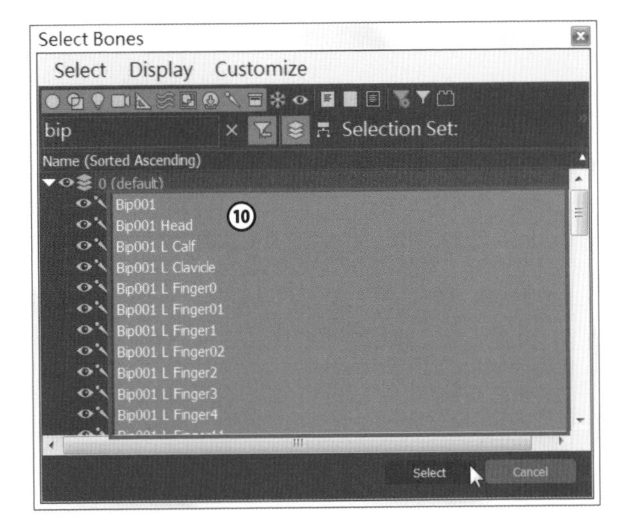

11 旋轉頭骨，人物頭部會一起旋轉，按下 Ctrl+Z 鍵恢復原位。

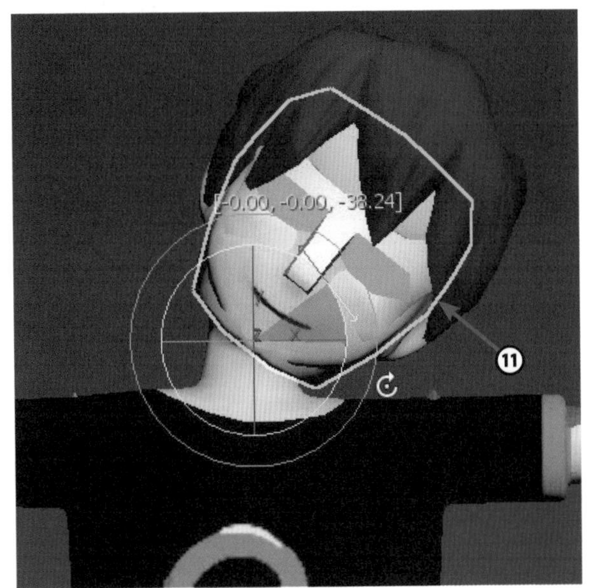

權重設定

01 在修改面板點擊【Edit Envelopes（編輯封套）】。

02 勾選【Vertices】可以選取模型的點。

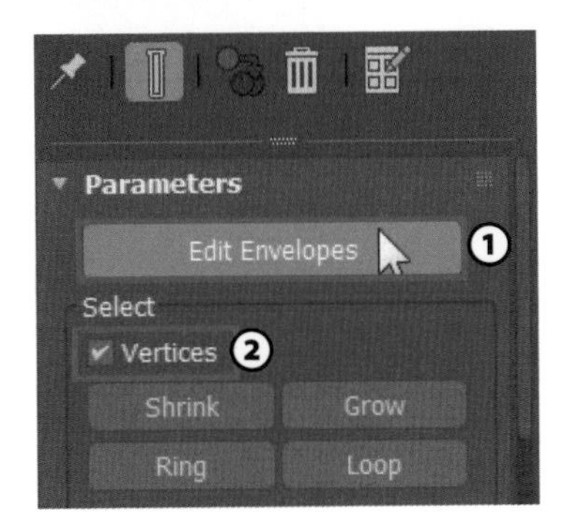

03 點擊【Weight Tool（權重工具）】，可以修改骨頭對模型的點的控制程度。

04 在 Bones 清單中選取 Bip001 骨頭，出現如右下圖所示的紅色膠囊形狀，此為封套，顯示所選骨頭影響模型的範圍，紅色內圈控制力較強，暗紅色外圈控制力較弱。

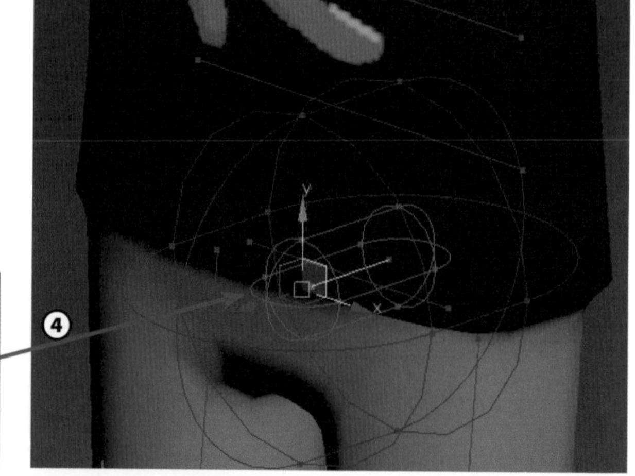

05 框選整個模型，選取全部的點。

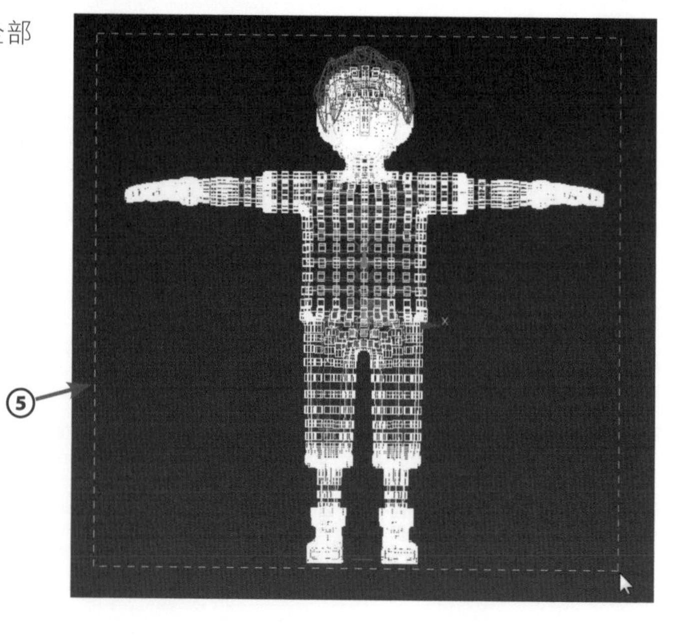

06 權重工具出現各骨頭對所選點的影響力，也就是權重數值，數值最高為 1，最低為 0。按下【1】的按鈕，則整個模型皆由 Bip001 所控制。

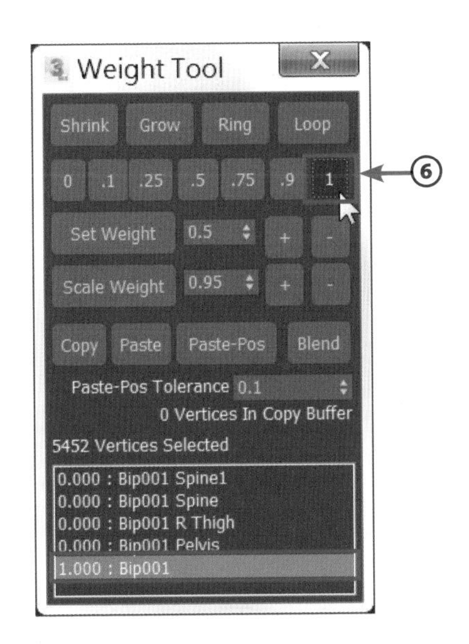

07 在修改面板→【Advanced Parameters（進階參數）】→點擊【Remove Zero Weights（移除 0 的權重）】。

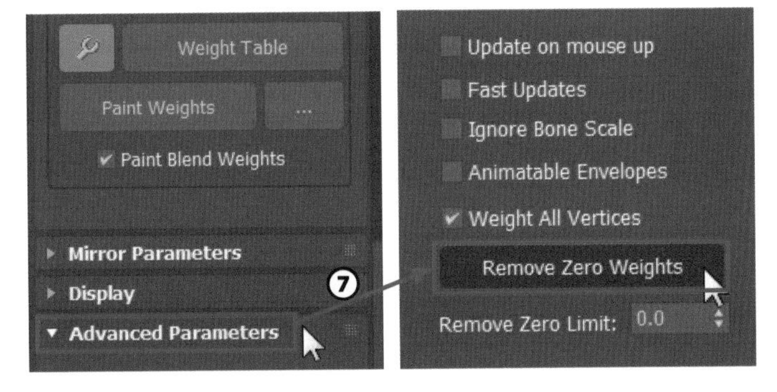

08 則權重工具的清單，權重為 0 的骨頭會消失。

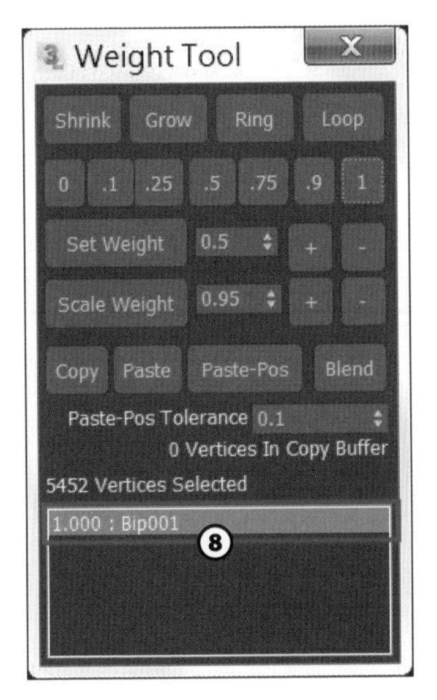

09 選取頭骨，或點擊 Bones 清單下的 Bip001 Head。

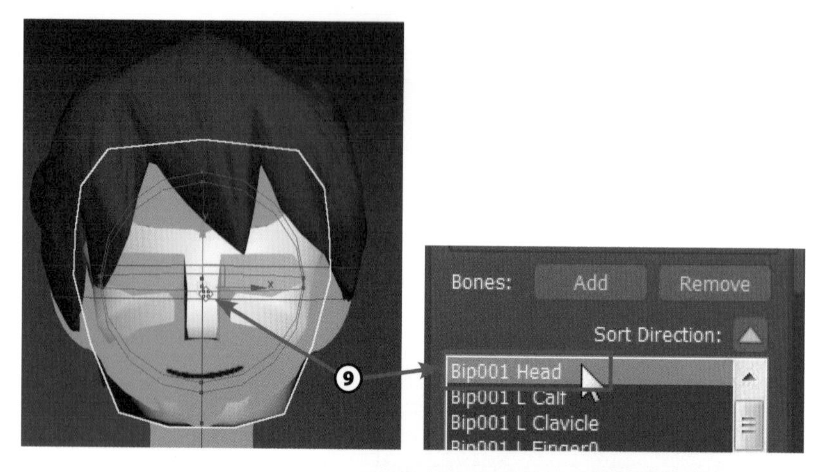

10 框選頭部的點。

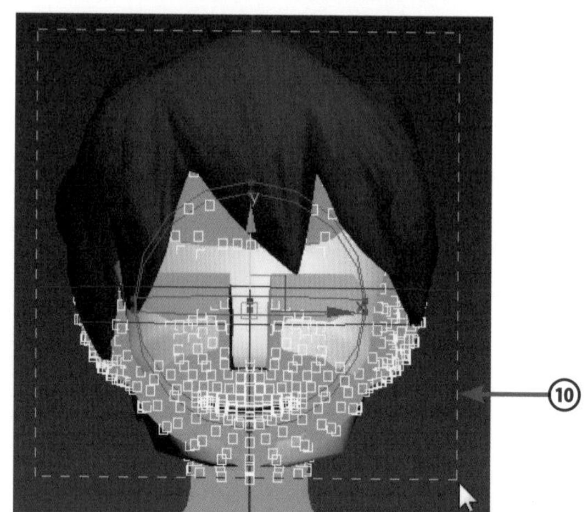

11 在權重工具按下【1】，設定頭骨影響所選點的權重為 1，臉全部變成紅色。

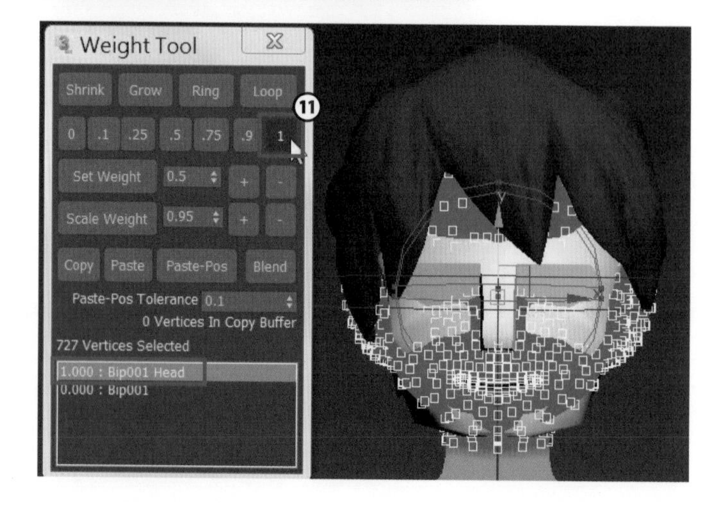

12 在修改面板→【Advanced Parameters（進階參數）】→點擊【Remove Zero Weights（移除 0 的權重）】，使點不會再被 Bip001 影響。

13 重複動作，指定所有骨頭影響的點。先選取脖子骨頭（或選 Bip001 Neck）。

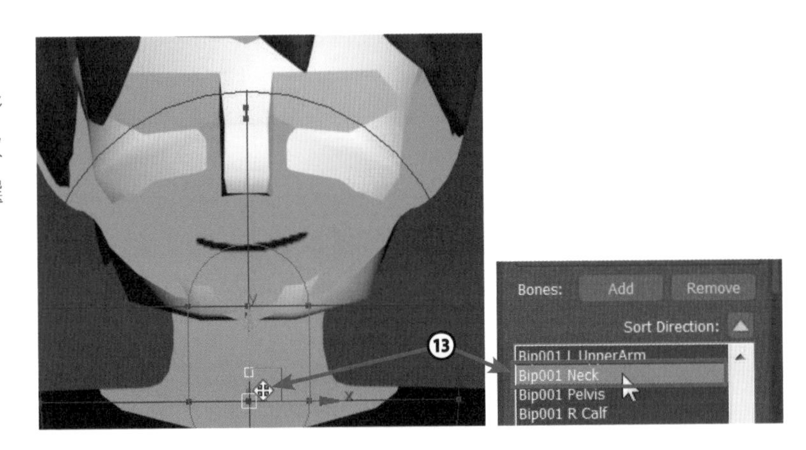

14 框選脖子的點。

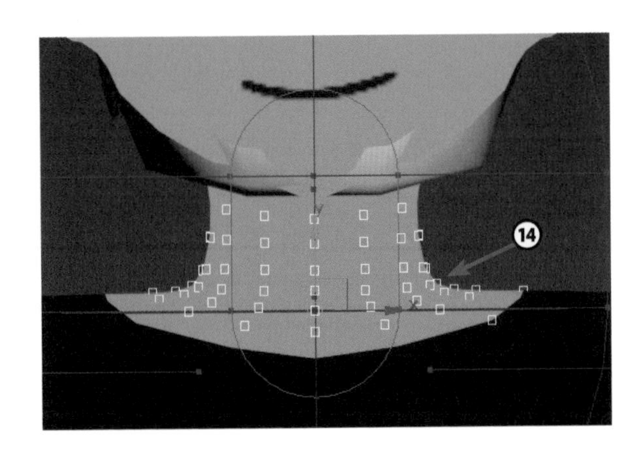

15 在權重工具按下【1】，在修改面板點擊【Remove Zero Weights（移除 0 的權重）】。

16 選取肩膀骨頭（Clavicle）與肩膀的點，在權重工具按下【1】，在修改面板點擊【Remove Zero Weights（移除 0 的權重）】。

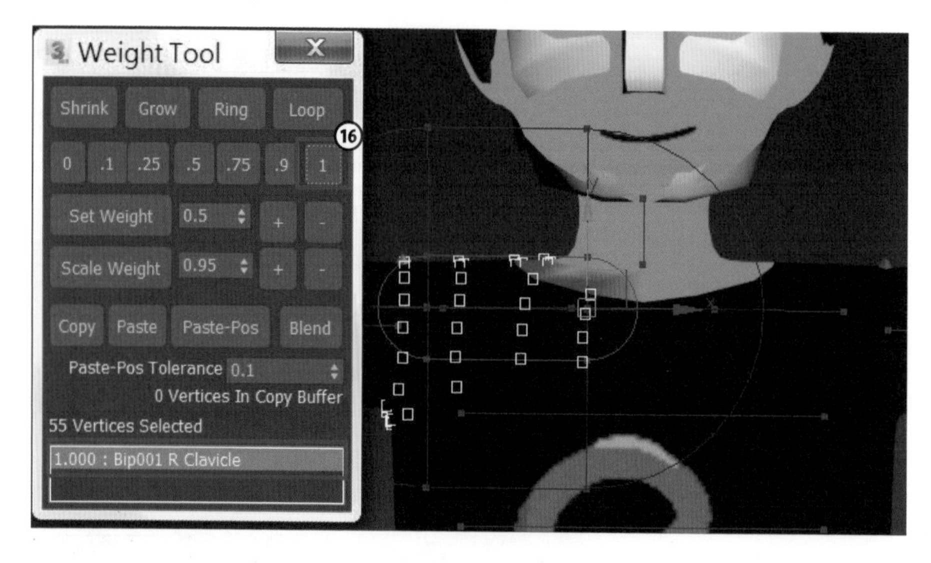

17 選取脊椎骨頭（Spine3）與點，在權重工具按下【1】，在修改面板點擊【Remove Zero Weights（移除 0 的權重）】。

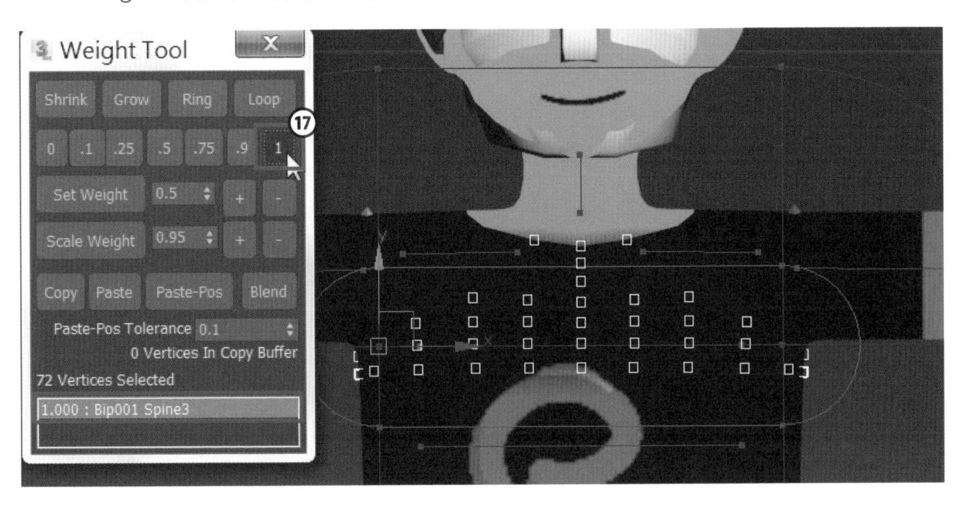

18 選取脊椎骨頭（Spine2）與點，在權重工具按下【1】，在修改面板點擊【Remove Zero Weights（移除 0 的權重）】。

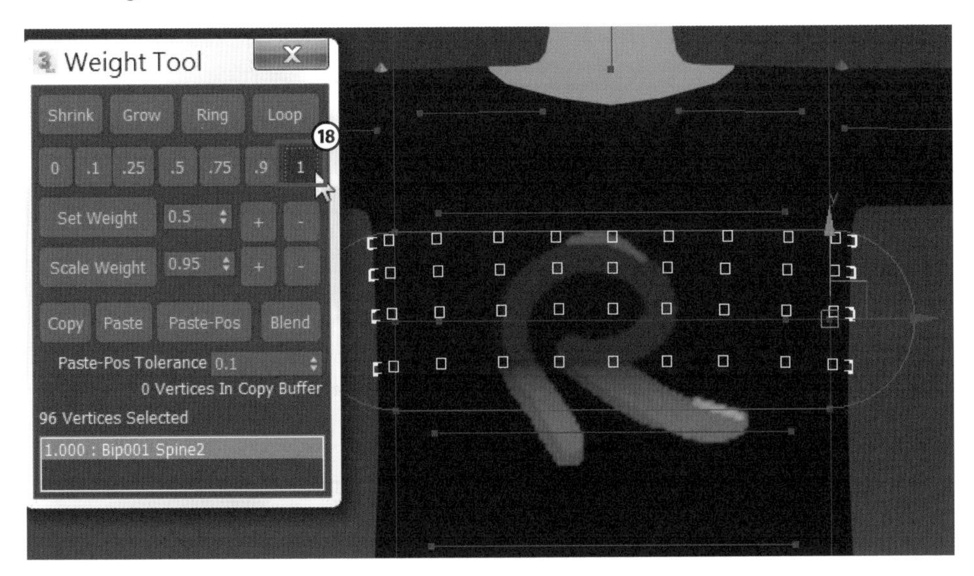

19 選取脊椎骨頭（Spine1）與點，在權重工具按下【1】，在修改面板點擊【Remove Zero Weights（移除 0 的權重）】。

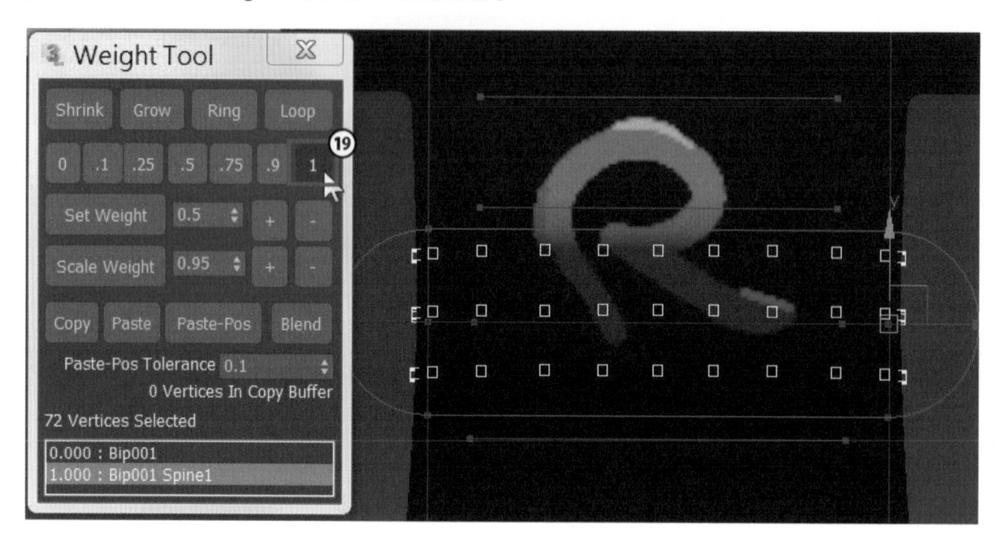

20 選取脊椎骨頭（Spine）與點，在權重工具按下【1】，在修改面板點擊【Remove Zero Weights（移除 0 的權重）】。

21 選取骨盆（Pelvis）與點，在權重工具按下【1】，在修改面板點擊【Remove Zero Weights（移除 0 的權重）】。

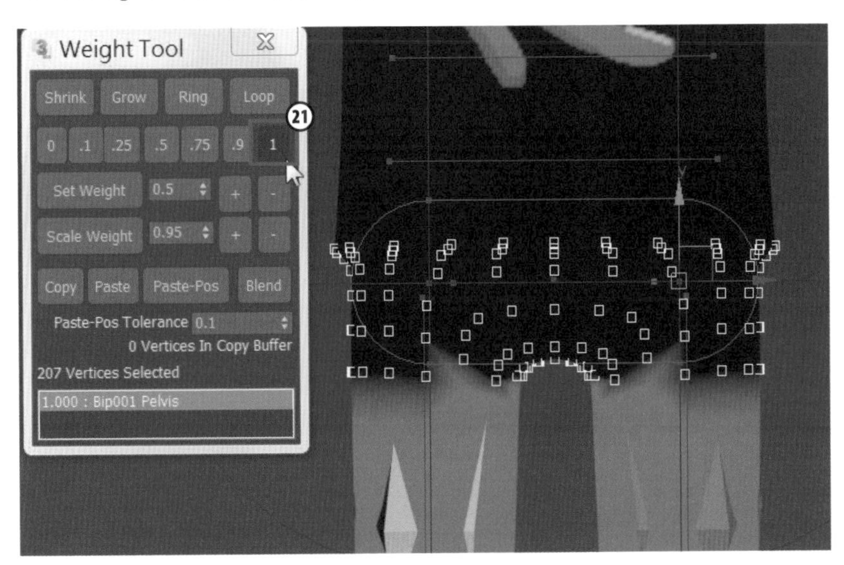

22 選取大腿骨頭（Thigh）與點，在權重工具按下【1】，在修改面板點擊【Remove Zero Weights（移除 0 的權重）】。（腳與手只需要設定左邊或右邊，另一側權重可以複製）

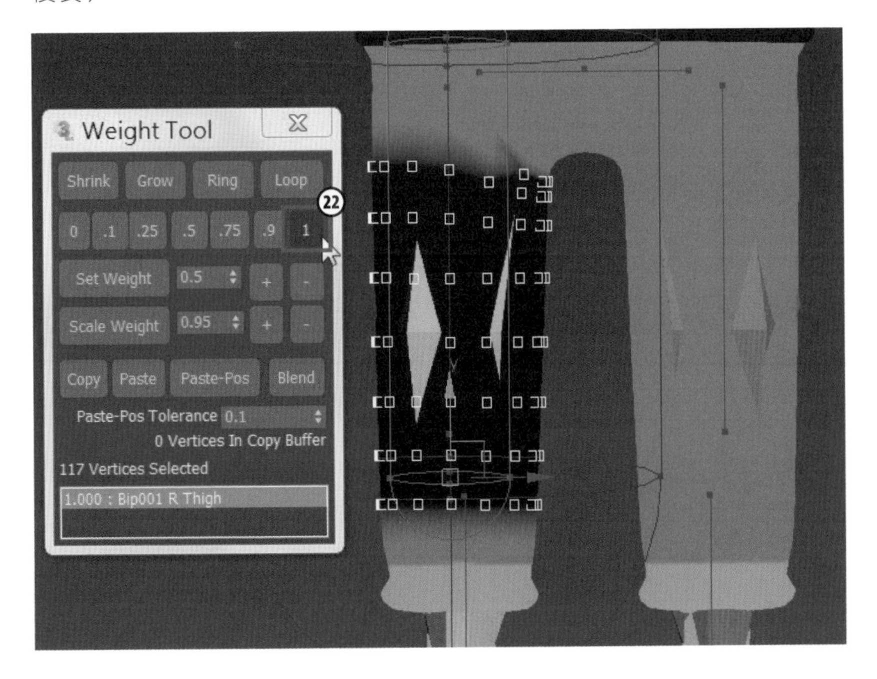

23 選取小腿骨頭（Calf）與點，在權重工具按下【1】，在修改面板點擊【Remove Zero Weights（移除 0 的權重）】。

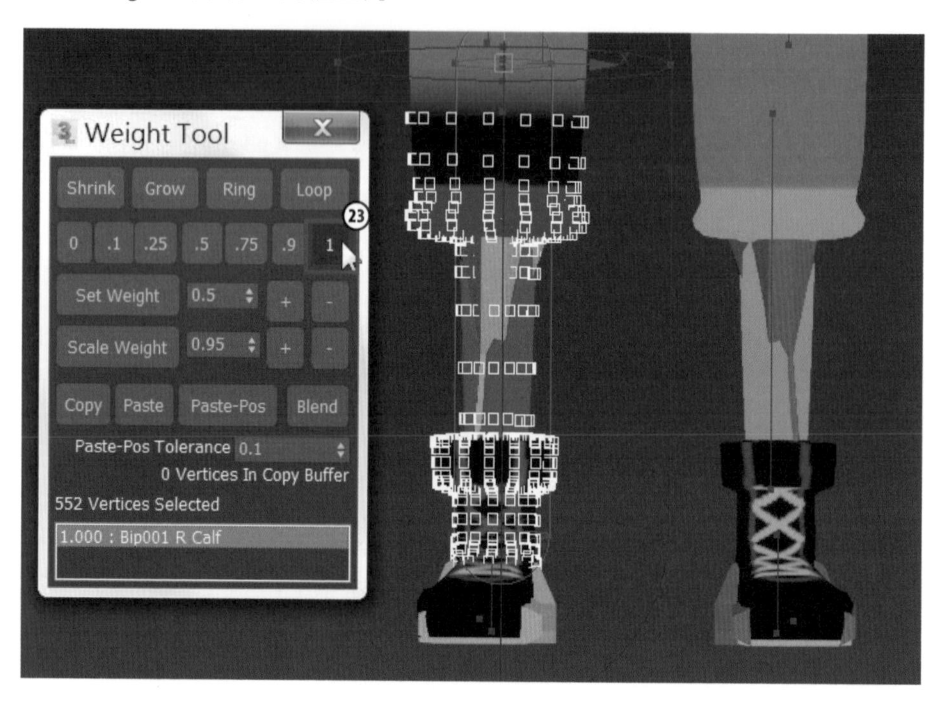

24 選取腳的骨頭（Foot）與點，在權重工具按下【1】，在修改面板點擊【Remove Zero Weights（移除 0 的權重）】。

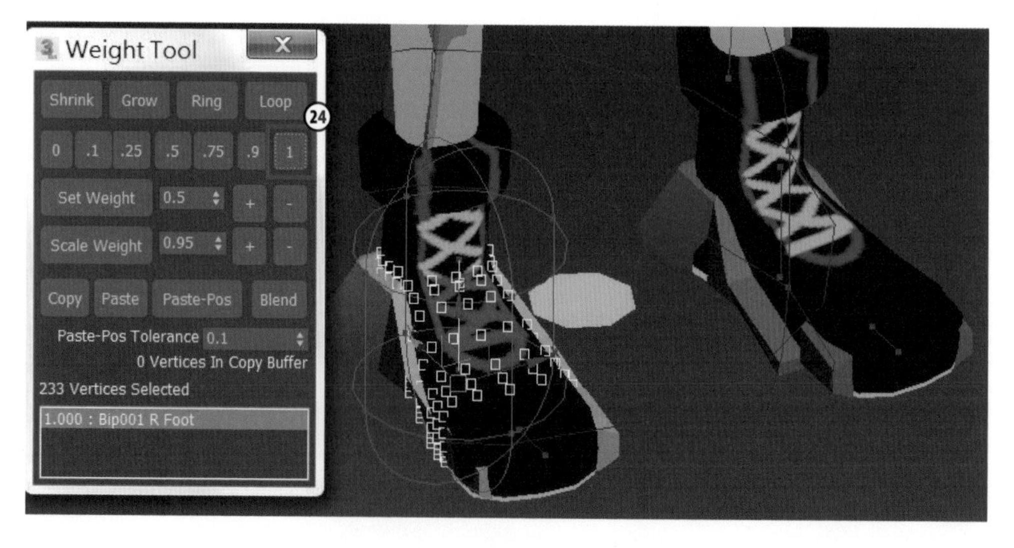

25 選取腳趾骨頭（Toe0）與點，在權重工具按下【1】，在修改面板點擊【Remove Zero Weights（移除 0 的權重）】。

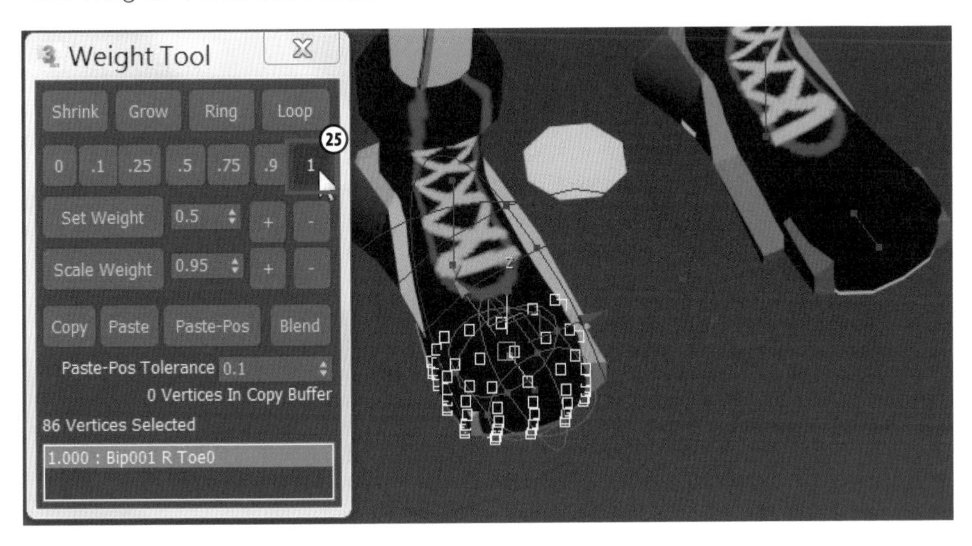

26 選取大臂骨頭（UpperArm）與點，在權重工具按下【1】，在修改面板點擊【Remove Zero Weights（移除 0 的權重）】。

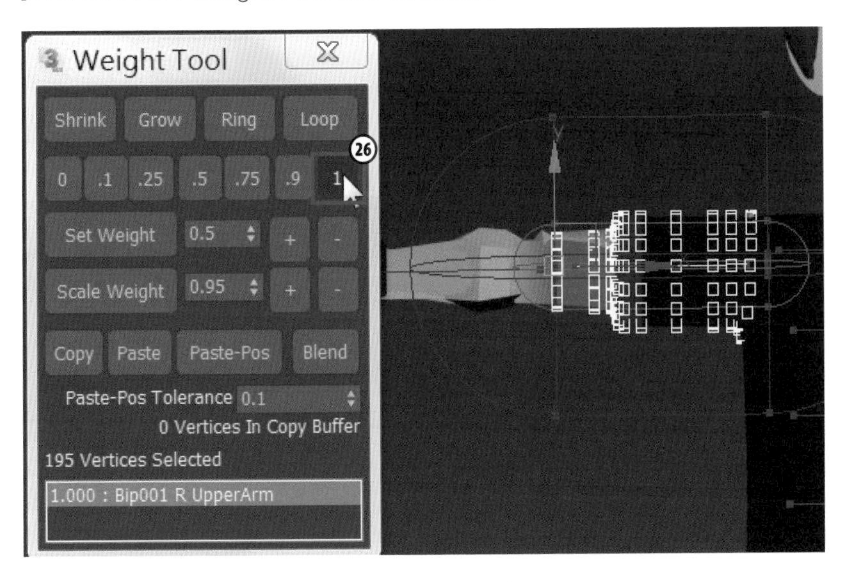

27 選取小臂骨頭（Forearn）與點，在權重工具按下【1】，在修改面板點擊【Remove Zero Weights（移除 0 的權重）】。

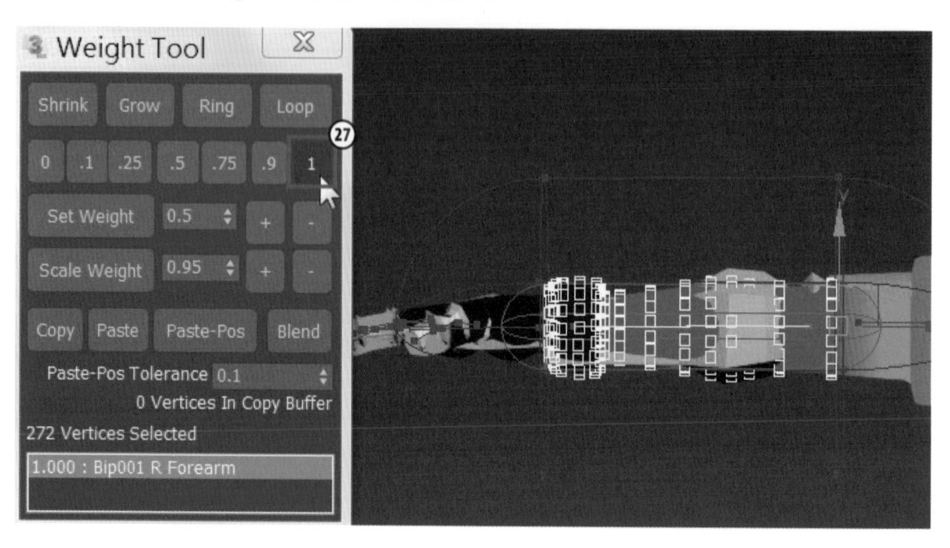

28 選取手掌骨頭（Hand）與點，在權重工具按下【1】，在修改面板點擊【Remove Zero Weights（移除 0 的權重）】。

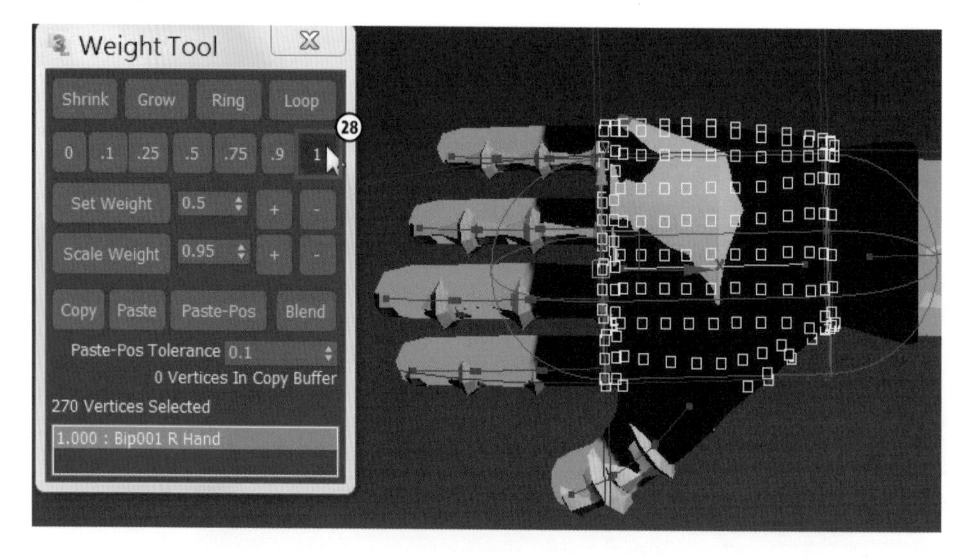

29 選取大拇指第一個指節（Finger0）與點，在權重工具按下【1】，在修改面板點擊【Remove Zero Weights（移除 0 的權重）】。

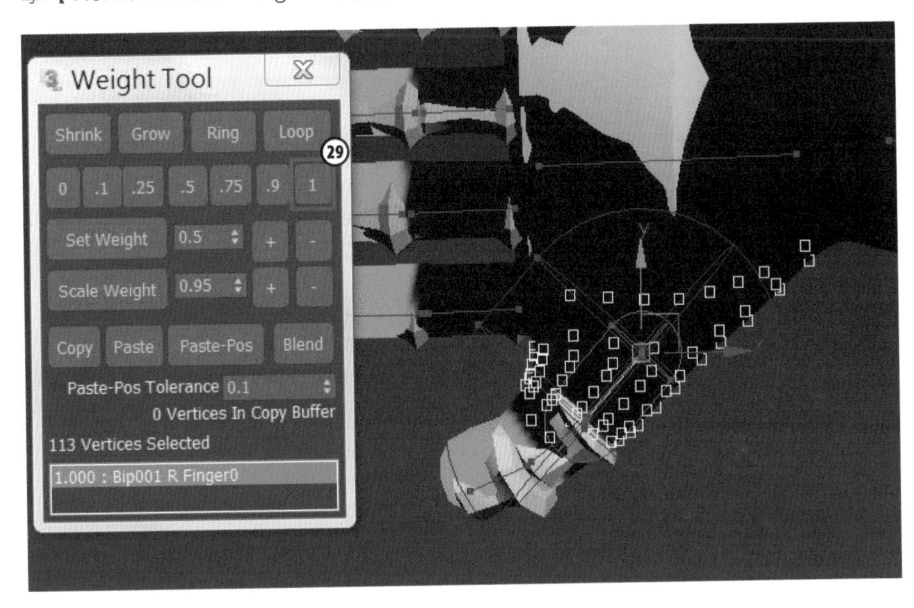

30 選取大拇指第二個指節（Finger01）與點，在權重工具按下【1】，在修改面板點擊【Remove Zero Weights（移除 0 的權重）】。

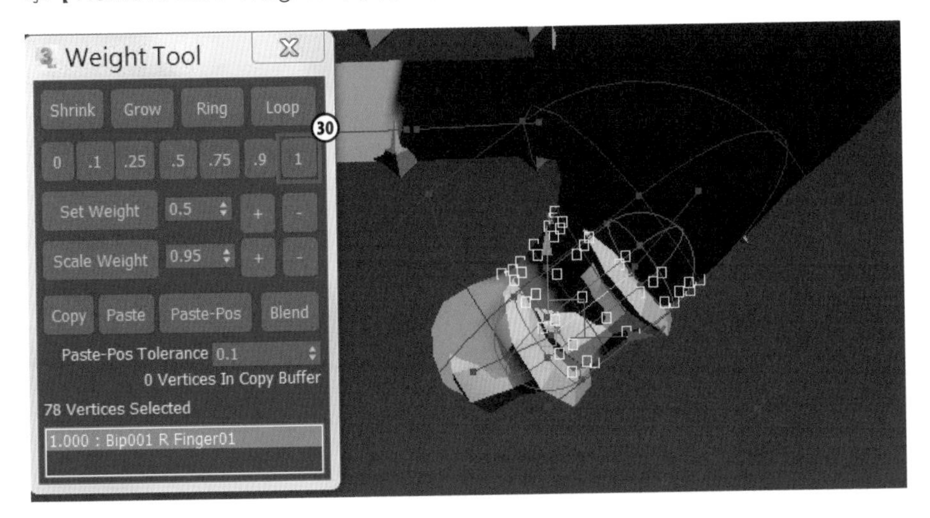

31 選取大拇指第三個指節（Finger02）與點，在權重工具按下【1】，在修改面板點擊【Remove Zero Weights（移除 0 的權重）】。使用相同方式，將其他手指皆設定完畢。

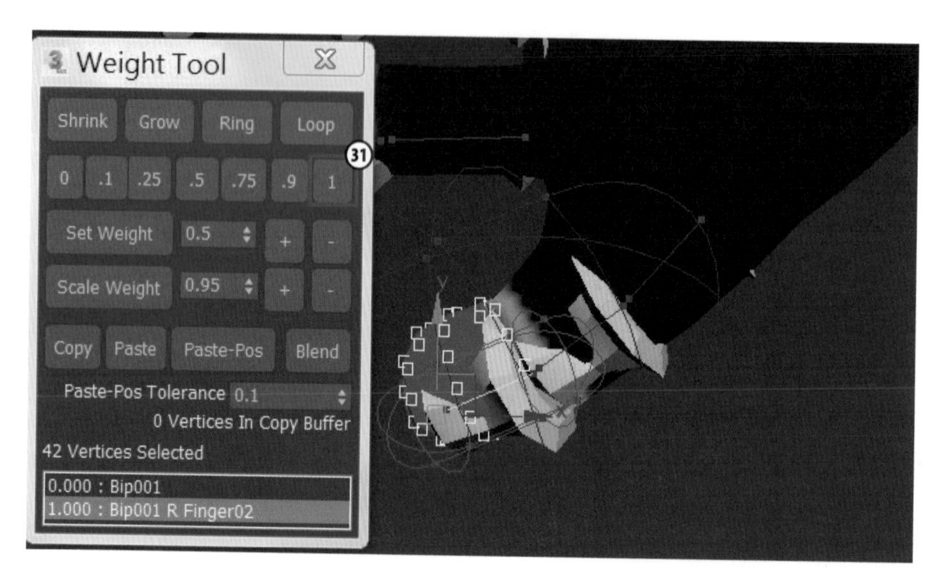

小秘訣

選取時，大拇指傾斜的角度不方便選取，可以把選取工具從矩形切換為噴槍，在空白處按住滑鼠左鍵並移動滑鼠，可以選取被虛線圓圈碰觸到的點。

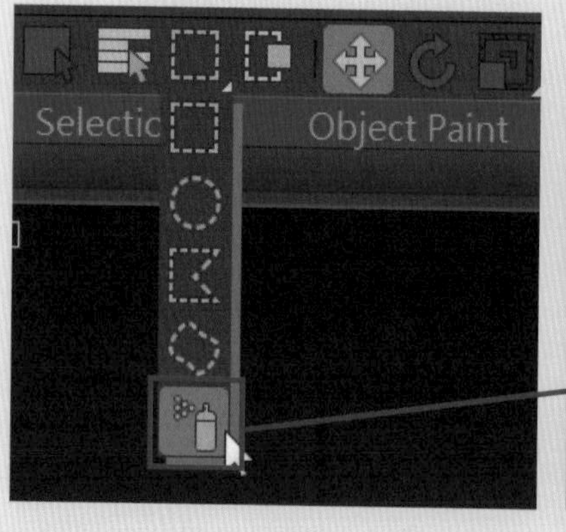

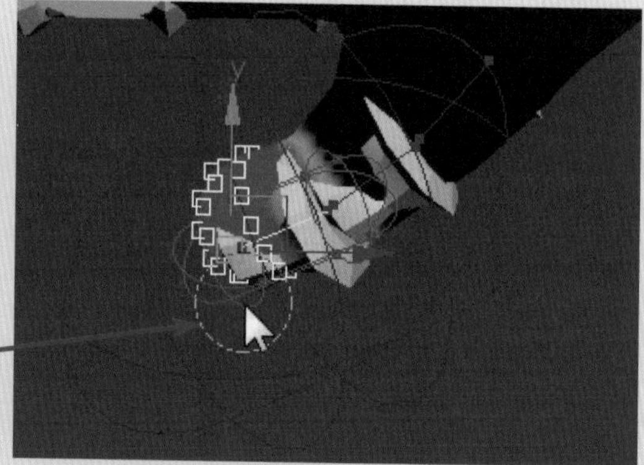

混合權重設定

01 選取脖子骨頭（Neck），框選脖子與頭部交接處的點。

02 在權重工具按下【.5】，使權重變成 0.5，變成橘色，此處的點同時被脖子與頭骨影響。

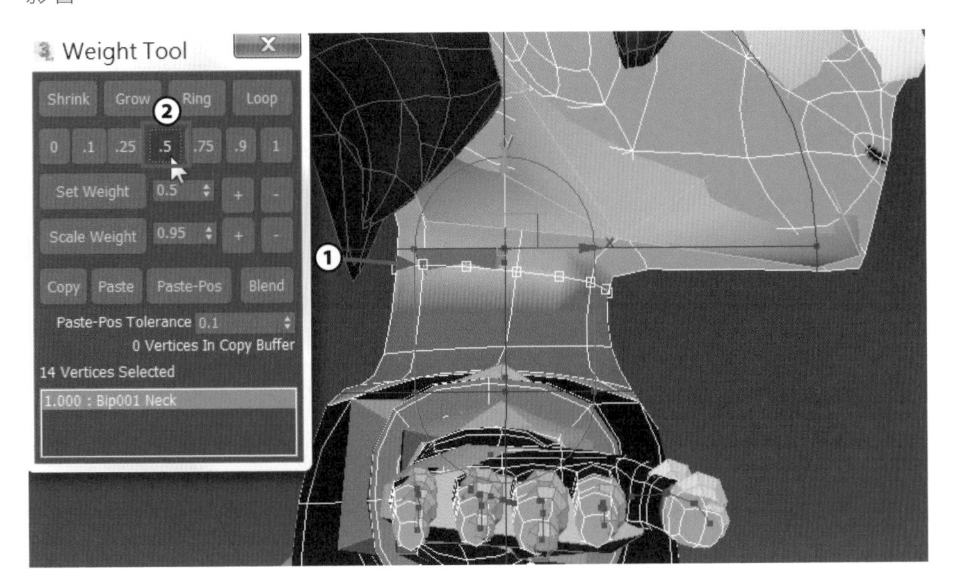

03 按下【Grow】，選取範圍往外擴散。

04 按下 Set Weight 右側的【＋】，每按一次權重值增加 0.5，按【-】則會減少權重。

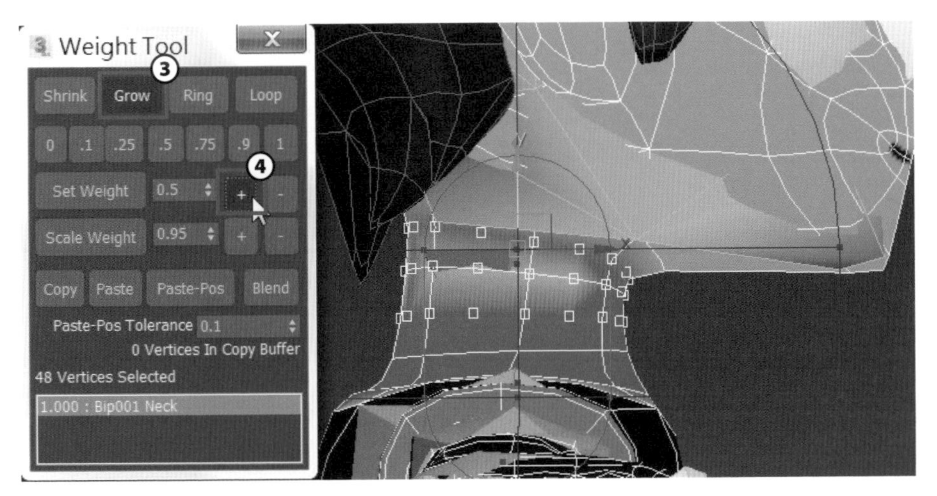

05 按下【Blend（混合）】，使所選點的權重分佈較均勻柔和。

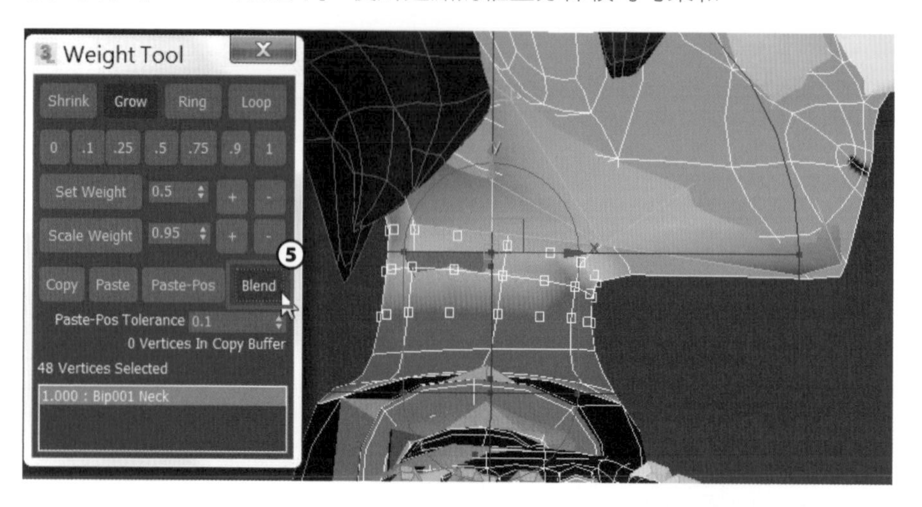

06 先選取肩膀的骨頭，選取肩膀與大臂之間的點，按下【.5】。

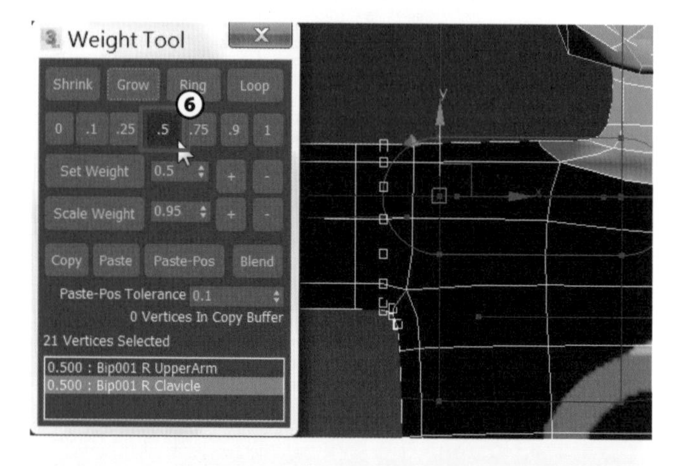

07 點擊【Grow】擴散選取範圍，利用 SetWeight 右側的【+】微調，點擊【Blend（混合）】。

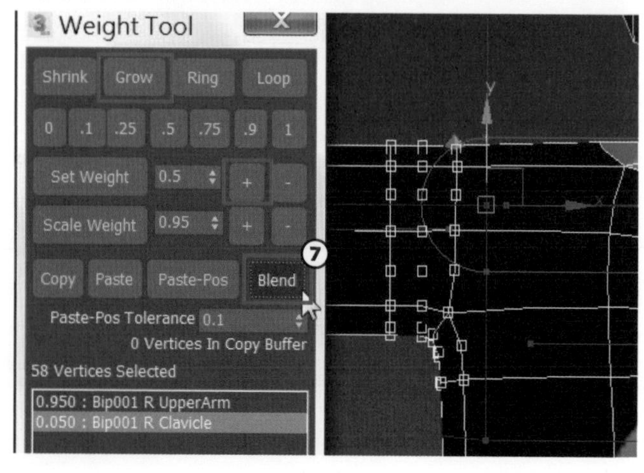

08 先選取大臂骨頭，選取大臂與小臂之間的點，按下【.5】。

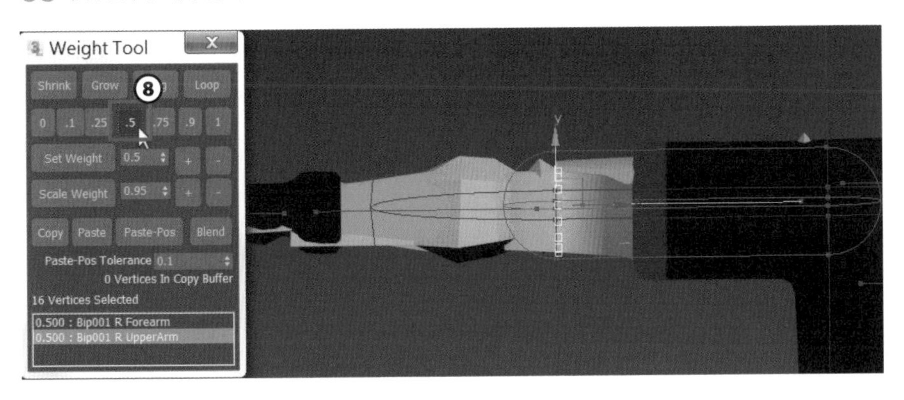

09 點擊【Grow】擴散選取範圍，點擊 SetWeight 右側的【+】，點擊【Blend（混合）】。

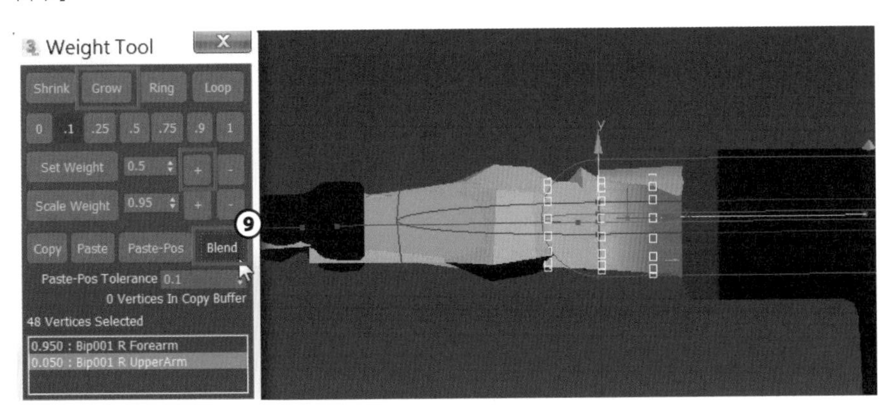

小秘訣

除了利用噴槍選取點，也可以選取兩個相鄰的點，然後按下【Loop】選取整圈的點。

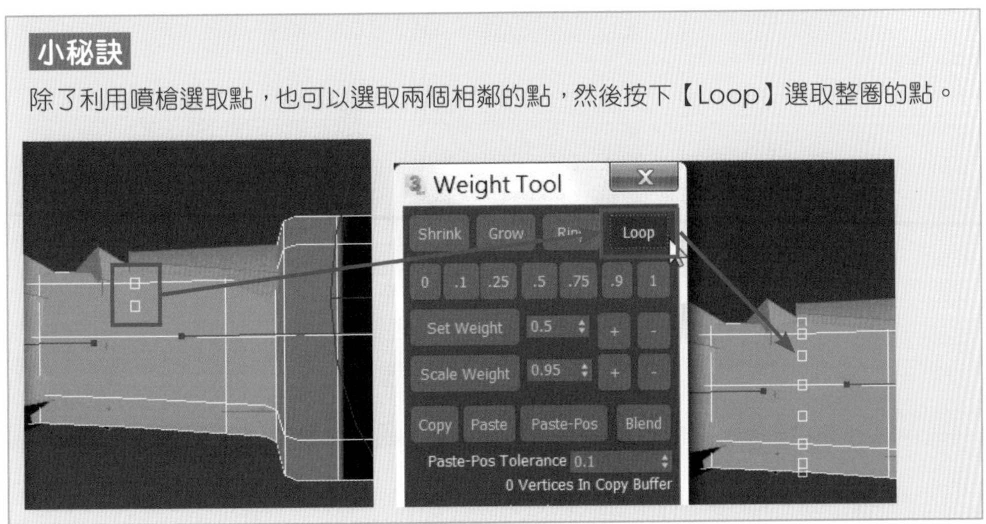

10 選取大腿骨頭，選取大腿與骨盆連接處的點，按下【.5】，點擊【Grow】擴散選取範圍，點擊 SetWeight 右側的【+】，點擊【Blend（混合）】。

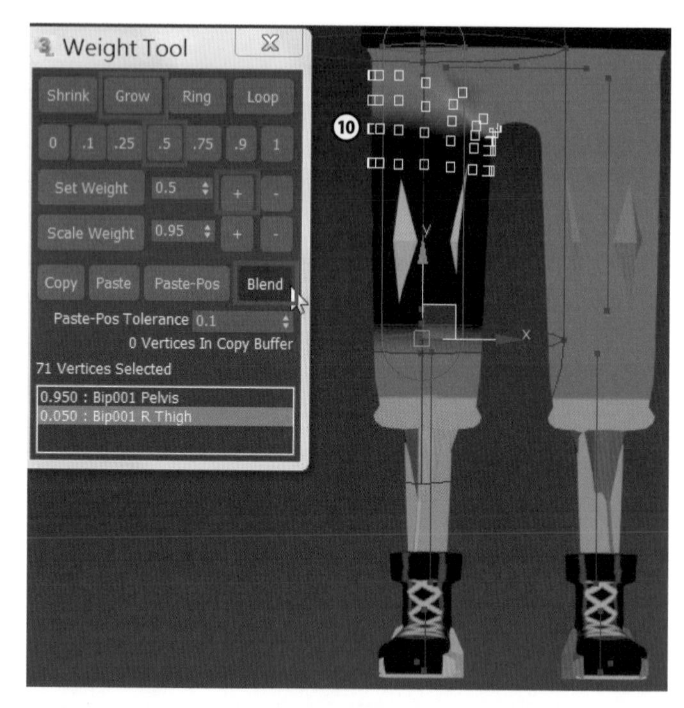

11 選取大腿骨頭，選取小腿與大腿連接處的點，按下【.5】，點擊【Grow】擴散選取範圍，點擊 SetWeight 右側的【+】，點擊【Blend（混合）】。

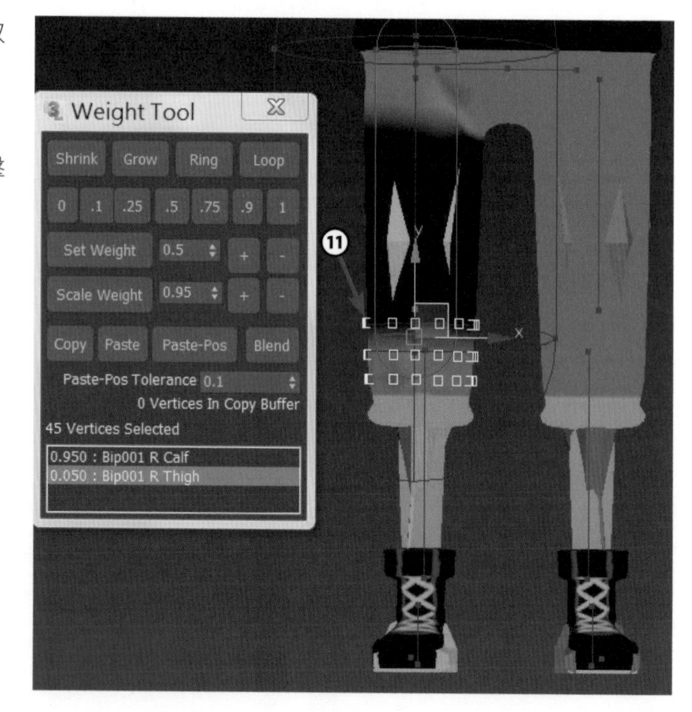

12 選取小腿骨頭，選取小腿與腳踝連接處的點，按下【.5】，點擊【Grow】擴散選取範圍，點擊 SetWeight 右側的【+】，點擊【Blend（混合）】。

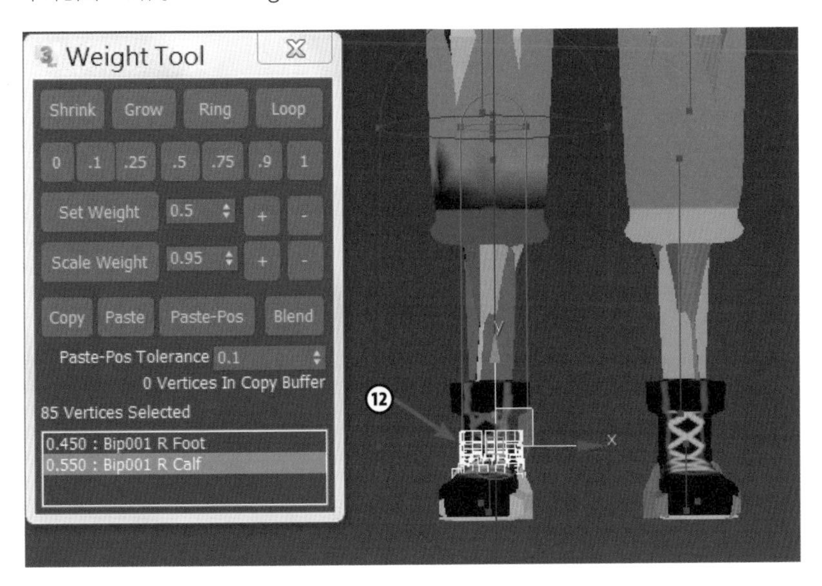

13 選取腳的骨頭（Foot），選取腳與腳趾連接處的點，按下【.5】，點擊【Grow】擴散選取範圍，點擊 SetWeight 右側的【+】，點擊【Blend（混合）】。

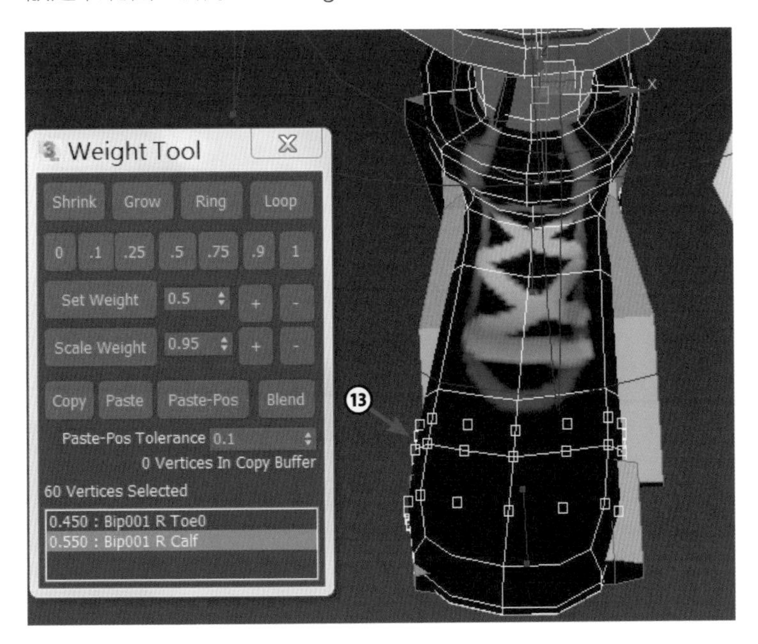

權重鏡射

01 在修改面板，開啟【Mirror Mode（鏡射模式）】。

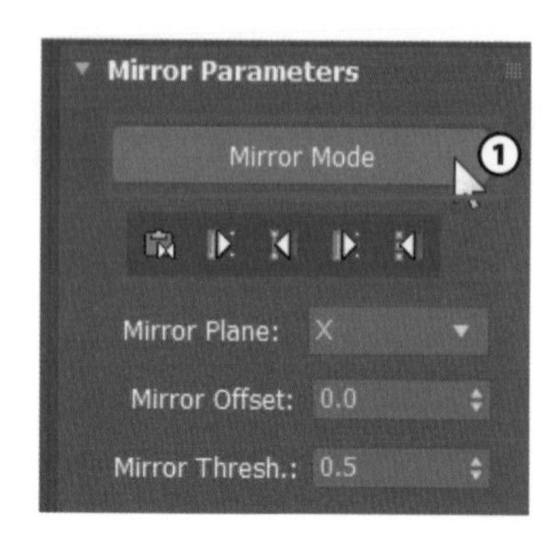

02 此時人物變成綠色與藍色，表示是可以做鏡射的狀態。脊椎與頭部只有一個，無法鏡射，顯示紅色是正常的。

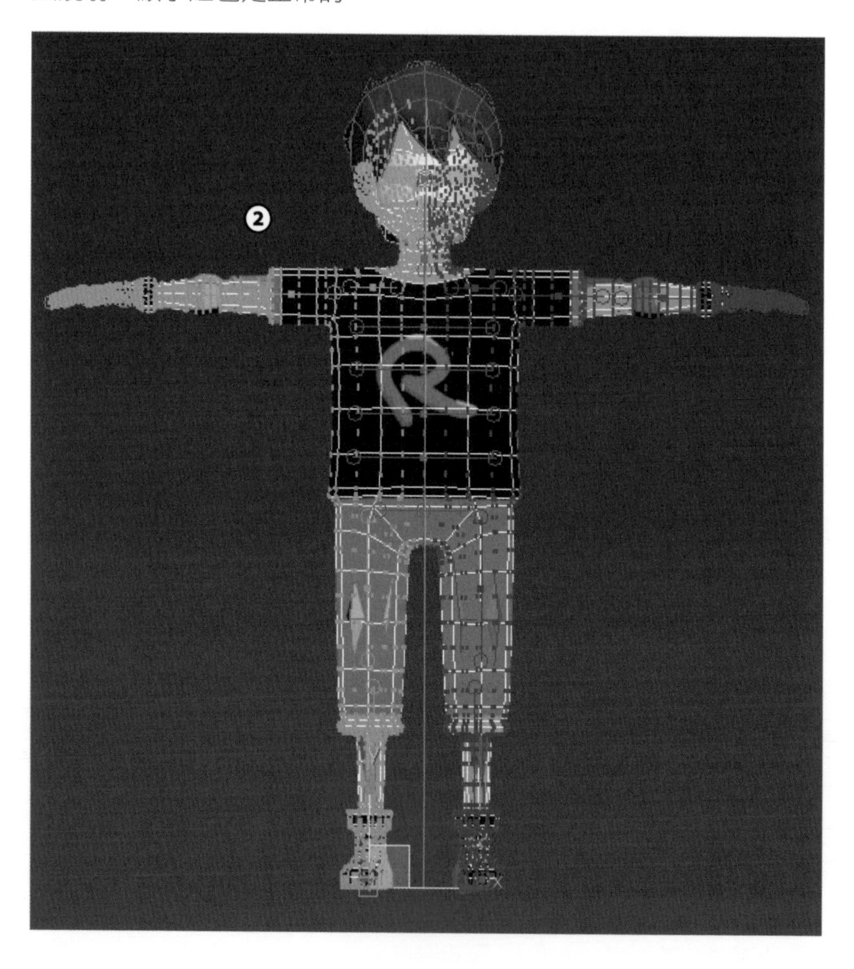

小秘訣

若顯示紅色（如左圖），則無法做鏡射，可以利用【Mirror Offset（鏡射偏移）】，左右微調鏡射中心，使顏色變成綠色與藍色，若是模型本身不對稱，則無法做鏡射，只能手動調整另一側身體的權重。

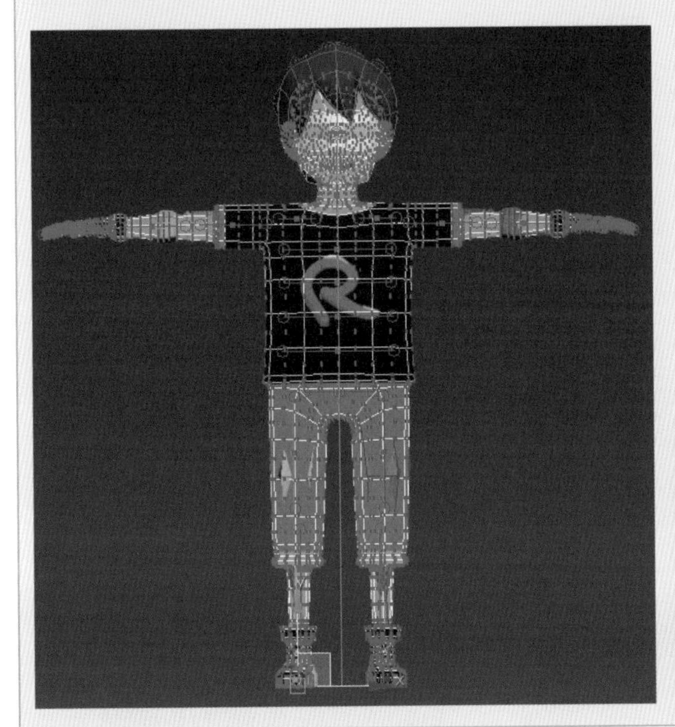

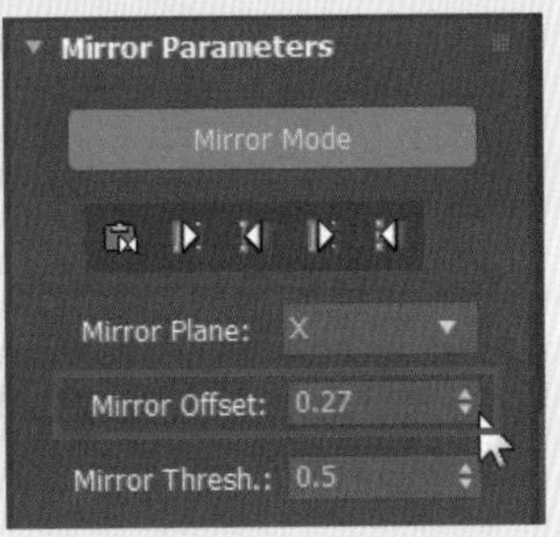

03 因為之前調整的是綠色那一側，點擊【 】將綠色那一側的封套鏡射至藍色，點擊【 】將綠色那一側的點的權重設定鏡射至藍色。

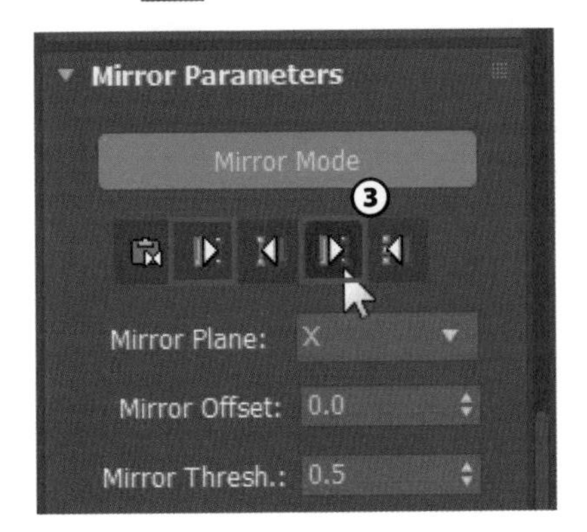

04 選取脖子骨頭，選取脖子與身體連接的點，利用權重工具做混合。

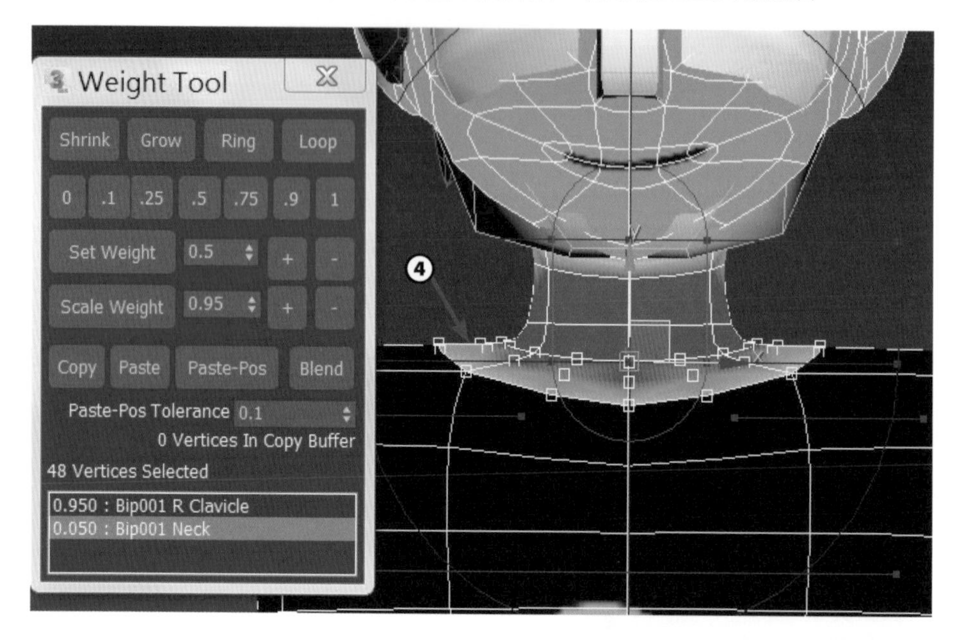

檢查權重

01 點擊 Skin 修改器或【Edit Envelopes】離開子層級。

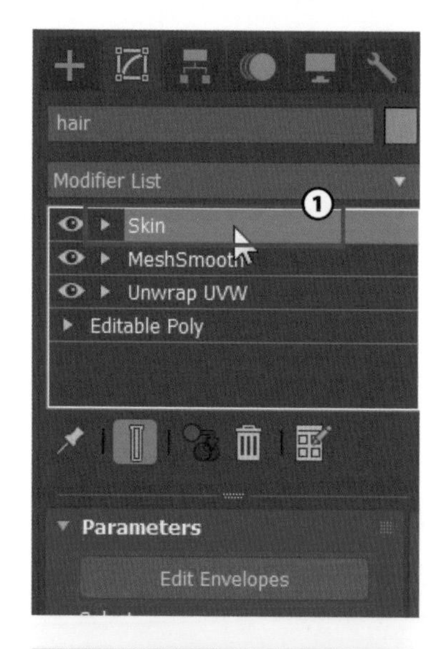

02 選取任意一個骨頭，在【Motion（動作面板）】，確認目前已經離開姿勢模式，才能開始調整其他姿勢做檢查，否則就無法復原了。

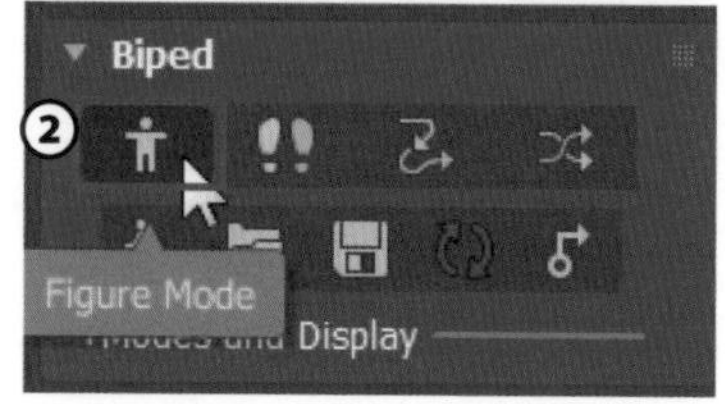

03 切換旋轉工具。座標系統選擇【Local】。

04 旋轉大腿骨（如左下圖）。或利用移動工具，移動腳骨也可以（如右下圖）。會發現右腳會影響到左腳。

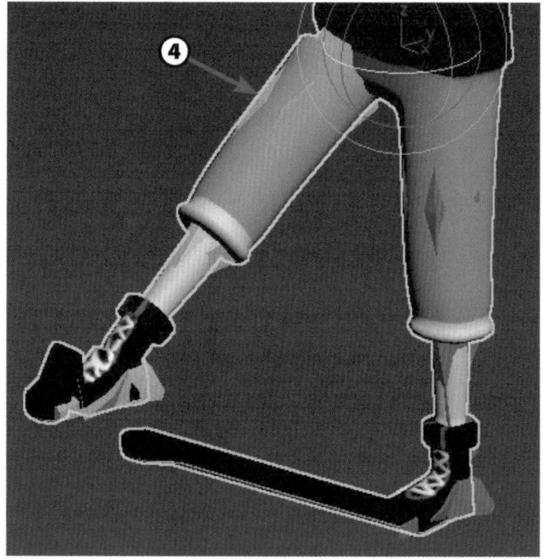

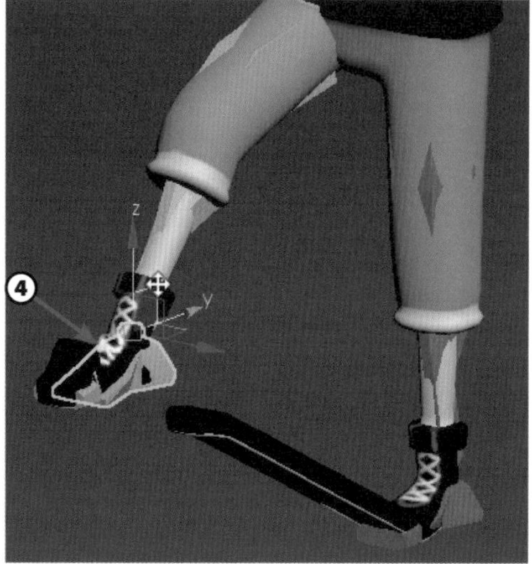

05 點擊【Edit Envelopes（編輯封套）】。

06 開啟【Weight Tool（權重工具）】。

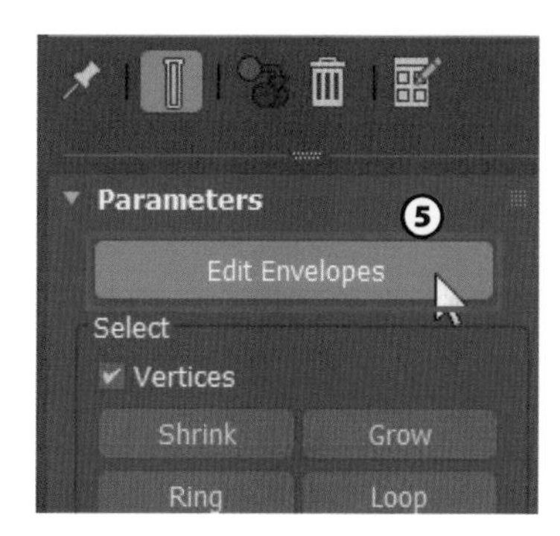

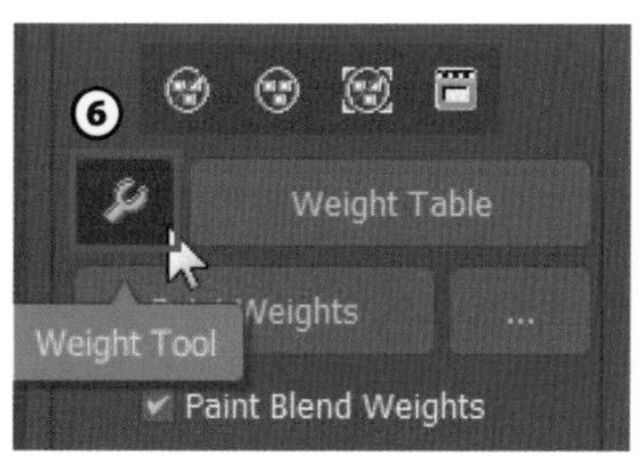

07 選取左腳被影響的點，選取左腳腳趾的骨頭，按下權重【1】。

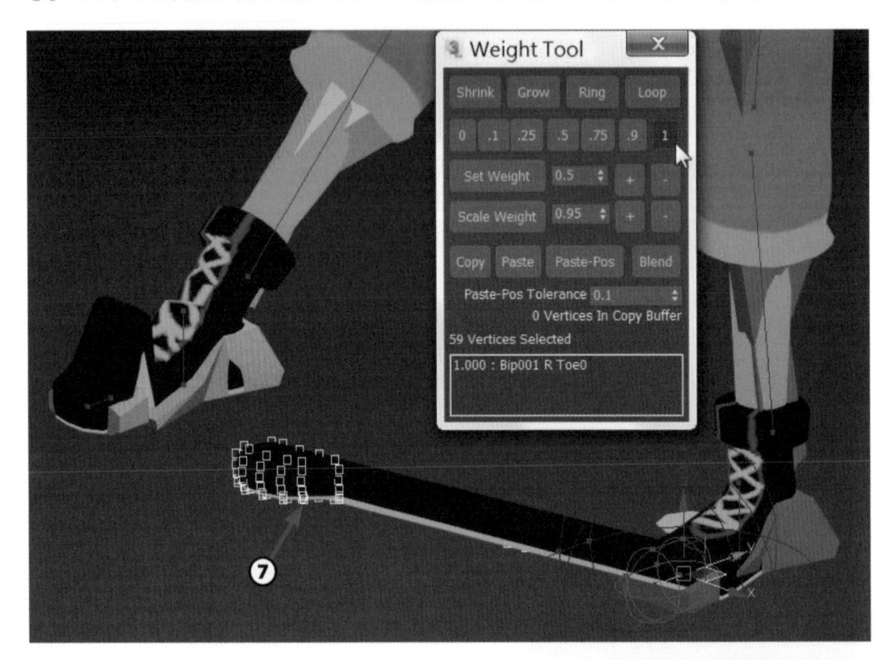

08 按下【Remove Zero Weights】，移除左腳骨頭對右腳的控制。

09 完成如右圖。

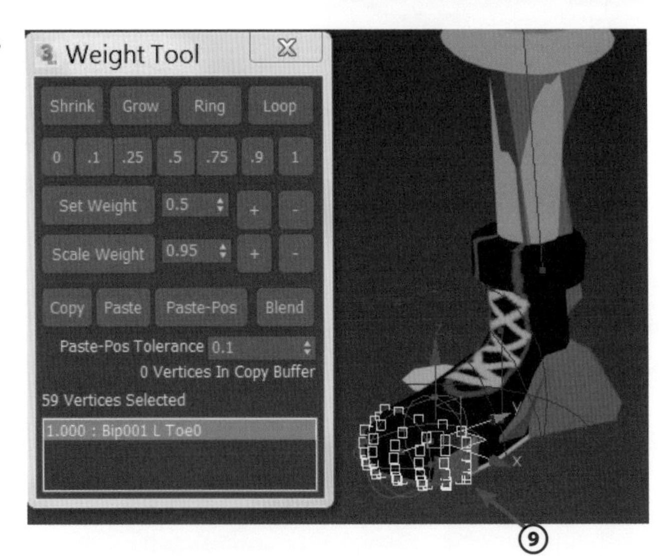

10 選取右腳不自然的點，發現權重工具清單有腳趾（Toe0）的骨頭。

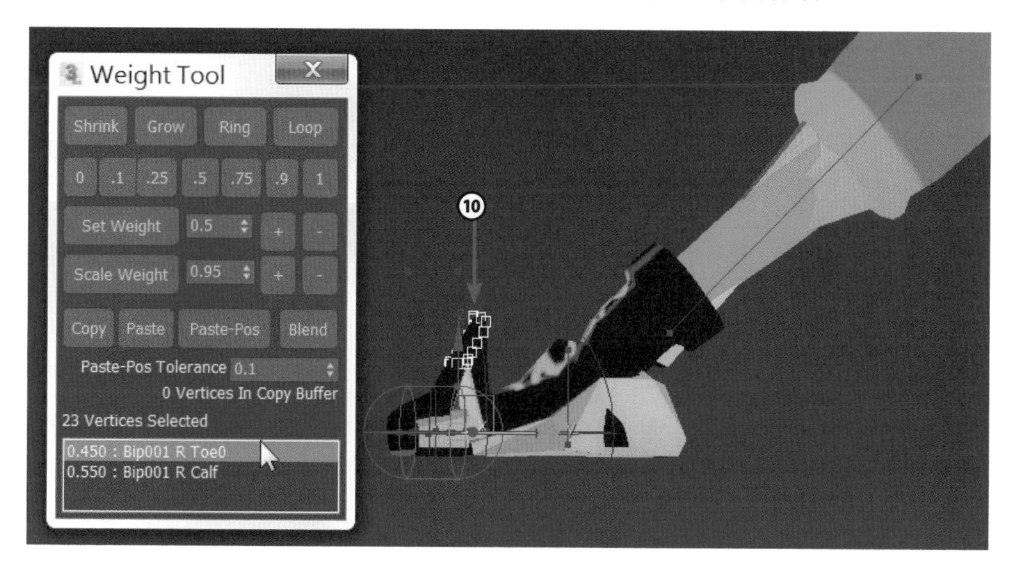

11 也有小腿（Calf）的骨頭。選取小腿（Calf）的骨頭。，按下權重【0】。

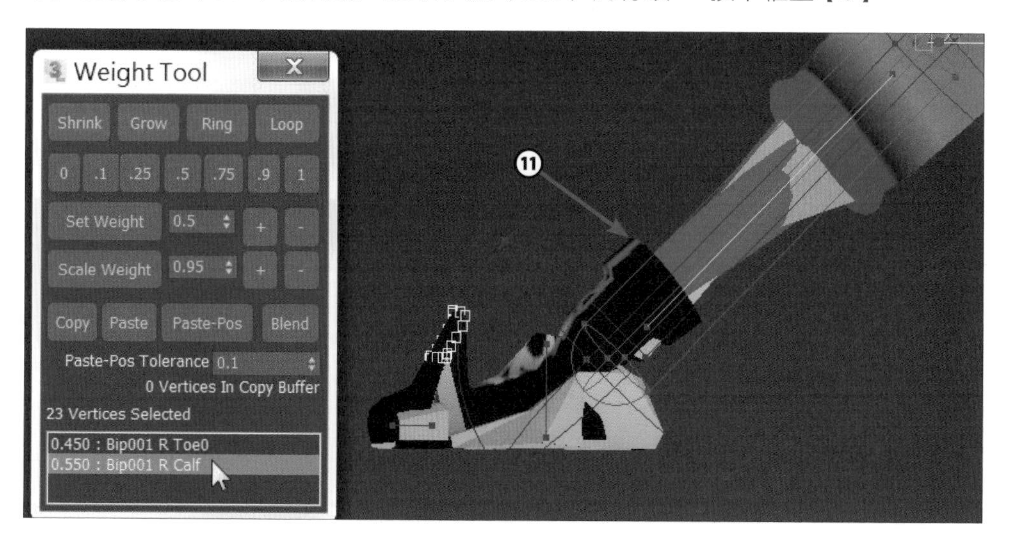

12 按下【Remove Zero Weights】清除 0 的權重。旋轉小腿與腳趾骨頭確認結果。

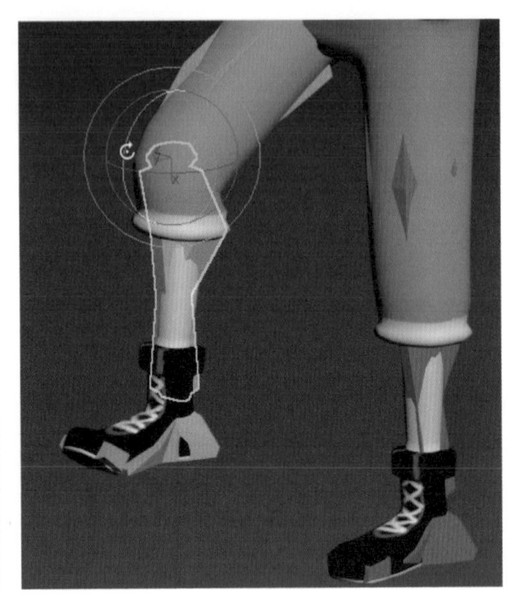

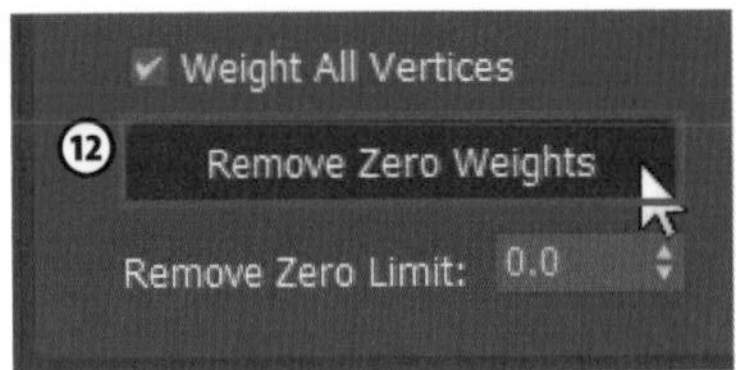

13 旋轉大臂骨頭，發現手掌有沾粘現象。

14 選取沒有跟著手移動的點，發現此點被 Bip001 控制。

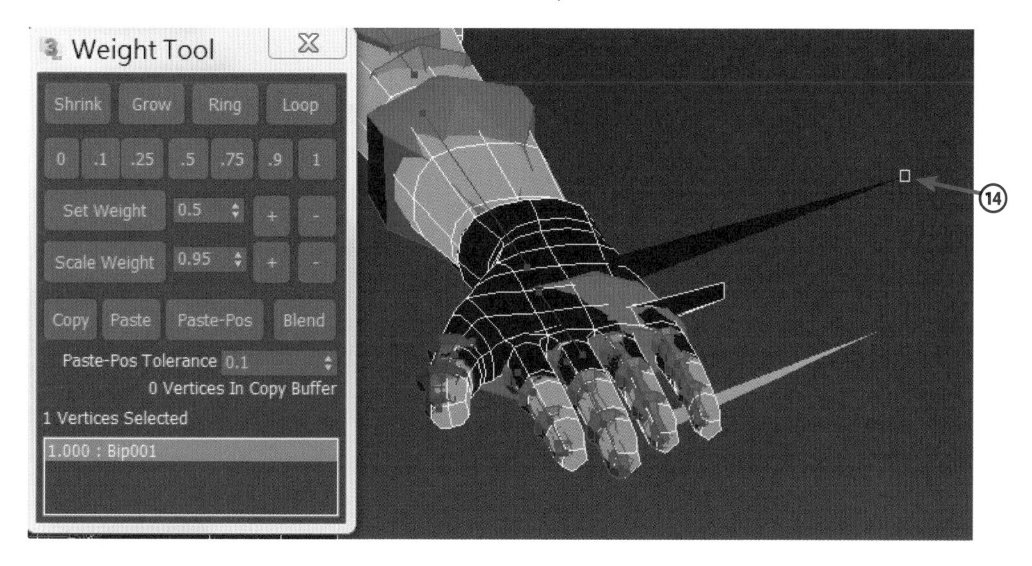

15 選取手掌骨頭，按下權重【1】。按下【Remove Zero Weights】清除 0 的權重。

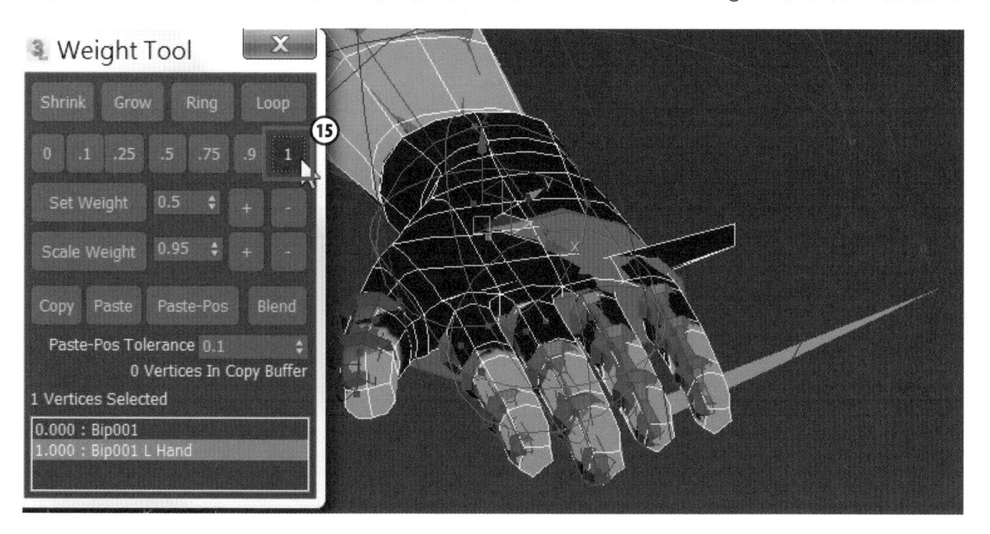

16 在【Motion（動作面板）】→點擊【Figure Mode（姿勢模式）】開啟，再點擊【Figure Mode（姿勢模式）】離開，就能恢復原本姿勢。

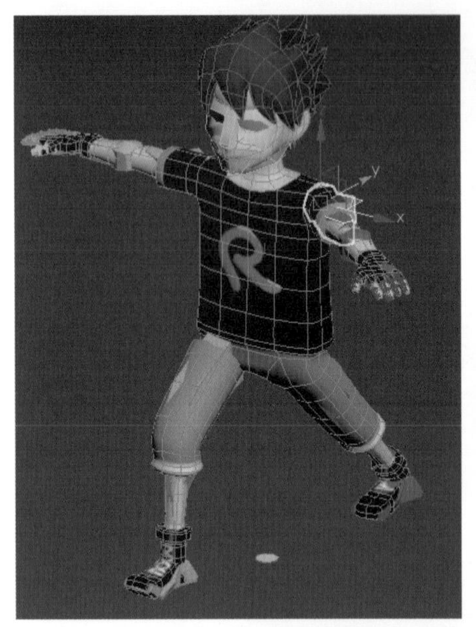

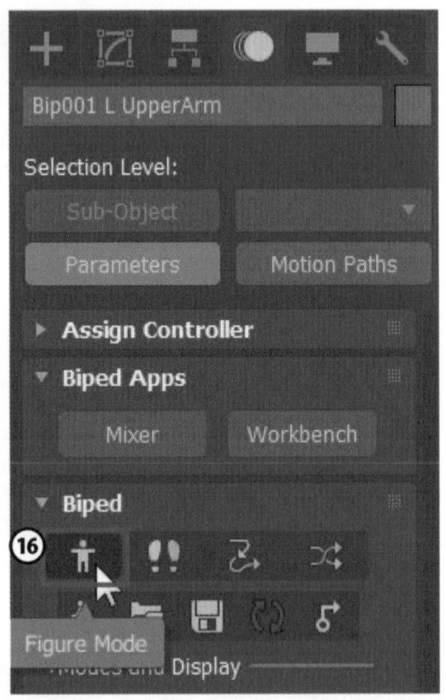

17 完成如右圖。

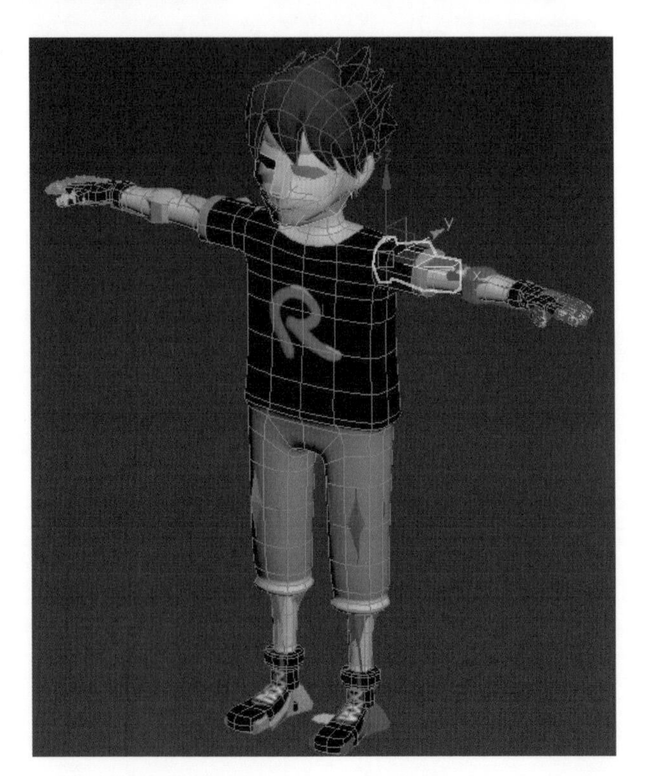

11-3 讓模型動起來

隱藏骨架

01 隱藏骨架有兩個方式，一個是在【Display（顯示面板）】→勾選【Bone Objects（骨頭物件）】，被勾選的選項會被隱藏。

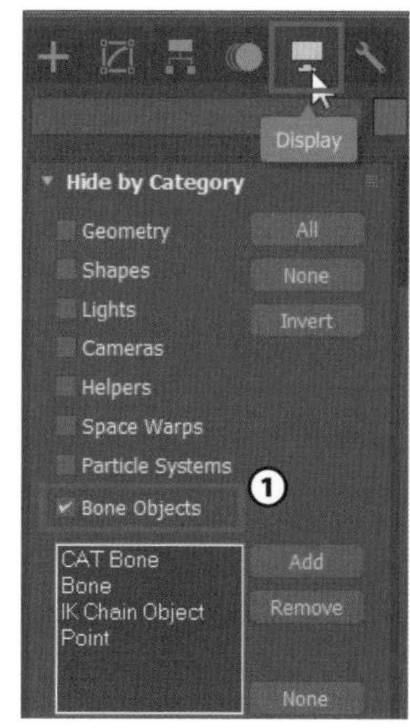

02 先取消勾選【Bone Objects（骨頭物件）】。另一個方式是利用選取篩選的下拉選單→選擇【Bone】，此時只能選取到骨頭。

03 框選整個模型，只會選到骨頭。

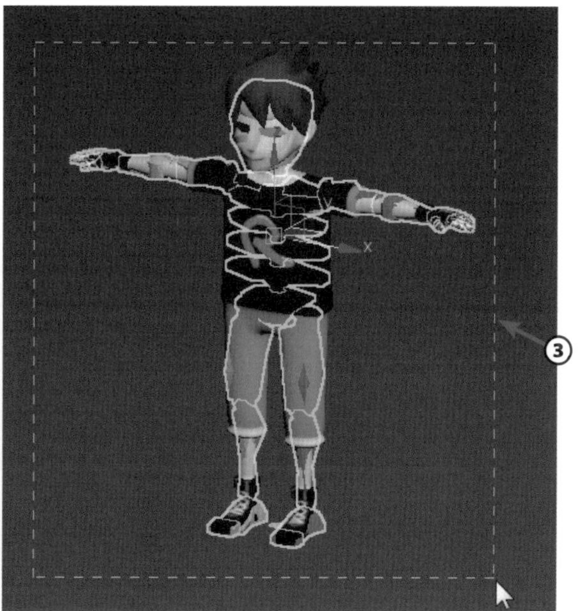

04 開啟【Toggle Layer Explorer（圖層資源管理）】視窗。

05 點擊【 】建立新圖層，選取的骨頭會自動加到新圖層，圖層命名為「骨架」。

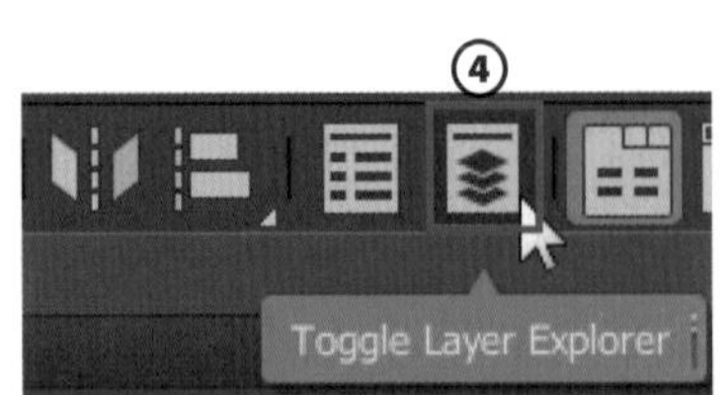

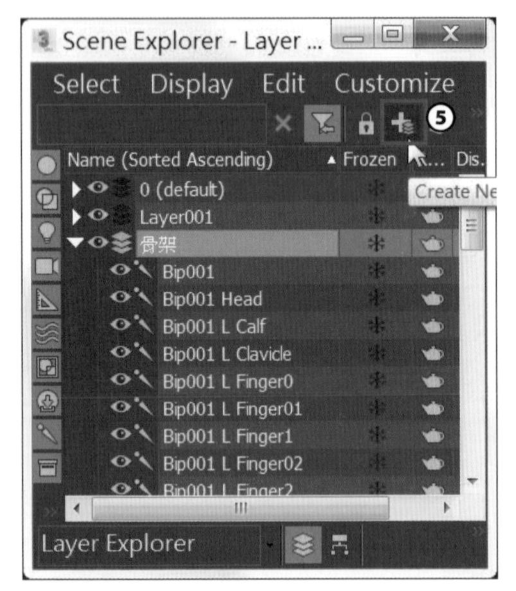

06 點擊骨架圖層左邊的眼睛，隱藏圖層，即可隱藏骨架。

07 點擊選取篩選的下拉選單→切換回【All】，使全部類型物件皆可選取。

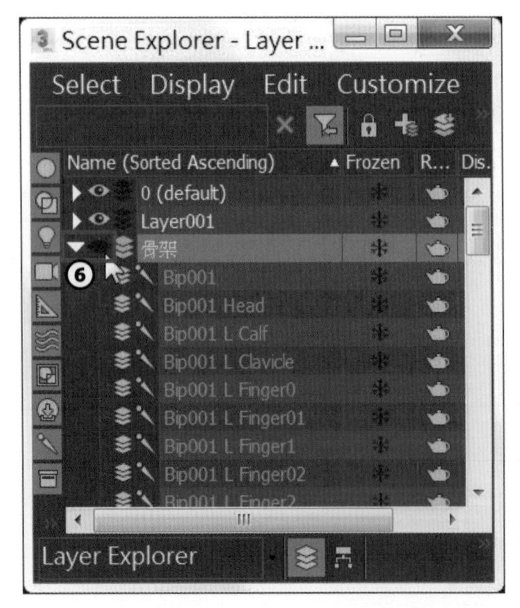

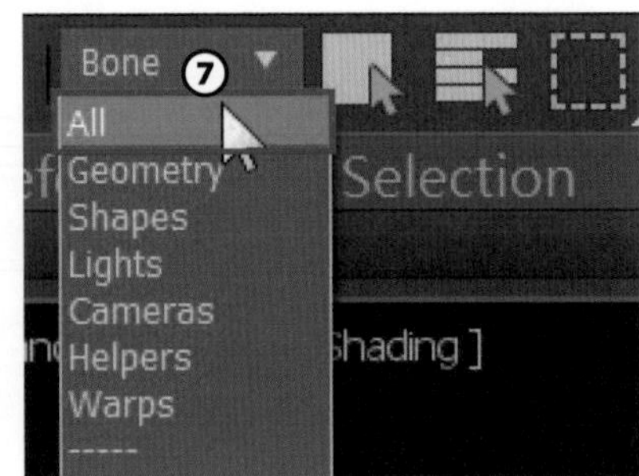

開啟動作檔

01 在圖層視窗，選取任意一個骨頭。

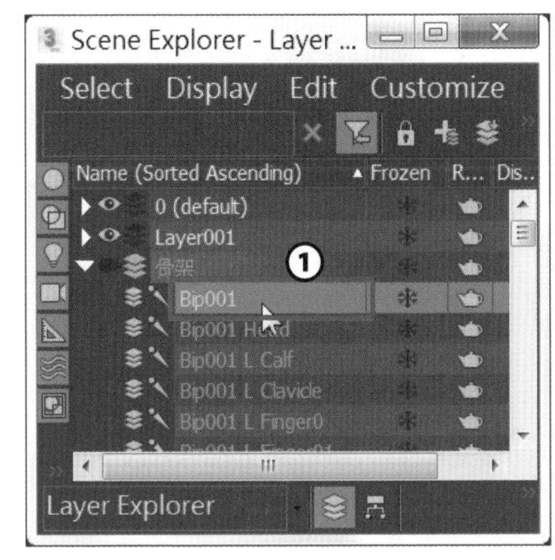

02 在【Motion（動作面板）】→點擊【 】開啟〈RoundKick.bip〉的動作檔案。

03 按下【OK】。

04 人物就會套用此動作檔，按下播放按鈕或拖曳時間軸可以檢視動作。

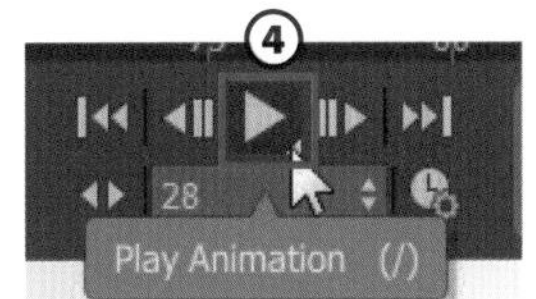

05 完成圖。

刪除動畫

01 點擊骨架圖層兩次，可以全選圖層中所有的骨頭物件。

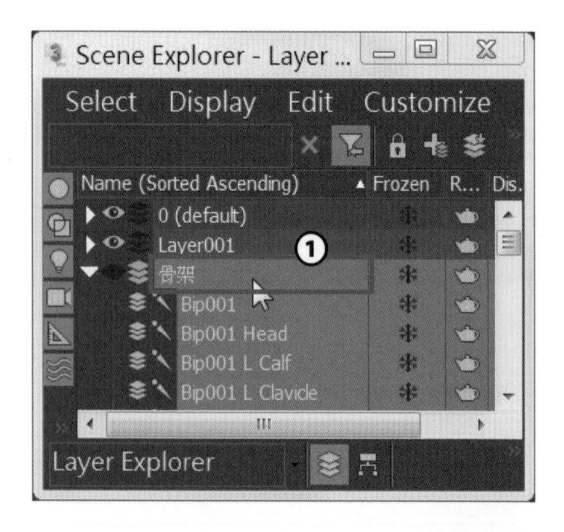

02 時間軸會出現所選骨頭的關鍵影格。框選所有關鍵影格，按下 Delete 鍵刪除。

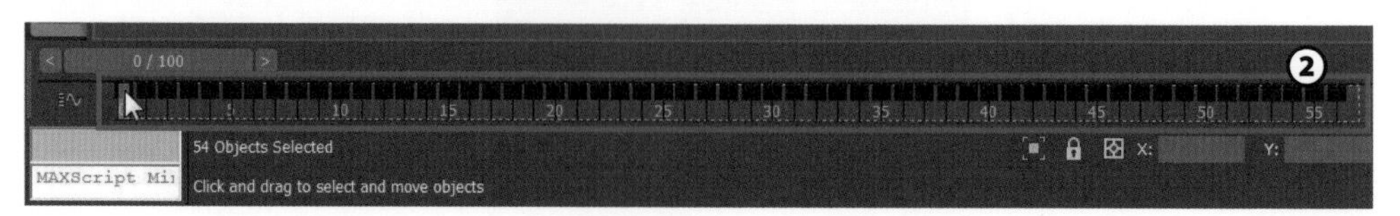

03 刪除後如下圖。

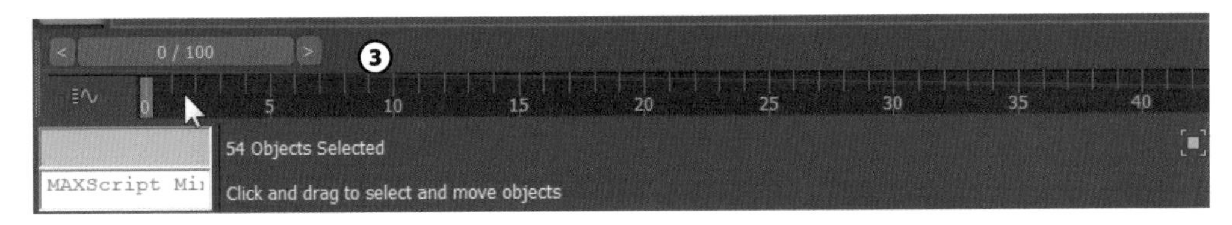

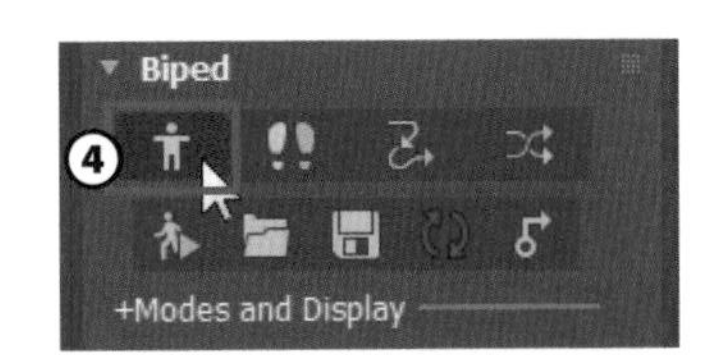

04 在【Motion（動作面板）】→點擊【Figure Mode（姿勢模式）】開啟，再點擊【Figure Mode（姿勢模式）】離開，就能恢復原本姿勢。

快速產生走路動作

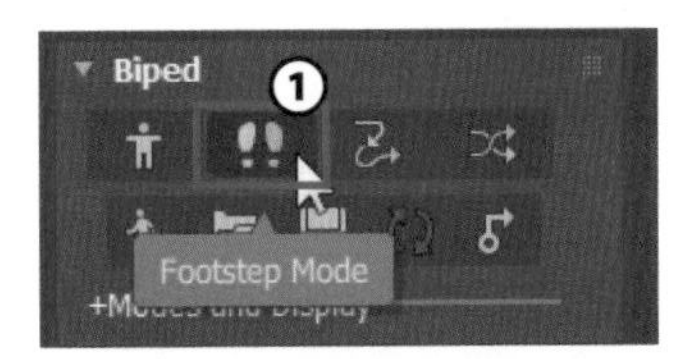

01 在【Motion（動作面板）】→開啟【Footstep Mode（腳印模式）】，可以製作腳印，也有內建走路、跑步、跳的動作。

02 選擇【（走路動作）】，點擊【（增加多個腳印）】。

03【Number of Footsteps（腳印數量）】輸入「20」，按下【OK】。

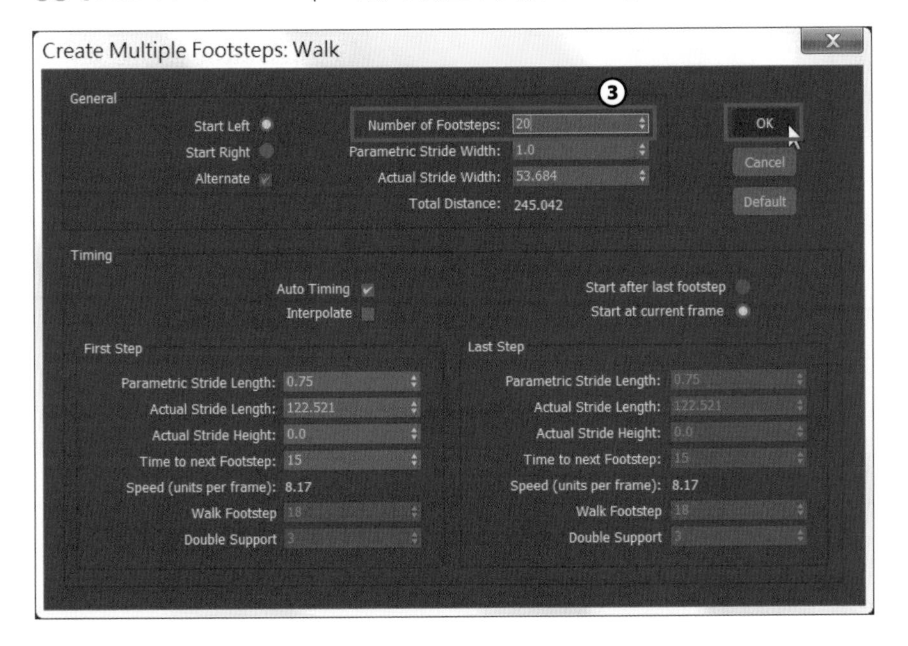

04 點擊【 (建立關鍵影格)】。

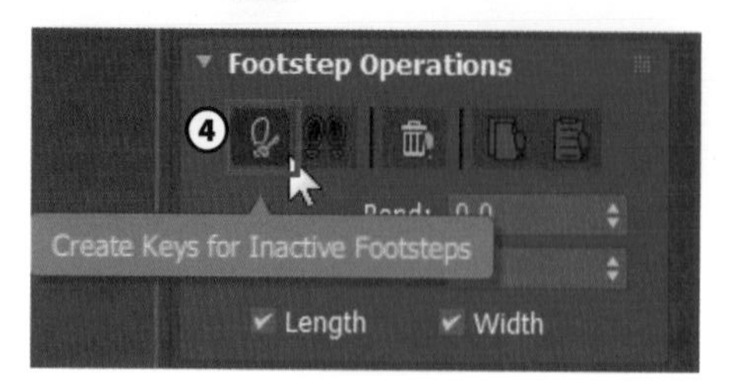

05 按下播放按鈕，就能播放走路動畫。

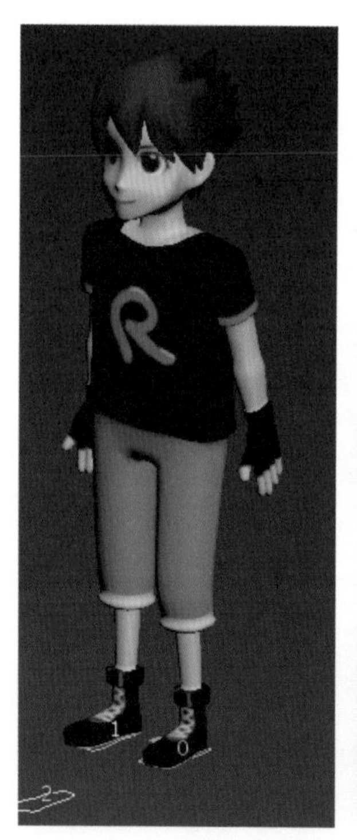

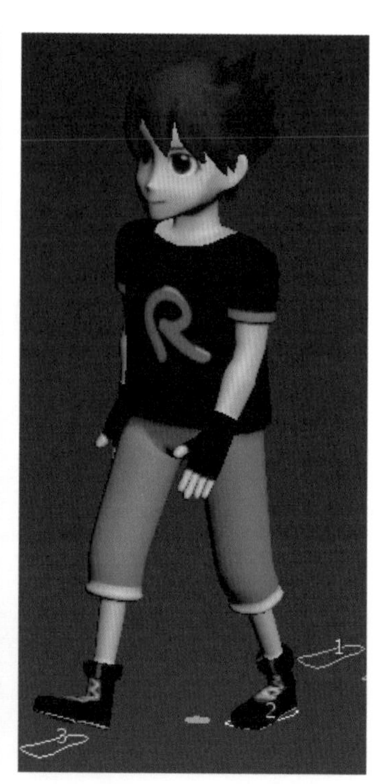

06 最後點擊【Footstep Mode】離開腳印模式。

CHAPTER 12

Mixamo 快速製作角色骨架與動畫

01 進入 Mixamo 網站後並登入帳號，登入後在視窗右上角點擊「UPLOAD CHARACTER」。

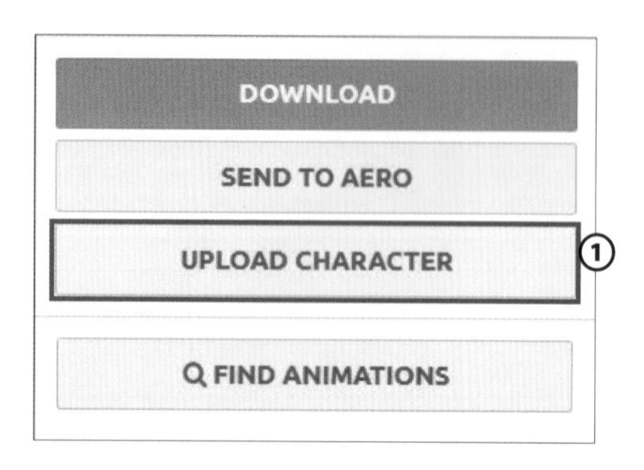

02 之後會出現下列視窗並點擊「Select character file」並選擇光碟範例檔→「Mixamo」→「T Pose.fbx」。

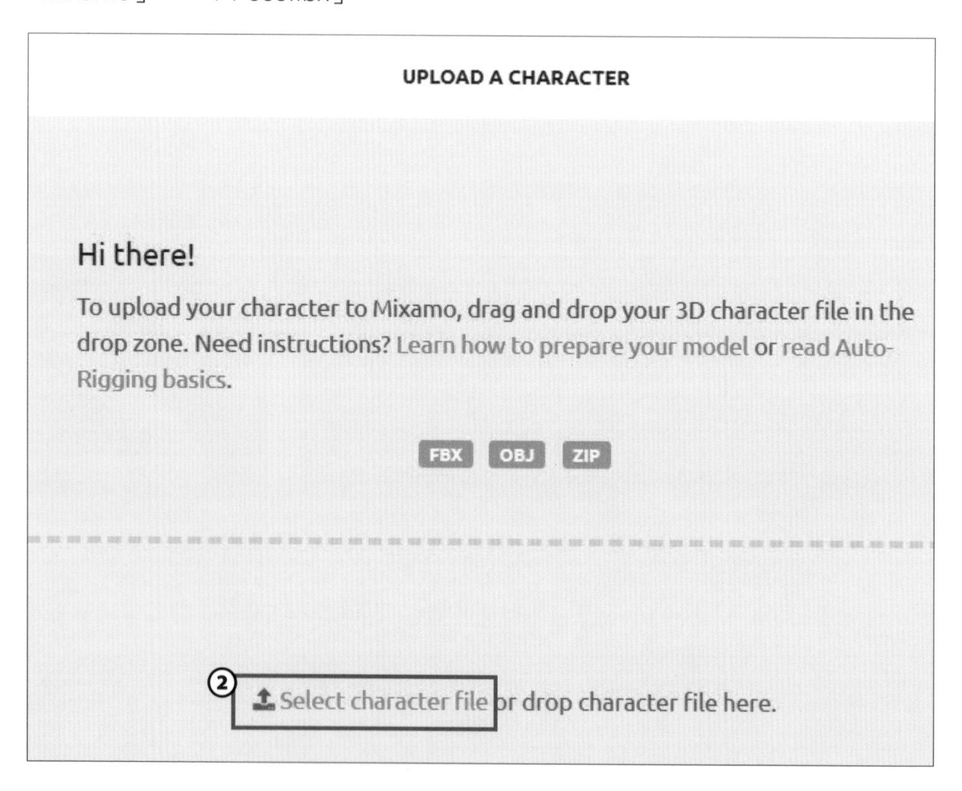

03 上傳完後點擊右下角【Next】即可。

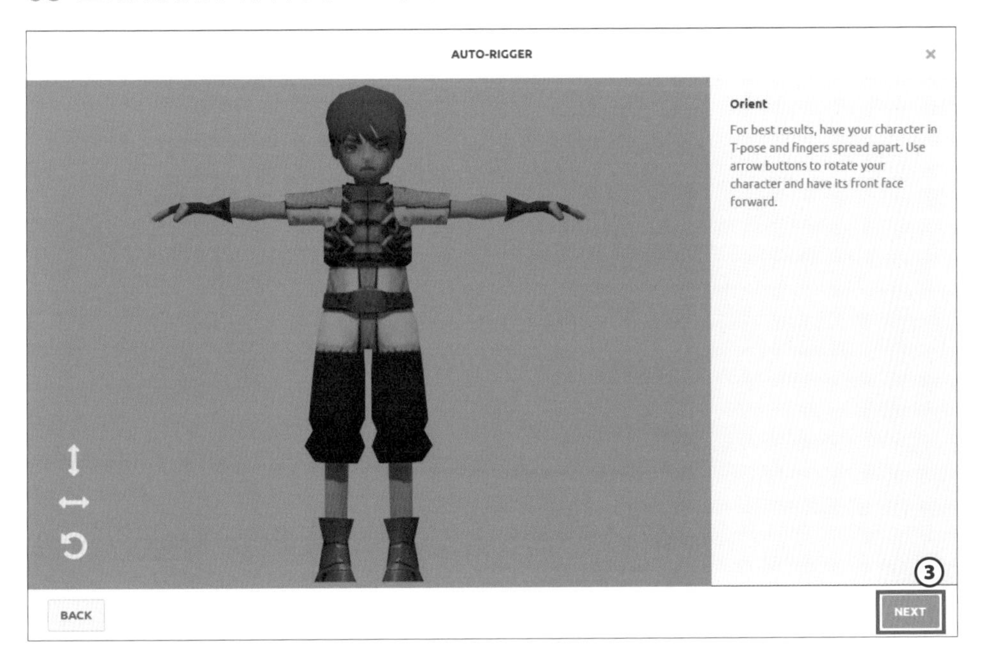

04 之後會出現下列視窗，是要來綁骨架的。

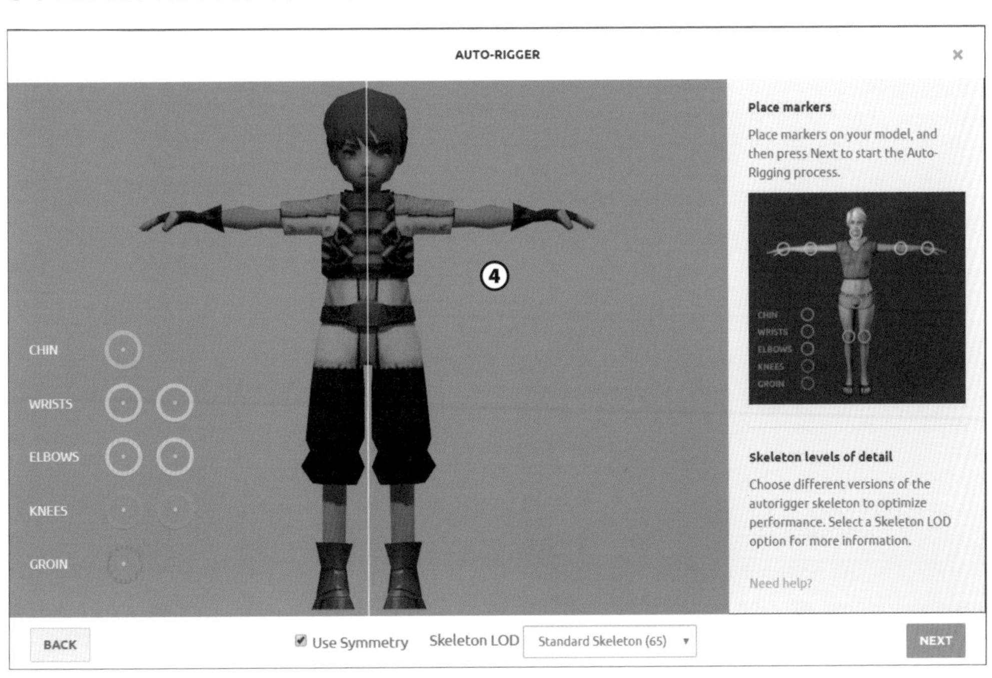

05 將對應的關節名稱旁的圈圈移至模型上。完成後點擊右下角 Next 即可。

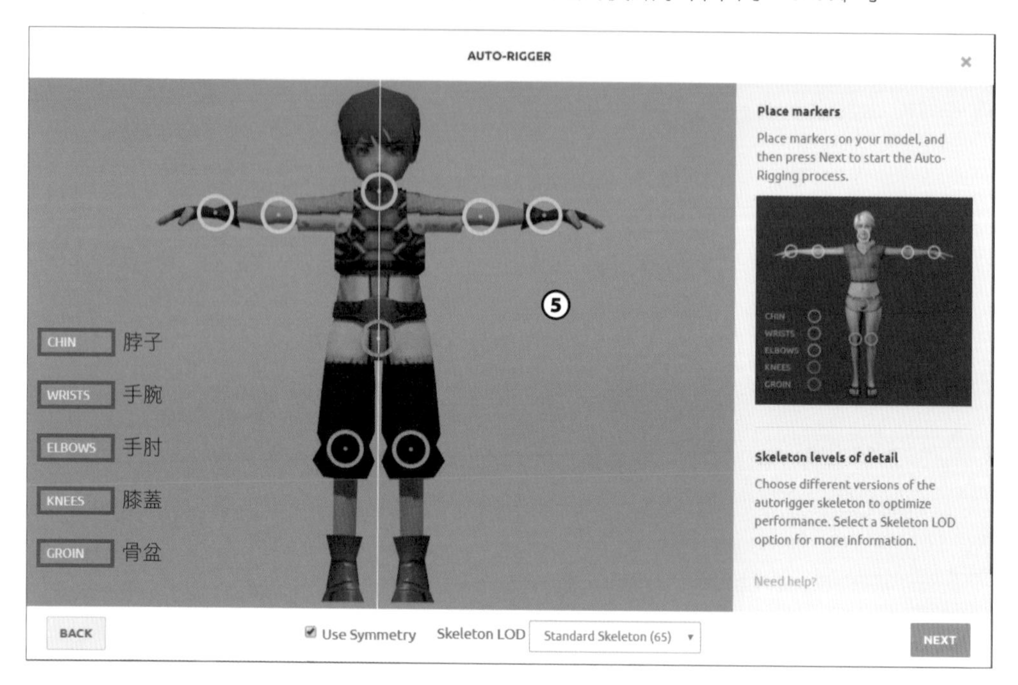

06 再點擊【Next】按鈕直到出現下列畫面。並點擊【Download】將模型下載下來。

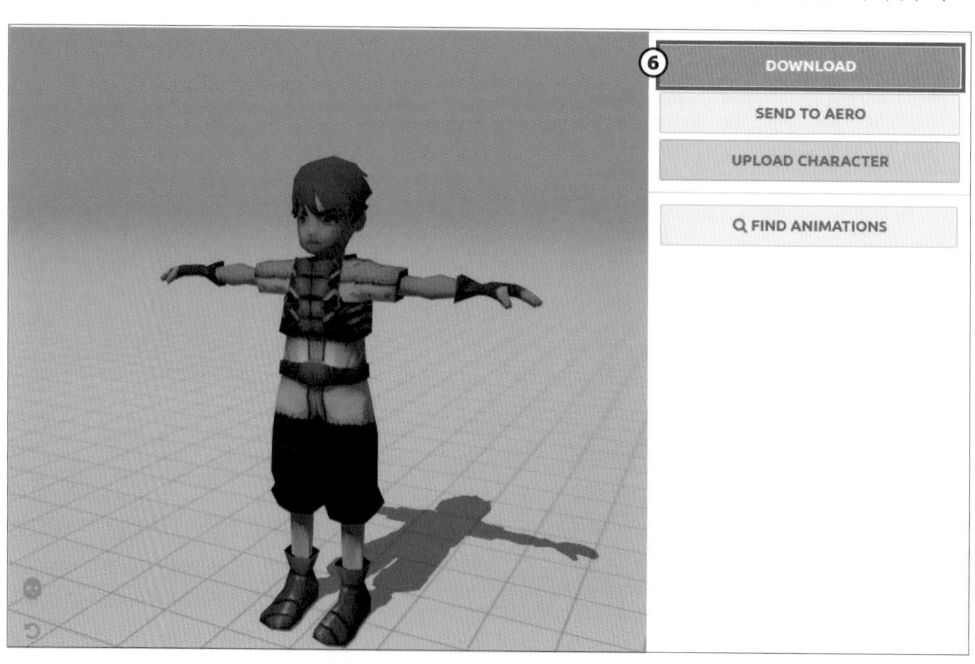

07 並將「Pose」設為「T-Pose」。之後點擊 Download。

DOWNLOAD SETTINGS
Format
FBX(.fbx)
Pose
T-pose
⑦
CANCEL
DOWNLOAD

08 在視窗左上角的搜尋引擎輸入動作的英文，例如 Walk 走路、Jump 跳、Dance 跳舞等等⋯。

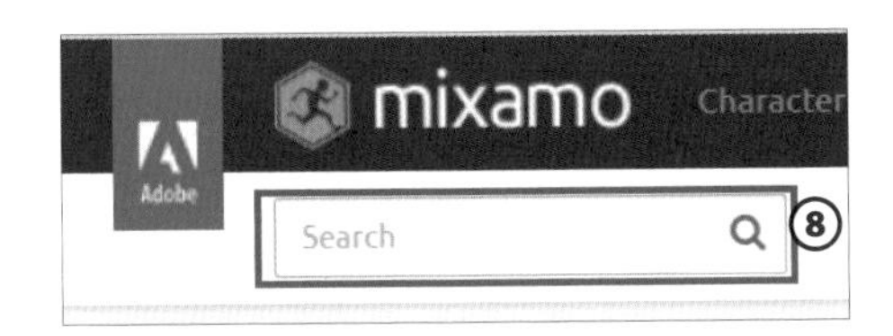

09 搜尋完後點擊喜歡的動作，使動作套入模型內，可以發現右側模型在執行套入的動作。

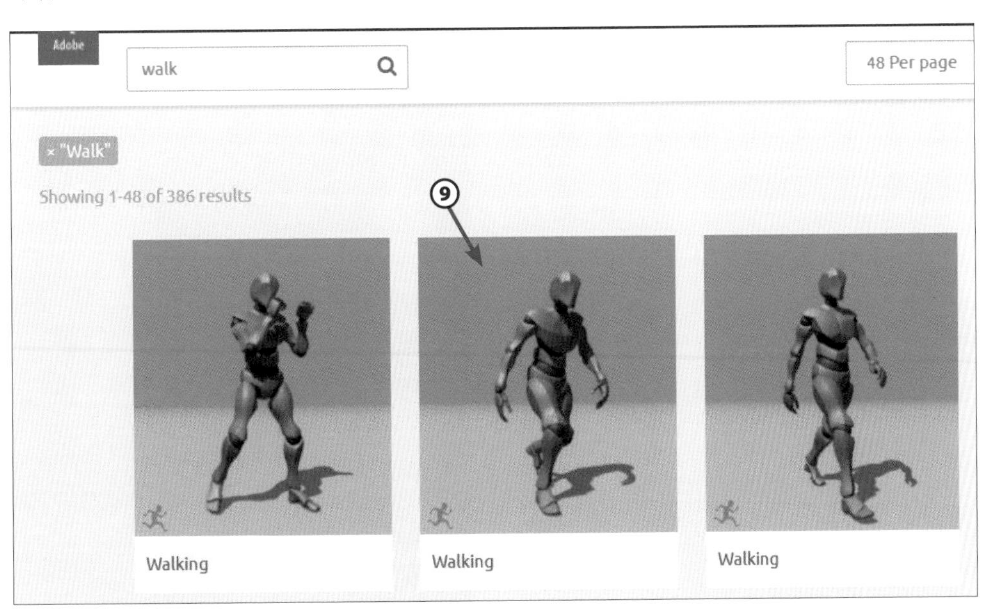

10 點擊右上角【Download】將模型動作下載下來。

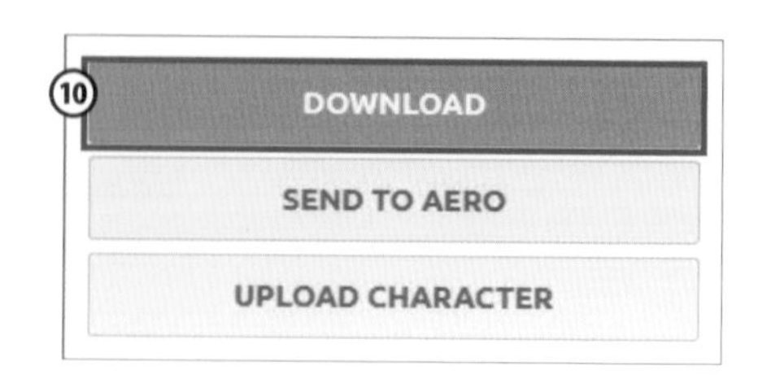

11 並將「Skin」設為「Without Skin」。點擊【Download】。

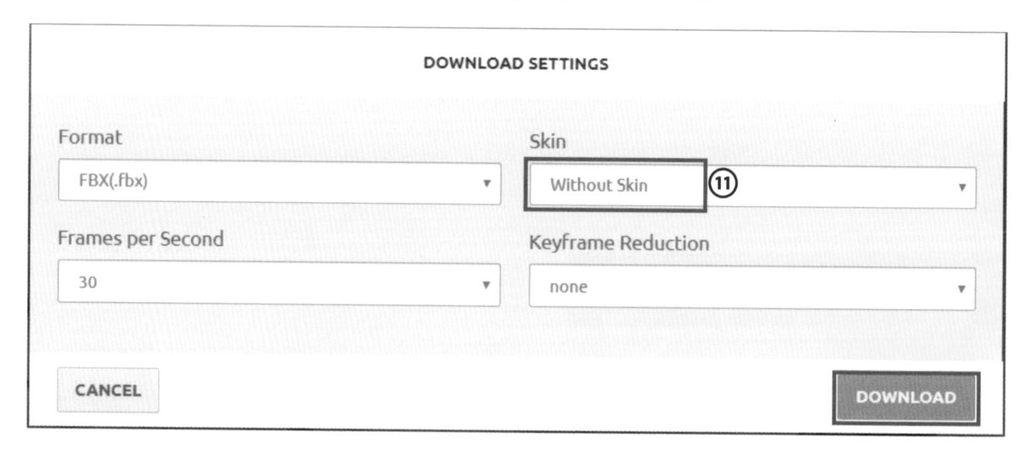

12 依據步驟 9-11 下載其他動作，之後至 3Ds max 串接起來。

匯入動作

01 開啟 3Ds max 後點擊下拉式選單「File」→「Import」→「Merge」並選擇剛剛載下來的模型動作。

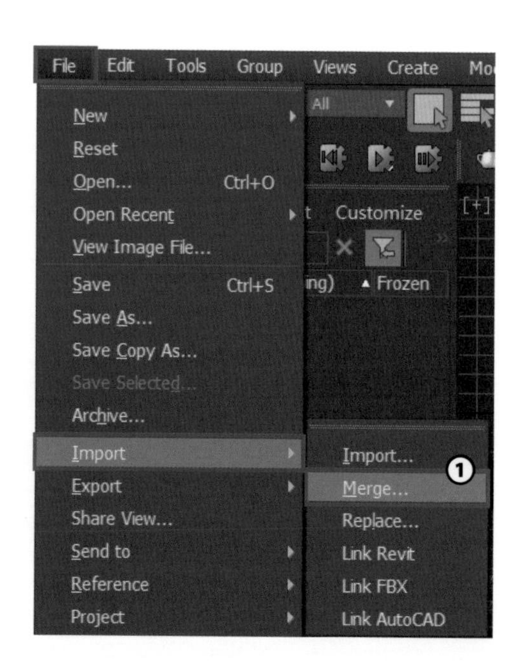

02 選擇模型後會出現下列視窗點擊 OK 即可。

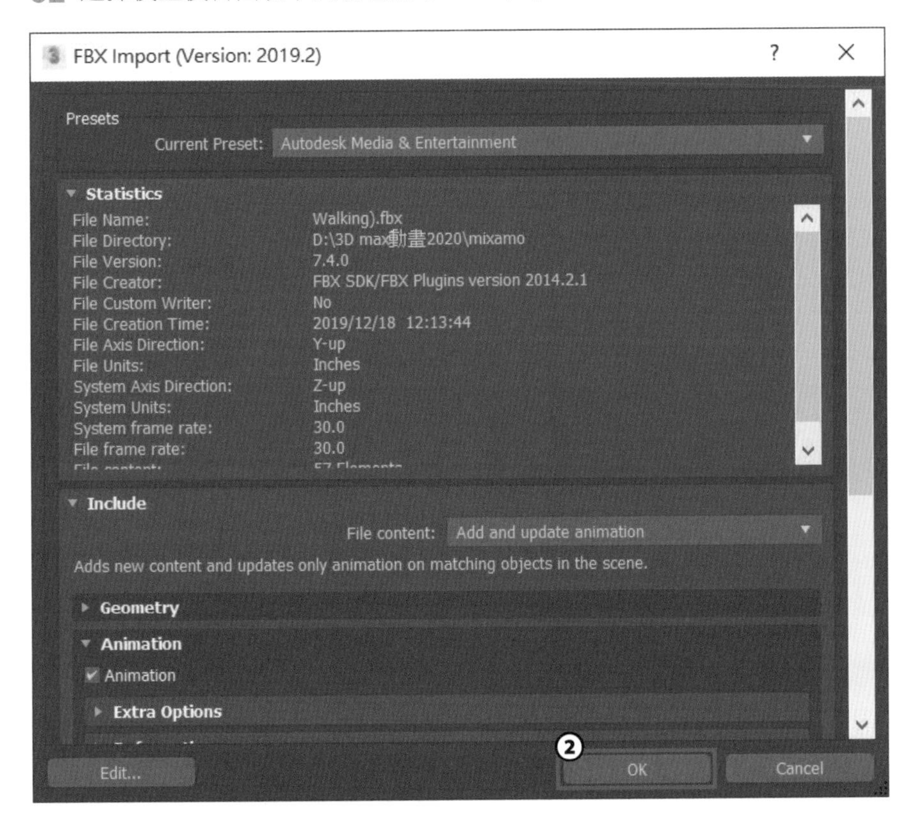

03 選取所有的骨架後點擊下拉式選單「Animation」→「Save Animation…」。

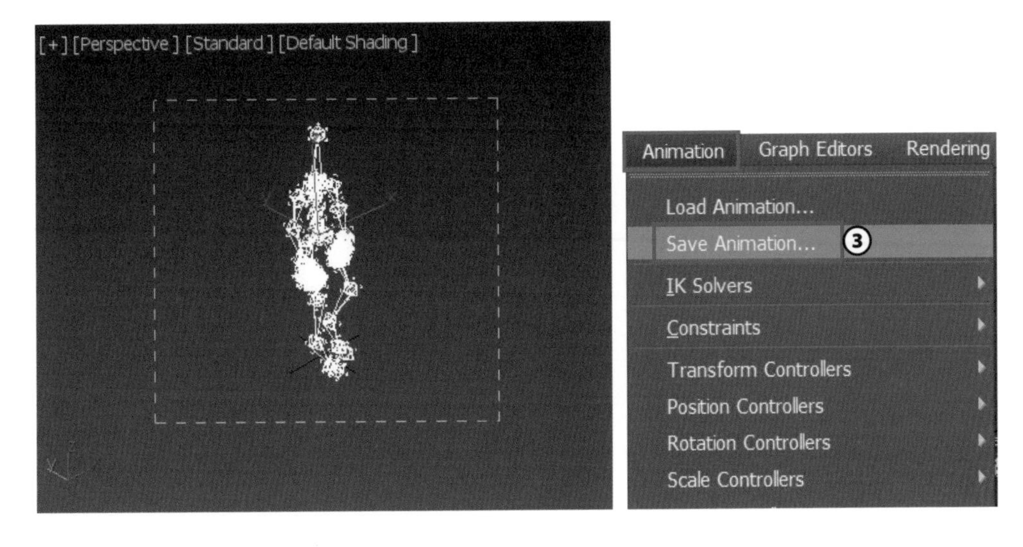

04 將檔案任意命名後點擊「Save Motion」即可將動作儲存起來。

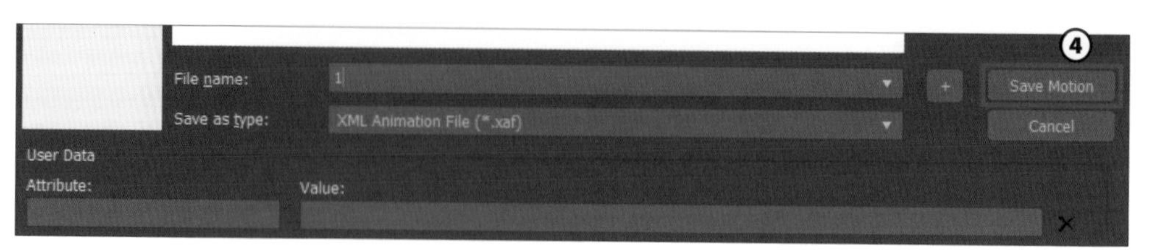

05 開新的檔案，匯入剛剛下載的 T-Pose 模型。

06 選取所有骨架，點擊下拉式選單「Animation」→「Load Animation…」。

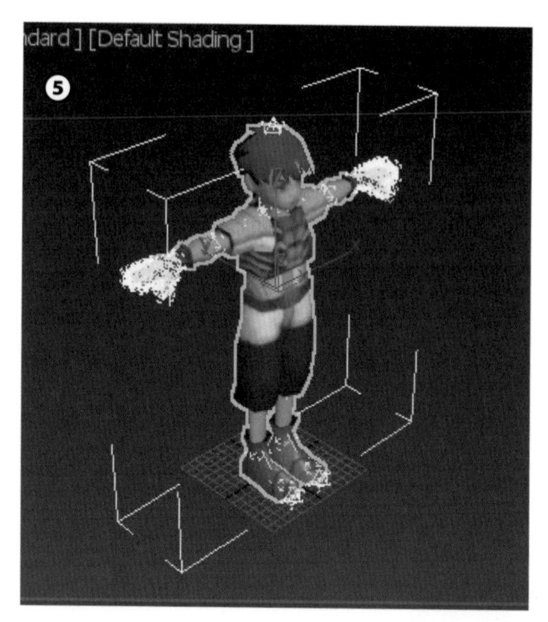

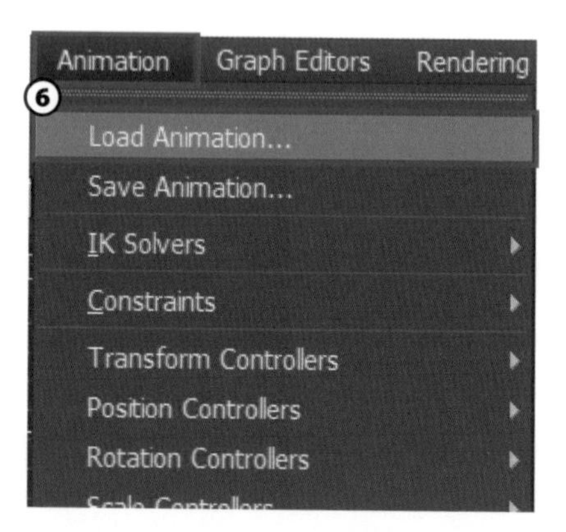

07 選擇前幾步驟儲存的動作檔。

08 將底下「File」設為「Default」。

09 將右側「At Frame」設為「0」使動作開始時會從影格 0 開始。

10 完成上述設定後點擊「Load Motion」即可匯入動作。

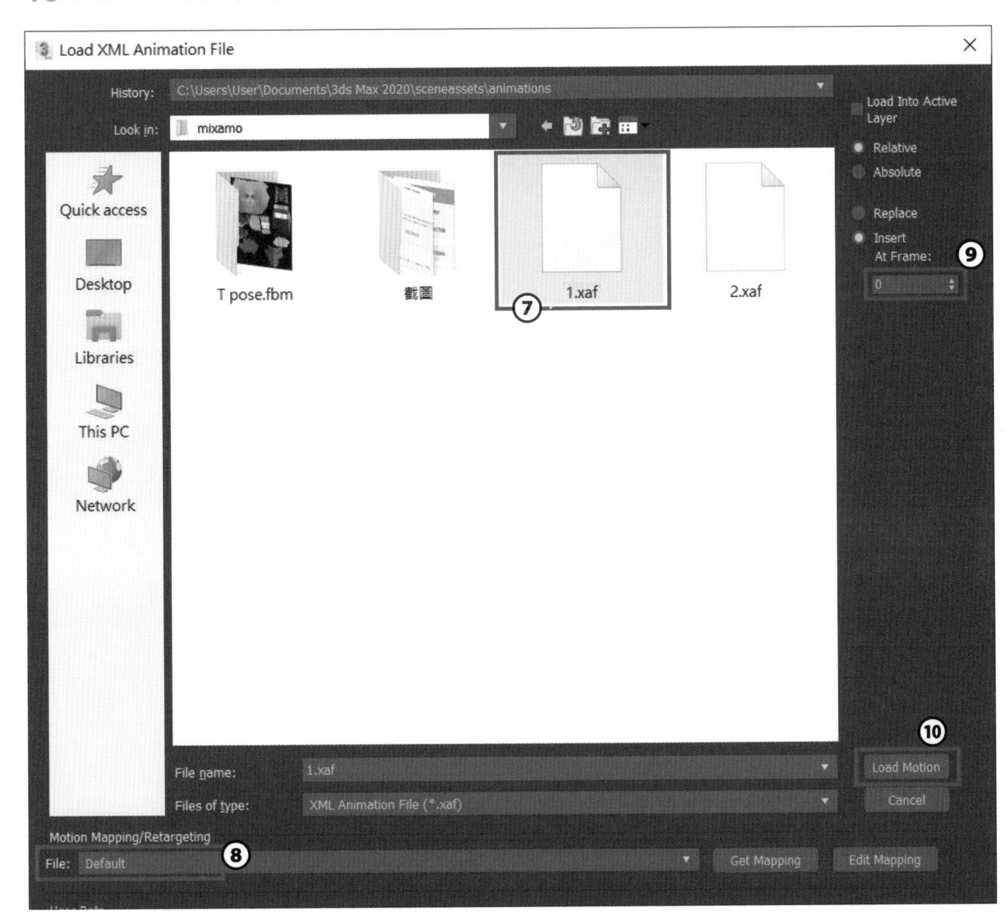

11 匯入動作後可在下方時間滑軌得知執行此動作的最後一個影格為 31。

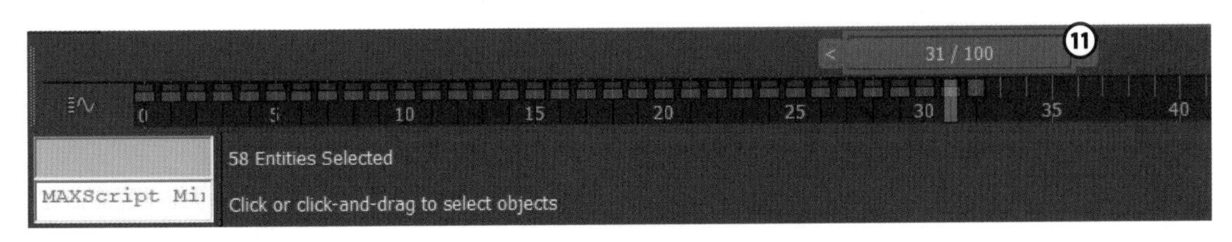

12 再執行一次步驟 6-10。且將「At Frame」設為「32」使定二個動作會皆在第一個動作之後。

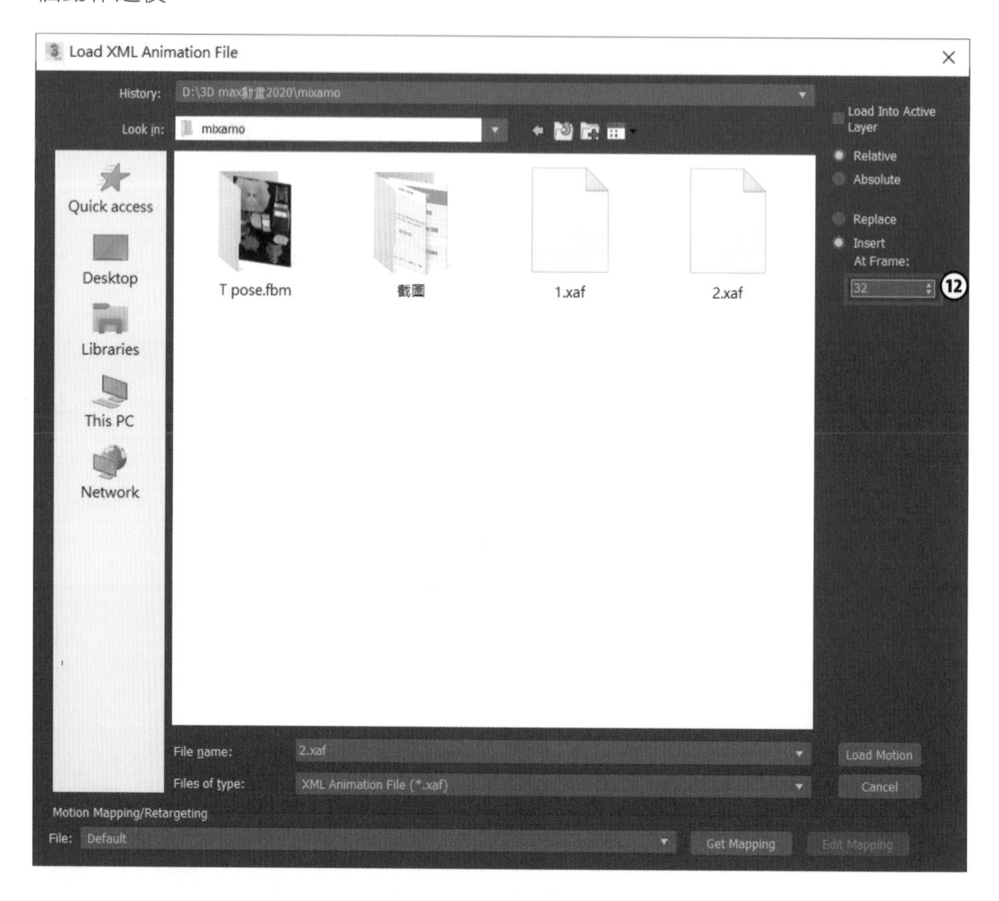

13 即可完成動作串接。點擊播放鍵可以發現兩個動作為連貫的。

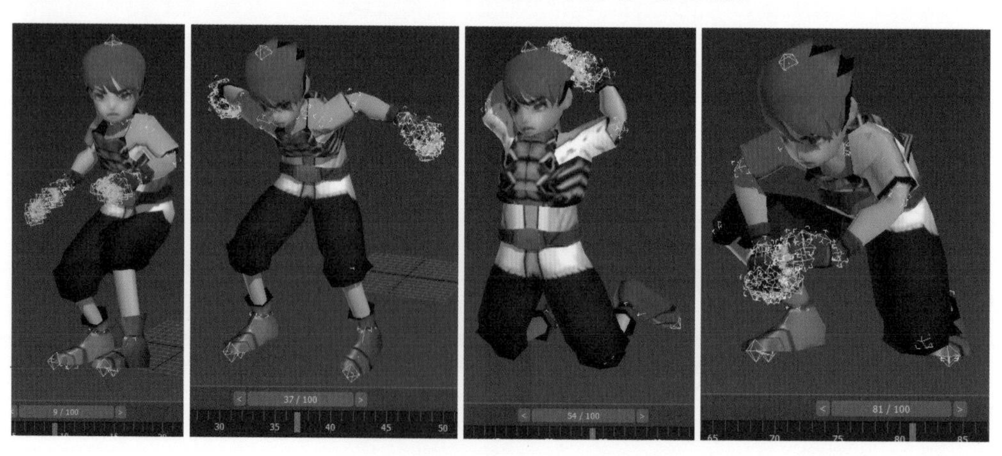

CHAPTER 13

粒子動畫

13-1 粒子

Find target（尋找目標）

01 開啟光碟範例檔【castle.max】可以發現檔案內有座城堡。

02 點擊創建面板→【Particle Systems（粒子系統）】→【PF Source】用來建立粒子系統。

03 切換至前視圖建立適當大小的粒子系統，並移動至適當位置。

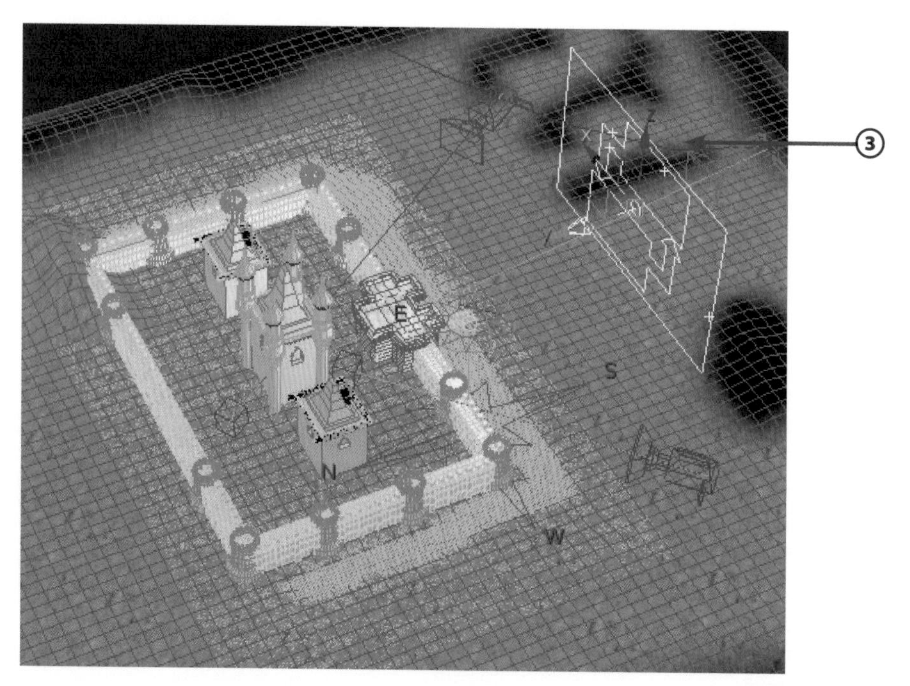

04 到粒子系統的修改面板，並點擊【Particle View（粒子視圖）】即可開啟 Particle View 視窗。

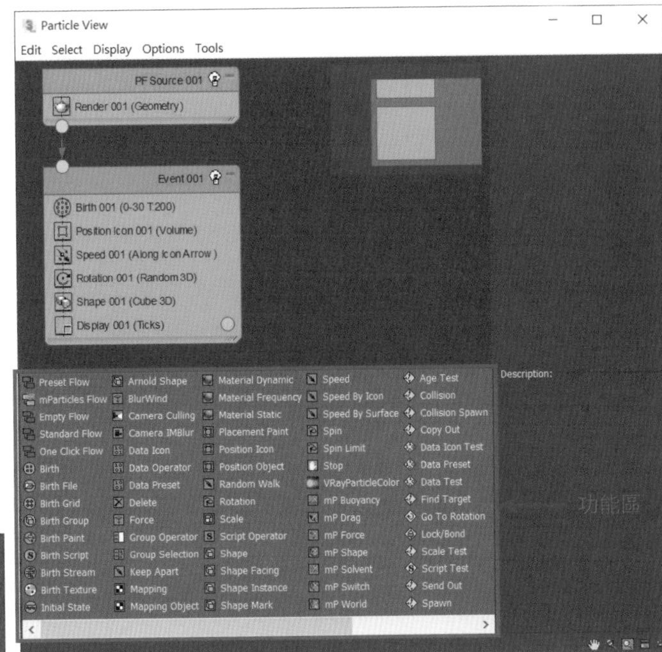

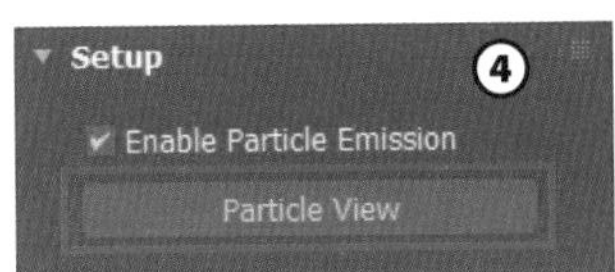

05 將功能區的【Find target】拖曳至 Event 001 視窗，使粒子系統增加尋找目標的功能。

06 在模型任意處新增一個元件，作為粒子要尋找的目標。

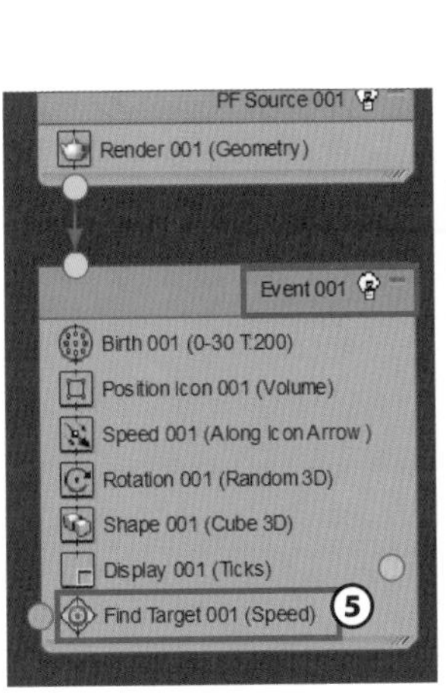

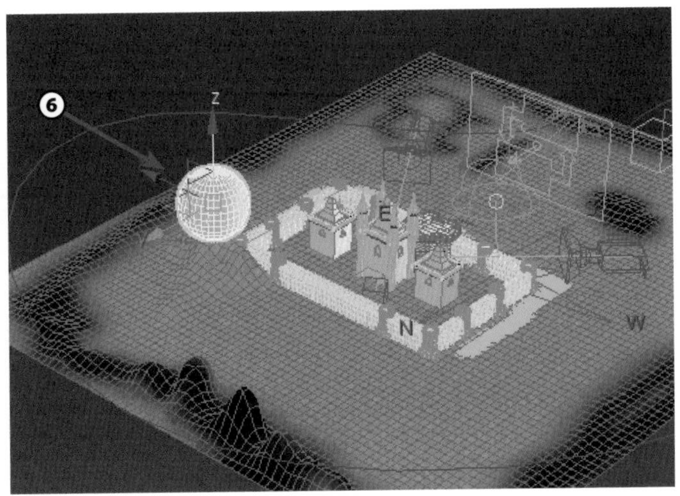

07 開啟【Particle View】視窗，選擇【Find target】在，右側【Target】面板選擇【Mesh Object】，再點擊【Add】後選擇上一步驟新增的元件，使其為粒子尋找的目標。播放動畫後可以發現粒子會往元件的方向移動。

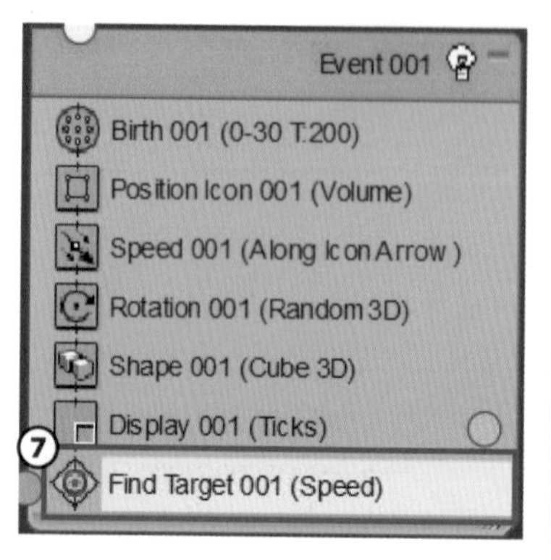

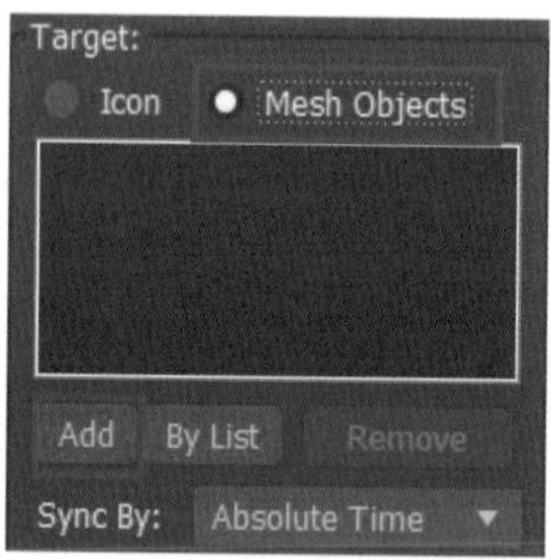

08 選擇【Speed 001】後再右側【Speed 001】面板→【Speed】可以調整粒子移動速度。

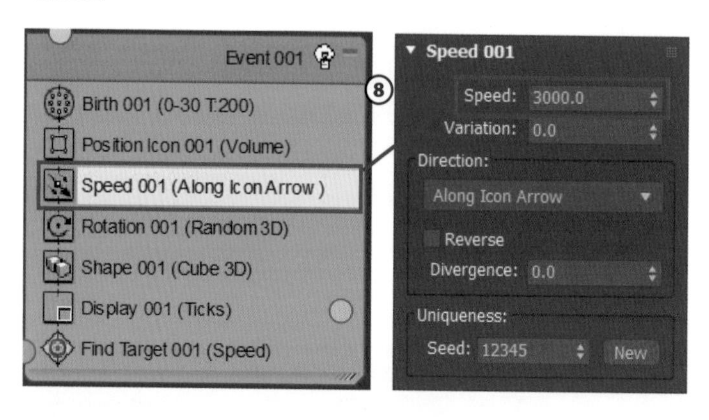

09 選取球元件後點擊滑鼠右鍵→【Object Properties…（物件性質）】。

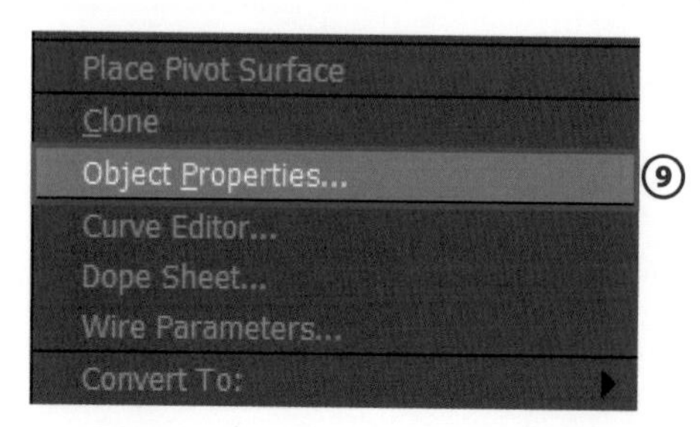

10 將【Renderable（可渲染）】取消勾選，能使元件輸出時不會出現在畫面中。

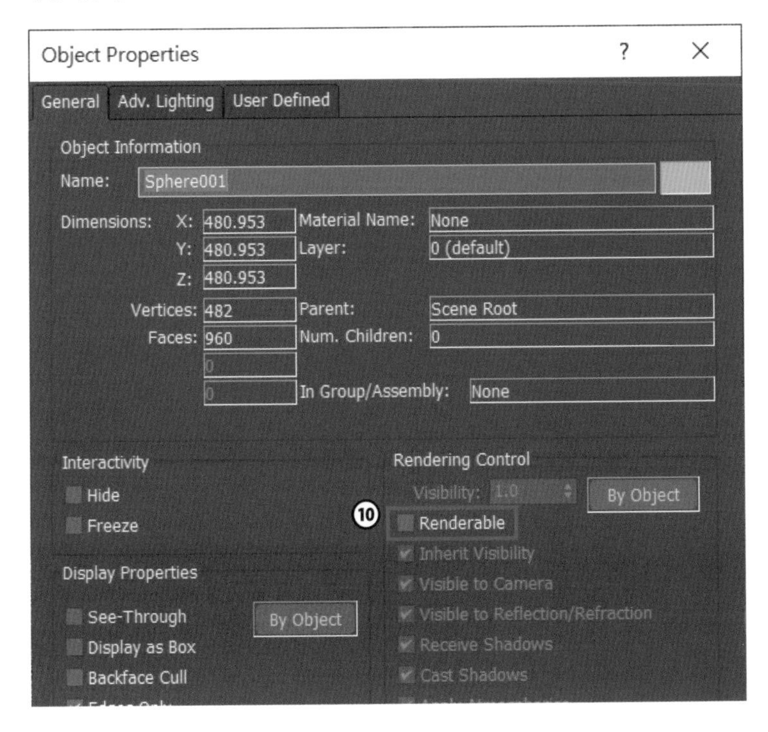

Gravity（重力）

01 將功能區的【Shape instance】拖曳至 Event 001 視窗，可改變粒子樣式。並選取【Shape 001】，按下 Delete 鍵刪除。讀者可利用圓柱自行設計弓箭作為之後要設定的粒子樣式。

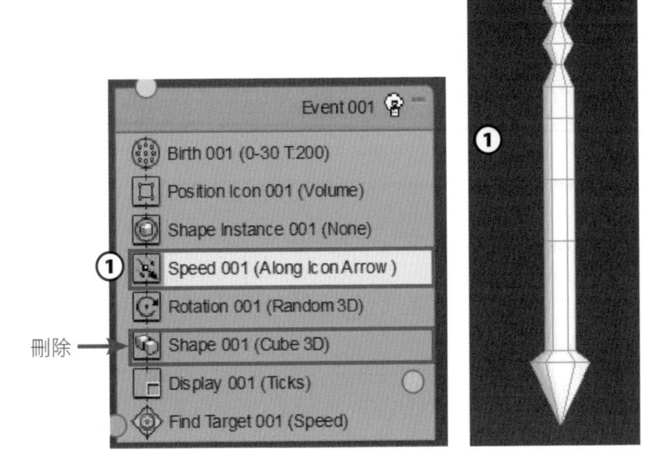

02 選擇【Shape instance 001】，在右側【Particle Geometry Object（粒子幾何物件）】面板→點擊【None】後並選擇自己建模的弓箭，即可改變粒子樣式。

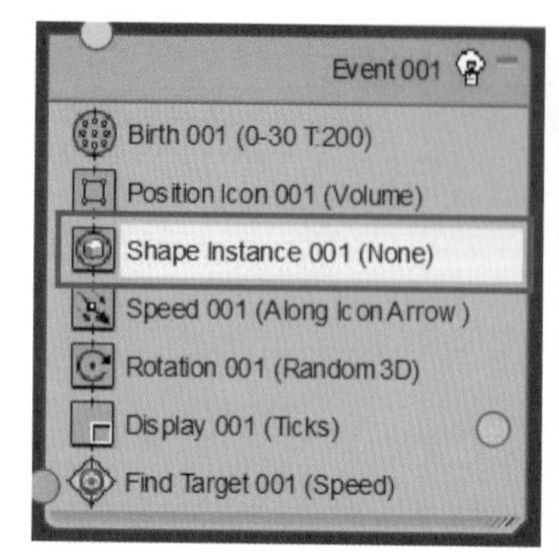

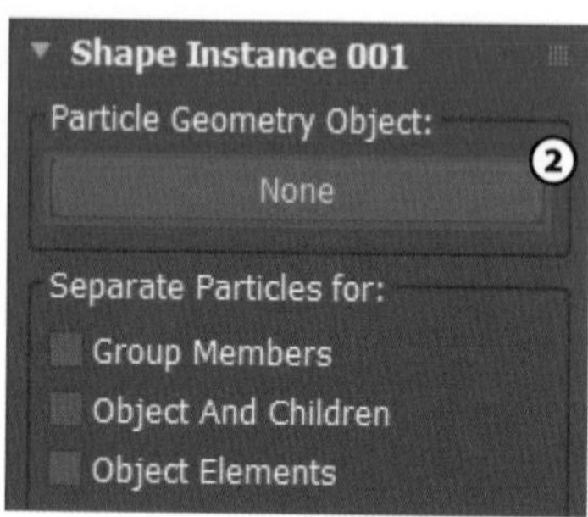

03 選擇【Display 001】，在右側【Display 001】→【Type】選擇【Geometry（幾何）】。

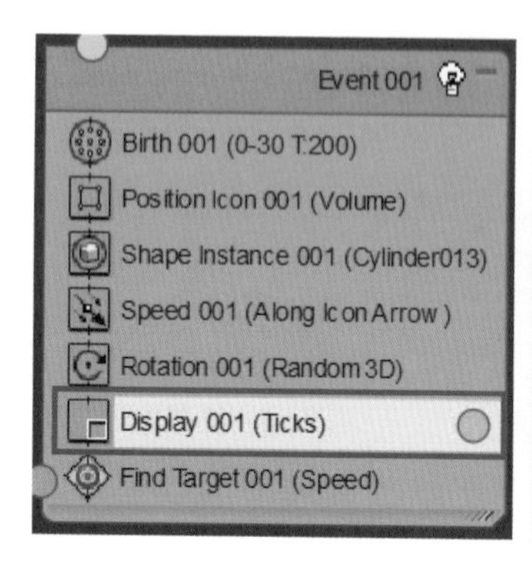

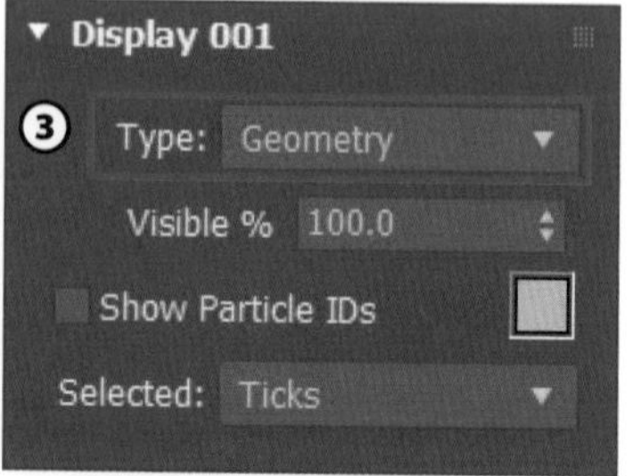

04 可使粒子顯示的類型為物件原形。

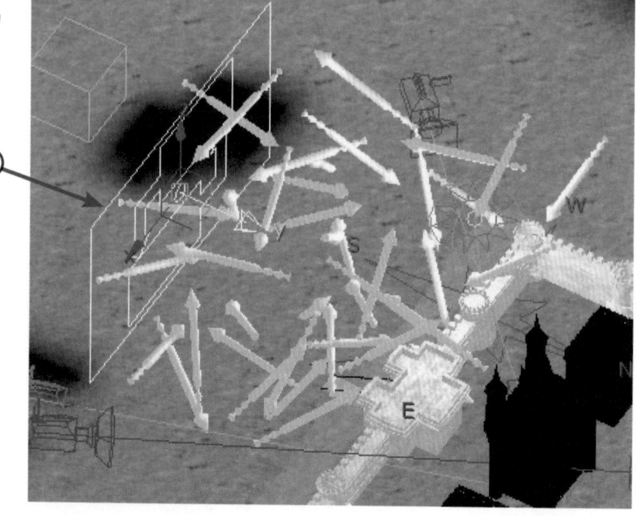

05 選擇【Shape instance 001】，在右側【Scale】可以改變粒子大小。

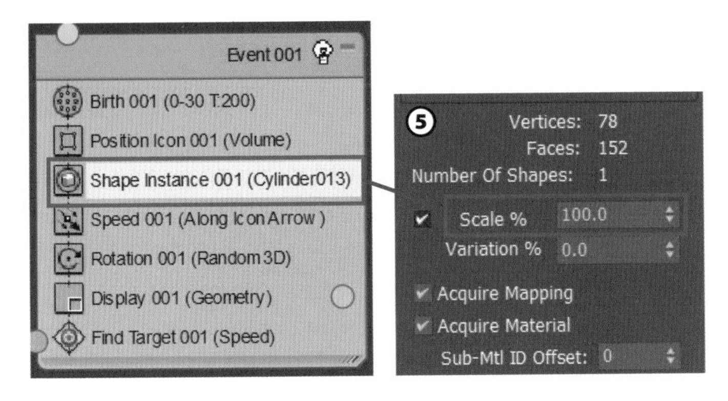

06 選擇【Birth 001】，在右側【Amount】可以改變粒子數量。

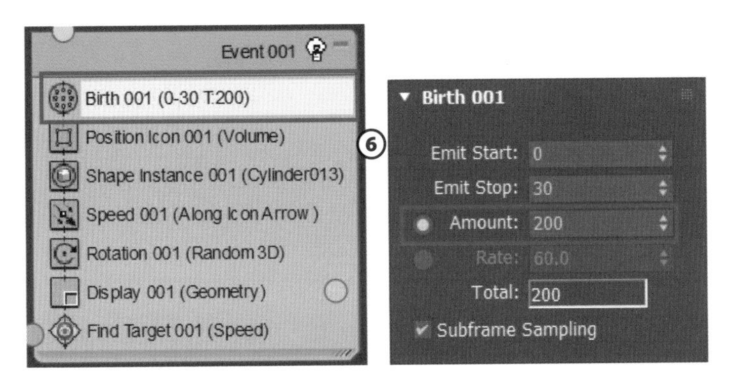

07 選擇【Rotation 001】，在右側【Orientation Matrix（方向矩陣）】選擇【Speed Space Follow】，調整 XYZ 軸的數值可改變粒子移動方向。

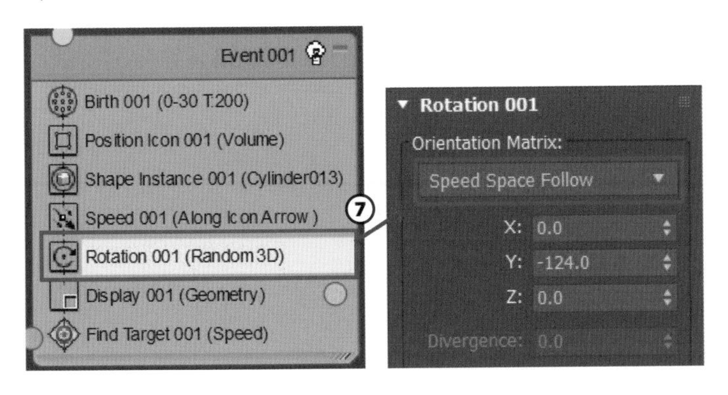

08 調整數值使粒子往城堡的方向移動。

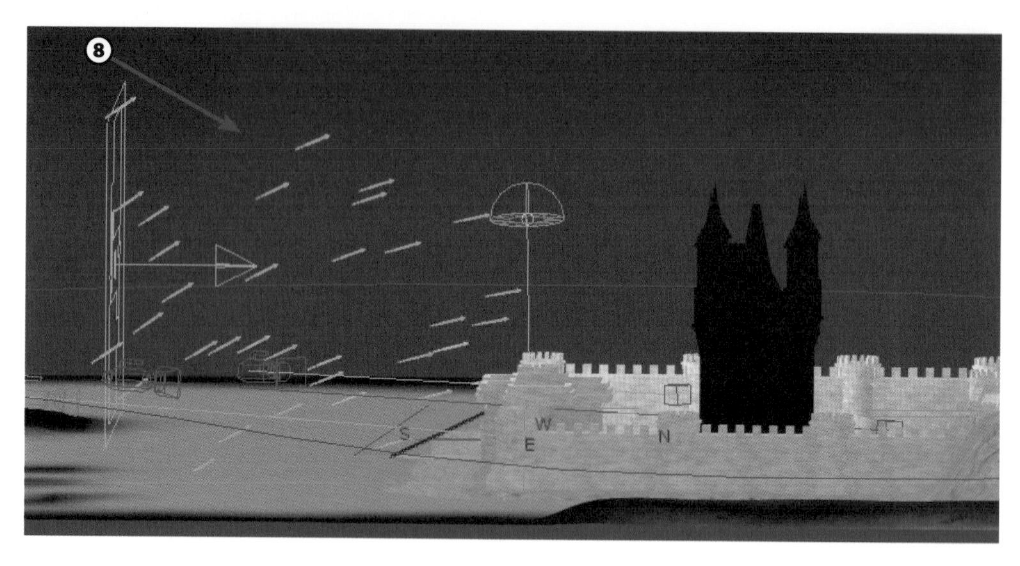

09 在創建面板→【Space Warps（空間扭曲）】選擇【Gravity(重力)】，並在城堡後方建立一個重力物件。

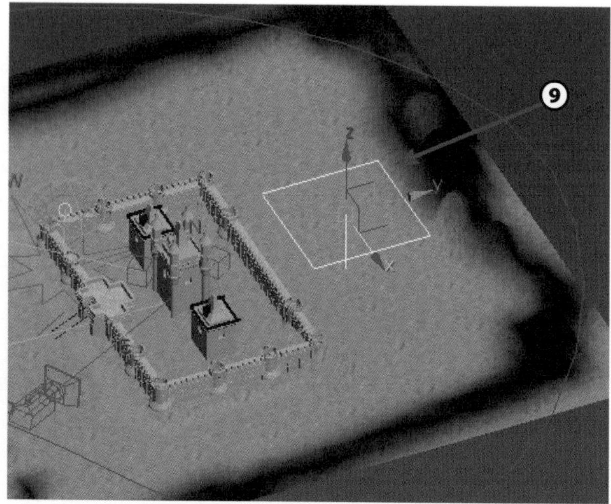

10 開啟【Particle View】視窗，將功能區的【Force】拖曳至 Event 001 視窗，選取【Force001】，在右側【Force Space Warps（力空間扭曲）】面板點擊【Add】，選擇上一步驟建立的重力。

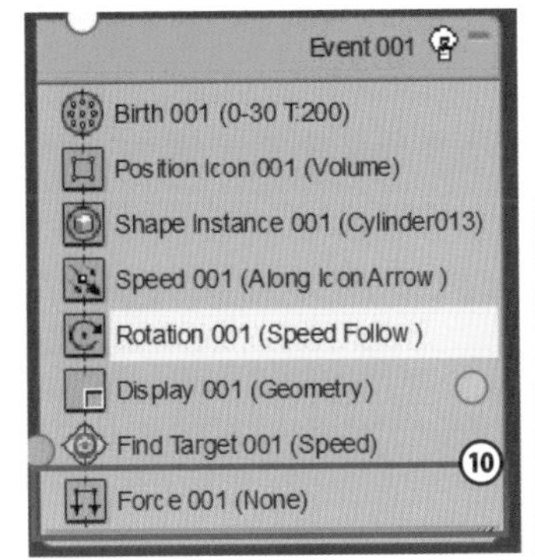

11 選擇建立的重力後，再到修改面板【Force】的下方修改【Strength】數值，可調整重力大小，不同的重力弓箭掉下的方向也有所不同，讀者可自行調整。

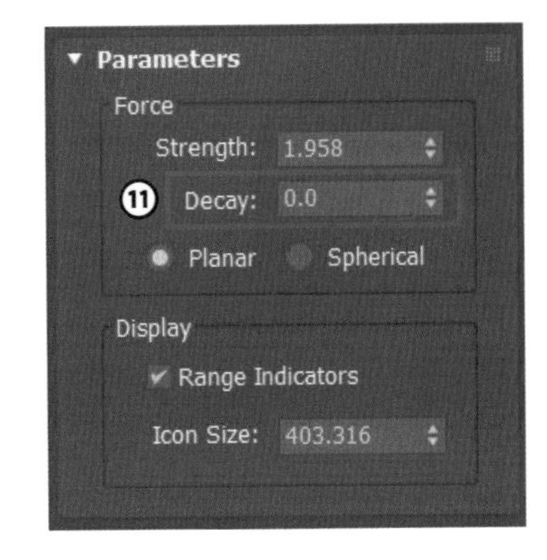

12 弓箭可使用發光的材質，並輸出圖片或動畫，渲染後如下圖。

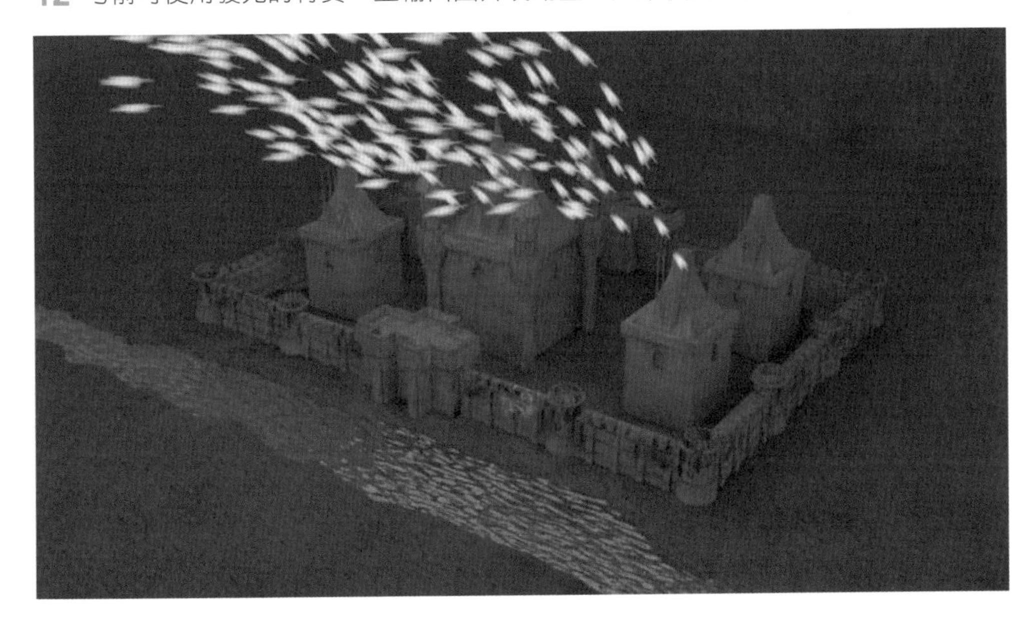

3ds Max 2020 動畫設計快速入門

作　　者：邱聰倚 / 姚家琦 / 吳綉華 / 劉庭佑
企劃編輯：石辰蓁
文字編輯：江雅鈴
設計裝幀：張寶莉
發 行 人：廖文良

發 行 所：碁峰資訊股份有限公司
地　　址：台北市南港區三重路 66 號 7 樓之 6
電　　話：(02)2788-2408
傳　　真：(02)8192-4433
網　　站：www.gotop.com.tw
書　　號：AEU016800
版　　次：2020 年 08 月初版
建議售價：NT$480

國家圖書館出版品預行編目資料

3ds Max 2020 動畫設計快速入門 / 邱聰倚, 姚家琦, 吳綉華, 劉庭佑著. -- 初版. -- 臺北市：碁峰資訊, 2020.08
面；　公分
ISBN 978-986-502-557-1(平裝)
1. 3D STUDIO MAX(電腦程式)　2.電腦動畫
312.49A3　　109009307

讀者服務

- 感謝您購買碁峰圖書，如果您對本書的內容或表達上有不清楚的地方或其他建議，請至碁峰網站：「聯絡我們」\「圖書問題」留下您所購買之書籍及問題。（請註明購買書籍之書號及書名，以及問題頁數，以便能儘快為您處理）
http://www.gotop.com.tw
- 售後服務僅限書籍本身內容，若是軟、硬體問題，請您直接與軟體廠商聯絡。
- 若於購買書籍後發現有破損、缺頁、裝訂錯誤之問題，請直接將書寄回更換，並註明您的姓名、連絡電話及地址，將有專人與您連絡補寄商品。